JN418559

Green Tech Series 3

Cleaner Production Technology

청정생산기술

머리말

전 세계적으로 우리가 살고 있는 지구의 곳곳에서는 환경시스템의 이상으로 인해 자연재해의 발생이 나날이 늘어가고 있다. 청정이라는 단어는 말 그대로 맑을 청(淸)과 깨끗함을 의미하는 정(淨)이 결합된 것으로서, 인류와 지구 생명체에게 있어서 가장 중요한 삶의 요소가 된다.

따라서 청정생산은 자연과 지구상의 인류에게 필요한 제품생산의 전 과정에서 환경에 유해한 물질이 발생할 수 있는 원인을 근본적으로 감소 또는 제거함으로써, 경제적이고 환경 친화적으로 생산활동을 지속할 수 있는 기술을 바탕으로 하는 생산방식이라 할 수 있다.

자연으로부터 원료의 추출과, 제품생산, 폐기물 및 부산물의 재이용 혹은 재자원화, 그리고 생태계로 다시 폐기될 때까지의 모든 과정에서 환경에 치명적인 영향을 미칠 수 있는 유해물질을 원천적으로 방지하거나 최소화하여 환경보존과 제조원가 절감을 동시에 실현하고자 하는 사전 예방적 개념이다.

공학적으로 표현하면, 생산공정, 제품개발, 서비스 등 전 분야에 걸쳐 자원 생산성과 효율을 최대화하고 인간과 환경에 미치는 환경부하 요소를 최소화하려는 것을 목표로 하는 통합적인 환경전략을 지속가능하게 적용하는 활동이라고도 할 수 있다.

2000년대에 들어서 한국도 유엔산업개발기구(UNIDO)의 국제네트워크에 회원국으로 참여하면서 유엔환경계획(UNEP)를 통해 선진기술 이전과 교육, 훈련 사업을 전개하게 되었다. 사후처리기술에서 원천적으로 오염물질 발생을 최소화하고자 하는 청정생산기술로의 발돋움을 통해 산업구조를 환경 친화적으로 전환함으로써 기업의 경쟁력 강화가 가능하게 되었다.

청정생산을 수행하기 위해서는 비교적 높은 초기투자 비용을 감수해야 하지만, 오염물질 발생의 최소화, 생산성 증대, 환경부하 저감 및 제조원가 절감을 통하여 충분히 초기투자비를 회수할 수 있다는 사실을 기업들이 인지하게 되었다. 각각의 산업유형에 따라 생산공정의 이해와 시스템적인 접근방식을 통해서 새로운 청정생산기술 개발이 가능하며, 기존의 생산공정에 통합된 방식으로 사업장별로 차별화된 기술을 적용해야 할 시기에 접한 것이다.

우리가 살고 있는 주위환경을 세심히 돌아볼 필요가 있다. 인류의 미래를 불투명하게 하는 생태계의 이상에 대하여 위기의식을 고취하고, 현재 우리가 누리고 있는 문명적인 혜택이 과연 인류에게 지속적인 발전과 행복을 가져다 줄 것인지 깊이 생각해볼 시점이다.

지구생태계를 위협하는 원인이 과연 우연히 발생한 것인지 자문해본다. 지구가 병들어가고 있는 것은 결국 인간의 욕심과 무절제로 인해 스스로 자초한 졸작이었음을 인정하고, 이를 다시 되돌리려는 시도를 포기하지 말아야 할 것이다. 이렇듯 자연재해와 위험을 유발하는 주범은 바로 우리 스스로이며 기업일 수밖에 없다. 산업계의 실질적인 환경운동 실천과 더불어 깨끗하게 만들고자 하는 청정생산기술의 개발에 이제부터라도 집중해야 한다. 그것이 바로 기업의 경쟁력이기 때문이다.

본 저서는 Green Tech Series의 세 번째 교재로서, 제1장에서는 다양한 정의에 의한 청정생산의 이해, 제2장에서는 청정생산기술의 수행절차 및 유형을 설명한다. 제3장에서는 청정생산 철학에 기반을 둔 다양한 기술을 구체적으로 소개하고, 제4장에서는 청정관련 공정기술, 제품기술 및 처리기술 등에 관해 설명함으로써 본 저서의 맥을 이루게 된다. 끝으로 제5장에서는 크게 12개 산업으로 구분하여 주요 산업별 환경규제 대응 동향과 청정생산기술 구축사례를 소개하여 적용범위를 넓히고자 하였다.

청정생산기술의 중요성에 비하여 최근의 동향을 종합적으로 설명한 저서가 충분하지 않다고 판단되어, 빠른 시간 내에 환경문제에 많은 관심을 갖고 있는 다양한 분야의 전문가들에게 조속하게 기술을 소개함으로써 청정생산기술에 대한 관심과 이해에 도움을 주고자하는 마음에 출판을 서두르게 되었다.

그러나 지구환경문제와 더불어 청정생산기술에 관해 조금이라도 도움이 될 수 있다면 앞으로 보다 상세하고 기술적인 전문가의 충고와 비평을 받고 수정 및 보완을 해나갈 계획이다.

이 책이 ‘온실가스 저감 녹색생산공정 고급트랙’의 전문교재로 출간되는데 재정적인 지원을 해주신 산업통상자원부 한국에너지기술평가원 관계자 여러분께 먼저 감사의 말씀을 드린다.

또한 석유화학산업의 청정생산 공정에 대하여 이해하는데 도움을 많이 주었던 금호석유화학 여수공장의 정진욱 공장장님께 감사를 드리며, 원고를 읽고 교정해준 최영호, 유재석, 오장욱, 김수아 연구원들과 졸고를 맡아 출판해준 숭실대학교 출판국과 임경란 팀장님, 그리고 이 책의 출판에 한없는 위로를 준 저자들의 가족과 하나님께 깊은 감사를 드린다.

저자일동

2013. 07

※ 본 저서는 2011년도 산업통상자원부의 재원으로 한국에너지기술평가원(KETEP)의 지원을 받아 수행한 저서입니다. (과제번호: 20114010203140)

목 차

∴ 표 목 차

∴ 그 림 목 차

Chapter 01

청정생산의 이해

Chapter

01 청정생산의 이해

청정생산과 연관된 환경문제는 지구에 환경오염이 발생하게 된 근본적 원인인 생태계 질서가 무너지는 과정이 엄청나게 가속화되기 시작한 18세기의 산업혁명부터 인간생활 속에 아주 깊숙이 내제되어 있으며, 환경문제를 바라보는 문제의식 또한 다양한 형태로 나타난다.

1.1 청정생산의 등장배경

청정생산과 연관된 환경문제는 지구에 환경오염이 발생하게 된 근본적 원인인 생태계 질서가 무너지는 과정이 엄청나게 가속화되기 시작한 18세기의 산업혁명부터 인간생활 속에 아주 깊숙이 내제되어 있으며, 환경문제를 바라보는 문제의식 또한 다양한 형태로 나타난다.

(1) 산업화와 도시화

산업혁명 이후로 과학기술을 통해 이룩한 고도의 산업발전은 생산력에 있어서 혁신적인 성장을 가져왔으며, 이로 인하여 인류는 물질적인 풍요로움을 누릴 수 있게 되었다. 하지만 물질적 풍요의 이면에는 자원고갈, 빈곤문제, 기상이변 등 다양한 환경문제가 유발되어 인류의 존폐를 위협하는 국제적인 사안으로 부각되고 있다.

지구온난화, 오존층파괴, 산성비 등의 지구환경문제는 지구의 상당히 넓은 한 부분 또는 지구 전체에 동시에 공통적으로 발생하는 환경문제를 야기하고 있다. 산업화와 도시화 역시 산업이 고도화 되면서 자원과 에너지의 소비가 증가하고, 오염물질의 발생량 역시 가파르게 증가하고 있기 때문에 도시는 도시가 아닌 지역에 비해 인간의 활동이 집중된다.

인간이 생태계를 파괴하는 행위뿐만 아니라 에너지와 자원을 소비하는 활동 자체가 환경문제이며, 생태계 유지와 자원보존은 인류가 생존하기 위한 필수조건이기 때문에, 생태학(ecology)과 더불어 지속가능성(sustainability) 개념이 최근 들어 더욱 관심을 끌고 있는 것이다. 이는 인간생활과 자연의 조화나 공존의 사고방식을 다양화하게 하였다.

그러나 성장론자들은 환경문제의 해결을 위해서는 지속적인 경제성장이 필요하다고 주장한다. 그들에 의하면, 경제성장이 필요한 이유는 다음과 같은 몇 가지가 있다.

첫째, 환경문제의 개선에 필요한 막대한 자금을 조달하기 위해서는 경제성장이 요구된다는 것이다. 경제성장의 초기에는 환경이 악화되지만 경제성장의 성숙한 단계에 도달하면 환경에 대한 관심이 증가하고 환경은 다시 개선된다는 것이다.

둘째, 인류에 가져오는 혜택과 복지 수준의 향상 때문에, 경제성장은 반드시 필요하다는 것이다. 경제성장의 결과로 여가가 증대되고 사회가 안정되며, 빈부의 격차를 줄일 수 있기 때문에 경제성장을 지속시켜야 한다는 것이다.

셋째, 경제성장이 지구의 자연자원을 고갈시켜서 결국은 경제성장이 한계에 부딪히게 될 것이라는 주장에 대해 경제 성장론자들은 자원이용 및 시장경제의 기능을 제대로 이해하지 못하기 때문이라고 반박한다.

(2) 환경오염

산업화가 시작되면서 급증한 공장들은 아직도 많이 있다. 법적으로 연기를 필터링해서 밖으로 배출하게 되어있지만, 저개발 지역에서는 그 비용조차도 아까워서 불법으로 필터링 하지 않고 그냥 배출하는 공장도 있다.

석탄, 석유 등 에너지를 연소할 때 발생하는 아황산가스와 자동차 배기가스인 질소산화물 등이 빗물에 녹아 황산과 질산 등으로 변하여 발생하는 산성비는 산림을 파괴하고 하천, 호수 등을 오염시켜 생태계를 파괴하며, 토양을 산성화 시켜 농업생산에 악영향을 미친다.

공해 문제와 더불어 오존층 파괴 문제도 심각하게 대두되고 있는데, 오존층은 지상 약 10~50km 상공에 위치하여 태양으로부터 도달되는 자외선의 99%를 차단하여 지구상의 생명체를 보호하는 중요한 역할을 담당해왔다. 오래전부터 에어컨과 냉장고 등의 냉매로 널리 사용되어온 염화불화탄소(CFCs)는 지속적으로 오존층을 파괴하여 왔는데, 분해되는데 100년 이상 소요된다고 한다.

또한 가정에서 쓰고 버리는 생활하수, 산업폐수, 농촌의 농·축산 폐수 등이 정화되지 않고 하천이나 호수로 유입되어 물을 오염시켜 각종 용수로 사용할 수 없게 되거나 생물의 서식에 심각한 피해를 줄 정도로 수질이 나빠지는 수질오염 문제도 우려된다.

공장에서 무분별하게 정화되지 않은 채 방류된 대량의 폐수는 강물 속에 중금속 및 유기물질을 쌓이게 한다. 이러한 중금속은 쉽게 제거되지 않고, 오염된 식수를 섭취한 생물체의 체내에 계속적으로 축적, 농축되는 특징을 가지고 있어 그 폐해가 심각하다. 공장의 산업 폐기물, 가정의 생활 폐기물, 원자력발전소에서 나오는 방사성 폐기물도 무시 못 할 환경문제이다.

국제자연보호연맹(IUCN: International Union for Conservation of Nature)은 1990년대 중반을 기준으로 전 세계 어류 가운데 34%, 양서류의 25%, 파충류의 20%, 조류의 11%, 포유류의 25%가 멸종위기에 처해 있다고 보고하고 있으며, 해양오염과 기후변화 등으로 인해 전 세계 산호초의 27%가 심하게 손상을 입은 상태인데, 이는 1992년 리우회담 당시 10%가 훼손됐던 것에 비해 크게 늘어난 것이다.

(3) 자원고갈

현재 전 세계 인구는 약 70억 명으로 후진국을 중심으로 인구증가가 지속되고 있으며, 이중 약 4분의 3이 빈곤 속에 살고 있다. 또한 2050년까지 인구증가와 물 수요 증가가 지속되어 전 세계의 인구 절반이 물 부족으로 어려움을 겪게 될 것으로 예측되고 있다.

주요 에너지원인 석유의 매장량은 약 2천억 톤으로 세계에서 두 번째로 많은 자원이지만, 지금과 같은 속도로 사용할 경우 불과 42년 후 바닥을 드러낼 것으로 예측되고 있으며, 이 같은 속도는 인구의 증가와 이에 따른 소비 증가로 조금씩 더 앞당겨질 것으로 예상된다.

에너지 자원뿐 아니라 삼림자원의 문제 또한 심각하다. 삼림은 광합성 작용을 통하여 지구에 산소를 공급하는 중요한 자원인데, 산림의 황폐화로 인해 강우로 인한 산사태 발생이 빈번해지고, 초원의 사막화로 인하여 해마다 황사가 발생하고 있다. 내몽고 지역에서 발생하여 우리나라로 날아오는 황사에는 알루미늄, 납, 카드뮴 등의 중금속이 함유되어 있어 건강을 위협하고 있으며, 농작물의 성장을 방해하고, 정밀기계에 손상을 끼치는 등 그 피해가 막대하다.

(4) 지구온난화

화석에너지의 사용 증가에 따라 이산화탄소와 같은 온실가스 배출량도 급속도로 증가하고 있다. 2011년의 대기 중 이산화탄소 농도는 지난 200만년을 통틀어 가장 높은 수치인 394.35ppm을 기록하였다. 1970년대 이후 지구는 지속적인 온난화를 겪고 있으며, 2005년과 2010년의 평균기온은 역사상 최고치에 다다랐다.

지구온난화로 인하여 북극과 남극의 빙하가 녹아 해수면이 상승하고 있으며, 해수 온도 상승으로 인하여 엘리뇨 현상, 허리케인 발생 등 지구 곳곳에 기상이변에 따른 재해가 발생하고 있다. 생태계도 크게 변화하여 새로운 질병이 발생하기도 하는데, 우리나라에선 찾아보기 어렵던 아열대 지방의 댕기 모기가 나타난 것이 비근한 예라 할 수 있다. 특히 과학자들은 앞으로 100년 동안 평균 기온이 지금보다 6°C 정도 상승할 수도 있다고 예상하는데, 그 경우 사막은 파죽지세로 퍼져나갈 것이며, 자연재해는 일상적인 사건이 되고, 몇몇 대도시들은 물에 잠기거나 폐허로 변하여 대재앙을 피할 수 없게 될 것이다.

(5) 대응활동

이러한 배경 하에 1972년 2월 '인간환경에 관한 스톡홀름 UN선언' 을 통하여 환경문제를 세계적인 이슈로 다루기 시작하고 유엔환경계획(UNEP: United Nations Environment Program)을 설립하였다. 이는 환경문제가 한 나라에만 국한된 문제가 아니라 지구촌이라는 하나의 공동체적인 입장에서 인식되는 계기가 되었다.

1983년 3월에는 '바젤 협약' 을 통하여 유해 폐기물의 국가 간 이동 및 처리를 통제하기로 합의하였으며, 동시에 'UNEP IE(Industry and Economy) 회의' 에서는 청정생산(cleaner production)에 대한 첫 언급이 있었다. 이어서 1985년 3월에는 '오존층 보호를 위한 비엔나 협정' 이 이루어져 남극권을 중심으로 진행되고 있던 오존층 파괴를 막기 위한 노력을 기울였다.

1970년에서 1980년대를 거친 이러한 노력들은 주로 UN을 중심으로 환경과 관련된 문제들을 국제적인 이슈로 삼고, 그에 대한 여러 가지 협약들을 이루었다. 1990년 3월에 들어서, 영국 런던에서 열린 'UNEP IE, UNIDO(United Nations Industrial Development Organization)' 에서는 청정생산 프로그램이 발족되었으며, 1992년 5월 '기후변화협약' 채택을 위한 INC(정부 간 협상위원회) 5차 회의가 개최되었다.

이어 같은 해 6월에는 '환경과 개발에 관한 리우선언' 이 유엔환경개발회의(UNCED: United Nations Conference on Environment and Development)에서 채택되어, 국제환경 보호대책인 'Agenda 21' 과 'Cleaner Production 프로그램' 이 공식적으로 채택되었다. 더불어, UN 각국에게 이에 대한 경제적·법률적 지원이 권고되었다.

이러한 국제적인 동향과 더불어 우리나라에서도 1995년 12월 당시 통산부에서는 '환경친화적 산업구조로의 전환촉진에 관한 법률' 을 제정하였으며, 1999년 1월 국가청정생산지원센터[1]가 지정되어 오늘에 이르고 있다.

2012년 3월 15일 역사적인 한미 FTA가 발효됨으로써, 우리나라는 명실 공히 세계 무역의 중심에 서게 되었다. 과거 자국의 산업을 보호해오던 관세장벽이 사라짐에 따라 기업들은 국경 없는 무한경쟁에 직면하게 되었다.

한편, 세계 각국은 관세 대신 기술규제와 환경규제를 강화하여 자국의 환경과 산업을 보호하려는 노력을 경주하고 있다. 이에 따라 전 세계 기업들은 성장위주의 정책에서 탈피하여 성장과 환경이 공존하는 새로운 패러다임으로 전환해야 하는 상황에 직면해있다. 이러한 변화에 적절히 대응하여 경쟁력을 확보한 기업만이 생존할 수 있는 상황이 도래한 것이다.

1) 현재 한국생산기술연구원 산업환경지원본부(http://www.kncpc.or.kr/)

(6) 청정생산의 등장

이 처럼 범지구적으로 환경문제가 심각해짐에 따라 산업환경의 패러다임이 크게 변하기 시작했다. 과거 환경을 도외시한 성장위주의 산업활동이 지탄을 받게 되고, 환경보호를 위해 성장을 희생해야 한다는 주장이 대두되었으나, 인류의 소비는 더욱 가속화되어 가고 이를 충족하기 위한 산업활동을 멈출 수는 없는 일이었다. 이에 환경을 지키는 생산활동의 필요성이 대두됨에 따라 1980년대 들어서 다양한 산업 분야에서 청정생산 개념이 거론되기 시작하였으나, 환경문제의 다양성과 복합성으로 인해 여러 가지 용어와 개념들이 혼용되어 사용되어왔다.

공식적으로는 1989년 UNEP에서 처음으로 거론되었으며, 1992년 유엔환경개발회의(UNCED)의 실천강령인 'Agenda 21' 에서 산업계에 자원의 효율성을 강조하는 청정생산 도입을 권고함으로써 본격적으로 등장하게 되었다. 청정생산은 'Cleaner Production' 또는 'Clean Production' 등의 표기로 사용되는데, 청정생산의 개념은 어떠한 특정 수준을 정해놓고 결정하는 절대적인 의미라기보다는 상대적인 면이 강하다고 할 수 있다.

환경문제에 대응하는 인류의 생각과 기술도 같이 진화·발전하고 있다. 기존의 오염물의 처리나 처분을 위주로 하는 사후처리(EOP: End of Pipe)와 이를 뒷받침하는 사후처리 기술 위주의 오염물 처리 방법에서, 오염의 사전예방을 목표로 원천적으로 오염물 발생을 차단하는 기술인 청정생산기술(cleaner production technology)로 패러다임의 전환이 이루어지고 있음은 주지의 사실이다.

기업에 대한 환경적 압력은 기업 활동의 전 과정 중에서 환경적 유해성이 높은 제조공정, 원료의 획득, 제품/서비스의 설계, 기업의 생산시스템의 모든 부분을 포함하는 생산과정에 초점을 맞추게 되었다.

기존의 환경관리시스템에서는 생산공정 중 발생하는 환경유해인자의 영향을 최소한으로 제한하는 방법을 찾는데 초점이 맞추어져 있었다. 즉, 생산공정에서는 어쩔 수 없이 환경유해인자가 나올 수밖에 없다는 것을 전제로 한 사후적 조치인 것이다.

그러나 청정생산은 어떻게 하면 환경유해인자의 발생 자체를 없앨 수 있을 것인가, 혹은 줄일 수 있을 것인가에 그 목적이 있는 것이다. 생산공정에 투입되는 원료자체를 환경친화적인 재료로 교체하거나 생산공정 자체를 개선하는 방법 등과 같이 사후처리 대상물질의 발생을 차단/최소화하고자하는 접근방법이 '청정생산' 인 것이다.

청정생산은 청정생산기술, 저오염기술, 저공해기술, 폐기물 최소화기술, 폐기물 감량화기술, LNWT(Low and Non-Waste Technology) 등으로 불린다. 이 개념들을 종합하여 '오염사전예방기술' 이라고도 할 수 있으나 일반적으로 오염물질을 공기 · 토양 · 물 같은 환경매체에서 또 다른 환경매체로 옮겨놓는 사후처리(EOP)기술에 대응하는 개념으로 통용되고 있다.

넓은 의미로는 원료의 조달에서부터 제품의 생산, 사용한 뒤 폐기하기까지의 전 과정에 걸쳐 적용되며, 좁은 의미로는 사업장 내 공정에서 환경오염을 최소화할 수 있는 근본적인 기술이라고 할 수 있다.

단순히 기술에만 초점을 두지 않고 제품이나 공정에 대한 환경친화적 관리방법, 공정의 최적화를 통한 생산비 절감, 근로자의 안전을 위한 작업환경까지를 포함한 넓은 의미로 해석되기도 한다.

전 세계적으로 배출되는 오염물의 종류가 점점 다양해지고 그 양이 증가하는 반면 환경규제는 한층 엄격해지고 있고, 사후처리기술로는 환경기준에 맞추기 어렵게 되었을 뿐만 아니라 제품생산비용의 상승을 막을 수 없게 되었다.

따라서 발생된 오염물을 단순히 처리하는 '치유법'에서 에너지 자원의 소비를 줄이면서 오염물의 발생을 원천적으로 없애거나 최소화시키는 '예방법'으로 환경문제를 해결해야 할 필요성이 논의됨에 따라 제시된 것이다.

그 종류에는 외부로 유출되는 폐기물을 회수하여 자체에서 재활용하거나 유용한 부산물을 만들어 다른 용도로 사용하는 기술, 기존 공정을 개선하여 에너지 및 자원의 절감 및 효율적 활용을 통하여 오염물의 발생량을 줄이는 기술, 에너지 · 자원절약형 및 환경 보전형 새 공정, 원료채취, 생산, 유통, 폐기에 걸친 상품의 전 수명을 통하여 환경오염을 원천적으로 덜 일으키는 환경상품의 개발 등 다양하다.

이러한 기술적인 접근을 가능하게 하는 방법 중에 하나인 전 과정평가(LCA: Life Cycle Assessment)라는 새 기법이 제시되고 있다. LCA란 제품에 투입되는 원료물질과 에너지, 그 밖의 여러 가지 물질과 제조공정을 통한 산출물을 정성·정량화하여 한층 친환경적인 공정과 제품을 생산하는 기술적·체계적 과정이다.

즉 청정생산기술의 도입은 지구환경보존에 대한 관심이 고조되기 시작한 1980년대 이래 환경파괴에 관한 대처를 위해서 구속력 있는 환경협약이 체결되면서부터 전 세계적으로 급속히 확산되면서 기술적인 발전을 이루어가고 있다.

1.2 청정생산기술의 필요성

앞에서 설명한 바와 같이 청정생산기술은 환경을 지키면서 생산활동을 영위하기 위해, 즉 지속가능 발전을 이루기 위해 반드시 필요한 기술이라고 할 수 있다. 현실적으로 생산활동의 주체인 기업 입장에서는 환경문제를 고려하기 이전에 국내외 환경규제를 충족하여 제품의 판로를 개척하기 위해 당장 필요한 기술이 될 것이다.

청정생산과 관련된 국제적 흐름과 함께 직접적인 환경규제도 더욱 강화되고 있다. 지구온난화 방지를 위한 기후변화협약, 오존층파괴 방지를 위한 '몬트리올 의정서', 유해폐기물의 국가 간 이동을 금지 하는 '바젤협약', 사전통보승인절차에 관한 협약과 '잔류성 유기오염물질 협약' 등 수많은 국제환경협약과 국내외 환경규제 조치들이 계속 발효되고 있다.

또한 유럽에서는 전기전자제품에 함유된 납, 6가-크롬, 수은, 카드뮴, PBB, PBDE 등 6가지 유해화학물질의 사용을 제한하는 RoHS(Restriction of the use of Hazardous Substances in EEE) 지침, 제품 자체를 환경친화적으로 설계하도록 요구하는 ErP(Energy-related Product) 지침 외에도 신화학물질관리지침(REACH: Registration, Evaluation, Authorization and Restriction of CHemicals), 폐전기전자제품회수지침(WEEE: Waste Electrical and Electronic Equipment), 폐자동차처리지침(ELV: End of Life Vehicle) 등 수많은 규제들이 시행되고 있다.

과거에는 환경보전을 위한 무역규제 대상이 제품 자체에 국한되었으나, 환경에 대한 관심이 고조됨에 따라 원료의 채취에서부터 완제품이 생산되어 출하될 때까지의 모든 생산행위에 대한 규제를 실시하여 그 범위를 확대하자는 논의가 전개되어 왔다. 제품의 환경적 특성에 대한 규제만으로 환경정책을 효율적으로 추진할 수 없기 때문에 공정 및 생산방식(PPMs: Process and Production Methods) 규제로의 전환이 이루어지고 있다.

또한 환경과 무역에 관한 국제적 다자간 협상인 환경라운드(green round)에 대처해야 하는 시점에 와 있으며 서구 선진 국가들은 지구환경의 보호를 위한 기술적 노력을 추진하며 이를 무역규제와 연결함으로써 자국의 상품과 자연을 동시에 보호하는 효과적인 무역장벽으로 이용하고 있다.

기술적인 측면에서 오염물 처리 시 다이옥신, 중금속 침출, 유해가스 등의 2차 환경오염 발생, 사후처리비용 증가, 매립지 부족, 높은 환경처리비용, 다양한 환경오염물질에 대한 동시 제거기술 적용의 어려움 등 사후처리기술의 한계점이 나타나면서 원천적인 오염물질 최소화 기술의 필요성이 대두되고 있다.

앞으로의 국제환경규제가 단순히 오염물질의 사용제한 또는 금지의 수준에서 환경친화적인 방법의 요구가 증대될 것으로 전망되기 때문에 국내외의 강화된 환경규제에 대처해야 하는 청정기술의 도입이 필요한 것이다.

이와 같이 다양한 관점에서 청정생산기술의 필요성을 간략하게 정리하자면 다음과 같이 요약할 수 있으며, 이에 대처하기 위해 국내에서도 관련 정부부처와 기업에서 환경설비 투자 및 첨단 환경 및 청정생산기술 개발에 적극적인 관심이 요구되고 있다.

❶ **환경규제에 대한 원천적 대응:** 국제환경 협약이 자국 산업 보호와 무역규제 수단으로 활용되어 국내외적 환경규제 강화로 환경비용이 급증하고 수출판로가 막히는 등 산업경쟁력의 약화를 초래하는 상황에 능동적으로 대처하기 위함이다.

❷ **기업의 경제적 효과:** 사후처리적 일반 환경기술이 한계에 도달하여 오염물 처리비용이 급증하는 상황에서 청정생산을 통한 환경부하 저감으로 원가절감 및 생산성 향상을 도모하기 위함이다.

❸ **기업의 국제경쟁력 제고:** 청정생산의 기술적 우위를 선점하여 새로운 친환경시장을 개척하고 기업의 이미지와 신뢰도를 개선함으로써 국제적 경쟁력을 높이기 위함이다.

❹ **환경보전:** 범지구적으로는 온실가스, 유해물질, 폐기물 등 지구의 건강을 해치는 물질 배출을 억제하면서 생산활동을 지속하기 위함이다.

❺ **자원 효율성 제고:** 생산활동에서 자원 및 에너지 사용을 최소화하고 재사용, 재활용 등을 통하여 자원의 순환을 촉진함으로써 지속가능한 사회를 유지하기 위함이다.

1.3 청정생산기술의 정의

최근까지의 환경오염 대책인 사후처리기술은 오염원을 환경에서 격리시킴으로써 환경을 보호하고자 하는 것이었다. 이러한 사후처리기술들은 틀림없이 국지적인 오염문제에 단기간에 개선에는 도움이 되지만, 한 매체에서 다른 매체로의 오염물 전달 위험성이 있으며, 같은 매체로의 2차 간접오염원이 될 수도 있다.

또한, 환경재해의 치료책만큼 많은 비용이 들지는 않더라도 사후처리 저감설비의 작동은 생산공정 및 제품비용에 상당한 영향을 주며, 오염의 사후처리 기술은 종종 비용이 많이 들어 잠재적으로는 비효율적인 규제 구조로 이르게 된다.

청정생산의 개념은 산업체 스스로 오염원 발생지에서부터 오염방지 및 감소에 우선적으로 노력을 경주하고, 방지되지 않은 오염물은 가능한 한 환경적으로 안전하게 재이용되어야 하며, 재이용되지 않은 오염물은 처리되어야 하며, 마지막으로도 처리되지 않은 오염물은 폐기되거나 안전하게 환경에 배출되어야 한다는 것이다.

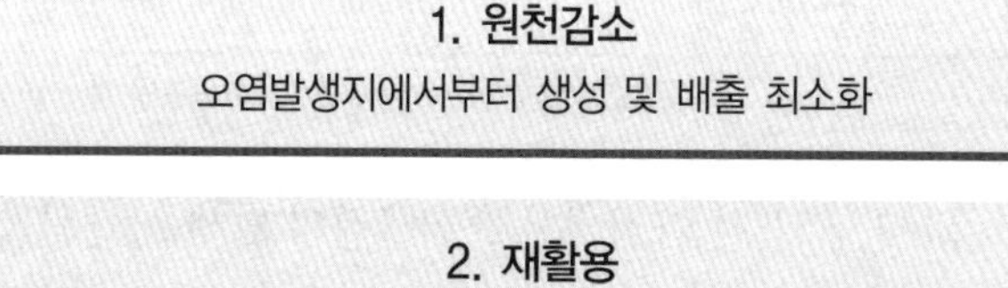

〈그림 1-1〉 오염방지의 우선순위

UNEP는 환경보존과 생산성향상을 동시에 실현할 수 있는 생산활동, 즉 원료의 동비에서 제품 폐기까지 전 과정에 환경오염물질 발생을 근원적으로 저감·제거한다는 개념으로 청정생산을 정의하고 있다. 즉, '생태효율성을 증가시키고 인간과 환경에 대한 위험을 감소시키기 위한 생산공정, 제품, 서비스에 대한 통합된 예방적 전략의 계속적인 적용' 이라고 정의하고 있다.

UNEP의 청정생산에 관한 정의에서 보듯이 인류건강과 환경에 미치는 장·단기적인 위험을 방지하거나 최소화할 목적으로 제품이나 공정의 모든 과정을 평가하는 개념적이며 순차적인 접근방법 달성을 위해 모든 생산과정을 통한 오염방지가 이루어지는 것이다.

국내의 '환경친화적 산업구조로의 전화촉진에 관한 법률' 에서는 청정생산을 '생산공정에서 환경오염을 제거하나 감축하기 위한 기술 및 환경친화적인 제품을 생산하기 위한 기술' 로 정의하고 있다. 즉 앞으로 자연환경과 인류의 삶을 고려한 기업만이 살아남을 수 있으며 그러기 위해서 청정생산의 기술적인 면이 강조되고 있는 것이며, 이는 기업의 환경경영시스템의 도입 등 환경경영체제를 구축하기 위한 모든 활동도 청정생산의 한 부분이 되는 것이다.

〈표 1-1〉 청정생산기술의 비교

구분	청정생산기술	사후처리기술
기술개념	자원생산의 향상과 환경오염물질 생성의 저감 및 제거를 목표로 하는 생산기술(Front of Pipe)	생산공정에서 환경오염물질이 배출된 이후에 처리하는 기술(End of Pipe)
특징	- 자원사용과 환경오염물질 발생의 최소화를 통해 자원 및 환경문제의 근본적 해결은 사전예방, 원천적 제거, 자원생산성, 재이용 등의 순환성 향상 - 설비투자비 회수를 목표로 생산에 따른 투자비 회수, 환경부하 및 제조원가 감소 - 사회적 비용의 감소	- 부수적인 다이옥신, 중금속, 유해가스 등의 환경오염물질 발생으로 환경문제의 근본적인 해경방법이 불가함 - 설비투자비 회수의 불투명으로 지속적인 운영비 발생은 초기 투자비용이 상대적으로 낮음을 의미하며, 생산량 증가는 환경부하 및 제조원가 상승을 의미하게 됨
적용방법	- 전 생산공정에 대한 분석을 통 해 시스템적인 접근을 통한 적용 기술 - 기존의 생산공정을 통합 및 관리	- 오염물질별 특정 처리기술 개발을 통해 적용가능 - 생산공정과 별도의 모듈화 가능

자료: 한국생산기술연구원 산업환경지원본부(www.kncpc.or.kr)

청정생산기술은 제품의 생산과 관련된 전 과정에서 오염물질의 발생을 근원적으로 감소시키는 경제적이고 환경친화적인 생산기술로서 'Production and Less Pollutants' 개념의 생산기술, 천연자원 및 에너지 절약기술로서 환경 보전형 생산기술로 정의할 수 있으며, 사회의 다양한 영역에도 적용될 수 있다.

❶ **생산공정:** 제품의 원료, 물, 에너지의 보존과 독성·유해물질의 제거, 그리고 생산공정에서 발생하는 배출물과 폐기물의 독성과 양을 최소화하는 것 등이 하나 또는 그 이상 조합된 것이 생산공정에서의 청정생산의 의미이다.

❷ **생산품:** 원자재 추출, 제품의 생산, 사용에서 생산품의 최종처분까지 제품 전 과정 동안 환경, 건강, 안전에 미치는 영향을 최소화하는 것이 청정생산의 목표이다.

❸ **용역:** 설계, 운송분야에서 환경에 관한 고려를 반영하는 것이 용역분야에서의 청정생산이다.

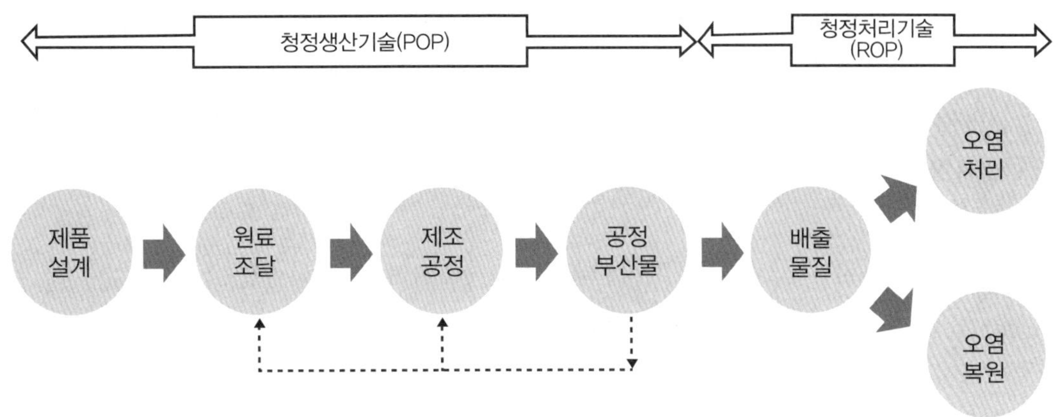

자료: Christie et al. (1995), Cleaner Production in Industry

〈그림 1-2〉 청정생산 개념도

청정생산에서 기본적으로 사용되는 방법으로는 환경친화적인 제품으로의 전환, 원료변경, 작업공정의 개선, 생산공정으로의 변경, 재자원화 및 재이용화 등이 있다. 따라서 다양한 차원에서 청정생산의 특징은 다음과 같이 요약될 수 있다.

❶ 청정생산은 환경관리에 있어서 예방차원의 접근을 말한다. 이는 비평, 분석 되거나 이론적 논쟁의 대상이 되는 법적, 과학적 정의가 아니다. 청정생산은 몇몇 국가나 기관들이 일컫는 환경효율성, 오염물질의 최소화, 오염방지, 녹색생산을 모두 포함할 뿐만 아니라, 기술적인 발전, 경영전략, 지속가능 철학 등 다양한 측면을 포괄하고 있다.

❷ 청정생산은 생산물과 용역이 현존하는 기술적, 경제적 제약 하에서 환경에 대한 영향을 어떻게 최소화하면서 생산되고 있는가에 대한 효율적 사고방식에 기인한다.

❸ 청정생산은 성장을 제약하거나 부정하는 것이 아니라, 단지 성장이 생태적으로 지속적일 수 있어야 한다고 주장하는 것이다. 청정생산은 경제성의 관점도 매우 중요시하기 때문에 단순히 환경전략만 생각하는 차원을 넘어선다.

❹ 초기에는 청정생산에 투자되는 비용이 사후처리 비용보다는 다소 많을 수 있으나, 일정기간이 지난 후 시간이 경과할수록 사후처리 비용은 계속하여 증가하는 반면에 청정생산 비용은 증가하지 않아 실질적으로 기업에서의 환경관련 비용이 감소하게 된다.

❺ 자원과 에너지의 소비를 줄이고 유해물질의 발생을 줄이거나 원천적으로 차단하기 위한 청정생산 활동들은 기업의 생산성을 높이고 경제적 이익을 가져올 수 있다.

❻ 청정생산은 '윈-윈(win-win)전략'이다. 청정생산은 사업의 효율성, 수익성, 경쟁력을 증가시킴과 동시에 환경과 소비자, 노동자들의 건강과 안전을 보호한다.

❼ 오염제어와 청정생산의 핵심적인 차이점은 바로 적용시기이다. 오염통제는 사후에 '반응하고 조절하는' 식의 접근방법인 반면, 청정생산은 앞을 내다보고 '예상하고 예방하는' 원칙을 지향한다.

1.3.1 지속가능발전

(1) 지속가능발전의 배경

1960년대 이래로 환경문제에 대한 대중의 인식은 점점 높아졌고 환경개선요구도 거세졌으며, 환경에 관한 주요 의제는 환경개선에서 '지속가능성(sustainability)'으로 옮겨갔다. 경제발전이 지속가능성을 지향해야 한다는 대중의 자각은 급속히 확산되었으며, 이에 따라 기업은 생산공정과 제품에서 친환경적 혁신을 이루어 지속가능성을 구현할 수 있는 방향으로 경영활동이 변해야 한다는 요구에 직면하게 되었다.

1987년 일명 '브룬트란트 위원회'라는 유엔 세계환경 개발위원회(WCED: World Commission on Environment and Development)에서 발표한 보고서 '우리 공동의 미래'는 지속가능성에 대한 대중적 인식확산에 결정적 역할을 했으며, '지속가능한 발전'의 중요성을 널리 각인시켰다. 즉, 미래세대가 그들의 욕구를 충족시킬 수 있는 능력을 손상시키지 않으면서 현세대의 욕구를 충족시킬 수 있는 발전이라고 정의하고 있다.

특히, 1992년도 6월 브라질의 리우에서 개최된 세계 환경정상회의는 그 주된 의제를 '환경적으로 건전하고 지속가능한 발전'(ESSD: Environmentally sound and Sustainable Development)으로 설정함으로써, 이를 세계 인류의 공통이념으로 격상시켰다. 2002년 요하네스버그에서 열린 세계지속가능발전정상회의(WSSD: World Summit on Sustainable Development)에서는 '지속가능한 발전 정치적 선언문과 이행계획'을 채택하여 선포하였다.

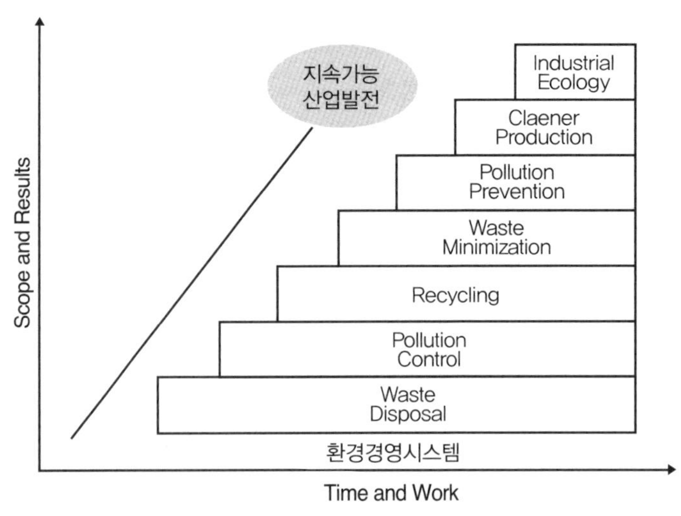

자료: Hammer(1996), Asian Institute of Management

〈그림 1-3〉 단계적 지속가능발전 달성개념도

우리나라에서는 1992년 리우 세계 환경정상회의에 정부와 민간단체들이 대거 참여하면서 '지속가능발전' 의 개념을 수용하게 되었다. 그리고 1996년 정부가 '대한민국 국가의제 21' 을 작성하여 유엔에 제출하고, 1990년대 중반 이후 지방자치단체 차원에서도 시민단체들의 적극적인 참여 속에 지방의제 21 실천계획들과 추진기구들이 속속 등장하면서 '지속가능발전' 전략은 우리 사회에 급격히 확산되었다. 특히 지속가능한 발전과 개념을 같이하는 '저탄소녹색성장' 전략은 국가의 운영이념과 비전으로 자리를 잡아가고 있다.

(2) 지속가능발전의 의미

지속가능성의 의미는 '지속가능한 발전' 의 개념과 불가분의 관계에 있다. 지속가능한 발전은 1970년대 초, 국제환경개발연구소(IIED: International Institute for Environment and Development)의 설립자인 바버라 워드가 처음 제기했고 1987년 WCED의 브룬트란트 보고서에서 다음과 같이 그 개념을 정의하면서 보편화 되었다.

"지속가능한 발전은 미래 세대의 필요를 충족시킬 수 있는 능력을 손상시키지 않는 범위에서 현재의 필요를 충족시키는 발전을 의미한다." 즉 지속가능한 발전이란 자연생태계나 지구환경을 훼손시키지 않으면서 미래세대의 생존 능력이 지속될 수 있도록 현재의 발전을 관리하는 능력으로 정의된다. 이처럼 지속가능성의 개념에는 세대 간 평등의 의미가 함축되어 있다.

하지만, 지속가능성의 개념이 완전히 정립된 것은 아니다. 이와 관련하여 현재까지 학자와 전문가들이 공통적으로 동의하는 바는 지속가능성에 경제·환경·사회적 관점의 3대 축(TBL: Triple Bottom Line)이 포함되어 있다는 점이다.

여기서 중요한 점은 이 세 가지 축이 상호의존적이라는 것이다. 예를 들어 인구 증가는 심각한 사회문제를 야기하는데, 여기에는 과다한 천연자원 소모와 환경오염 증가. 그리고 기본적 필요의 충족을 우한 경제활동 증대와 같은 환경적, 경제적 의미가 함축되어 있다. 그리고 기후변화는 경제활동으로 인한 대기오염과 직접관련이 있으며, 잠재적으로는 건강이나 생활여건 등과 관련된 심각한 사회문제를 초래할 수 있다.

그러므로 지속가능성의 개념은 경제·환경·사회의 세 측면을 모두 고려하여 다음과 같이 정의할 수 있다. "지속가능성은 경제적·환경적·사회적 고려에 따라 자연환경과 사회 시스템을 장기적으로 유지·관리하는 것을 의미한다."

EU는 2001년 6월 'EU 지속가능 발전전략' 을 채택하였다. 전략의 기본목적은 미래세대의 수요를 보장하면서 현세대의 수요를 충족시키는 것이며, 이를 위해 사회, 경제, 환경정책이 상호 보완하여 달성되어야 함을 강조하고 있다.

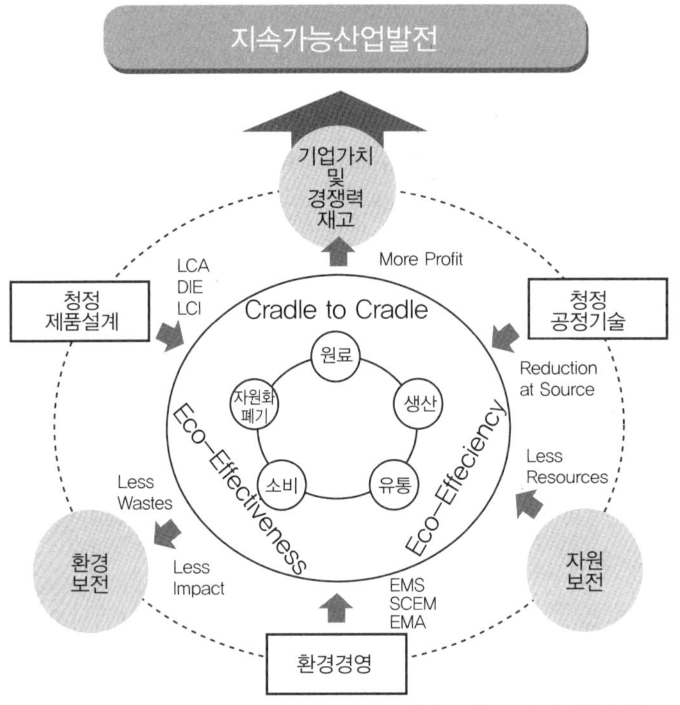

자료: 여인국 외(2009), 산업원천기술로드맵, 한국산업기술진흥원

〈그림 1-4〉 청정생산을 통한 지속가능발전

여기에서는 지속가능한 발전의 위협요인이자 당면과제로서 ①지구온난화, ②유해화학물질의 소비와 식품안정성과 관련된 질병 저항성, ③빈곤의 문제, ④인구의 연령분포, ⑤생물다양성 및 토지의 산성화, ⑥교통 혼잡 및 지역불균형 등의 여섯 가지를 제시하였다. 주요 전략방향으로는 정책 간 상호증진을 위한 가로지르기(cross-cutting) 전략으로서, 주요 목표설정, 해당 실천수단 마련, 전략의 이행과 진전 상황 검증 등의 세 가지를 제시하였다.

또한 정책 일관성 향상, 개인 및 기업에 대한 가격 시그널 제공, 과학과 기술투자, 시민과 기업에 대한 커뮤니케이션 동기화 부여, 범지구적 차원의 고려를 할 것을 제안하고 있다. 다음으로 지구온난화 방지 및 청정에너지 사용 확대, 공공보건, 자연자원 관리, 수송 시스템 및 토지이용 관리 개발 등의 네 가지 항목에 대해 장기적 목표와 수단을 제시하고 있다.

(3) 지속가능발전의 범위

지속가능발전은 환경에만 집중하는 것이 아니며, 일반적인 정책의 영역인 경제, 환경, 사회를 포함한다. 이를 지지하기 위해, 여러 UN 문서, 가장 최근에는 2005년 세계 정상회의 결과문서(World Summit Outcome Document)에서 '상호의존적이고 상호증진적인 지속가능발전의 기둥' 으로서의 경제적 발전, 사회적 발전, 환경 보호를 언급하였다.

유네스코 세계 문화 다양성 선언(The Universal Declaration on Cultural Diversity, 2001)에서는 추가적인 개념으로서 "자연에게 있어서 생물 다양성이 중요하듯이, 인간에게 있어서 문화 다양성이 필요하다"고 언급하였다.

문화 다양성은 단순한 경제적인 성장이 아닌, 보다 만족스러운 지적, 감정적, 윤리적, 정신적인 삶을 달성하기 위한 하나의 방법으로서의 근원이 된다는 것이다. 이러한 견해에 따르면, '문화 다양성' 이 지속가능한 발전의 네 번째 정책영역이 된다. 지속가능한 발전의 국제연합 분과는 〈표1-2〉와 같은 영역을 그 범주 안에 포함한다.

〈표 1-2〉 UN의 지속가능 지표 – 환경부문

주제	세부주제	목적, 목표 및 기준	지표
대기	기후 변화	• 모든 선진국의 CO_2 배출량을 12년까지 90년의 5% 수준까지 감축 • 대기에서 GHG 농도를 기후시스템에서 인류발생을 방해하는 위험요소를 예방하는 단계까지 안정화	온실가스배출
	오존층 파괴	ODS 소모감축일정: 96년까지 halons, CFC, 사염화탄소, HBFC, 메틸 클로로포름, 10년까지 메틸 브롬화물, 30년까지 HCFC	오존파괴 물질의 소비
	공기질	WHO의 공기질 지침에 근거한 국가 공기질 기준	도시지역의 공기 오염물질의 농도
해양바다 및 연안	연·근해 지역		연·근해수 Algae농도
			연·근해지역에 사는 총 인구비율
	어장		주요종의 연간어획량
토양	사막화		사막화에 의해 영향을 받는 토양
	도시화		공식적·비공식적 도시지역
	농업	영양실조 인구를 15년 이전에 현재의 절반수준으로 감소	경작에 알맞고 영구적인 농경지역
			비료사용
			농약사용
	삼림	• 국제적으로 교역되는 모든 열대목재들은 00년까지 지속가능하게 관리된 삼림에 기초 • 국가적 목표는 지속된 약정 정책 하에 수립	토지에서 삼림지역의 비율
			벌목 정도
생물 다양성	생태계	2000년까지 주요 생태계를 위한 10%의 보호지역	핵심 생태계로 선정된 지역
			보호지역/전체지역
	종		핵심 종으로 선택된 종의 풍부성
맑은 물	수량	국가들 간 특정 국제조약들을 적용 시킬 때 까지 폐지를 연기	연간 유용수로서 회수되는 지하수, 지표수 비율
	수질	WHO의 마실 물의 질에 대한 지침에 근거한 국가 수질 기준	BOD
			신선한 물 대장균농도

21세기 들어서 국제 사회의 화두는 단연 '지속가능발전(sustainable development)' 이라고 할 수 있다. 이는 선진국과 개발도상국 모두에게 해당하는 이슈이다. 다만, 개발도상국의 경우에는 지속가

능한 발전을 이루기 위해서 '빈곤감소' (poverty reduction)라는 보다 근본적인 문제를 우선적으로 해결하여야 한다.

지속가능한 발전은 다소 모호한 개념이며 약한 지속, 강한 지속, 그리고 생태에 대한 철학을 포함한다. 서로 다른 개념은 또한 생태중심주의와 문화중심주의의 강한 긴장을 드러낸다.

대상 분야로는 농업(agriculture), 대기(atmosphere), 생물다양성(biodiversity), 생물학 기술(biotechnology), 능력 배양(capacity-building), 기후변화(climate change), 소비와 생산의 양상(consumption and production patterns), 인구통계(demographics), 사막화와 가뭄(desertification and drought), 재해 감소 및 관리(disaster reduction and management), 교육과 자각(education and awareness), 에너지(energy), 재정(finance), 숲(forests), 깨끗한 용수(fresh water), 건강(health), 인간의 정착(human settlements), 지표(indicators), 산업(industry), 의사결정과 참여를 위한 정보(information for decision making and participation), 통합된 의사결정(integrated decision making), 국제법(international law), 환경의 권리부여를 위한 국제협력(international cooperation for enabling environment), 제도적인 협정(institutional arrangements), 토지 관리 (land management), 주요 그룹(major groups), 산악(mountains), 국가적 지속가능한 발전전략(national sustainable development strategies), 해양과 바다(oceans and seas), 빈곤(poverty), 공중위생(sanitation), 과학(science), 소규모 군도(small islands), 지속가능한 관광(sustainable tourism), 기술(technology), 유해 화학물질 (toxic chemicals), 무역과 환경(trade and environment), 운송(transport), 유해 폐기물(hazardous waste), 방사성 폐기물(radioactive waste), 고체 폐기물(solid waste), 물(water) 등이다.

이 중에서 지속가능한 관광의 예를 들자면, 대중관광조차 믿기지 않을 만큼 파괴적인 활동으로 보는 시각도 있다. 개발도상국의 지역사회에서는 지역에 국한된 지구온난화나 사막화 등과 같은 시급한 환경문제의 해결과 관련된 다양한 프로젝트를 준비하거나 실행하고 있다. 예를 들면 커뮤니티기반 생태관광(community-based eco tourism)이 그것이다.

'빈곤감소' 와 더불어 '지속가능한 발전' 을 이루기 위해서 국제사회가 함께 해결해야 되는 중요한 이슈는 '기후 변화의 완화 및 적응' 에 관련된 도전과제들이다. '기후변화' 의 경우에는 선진국과 개발도상국 모두에게 해당하는 문제이지만, '기후변화' 로 인한 쓰나미, 이상 고온 현상, 태풍 등에 가장 민감하게 영향 받는 사람들은 역시 최빈국에 거주하는 빈민층이다.

이러한 국제적 이슈의 해결을 위해서 과학자와 공학자의 역할의 중요성이 날이 갈수록 증가하고 있다. 이러한 사실을 인식한 유네스코에서도 5년간의 준비 끝에 2010년 '공학: 발전을 위한 이슈, 도전, 그리고 기회' (Engineering: Issues, Challenges and Opportunities for Development)라는 공학 보고서를 발간하기에 이르렀다.

이 보고서는 공학에 관한 최초의 국제적인 보고서로서, 100명이 넘는 세계의 석학들의 기고로 이루어져있다. 이 보고서에서 미래의 공학자들은 '지속가능한 발전을 위한 공학' 분야에 매진하여야 하며, 빈곤감소 및 기후변화 이슈를 해결하는 첨병이 되어야 한다고 시종일관 주장하고 있다.

현재 유네스코한국위원회와 한국공학한림원이 공동으로 이 보고서의 한국어판 출판을 추진하고 있다. 또한 한국연구재단에서도 시대의 조류에 발맞춰서 올해 '지속가능 과학' 분과를 신설하고 연구개발비를 지원하고 있는 것은 매우 고무적인 일이다.

(4) 지속가능발전 기술

지속가능발전을 이야기할 때 빠질 수 없는 것이 적정기술(appropriate technology)이다. 적정기술은 1965년 독일의 경제학자인 슈마허가 남미에서 있었던 유네스코 회의에서 처음 주창한 것으로서 여러 가지 정의가 있을 수 있으나, 인간 중심의 기술, 현지의 실정에 맞는 기술, 에너지 및 자원을 낭비하지 않는 기술, 지속 가능성을 추구하는 기술, 인간 역량의 개발 및 일자리 창출을 지향하는 기술이라는 특성을 지니고 있다.

1970년대에 미국과 영국을 중심으로 인간 소외 및 환경 파괴를 야기하는 현대의 대량생산기술의 대안으로 크게 각광 받았으나, 지나친 이상주의 때문에 한때 주류사회에서 외면 받았다. 하지만 21세기 들어서 비즈니스와 디자인과의 융합 및 ' 지속가능한 발전 '에 대한 국제사회의 뜨거운 관심으로 인해 지금은 미국 등을 중심으로 지속가능한 발전을 위한 대표적인 기술로서 주류(main stream)를 이루고 있다.

이러한 영향으로 미국에서는 21세기 들어서 '지속가능한 세상을 위한 공학자회(Engineers for a Sustainable World)', '국경 없는 공학자(Engineers Without Borders)' 미국 지부 등이 대학교를 중심으로 설립되었으며 유능한 공학자들을 끌어 모으고 있다. 유네스코 보고서에서도 이 부분에 많은 지면을 할애하고 비교적 자세하게 다루고 있다.

한편 2007년과 2011년에 뉴욕에서는 '소외된 90%를 위한 디자인' 과 '소외된 90%와 함께하는 디자인' 전시회가 각각 열려서 세간의 큰 관심을 받은바 있다. 한국에서도 2006년부터 관련 기관들이 속속 생겨나고 있으며 대학과 민간단체를 중심으로 개발도상국의 빈곤 감소, 세계의 기후변화 완화 및 적응, 그리고 국제사회의 지속가능한 발전을 위한 하나의 도구로서 적정기술에 대한 연구가 수행되고 있지만 아직은 시작 단계이다.

현재 환경기술 패러다임이 사후처리 기술에서 사전오염예방기술로 변화하고 있으며 그 분야가 넓어지고 있다. 특히 화학산업의 경우 타 분야와 마찬가지로 BT, NT, IT 등의 첨단 신기술을 접목하려는 노력과 함께 전통적으로 제조방식의 혁신을 통한 청정생산의 구현으로 지속가능발전의 경향을 보이고 있다.

예를 들어, 미국의 화학산업협회의 'Responsible Care' 프로그램은 생산성 저하, 원료 및 에너지 고갈, 환경규제의 강화와 같은 복합적인 외부요인에 산업체가 자발적으로 대처하고자 사전예방적인 신기술 및 관리기술의 적용을 통한 단기적 체질개선으로 장기적 기업경쟁력 확보를 유도하고 있다.

생산현장 영역 내에서 용수와 에너지 사용효율을 제고하는 동시에 재활용하거나 미반응 원료물질이나 부산물 생성을 최소화한 후 잔여 발생물을 회수하는 경우도 있을 수 있으며, 최근 선진국에서는 이러한 자원활용 극대화와 오염발생 극소화의 개념을 단일 사업장으로부터 다수 사업장간의 연계에 적용하려는 생태산업단지 구축을 통해 시도하고 있다.

이렇듯 지속가능한 발전은 1987년 세계환경개발위원회(WCED)는 지속가능한 발전 개념을 소개하면서 경제주체별 역할 규명과 실천을 요구하고 있다. 특히, 기업은 생산과 소비의 정점에 있어 지속가능한 발전에 미치는 영향이 다른 경제주체에 비해 직접적이며, 광범위하여 기업경영활동에 대한 평가가 무엇보다 시급하다고 할 수 있다.

지속가능한 발전 개념을 모든 경제주체가 경제적, 환경적, 사회적 측면을 동시에 고려하면서, 현재는 물론 미래세대의 요구를 충족할 수 있는 상태로 정의하였다. 이는 지속가능한 발전이 특정 주체만의 역할과 의무만을 강조하지 않으며, 또한 경제적 측면이 강조되었던 기존의 틀에서 벗어나, 시간범주 역시 현재와 미래를 동시에 고려하여 경제주체별 역할에 따른 파급효과를 함께 반영할 것을 기대하고 있다.

(5) 지속가능발전 동향

영국은 1999년 "영국 지속가능발전전략 보고서"와 2000년 국가보고서인 'Achieving a Better Quality of Life-Review of Progress towards a Sustainable Development' 를 발간하였다. 영국의 지속가능발전전략은 국가전략과 산업전략으로 구분되어 있다. 국가전략에서는 목표로서 ①사회 모든 구성원의 필요를 인식하는 사회 발전, ②효과적인 환경보전, ③자원의 효율적 이용, ④경제적 고성장과 안정적 고용의 유지를 내세우고 있다. 산업전략에서는 전략목표로서 안정적인 경제성장과 고도의 자원생산성 증가 및 기업의 사회적 책임의 강화를 통한 환경보전 두 가지에 초점을 맞추고 있다.

우리나라도 2008년 8월 '저탄소 녹색성장' 이라는 국가비전을 발표하였고, 2009년 2월 대통령 직속 기구인 녹색성장위원회가 출범하였다. 녹색성장이란 에너지와 자원을 절약하고 효율적으로 사용하여, 기후변화와 환경훼손을 줄이고 에너지 자립을 이루며, 청정에너지와 녹색기술의 연구개발을 통하여 경제위기를 타개하고 신성장 동력과 일자리를 창출한다는 개념이다.

이를 통해 2020년까지 세계 7대, 2050년까지 세계 5대 녹색강국에 진입한다는 비전을 세웠으며, 이를 위하여 3대 전략과 10대 정책 방향을 정하였다. 3대 전략은 ①기후변화 적응 및 에너지 자립, ②신성장 동력 창출, ③삶의 질 개선과 국가 위상 강화 등이다.

그에 따른 10대 정책 방향은 ①효율적 온실가스 감축, ②탈석유 및 에너지자립 강화, ③기후변화 적응 역량강화, ④녹색기술 개발 및 성장동력화, ⑤산업의 녹색화 및 녹색산업 육성, ⑥산업구조의 고도화, ⑦녹색경제 기반조성(신성장 동력 창출), ⑧녹색국토 및 녹색교통 조성, ⑨생활의 녹색혁명, ⑩세계적인 녹색성장 모범국가 구현 등이다.

(6) 지속가능발전 전략

한편 기업차원에서도 지속가능전략이 수립되어 이행되기 시작하고 있다. 현재 다수의 세계적인 대기업들이 지속가능발전을 위한 기업의 책임을 강조하는 전략을 채택하고 있는데, 그 핵심은 환경경영과 청정생산이다.

최근에는 환경경영에서 한 발 더 나아가 '지속가능 경영' 이라는 개념이 채용되고 있는데, 이는 경제적·환경적·사회적 지속가능성이라는 세 가지 축으로 이뤄진다. 현재 Sony, Philips, 3M 등 세계적인 대기업들은 물론 국내의 삼성, LG, 현대·기아자동차, 포스코 등도 매년 지속가능성 보고서(또는 사회적 책임 보고서)를 발간함으로써 지속가능성을 위한 기업의 성과를 공개하고 있다.

기업에서 지속가능한 발전을 추진하는 경영전략으로서 환경경영시스템이 많이 활용되어왔다. 이는 기존의 대부분 경영전략들이 경제적 성과를 강조함으로써, 자원고갈과 생태계에 미치는 부정적 영향을 해결하기에 미흡한 반면 환경경영전략은 보다 실천적이며, 규범적인 경영전략으로서 위와 같은 문제점에 적극 대응할 수 있기 때문이다.

환경경영은 경영활동 전반에 걸쳐 환경측면을 고려하는 경영전략으로서, 경제적 수익성과 환경적 건전성을 동시에 달성하는 경영전략으로 정의되며, Christie(1995)는 환경오염의 사후처리에서 사전적 예방과 청정생산방식으로의 전환을 지원하는 실천방안으로 정의하고 있다.

환경경영전략과 경영성과에 미치는 선행연구를 살펴보면 Welch(2003)의 경우, 환경경영을 실천하는 기업으로 환경경영체제의 국제적 인증(ISO 14001)을 취득한 기업으로 규정였으며 경제적, 환경적 측면에서 인증을 취득하지 않은 기업과의 비교를 수행하였다.

첫째, 환경경영전략 단계에 따른 지속가능한 발전에 미치는 영향은 차이가 있으며, 이는 에코효율, 사전예방, 그리고 법규준수의 환경경영전략 도입 단계 순으로 성과가 우수한 것으로 분석되었다.

둘째, 경제적 성과가 높을수록 환경적 성과가 높으며, 환경적 성과가 높을수록 사회적 성과가 높은 것으로 나타났다. 다만 경제적 성과와 사회적 성과와의 상관관계는 불확실하지만 경제적 성과 제고를 통한 환경적 성과 제고, 그리고 이를 통한 사회적 성과의 제고로 이어지는 과정에서 가장 중요한 경제적 성과를 극대화할 수 있는 경제여건 조성이 제안된다.

셋째, 기업 규모에 따라 지속가능한 발전에 미치는 영향에서 차이가 있는 것으로 분석되었으며, 이는 환경경영전략 도입 수준 차이에 기인하는 것으로 분석되었다. 또한 두 집단 간 지속가능성에 대한 성과가 경제, 환경, 그리고 사회부문 등 전 부문에 걸쳐 차이를 발생시키는 것으로 분석되었다.

넷째, 환경경영전략의 도입기간에 따라서도 차이가 있는 것으로 분석되었다. 즉, 환경경영전략을 장기간 실천한 기업의 지속가능한 발전에 미치는 영향이 단기적으로 실천한 기업과 비교하여 우수한 것으로 분석되었다. 이는 환경경영전략의 도입단계의 차이에서 기인하는 것으로 이해될 수 있다. 이는 환경경영을 오랜 기간 동안 실천한 기업일수록, 환경경영 전략의 높은 단계인 에코효율 및 사전예방단계에 집중되어 있는 것으로 나타났다.

다섯째, 공기업과 일반기업 간 지속가능한 발전에 미치는 영향에서의 차이가 있는 것으로 분석되었다. 즉, 공기업의 지속가능한 발전에 대한 성과가 일반기업과 비교하여 높은 것으로 분석되었으며, 이는 환경경영전략의 도입단계에서 그 차이가 기인하는 것으로 나타났다. 즉, 기업의 환경경영전략 도입을 강화하거나 도입수준을 높일 수 있다면 기업의 규모, 환경경영의 실천기간, 그리고 기업형태에 따라 지속가능성에 대한 성과를 극대화할 수 있게 될 것이다.

사회적 기업의 역할은 사회적 기업을 육성하고 발전시키기 위해 보호된 시장 및 민관 인프라 육성, 조세 및 금융지원 확대 등과 같은 운영비용을 절감시키거나 수익창출 구조를 안정적으로 구축하기 위한 방안에 초점이 맞춰져 있다. 또한 사회적 기업은 나라 또는 지역의 사회 및 경제발전과 역사, 문화적 전통에 따라 다양한 형태로 발전해왔으며, 현재도 계속 진화 중에 있다.

사회적 기업의 두 가지 기능은 전 지구적 환경문제와 사회문제, 기업의 지속적인 생존가능성의 문제인 지속가능경영(sustainable management)과 일맥상통한다. 사회적 기업은 사회의 변화와 요구를 적극적으로 받아들여 경영활동 목표에 지속가능경영을 도입하고, 이를 구체화하는 방법으로 기업의 경영목표, 전략과 조직, 실행과제 등의 궤도를 수정하여 사회와의 적합성을 제고하려는 노력을 지속적으로 수행할 필요가 있다.

결과적으로 지속가능한 발전은 기업이 앞서 언급한 세 가지 책임활동을 강하게 추구해야한다는 경영이념으로써, 지속가능경영에 대한 효과는 기업 내 혁신, 윤리, 사회책임, 환경, 창조경영을 가져오며, 기업외적으로는 주주가치를 향상시킬 수 있고, 기업브랜드 명성과 고객만족도를 제고시킬 수 있다.

궁극적으로 기업이 지속가능경영 활동에 대한 노력을 수행하게 되면, 사회적 기업으로 진보할 수 있다. 그러나 국내 기업들이 지속경영활동을 한다 하더라도 그 진정성에 대하여 의문을 갖는 경우도 많다. 게다가, 기업의 경영방식을 근본적으로 바꾸기 보다는 보여주기 식으로 지속가능경영 열풍에 편승하려는 시도로서 폄하되고 있기도 한다.

지속가능한 발전이란 기업이 경영에 영향을 미치는 경제적, 환경적, 사회적 이슈들을 종합적으로 균형 있게 고려하면서 기업의 지속가능성을 추구하는 경영활동이라고 할 수 있다. 즉 기업들이 전통적으로 중요하게 생각했던 매출과 이익 등 재무성과뿐 아니라 윤리, 환경, 사회문제 등 비재무 성과에 대해서도 함께 고려하는 경영을 통해 기업의 가치를 지속적으로 향상시키려는 경영기법이다.

이를 실현하기 위한 세 가지 전략으로 경제적 신뢰성, 환경적 건전성, 사회적 책임성이 제시된다. 경제적 신뢰성은 가치창출 및 수익의 합리적 분배를 의미하고, 환경적 건전성은 사전적 환경관리를 의미하며, 사회적 책임성은 고용창출 및 인적자원 관련 인프라 개선을 의미한다.

따라서 지속가능한 발전을 위해 기업의 사회적 책임을 경영전략에 밀착시킨 경영형태를 뜻하며, 기업의 경제적 책임활동, 사회적 책임활동, 환경적 책임활동을 의미한다고 볼 수 있다. 지속가능경영에 대한 관심이 증대되면서, 주주나 다양한 이해관계자의 이익을 반영하고, 환경적, 사회적 책임을 다하면서 경제적 이익을 추구하는 기업만이 장기적으로 성장 가능하다는 패러다임의 전환이 급격히 진행되고 있다.

1.3.2 산업생태학

산업활동의 결과로 야기된 환경문제와 자원문제를 평가하고 최소화하는 것을 돕는 접근방식을 산업생태학(industrial ecology)이라 부른다. 산업생태학은 원료로부터 생산과 제품의 최종처분까지의 총체적인 물질순환의 최적화를 이루기 위한 접근방식이다.

산업생태학의 가장 중요한 개념의 하나는 산업도 생태계와 동일하게 폐기물을 배출한다는 점이다. 생태학이라 용어는 순환을 의미하며 이러한 순환개념은 산업활동에서 사용되는 모든 물질이 산업체 내에서 완전한 순환, 즉 무배출(zero-emission)을 이루고자 하는 것이 산업생태학의 목표라는 것을 의미한다.

산업생태학의 또 하나의 지향점은 환경문제가 나타난 후에 해결하는 것이 아니라 환경문제의 원인을 사전에 제거하는 데 있다. 이러한 점은 청정생산과 밀접한 연관관계를 맺게 한다.

제조업과 다른 모든 산업활동을 더욱 큰 생태학적 총체로 보고 있는 산업생태학은 이용과 처분을 포함하여 생산의 전 과정을 통해 기술과 제품, 제조공정의 환경적 영향을 감소하거나 제거하기 위해 설계와 제조활동에 대한 시스템적 관점을 취하고 있다. 또한 산업생태학은 지속가능한 산업활동의 미래에 대한 조직화의 틀로 등장하고 있다. 전략적 환경관리, 오염예방, 총체적 환경관리 등도 비록 산업활동에 의한 환경영향을 감소시키는데 효과적이지만, 근본적으로는 직선적인 물질흐름을 바탕으로 하고 있다.

따라서 여기서는 자연시스템과는 달리 산업시스템에서 루프를 폐쇄하지 않고 있다. 현재의 직선적인 시스템에서는 핵심적인 경제적 활동으로써 생산과 소비활동을 평가하기 위한 기초로서 물질 투입에 강조를 두고 있다.

산업생태학은 지속가능한 제조업 전략의 수행과 제품과 공정에 대한 산업적 설계에 대한 새로운 접근이다. 그것은 산업시스템을 주변 환경과 분리해서는 안되고 그들과 조화되어 관찰되어야 한다는 개념이다. 산업생태학은 원료로부터 생산된 물질, 구성품, 제품, 폐기물 그리고 최종처리에 이르기까지 전체 물질 순환의 최적화를 시도한다.

자연환경의 패턴은 환경문제를 해결하기 위한 모델로 택하여 그 과정에서 생산시스템을 위한 새로운 패러다임으로 창출된 것이 산업생태학이다. 본질적으로 산업생태학은 마치 산업의 하부구조가 자연적인 지구적 생태계와 상호작용하는 일련의 연계된 인공적 생태시스템인 것처럼 설계하는 것을 포함하고 있다.

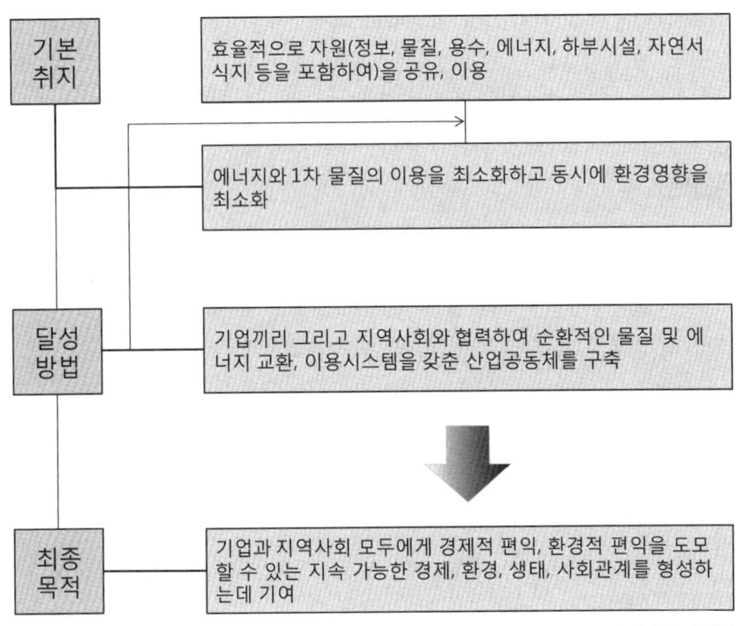

자료: 이재준 외(2003), 생태산업단지 개발전략 및 정책방향에 관한 연구, 협성대학교

〈그림 1-5〉 생태산업단지의 개념도

이러한 접근은 '요람에서 무덤까지' 의 생산철학을 포함하고 있다. '요람에서 재생적 생산까지' 라는 철학으로 이끄는 산업생태학은 몇 개의 특징적 요소를 가지고 있다.

- 추출단계부터 환경에 덜 해로운 물질 사용
- 유해하건 무해하건 원료저장의 필요성을 경감시킬 수 있는 시기적절한 물질이용을 지향하는 철학
- 유해원료를 제거하는 공정변경
- 폐기물 흐름에서 유해물질을 제거하고 처리하기 위한 공정변경
- 건전하고 바람직한 공정을 보장하기 위한 시스템적 접근
- 제품주기의 끝 부분에서의 재활용 가능성 고려

이러한 철학적 요소에 대한 의견불일치는 거의 없다. 그러나 그것을 어떻게 진행할 지에 대해서는 아직 합의에 도달하지 못했을 뿐이다. 산업생태학의 목적은 자원이용을 극대화하고 동시에 환경에 대한 파괴적 영향을 극소화하려는 것으로 다음과 같은 방법들을 포함하고 있다.

- 전체 산업과정을 통합해 자원의 극대 효율적 이용을 기하는 것
- 자원의 효용성을 극대화하는 것
- 자원의 획득과 처리과정 동안에 폐기물 발생을 최소화하는 것
- 제조과정 동안에 폐기물을 극소화하는 것
- 제조과정으로부터 발생하는 폐기물의 재이용 혹은 환경파괴를 극소화
- 제품의 처리와 궁극적인 재활용을 극대화하는 것
- 전 과정을 통해 에너지 소비를 극소화하는 것
- 모든 부문에서 환경영향을 극소화하는 것

자연환경은 완전한 순환체계이고, 끊임없이 물질을 변형시키고 순환시킨다. 산업생태학은 이와 유사한 순환원칙 하에서 작용하여 환경적으로 건전한 산업시스템을 창출하는데, 이로 인해 에너지이용, 자원소비, 폐기물 배출을 극적으로 줄이게 된다. 전체적으로는 자연 생태계의 원칙을 적용함으로써 산업생태학은 효율적일 뿐 아니라, 자연시스템에 본질적으로 적응할 수 있기 때문에 산업생태학은 완전히 환경적으로 건전한 것이다.

이렇듯 산업생태학은 물질의 흐름을 경제적으로 연구하고 보다 효율적인 물질의 사용을 추구하는 학문으로 볼 수 있다. 예를 들어, 폐기물의 전환으로 폐기물 양을 줄이거나, 원료물질의 채취 필요성을 줄이고 폐기물 흐름에서 가치 있는 성분을 회수하는 것 등이 있다.

덴마크의 주요 산업단지의 하나인 Kalundborg는 1961년부터 1989년까지 약 10개의 리사이클링 관계가 형성되면서, 폐기물과 에너지 교환설비 제조를 위한 생태산업단지가 성공적인 예로 들 수 있으며, 제련소와 열병합발전소를 포함한 9개의 독립적인 기업들로 구성되어있다(〈그림 1-6〉).

제조업체들 사이의 폐기물 교환을 통한 산업공생을 모델로 하는 것으로 한 공장에서의 폐기물이 다른 공장의 자원으로 변화하는 재활용과 원료의 에너지 소비의 절감을 목표로 하고 있다. 또한 미국 등지에서도 이를 위한 생태단지 조성이 활발하게 이루어지고 있는 실정이다. 따라서 산업생태학이란 용어는 사회나 생태계와 같은 고차원적인 조직으로서의 자연이 산업활동을 보다 효율적으로 혹은 지속가능하게 도와줄 수 있음을 의미한다.

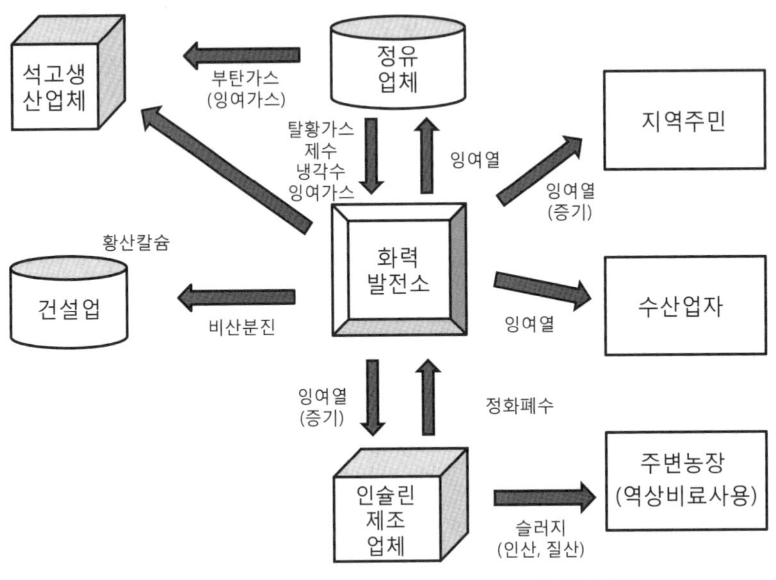

〈그림 1-6〉 덴마크 칼룬보르그의 산업공생 개념도

산업생태학은 미국의 에어스(Ayres, 1989)가 처음 연구하기 시작한 '산업물질대사' 에 관한 연구를 계기로 발전되기 시작했다. '산업의(industrial) '라는 말과 '생태학(ecology)' 이라는 말을 연결시켜 새로운 학문분야를 만들었다는 것은 이전에는 대립적이던 두 분야를 결합하려는 시도로 이해된다.

티브스(Tibbs, 1992)는 산업생태학을 '마치 산업이 자연의 생태시스템과 조화를 이루는 일련의 상호 연결된 인위적 생태시스템인 것처럼 산업의 인프라를 설계하는 것' 으로 정의하고 있다.

즉 자연생태시스템에 대한 이해를 이용하여 인공의 생산시스템에 적용하는 것을 산업생태학이라고 이해하고 있는 것이다. 그러나 프로쉬(Frosch, 1995)는 산업생태학을 물질흐름의 관점에서 정의하고 있다. 그는 산업생태학을 '물질과 에너지를 보존하고 환경을 보호하기 위해서 물질순환루프를 효과적으로 폐쇄하는 것' 이라 정의하고 있다.

그 외에도 산업생태학에 대한 정의는 다양하지만, 이들이 산업생태학을 통해 달성하려는 목적은 비교적 명확하다. 대개의 산업생태학자들은 자원이용을 극대화하는 동시에 환경에 대한 영향을 극소화하기 위해 자연생태계를 모델로 한 '폐순환시스템(closed-loop system)' 혹은 '자원이용의 순환구조' 를 만드는 것이 산업생태학의 목적이라 보고 있다. 산업생태학의 연구분야로는 다음과 같은 예를 들 수 있다.

❶ 산업물질대사(industrial metabolism)

'산업물질대사' 는 에어스(Ayres, 1989, 1994, 1996)의 연구를 주축으로 하고 있다. 이것은 생물권으로부터 산업시스템을 통해 다시 생물권으로 들어가는 물질과 에너지의 흐름을 분석하려는 접근방법이다.

산업물질대사의 연구자들은 자연생태계는 재활용에 의한 순환적인 물질흐름이지만, 산업시스템은 과도한 물질 집중으로 인해 오염을 유발시키고 자원을 낭비하는 물질흐름이라 보고 있다. 그러므로 이들은 산업전체를 통해 물질흐름의 경로를 추적하고, 이 과정에서 물질이용의 낭비적 측면을 개선하려는 방향으로 연구의 초점을 맞추고 있다.

❷ 구조경제학의 동적 투입·산출모형 (structural economics' dynamic input-output models)

'구조경제학의 동적 투입·산출모형' 연구는 기술변화가 경제 산업 생태계에 주는 변화를 분석하는 것이다. 따라서 이것은 산업변화에 대한 가능한 여러 시나리오들의 영향을 분석하는 수단으로 이용될 수 있다. 예를 들어 자동차 제조업자들이 승용차의 수요증가에 대한 미래의 전망과 그에 따른 환경영향을 분석할 필요가 있을 경우, 이 분석방법은 물질과 에너지에 대한 수요변화의 영향, 자동차 제조의 효율성, 신규 공장건설 사업 등에 따른 경제적. 환경적 비용 등을 고려할 수 있게 한다. 그래서 분석의 결과, 기업경영자로 하여금 사업의 실천가능성 등을 엄밀하게 판단할 기회를 제공할 수 있는 것이다.

❸ 탈물질화(dematerialization)

'탈물질화' 라는 용어는 종종 최종생산품에 이용된 물질의 무게가 시간에 따라 줄어드는 현상을 지칭하는데 이용되었다. 또한 생산품에 들어있는 에너지의 감소현상을 의미하기도 한다. 그러나 일반적으로 '탈물질화' 는 선진 산업국가에서 볼 수 있는 것처럼 물질과 에너지 이용에서 '강도(intensity)' 의 쇠퇴를 의미하는 것이다.

❹ 에너지 이용의 체계적 패턴 (systematic patterns of energy use)

'에너지 이용의 체계적 패턴 연구' 는 주로 산업에서 이용되는 에너지의 양에 연구의 초점을 두고 있다. 이 분야의 연구자들은 에너지가 마치 산업활동의 혈액처럼 작용하지만 실제 에너지의 추출, 운송, 가공, 이용, 과정이 환경에 영향을 주는 가장 중요한 요인이라 보고 있다.

❺ 환경을 고려한 설계 (DfE: Design for Environment)

환경을 고려한 설계를 위해서는 단순히 오염발생 과정만을 고려하기 보다는 제품의 생산방법, 생산요소, 운송 및 유통, 사용 및 사용 후 처리까지를 종합적으로 고려해야하기 때문에 이들 과정을 독립적으로 보지 않고 통합적 관점에서 접근할 필요가 있다. 이것은 설계단계부터 원료와 구성요소의 환경성을 검토해야 이용자원 및 폐기물 발생을 최소화시킬 수 있으며, 재사용 또는 재활용의 범위를 확대할 수 있을 뿐만 아니라 환경적으로 우수한 제조공정이나 생산방법을 채택할 수 있다.

❻ 산업생태시스템

산업생태시스템은 '산업공생(industrial symbiosis)' 의 결과로 나타나는 생산시스템이다. 그리고 산업생태시스템의 목표는 폐기물을 폐기 방출하는 대신 자원 혹은 '순환원료(feed stock)' 로 이용되는 통합된 '산업단지(industrial complexes)' 를 개발하는 것이다. 그러므로 물질이나 생산품에 초점을 두는 접근법들과는 달리 공생적 접근은 생산시스템의 변형을 지향하고 있다.

최근의 산업생태학은 단기간적인 화제보다는 장기간에 걸친 생존 적합성에 초점을 둔다. 경제적인 활동과 공존하는 환경영향이 정량화되면서 물질흐름에 초점을 맞추어 특징지을 수 있다. 국내에서도 이미 10여 년 전부터 산업단지를 조성하고 공업의 합리적 배치유도, 공장의 원활한 설립과 생산활동 지원을 하고 있다. 한국의 전통적인 산업단지의 노후화 및 공동화의 형태에서 급격한 산업환경 변화의 추세에 대응하기 위해서는 다양한 노력이 필요할 것이며, 생태산업단지에 관한 기본연구, 정책토론회 및 논문발표 등 실증적인 단지 조성을 위한 기초가 필요할 것이다(〈그림 1-7〉).

이러한 지속가능한 산업발전을 위해서는 개별기업 차원에서의 환경문제를 해결하는 것도 중요하지만 산업적 측면에서 접근하는 것이 바람직하고 기업들의 상호 연계되는 생산시스템의 개발이 시급한 것이다.

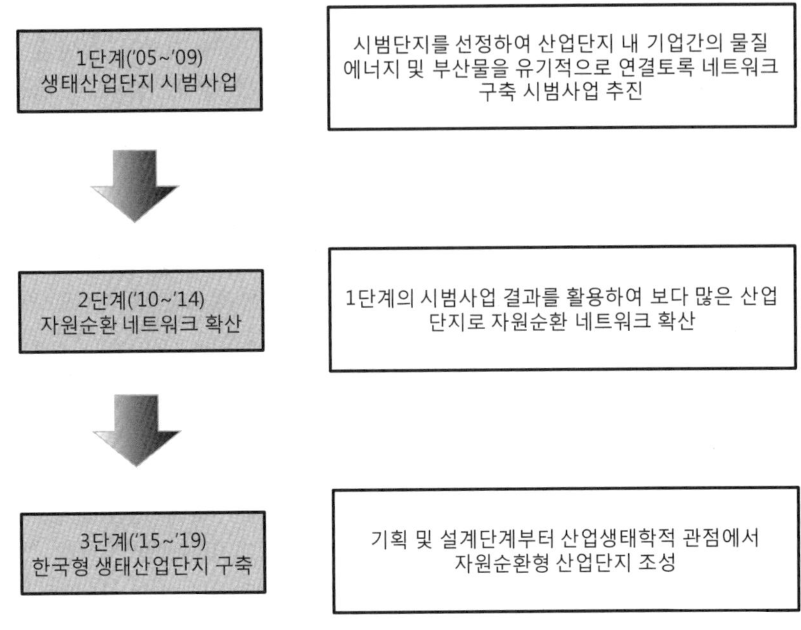

자료: EIP생태산업단지(www.eip.or.kr)

〈그림 1-7〉 한국의 시범생태산업단지 개발사업 추진전략

따라서 산업생태단지는 산업생태학의 개념을 도입하여 청정생산이 되도록 설계, 개발하고 운영하는 산업단지를 말하며, 기업간의 생태학적 연결을 통해 물질과 에너지의 사용과 오염물 발생을 최소화하는 유기적 관계로 구성되어야 한다.

생태산업단지의 필요성은 지속가능한 산업시스템의 구축과 전통적 제조업 중심의 산업단지에 대한 정부 정책적 배려, 그리고 산업입지정책에 대한 보완책 등으로 볼 수 있는데, 이를 통해 기업, 환경, 사회 및 국가적인 측면에서의 이점이 나타난다.

생태산업단지(eco-industrial parks)의 개념은 따라서 산업생태학적 발상에서 기인되며 다양한 정의를 지니고 있다. 덴마크를 시초로 현재는 전 세계적으로 약 150여 개의 생태산업단지가 개발되고 있음을 추정할 수 있다.

미국의 메릴랜드 주 볼티모어(Baltimore)시에 위치한 페어필드(Fairfield) 생태산업단지는 전형적인 농촌으로 석유 및 유기화학산업을 아스팔트제조업, 화학업체, 운송업체, 트럭회사, 타이어재생기업, 박스제조업체 등의 대기업들과 이를 지원하는 중소기업으로 결합된 지역으로 변환되면서 지역의 환경이 심각하게 손상되기 시작하였으며, 테네시 주의 차타누가시와 아이오와 주의 Cedar Rapids 같은 경우도 같은 이유로 생태단지의 조성이 이루어졌다.

〈표 1-3〉 산업단지별 특성

구 분	전통적 산업단지	첨단산업단지	생태산업단지
목 표	산업성장	과학 및 기술발전	지속가능한 기술개발
업종별특성	굴뚝업종	친환경업종	제조업 중심
기업 간 네트워크	약한 네트워크 (경제/관리측면)	약한 네트워크 (관리측면)	강한 네트워크 (환경/경제/관리측면)
환경관리	사후관리 위주	오염업종 회피	사전예방 위주
폐기물관	폐기/처분의 대상	산업과정의 부산물	자원 비효율/불용자원
청정기술	매우 약한 기술연관	강한 기술연관	매우 강한 기술연관
지역연계	약한 지역연계	매우 약한 지역연계	강한 지역연계
주요관계	기업-기업	기업-정부-기관	기업-정부-기관-주민
주민참여	거의 없음	약간 참여	적극 참여
토지이용	단일 토지이용	규제적 토지이용	복합적/압축적 이용
공생관계	경제적 공생/편리공생	경제적 공생 협동	환경적/상리 공생
규제적용방식	명령지시적 규제	동기주의적 규제	결과주의적 규제
기업관계	수직적 관계	수평적 관계	수직/수평적 관계
정책유형	흑점정책 (black-spot policy)	청정산업정책 (clean industry policy)	생태산업정책 (eco-industrial policy)
산업유형	동맥산업 위주	R&D 위주	정맥산업 보완
환경규제	직접규제 중심	직접규제 위주	영향권별 간접규제
개념적용	수단적 성격	목표적 성격	절차적 성격
산업단지의 예	반월/시화/울산 등 대부분의 기존 산업단지	대덕단지, 오송생명단지, 송도 테크노파크 등	해외사례 다수 최근 울산산업단지 등

자료: 국가청정생산지원센터(2010) , 청정생산기술에서 녹색기술까지 제1권 녹색산업

그 밖에 캐나다의 Burnside, 일본의 Kokubo, Fujisawa, 중국의 환경보호총국에서 2006년부터 실시하고 있는 생태공업연구단지 조성, Guitang Group, 영국의 NISP(Natioanl Industrial Symbiosis Program)을 비롯하여 유럽에서도 많은 사례를 찾아볼 수 있으며, 한국도 반월 시화단지, 울산미포, 온산 산업단지, 여수 등 전국을 광역적으로 구분하여 네트워크를 추진 중에 있다.

1.3.3 전 과정평가

전 과정평가(LCA: Life Cycle Assessment)는 '원료 조달, 가공, 제품 제조, 사용 및 폐기 등의 과정에서 사용되는 에너지와 물질, 배출되는 폐기물을 규명하고 정량화함으로써 제품 및 공정과 관련된 환경부하를 평가하는 과정' 으로 정의된다.

전 과정평가는 원료부터 폐기에 이르기까지 전 과정 동안 제품으로 인해 발생하는 환경부하를 측정하고, 이것이 환경에 미치는 영향을 분석하는 방법이다. 이러한 전 과정평가의 목적은 일반적으로 다음과 같다.

- 기업은 자사 제품의 환경영향을 전 과정에 걸쳐 평가하여 환경개선의 기회와 우선순위를 파악할 수 있다. 궁극적으로는 제품의 환경성과를 향상시키고 기업의 경쟁력을 제고하는데 그 목적이 있다.
- 제품의 환경측면과 그 영향에 대한 정보를 소비자에게 제공하여 소비자의 구매 결정에 도움을 줄 수 있다.
- 정부나 공공기관의 정책 결정시 필요한 자료를 제공하여 관련 정책의 실효성을 높일 수 있다.

전 과정평가는 1960년대 미국 에너지부에 의해 처음으로 에너지 분야에 도입되었으며, 당시 제지·철강·정유 등의 산업을 대상으로 전 과정 동안 사용되는 에너지의 양을 파악하는데 활용되었다.

석유파동이 끝난 후인 1970년대 후반 들어서 전 과정평가가 에너지 사용량보다는 환경오염에 대한 분석에 적극 활용되었으며, 1990년대 이후 제품의 전 과정에서 야기되는 환경오염에 대한 사회적 관심이 높아지면서 그 평가 방법론이 정립되기 시작했다.

전 과정평가를 본격적으로 연구한 대표적인 단체는 환경독성학 및 화학협회(SETAC: The Society of Environmental Toxicology and Chemistry)였다. 1990년 SETAC이 개최한 회의에서 전 과정평가의 전반적인 기술체계, 영향평가, 데이터 품질 및 구체적인 실행방안에 대한 논의가 이루어졌으며, 이를 통해 그에 대한 국제적 공감대가 형성되었다.

ISO(International Organization for Standardization)의 TC207은 1993년부터 전 과정평가에 대한 표준화 작업을 시작했으며, 1997년 ISO14040을 규격화한 이후 지속적으로 전 과정평가의 표준화 작업을 진행하고 있다.

전 과정평가의 실행과정은 일반적으로 목적 및 범위정의, 전 과정 목록분석, 전 과정 영향평가, 개선평가 등 네 단계로 되어 있다. 다만, ISO에서는 개선평가 단계가 각 기업의 특성에 따라 다르게 나타남으로 인해 표준화하기 어려우므로, 이를 결과 해석단계로 대체하여 구분하고 있다.

전 과정평가는 일단 그 목적과 범위를 설정한 다음, 평가 범위로 설정한 시스템에 들어오고 나가는 모든 에너지, 원료, 부산물 및 환경오염물질에 대한 데이터를 기록하여 목록화하는데, 이를 전 과정목록이라고 한다. 이어 전 과정목록에 기록된 지표들이 환경에 미치는 영향을 평가하는 전 과정 영향평가의 과정을 거치며, 여기서 나온 결과를 토대로 중요한 환경 이슈를 찾는 해석 단계가 이어진다(〈그림 1-8〉).

전 과정평가의 가장 기본적인 용도는 기업의 의사결정자에게 제품이나 공정 등 기업활동이 환경에 어떤 영향을 미치는가를 이해할 수 있도록 정보를 제공하는데 있다. 이를 통해 의사결정자가 여러 대안 중 하나를 선택할 때 좀 더 환경적 측면을 고려하여 결정을 내릴 수 있도록 하는 것이다.

전 과정평가는 다음과 같이 활용이 가능하기 때문에 기업의 전략적 의사결정 및 정부의 정책 수립을 위한 의사결정 지원도구로 유용하게 활용될 수 있다.

❶ **기존 공정이나 제품에 대한 전 과정평가:** 전 과정평가는 기존공정이나 제품의 환경성과 개선이 필요한 부분을 확인할 수 있게 해준다. 즉 환경피해의 주원인이 되는 공정이나 부품을 규명하여 개선함으로써 기업의 환경성과를 도울 수 있는 것이다.

❷ **제품 간 비교:** 전 과정평가는 비슷한 기능의 제품들을 서로 비교하는 데 활용 될 수 있다. 예를 들어 환경성과를 기준으로 천 기저귀와 종이 기저귀를 비교하거나, 음료수 포장에 쓰이는 알루미늄 캔과 유리병, 페트병 등의 환경영향을 비교할 수 있게 한다.

❸ **전략적 의사결정 지원:** 전 과정평가는 기업의 기획, 협력업체 관리, 연구개발, 제품 및 공정설계 등의 전략적 의사결정에 활용할 수 있다.

❹ **정부 정책 수립을 위한 의사결정 지원도구:** 전 과정평가는 정부의 정책 수립시 의사결정 지원도구로도 사용이 가능하다. 새로운 규제를 도입할 경우 이러한 규제가 미칠 영향에 대해 전 과정평가를 실시하여 최적의 대안을 모색하는 것이 가능하다.

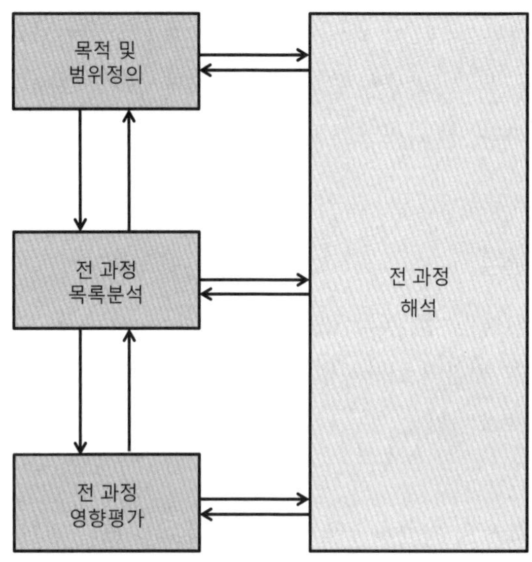

자료: 중소기업그린넷(http://www.greenbiz.go.kr), 본 녹색경영기법을 적용하기 전에

〈그림 1-8〉 전 과정평가의 구조

각국 정부에서 시행중인 환경라벨링 제도에서도 전 과정평가를 적용하고 있다. 미국 환경보호국은 친환경 상품을 우선구매하고 있으며, 환경적으로 우수하다는 것을 입증하기 위해 전 과정평가 기법을 활용한다. 이러한 예는 미국뿐만 아니라 오스트리아, 캐나다, 프랑스, 독일, 네덜란드 등 여러 국가에서 찾아볼 수 있다.

한편, 위에서 제시한 다양한 활용방안에도 불구하고 전 과정평가가 지닌 문제점이나 한계에 대해서 많은 주장이 제기되었다. 지금까지 지적된 한계점에 대해 요약하면 다음과 같다.

- 시스템 경계의 설정, 데이터 확보, 영향범주 선정 등 전 과정평가의 핵심사항과 평가과정에서 설정하는 가정이 주관적으로 결정되는 경우가 많아 객관성 확보가 어렵다.
- 목록분석이나 환경영향평가 때 사용하는 모형은 여러 가지 가정을 바탕으로 설정되므로 완결성이 확보되지 못하고 모든 잠재적 영향을 충분히 반영하지 못하는 경우가 있다.
- 특정 국가나 지역의 환경 여건은 국제적 환경 여건과 다른 경우가 많기 때문에, 범지구적 또는 지역적 환경문제에 적합하게 마련된 각종 평가기준과 데이터를 다른 국가나 기업 단위에 적용할 경우 부적합한 결과가 도출될 우려가 있다.
- 관련 데이터의 활용 가능성, 접근 가능성, 데이터의 질 등에 따라 전 과정평가의 정확성이 크게 영향 받을 수 있다.
- 영향평가에 사용되는 목록 데이터는 공간적, 시간적 특성에 따라 변하기 마련이므로, 영향평가 결과가 정확하지 않을 우려가 있다.
- 투입비용에 비해 평가 결과의 실효성이 크지 않을 수 있다.

이러한 문제점에도 불구하고 전 과정평가는 제품의 환경성을 평가할 수 있는 좋은 방법으로 크게 주목받고 있다. 그러나 영향 평가의 해석단계에서는 주관적 요소가 상당부분 포함될 수밖에 없기에 더욱 신중해야 한다. 평가주체, 목적, 대상을 명확히 하고 객관성과 투명성을 최대한 확보하기 위해 노력하는 것이 무엇보다 필요하다. 전 과정평가에 대해서는 3장 1절에서 자세히 설명하기로 한다.

1.3.4 환경경제 효율성

1987년 처음 등장한 지속가능한 발전(sustainable development)의 개념은 1992년 리우회담과 2002년 요하네스버그 회담을 통하여 21세기의 가장 중요한 이슈 중 하나로 언급되고 있다. 환경경제 효율성(eco economic efficiency)이란 정부, 기업, 개인의 지속가능성을 달성하기 위한 구체적인 방법론으로 정의할 수 있다.

이에 기업들이 환경경제 효율성의 잠재적 중요성을 인지하고 이를 구체적으로 실현하기 위해 세계지속가능발전협의회(WBCSD: World Business Council for Sustainable Development)가 설립되었다. 국가별로 환경경제 효율성에 대한 개념 정의 및 지수개발 방법론에 있어 다소 차이는 있으나 근본적인 개념은 WBCSD의 정의와 동일하다.

일반적인 환경성평가는 기업의 환경경영활동의 성과를 측정, 분석 및 평가하는 방법으로, 기업활동에 따른 환경위해성과 환경영향부하를 고려해서 작성된 환경성과지표에 근거해서 수행하고 일정기간동안 기업이 증진하고자 하는 목표를 달성하기 위해 도입하는 방법이다. ISO, UNCSD, WBCSD, GRI, OECD, UNEP/Sustainability 등이 대표적인 해외의 환경성과평가의 동향으로 볼 수 있다.

이를 위해 환경회계시스템(environmental accounting system)이 등장하게 되었는데, 이는 기업 활동의 환경영향과 환경개선 활동의 내용 및 성과를 측정하고 분석하여 그 정보를 이해관계자에게 제공해 주는 일련의 과정으로 볼 수 있다.

여기서, WBCSD는 환경경제 효율성의 개념을 진화하는 것으로 보고 세 가지 발전단계를 정의하였다. 첫째 단계는 공정의 효율성을 증대시키는 것으로서, 이는 생산비용의 절감을 의미한다. 둘째 단계는 새롭고 보다 나은 신상품을 개발하여 기업이익을 창출하는 것이다. 최종 단계는 원재료에 집중된 제품에 의존하기보다는 새로운 서비스 창출을 가능하게 하는 시장 메커니즘을 변화시켜 물질사용 절감과 소비패턴 변화를 달성하는 것으로서, 이는 궁극적으로 지속가능성 달성을 의미한다.

결국 에코효율성(eco-efficiency)은 창출된 제품 및 서비스의 가치(product and service value)를 환경영향(environmental influence)으로 나눈 값으로 평가된다. 경제성과와 환경영향의 비율로 제시되는 환경경제 효율성은 그 명쾌함과 포괄성이 장점인 동시에 끊임없는 도전의 대상이다. 현재 거론되는 가장 대표적인 이슈는 환경경제 효율성이 과연 지속가능성 달성에 있어 얼마나 효과적인지에 대한 논란이다. 물론 이러한 논쟁을 제공하는 대부분의 연구자도 현실적인 효용성에 대해서는 인정하고 있지만 경제적인 산출 및 증가가 자칫 늘어나는 환경영향을 무시하게 할 수 있는 한계를 지적하지 않을 수 없을 것이다.

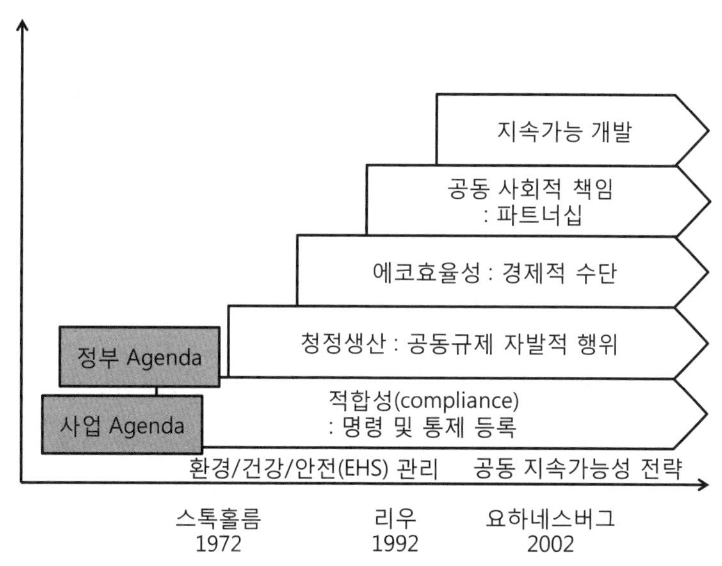

자료: (주)에코프론티어(2007), 에코효율성 평가지수와 소프트웨어 개발 및 보급 확산, 환경부

〈그림 1-9〉 WBCSD의 환경경제 효율성의 개념

WBCSD는 환경경제 효율성 지수를 〈그림 1-10〉과 같이 기업특화지수와 일반적 지수로 구분하고, 〈표 1-4〉와 같이 지수의 개발을 위한 8가지 기본원칙을 제시하였다.

미국MIT의 Ehrenfeld 박사는 단기적으로 환경경제 효율성이 지속가능성을 위한 좋은 방안임에는 틀림없지만 중장기적으로는 새로운 접근법이 필요하다고 설명하였다. 보다 넓은 시각에서 환경경제 효율성의 발전방향을 모색한 연구들은 자원생산성의 향상측면에 있어 산업생태학(industrial ecology)의 중요성에 의견을 같이 하였고 상대지표인 환경경제 효율성의 한계를 뛰어넘기 위하여 에코효과성(eco-effectiveness)에 대한 접근이 필요하다고 지적하였다. 그러나 이 부분에 대해서는 아직 명쾌한 개념적 발전이 이루어지고는 있지 않은 상황이다.

국제학회의 핵심적인 의제였던 정량적 측정방법에 대해서 그 동안의 연구결과에 대한 활발한 논의가 이루어졌다. 전체적으로 여러 연구결과가 발표되었지만 서로 상이한 평가방법론을 통하여 환경경제 효율성을 평가하고 있다.

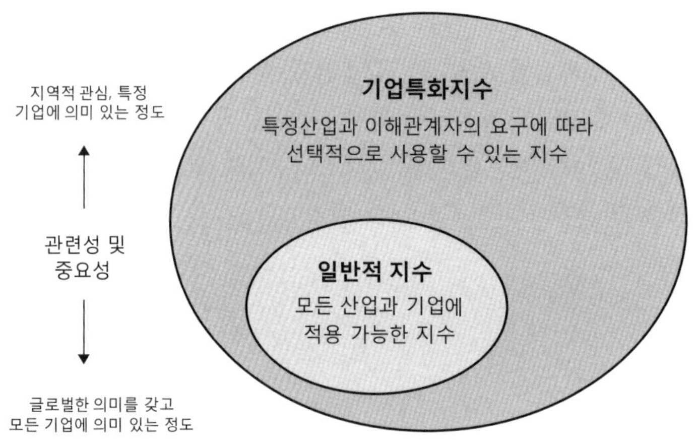

자료: (주)에코프론티어(2007), 에코효율성 평가지수와 소프트웨어 개발 및 보급 확산, 환경부

〈그림 1-10〉 환경경제 효율성 지수의 구분

〈표 1-4〉 환경경제 효율성 지수 개발을 위한 8가지 기본원칙

	환경경제 효율성 지표의 8가지 기본 원칙
1	환경과 인간 건강 및 생활의 질 개선에 관련될 것
2	기업의 성과개선을 위한 의사결정과정에 도움이 될 것
3	산업별 특성에 따른 지수개발이 이루어질 것
4	제품 및 서비스의 환경 효율성 개선을 평가할 시 지속적으로 일관성을 유지할 것
5	명확히 정의되며, 측정 가능하고, 입증 가능할 것
6	이해 관계자들에게 의미가 있어야 할 것
7	기업의 생산활동 분야에 있어 직접적인 관리통제 성격을 지닌 모든 분야에 초점을 맞추어야 할 것
8	기업의 상류부문(부품 공급자)과 하류부문(제품사용)측면과 관련된 주요 이슈를 고려할 것

자료: (주)에코프론티어(2007), 에코효율성 평가지수와 소프트웨어 개발 및 보급 확산, 환경부

환경경제 효율성 측정에 대한 방법론이 많이 개발되고는 있지만 아직 명확히 환경경제 효율성을 측정하기 위한 일반적이며 구체적인 합의가 도출되지 못하고 있는 상황이다. 환경경제 효율성 측정방법론의 핵심적인 관건은 크게 네 가지로 요약할 수 있다.

첫째는 환경경제 효율성 지수에서 분모와 분자를 구성하고 있는 경제가치와 환경영향을 어떻게 측정할 것인가에 대한 논의이다. 〈표 1-5〉에서 볼 수 있듯이 단위요소 별 경제가치로 측정할 수도 있고 (예: 자원사용량, CO_2배출량 등), 한 가지 환산인자인 환경영향으로 측정된 분모를 사용할 수도 있다. 또한 특정 제품의 환경경제 효율성을 측정할 때 환경영향을 전 과정평가에 의한 환경영향으로 사용해야 하는지, 경제가치도 전 과정에서 창출된 가치를 사용해야 하는지도 논의의 핵심에 있다고 볼 수 있다.

〈표 1-5〉 환경경제 효율성의 평가 요소

<table>
<tr><th>범주</th><th>환경영향</th><th>경제가치</th></tr>
<tr><td rowspan="4">요소 유형</td><td>단위요소(자원, 에너지 물, 폐기물)</td><td>생산량</td></tr>
<tr><td rowspan="3">종합요소(종합환경영향)</td><td>매출액</td></tr>
<tr><td>생산성</td></tr>
<tr><td>ROE, ROI</td></tr>
<tr><td rowspan="3">평가범주</td><td colspan="2">생산공정(Gate to Gate)</td></tr>
<tr><td colspan="2">상위과정(Cradle to Gate)</td></tr>
<tr><td colspan="2">전 과정(Cradle to Grave)</td></tr>
</table>

자료: (주)에코프론티어(2007), 에코효율성 평가지수와 소프트웨어 개발 및 보급 확산, 환경부

둘째, 상대지표인 환경경제 효율성이 가지는 취약점에 대한 대안이 요구되고 있다. 어떤 A 제품에 대해 경제가치 창출이 4배 증가하고 환경영향이 두 배 증가한다면 환경경제 효율성은 2배로 증가하게 된다. 그러나 환경배출물이 2배 증가한 상황이 이해 타당한 것인가에 대해서는 현재의 지표를 통해 설명을 할 수 없는 문제점을 가지고 있다. 셋째, 환경경제 효율성 평가가 지수 형태로 이루어져야 하는 가의 여부이다.

지수라는 것은 차원을 갖지 않는 단순한 숫자로써 이를 위해서는 분모와 분자의 차원이 같아야 한다. 하지만 환경경제 효율성에서 분모와 분자의 차원이 서로 상이하여 지수화하기 어렵다. 이에 대한 논의는 첫 번째 논의와 맥을 같이 하는 것이다.

마지막 논의는 산업생태학 또는 전 과정적 관점에서 재활용의 영향을 환경경제 효율성 지수로 포함하는 방법에 대한 것이다. 이 역시 첫 번째 논의와 연계되어 있는 것으로 WBCSD가 제안한 현재의 측정방법에 따르면, 재활용에 의하여 환경경제 효율성이 향상될 수 있는 부분은 평가할 수 없다는 한계가 있다.

예를 들면 재활용 자원 사용이 많은 산업 및 기업의 경우는 환경영향을 줄이는 방향으로 경영활동을 진행하지만 환경경제 효율성 평가에는 적절히 고려되지 못하는 상황이다. 이와 같이 환경경제 효율성에 대한 개념적 정의는 어느 정도 합의된 수준임에도 불구하고, 이를 위한 일반적이며 구체적인 방법론 개발을 위해 많은 노력을 진행하고 있는 상황이다.

Chapter 02

청정생산 수행절차 및 분류

Chapter

02 청정생산 수행절차 및 분류

청정생산 수행기법에는 US EPA(Environmental Protection Agency) 방법론, 녹색생산성 등 여러 가지가 있는데 세부적인 실행도구에서만 차이가 있을 뿐 실행과정에는 큰 차이가 없다. 본 장에서는 EPA 방법론에 대해서 간단히 소개하고자 하며, 이 방법은 듀폰 등이 EPA와의 공동프로젝트 수행 등으로 이미 그 효과가 입증된 것이다.

2.1 청정생산 수행절차

청정생산 수행기법에는 US EPA(Environmental Protection Agency) 방법론, 녹색생산성 등 여러 가지가 있는데 세부적인 실행도구에서만 차이가 있을 뿐 실행과정에는 큰 차이가 없다. 본 장에서는 EPA 방법론에 대해서 간단히 소개하고자 하며, 이 방법은 듀폰 등이 EPA와의 공동프로젝트 수행 등으로 이미 그 효과가 입증된 것이다.

EPA 방법론이 제시하는 청정생산을 위한 수행절차는 〈그림 2-1〉와 같은 흐름도로 나타낼 수 있으며, 다음과 같이 크게 4단계로 요약할 수 있다.

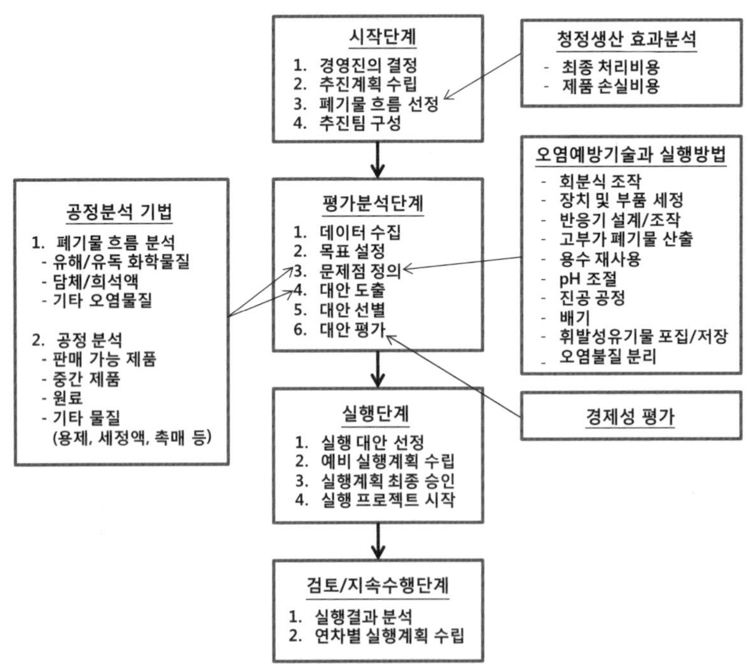

자료: 김현수 외, 청정생산시스템의 실행모형에 관한 연구, 대한상공회의소

〈그림 2-1〉 청정생산기법 적용 흐름도

- **1단계(시작단계)**: 추진팀을 구성하여 목표를 설정하는 단계
- **2단계(평가분석단계)**: 현장자료를 수집, 분석하여 대안(개선안)을 도출하는 단계
- **3단계(실행단계)**: 대안을 분석하고 평가하여 실행하는 단계
- **4단계(검토/조치 단계)**: 실행 결과를 점검하고 지속적 수행을 검토하는 단계

2.1.1 시작단계

시작단계(chartering phase)의 목적은 청정생산을 성공적으로 수행하기 위해 전체적인 실행계획을 수립하는 것이다. 시작단계에서 가장 중요한 것은 경영진의 결정이며, 실행내용은 기업에 따라 달라질 수 있다.

(1) 기업 경영진의 결정

시작단계에서 가장 중요한 것은 기업경영진의 의지와 결정이다. 자체적으로 공정진단을 하는 경우에는 관계없지만, 외부 전문가에 의한 공정진단의 경우 관련된 공정데이터를 모두 공개해야 한다. 이 경우 외부전문가와는 비밀 준수계약을 맺고 수행결과는 외부에 공표하지 않는다.

기업의 물질·에너지·공정 등 민감한 정보가 외부로 활용된다는 점에 있어 경영진 입장에서 결정하기 어려운 것은 사실이지만, 이 결정은 사업추진의 필수조건이며 정보가 제한적일 경우 오도된 결과가 도출될 수 있음을 유의해야 한다. 또한 한번 이루어진 결정에 따라 적극적인 지원과 참여가 반드시 필요하며, 일회성 또는 참고적인 수준으로 추진할 경우 올바른 결과를 유도하기 어렵다.

기업의 입장에서 사업 추진을 위한 동기는 환경규제 대응, 원가절감, 생산성 제고, 후처리 비용을 절감하거나 사회적 이미지 제고 등 여러 가지 이유가 있으나, 무엇보다 경영진의 청정생산공정 구축에 대한 필요성 인식과 이에 대한 욕구가 가장 바람직한 동기가 될 수 있다.

(2) 사업추진계획 수립

경영진에서 청정생산 도입에 대한 결정이 내려지면 성공적 사업수행을 위한 프로그램을 수립하고 공동참여를 통한 공감대 형성이 필요하다. 이 단계에서는 다음과 같은 사항들이 포함되어야 한다.

❶ **팀 리더 선임**: 추진팀의 리더는 해당 프로세스 전문가로서 리더십이 있고 학문적 경험과 지식을 두루 갖춘 사람으로 보통 그 공정의 팀장급을 선임한다.

❷ **청정생산의 경제적 효과 예비분석**: 대상공정에서 오염물이 얼마나 배출되고 있는지를 규명하고 또한 그것을 감소함으로써 얼마만큼의 경제적 개선효과를 얻을 수 있는지에 대해 면밀히 분석한다.

❸ **청정생산에 따른 보상계획**: 추진팀에 대한 물질적 보상이나 인사고과 반영 등에 보상계획이 필요하다.

❹ **생산부서의 참여**: 청정생산기법의 적용은 핵심 추진팀에 의해서 수행되지만 진행과정은 관련된 모든 사람들이 공유하는 것이 바람직하며, 이를 위해 오염물 배출현황이나 환경감사 결과 등을 게시하여 서로 공유한다.

(3) 오염물 흐름의 선정

오염물 흐름(waste stream)은 '최종 처리장치의 전체 흐름 또는 외부로 방출되는 오염물의 흐름' 으로 정의되며 양(부피)이 많거나, 독성이 심하거나, 경제적 영향이 큰 '주오염물' 흐름과 이에 비해 상대적으로 양이 적거나 영향이 적은 '부오염물' 흐름으로 분류한다.

오염물 흐름이 모두 파악되면 어떤 흐름에 대해서 청정생산기법을 적용할 것인가를 결정한다. 흐름이 많지 않을 경우에는 모두 적용해도 되지만 공정이 복잡하고 규모가 큰 경우에는 우선순위를 설정하여 결정한다. 우선순위를 정하는데 있어 다음과 같은 여러 기준을 두고 어떤 기준에 의해서 우선순위를 결정할 것인지를 정한다.

- 공정개선효과(수율증대, cycle time 감소, 품질개선 등)
- 후처리장치 투자 회피 비용 또는 생산비 절감액
- 외부 처리비용
- 현재 또는 예정된 환경규제
- 양 또는 부피
- 독성, 발암성 여부 등
- 안전성: 휘발성, 반응성, 발화성
- 회사 이미지 개선비용 등(soft costs)

오염물 흐름은 전체 10개 이내로 선정하되 주흐름과 부흐름을 같이 선정되도록 한다. 주흐름에 대해서는 많은 개선안이 나올 수 있지만 일반적으로 공정을 개선하는데 비용과 시간이 많이 소요되는 안이 주로 도출되어 청정생산기법의 효용성에 의문을 가질 수 있다.

그러나 부흐름에 대한 개선안은 적은 비용으로 바로 효과를 볼 수 있으며, 여러 개선안을 수행하면 더 많은 효과를 볼 수 있기 때문에 이들 흐름을 적절히 선정하는 것이 중요하다.

오염물 흐름이 선정되면 오염물 흐름 현황표를 작성한다. 이 현황표에는 오염물 발생원, 현 처리방법, 조성 및 양, 처리비용, 독성 등에 대한 자료를 기록하는데 대안 도출시 유용하게 사용된다.

(4) 추진팀의 구성

추진팀의 임무는 적용할 오염물 흐름을 선정하고, 예비결과를 계산하며 평가분석 및 실행 업무를 수행하는 것이다. 추진팀은 프로젝트, 공정, 연구개발, 세부기술 전문가(예: 촉매전문가, 분리전문가, 입자전문가 등), 운전, 유지보수, 마케팅, 재료, 품질관리, 경영, 엔지니어링 평가, 환경규제 및 관리 담당 및 외부전문가 중에서 필요에 따라 적절한 인원으로 구성하며, 공정의 크기나 복잡성에 따라 구성하되 보통 5~6명으로 구성한다.

2.1.2 평가분석단계

평가분석단계(assessment phase)는 청정생산기법의 핵심으로서, 오염물흐름의 원인을 규명하고 오염물 저감 또는 제거방법을 도출하며 도출된 대안의 평가, 우선순위를 결정하는 일 등이 수행된다.

(1) 데이터 수집

❶ **공정 데이터:** 공정 데이터는 공정분석에서 가장 기본적인 것으로서, 여기에는 공정도(process flow diagram), 물질 및 에너지 수지, 공정 모의실험(simulation) 데이터, 운전 매뉴얼, 장치규격, 판매자 제품정보, P&ID(Piping & Instrument Diagram), 도표 및 평가계획 등이 포함된다.

❷ **화학반응 데이터:** 공정에 사용되는 원부재료의 물리, 화학성질은 물론 화학반응이 수반되는 경우 반응식, 반응 운전조건, 원부재료 투입·배출 순서 및 방법 등이 포함된다.

❸ **환경규제 데이터:** 환경법규, 환경규제, 제재사례, 피해사례, 대응사례 등에 대한 자료

❹ **원료 및 생산 데이터:** 제품조성, 배치시트(batch sheets), MSDS(Material Safety Data Sheet), 재고관리, 운전기록, 운전계획 등

❺ **회계자료:** 청정생산 적용효과 계산을 위한 원부재료비, 에너지 비용, 폐기물 처리비용, 제품가격 등에 대한 자료

❻ **기타 자료:** 회사의 조직도, 회사의 비전, 시장동향, 경쟁사의 기술 등

(2) 목표설정

달성 가능한 목표를 정량적으로 설정한다. 목표는 오염물 10% 감소, 원가 5% 절감 등으로 설정할 수 있으며, 회사의 사정에 따라 달라질 수 있다. 이 목표는 개선안의 순위를 결정하는 기준이 될 수도 있다. 목표는 SMART 원식에 따라 구체적(specific)이고, 측정가능(measurable)하며, 행동지향적(action oriented)이고, 현실적(realistic)이며, 시간제약적(time limited)으로 설정되어야 한다.

(3) 현장점검

추진팀이 구성되면 운전 중인 공정을 점검한다. 점검하는 동안 현장의 관리상태, 누출, 폐기물 처리방법 등에 대하여 점검하고 운전원 등과의 대화를 통해 운전습관 등을 분석한다. 또한 조업일지 등을 살펴 조별로 오염물 발생량이 다른 경우 각 조별로 점검하여 원인을 파악해야 한다.

(4) 오염물 흐름분석

오염물 분석은 다음과 같은 사항들이 포함된 양식을 이용할 수 있다.

- **1단계**
  - 오염물 흐름에 있는 모든 성분을 기록한다.
  - pH, 온도, 압력 등 모든 변수를 기록한다.

- 2단계
  - 환경규제 물질, 발암물질 등을 확인한다.
  - 이들 물질의 발생 원인을 규명한다.
  - 제거 또는 저감안을 제시한다.
- 3단계
  - 최다 배출되는 물질을 (물, 공기, 용매 등) 확인한다.
  - 이들 물질의 발생 원인을 규명한다.
  - 제거 또는 저감안을 제시한다.
- 4단계
  - 2~3단계를 반복한다.

(5) 공정분석

- 1단계
  - 원료, 중간물질, 제품을 기록한다.
- 2단계
  - 부산물, 용매, 물, 공기, 산 등 기타 물질을 기록한다.
- 3단계
  - 현재 사용하고 있는 물질들의 대체 물질을 검토한다.
  - 물질을 제거 또는 저감할 수 있는 공정개선사항을 검토한다.
- 4단계
  - 2~3단계를 반복한다.

(6) 개선안 도출

개선안은 브레인스토밍 방법으로 5단계에 의해 도출하는데, 생산공정 및 오염물흐름에 대한 정확한 이해가 필수적이다. 즉, 개선안 도출 전에 추진팀원 및 외부전문가는 대상공정에 대해 깊이 알고 있어야 한다.

- 1단계
  - 데이터 패키지 준비, 일정수립
  - 브레인스토밍 구성원과 공유
- 2단계
  - 브레인스토밍 참가자 구성: 진행자, 공정전문가, 서기, 팀원
  - 10~20명으로 구성

- **3단계**
  - 데이터 패키지 분석
- **4단계**
  - 브레인스토밍
- **5단계**
  - 평가

(7) 개선안 선별

개선안이 도출되면 1차 선별하여 1/2 정도로 축소한다. 선별기준은 2개 또는 3개 이하가 좋으며 가급적 구성원의 공감을 얻는 것이 좋다. 선별기준으로 그 개선안의 선택여부를 가부로 결정하거나 기술적 기능성과 경제적 효과를 상중하로 구분하여 선정하기도 한다.

이때 중요한 것은 선별에서 1차 걸러진 개선안은 그대로 폐기하는 것이 아니라는 사실이다. 다음 청정생산기법의 적용 시 또는 환경의 변화에 따라 임의로 채택될 수도 있기 때문이다.

(8) 개선안 평가 및 우선순위 결정

1차 선별된 개선안에 대해서는 담당자를 선임하여 기술성 및 경제성을 상세히 분석한다. 우선 기술적 가능성에서는 다음과 같은 사항을 점검한다.

- 실제로 적용 가능한가?
- 유사 시스템이 있는가?
- 연구개발이 필요한가?
- 충분한 공간은 있나?
- 생산속도, 유틸리티, 품질에 미치는 영향은?
- 적용에 걸리는 시간은?
- 적용하는데 조업중단이 필요한가?
- 추가인력 또는 교육이 필요한가?
- 허가가 필요한가?
- 안전상의 문제점은?

경제적 분석은 순현재가치법(NPV: Net Present Value), 투자수익률법(ROI: Rate of Return on Investment), 내부수익률법(IRR: Internal Rate of Return), 자본회수기간(PP: Payback Period) 등 다양한 방법이 있으나, 기본적으로는 NPV를 많이 사용하는데, 투자비용(음수로 표시)과 이로 인한 미래의 수익(양수로 표시)을 현재가로 환산한 것의 합으로 나타낸다.

따라서 NPV가 0보다 크다는 것은 경제적인 관점으로만 볼 때 투자가치가 있다는 것을 의미한다. NPV를 계산하기 위해서는 투자비용과 더불어 투자로 인한 원부재료 절감액, 인건비 절감액, 운전비용 절감액, 운전자본 절감액 등을 알아야 한다.

기술성 및 경제성 평가가 끝나면 각 안에 대한 우선순위를 결정한다. 우선순위 결정에 대한 공감을 형성할 수 없을 때에는 가중치 합계법을 사용한다. 이때에도 가급적 공감을 형성하는 것이 중요하며 영향력 있는 한 두 사람의 의견이 전체 의견을 대변해서는 곤란하다. 평가된 개선안은 크게 5개 그룹으로 나누어 전체 우선순위 및 그룹 내 우선순위를 결정한다.

- **1그룹(즉시 실행)**
  - 투자비가 들지 않거나 또는 바로 실행할 수 있는 개선안
  - 세척 횟수의 조절, 설정치의 변경 등
- **2그룹(추후 실행)**
  - 투자비가 소요되는 경우
- **3그룹(추가 지식 필요)**
  - 약간의 실험 또는 설계 검토가 필요한 경우
- **4그룹(연구개발)**
  - 효과는 크지만 많은 연구와 설계가 필요한 경우
  - 전 공정을 바꿀 수도 있음
- **5그룹(비현실적)**
  - 기술적으로 어려운 경우 또는 투자재원이 부족한 경우

2.1.3 실행단계

실행단계(implementation phase)에서는 최종 선정된 개선안의 실행을 위한 팀을 구성해 구체적인 실행계획을 수립하고 실행을 위한 최종 승인을 받는다. 다음에는 실행에 필요한 자원(인력, 자금, 시간)을 확보하고 구체적 실행에 착수한다. 이때에도 진행과정을 팀원은 물론 전체 관련 부서원들과 공유하여 사업의 성과를 높인다.

2.1.4 검토/조치단계

개선안이 실행되면 처음 개선안에서 제안된 내용이 이루어졌는지(환경성, 경제성) 파악하고 처음의 목표와 비교분석을 해야 한다. 만일 개선안과 목표의 차이가 클 경우 원인을 파악하여 재설정 할 수 있다. 전체 실행계획이 끝나면 지금까지 수행한 청정생산기법을 지속적으로 수행할 수 있는 장기계획을 수립한다. 한번 개선한 공정이라도 시간이 지나면 새로운 개선방안이 도출될 수 있기 때문이다.

이러한 계획은 매 3~5년마다 한 번씩 수행하는 것이 적당하다.

앞에서도 언급하였지만 청정생산기법을 적용하는 데에는 경영진의 의사가 매우 중요하다. 이것이 충족되면 자체적으로 팀을 구성하거나 외부 컨설팅 전문가를 활용하여 청정생산기법을 수행할 수 있다. 청정생산기법을 적용한 결과로부터 비록 충분한 개선안이 도출되지 않았더라도 구성원 모두가 청정생산의 필요성을 인식하고 이를 위해 기법을 습득하고 직접 적용해 보았다는 것만으로도 충분한 가치가 있을 수 있다.

2.2 청정생산기술 분류

2.2.1 청정생산기술과 사후처리 기술

환경기술을 크게 세 가지로 분류하면 다음과 같이 나타낼 수 있다.

❶ **사후처리기술:** 배출되는 오염물질을 사후처리 하는 기술

❷ **청정생산기술:** 원천적으로 오염물질 발생원을 제거하거나 억제하는 사전처리 기술

❸ **환경복원 · 재생 기술:** 과거의 환경오염을 복구하거나 치유하는 기술

발생된 오염물질을 저감하기 위해 일반적으로 사용되는 사후처리기술은 오염방지를 목적으로 고가의 비용이 투입됨에도 불구하고 경우에 따라서는 오염물질을 완전히 제거하지 못하고 오염물질을 남기거나 이차오염물질이 발생하여 환경문제를 근본적으로 해결하지 못하고 있다.

더욱이 1986년 인적 오류에 기인한 체르노빌 원전사고와 2011년 쓰나미에 의한 후쿠시마 원전사고의 교훈이 보여주듯이 환경복원 및 재생에는 막대한 비용이 소요될 뿐 아니라 기술적으로 해결이 불가능한 영역이 지배적이라 할 수 있다.

반면 청정생산기술은 오염물질 발생을 근원적으로 억제하는 것으로서, 환경문제를 가장 효과적으로 해결할 수 있다. 청정생산기술과 사후처리기술을 비교하면 〈표 2-1〉과 같다. 청정생산기술은 제품의 생산과 서비스에 관련된 전 과정에서 자원을 효율적으로 사용하고 오염물질을 저감하기 위해 적용되는 모든 기술을 망라한다.

즉, 청정생산기술은 환경친화적이고 지속가능한 제품설계기술, 자원효율성 증대 및 기술개선 등을 통해 원천적으로 환경오염물질 배출을 사전 예방하거나 최소화하는 공정기술, 원료변경으로 발생되는 오염물질을 감소시키는 청정원료 대체기술, 생산공정에서 배출되는 폐기물 또는 부산물 공정 내에서 재순환하거나 새로운 공정을 적용하여 유용 물질을 회수 혹은 타 산업에서 재활용하여 환경오

염부하를 저감시키는 재자원화 기술, 그리고 공급망 환경관리(SCEM: Supply Chain Environmental Management)와 환경관리회계 등 환경경영체제를 활용한 청정생산기법 등 매우 다양한 분야로 세분화 할 수 있다.

〈표 2-1〉 청정생산기술과 사후처리기술 비교

구분	청정생산기술	사후처리기술
기술개념	자원생산성을 향상 및 환경오염물질의 생성을 사전에 저감 또는 제거하는 생산기술	환경오염물질이 생산공정에서 배출된 이후에 처리하는 기술
특징	• 자원 사용의 최소화 및 환경오염물질 발생의 최소화를 통한 자원?환경문제의 근본적 해결 – 사전예방, 원천적 제거 – 자원생산성 및 순환성 향상 • 설비 투자비 회수 가능 – 생산에 따른 투자비 회수 – 환경부하 및 제조원가 저감 • 사회적 비용의 감소	• 2차 환경오염물질 발생, 환경문제의 근본적 해결방안은 못됨 – 다이옥신, 중금속, 유해가스 등 • 설비 투자비 회수가 불가능하며 지속적인 운영비 소요 – 초기 투자비용이 상대적으로 낮음 – 생산량 증가는 곧 환경부하 및 제조 원가 상상으로 이어짐 • 사회적 비용의 증가
적용방법	• 전 생산공정에 대한 정밀분석을 통한 시스템적 접근을 통해서 적용 • 기존 생산공정에 통합	• 오염물질별 특정 처리기술 개발을 통해 적용 • 생산공정과 별도로 모듈화 가능

자료 : 한국생산기술연구원 산업환경지원본부(www.kncpc.or.kr)

2.2.2 청정생산기술의 분류

청정생산기술은 〈표 2-2〉와 같이 청정생산기반, 청정공정, 청정제품, 청정처리 등 크게 네 가지로 구분할 수 있으며, 넓은 의미에서는 환경경영, 에너지경영, 온실가스 관리 등도 포함될 수 있다. 공정 측면은 원료, 용수 및 에너지 효율성을 극대화하고, 유독성, 유해성 원부재료 물질을 환경친화적인 물질로 대체하며, 배출량과 모든 독성을 저감하는 것을 목적으로 하고 있다.

제품 측면은 원료 추출, 제품으로 생산, 폐기될 때까지의 전 과정에 걸쳐 환경과 인체에 미치는 영향을 최소화하고 안전성까지 고려하는 것을 목적으로 하고 있다. 처리측면은 사전에 배출물을 저감시키거나 배출물을 재자원화 할 수 있도록 유도하는 것을 목적으로 하고 있다.

〈표 2-2〉 청정생산기술 예

기술분야	개 발 내 용
청정생산 기반기술	• 도금공장 시범 설비 구축 • 휘발성 유기물 회수 및 처리기술 개발을 위한 시험설비 구축 • 청정생산을 위한 전 과정평가 기법 개발 • 공정수 재사용 및 유기물질 회수를 위한 시험설비 구축 • 하이브리드 냉난방 시스템 성능평가 시험설비 구축 • CFC 대체물질 세정 및 회수·재생을 위한 시험설비 구축 • 업종별 청정생산을 위한 표준작업 기법개발 • 청정생산관련 정보의 수집·가공·배포 체제 구축
청정공정기술	• 시트형 원료 물질의 절감을 위한 지능형 Nesting 시스템 개발 • 주물공정의 청정주형기술 개발 • 저공해성 도금액을 이용한 도금공정 기술개발 • 유기성 부산물 재활용 및 가공공정 기술개발 • 용제사용감소 도장공정의 기술개발 • 염소 및 용수감소 표백공정 기술개발 • 섬유공정의 청정발효 공정 기술개발 • 열처리유 대체 수용성 냉매 응용 기술개발
청정원료 및 제품기술	• 수용성 및 반응성 도료·잉크 개발 • 저 NOx형 버너개발 • 고효율 하이브리드 냉난방 시스템 개발 • 비 CFC 세정장치 개발 • 광·생분해성 플라스틱 개발 • 연료전지 전원장치 개발 • 초고압 송전장치 개발 • 고효율 Deaerator 개발 • 바이오 셀룰로오스의 개발 • 용접 Fume 절감을 위한 용접재료 개발
청정처리기술	• 고효율 여과막 응용기술개발 • 도금공장 폐액 재활용 기술개발 • 소각회의 유효자원화 무재해화 기술개발 • 고분자 폐기물 이용 가연성 유류제조 기술개발 • 퇴비화 전처리 장치개발 • 중금속 함유 공정 폐수로부터의 유가금속 회수기술개발 • 휘발성 유기물 회수재이용 및 무배출 기술개발 • 분리공정 엔지니어링 기술개발 • 폐기물 분리수거 시스템 설계 및 제작기술개발 • 식품산업 폐수로부터 메탄회수 및 용수재이용 기술개발 • 유기물질 추출 및 고액분리기술개발 • 퇴비화 시스템 설계기술 개발 • 폐주물사 재활용 및 시스템 실용화 기술개발 • 막분리기술을 이용한 유가물질 회수 및 재활용기술 개발 • 폐열 에너지 이용 기술개발

또한 기업의 경영활동이 경제적 효율성과 환경적 효과성을 동시에 만족할 수 있도록 경영시스템 및 인프라를 환경친화적으로 구축하는 환경경영도 청정생산기술 범주에 포함된다.

이중에서 앞으로 궁극적으로 추구해 나가야 할 기술은 청정공정과 청정제품 기술로서, 제품을 만드는 공정과 제품 자체가 청정기술로 이루어져야 한다는 의미이다. 그러나 현시점에서 모든 공정에 청정공정을 도입하고 청정제품을 만든다는 것은 불가능하기 때문에 청정처리 기술을 현재 운영되고 있는 공정들에 적용하는 것이 현실적이며, 새로이 만들어지는 공정과 제품에 대해서는 혁신적인 청정기술을 적용해 나가는 방향으로 진행되어야 할 것이다.

(1) 청정생산기반 기술

청정생산기술의 개발과 보급전파를 위해서는 기술개발과 더불어 기술 교육, 정보교류와 시험평가 등의 기반여건의 조성이 매우 중요한 요소이다. 여기에는 제품의 기초설계 단계부터 저공해, 저폐기물, 리사이클링, 에너지효율 등을 고려한 환경친화적 공정의 구축을 위한 전 과정평가(LCA) 기술, 환경친화형 설계(DfE: Design for Environment) 기술 등도 포함된다.

이를 위하여 청정생산기법을 개발하고 보급하며, 시범 파일럿 플랜트를 설치 운영하며, 관련 산업기술정보체계를 구축하는 것이 필수적이다. 세부적인 기반기술로 다음과 같은 것을 들 수 있다.

- 청정기술교육
- 청정생산 기술정보망 구축
- 품질시험 및 평가기술 확보
- 에너지 기술개발

(2) 청정공정기술

청정공정기술은 공장 내 생산공정의 효율증대 및 기술개선 등을 통한 환경오염물질 배출을 원천적으로 사전예방하거나 최소화 할 수 있는 기술이며, 단위공정의 축소, 공정개선 및 최적화, 그리고 생산공정 관리를 통하여 달성할 수 있다.

청정생산공정의 설계, 에너지 절약형 공정의 설계를 내용으로 하며, 생산공정 중 발생되는 환경오염을 근본적으로 줄이기 위한 신공정 및 장치, 설비기술의 개발을 목표로 한다. 세부적인 공정기술로 다음과 같은 것을 들 수 있다.

- 유해폐기물로서의 폐기물 최소화
- 무독성 또는 저유해 원료로 대체되는 공정개발

- 폐기물 발생을 최소화하거나 전혀 발생하지 않는 장치의 회수 및 재순환 공정을 향상시키는 장치의 개발
- 각종 제조공정에서 발생되는 폐수 중에 함유된 물, 기름, 용제류를 증류, 분리여과막 등 적절한 기술을 사용하여 재사용

(3) 청정원료 및 제품기술

청정제품기술은 원료의 변경에 의한 총 발생 오염물질을 감소시키거나 환경친화적제품으로 전환시키는 기술이다. 이는 2차 환경오염물질을 발생하는 원료 등의 대체 가능한 청정원료를 개발하거나, 기존 제품 대비 환경친화적인 제품을 제조하거나 설계하는 기술이다.

원료 및 제품기술은 개발결과가 기업의 수익에 직접 기여하므로 주로 기업내부 혹은 기업과 연구기관 간의 협력에 의해 이루어진다. 또한, 이는 저공해, 저폐기물, 리사이클링, 에너지효율을 고려하는 제품설계 및 생산기술이며, 이를 위하여 제품의 설계에서부터 사용, 폐기까지의 전 과정에서 저공해 발생적이며 재활용, 재사용을 고려한 환경친화적 제품의 설계 및 제품기술을 개발하고자 하는 것이다. 세부적인 제품기술은 아래와 같은 것들을 들 수 있다.

- 제품의 설계, 제작, 유통, 사용 및 폐기까지의 전 과정에 대하여 환경영향을 고려한 제품 설계
- 환경 유해성이 적은 재료 및 물질 적용
- 폐기되는 기기의 효율적인 회수체제의 구축
- 재활용을 용이하게 하기 위한 제품분해 용이화
- 사용재질 종류의 단순화, 부품의 공용화, 제품의 소형화 및 경량화 추진

(4) 청정처리 기술

청정처리 기술은 생산공정 중 배출되는 폐기물 혹은 부산물을 간단한 가공 및 조작을 통해 공정 내에서 재사용하거나 새로운 공정을 적용하여 유가물질 회수 혹은 타 산업에서 재활용되어 환경오염 부하를 저감시킬 수 있는 기술이다. 이는 생산공정 중 발생된 오염물질을 재순환 또는 공장 내에서 처리함으로서 자원재사용과 청정생산환경을 구축하기 위해 필요하다.

산업활동 중 발생되는 폐기물을 공정 내에 재순환시키거나 혹은 자원의 수명을 연장하는 기술을 일컬으며, 산업폐기물의 재자원화 혹은 유가물질의 회수도 이에 해당한다. 세부적인 청정처리 기술로 다음과 같은 것을 들 수 있다.

- 폐수적정처리 후 용수 재이용
- 공정 내 리사이클 추진
- 부산물 재생이용
- 재생자원 용도 확대

2.2.3 청정생산기술 적용분야

청정생산기술을 적용한 사례는 무수히 많기 때문에 일일이 다 소개할 수는 없으나, 다음 장으로 넘어가기 전에 청정생산 수행기법을 적용하여 성과를 거둔 몇 가지 사례를 살펴보도록 한다.

(1) 환경경영

Sony사는 'Green Management 2005'를 통해 제품 대기상태에서의 전력소비량을 0.1W 이로 줄이고, 납이 포함되지 않은 용접기술 등의 친환경적인 청정생산기술을 적용하여 연간 600여 톤의 석유자원을 절감하였으며, 물류부피도 1/3 수준으로 감소시켰으며, 납사용의 자제와 비할로겐 난연제의 사용 및 VOC-프리 잉크의 사용 등을 통하여 유해물질 배출을 저감하였다.

GE는 2005년부터 'Ecomagination' 전략을 추진하여 5년간 청정기술 관련 연구개발에 50억 달러를 투자하여 친환경 제품 및 솔루션을 통하여 850억 달러의 매출을 달성하였고, 온실가스를 22% 저감하였으며, 용수 사용량을 30% 절약하였다. 무엇보다도 에너지효율성 제고를 통하여 1억 3천만 달러를 절약한 것으로 알려졌다. 국내의 Coca-Cola사는 용수관리, 수질오염물질 관리, 유해화학물질 관리, 폐기물 관리, 온실가스 배출량 관리, 녹색구매, 탄소성적표지 등을 통하여 2011년 기준 용수 재이용률을 14.5%, 수질오염물질 배출 저감, 유해화학물질 누출 차단, 폐기물 재활용률 84%, 녹색구매율 7.5% 등을 달성하였다고 보고되었다.

(2) 유해물질 배출 저감

미국 NASA는 레이저를 저온 산화촉매 방법(LTOC: Low-Temperature Oxidation Catalysts)에 적용시켜 일산화탄소, 탄화수소, 산화질소 같은 공해가스를 분해시키는 방법을 개발하였다. 이 LTOC방법은 공장의 굴뚝에서 방출되는 포름알데히드와 일산화탄소의 양을 최대 약 85-95%까지 감소시킬 수 있는 것으로 보고되었다.

일본의 Toyota는 다공질의 세라믹 필터에 희박연소 가솔린엔진용으로 개발한 NOx 흡장 환원형 3원 촉매를 이용하여 NOx를 환원 정화시킬 수 있는 기술을 개발하였다고 밝혔다. 이러한 NOx 흡장 환원형 3원 촉매 기술은 Toyota 자동차 이외에도 독일의 폭스바겐이나 다임러 크라이슬러에도 전파되어 자동차 배기가스의 유해물질 저감에 기여할 전망이다.

탄화수소로부터 황 또는 질소 화합물을 분리하기 위한 연구로서, 일본의 Shiraishi 그룹에서는 이온교환에 의해 methyl viologen을 고정한 aluminosilicate를 흡착제로 이용하여 24~58%의 탈황과 52~64%의 탈질을 각각 보고한 바 있다. 독일의 P. Wasserscheid 그룹에서는 imidazolium계 이온성 액체를 흡수제로 이용하여 5~25%의 탈황과 50~55%의 탈질 성능을 보고하였다. 또한 프랑스의

Lemaire 그룹에 의하면 Cl-를 음이온으로 포함하는 이온성 액체의 경우 황 화합물의 흡수도는 크지 않았으나 50% 이상의 질소 화합물 흡수도를 보이는 것으로 보고되어 있다.

국내의 경우에도 한국과학기술연구원에서는 암모니아수 대신 다단계로 구성된 밀폐형 반응기에 콜로이드 또는 슬러리 형태의 칼슘계 흡수액과 CO_2를 함유하는 처리가스를 주입하여 반응시키고, 그 CO_2와 칼슘계 흡수액과의 반응을 통해 얻어진 반응 생성물을 침전조로 이동시켜 침전물로 분리하는데 성공하였다고 보고하였다. 두산중공업에서는 탄산염을 흡수액 상태가 아닌 고체흡수제 형태로 도입하여 에너지 소비를 줄이고 효율을 높였다고 보고한 바 있다. 한국화학연구원에서는 이온성 액체를 PVdF(Poly Vinylidene Fluoride) 에 나노 크기의 도메인 형태로 고르게 분산시킨 액막을 제조하여 CO_2 분리에 응용하여 시험한 결과 약 50~100% 정도의 CO_2/CH_4 분리 성능을 얻었다고 보고하였다.

일본 도큐 건설은 캐나다 퓨리피스가 개발한 광촉매 수처리 시스템을 도입하여 토양오염 및 지하수 오염 대책 공사에서 시험한 결과 휘발성 유기화합물(VOC)이나 다이옥신 등과 같은 난분해성 복합 유기물로 오염된 지하수 정화에서의 탁월한 능력을 입증한 바 있다. 일본뿐만 아니라 독일, 스페인 연구기관 및 세계최대 자동차 메이커 중 하나인 독일의 Volkswagen사에도 광촉매를 이용한 수처리 시스템이 개발, 도입되어 현재 시험 가동 중에 있다.

국내에서도 아큐스사가 유해 페놀, 벤젠, 톨루엔, 에틸벤젠, 크실렌(BTEX) 및 기타 유기물들을 이산화탄소, 할로겐화합물 및 물로 변환시키는 시키는 하루 페수 처리용량 최대 80톤의 UV/TiO_2 고도산화 수처리 시스템을 개발하여 시판 중에 있다.

현재 미국, 일본, 독일 등과 같은 선진국에서는 환경용매에 대한 새로운 기술환경 변화에 탄력적으로 대응하기 위하여 초임계유체공정기술을 기술경쟁력의 원천이 되는 핵심기술 분야로 지정하여 국가 차원에서 전략적으로 육성하고 있다. 일예로서 미국 Los Alamos National Lab과 Hewlett Packard사에서 초임계유체를 이용하여 반도체제조에 적용되는 공정 중 하나인 photoresist를 제거하는 공정인 SCORR(Supercritical Carbon Dioxide Resist Remover)를 개발하였다. 이 공정은 프로필렌 카보네이트(propylene carbonate)를 첨가한 CO_2를 용매로 사용하며 기존의 piranha 공정보다 경제적인 것으로 알려져 있다.

초임계수산화반응은 1994년 Eco Waste Tech사 (EWT)가 Huntsman사의 연산 9,000톤 규모의 염소화합물 폐수를 처리할 수 있는 공정을 처음 실용화한 이래 GNI Group에서는 연산 6,000톤 규모의 염소화합물의 처리공정이 실용화되었다. 한편 Kimberley-Clark에서는 연산 600톤 규모의 PCB 함유 폐수를 처리하는 공정을 개발하였으며, 미국 국방성과 에너지성에서는 연산 1,500톤 규모의 화학무기와 방사선 폐기물을 처리할 수 있는 SCWO공정을 개발하였다. 또한 Noram Eng. & Con.에서는 연산 1,500톤의 펄프공장 폐수를 처리하는 공정을 실용화하였으며, Texaco Chem.에서는 연산 9,000톤의 에틸렌-프로필렌 공정 폐수를 처리할 수 있는 SCWO를 개발하였다. 국내에서는 일일 65톤 규모의 PTA 제조공정이 (주)삼남석유화학에서 상업화 되었다.

(3) 친환경 제품 개발

GE사의 Global Research 팀에서는 2012년 12월 수소 연료전지 버스에 적용할 수 있는 새로운 배터리 기술을 발표하였는데, 이 기술은 수소 연료전지와 리튬 배터리 제조 기술을 접목한 형태로서, 청정연료의 사용, 소형화, 비용절감, 배기가스 배출 저감 등의 장점이 있다고 한다. GE사는 2010년에 고에너지 밀도를 가진 나트륨 배터리와 고성능의 리튬 배터리를 결합한 듀얼 배터리 시스템을 통해 배기가스 배출이 없는 버스를 개발하였다고 선언한 바 있는데, 새로운 배터리 기술을 적용하면 더 많은 양의 에너지를 저장할 수 있어 연료전지 버스가 청정 교통수단으로써 기존의 교통수단을 대체할 수 있을 것으로 기대하고 있다.

핀란드 VTT Technical Research Center of Finland는 2012년 글리코산(glycolic acid)을 이용한 PGA 고분자를 개발하여 바이오플라스틱 포장재의 질을 향상시키는 기술을 개발하였다고 발표하였다. 이 물질은 매우 우수한 차단(barrier) 물성을 가질 뿐만 아니라 포장소재에 적합한 높은 강도와 열저항성을 약 20%~30% 정도 향상시켰다고 한다.

영국 Belfast에 위치한 Queen's 대학에서는 2012년 10월 수소, 천연가스, 유해물질 등을 저장하는데 탁월한 성능을 보인 MOF(metal-organic framework)를 상업적인 규모로 생산하기 위한 기술을 개발하였다. 이전까지 MOF 제조기술은 가격 및 환경오염 문제가 있었는데, 이 기술은 용매를 사용하지 않고 단지 금속 전구체들을 밀링머신에서 간단히 분쇄하여 전처리 없이 그 자체로 활용할 수 있게 함으로써 공정시간을 단축하고 환경친화적이면서 대량생산이 가능하다고 발표하였다.

그린플라스틱 제조의 경우, 국내에서는 SK에너지가 유일하게 상업화가 가능한 이산화탄소/에폭사이드 촉매/공정/제품 기술을 보유하고 있으며, 아주대학교, 포항공대, 부산대 등 대학에서 촉매 연구가 진행되고 있다. SK에너지는 수십만 톤 이상 생산이 가능한 특허 연속공정 기술을 보유하고 있으며, 생산된 제품의 물성이 우수하기 때문에 GreenPol™ 테크놀로지는 세계적으로 상업화 가능성이 매우 높은 기술로 기대되고 있다.

(4) 에너지효율 향상 및 온실가스 저감

프랑스의 시멘트 제조회사인 라파즈사는 전 세계 이산화탄소 배출량의 5%를 차지 할 만큼 큰 에너지를 사용하는 시멘트 공정의 환경적인 산업공정에서 철간 슬래그나 비산재를 30% 정도 혼합한 시멘트를 생산하고 있으며, 이를 통해 약 27% 정도의 이산화탄소 배출량을 감소하고 있다.

Cathay Pacific 항공사는 2006년부터 Silver Bullet 이라고 불리는 누드 화물기를 운행하고 있는데, 비행기 도체의 꼬리와 동체 중간 부분을 제외한 나머지의 페인트를 제거하여 마찰을 줄임으로써 온실가스 배출을 저감함과 동시에 연간 280만 홍콩달러의 항공연료를 절감하고 있다.

지멘스는 대표적인 에너지 다소비공정인 금속용융공정의 에너지효율을 향상시키기 위해 고온의 배기가스를 이용하여 전기를 생산하는 기술을 발표하였다. 이전에는 배기가스의 온도 및 기체부피의 변동이 심하여 기술적으로 개발하기 어려웠으나, 지멘스는 금속 가열로와 터빈 사이에 소금 저장탱크를 두고 에너지 버퍼로서 작동하도록 함으로써 약 20% 정도의 전기를 절약하고, 금속 생산제품 톤당 40kg의 이산화탄소 배출 저감이 가능하게 되었다.

일본의 대화하우스공업주식회사에서는 2012년 12월부터 차세대 환경친화형 공장인 'D's Smart factory'를 판매한다고 발표하였다. 이 공장은 건축설비와 생산설비의 에너지를 종합적으로 제어, 관리하는 시스템을 채택하여 이산화탄소 배출량을 최대 50% 삭감할 수 있다고 한다. 이러한 설비를 대화하우스사의 규슈 공장에 설치하여 2005년부터 운용한 결과 2005년 대비 2011년에 51%의 에너지 절감이 이루어졌다고 보고되었다.

국내의 경우, 한국가스공사는 2000년부터 '천연가스와 이산화탄소로부터 DME 제조공정 기술개발' 사업을 수행하여, 이산화탄소와 메탄으로부터 삼원개질반응(tri-reforming)을 통해 합성가스를 제조하고 이로부터 DME를 직접 제조하는 공정을 개발하여 초기투자비 및 운전비용을 절감할 수 있게 하였다. 한국가스공사는 2009년 일일 10톤의 DME 생산 실증플랜트를 건설하여 기술의 성능 및 신뢰성을 구축하였으며, 대기공해가 심각한 국가들을 대상으로 기술판매 및 사업 확대를 추진 중이다.

KIST에서는 CO_2를 일산화탄소로 전환하고 물을 제거한 후 $CO_2/CO/H_2$ 혼합가스를 메탄올 반응기에 주입하여 메탄올을 합성하는 역수성반응 공정을 개발하였다. 이 공정은 메탄올 반응기로 주입된 일산화탄소가 물과 반응하여 촉매 표면의 물이 제거되므로 촉매의 안정성이 높아져 메탄올의 수율이 70%까지 높아짐으로써 직접 메탄올을 합성하는 공정보다 2배 이상 수율이 높다고 한다.

(5) 자원순환

GM사는 폐기물 보상제도, 화학물질 관리시스템 이외의 특이할 만한 청정생산 기술의 도입 노력으로 전 사업장에서의 폐기물 재활용량을 2000년대에 이미 자동차 1대당 15%로 증가시켰으며, 이로 인해 GM 북미 사업장에서만 그 다음해에 190만 톤의 재활용으로 1억 천만 달러의 경제적인 절감효과를 거두었다. GM의 43개 공장에서 배출된 폐금속의 96%는 재사용 및 재활용됨으로써, 폐금속을 판매하여 연간 10억 달러 규모의 자금을 확보하고 있다. 폐 알루미늄은 엔진, 변속기부품, 강철 등으로 활용되고 합금과 폐지는 재생처리기로 보내진다. 또한 폐유는 정제되어 재사용되며 빈 드럼, 토드, 용기 등은 개조되어 사용된다. 이렇게 활용되는 폐기물은 전 세계적으로 3백만 톤을 상회하고 있다. GM은 이러한 회수재활용 프로그램에 필요한 기술을 개발을 통하여 확보하고 있으며 효과적으로 시행하기 위한 시스템을 구축한 상태이다.

독일의 Zulpich 제지공장에서는 연간 23만 톤의 제품을 생산하는데, 생산되는 제품 1톤당 용수사용량을 1.5톤까지 감소시킴으로써 거의 무방류에 가까운 시스템을 운영하고 있으며, 인텔사는 100% 재생 폴리에틸렌의 웨이퍼 상자 완충재의 포장재료 개발로 연간 45톤의 플라스틱 원료를 절감한 실적을 거두었다.

Bridgestone사는 환경친화적인 제조공정을 위한 노력의 일환으로 폐기물과 빗물을 재활용하고 있어 2005년 이후 제품 1톤당 32%를 재활용하고 있다. 또한 재료를 적게 사용하면서 타이어의 성능을 개선시킴으로써 2020년 연비의 35% 감소, 2050년 연비의 50% 감소를 목표로 하고 있어, 자동차 제조업체들이 좀 더 연료 효율적인 자동차를 만드는데 도움을 줄 수 있을 것으로 기대되고 있다.

나이키사도 플라스틱 병, 섬유제품, 섬유스크랩 등의 폐 폴리에스터를 재활용하여 의류제품에 재활용하고 있으며, PVC를 모든 제품에 사용하고 있지 않고 있다.

Apple사의 경우 폐컴퓨터 무료 회수체계를 시행하여 제조사와 상관없이 애플매장에서 재활용할 수 있는 체제를 구축하고 있으며 MP3 플레이어 등에 대해서도 폐품을 반환할 경우 새 제품을 할인해주도록 하는 정책을 사용하고 있다.

일본에서는 2차 전지 재활용에 대하여 일본애자, 미쯔이금속광업, 리코, 동경전력 등에서 기술개발이 활발하며 이를 이용한 유가금속의 회수가 이루어지고 있다. 납, 카드뮴, 리튬 등의 70%는 전지재료로서 사용되므로 이의 회수공정에 대한 기술개발 및 활용이 이루어지고 있다. 미쓰비시 전기는 일본에서 처음으로 폐가전에서 나오는 플라스틱을 바탕으로 상품의 플라스틱 원료로 순환하는 순환 리사이클을 시작하였다. Sony사와 Panasonic사는 휴대폰이나 디지털 카메라 등 소형 가전의 회수를 통하여 희귀 금속을 회수하고 있으며, 후지쯔사는 제품설계 단계부터 재활용을 고려하여 세계 최초로 본체에 재활용된 마그네슘 합금을 사용한 노트북을 생산하고 있다.

일본 Taiheiyo 시멘트사는 생산공정에서 발생하는 막대한 유해 화학 폐기물 등을 제로화하기 위해 보다 환경친화적 공정을 통해 '에코시멘트' 를 생산하는 플랜트를 설립하였다. 생산공정에서 도시 폐기물과 소각장의 소각재를 대체연료와 투입원료로써 활용하여 폐기물 및 유해물질 배출을 저감하고 에너지 소비 및 온실가스 배출 등을 저감할 수 있는 청정공정을 개발함으로써, 폐기물에서 발생하는 독성 유해물질과 다이옥신 문제를 해결하고, 생산공정에서 유해 중금속 물질을 비철금속광으로 추출해냄으로써 자원재활용을 가능하게 하는데 성공하였다.

지자체의 경우, 하찌노헤시는 폐기물 처리 및 자원재생사업체 등 환경업체를 집약시킨 에코타운을 조성중이며, 시부시시는 28개 품목의 폐기물 분리수거를 통한 쓰레기 감량을 추진하여 매립 처분량의 80% 삭감효과를 창출하고 있다. 도쿠시마현은 쓰레기를 35개 품목으로 분리수거하여 2020년까지 매립과 소각율 0% 달성을 목표로 하고 있다.

Chapter 03

청정생산 관련기술

3.1 | 전 과정평가

3.2 | 제로에미션

3.3 | 에코효율성

3.4 | 폐기물최소화

3.5 | 오염예방

3.6 | 에코디자인

3.7 | 그린 SCM

3.8 | 녹색물류

Chapter

03 청정생산 관련기술

인구의 증가와 함께 산업화 및 도시화에 따른 자원의 고갈과 환경의 문제는 이미 주지하고 있는 사실이며, 오존층 파괴, 지구온난화, 기상 이변, 사막화와 에너지 고갈 등은 지구상의 인간이 생존하는 한 풀어나가야 할 문제로서, 청정생산기술 및 관련기술을 통해 그 답을 얻을 수 있을 것이다.

인구의 증가와 함께 산업화 및 도시화에 따른 자원의 고갈과 환경의 문제는 이미 주지하고 있는 사실이며, 오존층 파괴, 지구온난화, 기상 이변, 사막화와 에너지 고갈 등은 지구상의 인간이 생존하는 한 풀어나가야 할 문제로서, 청정생산기술 및 관련기술을 통해 그 답을 얻을 수 있을 것이다.

청정기술이라 함은 생산 전반에 걸쳐 자원과 에너지를 절약하고 환경오염을 예방하고 최소화하는 기술로서, 어원 그대로인 청정생산기술, 저오염기술, 저공해기술, 폐기물최소화기술, 폐기물의 감량화 기술(low and non-waste technology) 등으로 불린다. 이러한 개념들을 종합하여 오염사전예방기술이라고도 할 수 있으나, 일반적으로 오염물질을 공기, 토양, 물 등과 같은 환경매체에서 또 다른 환경매체로 옮겨놓는 사후처리(EOP)기술에 대응하는 개념으로 통용되고 있다.

제1장에서 설명한 바와 같이, 청정생산기술이 등장하게 된 배경은 전 세계적으로 배출되는 오염물의 종류가 점점 다양해지고 그 양이 증가하는 반면 환경규제는 한층 엄격해지고 있고 사후처리기술로는 환경기준에 맞추기 어렵게 되었을 뿐만 아니라 제품생산비용의 상승을 막을 수 없게 되었기 때문이었다. 따라서 발생된 오염물을 단순히 처리하는 치유법에서 한 단계 도약하여 에너지 자원의 소비를 줄이면서 오염물의 발생을 원천적으로 없애거나 최소화시키는 예방법으로 환경문제를 해결해야 할 필요성이 논의됨에 따라 등장하게된 것이다.

청정생산기술은 넓은 의미로는 원료의 조달에서부터 제품의 생산과 그를 사용한 뒤 폐기하기까지의 전 과정에 걸쳐 적용되며, 좁은 의미로는 사업장내 공정에서 환경오염을 최소화할 수 있는 근본적인 기술이라고 할 수 있다. 단순히 기술에만 초점을 두지 않고 제품이나 공정에 대한 환경친화적 관리방법, 공정의 최적화를 통한 생산비 절감과 근로자의 안전을 위한 작업환경까지를 포함한 넓은 의미로 해석되기 때문에 다양한 관련기술들을 포괄하기도 한다.

포괄적 의미의 청정생산기술로는 외부로 유출되는 폐기물을 회수하여 자체에서 재활용하거나 유용한 부산물을 만들어 다른 용도로 사용하는 기술, 기존 공정을 개선하여 에너지 및 자원의 절감 및 효율적 활용을 통하여 오염물의 발생량을 줄이는 기술, 에너지자원절약형 및 환경보전형 공정 개발, 원료채취, 생산, 유통, 폐기에 걸친 상품의 전 수명을 통하여 환경오염을 원천적으로 덜 일으키는 환경상품의 개발 등이 있다.

청정기술에 관한 국제적 활동은 UN을 중심으로 전개되고 있다. 국제연합환경계획(UNEP) 산하의 산업과 환경계획센터는 청정생산(CP: Cleaner Production) 프로그램을 1989년 5월에 시작하였으며 1990년 9월에는 영국 캔터베리에서 청정생산 향상을 위한 고위급회의가 처음 열려 각국의 보급활동이 소개되었고 정보 네트워크의 구성이 토의되었다.

전 세계적으로 환경규제에 관한 협약은 기업들이 자발적으로 환경친화적인 제품과 공정기술 노력으로 말미암아, 경제적인 개선효과, 기업의 국제경쟁력 확보, 기업의 사회적 이미지 개선 등의 효과를 이끌어 내고 있다.

1992년 리우회의에서 발표된 'Agenda 21' 에서도 토의되었던 청정기술의 보급촉진을 위하여 1992년 10월에 프랑스 파리에서 캔터베리에 이은 제2차 고위급회의가 열렸다. 여기에서는 개발도상국에서의 청정기술 보급에 관한 문제가 중점적으로 다루어졌다. 1998년 9월 한국에서 열린 제5차 회의에서는 청정생산 프로그램의 10년을 결산하고, 21세기의 추진방향을 모색하기에 이르렀다.

지난 20여 년 동안 청정생산 기술이 오염물질 생성의 감소 뿐 아니라 원가절감을 도출할 수 있다는 것은 입증되었으며, 앞으로는 개별 기업이 아니라 기업간의 청정생산과 물질 및 에너지 순화 시스템 등 산업적으로 유기적인 관련을 지속해야 할 것이다. 예를 들어, 산업생태단지의 조성, 자연모사를 한 기술 및 제품의 상용화, 유니소재 등이 차세대 청정관련 기술로 유망할 것을 전망하고 있다.

선진국의 주요 청정생산기술 및 적용사례를 살펴보면, 크게 전 과정평가, 산업생태환경, 전 과정설계, 환경설계, 전 과정비용 등에서 찾아 볼 수 있다. 따라서 본 장에서는 청정생산 기술의 대표적인 전 과정평가에 대해서 보다 구체적으로 서술하고자 한다. 또한 제로에미션(zero emission), 에코효율성(eco efficiency), 폐기물최소화, 해양, 대기, 토양 및 수질을 포함한 전반적인 오염예방, 그리고 마지막으로 환경친화적 설계 등으로 청정생산 관련기술을 살펴보고자 한다. 그 밖의 생물환경기술, 분리막이용 기술, 청정 탈취기술, 유니소재 등의 청정공정 기술은 제4장에서 설명할 것이다.

3.1 전 과정평가

지속가능한 소비 및 생산과 관련한 새로운 패러다임이 오늘날 우리 사회의 궁극적인 목표로 여겨지고 있다. 산업제품의 생산과 소비가 지구온난화, 오존층고갈처럼 환경에 좋지 않은 영향을 야기한다는 사실은 이미 모두가 주지하는 바이다. 제조공법의 기술적인 발전은 산업제품의 대량소비를 가능하게 만들었다.

과거 대량생산기반의 제조 · 생산 시스템은 고객의 요구에 대한 요소, 그리고 생산자가 제품을 편리하게 만들 수 있는 요소들만을 고려하여 제품 설계에 반영하였다. 이는 환경영향을 생각하지 않은 제품 설계이기 때문에 심각한 환경문제를 낳았다. 그리하여 20세기 초 환경문제의 심각성이 대두되었지만 제품을 폐기할 때 발생되는 배출물만 환경에 영향을 주는 것으로 간주되어 왔다. 후에 환경영향은 제품의 원료 조달부터, 생산, 운송, 유통, 사용, 폐기까지 모든 과정에서 발생된다는 것을 인지하게 되었다. 그렇기 때문에 제품의 전 과정 및 제품설계 시 환경영향의 요소들을 고려하여 제품의 생산과 소비로부터 발생하는 환경문제를 해결할 수 있는 방안을 모색하게 되었다.

최근에 많은 기업들이 제품에 대한 환경영향의 중요성을 인식하고 있고, 제품설계 및 개발공정에 환경측면을 통합시키기 시작했다. 이를 위해서는 제품의 전 과정에서 제품과 관련된 주요 환경인자를 규명해야 한다. 주요 인자에는 원료획득, 제조, 운송, 사용, 폐기 또는 전 과정에서 제품과 관련돼 사용된 물질과 공정들이 포함된다.

제품은 원료, 부품, 운송, 폐기 및 에너지 투입 없이는 존재할 수 없기 때문에, 전 과정에서의 제품과 관련된 주요 환경인자를 규명하는 일은 복잡하다. 따라서 제품의 전 과정에 대한 환경영향을 평가하기 위한 체계적인 분석도구가 필요하며, 이 도구로서 전 과정평가(LCA: Life Cycle Assessment)가 사용된다.

그러나 LCA를 이용하여 제품 설계를 할 때는 다른 평가도구들의 사용도 고려해야한다. LCA는 단지 제품의 환경성을 평가하는 도구일 뿐이지 제품 개발과 설계 시에 고려되어야하는 경제적, 사회적, 기술적인 측면과 같은 요소들은 고려하지 않는다. 그렇기 때문에 전 과정 비용평가(life cycle costing), 물질흐름분석(material flow analysis), 등 다른 기술적인 평가도구를 활용하여 도출한 환경, 경제, 사회 그리고 기술 측면에서 정보를 상호 교류하여 제품 개발과 설계 시에 적용해야한다.

일반적으로 제품의 환경측면의 분석을 위해 LCA에서 도출되는 정보의 성격에 따라 정성적 정보와 정량적 정보로 분류된다. 일반적으로 정량적인 정보는 객관적인 방법을 기초로 수치화된 정보를 제공한다. 이 때문에 정보의 신뢰도를 높일 수 있다. 그러나 다른 한편으로는 고도의 기술을 가진 전문가를 필요로 하고 종종 복잡한 분석 과정이 필요하다. 정성적인 정보는 이미 정해진 파라미터를 기초로 결과를 도출하고 그러한 파라미터들을 정성적으로 평가한다. 그래서 정보의 신뢰도는 낮은 반면 분석과정이 간단하고 신속하다.

LCA의 일반적 원리에도 불구하고 실제 적용의 경우, 평가를 통해 지원하고자 의도된 결정의 유형에 따라 구체적인 평가의 설계가 이루어진다. LCA 사용자는 매우 다양할 수 있으며 분석결과의 유효기간도 달리한다. 최근 들어 LCA 기법 및 방법론이 개발되고 다양한 사례가 축적되면서 제품의 전 과정에 대해 환경성을 평가할 수 있게 되었고, 제품뿐만 아니라 재료, 공정, 정책 및 서비스 활동 등으로 LCA의 응용분야를 넓혀가고 있다.

3.1.1 LCA의 개념

LCA의 절차는 요람에서 무덤까지의 시간동안 제품, 제조공정 및 서비스를 포함한 모든 산업활동이 환경에 미치는 영향을 평가하는 방법으로 일반적으로 세 단계로 나뉘며 첫 단계는 원료물질의 수출에서부터 제조 및 가공공정, 수송 및 유통과정, 사용 · 재활용 · 최종 폐기에 이르기까지 한제품의 전 생애에서 소요되는 에너지 및 원료물질의 사용과 오염배출에 대한 데이터 작성하고, 두 번째 단계에서는 소요된 에너지 및 원료물질의 양과 오염배출에 대한 데이터를 토대로 환경영향을 평가한다. 마지막으로 환경개선의 기회를 포착해 적극적인 개선작업을 추진하는 것이다.

따라서 LCA는 '제품 및 서비스의 원료채취, 제조, 수송, 사용 및 폐기처리에 이르는 전 과정에 걸쳐 소모되고 배출되는 에너지와 물질의 양을 정량화하여, 이들이 환경에 미치는 영향을 평가하고, 이를 통해 환경개선의 방안을 모색하고자 하는 제품에 대한 환경영향평가 기법' 으로 정의할 수 있다. 즉, LCA는 관련된 투입물과 산출물에 대한 인벤토리를 작성하고 이들과 연관된 잠재적인 환경영향을 평가하며, 연구목적과 관련해서 인벤토리분석 결과와 영향평가 결과를 해석함으로써 제품과 연관된 환경측면과 잠재적인 환경영향을 평가하기 위한 기법인 것이다(〈그림 3-1〉).

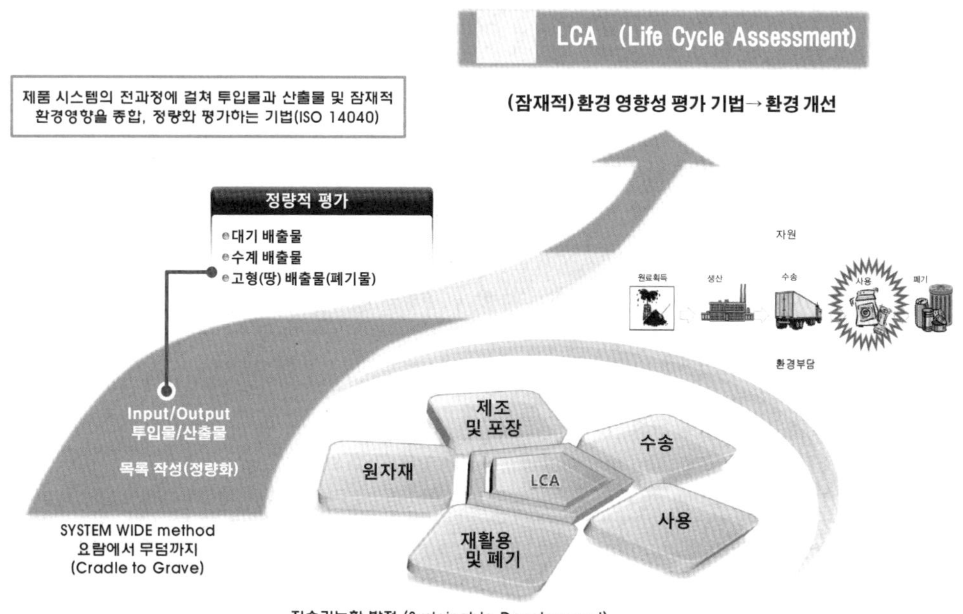

〈그림 3-1〉 LCA의 개요

LCA를 수행하여 원료 및 에너지의 소비, 오염물질과 폐기물의 발생 등 생산·유통·폐기의 전 과정에 걸쳐 제품이나 서비스가 환경에 미치는 영향을 분석한다. 이를 통해 에너지 사용량과 오염물질 방출량을 산정해 환경경영의 구체적인 방안을 찾을 수 있을 뿐만 아니라, 제품 및 서비스의 환경친화적 설계 및 재활용 방안을 강구하고, 더 나아가 환경라운드의 대응책 등 환경정책 마련 등에도 활용할 수 있을 것이다. LCA의 다양한 활용방안은 〈그림 3-2〉와 같이 정리할 수 있다.

이미 독일 · 스위스 · 스웨덴 등 유럽 국가들과 미국 등은 독자적인 LCA 방법을 개발해왔으며, 국내에서도 최근 들어 대기업을 중심으로 그 도입이 활성화되고 있다. 1차적으로는 소요된 에너지 및 원료물질의 양과 오염배출에 대한 데이터를 토대로 환경영향을 평가하며, 그 후에 환경개선의 기회를 포착해 적극적인 개선작업을 추진하는 방식을 취한다.

따라서 LCA의 1차적인 목적은 다시 말해 제품시스템의 전 과정에 걸친 투입물과 산출물에 의해 발생할 수 있는 잠재적인 환경영향을 정성적과 정량적으로 평가하며 제품의 전 과정 동안에 제품이나 서비스에서 야기된 환경부하를 계산해서 환경에 미치는 영향을 평가함에 있다.

일본의 관련업계에서는 LCA를 환경보존을 위해 원료조달부터 폐기까지의 모든 단계에서 유해물질의 배출량을 체크하며 환경에 대한 부하를 종합적으로 평가하는 수법으로 정의하고 있다.

LCA는 종종 '요람에서 무덤까지의 분석(cradle-to-grave analysis)'이라고 묘사되기도 하며, PLCA(Product Life Cycle Assessment), Ecobalance, REPA(Resource & Environmental Profit Analysis), ISCM(Integrated Substance Chain Management), MLCA(Material Life Cycle Assessment) 등 다양한 이름으로 불리어 오고 있는데, 국제적으로 LCA로 통용되고 있다.

ISO 14040 (LCA) 활용

정 부

- 정부나 공공기관의 정책적 의사 결정에 필요한 자료를 제공하여 정책의 실효성을 제고
  - ► 법적 규제수단 / 법적 규제의 우선순위 결정 / 정책수립 / 공공교육

소 비 자

- 제품의 환경측면과 그 영향에 관한 정보를 소비자에게 제공
  - ► 정부와 기업에 대한 비판 근거
  - ► 친환경제품 선택의 기준
  - ► 제품 및 공정에 대한 정보원
  - ► 캠페인(녹색소비자연대 등)의 우선과제 선정

기 업

- 기업에 환경측면 개선의 기회 및 제품의 환경성 향상을 통한 경쟁력 제고를 도모
  - ► 제품, 서비스, 기능, 시스템 등과 관련된 환경부하의 정의 및 비교
  - ► 소비자에게 정보제공
  - ► 구매규격 결정 및 공급업체 선정
  - ► 제품 및 공정의 설계와 최적화
  - ► 전략적 계획 및 우선순위 결정
  - ► 환경경영 전략 수립
  - ► 성과평가의 척도
  - ► 제품의 환경성 제고
  - ► 마케팅 활동

〈그림 3-2〉 LCA 활용방안

3.1.2 LCA의 배경

산업혁명 이후 전 세계는 대량생산과 대량소비 등 인간의 욕구충족을 주요 목적으로 하는 경제성장 지상주의가 가장 큰 의제(agenda)로 다뤄져 왔으나 경제성장 지상주의로 인해 많은 부분에서 다양한 문제들이 발생하게 되었고, 그 중에서도 환경문제와 관련된 피해는 전 세계적으로 큰 영향을 일으키게 되었다.

일반대중들은 일상생활에서 공업제품과 각종 서비스에 대한 소비의 증가가 천연자원의 수요와 공급에 영향을 미치고 환경의 질을 저하시킨다는 사실을 인지하게 되었다. 이러한 환경영향은 원료의 획득에서부터 재료생산, 제품 제조과정을 비롯하여 제품의 사용과 매립, 소각, 재활용, 퇴비화 등 각종 방법에 의한 폐기물처리에 의해서도 발생하게 된다.

환경에 대한 전 세계적인 관심의 증대는 각국의 정부와 기업이 산업활동으로 발생되는 환경영향이 어떻게 나타내는지를 알아내어 이를 감소시킬 수 있는 방법을 개발하고 응용하는데 노력을 하게 되었고, 이에 따라 제품의 전 과정에 대한 환경영향을 평가하는 '전 과정평가' 의 개념이 대두되게 되었다.

LCA의 효시는 1963년 World Energy Conference에서 Harold Smith가 화학제품과 중간원료 등의 생산에 사용되는 에너지의 누적총량을 계산하여 발표한 논문으로 알려져 있는데, 이 논문에서 제품에 대한 LCA의 개념이 최초로 언급되었다.

LCA를 실제로 적용한 것은 1969년 Coca-Cola 에서 유리병과 플라스틱 병에 대하여 전 과정의 환경영향을 평가하여 비교한 것이 최초 사례이다. 1970년대 석유파동으로 미국과 유럽 등지에서 제품의 자원 사용량과 환경 배출물을 정량화하는 REPA, Eco-balance 등의 연구를 중심으로 LCA가 발전하기 시작했다.

1980년대 후반 고형폐기물이 크게 증가함으로 인해 재활용 방법을 연구하기 위해 LCA 기법을 본격적으로 적용하기 시작하였으며, 1990년대에 이르러 미국의 SETAC(the Society of Environmental Toxicology and Chemistry)와 미국 EPA(Environmental Protection Agency), ISO 등을 중심으로 LCA 기법에 대한 방법론 표준화가 수행되었다.

1993년 네덜란드 암스테르담에서 개최된 LCA 관련 전문가회의에서는 LCA가 환경마크제도에 객관적으로 사용할 수 있는 유용한 도구라는 결론을 내리고, 지구환경에 적합한 제품, 환경부하가 비교적 적은 제품, 재활용이 가능한 제품 등에 대한 정량적이고 객관적인 평가방법으로서 LCA를 제안하였다.

1994년 일본에서 개발된 LCA에 관한 Ecobalance 국제회의에서는 에너지학회, 자원학회, 폐기물학회, 건축학회, 환경교육학회 등 34개 학회가 참여해서 신소재, 건축업, 철강업, 토지이용부문, 도시의 에너지대체평가, 종이와 병의 제품제조, 식품, 음료용기, 제품공정, 자동차부품, 폐기물관리정책,

민간활동, 발전시스템 등 다양한 분야에서의 사례연구를 통해 LCA의 응용 가능성을 보여준 바 있다.

특히, 폐기물관리 정책측면에서 재활용 등을 통해 제품을 순환적으로 이용하고자 할 때에도, LCA를 활용하여 제안된 정책에 의해 감소하는 폐기물량의 감소, 에너지, 오염물질량 등의 환경부하와 증간하는 에너지 투입량 및 수질오염물질 증가 등의 환경부하를 평가함으로써 개별 제품의 재생이용 여부를 판단할 수 있음을 입증하였다.

2000년대 들어오면서 EU 등을 중심으로 국제환경규제가 제품중심으로 전환됨에 따라 통합제품정책(IPP: Integrated Product Policy)과 더불어 제품과 서비스 관점으로 환경을 평가하는 LCA의 활용도가 점차 확대되었다.

2002년 요하네스버그에서 열린 WSSD에서도 세계 각국의 환경관련 각료 및 대표자들 또한 LCA를 지속가능한 생산 및 소비사회로의 전환을 위한 중요한 도구로 인정한 바 있다.

LCA의 적용분야는 매우 다양한데, 우선적으로는 환경친화적 소비를 촉진하는 환경라벨링제도(EL)에 적용하여 환경성을 입증할 객관적 근거를 제시하는데 활용할 수 있다. 특히 제1유형 환경마크제도에서는 환경마크 부여기준을 제품의 전 과정을 고려하여 개발할 수 있도록 하고 있으며, 제3유형인 환경라벨링제도는 LCA 결과를 토대로 하여 제품의 정량적인 환경 프로파일에 대한 인증을 심의한다.

제3유형의 환경라벨링제도인 환경성적표지제도는 제품·소재의 친환경을 향상시키기 위하여 제품·소재의 설계, 생산, 유통, 소비, 폐기 등의 전 과정에 대한 환경성 정보를 계량적으로 표시하는 제도로서 LCA와 불가분의 관계에 있다. 이 제도의 목적은 생산자가 자발적으로 제품에 대한 투명하고 정확한 환경성 정보를 제공하여 소비자 스스로 비교할 수 있게 함으로써, 환경친화적인 제품에 대한 수요와 공급을 촉진하고, 이를 토대로 시장주도의 지속적인 환경개선을 위한 체계를 마련하고자 함이다.

이 제도의 특징은 환경마크제도와 같이 환경기준에 부합되는 제품에 한하여 인증을 부여하는 것이 아니라, 인증을 희망하는 모든 대상제품을 대상으로 한다는 점이다. 희망 기업이 제품에 대한 인증을 받기 위해서는 환경성과가 우수하든 부족하든 간에 대상제품에 대한 LCA 작성지침서에 따라 수행된 LCA 결과를 있는 그대로 제시해야 한다.

LCA는 또한 근래 부각되고 있는 탄소성적표지제에서는 제품의 전 과정에서 발생하는 이산화탄소 배출량을 산정하는데 활용되며, 기후변화 물질 저감을 위한 정책 평가에 있어서 각종 공정 및 소재별 근거자료로 활용될 수 있으며, 그린 빌딩인증 및 건축자재평가, 공공구매, 통합폐기물 관리 등에서도 핵심기술로 적용된다.

기업은 LCA를 제품 개발 및 설계(친환경 디자인), 원재료선택(녹색 구매), 공정개선(청정생산), 수송·물류(녹색물류) 등에 의사결정수단으로 활용하고 있으며, 제품의 사용 후 폐기 시나리오(재활용·재사용)에 대한 최적의 의사결정을 내리기 위해 활용하고 있다.

환경보호와 자원보존, 지속가능한 사회에 대한 요구가 증가하면서 ISO에서는 경영중심과 제품중심의 ISO 14000 규격을 발표하였는데, 제품중심의 규격은 환경라벨, 환경선언, LCA, 에코디자인 등을 포함한다. ISO LCA 표준은 〈표 3-1〉과 같이 구성되어 있다.

〈표 3-1〉 LCA에 대한 ISO 표준구성

국제 표준	설 명	제정 년도
ISO 14040	원칙과 기본 틀 (Principles and framework)	2006
ISO 14044	요구사항 및 가이드라인(Requirements and guidelines)	2006
ISO 14047	예제 및 적용 방법 (Illustrative examples on how to apply ISO 14042)	2001
ISO 14048	LCA 데이터 문서화 양식 (LCA data documentation format)	2002
ISO 14049	예제 및 적용 방법 (Illustrative examples on how to apply ISO 14041)	1999

자료: 무역 · 환경정보네트워크(2005), ISO 환경경영체제 표준- ISO 14000

3.1.3 LCA 수행절차

ISO 14040에 의하면 LCA는 〈그림 3-3〉과 같이 목적 및 범위 정의, 전 과정 인벤토리 분석, 전 과정 영향평가 및 전 과정 해석 등의 4단계로 수행된다. LCA는 먼저 정의된 시스템의 전 과정에 관련된 투입물과 산출물의 인벤토리를 취합하고 처리해서 이러한 투입물과 산출물에 관련된 잠재적인 환경영향들을 평가하여 두 과정을 통해 얻은 결과를 연구의 목적에 맞게 해석한다.

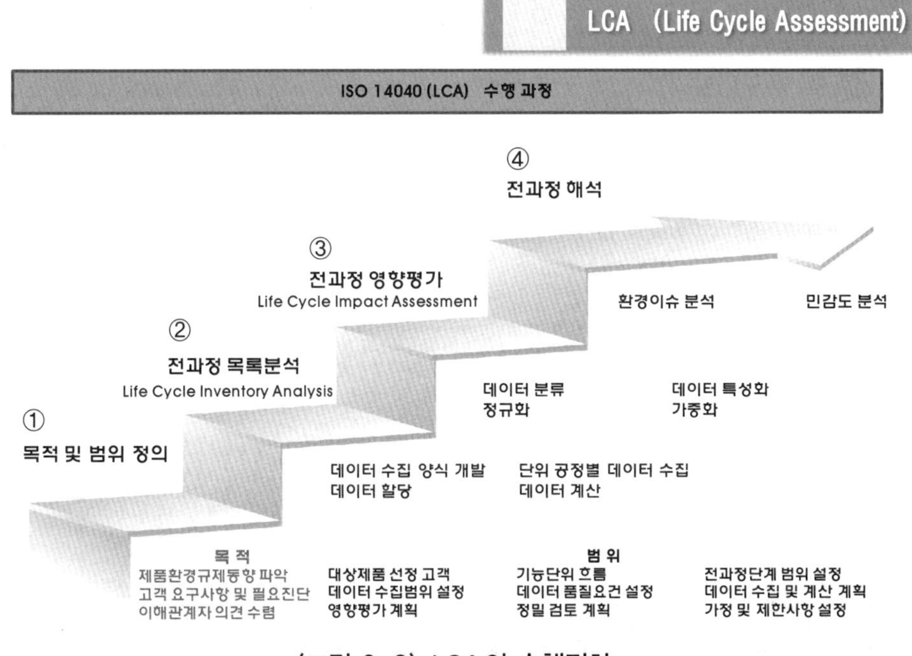

〈그림 3-3〉 LCA의 수행절차

이로써 제품이나 서비스와 관련된 환경적 영향과 잠재적 영향을 평가는 하는 기술이며, 사회기반 시설의 경우 건설단계의 자재 및 설비의 제조로부터 시공, 시설의 운영단계의 최종 폐기단계에 이르기까지 전 과정에서의 투입물과 산출물로 관련된 잠재적 영향부하를 평가대상으로 한다.

그 목적은 제품과 공정을 고려하여 사용된 물질 및 에너지 그리고 지구환경에 배출된 오염물질들을 규명하고 정량화하여 지구온난화 및 자원고갈 등과 같은 지구환경에 미치는 영향을 평가하여 환경개선을 위한 기회를 찾아 평가하기 위함이다.

특히 제3단계인 영향평가는 인벤토리분석을 통해 잠재적인 환경영향 평가를 하는 것이 목적이며 환경에 미치는 영향정도를 정량적이고 정성적으로 산정하여 주어진 시스템에 환경에 미치는 영향을 종합적으로 평가하는데 분류화(classification), 특성화(characterization), 정규화(normalization), 가중화(weighting) 등의 네 가지 절차를 걸쳐 평가하게 된다.

또한 민감도분석(sensitivity analysis)을 통해 대상의 주요 이슈인 각 단위공정 중 주요하게 환경부하를 발생시키는 공정, 부품, 재료 등을 규명할 수 있으며 상이한 시스템간의 환경적 우위성을 평가한다. 그러나 LCA의 한계로서 아래와 같은 사항이 지적되기도 한다.

- **객관적 측면:** 선택사항이나 가정이 주관적일 수 있다.
- **현실적 측면:** 적용모델, 가정에 의한 제한, 현실적으로 모든 잠재적 영향을 반영하는 것이 불가능하다.
- **지역적 측면:** 범지구적, 지역적 문제에 초점을 맞춘 LCA는 국소지역에는 적합하지 않을 수 있다.
- **정확성 측면:** 연구의 정확성은 데이터의 접근 가능성, 활용 가능성, 데이터의 품질에 따라 가변적일 수 있다.
- **비교적 측면:** 각 연구의 가정과 상황이 동일한 경우에만 직접적인 비교 가능하다.

(1) 연구목적 및 범위 정의

연구의 목적은 LCA 수행단계 중 첫 번째 단계로서 앞으로의 연구방향 및 구체적인 계획을 수립하는 단계이며, 이 부분이 LCA를 수행하는데 있어서 가장 기본적이고 중요한 부분이라 할 수 있다. LCA는 사용하는 목적에 따라 수집하는 자료, 분석방법, 결과 등이 현저히 달라질 수 있기 때문에 우선적으로 어떤 목적으로 사용할 것인지를 명확히 할 필요가 있다.

본 단계에서는 연구를 수행하는 목적, 적용분야, 보고대상에 대하여 명시함으로써 연구를 통해 도출된 결과를 어디에 활용할 것인지를 결정해야 한다. 연구 발주자, LCA 전문가, 제품과 공정 전문가 등이 모여 가능한 예산 및 시기 그리고 인원 등을 고려하여 제안된 목표들에 대하여 중요성 및 실행 가능성 등을 검토하여 연구의 목적과 범위를 명확히 정의해야 한다. LCA 수행 목적의 예로는 다음과 같은 것들이 있다.

- 제조공정의 환경평가 및 개선분야 도출
- 친환경적인 제품 개발을 위한 설계 아이디어 도출

- 생산공정에서의 환경영향요인 식별 및 저감
- 환경성적표지 인증을 취득하기 위한 객관적 증빙자료 확보

연구범위란 대상제품, 기능단위, 수행방법 및 가정, 제품 · 서비스 경계 및 데이터 범주 등과 같은 LCA를 수행하기 위한 전반적인 범위를 말하며, 연구수행 목적에 따라 제품의 LCA에서 고려해야 할 영역과 제외시킬 영역이 결정된다. 범위 설정의 기본적인 예로 다음과 같은 것을 들 수 있다.

- 원료취득부터 폐기단계까지 (cradle to grave)
- 원료취득부터 생산 및 출하단계까지 (cradle to gate)
- 생산단계만 범위로 지정 (gate to gate)
- 폐기단계만 범위로 지정 (폐기물 LCA)
- 유해물질만 범위로 지정 (물질 LCA)

연구범위 설정단계에서 규명되어야 할 항목은 다음과 같다.

(가) 기능, 기능단위 및 기준흐름 설정

기능(function)은 제품 · 서비스에 의해 구현되도록 의도된 특성으로서, 제품 · 서비스를 통해 고객에게 제공하고자 하는 가치 있는 특성을 말한다. 제품 · 서비스의 여러 기능 중에 핵심이 되는 주 기능을 선정하여 기능단위(functional unit)를 설정한다. 기능단위는 제품 · 서비스의 기능을 정량적으로 나타내는 단위이며, 환경성 평가의 기본이 되는 단위이고, 제품시스템이 나타내는 성능을 나타내는 단위이다. 기능단위의 목적은 제품 및 서비스에 의해 제공되는 기능을 정량화하고, 투입물과 산출물 데이터를 정규화 함으로써 일관된 비교를 가능하게 하고자 함이다.

제품시스템은 제품제조 공정은 물론 제품의 상위공정과 하위공정을 총칭하는 개념으로서, 부품과 원료제조, 운송, 제품 사용 및 폐기 등의 단계를 포함한다. 이와 더불어 제품과 모든 요소들에 사용된 에너지, 용수, 용매 등의 자원도 포함한다. 이는 LCA의 평가기준이 제품자체보다는 제품과 관련된 모든 생산 활동에 초점을 맞추고 있기 때문이다.

기능은 제품 본연의 기본기능(basic function)과 부가적인 이차기능(secondary function) 두 가지로 구분하여 기능단위를 설정하는 것이 바람직하다. 유사한 제품을 비교할 때 기본기능단위를 기준으로 하는 것이 혼란을 방지할 수 있기 때문이다.

제품시스템에 의해 전달되는 기능을 정량화 하기 위해 기능단위를 통하여 대상제품의 양을 나타낸 것을 기준흐름이라 하는데, 물질, 소재, 폐기 등의 공정에서는 생산량이 되며, 수송 공정의 경우 소요 연료량이 될 수도 있다. 기준흐름은 LCA의 계산 척도로서, 최종 사용자 관점에서 정량적으로 설정한다.

(나) 시스템경계 설정

기능과 기능단위를 정의한 후, 연구의 대상이 되는 제품시스템에 대하여 연구의 목적에 부합하게 시스템경계를 설정한다. 시스템경계 설정에서는 사용자가 어떤 단위공정 및 요소들을 제품시스템에 포함시킬지를 결정하는데, 원칙적으로 제품과 관련된 모든 공정을 포함해야 하지만, 현실적 제약으로 인해 상대적 중요도가 낮은 공정은 제품시스템에서 제외하기도 한다.

시스템경계는 LCA의 목적 및 범위, 제외기준, 가정 등에 의해 결정되며, 경계 안에 포함된 단위공정은 〈그림 3-4〉와 같이 제품을 제조하는 주요 공정에서부터 출발하여 원 · 재료 획득, 소재 가공, 부품 제조 등의 상위공정과 배출물 처리 등의 하위공정을 연결하여 일련의 물질과 에너지 흐름을 상세하게 설명하여야 한다. 따라서 시스템경계를 설정할 때 공정간 상호관계를 보여주는 공정흐름도를 사용하여 시스템을 표현하는 것이 바람직하며, 다른 시스템과의 투입물과 산출물 흐름뿐 아니라 부산물과 폐기물 등에 대해서도 파악하는 것이 분석에 도움이 된다.

연구결과에 중대한 영향을 미치지 않는다면, 전 과정단계, 단위공정, 투입과 산출물은 제외할 수도 있으나, 제외한 전 과정단계, 단위공정, 투입 및 산출물은 보고서에 기록하여 평가 대상이 되는 제품시스템에 대하여 투명성을 확보해야 한다. 시스템경계 설정 시 다음과 같은 사항들을 고려해야 한다.

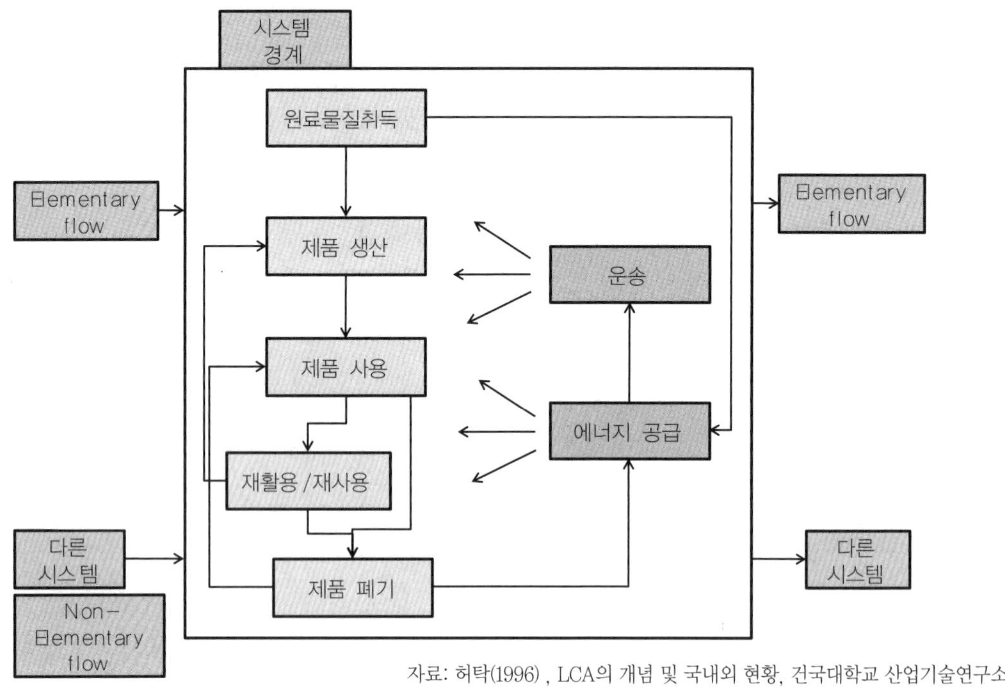

자료: 허탁(1996), LCA의 개념 및 국내외 현황, 건국대학교 산업기술연구소

〈그림 3-4〉 제품 시스템경계의 구조

- 일련의 주요 제조/가공단계에서의 투입/산출물
- 유통/수송
- 연료 및 전기, 열의 생산과 사용
- 제품의 사용 및 유지 보수
- 공정 폐기물과 제품의 폐기
- 사용 제품의 회수(재사용 및 재활용, 에너지 회수 포함)
- 보조 물질의 제조
- 주요 장비의 제조, 유지 보수 및 해체
- 조명 및 난방과 같은 추가적인 조작
- 영향평가와 관련된 기타 고려 사항

(다) 제외기준(cut-off criteria) 설정

제외기준 설정은 연구의 목적을 달성하기 위해 반드시 수집해야 할 데이터와 제외해도 좋을 데이터 간의 경계를 설정하는 단계이다. LCA는 방대한 양의 자료를 필요로 하므로 연구의 목적과 범위에 부합하는 필수 데이터만을 선정하여 집중 관리할 필요가 있다. ISO에서는 질량, 에너지, 환경 관련성 등의 세 가지 기준에 따라 제외기준을 설정하도록 권장하고 있다.

예를 들어, 질량기여 결정방법은 제품시스템의 전체 환경부하에서 기여도가 적은 것을 제외시키는 방법인데 주로 사용되는 기준은 제품 단위공정의 질량 또는 에너지사용 비율이 정해진 비율 x(%)보다 작으면 그 단위공정은 제외시킨다. 그러나 단위공정이 환경적으로 유해 화학물질과 같은 중요한 요소를 포함하고 있다면 제품시스템에 포함시켜야 한다. 질량 기여 결정방법의 예를 들면, 어떤 대상 제품의 각 구성물질에 대하여 질량 또는 에너지를 내림차순으로 정렬한 누적무게 중 y(%)까지 포함시킨다고 하면 나머지 100−y(%)를 구성하는 소량의 물질들은 제외시킨다는 의미이다.

개방순환(open-loop) 재활용 시스템에서는 제외기준 방법론을 사용하여 할당을 수행하는데, 재활용되는 폐기물은 발생량까지만 파악하며, 재활용 공정에 대한 환경부하는 추적하지 않는다. 반대로 폐기물을 재활용하여 생산한 재생제를 사용하는 경우에는 재활용 공정으로 인한 환경부하를 모두 포함하도록 한다.

(라) 데이터 범주 및 품질요건

공정 흐름도를 작성하여 시스템경계와 제외기준을 결정하고 나면, 제품시스템에 있는 단위공정의 투입물과 산출물 데이터에 관한 정보를 알아야 한다. 데이터 수집과 관련된 단계를 전 과정 인벤토리분석이라고 부르는데, 인벤토리 데이터의 수집을 위하여 데이터 범주를 선택하고 그와 관련 있는 인벤토리항목을 선택하는 작업이 필요하다.

LCA에 사용되는 데이터는 평가 목표에 따라 요구되는 유형이 다를 수 있으며, 이러한 데이터는 시스템경계 내의 단위공정과 관련하여 생산현장에서 실측하여 수집하거나 문서화된 자료로부터 가공하여 획득할 수 있다. 실제로 모든 데이터 범주는 측정하거나 가공(계산, 평가, 추정)된 데이터가 혼합된 것으로서, 수집한 데이터는 단위공정의 투입물과 산출물을 정량화하는데 사용된다.

제품시스템 내의 단위공정에서 발생하는 입출력 데이터를 수집함에 있어서, 일반적으로 투입물 데이터 범주에는 공정에 투입되는 자원, 원료물질, 보조물질, 에너지 등이 포함되며, 산출물 데이터 범주에는 공정에서 배출되는 제품, 부산물(by-product), 환경(대기/수질/토양) 배출물 등이 포함된다. 환경 배출물 중 환경오염물질의 데이터 범주는 대기환경보전법, 수질환경보전법, 폐기물관리법 등에서 규제하는 환경오염물질을 포함하며, 폐기물은 매립, 소각, 재활용 폐기물로 구분한다. 데이터를 크게 분류하면 다음 항목과 같다.

❶ 투입물

- 자원: 에너지 및 광물을 포함한 자연으로부터 공급되는 자원
- 원료물질: 부품, 중간재, 반제품 등을 포함하는 기술계로부터 공급되는 원료물질 투입물
- 에너지: 기술계로부터 공급되어 동력을 공급하는 투입물(전기, 열, 스팀 등)
- 보조물질: 제품 구성에 포함되지는 않지만 제조에 필요한 용수, 용매 등의 보조 물질, 수송 및 기타 서비스 등을 포함

❷ 제품

- 제품: 시스템의 산출물로서 고객에게 전달되는 제품(서비스, 에너지, 수송 등을 포함)
- 부산물: 시스템의 부가적인 산출물(서비스, 에너지, 수송 등을 포함)

❸ 배출물

- 배출물: 자연으로 배출되는 물질(고체, 액체, 가스, 열, 스팀 등)
- 잔여물: 시스템 내에 남아있는 물질(고체, 액체, 가스 상태의 흐름)

이상의 항목들 내에서, 개별 데이터 범주는 연구목적을 달성시키기 위하여 보다 더 상세하게 구분할 필요가 있다. 예를 들어, 대기 배출물 항목 내에 이산화탄소, 수불화탄소, 황산화물, 질산화물 등의 데이터 범주를 별도로 지정할 수 있다.

데이터 품질요건(DQR: Data Quality Requirement)은 데이터품질 평가 시에 평가점수 구간 또는 합부(pass or fail)를 결정하는 기준 역할을 하기 때문에 연구의 목적 및 범위정의에 따라 명확하게 정의되어야 한다. 한편, 데이터 품질지표(DQI: Data Quality Indicator)는 데이터 품질평가 시에 평가대상의 역할을 한다.

일반적으로 데이터의 품질을 유지하기 위해서는 기본적으로 측정에 의해 수집된 검증된 데이터의 수집을 원칙으로 한다. 그러나 필요한 데이터를 현장에서 측정하여 수집할 수 없는 경우, 적절한 절차

를 거쳐 추정하거나 유사 공정의 데이터를 활용할 수도 있다. 데이터 품질평가를 위해서는 다음과 같이 시간적 범위와 지리적 범위, 기술적 범위 등을 DQI로 설정하며, 정의된 각 DQI들은 연구의 목적 및 범위에 따라 서로 다른 DQR을 설정한다.

❶ **시간적 범위(time-related coverage)**: 희망하는 데이터의 연한과 데이터를 수집해야 하는 시간의 최소 길이로서, 최초 데이터 수집일을 기준으로 3년 이내의 최근 1년 누적평균데이터로 한다. 단, 생산기간이 1년 미만인 신제품의 경우에는 생산시점부터 데이터 수집 시점까지 누적평균데이터를 사용할 수 있다.

❷ **지리적 범위(geographical coverage)**: 연구의 목표를 충족시키기 위해 단위공정에 대하여 수집해야 할 데이터의 지리적 범위(예, 지역, 국가, 대륙, 세계 등)로서, 생산공정을 내부와 외부로 구분하여, 내부는 현장 데이터를 수집하는 것을 원칙으로 하고, 외부는 생산공정의 해당 지역 또는 국가의 일반 데이터베이스를 사용하는 것을 원칙으로 한다.

❸ **기술적 범위(technical coverage)**: 데이터를 수집할 단위공정의 기술적 수준은 최선의 가능한 기술(BAT: Best Available Technology)로 결정하여, 현장에서 사용되고 있는 차선의 기술수준 및 공법을 적용한다.

데이터의 유형과 출처에 관해서는 특정지역에서 수집된 데이터와 출판물로부터 수집한 데이터의 특징에 대한 상세한 설명과 데이터가 측정치인지, 계산치인지, 추정치인지에 대하여 반드시 고려해야 한다. 일반(generic)데이터는 지역적 범위, 시간적 범위, 기술적 범위 순으로 적용한다. 유사제품 데이터, 유사공정 데이터, 일반데이터, 데이터 누락(data gap) 등의 경우에 대해서는 그 사유를 명시하고 타당성을 검토해야 한다. 추가적인 데이터 품질요건으로는 다음과 같은 사항을 고려하도록 한다.

❶ **정량적 지표**
- 정밀성(precision): 각 데이터 범주에 의해 표현된 데이터 값의 변화량이 평균치를 중심으로 근접되어 있는 정도 (분산, 표준편차, 범위 등)
- 완전성(completeness): 단위공정 데이터 중 데이터품질여건에 부합되는 상위 및 하위흐름 데이터베이스가 연결되는 데이터의 비율

❷ **정성적 지표**
- 대표성(representativeness): 데이터가 해당 개체를 반영하는 정도에 대한 정성적인 평가 (지리적 범위, 시간적 범위, 기술적 범위 등)
- 일관성(consistency): 연구 방법론이 다양한 분석 요소들에게 얼마나 일관되게 적용되는가에 대한 정성적인 평가
- 재현성(reproducibility): 연구에 사용된 방법론 및 데이터 정보를 사용하여 또 다른 독립적인 연구수행자가 동일한 연구결과를 재현할 수 있는지에 대한 정성적인 평가

(마) 할당 절차

LCA에서의 할당(allocation)은 공정과 운송 혹은 타 제품 시스템에 의해 야기된 환경부하를 어떤 비율로 분배하는가를 결정하는 것이다. ISO 14040, 14044에서는 할당의 제1원칙으로서, 가능한 한 할

당을 피하라고 되어있다. 이것은 할당 기준을 선택하는 데에 있어 주관적인 기준이 들어가기 때문이다. 할당을 피하는 방법은 시스템을 확장하거나 공정 중간에 발생하는 부산물에 대한 할당을 회피할 수 있는 수준에서 단위공정을 결정하는 방식이 있다.

할당은 주로 다중 투입/산출 공정(multi-input/output process)이나 개방순환 재활용 시스템 등에서 발생한다. 다중 산출공정은 두 가지 이상의 제품 혹은 부산물이 생산되는 공정으로서, 열병합발전소, 염소생산 공정, 원유정제 공정 등이 있다.

다중 투입공정은 두 가지 이상의 투입물이 투입되어 환경부하로 변하는 공정으로서, 소각장이나 폐수처리장 등이 대표적인 예이다. 다중 투입/산출 공정에서의 할당문제를 해결하기 위하여 중량, 부피, 에너지, 면적 등과 같은 물리 및 화학적 특성과 가격과 이윤 등의 경제적 가치와 같은 할당인자들을 사용한다. 다수의 투입/산출물을 가진 공정에서 할당이 필요할 때에는 다음의 우선순위에 따라 할당을 적용해야한다.

❶ 할당의 대상이 되는 공정을 두 개 또는 그 이상의 하위공정으로 분리하고 이들 하위공정과 관련된 투입물과 산출물 데이터를 포함하도록 제품시스템을 확장한다.

❷ 시스템의 투입물과 산출물 간의 기본적인 물리적, 화학적, 생물학적 상관관계를 파악하여 할당 대상물별로 할당 규칙을 설정한다.

❸ 물리적, 화학적, 생물학적 상관관계를 적용하여 할당하는 것이 어려울 경우에는 적절한 할당이 가능한 다른(경제적 가치 등) 관계를 반영한다.

개방순환 재활용 시스템은 물질이나 에너지가 시스템경계를 넘어 재활용되어 다른 제품 시스템에서 다시 사용되는 재활용 시스템을 말한다. 이와 반대로 물질이나 에너지가 재활용되어 그 제품 시스템 내에서 사용되면 폐쇄순환 재활용(closed loop recycling) 시스템이라고 한다. 할당 처리방법으로는 다음과 같은 것들이 있다.

❶ 폐쇄순환근사(closed loop approximation) 방법

재활용된 물질이 같은 제품의 원료물질로 사용된다는 가정 하에 원료물질의 생산, 폐기물 처리 및 재활용 공정으로 인한 환경부하를 해당 제품시스템에 전부 할당함으로써 두 시스템 간에 발생되는 할당 문제를 피하는 방법이다. 재활용된 물질이 같은 제품에 사용되는 것으로 가정하였으므로 이 재활용된 물질의 사용량만큼 원료물질의 사용이 감소되는 것으로 볼 수 있다.

이 방법은 재활용된 물질이 유사한 제품의 생산을 위해 사용되는 경우에 적합하며, 다른 제품시스템에 대한 추가적인 자료조사가 불필요하다. 그러나 물질의 현저한 품질 저하가 있는 경우에는 부적절한 경우가 많으므로 불가피하게 사용하더라도 반드시 민감도 분석을 수행하여 결과의 신뢰도를 평가해야 한다.

❷ **영향경감(avoided impact) 접근방법**

이 방법은 시스템경계를 모든 관련된 전 과정 시스템으로 확장시켜 어떤 제품시스템에서 물질이 사용된 후 재활용되어 다음 단계의 원료 물질로 사용되는 경우, 이 재활용된 물질의 사용으로 인하여 다음 단계에서 감소된 환경영향에 대한 이득을 해당 시스템에 할당하는 방법이다. 이 방법의 문제점은 모든 관련된 전 과정 시스템을 고려하여야 하고 재활용 물질이 어떤 물질의 사용을 대체하였는지에 대한 정보도 필요하므로 복잡하다는 점이다. 사회 전반에 걸친 물질의 흐름을 알아야 하므로 현실적으로 사용에 제한이 있다.

❸ **제외기준(cut-off) 방법**

각각의 공정에서 발생되는 투입과 산출 책임소재를 해당 공정에 두어, 원료물질의 생산단계에서 발생하는 환경부하는 해당 전 과정 시스템에서 사용하는 원료물질의 양에 비례하여 할당하고, 폐기물 처리과정에서 발생하는 환경부하는 폐기단계에서 폐기되는 물질의 양에 비례하여 할당하는 방식이다.

재활용 공정에서 발생되는 환경부하는 시스템경계 설정 방식에 따라 할당이 변하게 된다. 재활용 공정이 시스템경계에 포함되는 경우는 재활용 공정으로 인한 환경부하를 해당 전 과정 시스템에 할당하지만, 시스템경계 밖으로 설정되는 경우에는 재활용 공정으로 인한 환경부하는 다른 시스템에 할당되는 것으로 간주한다.

이 방법을 사용하면 LCA 수행자가 LCA의 목적에 맞도록 시스템경계를 적절히 설정하여 시스템경계를 벗어나는 부분에 대한 환경부하를 무시함으로써 실질적인 할당문제를 해결할 수 있다.

❹ **추출부하(extraction load) 방법**

이 방법은 전 과정에서 발생되는 환경부하의 원인이 원료물질의 취득에 있다는 가정 하에서, 새로운 원료물질을 이용하는 경우 이 물질의 재활용 여부에 관계없이 원료물질의 생산과 폐기물 처리에 의해 발생되는 환경부하에 대하여 할당하는 방식이다. 따라서 원료물질의 생산과 폐기물 처리에 의한 환경부하는 제품에 포함된 원료물질의 양에 비례하여 할당된다.

이러한 원리는 재활용 공정에 의한 환경부하에도 적용되어 재활용 공정에 의한 환경부하는 재활용된 물질을 사용하는 전 과정 시스템에 할당한다. 따라서 재활용 물질을 이용하는 경우 환경영향에 대한 할당에서 이득을 볼 수 있으므로 재활용 물질의 사용을 장려하는 의미를 가지고 있다. 반면 원료물질을 사용하는 입장에서는 재활용 여부에 관계없이 환경부하를 할당받게 되기 때문에 재활용에 대한 의지가 약해지는 단점이 있다.

❺ **폐기부하(disposal load) 방법**

추출부하 방법이 원료물질의 채취를 모든 환경부하의 원인으로 간주하는 반면 폐기부하 방법에서는 물질의 폐기를 그 물질의 원료취득 및 가공공정, 폐기의 모든 환경부하의 원인으로 간주한다. 따라서 전 과정 시스템에서 폐기되는 물질의 양에 비례하여 원료물질의 생산과 폐기물 처리에 의한 환경부하를 할당하게 된다.

재활용 공정에도 같은 원리가 적용되어 해당 전 과정 시스템에서 재활용 공정으로 전달한 물질의 양에 비례하여 환경부하를 할당한다. 이 방법은 물질의 폐기에만 중점을 두고 있기 때문에 제품 사용 후 폐기하지 않고 재활용하는 전 과정은 환경부하에 대한 이득을 볼 수 있다.

한편 재생된 물질을 사용하는 경우 이를 다시 재활용하면 문제가 없지만, 이를 폐기하는 경우에는 폐기물 처리뿐만 아니라 원료물질의 생산과 관련된 환경부하 모두를 책임져야한다. 따라서 이 방법은 재활용을 장려하는 의미를 가지고 있으나, 원료물질을 생산하는 측에서는 원료물질 사용을 줄이기 위한 노력을 등한시할 수 있다.

⑥ 50/50 방법

추출부하 방법은 원료물질의 사용에 중요성을 두어 환경부하를 할당하고 폐기부하 방법은 원료물질의 폐기에 중요성을 두어 환경부하를 할당하는데, 50/50 방법은 이 두 가지 중요성을 다 고려하여 환경부하를 반씩 나누어 할당하는 방식을 취한다. 원료물질 생산과 폐기물 처리에 의한 환경부하의 50%는 해당 전 과정 시스템에서의 원료물질 사용량에 비례하여 할당하고, 나머지 50%는 폐기되는 양에 비례하여 할당하게 된다.

재활용 공정에서의 환경부하도 추출부하 방법과 폐기부하 방법의 중간을 취하여 50%는 재활용 공정으로 물질을 공급하는 전 과정 시스템에 할당하고, 나머지 50%는 재생된 물질을 사용하는 전 과정 시스템에 할당하게 된다.

이 방법은 할당의 기본 고려사항 중 중요한 두 가지 요소인 원료물질의 사용과 물질의 폐기를 조합하여 재활용 공정에 관련된 두 전 과정 시스템에 동등한 환경부하를 할당한다. 원료 물질을 생산하는 전 과정 시스템과 폐기하는 전 과정 시스템 모두에 환경부하를 할당함으로써 재활용을 장려하면서 원료물질의 채취 및 폐기를 방지하는 효과를 가지고 있다.

⑦ 원료집단(material pool) 방법

이 방법은 추출부하 방법과 유사하게 원료물질의 사용이 다양한 물질로 구성되어 있는 가상적인 원료집단 내의 물질을 사용한다는 개념 하에 고안되었다. 원료집단으로부터 물질을 채취해서 사용하고 다시 원료집단으로 돌려보내는 경우는 원료물질의 채취 또는 폐기단계에서의 환경부하를 할당하지 않지만, 사용한 물질을 폐기하는 경우는 물질의 생산 및 폐기에 관련된 모든 환경부하를 물질을 폐기한 전 과정 시스템에 할당하는 방법이다. 이 방법 역시 재활용을 장려하는 의미를 가지고 있으며, 물질의 품질을 고려할 경우 품질의 저하를 최소화시키기를 권장하고 있다.

폐기부하 방법과의 큰 차이점은 가상적인 원료집단 내에 여러 가지 다양한 품질의 물질들이 존재하며 이 물질들이 품질에 따라 서로 다른 환경부하를 가진다는 개념이다. 즉, 원료집단으로부터 어떤 수준의 품질을 가진 물질을 사용한 후 재활용 공정을 통해 되돌려 보낸 물질의 질이 원래의 물질보다 낮을 경우 품질의 저하에 대한 할당이 필요하다는 것이다. 품질의 저하를 고려하지 않는 경우 원료집단 할당방법은 폐기부하 방법과 유사하다.

(바) 영향의 종류 및 영향평가 방법론 정의

LCA 수행 시 범위정의 단계에 평가할 환경영향범주와 각 영향범주 별 평가모델을 명시하여 어떤 영향범주에 대해서 어떤 모델을 통하여 평가할 것인지에 대하여 제시함으로써 영향평가 결과 해석에 있어서 이해도를 높이고 투명성을 확보할 수 있다. 여기서는 정규화(normalization)와 가중치부여(weighting) 단계까지 수행할 것인지 여부와 어떤 기준에 의해 어떤 값을 적용할 것인지 결정하여 기록해야 한다.

(사) 가정 및 제한사항

결과의 투명성 확보와 결과 해석상의 오류를 방지하기 위하여 연구수행 시 적용된 가정이나 제한사항은 반드시 기록하도록 한다.

(아) 정밀검토 형태의 정의

정밀검토의 범위 및 실시 여부는 목적 및 범위 정의 단계에서 결정하며, ISO에서는 정밀검토의 종류를 내부 전문가 검토(internal expert review), 외부 전문가 검토(external expert review), 이해 관계자 검토(review by interested parties) 등으로 구분하고 있다. 정밀검토 과정에서는 다음과 같은 사항이 보장되어야 한다.

- LCA 수행 방법론의 ISO 규격과의 일관성
- LCA 수행 방법론의 과학적, 기술적 유효성
- 사용된 데이터의 LCA 목표와의 적절성 및 합리성
- LCA 목표 및 제안사항이 해석에서 반영되는지의 여부
- 연구 내용의 투명성 및 일관성

(자) 보고서 형태

제3자를 위한 LCA보고서는 반드시 다음과 같은 측면을 포함시켜야 한다.

- 일반적 측면
  ❶ LCA 의뢰자 및 수행자
  ❷ 보고 일자
  ❸ LCA 연구가 ISO 14040의 규격에 의거하여 수행되었다는 내용
- 목적 및 범위 정의
- 인벤토리분석: 데이터의 수집 및 계산절차
- 영향평가: 수행된 영향평가 방법론 및 결과
- 해석
  ❶ 결과
  ❷ 방법론 및 데이터와 연관된 결과의 해석에 관한 가정 및 제한사항
  ❸ 데이터의 품질평가
- 정밀검토
  ❶ 검토자의 이름 및 소속
  ❷ 정밀검토 보고서
  ❸ 건의에 대한 대응

(2) 전 과정 인벤토리분석

전 과정 인벤토리(LCI: Life Cycle Inventory)분석은 LCA 수행단계 중 가장 많은 인력과 노력이 요구되는 단계로서, 목적 및 범위 정의에서 설정된 연구대상 시스템에 대하여 데이터를 수집하고 기능단위에 적합하게 환경부하를 산출하여 제품이나 서비스의 전 과정에서 발생되는 환경부하를 파악하

는 단계이다. 이렇게 계산된 환경부하는 영향평가 단계에서 잠재적인 환경영향을 평가하는 데 사용된다.

전 과정 인벤토리분석은 연구대상 제품시스템과 관련한 물질과 에너지의 투입 및 산출 데이터를 수집하고 이를 정량화하기 위한 계산과정으로 구성되어 있다. 이를 위해 공정도(process tree)나 공정흐름도(process flow diagram)를 통해 제품시스템 내의 단위공정 사이의 상호관계를 분석하고, 단위공정과 제품시스템의 모든 투입물과 산출물의 흐름을 파악해야 한다.

제품이나 서비스의 전 과정에 걸친 모든 데이터의 수집이 불가능할 경우에는 앞 단계에서 정의된 목적이나 범위를 축소하거나, 전문가 경험 및 가정을 통해 데이터를 산출할 수 있는데, 사용된 가정이 과학적이고 객관적임을 입증할 수 있어야 한다.

인벤토리분석에서는 〈그림 3-5〉와 같은 흐름으로 진행되는데, 데이터처리 및 계산과 같은 반복적인 작업이 수행된다. 이런 반복적인 작업에서는 수많은 양의 데이터를 취급하기 때문에 전 과정 소프트웨어를 이용하여 데이터를 처리하는 것이 일반적이다.

인벤토리분석에서는 제품이나 서비스의 전 과정에 대한 설명, 데이터 수집방법 및 결과, 데이터의 품질평가 결과, 데이터처리 및 계산방법, 사용한 가정, 인벤토리분석에서 얻은 결과 등을 모두 포함해야 한다. 인벤토리분석의 중요한 항목은 크게 데이터 수집 준비, 단위공정 결정 및 공정흐름도 작성, 데이터 수집 및 계산, 시스템경계 수정, 전 과정 인벤토리 작성 등으로 구분하고 있다.

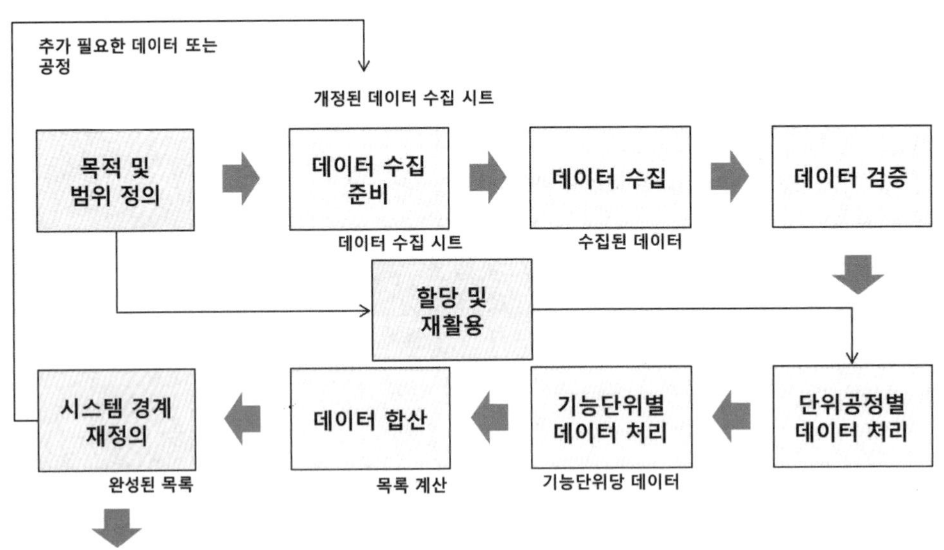

자료: Pavement Interactive(http://www.pavementinteractive.org/), Life Cycle Assessment of HMA and RAP

〈그림 3-5〉 전 과정 인벤토리분석

(가) 데이터 수집 및 검증

공정도상에 있는 단위공정의 투입 및 산출 데이터를 수집하는데 데이터 품질 요구에 맞게 현장자료, 문헌자료뿐만 아니라 데이터베이스와 같은 다양한 형태의 데이터를 수집할 수 있다.

앞에서 설명한 바와 같이 인벤토리항목 데이터 품질에 대한 목표를 정할 수 있는데, 이를 결정하기 위한 일반적인 틀은 시간적 경계, 지역적 경계, 기술적 경계 등 세 가지 사항을 고려해서 시스템경계를 설정해야 한다.

데이터 질의서에는 수집대상 제품, 데이터 수집자 및 날짜, 수집기간, 상세한 공정설명, 투입 파라미터(원료물질, 보조물질, 에너지, 수송) 및 산출 파라미터(대기, 수계 및 토양 배출물)와 그것들의 양, 데이터 품질 그리고 정성적, 정량적 데이터 등이 포함되도록 한다.

설문지를 활용하여 수집한 데이터는 적합성 여부를 판단하기 위하여 데이터 검증을 수행해야 하는데, 물질수지를 점검하여 투입물의 양과 산출물의 양이 동일한지 여부를 판단하여 검증한다. 에너지를 산출하는 시스템에 대해서는 물질수지 대신 에너지수지를 확인해야 한다.

일반적으로 데이터 수집의 목표기간은 1년으로 설정되는데, 데이터 수집은 중요한 단위공정부터 덜 중요한 단위공정 순으로 시작한다. 더불어 LCA 연구를 위해 선택된 대상제품의 데이터는 현장에서 수집하도록 한다. 원료물질, 보조물질, 부품과 관련한 투입 데이터는 구매대장, BOM(bill of materials), 공정도(process diagram), 생산기록 등을 통해 수집 가능하다.

전기, 연료 그리고 스팀과 같은 에너지 투입 데이터는 전기, 연료 및 스팀 계측기를 통해 수집할 수 있고, 전동기 용량 및 모터 구동시간을 통해 산정할 수도 있다. 대기, 수계 및 토양 배출과 관련한 데이터는 실 측정 자료 또는 법적 배출기준을 통해 수집할 수 있다.

제품 및 연산품 또는 부산품과 관련한 데이터의 경우에는 제품수량 또는 질량, 단위 제품 무게 그리고 제품가격을 통해 자료를 수집할 수 있으며 일반적으로 원료물질의 제조공정을 포함한 획득단계에 필요한 데이터는 공공 DB에서 수집할 수 있다. 사용단계의 데이터는 소비자로부터 얻는다. 따라서 제품 사용단계에 대한 소비자 설문조사, 문헌 또는 제조사가 가정하고 있는 사용패턴으로부터 제품의 사용단계에 대한 정보를 확인할 수 있다.

사용단계의 데이터 파라미터는 제품 평균사용 시간, 평균사용 빈도 또는 사용강도, 에너지 사용량뿐만 아니라 자원소비 그리고 대기, 수계 및 토양 배출물을 포함하고 있다. 폐기에 대한 데이터는 폐기경로(예: 재활용, 재사용, 소각, 매립)와 같은 정보를 통해 수집한다. 이들 각각의 경로에 대해 주로 질의서, 관련문헌 또는 DB를 통하여 관련 자료가 수집되어야 한다.

데이터 계산 단계에서는 단위공정 내 데이터 계산, 단위공정 간 데이터 계산, 기능단위 기준으로 환산, 데이터 통합 등을 수행한다.

❶ 단위공정 내 데이터 계산

- 대기배출물 산출: 실측 데이터를 사용하는 것이 원칙이나, 연료의 원소조성을 조사하여 이론연소방적식을 세워 산출하거나, IPCC 연소식을 활용하여 배출량을 산정할 수도 있다.
- 수계배출물 산출: 수계배출물을 방류하는 경우에는 실제 배출량을 조사하는 것이 원칙이나, 연간 총 배출량과 해당 물질의 연간 평균 농도를 조사하여 배출량을 계산하기도 한다. 종말처리장으로 보내는 경우에는 폐수에 대한 농도를 조사할 필요가 없으며 종말처리장으로 보내지는 배출 총량만을 조사한다.

❷ 단위공정 간 데이터 계산

단위공정 내부에는 순환되는 흐름은 투입물이 없는 것으로 간주할 수 있지만, 스팀과 같이 다른 공정으로 순환시키는 경우에는 추가로 투입되는 에너지만을 고려한다.

❸ 기능단위 기준으로 환산

단위공정별 계산이 완료된 데이터는 기능단위 기준으로 환산된다. 공정 데이터의 제품량이 7만 톤이고 기능단위가 1톤이라면 공정데이터를 기능단위로 환산하기 위하여 모든 투입물과 배출물을 7만분의 1로 나누어 1톤의 제품을 생산하는데 투입되고 배출되는 물질의 양을 계산한다.

❹ 데이터 통합

데이터 통합은 수직법(vertical method)과 수평법(horizontal method)이 있으며, 데이터의 성격과 수집 현황에 따라 적절한 방법을 선정하거나 혼합하여 사용한다.

- 수직법: 각 업체의 데이터를 통합한 후에 각 업체의 생산량 비를 적용하여 통합하는 방식으로서, 데이터 계산이 상대적으로 간단하고 각 업체의 고유한 데이터의 특성을 살릴 수 있다는 장점이 있는 반면, 데이터의 기밀이 쉽게 누출된다는 단점이 있다.
- 수평법: 각 업체의 동일한 단위공정 데이터를 합산한 후에 합산된 단위공정 데이터를 합산하는 방식으로서, 수직법과 상반된 장단점을 갖는다.

(나) 환경부하

단위공정별로 수집 및 검증된 데이터는 전 과정 인벤토리분석 계산을 용이하게 하기 위해 가공된다. 투입 및 산출데이터를 단위공정에서 생산된 제품의 무게 또는 에너지량으로 나눈다.

그 결과는 대상 단위공정의 주요 산출물의 단위 질량 또는 에너지로 표현된다. 만약 대상 단위공정에서 연산품 또는 부산품이 생산된다면 그와 관련 있는 투입 및 산출물은 주요 산출물과 관련 있는 투입 및 산출물과는 구별하여 다루어야 한다.

제품의 투입 및 산출물과 관련한 부분을 분할시키는 할당을 수행하고, 인벤토리 또는 환경부하의 계산은 단계적으로 실시한다. 첫 단계는 단위공정에서 인벤토리데이터를 계산하고, 그 다음 단계는 전체 제품시스템 중 일정부분의 인벤토리데이터를 계산하며, 마지막으로 전체 제품시스템에 대한 인벤토리데이터를 계산한다.

전체 제품시스템 중 부분별 환경부하 데이터를 계산하는 경우에는 제품시스템의 주요 제품에서 각 단위공정이 얼마의 비율로 기여하는지를 알아야 한다. 단위공정의 단위 환경부하에 기여하는 비율을 곱하고 전체 단위공정을 모두 합하면 제품시스템의 단위 환경부하를 얻을 수 있다. 이 값을 제품시스템의 기능단위별 환경부하라고 한다.

(3) 전 과정 영향평가

전 과정 영향평가(LCIA: Life Cycle Impact Analysis)는 ISO 14040에 기술된 LCA의 세 번째 단계로서, 대상 제품이나 서비스의 환경측면을 파악하기 위하여 필수적인 요소이다. LCIA는 전 과정 인벤토리분석 결과를 이용하여 제품시스템의 잠재적인 환경영향을 평가하는 과정이며, 환경에 미치는 영향 정도를 정량적이고 정성적으로 추산하여 주어진 시스템이 환경에 미치는 영향을 종합적으로 평가하는 것이다. 따라서 LCIA를 통해 대상제품의 전 과정에서 환경적 핵심요소(중요 공정, 부품, 재료 등)를 규명할 수 있으며, 상이한 제품이나 시스템간의 환경적 우위성을 평가할 수 있다.

LCIA의 목적은 제품시스템의 전 과정 인벤토리분석 결과를 평가하여 그들의 환경적 중요성을 좀 더 잘 이해하도록 하기 위한 것이다. 전 과정 인벤토리분석만으로는 비교대상이 되는 제품들의 상대적인 환경성 우위만 인지할 수 있을 뿐이고 대상 제품 자체의 환경성을 파악하기는 곤란하기 때문에 LCIA가 뒤따라야 한다.

LCIA에서는 전 과정 인벤토리분석 결과를 요약하고 설명하기 위하여 〈표 3-2〉와 같이 영향범주라고 불리는 환경적 이슈를 선택하고, 범주지표를 사용한다. 범주지표는 집단화된 배출물이나 자원사용을 각 영향범주에 반영하기 위해 사용된다. 이러한 범주지표는 ISO 14040에서 논의된 잠재적 환경영향을 나타낸다.

LCIA는 중간점 수준(midpoint level)의 영향평가와 종단점 수준(endpoint level)의 영향평가로 분류할 수 있다. 중간점 수준의 영향평가는 전 과정 인벤토리분석에서 작성된 투입 및 배출 항목들을 지구온난화, 오존층파괴, 산성화, 부영양화, 생태독성, 자원고갈 등과 같은 영향범주에 미치는 잠재적 영향을 연계시키는 과정으로서, 기존의 LCA 연구에서는 주로 이 방법을 사용해왔다. 최근에 도입되고 있는 종단점 영향평가는 보호대상인 생태계와 인간건강에 미치는 영향까지 분석하여 환경 위해성 정도를 구체적인 값으로 도출하는 평가방법이다.

〈표 3-2〉 LCIA 영향범주

	영향범주	특성화 인자	특성화 모델
무생물 자원고갈	AD(Abiotic Depletion)	kg antimony eq/kg	Guinee, 1995
지구온난화	GWP(Global Warming Potentials)	g CO_2-eq/g	IPCC 1994+1995,100 years
오존층고갈	ODP(Ozone Depletion Potentials)	g CFC-11-eq/g	WMO(world metological organization, 1999)
산성화	AP(Acidification Potentials)	g SO_2-eq/g	Heijungs et al,(1992), hauschild & wenzel(1998)
부영양화	EP(Eutrophication Potentials)	g PO_4^{3-}-eq/g	Guinee et al.,(1992)
광화학 산화물 형성	POCP(Photo-chemical Oxidant Creation Potential)	g ethane-eq/g	Derwent et al, (1998)

자료: 중소기업 그린넷(http://www.greenbiz.go.kr/), 전과정 평가(LCA)

영향평가의 방법론과 과학적 기본골격은 계속 개발 중에 있으며 영향범주의 환경영향 평가모델은 각기 다른 개발단계에 있다. ISO 14040 문서에서 영향평가 단계는 다음과 같이 분류화, 특성화, 정규화, 가중화 등 4단계로 구성되어 있다. 분류화 및 특성화는 의무적 요소인 반면, 정규화 및 가중화는 선택적 요소로 분류된다.

(가) 분류화(classification)

분류화는 예상되는 환경영향의 유형을 토대로 인벤토리분석 결과로 도출된 투입물, 산출물들을 해당 영향범주에 정성적으로 연결시키는 과정이다. 일차적으로 각각의 인벤토리항목을 영향범주와 연결시키고, 이차적으로 각각의 영향범주에 연결된 모든 항목들을 취합한다. 따라서 인벤토리분석 결과에서 나온 각 투입, 산출 항목을 예상되는 환경영향 유형에 맞게 적절히 연결하는 것이 중요한 단계이다. LCIA에서 일반적으로 고려되는 영향범주는 다음과 같다.

- 무생물/생물자원 감소(resource depletion)
- 지구온난화(global warming)/기후변화(climate change)
- 오존층 고갈(ozone depletion)
- 광화학적 산화물 생성/스모그 생성
- 산성화(acidification)
- 부영양화(eutrophication)
- 인체독성(human toxicity)
- 생태독성(eco-toxicity)
- 고형 폐기물(solid waste)
- 유해/방사능 폐기물(hazardous/radiation waste)
- 발암물질(carcinogens)

- 호흡기 유기물질(respiratory organics)
- 호흡기 부기물질(respiratory inorganics)
- 토지이용(land use)
- 광물(minerals)
- 화석연료(fossil fuels)

영향범주가 명확히 정의되어 잘 분류된 경우에는 인벤토리항목들이 야기하는 환경영향을 정량적으로 예측할 수 있으나, 영향범주의 정의가 모호하거나 겹치는 경우에는 환경영향 예측이 매우 부정확해지므로 주의해야 한다. 따라서 영향범주를 배타적(exclusive)이고 포괄적(comprehensive)으로 분류한 후, 전 과정 인벤토리항목을 원인-결과 관계(cause-effect relationship)에 기초해 상응하는 영향범주와 연결시키는데, 하나의 항목은 여러 개의 영향범주에 영향을 미칠 수 있다. 예를 들어 질소산화물 NOx는 지구온난화 및 산성화 두 가지 영향범주에 연결된다. 지구온난화라는 영향범주에는 CO_2, CH_4, NOx, CFC, HFC, SF_6 등 다양한 인벤토리항목이 연결될 수 있다.

단일 인벤토리항목이 여러 영향을 발생시키는 경우를 병렬효과, 직렬효과, 간접효과, 복합효과 등 네 가지로 분류할 수 있다. 첫째, 병렬효과는 단일 인벤토리항목이 서로 다른 두 개 이상의 영향을 야기하는 경우이다. 둘째, 직렬효과는 하나의 인벤토리항목이 둘 또는 그 이상의 서로 다른 유형의 영향을 연속적으로 야기하는 경우로서, 일예로 중금속은 생태독성을 일으키고 생태독성은 다시 인체독성을 일으키게 된다. 셋째, 간접효과는 인벤토리항목에 의해 발생하지만 인벤토리항목 자체가 영향을 주지는 않는 경우이다. 예로써 질소산화물 NOx는 촉매로서 오존 생성을 유발하지만 근본적인 원인은 아니다. 넷째, 복합효과는 물질이 배출되어 각각 다른 효과에 상호영향을 미치는 경우이다.

(나) 특성화(characterization)

특성화단계에서는 배출물이 지정된 환경범주에 대해 미치는 역할을 상대적으로 평가하여 대상 환경범주 내에서의 역할을 수치화한 값을 산출한다. 분류화 단계에서 각각의 영향범주에 연결시킨 인벤토리항목별 영향의 크기를 정량화하는 과정인 것이다.

해당 영향범주에서 주어진 인벤토리항목의 기여도를 평가한 특성화 계수(characterization factor)를 정량화 수단으로 사용한다. 해당 영향범주에서 인벤토리항목에 따라 변하는 환경영향을 정량화하는데 특성화 계수가 핵심요소이다. 특성화 계수는 화학의 등가원리(equivalency principle)에 기초한다.

예를 들어, 지구온난화라는 영향범주에 분류된 인벤토리항목이 CO_2, CH_4, SF_6 등이라 할 때, 국가간 기후관련 회의(IPCC)에서 과학적인 근거를 토대로 결정한 지구온난화지수(GWP: Global Warming Potential)는 각각 1, 21, 23900 등이므로, CH_4 1kg의 GWP는 24kgCO_2-eq이며, SF_6 1kg의 GWP는 23,900kgCO_2-eq이 된다. 따라서 이 값들을 인벤토리항목의 부하량에 곱하면 지구온난화라는 영향범주 내에 각 인벤토리항목이 미치는 영향을 정량적으로 비교할 수 있다.

특성화 과정은 두 부분으로 나누어지는데, 하나는 인벤토리항목이 영향범주에 미치는 영향의 크기를 정량화하는 단계이고, 다른 하나는 특정 영향범주에 속하는 모든 인벤토리항목들의 영향을 합산하는 단계이다. 각 인벤토리항목의 기여도가 정량화되면, 각각의 영향 평가치는 같은 차원과 단위를 갖기 때문에 동일 영향범주 내에서 영향 평가치를 통합하거나 추가할 수 있다. 이와 같이 제품시스템의 결과로부터 각 영향범주의 환경영향을 계산할 수 있다.

영향범주를 i, 해당물질을 j, 물질별 전 과정 인벤토리분석 결과를 M_j, 영향범주 i에 속한 인벤토리항목 j의 특성화인자를 CF_{ij}라 하면, 특성화결과 C_i는 다음과 같이 나타낼 수 있다.

$$C_i = \sum_j M_j \times CF_{ij} \quad \cdots(3.1)$$

즉, 특성화는 분류화 단계에서 각 영향범주로 나누어진 천연자원, 배출물들이 각각의 영향범주에 미치는 영향을 정량화하여 특정 영향범주에 속하는 모든 인벤토리항목들의 영향을 합산한다. 합산은 일반적으로 지구환경에 가장 크게 기여하는 물질을 기준으로 하여 이를 정량화하여 나타낸다.

영향범주 내로 분류된 인벤토리항목의 환경부하가 환경에 미치는 영향을 나타내는 데에 특성화 모델이 사용된다. 특성화 모델은 인벤토리항목이 세부 영향범주에 미치는 영향을 정량화하는 도구이다. 특성화 모델을 선택할 때 고려해야 할 사항은 영향범주 정의의 타당성, 특성화 방법의 과학적 근거, 특성화 방법의 실용성, 특성화 방법의 투명성, 다음 단계와의 연계 가능여부 등이다.

그러나 특성화 계수는 한계가 있다. 인벤토리항목의 농도와 그에 따른 환경영향과의 관계가 선형 관계라고 가정했기 때문에 역치(threshold)를 고려하지 않는다는 점이다. 또한 지역적 특성을 고려하지 않고, 주어진 배출물이 어디서 어떻게 발생하든지 같은 환경영향을 미친다고 가정하고 있다.

상응인자(equivalency factor) 모델은 여러 종류와 특성화 모델 중 하나에 불과하지만 정량적인 결과를 도출할 수 있고 사용상의 편리함 때문에 널리 사용되고 있다. 지구온난화의 경우 GWP, 자원고갈의 경우 ADP(Abiotic Depletion Potential), 오존층파괴의 경우 ODP(Ozone Depletion Potential), 광화학 산화물생성의 경우 POCP(Photochemical Oxidant Creation Potential), 산성화의 경우 AP(Acidification Potential), 부영양화의 경우 EP(Eutrophication Potential) 등의 상응인자를 사용한다.

(다) 정규화(normalization)

정규화는 각 영향범주간의 상대적 중요성 또는 그 크기에 대한 명확한 정보를 얻기 위해 수행한다. 정규화 단계를 통해 제품생산과 관련된 환경오염의 상대적 기여도를 알 수 있다. 정규화는 제품시스템의 영향범주의 특성화 값을 동일 영향범주의 정규화 기준값으로 나누는 과정이다.

정규화 단계의 결과물인 정규화 값은 정규화 기준값에 정의된 일정기간, 일정지역 범위 내에서 주어진 영향범주에 대한 제품시스템의 부분적인 기여도를 나타내는 것이다.

정규화 기준값은 특성화의 또 다른 형태라고 볼 수 있다. 다른 점이라면 지역적, 시간적 경계가 있다는 것이다. 특성화는 제품시스템에 국한되어 있는 반면, 정규화 기준값은 제품시스템이 속해있는 전체 지역을 포괄한다.

제품시스템에서 시간적 경계는 제품의 전 과정 단계에서의 시간적 간격과 같이 원료 물질 획득에서부터 제품의 최종 폐기까지를 포괄한다. 여기서 제품의 전 과정 단계는 보통 1년 이상으로 장기화 될 수 있으나, 정규화 기준값에서의 시간적 경계는 보통 1년으로 정한다.

정규화란 특성화와 가중치 부여 단계 사이에 경우에 따라 정규화가 포함된다. 정규화는 대상 기능단위가 하나의 영향범주에 미치는 환경영향을 일정 지역, 일정 기간 영향범주에 기여하는 총 환경영향으로 나누는 과정을 말한다. 이는 환경영향 범주 간의 상대적인 비교를 가능하게 한다. 정규화의 정의를 수식으로 나타내면 다음과 같다.

정규화 결과를 C_i/N_i로 나타내는데, 여기서 C_i는 대상제품에서 영향범주 i에 속하는 인벤토리항목들이 기여하는 잠재적 환경영향(g-eq/f.u)이며, 정규화 값(normalization score) N_i는 영향범주 i에 속하는 해당지역에서 일정기간 배출되는 모든 인벤토리항목들이 기여하는 잠재적인 환경영향(g-eq/yr)을 나타낸다. 정규화를 수행하기 위해서는 먼저 해당지역의 정규화 값을 알아야 하며 정규화 값은 영향범주 별로 분류된 인벤토리항목의 환경부하량에 해당 상응인자를 곱하여 환경영향 범주 별로 도출한다. 해당지역에서 일정기간 배출되는 인벤토리항목 의 환경부하량(g.yr)을 L_k라 하면, 정규화 값은 다음과 같이 계산된다.

$$N_i = \sum_k L_k \times CF_{ik} \quad \cdots(3.2)$$

이 단계는 영향범주 지표결과에 대한 상대적 중요도를 규명하는 단계로 정규화 결과는 잠재적 환경영향이 아니라 의사결정을 위한 과정이므로 선택사항이며, 어떤 정규화 기준(normalization reference)을 사용하느냐에 따라 결과해석의 의미가 달라질 수 있다.

정규화 기준에 대한 정해진 원칙은 없고, 연구목적에 부합할 수 있도록 연구결과의 활용분야에 적용할 수 있는 가장 적절한 방법을 선택하는 것이 타당하다. 정규화를 수행하는 이유는 첫째, 각 영향범주 별로 영향 정도의 단위를 동일하게 함으로써 특성화 결과의 오차를 검토하기 위함이며, 둘째, 각각의 영향범주에 관계되는 영향 크기의 해석을 용이하게 하며, 셋째, 정규화된 영향 크기를 가치평가단계에서 가중치의 적용시점으로 사용할 수 있기 때문이다.

정규화를 수행한 후에는 각 영향범주의 중요성을 고려하여 가중화 단계가 필요하며, 정규화 값을 구하기 위해서는 해당지역에서 특정 영향범주의 모든 인벤토리항목들을 파악해야 하는 어려움이 있다. 또한 정규화 값을 계산할 때 지리적, 시간적 시스템경계를 선택하는 것에 대한 명확한 기준이 없기 때문에 정규화된 환경영향 값이 임의적일 수가 있다.

(라) 가중화(weighting)

가중화 단계는 영향범주별 상대적 중요도를 부여하는 과정으로서, 상대적 중요도를 가중치라고 하고, 이 가중치를 할당하는 행위를 가중화라고 칭한다. 가중화에는 광범위한 정성적 관점과 보다 좁은 정량적 관점의 두 가지 접근방법이 있다. 광범위한 관점으로 접근했을 때는 정성적인 결과를 얻는 반면, 보다 좁은 관점으로 접근을 하면 정량적인 결과를 얻게 되는데, 특히 단일지수나 제품시스템의 가중치가 부여된 환경영향의 형태로 표현된다. 하지만, 두 가지 접근방식 모두 가중치부여 과정에 사회적, 윤리적 및 정치적 가치가 작용한다는 원칙이 동일하게 적용된다.

❶ 정성적 접근방법

정성적 접근방법은 흔히 제품, 공정, 물질, 디자인 옵션들 중 두 가지 시스템 간의 비교연구를 수행하기 위해 사용된다. 가중치 부여는 각각의 영향범주들이 환경전반에 미치는 영향을 고려하여 영향범주 간에 상대적인 우위를 나타내는 중요도를 결정하는 과정이다. 특성화 결과(C_i))에 따라 V_i라는 영향범주의 상대적인 중요도를 곱하면 시스템이 영향범주 i에 미치는 환경영향을 구할 수 있다.

영향범주의 상대적인 중요도를 고려하여 영향범주 i에 미치는 시스템의 환경영향을 구하면 $I_i=C_i \times V_i$ 이므로, 시스템 전체의 환경영향(TI)은 모든 영향범주의 환경영향을 합한 것으로 다음과 같이 계산할 수 있다.

$$TI=\sum_i I_i=\sum_i (C_i \times V_i) \quad \cdots(3.3)$$

❷ 정량적 접근방법

상대적 중요도 V_i를 구하는 방법으로는 전문가 집단에 의한 델파이 유형 방법(혹은 패널 방법), 비용으로 환산하는 방법, 환경목표를 이용한 목표 거리(distance-to-target) 방법 등이 있다.

전문가 집단에 의한 방법은 전문가 집단에게 영향범주별 상대적 중요도에 대한 각자의 의견을 구한다는 점에서 정성적 방법과 유사하다. 하지만, 주요한 차이점은 응답자들에게 정량적인 방식으로 답변을 요청하는 것이다. 가장 널리 알려진 방법 중의 하나는 델파이 유형 방법이다. 이 방법은 정규화된 환경영향 값을 이용하며, 네 단계로 접근한다.

첫 번째 단계는 전문가 집단에게 영향범주의 중요성에 대한 합의를 얻는 것이다. 합의를 얻기 위해 일반적으로 전문가 집단에게 예방원리(precautionary principle)를 제시한다. 예방원리는 네 가지의 핵심요소로 구성되는데 과학적 불확실성 정도, 환경영향의 규모, 환경영향의 지속기간, 비가역성 정도 등이다.

일반적으로 비가역적 환경영향이 가역적 환경영향보다 더 심각하다고 생각한다. 보다 긴 회복시간을 가진 환경영향보다 보다 짧은 회복시간을 가진 가역적 환경영향을 덜 심각하게 고려하는 것이다.

과학적으로 불확실한 환경영향보다 과학적으로 규명된 환경영향을 덜 심각하게 여긴다(Udo de Haes et al., 1996). 이러한 원리들은 전문가집단에 의한 방법에서 영향범주의 상대적 중요도를 결정할 때 자주 적용된다.

두 번째 단계는 합의된 내용에 기초하여 전문가들이 각 영향범주의 상대적 중요도를 평가하는 과정이다. 각 영향범주에 가중치를 부여하는 것은 서로 다른 영향범주 간에 상대적 중요도를 비교하는 것과 같다. 일반적으로 전문가 그룹은 산업체, 정부, 환경관련 NGO, 학계, 그리고 소비자의 대표들로 구성된다.

세 번째 단계는 전문가 그룹의 결과를 평가하고 다시 구성원들에게 결과를 알려주는 과정이다. 마지막 단계는 전문가 그룹에게 앞의 결과에 기초하여 영향범주별 상대적 중요도를 다시 부여하도록 요청하는 과정이다. 이때 전문가들은 전과 같은 가중치를 부여하거나 다시 바꿀 수도 있다. 전문가 그룹의 결과를 다시 취합, 평균하여 도출된 최종결과가 영향범주별 가중치가 된다.

비용환산방법은 사람들에게 영향범주별로 수치를 부여하도록 요청하기 때문에 전문가 집단에 의한 방법과 유사하다고 할 수 있다. 하지만 주요한 차이점은 영향범주별 수치가 금전적 수치로 부여된다는 점이다. LCIA에서 흔히 사용되는 접근방식은 비용지불의사에 기초하여 이루어진다.

환경문제라는 것은 과학만으로 모두 다 설명되는 것은 아니기 때문에 인간들이 느끼고 중요하다고 판단되는 사항 역시 고려되어야 한다. 환경문제는 그 사회가 갖고 있는 가치기준에 의해서도 그 크기가 좌우될 수 있다. 특히 LCA 결과를 제품의 환경성에 관한 의사결정의 수단으로 사용할 경우 하나의 점수화는 신속한 의사결정이 요구되는 현실 하에서 매우 중요하다.

따라서 제품설계 시 사용되는 재질, 공정, 운송, 폐기 등의 환경성을 지수화 하는 노력이 전 세계적으로 널리 진행되고 있다. 환경목표에 의한 방법으로 잘 알려진 방법의 대표적인 예로서는 Eco-indicator 95 & 99, EcoScarcity, ET 및 EPS 등이 있다.

가중화 방법론은 주어진 시스템이 환경에 미치는 전체영향을 평가하기 위해서 영향범주 간의 상대적인 중요도인 가중치를 결정해야 한다. 이 과정에 대해서는 아래와 같은 방법론이 많이 적용된다.

모든 환경은 그 자체의 비용과 가치-사회적 비용, 시장가치, 소비가치를 지니고 있다는 것이 이 방법의 기본개념이다. 따라서 세부 영향범주별 영향의 크기를 비용으로 환산할 수 있으며, 이 비용의 합이 시스템이 환경에 미치는 전체 영향이 된다. 사람들에게 영향범주 또는 인벤토리항목별로 수치를 부여하도록 요구하는 점에 있어서 전문가 집단에 의한 방법과 유사하며 차이점으로는 환경영향에 관한 수치가 비용으로 나타난다는 점이다.

일반적으로 비용으로 환산하는 방법에는 사회가 발생된 환경영향을 원상회복시키는 데 소요되는 비용을 지불할 용의가 있는냐는 원칙과 실제 오염방지를 위한 설비투자에 소요된 비용 및 유지관리에 소요된 실제의 비용에 기초한 원칙이 적용되고 있다.

환산할 때에는 환경영향의 강도, 지속기간, 영향이 미치는 범위, 영향 받는 지역의 민감도 등이 고려된다. 전환인자에는 환경영향으로 인한 피해정도, OECD 국가의 경제력 기준에 따른 단위 피해 당 금액 및 단위지역, 단위시간 당 배출된 환경부하량 등이 고려된다.

이는 가치평가를 환경목표에 연계시켜 가중치를 설정하는 방법으로서, 오염물질의 양을 환경기준과 관련시킨다. 환경기준으로는 Geogene/Biogene으로 자연적으로 발생하는 유출량 농도와 생태학적 한계로 인간환경에게 해를 입히지 않는 오염물질의 최대 허용농도이며 그 예로 ECO(Ecoscarcity) 방법이 있다. 또한 정책적인 목표로 또는 환경에 유용한 수준의 최대 허용농도인데 그 예는 ET(Environmental Theme) 방법이 있다.

목표 거리 방법은 영향범주의 가중치가 부여된 환경영향을 계산하고 제품시스템에 가중치가 부여된 환경영향을 계산을 하기위해 가중계수에 기반을 두고 있다. 따라서 목표 거리에 의한 가중치 V_i를 수식으로 표현하면 다음과 같다. 이는 정규화와 매우 유사한데, 차이점은 N_i 대신에 T_i를 사용한다는 점이다. 가중치는 $V_i=1/T_i$으로 표현되며 여기서 T_i는 영향범주 i의 목표치를 의미한다.

표시한 식은 정규화 값을 포함하는 식으로 $V_i=(1/N_i \times N_i/T_i)$와 같이 전환할 수 있다. 여기서, N_i는 정규화 값이며 N_i/T_i는 환경목표치 대비 현재의 상황(reduction factor)이며 따라서 영향범주 i의 영향 크기는 다음과 같이 나타낼 수 있다.

$$C_i \times V_i = C_i/N_i \times N_i/T_i \qquad \cdots(3.4)$$

단, C_i/N_i는 정규화 결과를 의미한다.

(4) 전 과정 해석

전 과정 해석은 LCA기법의 최종단계로서, 전 과정 인벤토리분석 결과뿐만 아니라 LCIA 결과를 상호간의 완전성(completeness), 민감도(sensitivity), 일관성(consistency) 등의 다양한 측면에 대해서 분석한다.

또한, 제품시스템에서 환경적으로 큰 기여도를 갖고 있는 핵심이슈(key issue)를 규명하는데, 핵심이슈에는 공정, 물질, 활동, 부품, 하나의 전 과정 단계 등이 포함된다.

전 과정 해석 단계에서는 인벤토리분석과 영향평가의 결과들을 요약하여 연구의 목적 및 범위 정의에 따라 해석하여 의사결정을 하는 토대를 제공해 준다. 전 과정 해석은 인벤토리분석과 영향평가 단계의 결과로부터 얻은 정보를 규명하고 정량화하며 조사하고 평가하는 체계적인 절차로 전 과정 해석을 통해 얻은 결론들은 목적 및 범위 정의 단계에서 설명된 연구의 이용분야에 부합되도록 발표해야 한다.

전 과정 해석은 의사결정권자에게 보다 유용한 형태로 정보를 전달하기 위하여 정보를 구성하는 단계이다. 기술적 단계인 인벤토리분석과 영향평가 단계의 결과의 타당성을 검토하여 신뢰성을 제고함으로써, LCA 수행자와 의사 결정권자 상호간의 원활한 소통이 되도록 한다.

LCA 연구 중 해석단계는 경영진의 의사결정에서 LCA의 결과를 활용할 수 있도록 유용한 정보를 제공한다. 이를 통해 LCA 결과는 제품개발이나 디자인 등에 자주 활용된다. LCA 연구에서 사용자들이 갖는 의문사항들을 해결할 수 있다는 것을 확신시키기 위해 LCA 수행자는 연구기간 동안 의뢰자와 긴밀하게 접촉할 필요가 있는데, 이러한 의사소통 과정은 전 과정 해석단계를 통해 활성화된다.

전 과정 해석단계에 있어서 투명성의 확보는 필수적인 사항인데, 만약 LCA 과정에서 선택, 선호도, 가정 또는 가치에 근거한 주관적인 판단 등이 사용되었다면 납득할만한 해석이 뒤따라야 하고 최종 보고서를 통해 이들이 명시되어야 한다.

(가) 주요 환경인자의 규명

주요인자는 일반적으로 제품시스템의 총 환경영향 중에서 1% 이상의 기여도를 갖는 활동, 공정, 물질, 부품 또는 전 과정 단계를 뜻한다. LCA 수행목적 중 하나는 제품시스템의 환경상 취약점을 규명하고, 친환경제품설계(Eco-Design)를 통해 그 취약점을 개선하는 것이기 때문에 제품 환경성을 개선하려는 목적의 LCA 에서는 반드시 주요인자가 규명되어야 한다.

제품시스템의 주요인자를 찾거나 환경상 취약점을 규명하고자 할 때는 기여도분석(contribution analysis)을 이용한다. 주요인자 규명에는 특성화된 환경영향, 가중치 부여된 환경영향 또는 인벤토리분석 결과를 이용할 수 있는데, 주로 특성화된 환경영향 결과를 많이 사용한다.

모든 영향범주로부터 가중치 부여된 환경영향을 도출하여 규명된 주요인자는 특성화된 환경영향을 이용했을 때의 주요인자와는 다를 수 있다. 일반적으로 가중치가 부여된 환경영향에서 규명된 주요인자의 개수는 특성화된 환경영향으로 규명된 주요인자보다 적게 나타난다.

가중치가 부여된 환경영향에서 규명된 주요인자는 제품시스템의 모든 영향범주를 통합하기 때문에 전체 제품시스템의 관점을 반영한다. 따라서 특성화된 환경영향과 가중치가 부여된 환경영향으로 주요인자를 규명하는 두 가지 방법을 모두 사용하는 것이 바람직하다.

전 과정 해석의 첫 번째 단계는 정의된 연구의 목적 및 범위에 맞게 전 과정 인벤토리분석에서 얻은 결과로부터 주요 투입물과 산출물을 규명하고, LCIA로부터는 이후의 중요한 잠재적 환경영향을 규명하는 것이다. 이를 위해서는 인벤토리분석과 영향평가 단계에서 수집한 데이터를 집단화하지 않은 방법으로 나타내어야 한다.

본 단계는 반드시 정의된 연구의 목적 및 범위에 따라서 수행되어야 하고, 다음에는 이어지는 평가단계(evaluation)와 상호작용을 통해 이루어져야 한다. 또한 여기에서는 전 과정 인벤토리분석과 LCIA 수행 시에 적용된 할당규칙과 데이터 제외기준(cut-off criteria) 및 방법론 등 이전의 여러 단계들에서 적용된 규칙이나 기준이 포함되어야 한다.

❶ 데이터의 개별적 분리

전 과정 해석을 시작하기 위해서 우선 인벤토리분석이나 영향평가 단계에서 얻을 수 있는 모든 데이터는 중요한 투입물과 산출물 및 잠재적 환경영향의 규명이 용이하도록 집단화하지 않고 각각 독립적으로 분리하여 관리해야 한다.

❷ 데이터의 구성

전 과정 각 단계와 공정, 수송, 에너지 생산이나 그 밖의 부분들에게서 수집된 데이터는 개별적으로 분리된 후 LCA 결과를 이용할 이용자들에게 편리하도록 적절한 방법으로 구성되어야 한다. 데이터는 전 과정 각 단계별이나 적절한 하부 시스템 별로 또는 단위 공정 별로 적절히 나타내어 데이터 인벤토리표, 막대그래프 등의 형태로 구성하는 것이 바람직하다.

❸ 가장 중요한 투입물과 산출물 및 잠재적 영향 결정

위의 과정을 거쳐 적절히 구성된 집단화되지 않은 인벤토리분석 결과로부터 도출된 투입물과 산출물이나 영향평가 단계로부터 얻은 잠재적 영향들에 대한 정보들이 LCA의 목적 및 범위 정의 단계에서 설정된 요구사항에 부합될 수 있을 정도로 충분해지면 이 투입물 및 산출물과 환경지표들의 상대적 중요성이 결정되어야 한다.

중요한 투입물 및 산출물과 영향지표들을 규명하는 것은 연구의 신뢰성을 유지하면서 LCA에 소요되는 비용과 시간을 단축시키는 유용한 방법으로 이용될 수 있을 것이다.

또한, 집단화되지 않은 데이터를 토대로 하여 데이터 차이나 비정상적인 데이터 값을 발견할 수 있게 되는데, 이렇게 발견된 데이터 갭이나 값들에 대해서는 추가적인 분석을 통해서 그들이 결과에 미치는 영향을 검토함으로써 보다 향상된 연구의 진행을 돕게 된다.

주요 이슈는 에너지, 배출물, 폐기물 등의 인벤토리데이터 범주, 자원 사용과 잠재적인 지구온난화 등의 영향범주, 그리고 수송, 에너지 생산 등과 같은 개개의 단위 공정이나 공정의 그룹과 같은 전 과정 단계로부터 LCI 또는 LCIA 결과에 대한 중요 기여도 등이라고 할 수 있다.

(나) 평가

이전 단계의 결과들은 전적으로 전단계에서 행해졌던 가정, 데이터, 사용된 방법 등에 따라 결정된 것들이다. 따라서 이에 대한 적절한 평가로 신뢰성을 높일 수 있으며 효율적인 환경성 개선의 방안을 수행할 수 있다.

이 단계의 목적은 전 과정 해석에 앞서 LCA를 구성하는 세 가지 구성성분인 목적 및 범위 정의, 전 과정 인벤토리분석, LCIA와 전 과정 해석의 첫 단계인 중요한 투입물 및 산출물과 환경지표의 규명 단계에서 적절히 구성된 데이터에 기초하여 연구를 종합하는 것이다.

이 평가단계는 연구의 목적을 고려하여 최종적인 이용과 정의된 목적 및 범위에 부합되게 구성되어야 한다. 이 단계에서 전 과정 해석의 결과들은 완성도 분석, 민감도 분석, 일관성 점검 등 세 가지 검사를 통해 강화될 수 있다. 이 방법들을 통해 중요한 투입물 및 산출물과 환경지표들에게 보다 높은 투명성과 신뢰성을 부여할 수 있다.

❶ 완전성 검사

완전성이란 연구에 활용한 정보와 데이터가 이용가능하고 완전한가를 점검하는 검사이다. 즉, 충분히 규명된 중요한 투입물 및 산출물과 환경지표가 정의된 연구의 목적 및 범위에 부합하여 목록분석과 영향평가 단계로부터 얻은 정보들을 대표한다는 것을 확인하는 것이다.

만약, 정보들이 중요하지 않고 영향을 미치지 않는 것이라면, 그 이유를 규명하고 해당 정보를 빼내어 더 중요한 데이터를 발견할 수 있다. 다만 이때 빠진 정보는 그 이유를 보고과정에 기록해야 한다. 또한, 특정 자료가 없거나 불완전하다고 판단되는 경우 목표 및 범위에 상치되는 지를 재검토하고 만일 반드시 필요한 데이터라고 판단될 경우 목록분석과 영향평가 과정에서 보다 자세한 조사를 통해서 그 데이터를 얻도록 해야 할 것이다.

이렇게 결여된 정보가 결과에 어느 정도로 영향을 미치는 지를 조사하는 것은 민감도 분석을 통해 확인할 수 있다. 또한, 정보가 없는 것에 대해서는 기존의 문헌 등을 통해 데이터를 입력하여 결과의 영향을 살펴보고, 그 중요성을 판단할 수도 있다.

❷ 민감도 검사

민감도 검사의 목적은 전 과정 목록분석 및 영향평가를 통해서 수행된 민감도 분석 및 불확실성 결과에 대해서 이를 검사하는 과정이 수행하는 데 있다. 그리고 또한, 규명된 주요 이슈가 목표 및 범위 정의에서 설정한 허용범위를 초과했는지 평가할 수도 있다.

민감도 분석의 대상이 될 수 있는 항목들은 할당규칙, 제외 기준(cut-off criteria), 경계 설정과 시스템 정의, 데이터와 관련된 판단과 가정, 영향범주의 선택, 목록분석 결과의 할당, 범주지표결과의 계산, 정규화 데이터, 가중치 데이터, 가중치 부여 방법론, 데이터 품질 등이 있으며, 이들의 기준 및 방법에 대한 재고의 기회를 가져올 수 있다.

민감도 분석에 널리 쓰이는 방법에는 시나리오 지표를 설정하고 그 시나리오에 따른 LCA결과 도출과 주요 이슈를 규명한다. 만약 규명된 주요 이슈가 민감도 분석 전에 도출된 주요 이슈를 변화하게 하는지 여부를 판단하고, 변화하는 경우 해당 시나리오는 민감하다고 판단내릴 수 있다.

또한, 민감도 분석은 이용한 데이터의 품질요건을 결정하는 중요한 방법이다. 평가를 통해서 방대한 양의 입력자료들이 각 범주 별 잠재적 환경영향 값으로 나타나거나, 가치 평가를 통해 대상 시스템에 대해 단일 수치로 나타나게 된다. 이 과정에서 만약 초기 입력자료의 신뢰도가 부족하다면 결국 그 불확실한 데이터들이 각 단계를 거치며 합산된 결과 값은 엄청난 편차를 나타나게 될 것이다.

그러므로 한 파라미터의 편차가 전체 결과값에 미치는 편차의 변화 정도를 살펴보았을 때 큰 폭의 변화가 생겼다면 이는 입력 파라미터의 품질이 전체 결과의 신뢰성을 높이는데 큰 영향을 가지고 있다는 것을 뜻한다. 이 때에는 입력 파라미터의 품질요건을 보다 높게 설정할 필요가 있다.

❸ 일관성 검사

일관성 검사의 목적은 연구 목적 및 범위 정의에서 설정한 방법 및 요건이 일관성 있게 적용되었는지 확인하는 것이다.

이는 데이터 출처, 데이터 정확성, 데이터 품질 요건(시간적, 지역적, 기술적 범위) 등이 차이가 있는 지를 확인하고, 만약 존재한다면 일관성 있게 연구에 적용되고 있는 검사해 보아야 한다. 또한, 연구 중에 있는 모든 제품 시스템에 할당방법론과 시스템 경계가 일관되게 적용되고 있는지도 살펴보아야 한다.

가중치가 부여되었을 경우, 이것이 일관성 있게 선정된 가치 또는 판단체계를 따르고 있는지 살펴보아야 한다.

❹ 데이터 품질 요구사항

목적 및 범위정의 단계에서, 먼저 설정한 데이터 요구사항에 맞춰 수집한 데이터를 반드시 검사해야 한다. 그 이후의 전 과정 인벤토리분석 및 LCIA 단계에서 데이터를 수집하는 동안, 수집한 데이터 품질을 반드시 검사해야 하며 만약 요구사항을 충족시키지 못한다면 다시 수집하거나 요구사항을 수정해야 한다.

❺ 결론, 건의, 보고

연구를 통해 결론을 이끌어내는 과정이 전 과정 해석 내의 다른 단계들과 상호 유기적으로 이루어져야 한다는 것은 이미 알고 있는 사실이다. 결론을 이끌어내는 과정은 앞에서 언급된 대로 논리적 절차를 따라 이루어져야 하는데, 그 절차는 중요한 투입물 및 산출물과 환경지표를 규명해야 하며, 이용된 방법론과 가정 및 결과에 대하여 완전성, 민감도, 일관성 등을 평가해야 한다.

이를 통해서 얻어진 결론이 연구수행 초기단계인 목적 및 범위 정의 단계에서 설정된 요건들과 일치하는 지를 검사한다. 이 요건에는 데이터 품질요건, 설정된 가정 및 데이터 값, 연구의 적용분야와 관련된 요건들이 포함된다.

연구의 목적과 범위에 부합된다면 의사결정권자에게 구체적인 건의사항이 제안되어야 한다. 이 건의사항들은 연구의 최종결론에 기초하여 이루어져야 하고, 결론의 중요성을 논리적이고 타당하게 반영해야 한다.

보고는 ISO 14040의 상세한 지침에 따라서 완전하고 공정한 설명을 할 수 있도록 이루어져야 한다. 해석결과를 보고하는 과정은 투명성을 보장해야 하는데, 연구수행으로 얻은 결과값과 이루어진 결정사항 및 그 이유, 전문가 판단 등이 반드시 포함되어 연구의 보고내용이 거짓이 없음을 보여주어야 한다.

3.1.4 LCA 활용 동향

청정기술개발을 위한 LCA 적용사례의 한 예로, 미국의 Dr. Vignes는 총체적 환경영향을 비교하는 전통적 LCA보다는 분석과정의 특정지점에서 발생하는 이슈를 취급할 수 있는 상대적 영향평가 방법을 제안하였다.

또한, 제한적 전 과정평가(LLCA)는 원래 유럽의 Schaltegger와 Sturm에 의해 개발되어 Vignes에 의해 환경문제 해결방안의 정량적 상대평가를 위해 보완되었다. Vignes는 그의 LLCA 모델을 통해 EPA가 추진하고 있는 청정기술 적용 규정의 신규제정 검토를 제안하고 있다.

다양한 잠정 신규규정의 초안을 LLCA로 분석하여 시행단계에서부터 최소의 환경영향을 확신할 수 있는 오염방지 규정을 마련하도록 하는 것이다. 미국 화학제품 제조업자협회는 화학물질 생산과 관련하여 안전과 환경관리능력을 배양하고 오염방지를 통한 청정생산을 구현하기 위하여 책임관리 프로그램인 'Responsible Care' 를 도입하였다.

세부 실행규약 중 오염방지 규정에는 생산 전 과정에서의 오염방지 방안이 제시되어 있다. 수행방법으로 제조공정과 엔지니어링, 제품개발에 있어 범위설정, 단위공정 흐름별 분석 및 데이터 수립, 환경영향평가 오염방지 기회 확인, 대체방안 분석, 문서화를 포함하여 LCA기법과 유사한 방법을 통해 제조단계만을 경계로 분석하였다.

유럽에서 강화되고 있는 환경라벨의 인증기준 부합여부를 확인하기 위해서 LCA가 사용된다. 청정제품 및 청정생산인증을 위한 LCA 적용사례로서 섬유제품의 대표적 환경라벨인 Oeko-Tex 100은 제품에 관한 인증으로 유해물질 잔류여부가 주요 시험영역이었으나 제조공정의 환경영향평가를 근간하는 Oeko-Tex 1000이 제정됨으로써 제조과정에서의 오염물질 배출확인을 포함한 LCA의 비중이 강화됨을 알 수 있다.

에코라벨이란 1992년 유럽이사회 규정에 의해서 제정된 유럽의 환경마크로 환경친화적이고 환경부하가 적은 자원절약형 제품에 대한 수요가 높은 환경중심의 시장을 조성하려는 제도로써, 일반 소비자들이 일상생활에서 사용되는 소비용 완제품이 대부분이 에코라벨 부여 대상품목이 될 수 있다.

이러한 에코라벨은 강제적 규정이 아닌 자율규정형식을 취하고 있으나, EU는 인체안전 및 유해성, 환경영향평가 등 기술적 규제를 강화함으로써 에코라벨을 또 하나의 무역기술장벽(TBT: Technical Barriers to Trade)화 하고 있다. 대부분의 환경라벨은 제3자 인증 프로그램으로 운영되고 있지만, 제품을 생산하는 개별 기업이 각 제품의 환경친화성을 스스로 공표하는 자체적인 환경라벨링도 있다. 세계 각국의 에코라벨 제도 현황은 〈표 3-3〉과 같다.

이러한 환경라벨링이 한 국가의 정책도구로 활용될 경우에는, 다른 제품의 시장진입이나 자국시장에 다른 나라 제품의 접근을 막는 등 시장 활동에 영향을 줄 수 있고, 광고를 통하여 환경친화적 제품을 구매하도록 소비자를 유도할 수도 있으며, 이러한 여러 가지 인센티브를 통하여 생산자를 환경친화적 공공정책 목표 달성에 동참하도록 유인하는 기능을 할 수도 있다. 기업의 환경경영조직에 대한 평가는 직접적으로 환경라벨링 인증과 연결된다.

<표 3-3> 세계 각국의 에코라벨 제도 현황

국가(도입)	제도명	환경라벨	국가(도입)	제도명	환경라벨
독일(1977)	Blue Angel		호주(1991)	Environmental Choice	
일본(1989)	EcoMark		한국(1992)	환경마크	
캐나다(1990)	Environmental Choice		싱가포르(1992)	Green Label Singapore	
스웨덴(1990)	Good Environmental Choice	Bra Miljöval	프랑스(1992)	NF-Environment	
뉴질랜드(1990)	Environmental Choice		네덜란드(1992)	Stichting Milieukeur	
미국(1991)	Green Seal		EU(1992)	European Flower	
인도(1991)	EcoMark		미국(1992)	ENERGY STAR	
오스트리아(1991)	Austrian Eco-Label		중국(1993)	China Eco-Label	

산업과 자연생태 공존을 위한 LCA 적용사례로, 덴마크 Kalundborg에서는 10개의 산업체가 참여하여 상호 수혜적 공생시스템을 갖는 산업생태환경을 구성하였다. 정유회사, 발전소, 양어장, 제약회사, 시멘트공장 등의 산업체에서는 한 공장의 폐기물이 또 다른 공장의 사료가 되거나 부산물이 원료가 됨으로써 자연생태계에서 벌어지는 물질과 에너지의 순환을 모방하였다.

즉, 산업생태 환경의 목표는 제조시스템 및 제품 전 과정을 자연 생태계와 물질순환계에 접속시키는 것이다. 우리나라의 경우에도 반월, 시화, 포항, 울산미포온산, 오창 첨단, 성서, 군산, 군장, 여수, 명지녹산 이하 8개 산업단지에서 30개 업체들이 참가하여 산업생태환경 형태의 산업단지를 단계적으로 구성하고 있다.

지자체에서 고형폐기물을 처리할 경우 매립, 소각, 재활용 등의 폐기물 관리활동은 수거, 운송, 처리, 재판매 등의 조건이 매우 복잡다양하게 변화하고 있어 통상적인 판단이 그릇될 경우가 잦아지고 있다.

폐기물 관리를 위한 LCA 적용사례로 가장 적절한 폐기물 관리 프로그램을 결정하기 위하여 시스템경계를 고형폐기물 수집부터 한정하고 기능단위를 시스템 투입물 중량으로 정함으로써 다양한 물질 유형 취급의 난해성을 극복하면서 환경성과 경제성 양면을 충분히 고려하는데 LCA가 활용될 수 있다.

기업은 환경보전을 위해 효율적인 폐기물 회수시스템을 구축해야 한다. 제품을 생산하는 과정에서 폐기물은 필연적으로 나오게 마련이다. 그러나 폐기물의 처리비용이 증가하고, 어떤 경우에는 폐기물을 매립조차 할 수 없는 상황에서 기업은 폐기물의 회수 및 적절한 처리에 대해 방안을 수립해야 한다.

또한 기업은 생산과정에서 발생하거나 자사제품의 폐기에서 발생하는 폐기물에 대해 그 종류에 관계없이 책임을 져야 한다. 만약 기업이 폐기물의 회수 및 적정처리를 하지 못할 경우에는 환경오염자라는 이미지를 가지게 되며 이는 기업운영에 악영향을 초래한다.

기업은 적정처리가 어려운 제품의 생산 중단, 과잉포장 및 불필요한 모델변경의 자제, 제품의 표준화 및 규격화, 리사이클을 고려한 제품의 설계 등을 동시에 모색하는 자세가 필요하다.

기업의 폐기물 회수시스템은 기본적으로 사용자→판매자→생산자(기업)로 이어지는 효율적이고, 비용효과적인 역 유통 경로로 구축되어야 할 것이다. 폐기물 회수시스템이 효율적으로 활용되기 위해서는 시스템의 구축과 함께 설계, 생산단계에서의 사전적인 고려가 무엇보다도 중요하다.

오염방지를 위한 LCA 적용사례로 미국 환경청(EPA)은 바텔사와의 공동연구를 통하여 오염방지 활동을 수행할 경우, 전 과정에 걸친 환경개선효과를 판단할 수 있는 오염방지 요소방법론을 개발하여 적용해오고 있다.

청정기술과 오염방지 개선방안을 실천함으로써 영향을 받는 환경영역을 선택한 다음 가중 영향도를 부여하여 적용전후의 오염방지 결과를 비교한다. 현재까지는 제한된 전 과정단계에서 두 가지 방법을 비교하는 데 국한되어 있으며, 인쇄산업에서의 용제대체 세정공정 사례연구가 수행되었다. 주요 선진국의 전 과정 설계의 예를 간단히 살펴보면 다음과 같다.

- Xerox는 'Asset Recycle Management' 프로그램으로 건식 인쇄장치의 설계와 제조에 성공적으로 수행하였으며, 전략의 계급조직이 장치와 부품 재생산, 수리 및 재이용을 포함한 자원이용 최소화의 물질 회수를 위해 개발하였다.
- Dow사는 육고지 포장 대안의 전 과정 인벤토리평가를 수행하였다.
- AT&T사는 업무용 전화기 최종처리를 위한 환경, 성능, 비용, 관련 법 및 문화적 요구조건들을 개발하고 다단 매트릭스가 제조, 이용, 최종처리를 위한 요구조건을 규정하기 위해 다양한 설계 전략들이 환경문제 감소를 위해 전 과정 설계를 수행하였다.
- Allied Signal사는 엔진오일 필터 설계를 위한 환경, 성능, 비용, 관련 법 및 문화적 요구조건들을 개발하고 카트리지와 spin-on 필터설계의 비교분석은 고객을 위한 전 과정 비용분석을 동시하는 전 과정 설계를 수행하였다.

- Volvo사는 환경우선순위 시스템(EPS) 프로그램으로 환경영향을 환경부하 단위로 평가하는 단일 매트릭스를 이용하여, 생물다양성, 인간건강, 생산, 자원 및 미적 가치를 계산하는 'willingness-to-pay'에 기초를 두고 비교평가하는 후드와 선불건설의 설계를 위한 대체물질을 생산하였다.
- Digital사는 Pre-LCA를 비디오 선적 포장의 평가에 적용하고, Pre-LCA 도구는 1에서 9까지의 각 기준을 위한 환경영향 평가를 위해 일련의 기준과 수많은 점수체계를 구성하고, 이러한 접근방법의 아이디어는 비전문가를 위한 도구로 개발하였다.
- Ford사는 공기 통풍구멍을 위한 2개의 알루미늄과 하나의 나일론 조직 중에 대체 설계의 비교분석을 위한 전 과정 설계를 수행하였다.
- Proctor & Gamble사는 다양한 세제의 몇 가지 전 과정 인벤토리 개선점 분석수행을 위해 설계개선을 위한 기회가 몇 몇 경우에 확인되는 전 과정 인벤토리와 개선점 분석 프로그램을 수행하고 특히 DfE를 리필백에서 과량의 공기를 빼냄으로써 더 작은 포장용기를 생산하였다.
- GM사는 차체 도색의 능률적 LCA를 적용하고 이 계획은 지속가능한 개발에 관한 대통령 자문위원회에 의해 통합되는 능률적 LCA를 수행하였다.
- United Solar사는 무정형 실리콘 광전지 단위의 전 과정 에너지 분석을 수행하고 대체 설계인자들을 연구하는 전 과정 설계를 수행하였다.
- Coca Cola사는 1969년에 이미 음료용기에 대한 환경성을 평가한 것을 최초로 오늘날에 이르기까지 에너지-자원-쓰레기-지구환경문제와 긴밀한 LCA의 시초로 알려져 있다.
- Staoil사의 경우는 가솔린 엔진의 납 첨가를 칼륨 첨가물로 대체하여 원자재 비용을 연간 1억 정도 절약하는 LCA를 수행하였다.
- Hitachi사는 세탁기용 드럼의 재사용을 통해 에너지소비 절약과 재활용을 수행하였다.
- RTZ사는 제련과정의 단순화를 통해 가스방출 능력을 향상시킴으로써 수송비 및 운영비를 절약하는 LCA를 적용하였다.
- Ericson사는 기존 제품과 신제품에 대한 평가를 타사 제품과 비교함으로써 폐기물 감소를 위한 Green Product를 생산할 수 있는 LCA를 적용하였다.
- Vatternfall사는 여러 형태의 전력생산에 따른 환경영향을 분석하는 LCA 적용으로 수력, Bio Fuel CHP, 원자력의 환경영향이 감소할 수 있는 프로그램을 개발하였다.
- Phillips사는 LCA를 적용하여 포장재의 감소를 위한 친환경 설계/포장을 수행하여 포장재 감량화, 재활용 재질 개발 및 유해물질을 제거할 수 있었다.
- Crest Toothphaste사는 LCA를 적용하여 기존의 치약용기보다 중량이 50%, 부피는 30% 감소하는 성과를 거두었다.
- Downy Refill사는 LCA를 적용하여 기존의 직물 유연제보다 75% 적은 포장재료 사용, 25% 재활용 플라스틱으로 만든 플라스틱병의 재사용을 유도하였다.
- Secret and Sure의 "Cartonless"는 새로운 포장재료의 설계로 겉 포장과 종이상자를 제거함으로써 연간 340만 파운드 정도의 8천만 개의 종이상자 고형폐기물을 감소시켰다.
- Vidal Sasson의 헤어스프레이 제품은 재충전이 가능한 스프레이 용기에 추진제(propellent)를 사용하지 않음으로써 VOC의 사용을 기존보다 약 30% 감소시켰다는 사실을 LCA를 통해 입증했다.

- Always Ultra사는 LCA를 적용하여 기존의 패드보다 부피는 60% 적고, 40% 미만의 섬유질 사용으로 제품 포장재료를 40% 감소시켰다.
- Folger' s사는 LCA를 적용하여 구내식당에 사용되는 포장재료를 기존의 것보다 30% 미만의 플라스틱을 포함하도록 하였다.
- Frymax Oil사는 LCA를 적용하여 기름 찌꺼기를 38% 감소하고 포장 폐기물을 15% 감소시켰다.
- Franklin Associate가 미국 섬유제조업체 조합을 위해 전 과정 인벤토리의 연구수행으로 세탁비용과 에너지 절감을 위한 LCA를 수행하였다.
- Rohm & Haas사는 제품관리 프로그램을 수행하는데 수년간 LCA개념을 사용하면서 보건 및 환경순위 지수인 HER(Health and Environment Ranking Index) 지수를 개발하였다.
- Scott Paper사는 출판물 원자재 구입과 공급자 선정을 위한 LCA 접근방법을 적용하였다.
- Hewlett Packard사와 3M사는 경영과 환경을 중심으로 제품관리 프로그램을 평가하고 수행하기 위한 컴퓨터 및 전자회사의 접근방법을 수행하여 보건, 안전 및 생태계에의 악영향을 예방하고 최소화 할 수 있는 제품과 공정설계의 철학을 실천하였다.
- Chieng Sang Industry Co. Ltd.사는 태국 사무스사크혼 지방에 위치한 중간규모의 염색공장인데 용수 및 에너지보존과 화학물질 회수를 목표로 주로 공정개조 및 내부관리 강화를 통한 청정생산을 적용하였다.
- Unilever사는 원재료 취득단계에서 환경영향이 매우 큰 것을 발견하고 원료공급자에게 영향이 적은 자재를 공급토록 요구하는 LCA를 적용하였다.
- Nortel사는 크롬산염이 있는 금속코팅 제품(B-2000)의 개발로 산업규격 자체를 변화시키고 있으며 1997년에는 세계 최초로 납의 함유량이 0.03%이하인 전화기를 개발하였다.
- Toyota사는 1991년부터 이미 폐차의 회수 및 재활용을 위한 LCA를 적용해오고 있다.
- Volkswagen 및 BMW 등은 자동차 폐기물을 감소하기 위한 차량 총중량의 70~75%를 재활용할 목표를 두고, 부품 재사용을 새로운 사업영역으로 확장하였다.
- Kodak은 필름제조에 LCA를 적용하여 사용되는 염화불화탄소 사용량을 감소시키고, 거래 현상소로부터 용제를 회수해 재활용하며, 폐기된 카메라를 수집하여 부품을 재사용하는 등 재활용 시스템을 적극 활용한 결과 생산량은 50%이상 증가한 반면 생산품 단위당 에너지 소비량은 40%이상 감소시켰다.

이와 같이 LCA 유형별 사례는 청정생산기술, 청정생산인증, 생태와 자연생태 공존, 폐기물관리, 오염방지 등 다양한 분야에서 발견되며, 국내에서도 1993년 경실련 환경개발센터에서 유리병 재활용 활성화 방안에 관한 연구를 발표함으로써 LCA의 개념이 소개된 이후 전자회사를 포함해 다양한 산업에서 이를 위한 개발과 노력이 지속되고 있다.

3.1.5 LCA 향후전망

오늘날의 환경규제는 전통적인 방식인 사업장 배출물에 대한 농도규제와 같은 소극적이고 사후처리 개념의 환경규제에서 제품을 중심으로 한 전 과정에서의 투입물과 배출물의 환경성을 고려하는 적극적이고 사전예방적인 환경규제로 전환되어 가고 있다. 또한, 이러한 환경규제는 국제무역에서 국가 간의 직접적인 무역장벽의 수단으로 작용하고 있다.

따라서 앞으로 기업들이 국제경쟁력을 유지하기 위해서는 기존에 제품개발 시 고려해 오던 품질, 가격, 성능 등과 함께 환경성 및 경제성 요소들을 반드시 고려할 필요가 있다. 이를 위해서는 각 기업들이 생산하는 제품의 전 과정에 걸쳐 야기되는 환경영향을 줄일 수 있는 방안을 모색하고, 그 결과를 대외적으로 투명하게 공개하여 기업의 환경경쟁력을 향상시켜 나가야 할 것이다.

전 세계적으로 LCA 협회를 구성하려는 이러한 일련의 움직임들을 미루어볼 때 LCA기법이 전 세계적으로 환경성을 평가하는 기법으로서 매우 주요한 기법이라는 것을 잘 알 수 있다.

일본에서는 국립산업기술종합연구소(AIST)내에 정부에서 LCA Center를 설립하여 투입물과 배출물의 환경성을 모니터링하는 협의의 LCA기법을 국가 단위, 즉 사회성의 관점을 포괄하는 기법으로 발전시키는 연구들을 진행해 나가고 있다.

또한 국제기구인 UNEP에서는 'Life Cycle Initiative' 라는 전문가 모임에서 LCA 분야를 한 그룹으로 하여 전 세계 전문가들과 함께 전 과정 인벤토리, 전 과정 영향평가, 전 과정 관리 등과 같은 분야에 대한 연구와 토의를 진행해오고 있다.

이에 반하여 국내의 경우에는 현재 대기업을 중심으로 LCA를 활용하는 사례가 점점 증가하고 있지만, 대다수 중소기업의 경우에는 제품을 생산하는데 있어서 아직 LCA 도구를 이용한 사례가 많지 않은 편이다.

한국은 수출이 국가발전에 미치는 기여도가 크기 때문에 산업체에서 해외 선진국의 무역을 연계한 환경규제나 협약에 대한 준수 또는 사전대응이 매우 중요하다. 이러한 상황에서 LCA 기법의 활용이 미진하다는 것은 환경에 대한 산업체의 자발적이면서도 도전적인 자세가 보다 요구된다는 것을 시사한다. 이에 따라, 급변하는 국제환경규제에 대한 흐름을 기업들이 파악할 수 있도록 정보망을 통하여 국내의 학계 및 기업, 연구소에 해외의 환경경영 및 LCA와 관련된 최신 기술의 소개를 강화할 필요가 있다. 또한 기존제품 및 신제품에 대한 환경성을 정확하게 평가할 수 있고 국내 기업들이 쉽게 사용할 수 있는 간소화된 LCA 방법론의 개발이 필요한 실정이며 이를 위한 전문가 집단을 구성하여야 할 것이다.

국내 기업을 중심으로 친환경 제품을 구성하는 부품 및 소재들의 생산 및 공정들이 LCA 기법을 활용하여 전 과정에서 투입물과 산출물을 정량화하고 이를 토대로 환경성을 비교 분석해야 한다.

오염방지를 위한 LCA의 향후 대응방안은 공정선택, 공정최적화, 공정설계, 오염방지 결정, 원료 및 공급자 선택, 환경영향평가, 청정기술개발 및 청정정책개발 등을 들 수 있으며, 따라서 공정설계에서의 LCA의 역할이 매우 중요한 것이다.

LCA의 향후 대응의 적용목적은 제품의 환경측면과 그 영향에 관한 정보를 소비자에게 제공함으로써 소비자의 제품구매 의사결정에 도움을 주고 궁극적으로 환경친화적 소비풍토를 정착시키고자 함이다.

또한, 기업이 자사 제품의 환경영향을 전 과정에 걸쳐 평가함으로써 환경측면 개선의 기회 및 우선순위를 파악하고 따라서 제품의 환경성 향상을 통한 경쟁력 제고를 도모할 수 있다. 따라서 정부나 공공기관의 정책적 의사결정에 필요한 자료를 제공함으로써 관련정책의 실효성을 제고할 수 있는 것이다.

3.1.6 LCA 관련 용어

(1) 주요용어

❶ **기능단위:** LCA에서 기준 단위로 사용하기 위한 제품 시스템의 정량화된 성능

❷ **기본흐름:** 연구 대상이 되는 제품 시스템에 들어가는 물질 또는 에너지로서 인간에 의한 사전 변형 없이 환경에서 추출된 것. 대상제품의 시스템에서 나가는 물질 또는 에너지로서 인간에 의한 사후 변형 없이 환경 속으로 버려지는 것

❸ **기준흐름:** 기능단위에서 설정한 기능을 수행하는데 필요한 제품 시스템의 공정에서 나오는 산출물의 척도

❹ **단위공정:** LCA 수행시 데이터 수집을 위한 제품 시스템의 최소단위

❺ **데이터 품질:** 정해진 요구사항을 만족시킬 수 있는 능력 여부에 대한 데이터의 특성

❻ **보조물질:** 제품을 생산하는 단위공정에서 사용되는 투입물질이지만 제품의 부분을 구성하지는 않는 물질

❼ **부산물:** 같은 단위공정에서 나온 대상제품 이외의 제품들

❽ **산출물:** 단위공정에서 나가는 물질 또는 에너지

❾ **시스템경계:** 제품 시스템과 주변 환경 또는 다른 제품 시스템과의 경계

❿ **영향범주:** 전 과정 인벤토리분석 결과가 배분될 수 있는 관련된 환경적인 이슈를 대표하는 부류

⓫ **원료물질:** 제품을 생산하는데 사용되는 제1차 또는 제2차 물질

⓬ **전 과정:** 원료물질 채취 또는 천연자원의 생성부터 최종 처리에 이르는 제품시스템 상의 연속적이고 상호 연관된 단계들

⓭ **제품:** 모든 물품이나 서비스(13) 전 과정 인벤토리분석 주어진 제품시스템의 전 과정에 걸쳐 투입물과 산출물을 종합하여 정량화 하는 LCA의 한 단계

⓮ **LCIA:** 제품시스템의 잠재적 환경영향의 크기와 중요성을 이해하고 평가하는 것을 목적으로 하는 LCA의 한 단계

⓯ **LCA:** 제품시스템의 전 과정에 걸쳐 투입물과 산출물, 잠재적 환경영향을 종합하고 평가하는 기법

⓰ **전 과정 해석:** 결론과 권고에 이르기 위하여 전 과정 인벤토리분석이나 LCIA 중 하나 또는 두 가지의 연구 결과를 정의된 목적과 범위와 일관성 있게 통합시키는 LCA의 한 단계

⑰ **제품시스템:** 하나 또는 그 이상의 정의된 기능을 수행하는 물질 또는 에너지로 연결된 단위공정의 집합체

⑱ **중간재:** 추가적인 변형이 필요한 물질로 단위공정의 투입물 또는 산출물

⑲ **최종제품:** 사용하기 전에 어떤 추가적인 변환이 필요 없는 제품

⑳ **투입물:** 단위공정으로 들어가는 물질 또는 에너지

㉑ **특성화 인자:** 배분된 전 과정 인벤토리분석 결과를 범주지표의 일반적인 단위로 전환시키기 위하여 적용되는 특성화 모델에서 유도된 인자

㉒ **폐기물:** 대기 및 수계 배출물을 제외한 제품 시스템에서 폐기된 모든 산출물

㉓ **제품 적용범위:** 적용 대상이 되는 제품의 명칭과 범위를 명확히 기술하고, 포함되거나 제외되는 부속품이 있을 경우 이를 명시한다.

㉔ **기능과 기능단위:** 대상제품의 특성을 반영한 기능과 기능단위를 설정하고, 기능단위를 보완 할 수 있는 제품특성정보(부가기능이 있는 경우 이를 포함)를 기술한다.

(2) 시스템경계

❶ 제품 시스템은 제품의 원료물질 채취·제조·사용·폐기 등 전 과정 단계를 모두 포함하되, 불가피하다고 인정되는 경우에는 제품의 특성에 따라 환경영향이 미미한 것으로 판단되는 일부 단계를 제외할 수 있다. 포함된 전 과정 단계에 대하여는 전 과정 흐름도를 작성한다.

❷ 시스템경계 내에 포함된 단위공정의 투입물과 산출물은 기본 흐름이 되어야 한다.

❸ 시스템경계 설정시 생산과 직접적으로 관련이 없는 자본재(부대시설, 건물 등)는 제외할 수 있다.

❹ 시스템경계는 다음 각 호에 따라 구분하고 결정된 단위공정(수송 포함)에 대하여 공정 흐름도를 작성한다.

㉮ 원료물질 채취와 제조단계
제품을 구성하는 원료물질 채취와 제품제조단계로 투입되는 중간제품의 제조공정들을 포함한다.

㉯ 제품제조단계
ⓐ 제품생산 공정과 관련 공정(유틸리티, 배출물 처리공정 등)을 포함한다.
ⓑ 제품제조단계는 적절한 단위공정으로 세분화하여야 한다.

㉰ 사용단계
ⓐ 소비자가 제품을 사용하는 단계로서, 제품의 유통 과정을 포함한다. 단, 제품의 유지·보수와 관련된 사항은 제외할 수 있다.
ⓑ 사용단계는 제품의 특성, 수명, 사용 행태 등을 고려하여 사용하여 시나리오를 구성하여 적용한다.

㉱ 폐기단계
ⓐ 폐기단계는 제품의 재질, 폐기 방법 등을 고려하여 재활용, 소각, 매립으로 구분한다.
ⓑ 폐기 처리와 관련한 현장데이터가 있는 경우는 이를 적용하고 근거자료를 제시하여야 한다.
ⓒ 제품별, 재질별 폐기현황에 대한 공인된 통계자료가 있을 경우는 이를 적용한다.
ⓓ ⓑ호와 ⓒ호에 해당되지 않는 경우는 폐기 시나리오를 구성하여 적용한다.

❺ 제품제조단계 또는 사용 후 폐기단계에서 배출된 폐기물이 타 제품시스템으로 재활용되는 경우에는 시스템경계에서 제외한다.

❻ 재활용된 물질이 공정 투입물로 들어가는 경우에는 재활용 공정을 시스템 경계 내로 포함한다.

❼ 소각공정은 시스템경계 내로 포함하고, 회수한 열을 활용하는 경우에는 환경 영향의 총 값에서 이를 차감한다.

(3) 제외기준

❶ 투입물에 대한 제외기준을 적용하기 위하여 질량, 에너지, 환경 관련성 등을 고려한다. 단, 제외기준을 적용하고자 투입물의 총량을 계산할 때 에너지 사용량과 공정 냉각수, 세척수 등의 용수 사용량은 고려하지 않는다.

❷ 제외된 부품 또는 물질은 반드시 이를 기록하여야 한다.

(4) 데이터 범주

❶ 투입물의 데이터 범주는 제품 전 과정에서 사용되는 물질(원료물질, 보조 물질), 용수와 에너지로 한다.

❷ 산출물의 데이터 범주는 제품과 부산물, 환경배출물(대기배출물, 수계배출물, 폐기물 등)로 한다.

❸ 환경배출물 중 환경오염물질의 데이터 범주는 대기환경보전법, 수질환경보전법, 폐기물관리법 등에서 규제하는 환경오염물질과 사업장의 자체관리 항목을 포함하며, 폐기물은 매립, 소각, 재활용 폐기물로 구분한다.

❹ 대기환경보전법에서 규정한 대기오염물질 이외에 이산화탄소를 포함하여 야 한다.

❺ 수집 대상이 되는 투입물과 산출물의 종류를 명시한다.

❻ 물질명은 IUPAC(International Union of Pure and Applied Chemistry)명 혹은 관용명으로 기재한다.

(5) 데이터 품질요건

❶ 데이터는 현장데이터(측정치, 계산치 등) 사용을 원칙으로 하며, 현장데이터가 없는 경우에는 유사제품 또는 유사공정 데이터를 사용할 수 있다.

❷ 현장데이터는 인증신청일을 기준으로 3년 이내의 최근 1년 누적평균 데이터로 한다. 다만, 생산기간이 1년 미만인 신제품의 경우에는 생산시점부터 데이터 수집 시점까지 누적평균 데이터를 사용할 수 있다.

❸ 제품생산, 데이터 측정기술과 방법 등의 기술적 범위는 현장에서 사용되고 있는 기술수준과 공법을 적용한다.

❹ 현장데이터 사용이 어려운 경우에는 정부가 구축한 제품의 전 과정 인벤토리 분석 데이터베이스(이하 '국가 LCI 데이터베이스') 등 공개된 일반데이터를 사용할 수 있다.

❺ 일반데이터는 지역적 범위, 시간적 범위, 기술적 범위 순으로 적용한다.

❻ 유사제품 데이터 사용, 유사 공정 데이터 사용, 일반데이터 사용, 데이터가 누락된 경우에는 그 사유와 타당성 등을 검토하고 이를 명시하여야 한다.

(6) 데이터 수집과 계산

❶ 데이터 수집 항목은 데이터 범주에서 명시한 항목과 다음의 내용을 포함하여야 하며, 측정이 어려운 데이터 항목은 타당한 방법으로 산출하고 산출근거를 명시하여야 한다.

㉮ 데이터 출처와 수집방법

㉯ 데이터(누락데이터 포함) 처리과정

㉰ 가정

㉱ 처리방법과 결과

❷ 전 과정 단계별 데이터 수집과 계산은 다음 각 호에서 정하는 바와 같다.

㉮ 원료물질 채취와 제조단계

ⓐ 원료물질 채취부터 제품 제조까지의 자료를 수집한다.

ⓑ 데이터의 품질요건에 따라 현장데이터 또는 일반데이터를 사용할 수 있다. 일반데이터는 다음과 같은 우선순위에 따라 사용해야 한다.

– 해당 국가 LCI 데이터베이스

– 해당 업계 평균 데이터(APME, IISI 등)

– 일반데이터(소프트웨어 내장 데이터 등)

ⓒ 투입물에 관련된 공급자가 복수인 경우는 모든 공급자에 대한 데이터 수집을 원칙으로 한다. 단, 타당성이 있는 경우 대표 데이터를 사용할 수 있으며, 이 경우 대표 데이터 선정 기준의 정당성을 입증하여야 한다.

㉯ 제품제조단계

ⓐ 제품제조단계의 데이터 수집은 현장데이터 수집을 원칙으로 하고, 단위공정별 투입물과 산출물 값은 물질수지 또는 에너지수지를 활용하여 데이터의 타당성을 검증한다.

ⓑ 이산화탄소의 배출량이 측정되지 않는 경우에는 IPCC에서 규정한 배출계수를 적용한다.

ⓒ 소각과 폐수 처리공정은 현장데이터 수집을 원칙으로 하되, 현장데이터 수집이 어려운 경우에는 일반데이터를 사용할 수 있다. 이때, 폐기물을 일반폐기물과 지정폐기물로 구분하여 소각하는 경우에는 일반폐기물과 지정폐기물 데이터를 사용하고, 폐기물을 물질별로 소각하는 경우에는 물질별로 구분된 데이터를 사용하여야 한다.

ⓓ 제품제조단계에서 규정된 단위공정의 현장데이터를 수집하는 경우 에는 LCA 수행결과보고서에서 제시한 단위공정별 데이터 수집 양식을 활용한다.

ⓔ 데이터는 단위공정별로 수집하되 필요시 단위공정을 세분화할 수 있다.

ⓕ 복수의 생산라인에서 제품을 생산할 경우에는 모든 생산라인의 데이터 수집을 원칙으로 한다. 단, 생산라인의 특성이 유사한 경우 대표라인을 선정하여 데이터를 수집할 수 있으며, 이 경우 대표라인 선정기준을 제시하여야 한다.

ⓖ 투입물을 복수의 공급자에서 공급받아 사용하는 경우 모든 데이터 수집을 원칙으로 한다. 단, 타당성이 있는 경우 대표 공급자의 데이터를 사용할 수 있으며, 이 경우 대표 공급자 선정 기준을 제시하여야 한다.

㉰ 사용과 폐기단계

ⓐ 표준화되고 선정된 방법에 따라 데이터를 수집하여 계산한다.

㉱ 수송은 수송수단별 수송량과 수송거리의 실제 데이터를 수집하며, 수송수단이 복수인 경우에는 대표 수송수단을 적용할 수 있다. 단, 대표 선정기준을 제시하여야 하며, 회차는 고려하지 아니한다.

(7) 할당

❶ 제품제조단계에서 할당이 발생하는 경우에는 KSA 14041(목적과 범위정 의–전 과정 인벤토리분석)에서 규정한 기준으로 할당을 수행한다.

❷ 보조공정과 대기 배출물, 폐수, 폐기물 처리 공정 등의 할당은 생산량(제 품중량 또는 수량)을 기준으로 한다.

❸ 열병합발전의 할당은 에너지를 기준으로 한다.

❹ 플라스틱 성형공정(사출성형 등)의 할당은 성형되어 나온 제품의 무게를 기준으로 한다.

❺ 도장, 도금공정의 할당은 가공되어 나온 제품의 표면적을 기준으로 한다.

(8) 전 과정 인벤토리분석 결과 산출

❶ 단위공정에서 수집되는 현장데이터 중 상위 공정이 있는 경우에는 이를 연결하고, 대상제품별 기능단위에 맞게 환산하여 전 과정 인벤토리분석 결과를 산출한다.

❷ 인벤토리분석은 투입물과 산출물로 구분하여 다음과 같이 표시한다.

㉮ 투입물: 천연자원, 용수와 에너지로 하되 해당되는 상위흐름(upstream)을 추적할 수 없는 경우에는 추적 불가능한 투입물로 표시

㉯ 산출물: 제품, 부산물과 환경 배출물(대기·수계 배출물, 폐기물 등)로 하되 하위흐름(downstream)을 추적할 수 없는 경우에는 추적 불가능한 배출물로 구분하여 표시

3.2 제로에미션

3.2.1 제로에미션의 개념

제로에미션(zero emission)은 산업활동에 있어서 폐기물이 나오지 않도록 하는 새로운 순환형 산업시스템으로 무배출시스템이라고도 한다. 산업활동에 있어 생산 등의 공정을 재편성하여 폐기물의 발생을 최소화하고, 궁극적으로는 폐기물이 나오지 않도록 하는 새로운 순환형 산업시스템이 실현되면 생산공정에 투입되는 모든 원자재는 생산물로서 이용할 수 있게 하고자 하는 철학을 담고 있다.

즉 A공장의 생산과정에서 배출된 폐기물을 B공장에서 원료로 사용하고, B공장에서 배출된 폐기물을 다시 C공장의 원료로서 이용하는 식으로, 한 공장에서 배출되는 폐기물의 최소화를 도모할 뿐 아니라 갖가지 공장, 산업, 지역 간에서 가능한 한 폐쇄된 물질순환을 형성함으로써 사회전체로 배출되는 폐기물의 총량을 최소화하고, 궁극적인 이상으로서는 폐기물 전무를 지향하는 시스템을 말하는 것이다.

제로에미션의 개념은 1994년 4월 일본 도쿄에 있는 UN대학에서 제창한 것으로 알려지고 있으며, 현재 많은 기업이 참여하여 갖가지 시범사업이 이루어지고 있다. 예로 맥주의 생산과정에서는 오수나 맥아 찌꺼기 등의 폐기물이 배출되는데 이 경우 배수는 정화장치로 처리하여 물고기 양식용 물로 이용하고, 폐기물은 물고기의 먹이로, 그 물고기의 배설물은 조류를 양식하여 흡수시키는 식으로, 물질순환을 형성함으로써 폐기물의 총량을 대폭적으로 삭감하는 것이 가능하게 된다.

한국의 산업구조에서 에너지를 많이 사용하고 환경오염 유발적인 화학, 철강, 제제, 비철금속 등의 업종이 차지하는 비중이 35% 이상이며, 이들 산업별 에너지 소비구조는 상대적으로 낭비적이며 오염방지기술개발을 통한 공정개선이 미흡한 실정이다.

일상적인 제조 공정과 에너지원으로부터의 배출, 제한된 공정의 고장으로 인한 배출, 일시적인 방출로 인한 배출, 사고나 오조작으로 인한 배출, 저장시설로부터의 배출 등에 대한 대책과 전략 등이 시급하다.

특히 공정상 에너지 방출로 인한 사회경제적 비용이 증가하고 있는 추세인데, 공정상 기상, 액상, 고상의 오염물 방출로 인한 유해물질에 의한 제2차 오염이 우려되고 있다. 인체 유해성이 증가하고 있으며 국가적으로 규제기준이 강화되고 있으며, 경제수준의 향상과 더불어 무배출을 위한 전체 공정상의 개선과 개별공정의 개선을 위한 기술이 필요하다.

무배출 공정기술은 사전오염방지를 위한 기술이라고 정의할 수 있으며, 오염방지 방법의 우선순위에 해당하는 오염원의 원천적 감소와 재활용과 회수를 통한 미래 지향적인 기술이다.

오염방지의 도구인 청정기술의 목표는 제품설계와 제조과정에서 보다 적은 원료와 에너지, 물을 이용하고, 각종 기상, 액상, 고상의 폐기물은 거의 발생시키지 않으면서 닫힌 시스템 내에서 유용한 원료로 재활용하는 것으로서, 폐기물 발생을 줄이기 위해서 현재의 제조과정의 변경 및 신공정 개발이 요구된다.

다소비 에너지 산업이며 다량의 기상 배출물은 배출하는 산업은 석유화학산업이고, 제지산업은 액상 배출물 및 고상 배출물을 다량 배출하는 산업이며, 섬유 및 염색산업은 액상 배출물 및 유해물질을 다량 배출하는 산업으로 구분될 수 있다.

특히 석유화학산업에서의 사전오염 및 에너지효율 향상을 위한 대책마련이 필요한 이유는 석유 또는 천연가스를 원료로 에틸렌, 프로필렌, 부틸렌, 벤젠 등의 기초화학제품을 생산하고 또 재활용하여 플라스틱, 합성고무, 합성섬유원료, 함성세제와 기타 화학제품을 제조하는 공정을 이용하기 때문이다.

제지산업에서는 액상 및 고상 배출물을 고려한 생산공정을 위한 대책마련이 요구되는데, 수자원 보존과 활용의 관점에서 제지산업과 같은 용수 다소비 산업에 대한 관심이 높아지고 있기 때문이다.

제지공정으로부터 배출되는 폐수는 전체 배출량은 크나 그 오염물질의 농도가 낮기에 폐수에 대한 총량규제가 과거에는 미미하였으나 현재는 폐수의 수질강화 조치 등의 이유로 주목을 받고 있다.

섬유 및 염색 산업에서의 경우는 유해물질의 공정 매 회수 및 공정수 재활용을 통한 무배출 대책이 필요한데, 수질기준을 만족시키면서 경제성, 소요부지의 최소화, 운전의 용이성, 슬러지 발생의 최소화, 높은 처리효율을 포함하는 폐수처리시스템 개발이 필요한 것이다.

섬유 및 염색폐수에는 염료, 계면활성제, 정련제, 침투제, 금속이온봉쇄제, 스케일 방지제, 분산제, 욕중유연제, 산화 및 환원제, 산, 알칼리, 효소, 유연제, 대전방지제, 호제, 오일 등의 다양한 오염물질을 포함하고 있기 때문에 과거에 비해 엄격한 제제가 필요하게 되었다.

이렇듯 환경오염으로 인하여 공업용수 취수원이 오염되고 처리장치와 용수처리 비용이 증가되고 있기 때문에 국내의 원자력 및 화력발전소, 석유화학산업, 철강산업, 반도체 산업분야 등 대량의 공업용수를 사용하는 산업분야에서는 부족한 용수를 확보하기 위한 시스템, 폐수발생을 최소화 할 수 있는 시스템과 폐수를 재사용하는 시스템 구축이 시급한 것이다. 한국의 폐수의 재이용률은 전체 발생량 가운데 43%에 불과한 것으로 나타나고 있고 이 때문에 수질오염을 가중하고 있는 것으로 분석하고 있다.

우리나라 특허청에서 2009년 발표한 특허동향조사에 따르면, 특허장벽 분석 결과 무배출 그린 생산기술 분야는 일본 기업이 전반적으로 주도적으로 주도하고 있으나, 미국은 정제, 건식제정 분야에서, 한국은 분리막, 건식세정, 휘발성 유기용매 처리분야기술에서는 일본과 대등한 기술을 보유하고 있는 것으로 보고되었다.

분리용 환경소재 기술, 그린 융합 정제기술, 친환경 분리기술 등은 외국의 특허장벽이 구축되어 있는 것으로 판단되나 한국의 기술력도 대등한 수준으로 평가되었다. 고부가 자원화 기술, 하이브리드 건식 세정기술은 외국의 특허장벽이 아직 구축되지 않은 것으로 조사되었으며, 이 분야의 기술을 선점하기 위해서는 적극적인 투자와 개발이 필요한 것으로 나타났다.

유해물질 저감 공정 기술은 제한적으로 개발 되어 있으나 유해물질을 완전히 배제시키는 공정 기술은 전 세계적으로 아주 초보적인 단계이므로 유해물질을 분해시키거나 분리 후 폐기 처리하는 종래의 환경 기술을 뛰어넘어 유해물질 배제라는 궁극적인 기술 목표를 달성하기 위해서는 무배출, 재활용 등의 규제를 통한 강력한 드라이브 정책이 필요한 것으로 나타났다.

촉매, 바이오촉매, 폐순환 등을 이용한 에코-신공정 기술은 국내기업이 기술력을 보유하고 있으며, 현재 촉매를 이용한 친환경적 신공정 기술에서 특허상 외국과 동등한 수준의 기술을 보유하고 있는 것으로 나타났다. 단, 바이오촉매를 이용한 친환경적 공정기술에 대한 기술 개발은 미흡한 편이나 바이오촉매 개발은 원천 기술이 매우 중요하므로 원천 기술에 대한 투자가 선행되어야 할 것으로 보고되었다.

무배출과 재이용을 위한 기술개발과 그 추진전략이 시급한 것은 이미 주지한 바로 깨끗한 환경을 마련하기 위해서는 배출 오염물 처리기술 차원에서의 공정개선과 기술개발을 통한 최적화의 확립과 사전오염 예방차원에서의 기술을 개발하여야 한다.

또한 환경규제강화를 통한 환경 감시 및 방지시설의 시장수요가 창출될 수 있으나 정부차원에서의 선진화 전략과 산업체간의 협력되는 프로그램의 개발이 요구될 수 있다. 따라서 다양한 산업분야의 조사 및 분석을 통한 시너지 효과를 창출할 수 있는 안이 필요한 것이며, 이미 추진하고 있는 연구개발과제의 성과를 충분히 활용할 수 있는 정책안도 요구되고 있는 것이다.

3.2.2 제로에미션 기술

사전오염예방 개념에서 청정생산기술은 오염물의 발생과 배출을 감소시킴으로써 취급, 처리, 폐기 등의 불필요한 과정을 줄여주는 효과적인 오염조절 및 관리기술로서 생산폐기물 저감을 위한 새로운 패러다임으로 자리 잡고 있다. 그러나 단일 생산공정에서의 오염저감, 재활용, 재이용에 바탕을 둔 청정생산 접근방식은 원료저감 및 처리비용 저감을 통한 환경비용 저감에는 기여하였으나, 사회 전체적인 환경부하를 근본적으로 저감하기 위해서는 보다 새로운 개념이 필요하게 되었다.

따라서 일본을 중심으로 '단일 생산공정의 청정화 중심의 청정생산'과 차별화는 개념으로 '전체적인 공정의 통합을 중심으로 한 무배출' 개념이 사전오염예방적 접근의 새로운 명제로서 대두되었다. 무배출 접근은 인간활동과 자연환경 간의 지속가능한 관계를 확립시킬 수 있도록 하기 위해 사회시스템뿐만 아니라 산업의 구조를 개선하여야 하며, 통합적 접근을 통해 시스템의 전체 생산성을 증가시키고 자원을 효율적으로 활용함으로써 폐기물 저감을 달성하고자 하는 것이다.

(1) 프로세스 통합 기술

프로세스의 통합이라는 원칙 아래 산업공정의 설계를 위한 많은 시스템적 접근방법들이 개발되어 왔는데, 이들은 공정설계 및 개선활동 등의 수행에 있어서 그 방법론을 근본적으로 변화시키고 있다. 이러한 방법론은 완전히 새로운 장비나 단위공정을 도입하는 것이 아니라, 현재 기술들을 활용하여 보다 효과적인 방법으로 배출물 저감을 달성하고자 하는 것이다.

통합적 접근법은 개별 단위공정이나 단위설비에 집중하기보다는 전체적인 관점에서 개별 설비들을 적합하게 조율하여 전체공정의 효율적인 배치와 운영방식을 획기적으로 개선함으로써 배출물을 저감함과 동시에 생산비용을 절감할 수 있다. 프로세스 통합 방법론은 크게 세 가지 유형으로 살펴볼 수 있으며, 이들 모두는 사전오염 예방에 기여한다.

(가) 핀치분석(pinch analysis)

핀치분석은 기본적인 열역학에 기초하여 전 산업공정에 걸쳐서 열흐름을 분석하는 시스템 기술로서, 산업 공정에서의 에너지 절약을 유도하고 내부적인 에너지 소비를 줄일 수 있는, 가능한 공정 개선점을 탐색하는데 유용하며, 에너지 소비와 자본투자 간의 절충안을 마련할 수 있다.

핀치분석은 에너지 소비를 최소화 하기위한 방법론으로서, 화학공정에서 열역학적으로 가능한 에너지 목표를 계산하고 열 회수 시스템, 에너지 공급 방식, 공정 운전조건 등을 최적화하여 이를 달성하고자 하는 기술이다.

프로세스 데이터는 온도에 대한 열 부하(heat load)의 함수 형태로 표현된 에너지 흐름의 집합으로 표현된다. 이러한 데이터는 공장 내의 모든 흐름에 대하여 결합되어 모든 열방출 흐름(hot streams) 및 모든 열소비 흐름(cold streams)에 대하여 각각 하나씩의 복합곡선(composite curve)을 형성한다. 열방출 곡선과 열소비 곡선이 가장 근접한 점이 핀치(점)이며, 그 점에서의 온도는 각각 열방출 흐름 핀치온도와 열소비 핀치온도가 된다.

따라서 공정 설계에 있어서 가장 집중해서 살펴봐야할 점이 핀치(점)이다. 이 점을 발견하여 거기서 설계를 시작함으로써 열방출 흐름과 열소비 흐름 간의 열 차이를 상쇄하는 열교환기(heat exchangers)를 사용하여 에너지 목표를 달성할 수 있다.

실제로 기존 설계에 대한 핀치분석을 수행할 때 핀치 위의 온도를 갖는 열방출 흐름과 핀치 아래의 온도를 갖는 열소비 흐름 사이의 교차-핀치 열교환이 종종 발견되는데, 이 과정을 반복적으로 수행함으로써 차이를 줄여나가 에너지 목표에 도달하도록 한다.

이 기술은 1977년 말 리즈 대학(University of Leeds) John Flower 박사의 지도아래 박사과정 Bodo Linnhoff에 의해 개발되었다. 그 이후로 다양한 산업에서 더욱 개선된 방법들이 개발되고 사용되어 왔으며, 전력 시스템 및 비공정 시스템에도 적용되었다. 에너지 목표를 계산하기 위한 다수의 상세 프로그램과 간소화된 스프레드시트 모두 시중에 출시되었다. 일반적으로 사용되는 무료 핀치분석 프로그램으로서 PinchLeni가 있다. 최근 핀치분석은 에너지 영역을 넘어 다음과 같은 분야에도 확장되고 있다.

- 질량 교환 네트워크
- 용수핀치(water pinch)
- 수소핀치(hydrogen pinch)

핀치분석은 환경적 관점에서 대기오염물질 저감을 위해 에너지 소비를 줄일 수 있는 수준을 결정하는데 유용하게 사용되고, 기타 오염물질이나 공정관련 배출물의 저감을 위한 설계인자의 최적수준을 제시해주기도 한다.

핀치 방법론은 액상 시스템 등의 물질전달의 해석에도 적용이 되기 때문에 폐수 시스템의 분석에서 새로운 접근법으로 부각되고 있다. 국내외에서 중점적으로 연구되는 분야는 다음과 같다.

- 사전오염 예방에 있어서의 핀치분석
- 개별 공정 배출물의 저감을 위한 핀치분석
- 공정 배출물의 저감을 위한 전체 현장의 통합
- 폐수 발생 최소화를 위한 핀치분석

핀치분석과 더불어 유용한 기법으로서 다변수예측제어(MPC: Multivariable Predictive Control) 기법이 있는데, 이는 섬세한 운전 변화에 대한 예측 제어를 통해 에너지를 효율적 이용함으로써 에너지 사용량을 절감시키는 접근법이다.

(나) 지식기반 접근법(knowledge-based approaches)

지식기반 시스템(혹은 전문가시스템)은 입증된 아이디어의 축적된 지식 토대위에 구축되는 공정의 융합 혹은 통합을 의미한다. 이 방법론은 폐기물 최소화를 위한 선택을 확인하고 평가하기 위한 틀을 제공하는 흐름도를 사용한다. 흐름도의 논리적 순서, 계층적 설계, 검토절차 등에 있어서 특정 사전오염 예방을 위한 아이디어가 한 응용분야에서 다른 응용분야로 이동하는 경로를 나타내며, 컴퓨터 프로그램이 인간의 사고과정을 모방하는 인공지능에 의해 청정 공정설계를 개발하는 과정도 포함된다.

이러한 접근법들은 최소의 데이터를 가지고 새로운 설계안을 개발하거나 개선의 여지를 확인하는데 이용될 수 있다. 새로운 공장설계에 있어서 이런 절차는 비용을 절감하고 배출물을 저감하기에 적합한 공정을 설계할 수 있도록 지원하고, 개선 계획을 수립할 때 잠재적인 공정개선 목록을 산출할 수 있도록 한다. 제로에미션에 적용할만한 주요 분야는 다음과 같다.

- 에너지 절약, 효율 향상 및 폐기물 저감을 위한 공정개선
- 이동 폐기물 최소화를 위한 단위 공정 데이터베이스
- 폐기물 최소화를 위한 계층적 공정 검토
- 공장폐기물 최소화를 위한 지능적 공정 설계 및 제어
- 폐기물 발생 및 에너지 소비 동시적 최소화를 위한 지식기반적 설계 접근법

(다) 수치적 최적화 접근법

간단한 수학적 모델을 이용한 모사에서부터 복잡한 수학적 프로그래밍 방법까지 다양한 수치적인 최적화 방법이 있는데, 공정의 경제성 향상을 위한 설계안을 결정할 때 비용 공식을 결합하여 설계영향을 정량화한다. 그래프를 이용한 표현이나 비용 다이어그램을 통해 다양한 설계 및 운전인자의 영향을 가시적으로 표현할 수 있다.

환경적인 문제를 해결의 예를 들면, 간단한 수학적 모델을 적용하여 비용 대비 배출물 기준 곡선을 만들 수 있다. 이러한 그래프를 사용하여 비용 및 배출물 농도에 따른 공정변화의 영향을 조사하고 일정한 목표의 배출물 농도를 달성하기 위한 가장 비용 효과적인 수단을 확인할 수 있다.

선형 프로그램(LP: Linear Program) 및 비선형 프로그래밍(NLP: Non-Linear Program) 등 보다 복잡한 기법도 다양한 분야에 적용될 수 있는데, 제로에미션에서 적용되는 분야로는 생산설비에서의 용수 사용 및 폐수 저감, 펄프 및 제지공정에서의 슬러지 최소화, 폐기물 최소화를 위한 역삼투압 네트워크의 합성 외에도 매우 다양하다.

배출물을 실시간으로 모니터링하여 최소화하기위해 보다 복잡하지만 현실과 가까운 혼합 정수 선형 프로그래밍(MILP: Mixed-Integer LP) 기법을 쓰기도 하는데, 질소산화물(NOx) 배출 최소화를 위한 온라인 공장설비의 운영을 최적화하는데 사용된 바 있다. 제로에미션을 위한 수치적 최적화 접근법 응용 분야는 다음과 같다.

- LP를 이용한 열교환 네트워크의 합성
- NLP를 이용한 폐수 최소화
- 그래픽 방법을 이용한 사전오염예방과 오염제어를 위한 순위부여

(2) 무배출 공정기술

(가) 공정수의 폐쇄화

공정수의 폐쇄화(closed water system)를 통하여 무방류 시스템으로 발전하였을 때에 얻을 수 있는 주요 장점들은 다음과 같다.

- 폐수 배출로 인한 환경오염의 감소
- 공정수의 사용량 및 공정 내에 투입된 에너지의 절약
- 각종 첨가제와 주원료인 섬유의 유출을 방지

반면에 공정수 폐쇄화에서 고려해야 할 단점들은 다음과 같다.

- 용수 내의 오염물질(부유물질)의 축적
- 용수 내의 오염물질(용존물질)의 축적
- 생산 공정 내에서의 열 축적

이러한 문제점들을 해결하기 위하여 부유물질이나 유기 용존물질에 대한 처리법은 집중적으로 연구가 되어왔으며, 무기 용존물질 처리법에 대해서는 금속이온 봉쇄제를 이용하거나 이온교환체를 폐수처리에 응용하는 등의 연구가 수행되어왔다.

이러한 공정수 폐쇄화에 따른 문제점을 극복하고 장점을 더욱 발전시키기 위해서는 무엇보다 먼저 공정수 처리 시스템의 개선 및 최적화가 선행되어야 한다. 일반적인 폐수처리는 세 단계로 구분할 수 있는데, 먼저 1차 처리를 통해 폐수내의 부유물질을 제거하고 2차 처리 단계에서 화학적/생물학적 처리를 통해 1차 처리로서 제거할 수 없는 용존물질 등을 제거한다. 이와 더불어 최근에는 폐수 무방류화를 위한 부가적인 처리로서 2차 처리 후에도 제거되지 못하는 이물질에 대한 3차 처리가 도입되고 있으며, 다양한 원리를 응용한 용수처리 개선 기술이 현장에 속속 응용되고 있다.

(나) 생물학적 처리기술

혐기성 메탄발효 공법은 폐기물로부터 에너지회수가 가능하고 공정이 비교적 간단하며 산소공급이 불필요하여, 고농도 유기성폐수 또는 폐기물 처리시 호기성 공정에 비하여 월등히 경제적인 것으로 알려져 있다. 그러나 국내의 모든 유기산업 폐수는 유지관리비가 고가인 호기성 처리에 의존하고 있으며, 막대한 양의 폐기물로부터 용수를 절감할 수 있고, 대체에너지도 회수할 수 있는 메탄발효 기술은 외국 기술수준에 비하여 매우 미약한 실정이다.

외국의 경우 환경오염 방지와 용수사용량 절감 및 대체에너지 개발이라는 측면에서 재래식메탄발효 공정의 단점을 보완한 신공정의 개발이 1970년대의 석유위기 이후 활발히 진행되어 왔다. 즉 활성이 뛰어난 메탄 생성균을 고농도로 유지할 수 있고, 높은 유기물 부하의적용이 가능하며, 처리시설의 소요규모를 감소시킬 수 있는 AFFR(Anaerobic Fixed Film Reactor), UASB(Upflow Anaerobic Sludge Blanket Reactor), AFBR(Anaerobic Fludized Bed Reactor) 등과 같은 신공정을 연구 개발하여 실용화하고 있다.

이러한 신공정은 초기 투자비용을 절감할 수 있고 메탄생성을 극대화 할 수 있어 매우 경제적인 것으로 알려져 있으며, 고농도 유기계 폐수처리에 있어 이러한 신공정의 도입은 세계적인 추세라 할 수 있다.

특히 일본, 유럽 등과 같이 국토가 협소하고 인구가 밀집한 지역에서는 이러한 신기술이 신규 처리시설에 활발히 적용되고 있으며, 기존의 처리시설도 이러한 공정으로 대체하고 있는 추세이다.

(다) 막분리 처리

막(membrane)을 이용하는 공법은 처리 단가가 높으며 고형폐기물이 많은 경우, 심한 막오염 문제를 일으키는 등 많은 문제를 야기하여 적용에 어려움이 많다. 따라서 제지공정 중에서 생물학적인 처리가 가능한 부분을 생산라인에서 분리/수집한 후, 효과적으로 공정수를 처리하여 재이용하는 기술을 개발하는 것이 필요하다.

요구되는 각 요소기술의 경우 선진업체에서의 기술이전이 용이치 않을 뿐 아니라, 국내외산업폐수 특성 및 법적 규제방식 등에 차이가 있어 무분별한 기술도입은 가급적 지양해야 할 것이다.

(라) 용수핀치(water pinch) 기술

용수핀치 기법은 여러 가지 단위조작시설로 구성되는 화공플랜트 중 폐열을 재이용하기 위하여 열역학 분야에서 발전되어진 기술로서, 최근까지 화공 플랜트중의 열교환기의 설계 등에 열에너지효율을 개선하기 위해 도입되었고, 그 결과 전 세계에 현존하는 대규모 석유화학단지, 정유산업체 등의 산업 플랜트에 핀치 전산모사기술이 적용되어 왔다.

이러한 개념을 확대하여 물의 보존과 폐수발생의 최소화를 위하여 최근 공정용수 이용 시스템에 적용될 수 있는 기술이 최근 개발되었으며, 선진국에서는 다투어 용수핀치 기술을 산업체에 적용하려는 연구에 주력하고 있다.

용수핀치의 적용은 다음과 같이 4단계로 나누어 수행할 수 있다.

- **1단계:** 용수가 이용되는 모든 장소와 폐수가 발생되는 모든 공정이 포함된 전체 용수흐름을 표시한 시트를 작성한다.
  - 용수 밸런스(water balance)의 오차가 10% 이내에서 작성될 수 있도록 용수수지 흐름도를 개선한다.
  - 각 공정에서의 용수의 출처와 다음 단계로의 배출을 결정함으로써 용수관리 분석을 위한 적정 자료를 선별한다.
- **2단계:** 직접적인 용수 재이용을 불가능하게 하는 오염물 또는 특성 물질을 선별한다.
  - 적정 오염물의 농도, 최대 배출허용 농도, 배출원에서의 최소 발생 농도 등을 결정한다.
- **3단계:** 최적조건을 도출하기 위하여 적절한 전산프로그램을 이용하여 다차원적인 핀치분석을 수행한다.
- **4단계:** 실현 가능한 방안이 도출될 때까지 위의 3번 과정을 반복한다.

제지공정수의 재이용을 위하여 독립적인 핀치 기법을 적용한 사례는 아직 없으므로, 이를 위해서는 제지공정에 적합한 새로운 모델을 만드는 과정이 선행되어야 할 것이다.

용수핀치 기법을 이용할 경우, 생산시설의 전 공정을 고려하여 최적의 공정용수 재이용라인을 구축할 수 있어 폐수의 발생량 및 용수 사용량을 획기적으로 절감할 수 있다.

핀치 전산모사기술은 컴퓨터를 이용하여 계산하는 작업 외에, 공정용수 최적 재이용 시스템을 구성하기 위하여 선행적으로 공정용수 이용 현황을 분석하고 전산결과 중 최적의 방안을 적용하는 총체적 과정을 포함한다.

(3) 유해물질 처리를 위한 복합공정

(가) 분리막과 생물학적 처리의 복합공정기술

종래의 막의 역할은 주로 물질을 분리하거나 농축하는데 국한되지만, 최근에는 막과 반응기를 조합시킨 막 효소반응기 장치를 제작하여 효소를 고정화시키지 않고 효소와 기질을 동시에 순환시켜 촉매성질을 유지한 채로 반응시켜 생성물을 분리하는 연구가 활발히 이루어지고 있다. 특히, 생물반응기에 분리막을 복합화시켜 고농도의 미생물을 처리하는 시스템의 개발도 이루어지고 있다.

국외에서 실용화된 NF 분리막 공정을 사용한 유효물질의 회수 및 재사용의 예로는 머어서화 폐수나 폴리에스테르 염색시의 환원세정액에서 알칼리/물의 회수 및 재사용, 반응성염색 폐수에서의 물/염의 회수 및 재사용 그리고 인디고 염색시 인디고 염료/알칼리의 회수 및 재사용, 호발 폐액으로부터

PVA 회수 및 재사용 등이 있고, 그 외에 염료합성 폐수처리와 합성된 염료의 농축 및 탈염 등에 NF 분리막 공정을 성공적으로 사용하고 있다.

NF 분리막 기술은 다량의 혼합 폐수에 적용하기에는 부적절하고, 폐수 성분이 비교적 일정한 단위공정에서 발생하는 폐수를 분리하여 처리 및 재사용하는 한편, 또한 혼합폐수에 방류됨을 막아 혼합 폐수처리 효율을 극대화하는데 적합한 기술이나 사례별 단위공정 폐수에 대한 연구는 매우 미흡한 편이다.

현 상용 공정에서 주로 사용되는 플럭스(flux) 최적화 방법은 역세척이나, 원수의 구성성분과 조업변수에는 높은 비선형성을 나타내므로 기존의 최적화 방법으로 결과를 예측하는데 한계가 있다. 동시에 광범위한 탐색을 할 수 있는 유전자 알고리즘을 막분리 공정의 여러 조업변수에 적용, 세척주기를 예측하는 등 플럭스의 최대화를 꾀할 수 있다.

(나) 고활성 선택적 생물처리

후처리로서의 생물학적 처리는 국내에서 여러 연구기관 및 업체에서 많은 시도가 있었으나 대부분 활성슬러지 공정에 적용하기 위한 것이었고 생분해가 용이한 유기물에 대해서는 효과가 우수하나 난분해성이나 독성을 갖는 폐수에 대해서는 한계를 나타내고 있다.

오스트리아, 일본 등 해외 선진국에서는 독성조건을 갖는 염색폐수에 대해서 내성을 갖고 있고 유기물의 분해효율이 우수하며 난분해성 물질을 분해할 수 있는 적합한 미생물 균주가 개발이 되는 바, 이들 난분해성 물질에 대해 분해성능이 뛰어나면서 악조건에서도 잘 견딜 수 있는 내성이 강한 균주를 선별, 배양하고, 특징적으로 이들 특정 균주의 활성을 높여주기 위한 고정화법을 활용한 발전된 고도 생물학적 처리기술의 개발이 다양하게 진행되고 있다.

고활성 특정 미생물을 이용한 처리에서는 미생물이 적응할 수 있는 유리한 환경을 만들어주었을 때 미생물의 빠른 적응성과 보다 효율적인 처리를 확인할 수 있다. 그러나 특정미생물 균주를 개발하여 이용하는 방법은 특정균주가 실제 현장폐수에 적용하는 경우 폐수의 농도와 유량이 일정하지 않으며 염색 폐수에 혼입된 난분해성 독성물질로 인해서 생기는 적응성 문제를 지니고 있어 이들 문제점들을 해결하는 것도 하나의 과제이다.

고정화 기술은 미생물 및 효소를 담체에 결합시켜 물에 용해되지 않게 함으로써, 내열성과 pH 안정성을 향상시키며 또한 이의 반복사용과 반응의 연속화 및 수율을 높일 목적으로 활발히 연구되어 왔다. 이와 관련하여 다양한 담체가 개발되어 오고 있으나, 그 생물안정성이나 내마모성 등의 물리적 성질면에서 개선의 여지가 상당히 많은 실정이다. 따라서 폐수 성상의 변화에 잘 견딜 수 있고 유기물 분해 능력을 유지할 수 있는 고활성 균주 및 효소의 확보를 통한 생물 담체의 적용기술은 산업폐수의 생물학적 전환기술에서 얼마나 효율적이고 경제적으로 처리할 수 있느냐의 관건이 되고 있다. 더불어 고활성 생물 기술의 적용, 담체적용 기술, 생물 반응기 설계기술 등의 기반을 다진 상태에서 한층 발전된 복합 공정 기술개발의 적용이 요구되고 있다. 특히, 효소의 적용에 있어서는 국내 기반기술은 취약한 상태이며, 국제적으로도 경제성의 문제 및 공정개선을 위한 많은 연구가 진행되고 있다.

3.2.3 제로에미션 동향

화력발전에서 발생하는 석회나 철강 슬래그 등의 폐기물은 이전에는 재활용하지 않고 그대로 매립하는 경우가 많았으나, 현재는 이것을 원료로 이용하여 생산되는 에코 시멘트가 주목을 받고 있다. 제로에미션의 기술동향은 각 산업별로 그 기술이 다양하기 때문에 상세하게 기술하기 보다는 사례를 통해 알아보고자 한다.

(1) 제로에미션 건축

주택의 에너지효율을 높이려는 노력은 전 세계에서 활발히 진행되고 있는데, 1970년대부터 시작한 유럽이 가장 앞서있다. LG경제연구원에 따르면 1973년 오일쇼크 이후 유럽 각국은 관련 연구에 박차를 가해, 1975년 평균 2,210유로였던 100㎡당 주택 난방비용을 90년대에는 1,000유로까지 낮췄으며, 2010년 신축 주택의 경우에는 360유로 수준까지 낮추었다고 한다.

영국 정부는 한발 더 나아가 외부로부터의 에너지 공급 없이도 생활이 가능한 '제로에너지 타운'을 완성했다고 한다. 런던 남부 월링턴에 조성된 '베드 제드(BedZed)' 단지의 주택은 최첨단 단열재와 창호 설계로 난방 수요를 기존의 10분의1 수준으로 낮추고, 태양광 및 폐목재를 활용한 열병합 발전으로 완벽한 에너지 자급을 실현했다. 유럽연합(EU) 의회가 2019년부터는 모든 신축 건물이 소비 에너지보다 더 많은 에너지를 생산하도록 하는 법규를 제정할 정도로 유럽에서는 '제로에너지 주택'이 대세로 자리 잡았다는 것이다.

일본도 2008년 경제산업성이 직접 나서 일본 유수의 건축 및 가전업체 42개로 컨소시엄을 구성하여 '마이너스' 에너지 사용과 이산화탄소 무배출을 실현시킨 '제로에미션 하우스'를 선보였고, 미국도 유사한 사업을 계속 추진하고 있다.

국내의 경우에도 환경에 부담을 덜 지우는 친환경 건축이 화두로 떠오르자 각 건설사에서는 미래주택을 선보이고 있다. 자동차 업계에서 컨셉트 카를 선보이듯이 각 건축회사가 보유한 최신 기술을 자랑하는 일종의 컨셉트 주택을 쉽게 찾아볼 수 있다.

업계에서는 미래 건설업체의 경쟁력과 집값의 차이가 에너지효율에 따라 좌우될 것이라는 분석이 나오고 있다. 에너지를 10~20% 가량 절감하는 것은 창호와 단열재 사용만으로도 가능하지만 진정한 의미의 '액티브 하우스'를 지으려면 독자적인 기술 확보가 필수적이라는 것이다. 액티브 하우스 기술은 축적된 데이터와 노하우를 바탕으로 하여 모방이 불가능하기 때문에, 건설업계의 사활이 여기에 달려 있다고 해도 과언이 아닐 것이다.

(가) 친환경 아파트

대림산업은 2005년 용인연수원에 냉난방 비용을 30% 가량 줄인 '패시브 하우스'를 건축했고, 이 기술을 더욱 발전시켜 2008년 4월 울산 유곡 'e편한 세상'에 실제로 적용했다. 또한 2012년까지 1㎡당 연간 3리터(기존 아파트는 16~20리터의 등유 소요)의 등유만으로 냉난방을 해결하는 '에코-3L하우스' 개발을 완료하여 에너지 소비를 최대 85%까지 절감했다. 이후에는 단순히 에너지효율만을 높이는 '패시브 시스템'에서 한 걸음 더 나아가 지열, 풍력, 태양력 등의 신재생에너지를 통해 에너지를 생산하는 '액티브 하우스' 기술 개발에 돌입할 계획이라고 한다.

삼성건설은 이미 연간 에너지 수지를 플러스로 맞춘 모델하우스(그린 투모로우)를 건축해 운영 중이다. 이 건물에는 전기차 충전시스템, 옥상 녹화시스템, 지붕형 태양광 발전 시스템, 태양열 급탕시스템, 지열펌프 스템 등 무려 68가지의 친환경 기술이 적용되었다고 한다. 고효율 자재를 사용해 에너지 사용량을 56% 절감하고, 나머지 44%는 신재생에너지로 조달해 에너지 사용량을 제로로 만드는 방식이다.

현대건설은 온실가스 발생을 억제하기 위해 아파트 설계부터 건축·관리까지 친환경 시스템과 재료를 사용하는 '카본 프리 디자인'을 추진하고 있다. 이를 위해 태양광·소형 풍력발전 등 신재생에너지 시설을 도입하고 고효율 단열재와 친환경 마감재를 사용해 에너지 낭비와 온실가스 배출을 최소화하게 된다.

삼성물산은 제로에너지 시범주택인 '그린 투모로우'를 용인 동백지구에서 선보였다. 자연의 빛과 열을 최대한 확보하기 위해 정남향으로 짓고, 빛이 잘 안 들어오는 화장실 등에는 반사 빛으로 내부를 비추는 광 덕트를 설치했다. 연간 21MWh의 전기를 만드는 지붕형 태양광발전, 창문에 블라인드처럼 드리운 블라인드형 태양광발전 등도 찾아볼 수 있다.

친환경주택에서는 가구도 폐목재를 활용한 사례가 많다. 대나무 등 금방 자라는 식물을 주로 사용해 환경 부담을 줄인다. 기술적으로는 에너지를 쓰지 않는 주택을 지을 수 있지만, 문제는 역시 건축비다. 이런 친환경주택을 지으려면 현재 건축비보다 40% 이상이 더 들기 때문이다.

따라서 아직은 상용화 단계가 아니지만, 앞으로는 친환경아파트가 아니면 집을 짓기 어렵게 될 전망이다. 국토해양부는 온실가스를 감축하기 위해 녹색도시-건축물 활성화방안을 마련해 발표했었다. 이에 따르면, 주거용 건물은 2012년까지 연간 에너지 소비량을 현 수준 대비 30%를 줄이고, 2017년부터는 에너지 소비를 60% 이상 줄인 '패시브 하우스' 수준의 성능을 확보해야 한다.

미래의 신재생 에너지로 각광받던 태양광, 바람, 지열은 일상생활 속에서 인간과 밀접한 관계를 형성하고 있다. 태양열은 이미 미래 에너지가 아니라 기존 에너지이다. 새로 짓는 아파트에는 태양광 발전판을 부착한 가로등 한두 개는 꼭 있다. 전남 목포시 옥암동 푸르지오 단지의 아파트 지붕마다 검푸른 패널이 장착되어 있는데, 과거에는 바닷가나 갯벌을 메운 평지에서나 볼 수 있었던 태양광 발전모듈이다. 지붕마다 붙은 682장의 모듈은 하루 최대 600kW의 전력을 생산한다고 한다. 단지 내 엘리베이터 8~10대는 지붕에서 나오는 전기로 운영하는 셈이다.

빗물을 모으는 장치도 따로 마련해서 버리는 물도 재활용하지만 단순한 소비의 공간이었던 아파트가 뭔가를 창조하고 만들어내고 재활용하는 공간이 될 수 있다는 가능성을 보인 건 그리 오래지 않다. 서울 서초구 반포동 래미안 퍼스티지 단지는 빗물을 모으는 집수시설이 있어 흘러 내려가는 물이 적게 만들고 2,444가구나 되는 대단지라 단지 곳곳에서 모으는 빗물만 해도 상당한 양이 된다. 최대 3,177톤의 빗물을 한꺼번에 모아 화단에 물을 주고, 단지를 청소한다고 한다.

지하주차장에 햇빛이 많이 들게 설계하거나, 잠망경처럼 빛을 모아 지하공간을 밝히는 방법도 사용되고 있다. 최근에는 좀 더 적극적인 방식의 친환경 아파트가 등장하고 있는데, 건물 자체가 에너지를 덜 사용하도록 만든 아파트다. 집에서 새 나가는 열은 최대한 줄이고, 외부환경에서 받는 영향을 최소화하는 일종의 아이스박스를 만드는 셈이다.

에너지 낭비를 줄이고, 필요한 에너지 중 일부는 재생에너지로 보충한다. 울산 유곡 'e-편한세상' 은 기존 아파트보다 관리비가 30% 가량 적게 드는 에너지 절감형 아파트로서 신소재 단열재와 고성능 콘덴싱 보일러, 이중유리보다 단열이 더 뛰어난 삼중유리를 적용하며 실내 조명기구도 일반전구 대신 고효율램프를 사용한다.

이렇듯 친환경 아파트는 '재래식 에너지를 사용하지 않고 탄소를 배출하지 않는 집' 이라는 목표를 지향한다. 화석연료를 쓰지 않고도 아파트에 필요한 에너지를 자체 조달하는 것을 최종목표로 하여 '제로에미션 하우스' 또는 '제로 에너지 하우스' 로 변신하고 있는 것이다.

(나) 건축시공기술

건축시공기술에 있어 제로에미션은 건설 산업에 발생하는 불필요한 부재나 자재를 모두 자원으로 활용하여 쓰레기 제로를 실현하고자 하는 건축시공 운동으로서, 오염물질을 배출하지 않고 지속적인 환경보존을 개발하기 위한 목적으로 현재 대부분의 건축회사에서 노력하고 있는 기술이다.

주로 광열비 제로주택의 개념으로 가정용 에너지 소비의 확대에 따른 환경부하의 증가와 더불어 환경대책의 경제성에 대한 소비자의 인지, 태양광 발전시스템의 대폭적인 가격인하로 인한 대규모 태양광발전시스템이 탑재 가능한 지붕 등이 개발 배경이 되었다. 고 단열 및 고 기밀의 구조체, 태양발전시스템, 고효율의 급탕 시스템, 심야전력의 유효한 이용이 가능한 구조의 주택으로서의 기능을 발휘하고 있는 것이다.

또한 유닛 공법 주택의 특징은 이미 공장기둥, 벽, 바닥, 천정, 지붕구조를 맞추어 설비도 공장에서 설치한 방은 거의 완성된 박스상의 유닛을 현지에서 기초 위에 놓아두고 현지에서는 내장과 배관 연결만 하면 주택이 완성되는 구조이기 때문에, 품질과 성능이 높은 수준에서 안정적이고 하자가 적은 정밀도의 단위이다.

이미 2000년도 초반부터 건축공학 뿐 아니라 산업공학적인 접근방법에서도 연구대상이 되고 있었으며 시멘트 제품 및 폐 콘크리트 재활용인 순화골재와 현장에서 발생되는 폐기물을 다른 재활용산업으로 대체하는 사업도 진행 중이다.

(다) 제로에미션 주택모델

인류가 정착 생활을 시작한 이래 고착화 되어버린 집의 개념이 소비에서 생산으로 근본적으로 바뀌고 있다. 1만 년에 걸쳐 에너지를 소비하고 자연계의 엔트로피(무질서도)를 높여온 집이, 에너지를 생산하고 환경에 기여하는 방향으로 진화하고 있다.

일본 세키수이 하우스는 1960년 설립된 주택건설회사에서 출발했으며 현재 도쿄 증권거래소 상장기업인 일본 최대 주택건설업체 가운데 하나인데, 2008년 11월 친환경 건축기술로 지은 최첨단 주택 제로에미션 하우스의 문을 열었다. 일본 도쿄에서 100㎞가량 떨어진 이바라기현 고가시에 일본의 대형 건축회사인 세키수이의 간토공장에서 제로에미션 하우스를 볼 수 있는데, 이산화탄소를 전혀 배출하지 않는 집이다.

이 모델 하우스는 G8 정상회담이 열린 홋카이도 도야코에서 첫선을 보여 관심을 모았으며 그 후 그린 홈의 모델이 되고 있다. 그린 홈답게 겉모습을 보면 왼쪽에는 풍력 발전을 위한 바람개비가 있고 앞쪽에는 수소연료전지 장치가 설치돼 있다.

정면 지붕은 태양광 발전을 위한 전지판으로 덮여있으며 풍력 태양광 수소연료전지 등 사용 가능한 모든 발전시스템을 갖췄다. 이를 통해 필요한 전기를 사용하고도 남아 전력회사에 판매까지 할 수 있으며, 지붕의 북쪽 면은 이끼로 덮여 있어서 미관상 좋을 뿐만 아니라 열을 보호하고 차단하는 효과를 내고 있다.

유리창은 삼중으로 만들어져 있으며 유리사이는 진공인데 이는 단열효과를 극대화하기 위해서다. 벽면의 벽속에 최첨단 단열재를 넣었고, 벽 표면도 물을 뿌리면 그 자리에서 흡수한다. 집안에 습기가 많아지면 이를 흡수하고, 건조해지면 습기를 배출하도록 돼 있는 것이다.

조명과 전자제품도 그린형이며, 세탁기는 물을 사용하지 않는다. 에어컨은 사람의 동작과 위치를 감안해 바람을 공급하며, 조명은 전기가 적게 드는 유기 발광 다이오드이다. 한쪽 구석엔 공기 집진시설도 갖췄는데 이는 바깥 공기가 집안으로 들어올 때 유해물질을 여과하는 장치다.

한마디로 현존하는 친환경기술이 모두 동원된 집이다. 이를 통해 CO_2배출량을 전에 비해 절반으로 줄였으며, 나머지 절반도 태양광 풍력 수소전지 등을 통해 생산되는 전력을 감안하면 상쇄하고도 남는데 CO_2배출은 제로라고 한다. 2009년에 이바라키현에 있는 세키수이 하우스는 일본의 환경청으로 부터 'Eco First Company' 인증을 받았다. 즉 제로에미션 하우스의 의미는 탄소배출을 제로로 하는 것을 목적으로 하고 있는 것이다. 건물에서 탄소 총 배출량을 100으로 보면, 건물 사용 시 70%, 철거 폐기시에 30%인 것이다.

고효율 설비기기를 사용하여 건물 사용 시 배출량을 50% 이상 저감하고, 나머지 50%는 자체에너지 생산을 통한 자급자족을 통해 제로화 하고자 한다. 건물 철거 시 30%의 탄소배출은 재활용 가능 자재를 사용을 통해 80% 절감시키고, 나머지 20%는 건축 시 재활용 자재를 사용을 통해 제로화 한다는 것이다. 또한 쓰레기 배출을 제로로 하는 것을 목적으로 하고 있는데, 음식물 쓰레기는 퇴비화 하여 채소재배에 사용하고, 건축물 자체를 이동이 가능한 구조로 제작하고자 하는데 이는 이동에 따른 기초구조물을 전량 폐자재로 활용하기 위함이다. 이렇듯 재활용이 가능한 자재를 공장에서 자체 생산함으로써 100% 재활용이 가능한 자재로 지어지는 집을 목적으로 하고 있다.

제로에미션 하우스의 가능성에 대하여 살펴보면, 에너지를 쓰지 않는 건물이 아니라 건설단계에서 에너지 소비를 최소화 할 수 있는 구조로 열효율 성능이 좋은 자재의 생산을 전제로 하고 있다. 물론 자재가 상용화되기 전까지는 상당히 건설비가 비싸게 된다.

자체에너지를 생산하는 시스템을 필요로 하는데 현재 상용화 단계의 신재생 에너지는 태양광 발전, 풍력발전과 수소축전지 등이 있다. 고효율의 설비 기기사용을 전제로 하고 있는데, 고효율 냉난방기, 물을 사용하지 않는 세탁기, 플라즈마 TV, 태양광 미러 조명기구의 설치 등이 있다.

현실적으로 초기투자비를 감안하면 상당히 건설단가가 상당히 높겠지만 그럼에도 이러한 실험주택을 선보이는 것은 제품개발에 의해 제작단가가 상용화되는 수준에 도달했을 때 가능하기 때문이다.

(2) 제로에미션 자동차

일본의 닛산자동차는 닛산의 배기가스 배출제로 목표를 보여주는 친환경 모델들과 관련한 기술을 중점적으로 보여주고 있다. 닛산은 2010년 출시된 양산형 전기차 리프(Leaf)와 전기 컨셉카인 랜드 글라이더(Land Glider)를 공개하였으며, 최고급 세단 뉴 푸가(Fuga)와 새로운 개념의 소형 스포츠 크로스오버 카자나(Qazana) 그리고 새로운 소형 다목적 차량 룩스(Roox)를 선보였다.

닛산은 또한 연료 효율은 높이고 배기가스 배출은 줄이는 내연 엔진(ICE) 등 친환경기술 개발에도 힘쓰고 있다. 닛산은 전기차와 더불어 하이브리드 전기자동차(HEV: Hybrid Electric Vehicle), 클린디젤기술, 차세대 무단변속기 X-TRONIC CVT 등 닛산의 친환경 노력을 보여주는 다양한 모델과 기술을 보유하고 있다

특히 리프(Leaf)는 닛산이 공개한 세계 최초의 양산형 전기차인데, 미쓰비시가 순수 전기차인 아이미브를 출시하여 전기차 분야에서 선수를 치면서 닛산이 이에 대응해 내놓은 차다. 리프는 배기가스를 전혀 배출하지 않는 고성능 파워 트레인과 플랫폼이 탑재된 친환경 전기자동차다.

리프는 한 번의 만 충전으로 일상 주행이 충분한 160㎞ 이상 주행이 가능하며, 배기가스 배출제로의 이동수단 구현을 위해 탑재된 최신 IT시스템은 간단한 버튼 조작만으로 차량의 주행가능 범위와 충전소를 내비게이션에 표시해준다.

랜드 글라이더(Land Glider) 역시 작은 크기의 초경량 전기차만이 가능한 직선 가속성능과 날렵한 차체로 도심교통 혼잡의 불편함은 줄이고 주차 편의성은 높였다는 평가다. 닛산 측은 이 차에 대해 차체를 기울여 무게중심을 이동시키면서 새롭고 흥미로운 드라이빙을 제공해 닛산 특유의 파워드라이빙이 가능한 전기차라고 설명하고 있다.

인피니티도 제로에미션 차량을 출시로 인피니티에 추가될 전기차는 배출가스를 전혀 배출하지 않는 제로에미션 차량이며 컴팩트한 차체와 뛰어난 스타일을 갖춘 동시에 인피니티의 고성능까지 충족시키는 4인승 럭셔리 차량이다.

이에 따라 인피니티는 기존의 고성능 가솔린 엔진뿐 아니라, 2010년부터 서유럽에 판매하고 있는 고성능 V6 디젤 엔진, 2011년부터 각 시장에 맞게 출시하고 있는 새로운 인피니티 M 하이브리드, 그리고 제로에미션의 전기차까지 모든 라인업을 구축해 다른 럭셔리 경쟁차종에서는 볼 수 없는 다양한 파워 트레인을 갖추고 있다.

에이빙 네트워크의 제휴매체이며 인도네시아의 자동차 전문사이트인 YOSAX는 프랑스 르노의 전기자동차 캉구 비밥 ZE 제로에미션(Kangoo be bop ZE Zero Emission)을 소개했는데, 르노자동차가 프랑스 파리에서 공개한 이 전기자동차는 에너지 재생시스템이 적용된 차량이며 리튬이온 배터리를 이용해 100km를 달릴 수 있다. 이 차량의 배터리 완충 시간은 6~8시간 정도 걸리며, 30분에 80%까지 충전할 수 있는 급속 충전도 가능하다.

(3) 제로에미션 발전

고유가 및 지구온난화에 대응하여 석유를 대체하고 온실가스 배출을 획기적으로 줄일 수 있는 '그린에너지' 개발이 시급한데, 그 대표적인 기술로 무공해 석탄에너지(ZECA: Zero Emission Coal Association)를 들 수 있다. 석탄은 석유에 비해 매장량이 풍부하고 가격이 저렴하다는 장점이 있으나, 막대한 양의 대기 오염물질과 온실가스를 발생시키는 문제가 있다.

ZECA는 추가적인 에너지 공급 없이 연료전지 발전에 이용 가능한 수소를 대량 생산하고 부가적으로 발생하는 이산화탄소를 CaO흡착제로 고정하는 신개념 방식으로 CO_2를 원천 분리한다.

현재 개발된 석탄 가스화 연료전지 발전과 달리 CO_2 분리공정이 추가되고 CO_2 재생과정에서 연료전지의 폐열을 활용함으로써 에너지 이용효율을 극대화할 수 있고 석탄 가스화 단위공정에서 기존의 가스화 공정과 달리 산소의 유입이 없다. 따라서 SO_2, NO_2들의 생성을 원천 배제시켜 대기 오염물질을 배출하지 않는 청정 발전기술이다.

본 공정이 상용화되면 석탄 등과 같은 다양한 중질 탄소원을 이용한 메탄생성 가스화 공정과 연료전지 공정을 조합한 전체 시스템을 구성하여 온실가스 무배출 중질 탄소원 이용공정으로 활용할 수 있다.

(4) 제로에미션 조선

한국의 STX그룹은 친환경 기술 개발은 물론 각종 신재생에너지 사업 강화를 통해 녹색경영을 실천하고 있다. STX 조선해양은 2009년 9월 선박 배출가스의 오염물질을 획기적으로 줄이고 연료비용을 최대 50% 이상 절감할 수 있는 신개념 친환경 선박 STX GD 에코쉽 개발에 성공했다.

STX GD 에코쉽은 3중 날 프로펠러를 개발해 추진기의 효율을 향상시켰으며 선박 후미의 유동을 개선하는 에너지 절감형 부가 날개를 설치하는 등 기본 제원을 최적화함으로써 에너지효율을 더욱 높였다.

STX조선해양의 그린쉽 기술 개발은 일반 선박 대비 탄소배출량이 70~80%인 1세대를 거쳐 50%인 2세대 개발을 완료하고 궁극적으로 탄소배출량 0%를 실현하는 제로에미션 선박을 개발한다는 목표로 추진되고 있다.

STX 팬오션은 국내 업계에서는 최초로 태양광 발전 기술을 적용한 STX 도브호를 선보였으며, STX 그룹은 2009년 네덜란드 풍력발전기 제조업체인 하라코산 유럽을 인수해 육상용 및 해상용 풍력발전기 원천기술을 확보하고 있다.

(5) 제로에미션 화학

일본의 후지쯔 연구소에서는 일본 내 연구기관 최초로 지구에서 자원 재활용을 통해 전 폐기물의 무배출을 달성하고자, 실험과정에서 발생하는 폐기품류의 재자원화 기법을 확립하였다. 주식회사 후지쯔 연구소는 주요 거점의 하나인 아츠기 지구에서 폐약품류의 재자원화를 실현하였다.

厚木 지구에서는 반도체, 정보통신 관련 기기의 기초 응용 연구를 행함과 동시에 후지쯔 그룹의 재료 환경연구의 주력 거점으로서 지금까지 생분해성 플라스틱의 실용화와 마그네슘 수지 광체의 리사이클 등 다양한 선진 기술의 개발에 노력하였으며 커다란 성과를 거두고 있다.

후지쯔 연구소에서는 지금까지 제 3기 후지쯔 환경 행동계획에 기초하여 아츠기 지구의 제로에미션 활동을 추진하고 종이, 쓰레기 등 일반폐기물의 철저한 분리와 재자원화, 폐유, 폐플라스틱, 금속류의 철저한 분리와 재자원화, 그리고 식당 잔반의 철저한 분리와 비료화 등에 노력해 왔다.

연구 시설의 제로에미션화에 맞춰 특히 실험과정에서 발생하는 각종 폐약품류의 재자원화가 과제가 되었었다. 지금까지 이 폐약품류의 처리는 전문업자에게 위탁하여 매립 처리해 왔지만 이번에 독자적으로 구축한 화학물질 관리 시스템을 활용하는 한편 제철, 제시멘트의 원료로 재활용이 가능하도록 새로운 처리 방법을 채택하였으며 재자원화 할 수 있게 되었다.

이러한 노력에 의해 자원 재활용을 기본으로 모든 폐기물에 대해서 쓰레기 제로를 실현하고 있으며 이 기법과 노하우에 대해서는 앞으로 후지쯔 그룹 전체에 전개해 나갈 계획이다.

후지쯔 연구소는 후지쯔 그룹의 일원으로서 앞으로 함께 자사의 환경 부하를 줄이는데 노력하고 선진적인 환경기술의 연구 개발에 노력하여 그린 제품으로 구현화 함으로써 지구 환경에 공헌하고자 하고 있다. 또한, 우리는 물을 쓰고 버리는 일에 익숙해져 있지만 물을 버리는데도 막대한 비용과 에너지가 소비된다는 사실은 잊어버리기 쉽다. 한국의 연간 1인당 재생 수자원량은 세계 130위 수준이라는 통계자료가 있다.

폐수 배출을 줄이고 가능한 물을 재활용해야 할 필요성을 말해준다. 제로에미션은 사용한 물을 백퍼센트 재사용해서 버려지는 물이 없도록 하는 시스템을 말한다. 효율적인 물 관리로 폐수 처리 비용을 절감하고 물 절약을 실천해서 제로에미션에 도전하는 사례들도 볼 수 있다.

이밖에도 콘크리트 기술, 폐기물 감량활동 및 활성화를 위한 방법, 캘리포니아 자동차의 이산화탄소 배출에 대한 규제, 건축시공 및 해체공사 등 인간 환경개선을 위한 제로에미션을 달성하려는 공학 및 기술적인 노력은 다양하며, 사회적으로나 경제적으로 필수불가결한 환경요소로 대두되고 있다.

즉 기상, 액상, 고상 배출물의 무배출 기준을 선진국 기준으로 강화하기 위한 전략 수립으로 쾌적한 환경을 마련하고 이를 위한 정부차원의 배출총량규제와 배출권 거래제도 등의 기술적 지원이 전 국민의 환경의식을 향상시킴으로 환경산업의 경쟁력 강화를 이룰 수 있도록 해야 할 것이다.

3.3 에코효율성

3.3.1 에코효율성의 개념

1994년 지속가능발전세계협회(WBCSD: World Business Council for Sustainable Development)는 환경성과와 경제성과의 비율을 나타내는 에코효율성(eco-efficiency) 개념을 최초로 제시하였다. 수치적 의미로서의 에코효율성은 '환경영향 대비 창출된 제품/서비스 가치' 로 표현되는데, WBCSD에 따르면 기업과 산업 수준의 에코효율성은 경영의 전 과정에서 생태환경에 미치는 영향을 최소로 줄이면서 가치창출을 극대화하여 경제와 환경적 성과를 동시에 높이는 전략이자 경영기법이다.

한국의 녹색성장위원회에 의하면 에코효율성은 경제적 효율성(economic efficiency)과 생태적 효율성(ecological efficiency)의 합성어로서 경제적 효율성과 환경적 효율성을 동시에 포괄하는 효율성을 의미한다. 결국 에코효율성이란 정부, 기업, 개인의 지속가능성을 달성하기 위한 구체적인 방법론으로 정의할 수 있다.

에코효율성은 제조, 유통, 마케팅, 제품개발 등 기업의 모든 활동분야에 적용되며, 다음과 같이 자원소비 절약, 자연에 대한 충격 저감, 제품/서비스 가치 증대 등 세 가지 목표를 지향하고 있다.

❶ 자원소비 절약

- 에너지, 원료, 용수, 토지의 사용 최소화
- 재활용성과 제품의 내구성 제고
- 물질의 순환고리 연결 등

❷ 자연에 대한 충격 저감

- 대기 배출, 폐수 배출, 고형 폐기물, 독성물질 확산 최소화
- 재생가능한 자원의 활용 촉진

❸ 제품/서비스 가치 증대

- 제품의 기능성, 유연성, 모듈화를 통해 고객에게 더 많은 편익과 부가적인 서비스(예: 유지관리, 서비스의 업그레이드와 교환) 제공
- 제품 소유권 대신 서비스를 판매하여 원료와 자원을 덜 사용

국가마다 에코효율성에 대한 개념 정의 및 지수개발 방법론에 있어 다소의 차이는 있으나 근본적인 개념은 WBCSD의 정의를 따르고 있다. WBCSD는 에코효율성의 개념을 진화하는 것으로 인식하고 다음과 같이 세 가지 발전단계를 제시하였다.

❶ 공정의 효율성을 향상시키는 것으로서, 생산비용의 절감을 의미

❷ 새롭고 보다 우수한 신제품을 개발하여 기업이익 창출

❸ 원재료에 집중된 제품에 의존하기보다는 새로운 서비스 창출을 가능하게 하는 시장 메커니즘을 변화시켜 물질사용 절감과 소비패턴의 변화를 달성하는 것으로서, 궁극적으로 지속가능성 달성을 의미

에코효율성에 대한 연구는 기업차원을 넘어 국가적 차원에서 전 세계 각국에서 활발히 수행되고 있는데, 주된 이유는 에코효율성이 지속가능발전을 실현하기 위한 현실적인 도구로 인식되고 있기 때문이다. 에코효율성의 개념을 정립하고 수행 방법론을 개발해야 하는 구체적인 이유를 살펴보면 다음과 같다.

❶ 지속가능발전의 구체적 실천도구

2002년 요하네스버그 정상회담에서 지속가능 발전을 위한 실천의제 선언을 통해 에코효율성을 핵심적인 실천도구로 제시하였고 각 국과 산업계가 에코효율성 향상 및 투자에 적극 동참할 것을 강조하였다.

❷ **지속가능 생산과 소비의 연결고리**

- 기업은 에코효율성을 통해 자가진단 및 개선노력을 수행할 수 있으며, 고객은 에코효율성 비교를 통해 제품을 선택할 수 있다.
- 이러한 기업의 노력과 고객의 선택이 맞물려 시장 메커니즘이 형성될 때 진정한 지속가능성장이 가능해진다.

❸ **국제 환경규제 대응**

EU를 중심으로 나날이 강화되고 있는 국제 환경규제에 대응하기 위해서는 개별 규제에 대한 대응을 넘어 보다 근본적인 대책이 요구되며, 장기적 관점에서 에코효율성 향상은 근본적인 처방이 될 수 있다.

❹ **환경성과 측정 및 개선**

6시그마와 에코효율성은 유사한 점이 많은데, 철학-전략-지표로 이어지는 개념이라는 점과 측정/평가에 기반을 둔 기법이라는 점이 특히 유사하다. 단, 6시그마는 경영성과만을 다루는데 반해, 에코효율성은 환경성과를 측정하여 개선하는데 필수적이다.

3.3.2 에코효율성 발전 동향

EU, 미국, 캐나다, 일본, 호주 등 해외 선진국은 1990년대 중반부터 에코효율성을 측정하고 개선하기 위한 도구로 활용하기 위한 다양한 프로그램과 지수를 개발하고 데이터베이스를 축적해왔으나, 에코효율성에 대한 다양한 평가방법 및 지수에서 발견된 현실적인 문제점들을 해결하기 위한 노력을 계속 수행하고 있다.

첫째, 에코효율성 지표는 대부분 환경성 대비 경제성의 상대비율 형태로 개발되어 왔으나, 에코효율성이 높아지더라도 환경영향이 실제적으로 개선된 것인지 판단하기 어렵다는 문제점이 있다. 따라서 전 과정적 접근법을 적용하여 지역별, 산업별 환경이슈의 중요도에 따라 환경영향을 평가할 수 있도록 하기 위한 연구가 진행되고 있다.

둘째, 기존의 에코효율성 지수는 대부분의 경우 국가-기업수준에서 개발되었기 때문에, 공장간 비교나 제품간 비교에 적합하지 않은 측면이 있다. 따라서 기업-공정-제품별 분석수준을 선택하여 에코효율성을 다각적인 수준에서 비교할 수 있는 방법론 개발이 요구된다.

셋째, 기업에서 에코효율성을 쉽게 분석할 수 있도록 지원하는 소프트웨어 개발 수준이 아직 충분하지 않은 실정으로 이제 막 관심이 대두되고 있는 상황이다. 공정 및 제품 수준에서 기업이 실용적으로 사용할 수 있도록 지원하는 소프트웨어의 개발이 요구된다.

에코효율성 관련 해외동향을 살펴보면, 에코효율성은 지속가능발전을 실현하기 위한 구체적인 도구로 인식되어 활발히 연구되어 왔다. 에코효율성에 대한 중요성이 부각되면서 선진국을 중심으로 오래 전부터 방법론 연구 및 사례연구가 진행되어 왔으나, 우리나라의 경우 시급성에 비하여 연구기반이 충분하지 않은 실정이다.

지속가능발전을 견인할 수 있는 방법으로서 에코효율성은 실천적인 도구이자 전략으로 부각되어 왔다. 에코효율성에 대한 국제적인 연구동향에 비하면 국내의 관심은 다소 늦은 편이라 할 수 있다. 국내 에코효율성 관련기술은 평가방법, 지수개발, 분석 소프트웨어, 데이터베이스 구축, 적용사례 등의 여러 측면에서 선진국에 비해 다소 늦은 것이 사실이다.

최근 하이닉스 등에서 에코효율성 방법론과 사례연구 등을 발표하기도 했지만, 보다 적극적인 산업계의 참여를 이끌어내기 위해서는 산업계 전반에서 쉽게 활용할 수 있는 평가모형과 소프트웨어 개발이 시급한 실정이다. 이러한 노력을 통해서 산업계의 인식수준을 높여 자발적인 참여를 이끌어낸다면 다음과 같은 효과를 기대해 볼 수 있다.

❶ 기존에 간과되었던 여러 가지 비효율적 요소들을 파악하여 경제성과 환경성을 동시에 향상시키는 경영기법으로 활용할 수 있다.

❷ 산업계 경쟁력을 향상시킬 뿐 아니라 사회적으로도 자원 및 에너지 절약, 오염물질 저감, 삶의 질 향상 등 다양한 개선효과를 기대할 수 있다.

❸ 환경과 경제의 개선효과를 동시에 평가하여 지속적인 개선을 추구할 수 있으며, 환경성과 경제성이 뛰어난 제품 및 공정에 대한 설계기술을 발전시켜 나갈 수 있다.

❹ 지속적인 모니터링을 통해 산업계 전반의 환경적, 경제적 성과를 동시에 개선함으로써 지속가능한 산업발전의 기반을 구축할 수 있다.

❺ 국가 수준에서 경제성장과 환경영향의 추이를 모니터링하여 국민적 공감대를 형성하고 친환경 정책을 추진함으로써 산업과 국가 전체의 지속가능발전을 추구할 수 있다.

3.3.3 에코효율성 실행기법

(1) 에코효율성 지수

에코효율성은 개념적으로 환경영향 대비 창출된 제품/서비스의 가치로 나타낼 수 있다. 문제는 분모를 구성하는 환경영향과 분자를 구성하는 제품/서비스의 가치를 얼마나 일관된 단위와 방법으로 측정하느냐에 달려있다.

에코효율성을 정량적으로 측정하기 위한 수단으로서 에코효율성 지수가 필요한데, 그 개발과정은 〈그림 3-6〉과 같다. WBCSD는 에코효율성 지수를 개발함에 있어 다음과 같은 8가지 기본원칙에 입각해야 함을 제시하였다.

❶ 환경과 인간 건강 및 삶의 질 개선에 관련될 것

❷ 기업의 성과개선을 위한 의사결정과정에 도움이 될 것

❸ 산업별 특성에 따른 지수개발이 이루어질 것

❹ 제품 및 서비스의 환경효율성개선을 평가할 때 지속적으로 일관성을 유지할 것

⑤ 명확히 정의되며, 측정가능하고, 입증 가능할 것

⑥ 이해당사자들에게 의미가 있어야 할 것

⑦ 기업의 생산활동 분야에 있어 직접적인 관리통제 성격을 지닌 모든 분야에 초점을 맞출 것

⑧ 기업의 상류부문(부품 공급자)과 하류부문(제품사용) 측면과 관련된 주요 이슈를 고려 할 것

재무적 성과, 사회적 책임 및 환경보존 등을 동시에 고려하는 대표적인 지표로는 자원의 투입량 대비 부가가치 또는 생산물의 산출량을 나타내는 자원생산성 등이 있다. 따라서 환경과 경제효율성을 높인다는 것은 경제적 효율성과 환경적 효율성을 동시에 높이는 것을 의미한다고 볼 수 있다. 이런 점에서 녹색성장이 지향하는 환경과 경제의 상생 관계를 나타내는 대표적인 지표로 거론된다.

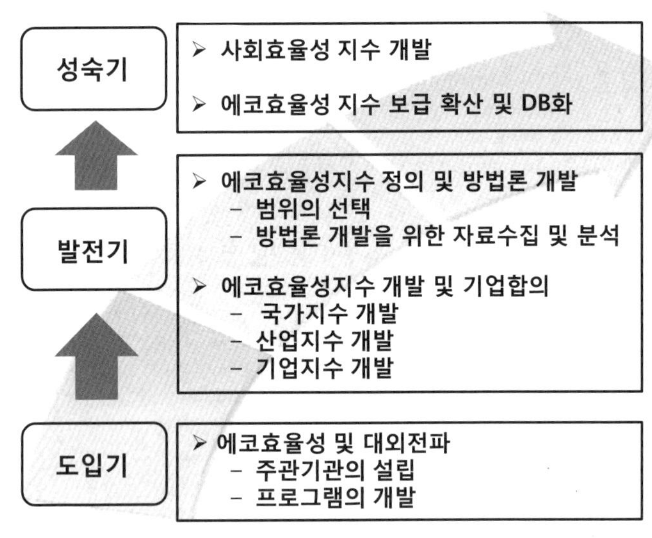

〈그림 3-6〉 에코효율성 지수개발 과정

WBCSD는 에코효율성 지수의 유형을 ①모든 기업에 대해 동일한 가치 또는 중요성을 가지지는 않지만 모든 기업에 적용가능한 지수와 ②산업별 특성에 따른 기업특유지수 등 크게 두 가지로 분류하였다.

에코효율성 측정을 위한 국가의 지수개발 프로그램은 ①주관기관 설립 및 이니셔티브 개발, ②전문가 수준에서의 에코효율성 지수 개발, ③에코효율성 측정을 위한 소프트웨어 개발 및 보급 등 3단계로 추진되는 것이 일반적이다. 에코효율성지수 개발 프로그램은 EU, 미국, 캐나다, 일본, 호주 등에서 연구가 활발히 진행되고 있다.

각 국은 1990년대 중반부터 에코효율성을 평가하고 측정할 수 있는 국가기반의 지수개발에 주력해 왔다. 독일을 비롯한 유럽 국가는 에코효율성 개념 정의 및 지수 개발에 가장 적극적인 편인데, 국가 주도로 연구소, 대학, 기업 등과 협력하여 관련 프로그램을 추진해 왔으며, 개발된 에코효율성 지수의 객관적 신뢰성을 검증하여 활용하고 있다.

독일의 경우 Wuppertal 연구소를 중심으로 유럽의 에코효율성 향상을 위한 프로그램인 EEEI(European Eco-Efficiency Initiative)를 수행해 왔다. Wuppertal 연구소가 개발한 에코효율성 지수는 '제품이나 서비스 기능 단위 대비 자원사용량' 을 측정하는 방법으로 에코디자인에서도 잘 알려진 MIPS (material intensity per service unit) 방법이다.

이 지수는 산업계에는 다소 생소하고 이론적인 성향이 강하기는 하지만 제품 전 과정에서 사용된 자원사용을 총량으로 계산하는 환경배낭(environmental rucksack)이라는 재미있는 개념을 포함하고 있다. 컴퓨터 1대를 만드는데 천연자원이 1.8톤이 소요된다는 UN 대학의 최근 연구결과는 기본적으로 Wuppertal 연구소에서 제안한 에코효율성 평가방법에 근거한 것이다. MIPS의 감소는 자연자원의 생산성 향상을 의미하며, MIPS에서 개발된 지수들은 자원효율성회계(REA: Resource-Efficiency Accounting) 소프트웨어를 이용하여 미시적으로 측정할 수 있다.

유럽은 에코효율성에서 한 단계 더 나아가 사회적 효율성(socio-efficiency)을 측정하기 위한 지수개발 작업에도 노력하여 왔다. 독일, 핀란드, 노르웨이, 핀란드 등은 에코효율성 지수에 대한 정리 작업을 2001년까지 마무리하고 2002년 5월부터 사회적 효율성(socio-efficiency)과 관련된 지수들을 정량화하는 작업을 시작했다.

호주에서는 DEH(Department of the Environmental and Heritage) 산하의 EECP(Eco-Efficiency and Cleaner Production) 주도로 DfE, EMS, EA, Labelling, LCA 등의 다양한 환경기법을 연구개발하고 있으며, 이러한 기법들을 바탕으로 에코효율성 측정방법 및 지수를 개발하여왔다.

지수 개발 초기부터 모든 산업계 기업들의 참여를 유도하여 산업계 특성에 적합한 지수들을 개발하고 보급함으로써 에코효율성의 개념 및 필요성을 확산시켜왔다. 구체적인 추진전략은 참여기업들과의 적극적인 의사소통이라 할 수 있는데, 먼저 에코효율성 개념과 접근법을 참여기업에게 전파하고 의견을 수렴하여 분석한 보고서를 발간하고, 이를 바탕으로 매년 조사를 시행하여 개발된 지표를 적극적으로 이용하여 에코효율성 향상을 유도하는 것이다.

호주의 에코효율성지수의 개념은 WBCSD 및 EU국가들의 접근방식과 같이 환경적 영향에 대한 제품/서비스의 가치로 정의되며, 지수개발에 있어 기업과의 공조를 통해 일반적 지수와 핵심에코효율성 지수로 구분하여 이에 대한 데이터베이스를 구축하고 있다.

캐나다에서는 1994년 에코효율성 실행기관으로 NRTEE(National Round Table on the Environmental and the Economy)가 설립되어 에코효율성 지수를 개발하여 산업계에 보급해 오고 있다. 1997년 NRTEE는 산업계의 에코효율성 측정 배경과 의의에 대한 연구를 시작하여 1998년 정부, 산업계, 기업 수준에서 측정된 지수들을 발표하였으며, 검증과정을 거쳐 2001년 에코효율성지수 작성을 위한 매뉴얼을 발간하였다. 초기단계에서는 자원과 에너지부문의 환경적 성과지수를 개발하였으며, 다음단계로 캐나다 제조업부문의 8개 기업(3M, Alcan Aluminium, Monsanto, P&G 등)이 참여하여 의견을 반영하고 개발된 지수의 가치와 신뢰성을 검증하였다.

미국의 경우 1993년 지속가능개발을 위해 대통령 직속기관인 PCSD(The President's Council on Sustainable Development)를 설립하였으며, 산하에 에코효율성 달성을 위해 에코효율성 추진팀을 구성하였다. 지수개발을 위해 산업계 유형을 분류하고, 부문별 연구 수행을 위한 팀을 구성하여 실행 목적을 정하고, 각각의 산업적 특성에 맞는 방법론을 개발하여 조사한 후 결과를 도출하였다. 또한 도출된 결과에 대해 정책적 부문과의 연결방법을 모색하였다. 미국은 국가차원의 관리를 위한 환경적 성과지수를 목록별로 분류하여 관리하고, 이를 다시 세분화하여 하부항목을 정의하고 지수를 개발하였다.

일본은 환경성(Ministry of the Environment)에서 환경적 성과지수를 개발하고 관리하는 것을 주관하고 있으며, 2000년 기업적 측면의 환경적 성과지수를 공통적인 환경적 성과지수와 산업별로 특화된 지수 두 가지로 분류하여 발표하였다. 여기서는 기업활동을 크게 운영부문과 관리부문으로 구분하였는데, 운영부문에서 발생하는 전체 물질을 투입부문에서는 재료, 에너지, 용수 등으로, 산출부문에서는 대기, 물/토양, 폐기물, 제품/서비스 등으로 구분하였으며 그 외에 수송, 누적 토양오염, 토지사용 등의 항목을 추가하여 각각의 측정단위를 부여하였다. 관리부문에서는 EMS, DfE, EA, 정보공개, 법규준수 등의 항목으로 구분하고 전사적 차원에서 이행비율 및 이행횟수를 측정단위로 설정하였다.

또한 2002년 유럽선진국의 모범사례를 벤치마킹하고 이를 제도화하기 위해 독일의 Wuppertal Institute에 연구를 수탁하여 연구보고서를 발간하였다. 주요 내용은 에코효율성의 전반적인 개념, 시행에 따른 경제적 효과 및 접근방법론, 일본의 제도적 관점에서 에코효율성 시행을 위한 정비사항 등이다.

국내에서는 2002년에 환경성과평가 시범사업을 통하여 기업이 환경성과를 측정 평가할 수 있는 모형을 개발하고 현재 산업계에 보급하고 있다. 2003년 12월 한국환경정책평가연구원(KEI)은 '지속가능발전지표의 지수화 연구'를 통해서 지속가능발전지수(SDI: Sustainable Development Index)에 대한 논의 및 지수작성에 대한 연구 결과를 제시하였다. 국가수준의 SDI는 4개 부문 총 53개 지표로 구성되어 있다. 또한 2003년 단위 제조사업체 현장에서 적용가능한 청정생산지표가 개발되었다. 청정생산지수는 경제적효과 대비 환경영향으로서 에코효율성 지수와 유사한 점이 있다. 환경영향평가를 위해 전 과정평가 기법을 적용하였는데, 환경영향 범주간 가중치는 설문조사를 통하여 설정한 바 있다.

(2) 환경관리회계 기법

최근 환경관리회계(EMA: Environmental Management Accounting) 기법은 기업수준에서 에코효율성을 향상시키고, 나아가 산업수준에서 생태환경에 미치는 환경부하를 저감함과 동시에 가치창출을 극대화하여 재무성과와 환경성과를 동시에 개선하고자 하는 지속가능전략의 실천 수단으로서 급속히 산업계에 확산되고 있다.

환경관리회계에는 다양한 기법이 있지만 그 중에서도 가장 주목받고 있는 것이 물질흐름원가회계(MFCA: Material Flow Cost Accounting)라 할 수 있다. MFCA는 제품 원가를 산정하듯이 폐기물의 원가를 측정하는 기법으로서, 기업에게 폐기물을 저감 동기를 부여하여 폐기물 저감과 원가절감을 동시에 달성하기 위한 유용한 정보를 제공한다. MFCA 기법은 설비투자조건 평가, 원재료 변경, 제품설계 변경, 생산계획 변경 등의 다양한 분야에 활용되어 기업의 에코효율성 제고에 기여할 수 있는 관리회계 기법으로 자리 잡고 있다.

MFCA는 제조공정의 물질흐름(flow)과 축적(stock)을 적절하게 파악함으로써 이제까지 간과하였던 낭비적 요소(폐기물 등)의 경제적 가치를 평가하므로, 이 기법을 활용하여 기업은 폐기물 저감을 위한 구체적 방안을 발견할 수 있다. 폐기물 저감을 통하여 환경개선 및 원가절감을 달성하고, 자원생산성을 향상시켜서 기업현장의 에코효율성을 향상시키는데 기여하는 것이다.

MFCA는 독일 아우구스부르크대학 Wagner 교수의 지도로 환경경영연구소에서 1990년대 후반에 개발하였다. 그 당시 공장의 원재료나 에너지의 투입(input)과 배출(output)을 물량기준으로 파악하는 에코밸런스(eco balance) 기법이 연구되었으나, 이 기법으로는 물질흐름의 양만을 알 수 있고 이를 화폐단위로 측정한 정보를 파악할 수 없었다. 물질흐름의 경제적인 가치를 측정할 수 없었기 때문에 기업경영자의 구체적인 의사결정에 이를 활용하는 데는 한계가 있었다. 이에 착안하여 Wagner 교수팀이 에코밸런스의 틀에 원가정보를 추가하여, 환경과 관련한 투입-배출 밸런스를 측정함과 동시에 제품 및 폐기물의 원가도 산출하도록 MFCA 모형을 고안했다.

일본에서는 1999년부터 3년간 경제산업성 주도로 환경회계 프로젝트를 수행하였고, MFCA 기법 연구에도 주력하여 MFCA를 유력한 환경관리회계 기법의 하나로 제사한 바 있다. 이전에는 MFCA를 기업정보시스템과 연결하여 전사적으로 도입하는 것이 일반적인 형태이었으나, 일본에서는 전사적 정보시스템이 없더라도 제조공정의 물질흐름과 축적을 측정하여 예전에 발견하지 못했던 폐기물과 낭비요소를 발견하는 소규모 시스템을 운영하여 왔다.

MFCA는 원가흐름에 물질흐름을 결합시킨 기법으로서, 전통적인 원가모형과 비교하면 차이가 있다. MFCA에서 원가의 분류는 물질원가(material cost), 시스템원가(system cost), 폐기물배송 및 처리원가 등의 세 가지로 나누는 것이 일반적이다.

물질원가란 원재료와 관련한 원가로서 MFCA의 핵심이 되는 원가요소이며 제품의 물질원가와 원료손실에 포함된 물질원가로 구분된다. 시스템원가란 감가상각비나 노무비 등의 가공비를 말하는데, 제품제조에서 발생하는 시스템원가, 원료손실 발생 전 시스템원가, 원료손실 발생 후 물질손실을 처리하기 위한 시스템원가 등의 세 가지로 구분된다. 폐기물배송 및 처리원가는 공장에서 배출된 폐기물을 처리하기 위한 원가이다. MFCA 수행절차는 〈그림 3-7〉과 같다.

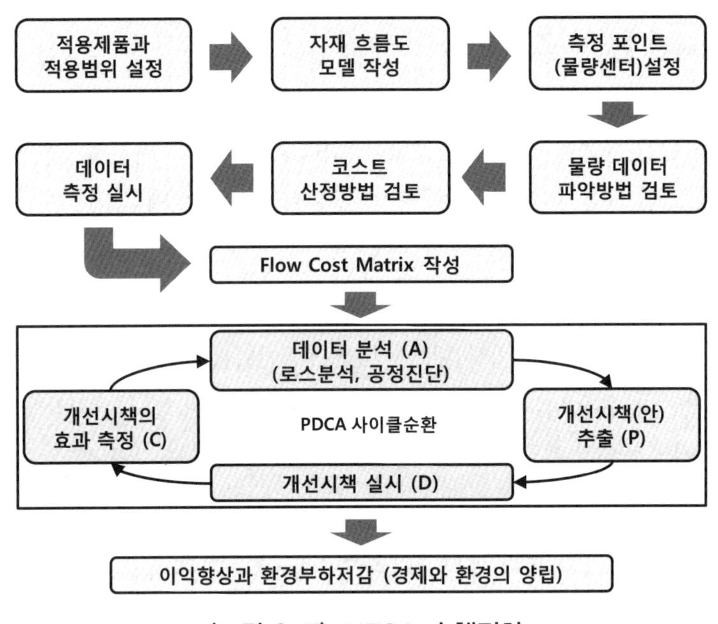

〈그림 3-7〉 MFCA 수행절차

또한 MFCA는 물질흐름도(material flow chart)를 사용하여 물질의 흐름을 파악하고, 여기에 물질의 원가수치를 기입하여 각종 원가를 산정한다. 물질흐름도의 핵심은 물량센터로서, 여기에서는 최종적으로 폐기 처리되는 원재료비가 얼마나 되는지를 정확히 측정할 수 있다.

물질흐름도에서 계산된 결과는 물질흐름 원가행렬이라고 하는 집계표로 정리된다. 이 표에서는 제품과 폐기물로 구분하고, 물질원가, 시스템 원가, 폐기물 배송 및 처리원가 등으로 구분하여 집계한다. 원가를 이와 같이 상세하게 구분하여 산정함으로써 경영의사결정에 중요한 정보를 제공하고, 이러한 정보는 폐기물삭감을 위한 활동을 촉진하게 된다.

MFCA의 착안점은 제품원가 중 재료비가 차지하는 비중이 가장 크므로 제조공정에서 원재료의 흐름을 통해 원가손실과 환경오염 요인을 파악할 수 있다는 것이다. 이에 따라 제조공정 전반에 걸쳐 원재료의 종류별로 물질의 흐름을 상세하게 파악하고 물량의 흐름에 단가를 곱하여 폐기물의 발생 단계별로 투명하게 원가계산을 수행한다. 따라서 MFCA는 제조공정 내 물질흐름의 원가구조를 투명하게 하여 원가절감과 환경오염 절감을 동시에 추구하기 위해 전통적인 원가계산 기법을 확장시킨 기법이며, 기본적인 특징은 다음과 같이 정리할 수 있다.

❶ 원재료의 종류별로 물량흐름 구조를 투명하게 파악하여 폐기물 발생의 원천을 정확하게 파악할 수 있다.

❷ 원가계산 시스템 내에 물량센터를 설치하여 폐기물의 양과 폐기물의 원가(가공비와 배송/처리비용을 배분한 원가)를 정확하게 파악할 수 있다.

❸ 물질흐름 원가행렬을 사용하여 원가절감과 폐기물절감의 기회가 어디에 있는지에 대한 정보를 경영층에 제공한다.

❹ 원가계산의 목적이 환경부하저감과 원가절감을 동시에 달성하는 것이기 때문에 에코효율성을 제고하기 위한 포괄적인 환경경영 기법으로 유용하다.

3.3.4 에코효율성 실행사례

에코효율성이란 환경친화 정도와 경제적 성과를 동시에 고려한 지표로서, 많은 기업들이 에코효율성을 제고하는 활동을 통해 상당한 경제적 및 환경적 성과를 거두고 있다. 대표적인 예로, 3M은 2001년부터 4년간 에코효율성 제고 프로젝트를 추진해 5000만 달러 이상의 비용을 절감했으며, 일본의 Hitachi는 한번 사용한 물을 다시 여과해 사용할 수 있는 세탁기를 만들었는가 하면, Sharp는 소금을 이용해 오염물을 제거함으로써 세제가 필요 없는 세탁기를 만들기도 하였다.

일본의 가장 오래된 화장품회사인 Shiseido는 친환경 소재, 최소포장, 재활용 용기라는 3대 가이드라인을 만들어, 자사의 에코디자인 제품으로 기업 이미지와 재무적 성과를 크게 올렸다.

또한 Sony는 맞춤형 텔레비전 포장재를 제작해 포장재 사용량을 줄임으로써 제품 운송효율을 높이고 완충재로 사용되는 스티로폼 60%를 절감했으며, 스웨덴의 다국적 가구기업 Ikea는 부직포 대신에 공기를 불어넣은 소파를 만들어 자원을 절약함과 동시에 무게도 줄였다.

그밖에 해외선진기업의 다양한 사례들을 통해 에코효율성의 필요성과 중요성을 찾아볼 수 있는데, 세계적인 화학회사인 Basf는 환경부하와 비용측면을 축으로 한 선진적인 에코효율성 평가모형의 개발로 생산하는 주요제품 및 관련공정을 표시하여 소비자에게 공개하고 있다.

일본의 경우 1962년에 설립된 일본산업환경관리협회(JEMAI: Japan Environmental Management Association for Industry)를 주축으로 많은 기업이 모여 에코효율성에 관한 성과를 발표하고 이에 대한 노하우를 전파하고 있는 실정이다.

에코효율성은 기업이 생존하기 위한 가장 중요한 공학 및 경영 기술분야 중에 하나이며, 그 방법에 대해서는 기업의 특성에 따라 다양하기 때문에 본 장에서는 몇 가지 기업의 사례를 통해 에코효율성의 동향에 대해 알아보고자 한다.

(1) 3M

3M의 경우 정부와 공동으로 에코효율성지수를 개발하여 검증한 후 매년 발간하는 환경보고서에 그 결과를 대외적으로 발표하고 있으며, 지속적으로 데이터베이스를 구축해오고 있다. 에너지 집중도에 있어 제품 생산과정에 투입된 원자재 지수들은 이미 효율적 단계를 달성한 상태이며, 현재는 제품의 사용 후 처리와 관련된 폐기물 지수의 효율성을 극대화하려고 노력하고 있다.

3M의 지속가능성 정책과 실천방안은 더 나은 품질과 가격으로 소비자를 만족시키고, 지속적이고 질적인 성장으로 투자자에 보답하며, 자연환경과 사회적 환경을 존중하고, 종업원이 주인의식을 갖는 회사가 되는 것 등의 기업 가치와 직접 연계되어 있다. 3M의 지속가능성 추진전략은 환경적, 사회적, 그리고 경제적 가치의 틀 안에서 고객의 만족과 상업적 성공을 추구하도록 되어 있다.

환경적 지속가능성 지표 및 활동을 살펴보면 이미 2001년도에 변화하는 사회적 요구와 기대에 부응하기 위해 새로운 환경·보건·안전(EHS) 관리시스템을 도입했으며, EHS 목표를 설정하여 세부 계획을 실천하고, 제품 생산에서 소비자의 사용과 폐기에 이르는 전 과정에서 EHS 영향을 분석하기 위해 전 과정관리(Life Cycle Management)를 활용하고 있다.

2000년 환경목표와 대비해서 2005년까지 에너지효율 20% 증대, 폐기물 25% 저감, 휘발성 유기물의 대기방출 25% 저감, TRI(Toxic Release Inventory) 물질을 미국 내에서 50% 저감, 3P(Pollution Prevention Pays) 프로젝트 수 400개로 확대 등을 추진하였다.

특히 2001년도에 모든 신제품에 대해 전 과정 심사를 수행하고 기존 제품에 대해서도 전 과정 심사에 착수하는 등 새로운 전 과정관리 정책을 도입하여 3M 생산 공장의 75% 이상이 ISO 14001 인증을 획득하고 환경경영인증을 받았다.

사회적 지속가능성 지표 및 활동으로 먼저 건강 및 생산성 점수 카드의 채점제도를 도입했으며, 2001년도에는 예방 가능한 건강관리 비용을 줄이고 그 지역의 생산성을 최적화하기 위해 미국 내 3M 공장에 대해 건강 및 생산성 점수 카드제를 도입하였다.

또한 2000년도에 실시한 설문조사 결과를 반영하며 2001년도부터는 성과와 급여를 연계하는 제도인 강화성과 보상 제도를 시행하고 있다. 또한 장래가 촉망되는 지도자를 발굴해서 3주간의 집중개발 프로그램에 참여하게 하고, 참가자들은 3M 사업 이슈에 대해 토론하고 관리자에게 대안을 발표하는 등 실전감각을 익히도록 하는 리더십 개발 프로그램도 실시하고 있다.

3M은 사회에 기부하는 프로그램으로 지구 생태계의 지속성에 기여하기 위해 2001년부터 3년간 자연보호단체(The Nature Conservancy)에 510만 달러를 기부했으며, 미시간 대학의 지속가능 시스템센터에 25만 달러를 기부하기도 했다.

2002년도에 60개 이상의 나라에서 약 6만 9천명을 고용하고 전세계 직원의 급여 및 보너스로 약 53억 달러를 지출했는데 이는 직원 1인당 의료비로 8,300달러와 교육, 사회, 환경, 지역사회에 4,400만 달러를 지출하는 사회성 지표를 갖고 있다.

경제적 지속가능성 지표 및 활동으로 단위 부서의 성과를 합한 것보다 큰 시너지를 얻기 위한 5가지의 이니셔티브를 채택하여 실행중인데 이는 2001년 2월에 공정개선 방법으로 6-시그마 도입과 혁신적인 제품을 창조하고 제품화하기 위해 기술 투자비로 10억 달러 투입하는 촉진하며 운전 효율을 높이기 위해 IT 기술을 사용하고 핵심 공정을 재설계하는 'eProductivity' 로 수익을 높이고 있다.

또한, 유틸리티, 교통비, 운송비, 정보기술 유지 및 보수비 등의 간접비를 철저하게 관리하고, 회사의 규모와 지리적 접근성을 효율적으로 하고 공급자와의 유대관계를 강화함으로써 가격 경쟁력을 유지하고자 글로벌 아웃소싱 효과의 창출을 추진하고 있다.

(2) Toyota

2002년 환경보고서를 발행한 Toyata 자동차는 2003년 환경 및 사회보고서를 발간하여 기업의 사회적 책임을 강조하고 있다. 이것은 세계적 선도 기업으로서의 사회적 역할을 느낌과 동시에, 이미 환경부분에서 지속가능한 발전을 위한 체제를 구축하고 있다는 자부심의 표출이기도 하다.

이러한 지속가능한 산업활동 중에서 폐차 재활용활동을 강화하기 위해 2015년까지의 장기 목표를 설정한 'Recycle 비전' 을 채택하고, 이를 위한 활동을 활발히 추진하고 있다. 그 주요내용은 다음과 같다.

Recycle 비전

Toyata 자동차의 'Recycle 비전' 의 목표는 지속가능한 재활용 지향 사회의 창조에 기여하는 것으로 이를 달성하기 위한 7가지의 세부계획을 포함하고 있다. 'Recycle 비전' 달성을 위한 활동은 다음과 같이 요약할 수 있다.

❶ 설계단계

재활용 가능한 자동차 설계를 강화하고 개발 및 설계단계에서 재활용률을 높이기 위한 사전평가시스템을 11개 자동차에 적용하고 있다.

- 재활용이 용이한 물질 사용(TSOP: Toyota super-olefin polymer, Eco-plastic 사용 등)
- 신 모델의 내외장 부품에 사용
- 천연물질인 kenaf(양마(洋麻), 쌍떡잎식물 아욱목 아욱과의 한해살이풀) 사용을 확대하여 2002년 Wish의 차문 보호재(trim)의 기초 원료로 사용
- 개발한 에코-플라스틱(사탕수수, 옥수수 등으로 만든 폴리락틱산과 kenaf를 사용해 복합수지로 만든 것)을 임시 타이어 커버, 바닥 매트에 사용

- 신형 Raum에서의 PVC 사용량은 구 모델의 1/4이하로 감소
- 2005년까지 1996년 납사용량을 1/3로 줄이는 목표를 11개 자동차 모델에 대해서 2002년에 조기 달성
- 3개 모델에 대해서는 업계 자발적 목표에 의해 1/10로 저감

❷ 생산단계

공정 중 잔여물질의 재활용에 노력하고 있다.

- 잔여물질을 새 원료와 혼합하여 새 제품으로 제조
- weather stripping 가죽 잔여물질 340톤, 에어백 잔여물질 508톤 등 재활용

❸ 사용단계

- 제품 재사용을 강화하기 위해 판매업자의 사용부품 판매를 촉진(2002년도에 29,000개 판매)
- 이를 위해 사용부품 판매 매뉴얼을 배포
- 신제품과 동등한 성능을 보장하는 재생 부품 공급의 예로 범퍼 수집 및 재활용
- 수리 또는 교환된 범퍼를 전국 수집상으로부터 공급받아 새로운 범퍼원료로 사용
- 2002년도에 717,000개의 범퍼 재활용
- 타이어 교환 후 타이어에 붙어있는 납 균형추를 정비소에서 수집하여 재활용 업체에 공급
- 2002년도에 45톤의 납 균형추(약 330만개에 해당) 수집 및 재활용

❹ 폐기단계

- 1998년 도요타 금속(주)과 월 15,000대의 자동차를 처리하는 공장(ASR: Recycling and Recovery pilot plant) 설립 및 가동
- 2002년 5천 톤의 플라스틱 및 고무를 대체연료로 사용
- 폐유리를 활용한 방음벽 제조기술 개발
- ASR을 600도로 가열하여 기화시켜 연소
- 불연성 물질은 1,600도 이상에서 슬래그로 전환
- 2001년 도요타 금속(주) 내에 해체가 용이한 자동차 구조와 효율적 자동차 해체기술 개발을 위해 기술센터 설립
- 효율적 해체를 위한 도구개발
- 인터넷상에 해체정보 공개
- 2005년에 자동차 재활용법 대응으로 2005년까지 에어백 85%, ASR 30% 재활용
- 폐차 수거 센터, take-back 기관 등 설립 추진
- ASR, 에어백, CFCs, HFCs 등을 회수, 처리를 촉진하기 위한 기반구축 추진

(3) NEC

NEC는 IT 전문기업으로서 자연과 조화롭게 협력하는 지속가능한 사회 창출을 위해 2002년 4월부터 'IT를 통한 순환형 사회 구축' 이라는 슬로건 아래 지속가능 기업경영을 강화하고 있다. 이를 구체화하기 위하여 2003년에는 환경관리 비전 2010을 수립 하였으며, 주요목표는 2011년까지 NEC가 직접 및 간접적으로 배출하는 CO_2 5백만 톤을 저감하는 것인데 그 주요내용은 다음과 같다.

❶ 환경헌장(Environmental Charter)

NEC는 1991년 11월에 환경헌장을 수립하고 환경친화 제품 및 자연과 조화를 이루는 기술을 통해 사회에 공헌한다는 환경원칙을 세웠다. 그 실행계획은 다음과 같다.

- 에너지 및 자원효율적인 제품 생산
- 모든 단계에서 환경기술 개발 촉진
- 환경관련 법규 준수
- 환경관리 프로그램을 통한 사회에 긍정적인 기여
- 환경관리에 대한 체계적인 조직 구성
- 독립적 환경관리 강화 및 내부 환경감사에 기초한 촉진수단 이행
- NEC의 환경관리 및 기술에 대한 지속적인 정보공개 및 홍보를 통하여 환경보전에 기여

❷ 환경관리비전 2010

2002년 환경관리 정책에 대한 기본체제를 수립하였고, 2003년에는 지속가능 기업경영을 위하여 2010년까지의 장기비전에 대한 체제를 개발하였다. 이를 위한 환경회계 및 환경관리지표로는 1998년부터 환경활동의 비용과 편익에 대해 정량적으로 평가하는 방법으로서 환경회계를 사용하고 있으며, 이는 효과적인 환경관리를 촉진하는데 중요한 기준이 되고 있다.

또한, 2002년부터는 환경관리지표를 사용하여 환경영향에 대한 부가 경제적 가치를 공개하고 있으며, 환경관리에 대한 기준으로 사용되고 있으며 전사의 환경관리 촉진을 도와주고 있다. 재무적 성과의 예로는, 2003년 환경보전비용(투자)은 6억 엔인데 반해, 환경영향 저감편익은 CO_2 9만 톤, 폐기물 1만7천 톤을 저감하여 56억 엔의 경제적 편익을 거두었다.

❸ 환경친화제품전략

CO_2 5백만톤 배출저감 등 환경관리 비전 2010에서 제시한 목표를 달성하기 위하여 제품의 LCA 등을 통해 환경친화적 제품을 개발하고 있다. 또한, 1994년에는 자사 제품의 환경성과를 평가하기 위하여 'NEC Product Environmental Assessment Guideline'을 수립하였다.

환경적 건전성 및 자원의 재생 및 재활용 등 환경친화제품에 대한 판단기준 24개 항목을 제시하고 NEC는 24개 기준에 적합한 제품을 'Eco Products'로 규정하고 있으며, 2003년 신개발 제품의 93%가 'Eco Products'의 요건에 적합한 것으로 판단하고 있다.

2006년까지 모든 재료 구매의 그린화를 위하여 2002년 4월부터 녹색구매 요건을 충족시키는 공급자에게 'Green Certification'을 부여하고, 재료, 부품뿐만 아니라 제품 및 서비스도 녹색구매 평가를 시행하고 있다. 또한 2003년에 환경등급제도(environmental ranking system)를 시행하여 공급자의 환경보전활동에 대해 평가하고 순위를 매기고 있다.

전기 스위치 시스템 생산라인은 2003년부터 무연솔더로 대체하여 일본 내 생산 신제품은 납사용을 이미 제거하였으며 2007년부터 모든 제품에 무연솔더를 적용할 계획이다. 또한, 카본 나노튜브를 이용한 휴대용 연료전지 개발과 같은 환경기술도 개발하고 있다.

1969년부터 사용 통신기기에 대한 3R(Reduce Reuse, Recycle)활동을 시작하여 현재 97.3%의 재활용률을 달성하였으며, 2003년부터는 네트워크장비의 재활용을 위한 운영을 시작하였다.

1998년에 환경표지 시스템인 'EcoSymbol'을 수립하여 자사 환경기준을 만족시키는 제품에 이 라벨을 부착하고 있으며, 2002년 전체 매출액의 20%가 이 요건을 만족하였으며 2003년에는 1,265개 제품이 'EcoSymbol'을 획득하였다.

(4) Volkswagen

Volkswagen은 최근 TSI엔진과 DSG의 조합을 통해 성능과 효율이라는 두 가지 이득을 추구하고 있다. Volkswagen이 DSG를 처음 선보인 것은 선대 Golf R32 모델을 통해 선보였던 시스템으로 일반적인 자동변속기와는 달리 토크컨버터가 없이 클러치가 두 개가 있는 형식이다. 즉 수동변속기를 베이스로 자동 모드를 추가한 것이다.

직접분사엔진(FSI)은 2004년 2리터 가솔린 FSI를 시작으로 1.6리터 직렬 4기통을 내놓았고 2006년에는 1.4리터 직렬 4기통에 터보-차저와 수퍼-차저를 채용한 TSI트윈-차저를 선보였다. 이보다 한 걸음 더 나아간 것이 1.4리터 TSI싱글-차저 시스템이다.

이 엔진의 성능을 극대화한 것은 2007년에 공개한 7단 DSG다. 6단 수동변속기를 베이스로 채택한 6단 DSG와 달리 7단 DSG는 전혀 새로운 설계로 되어 있다는 것이다. 더불어 다단 변속기이지만 Polo와 같은 소형차에도 채용한다는 것을 전제로 했다.

Volkswagen이 추구하고 있는 배기량은 낮추면서 성능은 향상시키는 전략이 실현되고 있음을 알 수 있다. 자동차 산업은 어떤 형태로든지 연료소모를 줄이지 않으면 안 된다. 자동차회사는 기술 개발을 통해, 소비자는 운전습관의 변화를 통해 가능한 모든 방법을 동원해야 한다. 그래서 전 세계 대부분의 메이커들은 연비의 향상과 이산화탄소 배출저감을 위해 모든 역량을 동원하고 있다.

한국은 경차가 2007년 대비 두 배 이상 판매가 증가했다지만 여전히 중대형이 상위권을 독차지하고 있다. 일본은 연간 530여만 대의 신차 판매에서 660cc의 경차 판매가 200만대에 육박하고 있다. 더불어 천정부지로 치솟는 기름값에 대한 목소리는 크게 내면서 정작 소비 생활에는 거의 반영하지 않고 있다. 선진 메이커들은 수십년 앞으로 내다보고 전략을 수립하고 기술을 개발하고 있는 실정이다.

그 기술의 핵은 효율이며, 에코효율성은 대체 에너지를 개발하기까지 인간이 할 수 있는 최선의 방법일 것이다. 내연기관의 개량을 통해 연료소모를 줄이고 변속기의 기술 향상을 통해 단 몇 %라도 효율성을 제고해야 하는 것이다. 따라서 Volkswagen의 전략은 그런 의미에서 우리에게 시사하는 바가 크다. Volkswagen은 고성능을 원하는 유저들의 욕구를 충족시키면서도 배기량은 오히려 낮추는 파워 트레인을 속속 내놓고 있다.

(5) P&G(Procter & Gamble)

P&G는 포장재 부문에 있어 다양한 사업부문(Strategic Business Unit & Product Line)에서 지수를 적용하여 매년 환경보고서를 통해 그 결과를 대외적으로 발표하고 있으며, 지속적으로 데이터베이스를 확장하고 있다.

P&G의 에코효율성 지수의 종류는 제품의 생산과정에서 투입되는 원자재 지수들을 중심으로 효율성

을 증대시키기 위해 노력하고 있다. 2001년부터 에코효율성의 개념을 적용하여 제품, 부산물, 폐기물, 기타 산출물 등으로 구분하고 관리하여 지속적인 재무성과와 환경성과를 달성해왔다.

(6) Sony

1997년부터 Sony는 전사의 모든 환경적 성과를 독자적으로 지수를 개발 적용하여 매년 그 성과를 사회 및 환경보고서(Social & Environmental Report)를 통해 발표하고 있다. 에코효율성 지수는 에너지, 물, 폐기물, 유해물질 별로 구분되어 있고, 생산과정과 폐기과정에서 발생하는 모든 환경적 성과를 중심으로 에코효율성을 측정하고 있다. 2000년부터는 지구온난화가스도 지수에 포함시켜 관리하고 있다.

(7) Lura 그룹

크로아티아의 낙농제품 기업인 Lura는 폐순환시스템을 구축하여 폐수를 정화하고, 거기에서 발생한 슬러지를 퇴비로 가공하여 판매함으로써, 연간 폐수오염 부담금 52만7천 유로를 절약하고 슬러지를 이용한 퇴비판매를 통해 연간 20만 유로의 수입을 올려 1년 6개월 만에 설비투자비를 회수하는 성과를 거두었다. 이 사례는 에코효율성 향상의 기회를 부산물 활용 분야에서 찾아 성공한 경우에 해당한다.

(8) Parmalat

포르투갈에서 유제품을 생산하는 Parmalat사는 생산활동에서 용수관리, 폐수감소, 원자재 및 에너지의 손실요인들을 파악하고 생산, 유지관리, 품질관리 등에서 청정생산을 위한 80개 이상의 기회요소를 확인하여 이에 대한 조치를 취함으로써, 2%의 원료 손실량을 1%로 경감시키고, 가공제품 $1m^3$ 당 용수량을 $4m^3$로, 폐수는 $2.5m^3$로 경감시키는 등 매년 투자액의 3배 이상의 비용을 절감하고 있다. 이 사례는 자원 및 에너지 절감의 기회를 발견하여 에코효율성을 향상시킨 경우에 해당한다.

(9) Mobility

스위스 운수회사인 Mobility사는 스위스 국영철도와 공조하여 고객이 지정된 장소에서 자신이 원하는 목적에 맞는 크기와 기종의 차를 일정기간 항상 이용할 수 있는 차량공유(car-sharing) 서비스를 제공하였다. 가입 회원들은 스위스의 어느 여행도착지에서도 차량공유 서비스를 이용할 수 있게 됨으로써 철도여행이 평균 2,000km 이상 증가하고 전체 이동거리가 감소하는 등 사회적으로 에너지 자원이 크게 절약됨과 동시에 국영철도와 Mobility사의 재무적 성과 또한 향상되었다. 이 사례는 제품-서비스(product service) 사업의 예로서, 고객이 원하는 것은 제품 자체가 아니라 제품이 제공하는 가치이며, 이러한 요구를 잘 파악하여 높은 자원효율성을 갖는 사업을 창출할 수 있음을 보여준다.

3.4 폐기물최소화

최근 보도에 의하면 건설회사가 공사현장에서 발생한 건설폐기물을 제대로 분리하지 않고 마구잡이로 배출해 물의를 일으키고 있는 기사를 자주 대하게 된다. 한국의 대기업 건설회사는 공사현장에서 각종 건설폐기물을 규정에 따라 적정하게 분리배출 하지 않고 있음에도 관할 구청의 지도 및 감독의 손길은 미치지 않고 있는 실정이 많다는 것이다.

특히 가연성 및 불연성 폐기물을 분리해 배출하지 않고 재활용을 위한 분류는 뒷전인 채 혼합건설폐기물로 한꺼번에 배출하고 있어 자원낭비와 함께 제2차 오염이 우려되는 상황이 자주 발생한다는 것이다.

현행 건설폐기물 재활용촉진법에 따르면 현장에서 발생한 건설폐기물은 성상별, 종류별로 재활용하거나 소각여부 등에 따라 분리해 비산먼지가 흩날리거나 흘러내리지 않게 덮개 등을 설치해야 한다.

가연성폐기물 역시 재활용과 소각용을 분류해 폐기물 발생을 최소화시켜야 하지만 이러한 규정을 무시한 체 혼합폐기물로 모아 한꺼번에 배출했다는 것이다. 폐기물관리법에서는 폐기물의 수집, 운반 , 보관 처리기준 및 방법을 위반하면 1차 영업정지 1개월 및 과징금 2천만 원을, 2차는 3개월 영업정지 및 과징금 5천만 원에 처하도록 규정하고 있다.

아울러 폐기물의 발생일자 등을 기록한 폐기물 임시 보관 표시판을 현장에 설치해 폐기물이 적정하게 처리할 수 있도록 관리해야 하지만 허술하게 방치돼 환경관리는 뒷전이라는 비판을 받고 있는 것이다. 이와 관련된 지역의 시민단체 관계자는 대기업의 부족한 환경의식과 관할 기관이 지도단속의 책무를 다하지 못하는 사이 지역환경이 파괴될 우려에 처했다는 점을 비판했다고 한다.

혼합폐기물이란 폐콘크리트, 폐아스팔트, 폐벽돌, 폐블록, 폐타일 및 폐도자기, 건설오니, 폐금속류, 폐유리 등과 같은 불연성과 폐목재류, 폐합성수지, 폐섬유, 폐벽지 등과 같은 가연성 및 폐보드류, 폐판넬 등과 같은 폐기물 가운데 둘 이상이 혼합된 폐기물을 말한다. 아울러 혼합폐기물은 불연성폐기물을 제외한 건폐물 함유 중량이 5% 이하여야 한다고 규정하고 있다.

건설폐기물 가운데 골재는 그나마 정부가 관심을 기울이고 있어 대부분 재활용되고 있지만, 그 외에는 대부분 혼합폐기물로 배출되고 있다. 일례로 석고보드는 성상별 분류가 어렵지 않음에도 현장에서 재활용에 대한 인식이 없어 대부분 버려지고 있다.

석고보드는 화력발전소에서 나온 부산물로 만드는데, 건축현장에서 나오는 폐석고보드를 수거하면 다시 석고보드로 만들 수 있다는 강점이 있다. 아울러 시멘트 응결 지원제나 토양개량제 혹은 축산용 깔개 등으로 다양하게 활용되고 있으며 국내에서는 소수의 업체에서만이 재활용처리를 하고 있는 실정이다. 이는 단지 건설회사에만 국한되는 환경문제는 아닌 것이다.

또한, 폐수의 최소화에 대한 환경적인 가능성은 발생원의 복잡성 때문에 극히 제약이 되는데, 최종적으로 기업의 현실적인 이익을 고려하게 되면서 대부분은 발생원의 저감과 재활용을 결합한 이행 가능한 전략을 선택하게 된다.

미국의 EPA에서 개발된 폐수 최소화 방법은 인벤토리관리 및 향상된 공정조작, 장치의 수정보완, 생산공정의 변화, 재활용 및 재이용 등이며, 이러한 프로그램을 수행하기 위하여 1단계로 사전평가, 2단계로 물질수지, 3단계로는 종합평가 등의 절차를 수행하고 있다.

오염의 저감을 위한 방법으로 재순환(recirculation), 분리(segregation), 폐기(disposal), 저감(reduction), 대체(substitution) 등을 들 수 있는데, 이론적으로는 많은 산업공정이 용수 재이용을 위한 폐순환시스템의 구축이 가능한 것처럼 보이지만 생산제품의 질적 관리 때문에 용수 재이용시 수질의 상한선이 발생한다.

용수의 수질은 재이용을 고려할 때 더 중요해지는데, 예를 들어, 제지공정에서 습식펄프 제조기의 용수보충은 특수물질을 제거할 필요는 없지만 샤워노즐의 막힘을 피하기 위해서는 이들 고형물질을 제거하여야 한다. 또한 토마토의 생산시에 세척수는 순수일 필요는 없지만 보통 미생물학적 오염을 막기 위해 염소소독은 해야 한다.

부산물 회수가 종종 용수 재이용을 동반하기도 하는데, 제지공정에서 절약장치의 설치로 섬유질을 회수하면서 실린더 샤워에서의 처리수 재이용이 가능해진다. 도금공장 표면세척수를 이온교환 처리함으로써 크롬산을 재이용할 수 있다.

양조공정에서 용기 안에서 세 번 반복해서 행군 후 다른 큰 용기에서 헹구거나 냉각수를 재이용하여 세척수로 사용하거나, 살균 혹은 병에 담는 과정에서 용수의 흐름을 전환시킴으로써 용수를 저감할 수 있다.

제약공정에서는 약품탱크를 처음 씻어낸 폐수를 다음 생산공정에서 사용함으로써 절약하는 방법이 효과적이며, 이것은 폐수의 양과 농도의 상당한 저감을 가져온다. 피혁공정에서의 제모를 위한 황화물 용액을 재이용하거나 보충함으로써 폐수의 발생량과 농도를 떨어뜨릴 수 있다.

종종 공정의 개선 혹은 수정을 통하여 폐수를 없애거나 저감할 수 있는데, 이러한 예가 도금공정에서 용수절약장치 및 분무세척탱크의 사용이 될 수 있다. 유제품 제조업에서 유출되는 제품의 회수를 위한 장치의 개선으로 하수로 유입되는 폐수의 부하를 저감시킬 수 있다.

1980년 이후 OECD 가입국가들의 연간 폐기물 발생량의 대부분을 차지하는 것은 이산화탄소와 산업폐기물이다. 이러한 환경오염물질을 처리하기 위한 공정에는 물리적, 화학적 및 생물학적 방법 등이 있는데 특히 생물학적 처리방법이 안전하고 효율이 우수하여 전통적으로 많이 사용되고 있다.

생물학적 환경오염 처리의 접근방법은 대상 물질의 종류에 따라 편의상 수질, 토양, 대기오염으로 나눌 수 있다. 생물학적 처리의 장점으로는 안정하고, 자연적인 공정이며, 오염물질을 다른 매질로 이동시키는 것이 아니라 파괴하는 공정으로 볼 수 있다.

타 공정에 비교해 비용이 저렴하며, 문제가 발생한 생산지역에서 직접 처리하는 것이 가능한 장점이 있다. 반면에 적절한 기술개발을 위한 많은 연구가 요구되며, 처리시간이 타 공정에 비교해서 길며, 처리 부산물이 종종 독성을 나타내는 경우가 있는 단점이 있다.

미국, 일본, 독일 등의 선진국가에서는 이미 생물학적 처리기술 연구에 많은 투자를 하고 있으며, 국내에서도 G-7 프로젝트 중 생물학적 접근법과 유관한 국가주도 기술개발사업으로 다음과 같은 것이 있다.

- 고도 수처리 및 재이용기술
- 유해 폐기물 처리기술 개발
- 난분해성 수질오염물질처리 신기술
- 저오염/무공해 공정기술
- 소규모 오폐수처리 실용기술
- 청정물질 개발 및 생산기술
- 온실기체 제어 및 이용기술
- 수질관리 계획 및 수립지원시스템 개발
- 지구변화예측기술
- 해양환경관리기술
- 지구환경 감시 및 대응기술
- 해양오염방지기술
- 오염토양 및 지하수정화기술
- Ecoshpere 복원기술개발전략

최근 폐수처리 후 방류되는 방류수를 재처리하여 재사용하는 폐수 재이용설비 및 폐수발생을 최소화할 수 있는 수처리 시스템을 중심으로 연구개발되어 적용되고 있다. 산업의 발달로 파생되는 대표적인 부산물로 여러 가정에서 배출되는 생활하수, 산업폐수, 축산폐수 등 환경오염의 주범이라 할 수 있다.

현재까지 일반적으로 사용되는 폐수처리 기술로는 추출, 막분리, 이온교환, 흡착, 산화, 응집 등의 물리화학적 처리방법은 있으나 대부분 경제성을 갖기 어렵다고 본다. 이러한 설비들은 분리막을 적용한 시스템이 많이 적용되고 있고, 전처리 설비로는 MF(Micro Filtration), UF(Ultra Filtration), NF(Nano Filtration)과 같은 막을 이용한 시스템이 적용되고 있다.

산업오염조절에의 막분리 공정의 응용이 우선시되는 요소는 연속식공정, 상변화나 온도변화가 없는 저열량 공정, 크기제한이 없는 모듈설계, 유지보수가 적고 구동부품의 최소화, 오염물질의 형성이나 화학반응에 무영향, 오염물질의 물리적 분리를 확실하게 해주는 불연속 분리막벽, 화학약품 첨가조건이 없는 요소 등이며, 주로 도금산업, 선유산업, 피혁산업, 제지산업 등에 응용된다.

생물학적 폐수처리 기술은 호기성공정, 준혐기성공정, 혐기성공정, 안전화지공정, 특정 미생물에 의한 처리공정, 생분해성 플라스틱 이용되는데 본 장에서는 구체적인 서술은 하지 않기로 한다.

탈염설비로는 RO(Reverse Osmosis), ED(Electro Dialysis), EDR(Electric Dialysis Reversal)과 같은 막을 이용한 설비가 적용되고 있으며, 순수처리 설비로는 MDI(Membrance Deionization System)과 같은 막을 이용한 설비들을 들 수 있다.

탈취기술 또한 중요한 사회문제로 대두되는데, 이는 문화수준의 향상으로 쾌적한 생활환경을 선호하는 추세이기 때문이며, 청결의식으로 말미암아 악취공해는 풀어나가야 할 기술이다. 일반적인 탈취기술은 수세법이나 흡착법 등의 물리적 탈취법과 연소 탈취법, 약제 처리법, 그리고 토양미생물을 이용하는 방법과 활성 슬러지를 이용하는 생물탈취법 등이 있다.

3.4.1 폐기물최소화의 필요성

폐기물최소화란 폐기물을 줄이는 것이며 이는 기업의 이익을 증가시키고 인간의 건강과 환경의 보존을 위한 효과적인 방법이어야 하며 동시에 환경을 배려하는 것이다. 폐기물을 줄이는 것은 단순히 전기를 끄거나 새는 밸브를 고치는 것이 아니다. 본 사업과 직접 관련이 없는 어떤 것의 생산, 이용 또는 처리를 줄이는 것이다. 그렇기 때문에 각 기업과 산업의 특성상 관련기술과 방법은 다양할 수밖에 없다.

중요한 사항으로 알아야할 것이 재활용은 폐기물최소화가 아니라는 것이다. 폐기물최소화는 폐기물을 초기단계에서 원천적으로 줄이는 것이다. 폐기물은 새로운 공정에 의해 사라지거나 줄어들 수 있다. 만들지 않는 것을 재활용할 필요는 없는 것이다.

폐기물최소화는 제조업자나 기업만이 훌륭한 결과를 얻어낼 수 있는 것은 아니다. 폐기물이 나오는 모든 사업장에서 폐기물을 줄이는 것이 가능하다는 사실이다. 따라서 폐기물최소화에서는 각 개별 사업장 환경을 고려해 주 생산품과 공정의 형태를 살피는 것이 중요하다.

좋은 폐기물최소화 프로그램은 공급자로부터 무엇을 사는지부터, 생산, 폐기물처리까지 모든 과정을 살핀다. 만일 사업장내의 어떤 곳에서 폐기물을 줄인다면, 그 절감액은 회계비용에 바로 영향을 미치며 환경에 대한 악영향도 줄이게 된다.

일반적으로 폐기물과 관련된 비용은 보통 회사 수익의 4.5%를 차지한다고 한다. 현재의 많은 기업과 회사들에게 있어, 폐기물최소화는 선택의 문제가 아니라 생존의 문제가 될 것이다. 따라서 아래와 같은 사항을 인지해야 할 필요가 있다.

- 시스템을 통한 폐기물최소화 프로그램의 적용은 총 거래액의 1%를 절감할 수 있다.
- 모든 재료의 절감비용은 바로 손익계산(the bottom line)에 적용된다.
- 초기 적용에 의한 평균적인 효과가 나타나는 기간은 통상 몇 개월이지 몇 년이 아니다.
- 많은 경우 폐기물최소화는 별도의 비용이 필요 없으며 결과만 가져온다.
- 고객들은 점차 환경친화적인 기업을 선호한다.
- 공급자와 사업동반자로부터 더 많은 자원효율성에 대한 요구가 있다.
- 모든 환경관련 법률은 폐기물에 대해 점차 강화되고 있으며 법률을 준수하지 않으면 벌금형뿐 아니라 기소당할 수도 있다.
- 폐기물관련비용은 생각보다 훨씬 크며 원료나 처리비, 에너지에 대하여 깊이 고려할수록 폐기물과 관련된 실제비용은 단순처리비의 5배에서 20배가량 된다.

3.4.2 폐기물최소화 진행절차

(1) 환경개선을 위한 계획

- 필요성: 법적규제, 경쟁, 폐기물처리비, 시장압력
- 비용: 정확하고 분명하게 비용을 도표로 만들고 비용회수기간을 계산한다.
- 비용효율성: 최대한 정확한 절감 계획량을 제시한다.
- 수익성을 향상시키는 방법을 보여준다.
- 보다 많은 소비자와 사업파트너에게 매력을 느끼게끔 한다.
- 공급자와 소비자 및 잠재적인 파트너와 대화하고 실질적인 예를 준다.

(2) 폐기물최소화의 필요성에 대한 인식전환

자원은 폐기물최소화를 진행하는데 있어 주요요소이다. 이것은 재정적인 투자를 의미한다. 이는 명백히 시간의 투자를 의미하기도 하며 일의 초기 단계에서 뿐만이 아니라 진행 전 단계에 걸쳐 관심을 두어야하는 부분이다. 상위관리자층이 전적으로 지원한다면, 진행이 늦거나 다른 우선순위에 치이는 일이 적을 것이다.

사업장 내의 모든 사람이 변화의 필요성을 인식하고 지지한다면, 그들은 보다 더 적극적으로 공헌할 것이다. 따라서 저항이 적고 냉담하지 않을 것이며 의심하지 않을 것이다.

분명하고 공유되는 비전(vision)이 가장 필요하다. 누가 이 작업의 최고책임자이건 전 수행과정에 대해 대화할 필요가 있다. 모든 사람은 이러한 사항을 인지해야한다.

(3) 팀 구성

폐기물최소화작업에 참여하는 것이 애사심을 갖고 성공의 기회를 높이기 때문에 팀을 구성한다. 팀은 계획을 세우고 토의를 하며 업무를 수행하며 각 사원의 참여는 다른 사원들로 하여금 지원을 얻을 수 있게 한다. 팀은 또한 일의 진행에 있어 힘을 보태고 업무를 나누며 혼자라면 할 수 없었을 아이디어와 전망을 제시한다.

혼합팀 구성을 고려해봐야 한다. 회계파트, 구매파트, 제조파트, 보수유지 및 마케팅 파트로부터 사람을 모아야할 필요가 있다. 이런 팀의 구성은 회사 내의 모든 각 부분을 대표하는데 이상적이다.

대표자를 선임하는 것은 종종 필요한데 이것은 이를 통해 계획을 짜고 정보를 나누며 진행과정과 제안을 관리자층에 전달할 수 있기 때문이다. 책임자를 임명할 때는 정열적이고 팀원을 움직일 수 있을 뿐만 아니라 관리자층의 지원을 얻어낼 수 있는 사람이어야 한다.

(4) 책임자의 역할

- 사내에서 계획을 공표
- 업무영역 개발
- 팀원의 구성
- 상위 관리자와 방법과 시간표에 대해 논의

(5) 폐기물회계

폐기물을 감량하기 전에 어떤 폐기물이 발생하는지 어디서 발생되는지 등에 대한 정확한 이해가 요구된다. 폐기물회계는 정확성이 필수다.

- 환경효율성을 채택하기 전의 사항에 대해 파악 가능
- 환경적 재정적 절감분에 대한 파악

노후된 시설에 의한 손실부분을 손보는 등 작은 것에서부터 시작한다. 그리고 가장 폐기물이 많이 나오는 곳으로 옮긴다. 문자 그대로 돌아다니면서 살핀다. 회계를 할 때 체크리스트는 매우 중요하다.

(6) 지속적인 측정

이것은 실은 매우 중요하다. 폐기물에 대한 얼마나 많은 양과 비용이 지불되고 있는가를 알아야 절감액을 알 수 있다. 모든 폐기물에 대한 수치를 알 필요가 있다.

- 물, 전기와 가스소비: 시설비
- 유출물 처리: 하청업자로부터 비용을 확보

- 매립: 하청업자
- 포장, 종이 및 하드보드: 내외로 운반되는 과정 중 발생
- VOCs, 솔벤트와 다른 화학물질
- 소모품과 사무실장비
- 제조과정의 부산물, 사용되지 않은 원재료 등

(7) 해결점 찾기

앞서 폐기물에 대한 전체적인 그림이 나왔고 이제는 비용을 줄일 시간이다. 우선순위는 빠른 성공을 위한 첫 번째 관심사이다. 가장 큰 분량의 발생폐기물을 찾는다. 예로 처리비, 에너지 소비 등 가장 큰 지출을 차지하는 비용을 찾는다.

(8) 아이디어 모으기

대상이 되는 폐기물을 다루는 주요 인력과 의견을 나누고 이전의 일처리에 대한 질문을 준비한다. 문제가 되는 분야에서 일하는 사람에게 의견을 구한다. 도움이 된다면 아이디어를 위한 브레인스토밍을 할 수 있다.

- 예전에 폐기물 발생을 문제점으로 파악했던 사람이 있는가?
- 왜 특정 부분에서 많은 폐기물이 발생하는지?
- 이 공정은 개선될 수 있는지?
- 폐기물을 줄이기 위한 방안도출

(9) 폐기물최소화 추진

사업장 내의 폐기물에 대한 전체적인 파악이 끝났다. 경쟁자와 산업표준에 대한 사례조사를 마쳤고 현실적인 목표도 세웠다. 장, 단기 목표에 대한 계획을 세워 비용과 편익을 계산한다.

이 부분을 상위관리자층에게 다시 보고해야 할 것이다. 계획은 경영층의 지원과 투자가 필요하며, 아래의 사항들을 명심해야 한다.

- **시스템 수립:** 장단기 기간을 고려한다. 일부 변화는 거의 하루 만에 이뤄질 수 있다. 일부는 보다 긴 시간을 필요로 하고 조심스러운 계획이 필요하다.
- **지속적 측정:** 비용절감액과 투자회수기간과 감량되는 폐기물의 양을 산정한다.
- **의사소통 유지:** 성공부분을 공개하고 이것은 관리층의 지원을 유지하는데 도움이 될 것이다.
- **동기의 지속성:** 계획을 진행하는 데는 이번 달만 필요한 것이 아니라 올해 전부 및 다음해도 필요하다.
- **홍보:** 사업장의 환경에 대한 노력을 소비자와 파트너가 알도록 한다.

3.4.3 폐기물최소화를 위한 정책

정부 정책입안자들이 산업계, 소비자, 지방정부가 실제 취해야 할 행동의 기본골격을 설정하고 정책을 실행하기 위하여 취할 수 있는 정책도구(instruments)는 규제적, 경제적, 설득적 또는 기타 도구들이 있다. 이러한 정책도구들은 폐기물최소화를 촉진하는데 있어서, 특히 오염통제에서 오염예방으로 기본적 인식을 전환하는데 있어서 중요한 역할을 할 수 있다.

일반적으로 정책도구들은 규제적, 경제적, 설득적인 방법의 세 가지 범주로 대분류된다. 이러한 분류가 유용하긴 하지만, 그 분류체계상에서는 적절한 법적이나 규제조합을 설명한 것은 찾아 볼 수 없다.

정책 구성요소는 처분제약, 투명성, 지식, 전략적 계획, 생산효율성 개선 등을 고려해서 분류를 보다 세분화하는 것이다. 이러한 다섯 가지 분류는 정책도구들의 실질적인 적용과 조합을 가능하게 해준다. 효과적인 폐기물최소화정책은 각 범주에 속한 정책도구들이 잘 조화를 이루도록 조합하여 사용하는 것이다. 그러나 정책도구들은 하나 이상의 정책구성요소를 통합하여 입안될 수 있다.

회원국들의 정책을 검토하는 과정에서 발견한 특징 중 하나는 처분제약 기업으로 하여금 행동을 취하도록 압력을 가하는 것(pushing companies to act)을 지나치게 강조하고 있다는 점이였다.

정책입안자들은 사례연구, 에코라벨링, 연구개발보조금, 원자재부담금 등과 같은 유인범주(pull categories)에 속하는 정책도구들을 보다 확대 사용하는 것을 고려해야 한다. 각 정책구성요소의 고려비중은 정책도구가 미치는 관할권의 지역적 요소, 전반적 관계, 특수성 등에 따라 다를 것이다.

(1) 생산단계에서의 폐기물 최소화

산업활동 과정에서 발생되는 폐기물에 대하여는 그 발생공정의 다양성과 업종별 특수성 등을 감안하여 기업의 자발적인 최소화 노력과 산업 업종별로 최소화 기준 및 지침을 마련하였다.

업종별 폐기물 발생 특성을 조사하고 이에 근거하여 구체적 평가체계를 개발하여 최소화 목표를 제시하고 폐기물의 최소화를 위하여 생산단계에서 폐기물의 발생을 줄일 수 있는 청정생산 및 청정기술을 개발하고 이를 사업체로 하여금 도입하도록 유도하고 있다.

사업장 폐기물 감량제도의 강화를 위해 현행 사업장 폐기물 감량의무 대상사업장을 확대하여 폐기물 발생부터 최종처리까지 폐기물의 각 단계별 발생을 최소화하기 위해 현재 지정폐기물을 연간 200톤 이상 배출하는 사업장만을 대상으로 하고 있으나 사업장 일반폐기물을 다량으로 배출하는 사업장까지 확대하는 방안과 대상사업장에 대하여는 폐기물최소화를 위한 환경계획을 매년 수립하고 이를 이행하도록 의무를 부과하는 방안을 검토하였다.

제품의 환경친화성의 제고를 위해 제품의 구조 및 재질개선 촉진, 폐기물에 관련된 발생, 유통, 처리의 전 과정을 관리, 종합적으로 평가할 수 있는 LCA기법 개발, 환경친화적 설계 도입, 환경부하가 높은 제품에 대한 부담금제도 개선 등이 도모되어야 한다.

(2) 유통단계에서의 폐기물 최소화

환경친화적 포장을 유도하기 위한 포장 환경기준의 설정으로 재활용을 촉진하고 환경적으로 바람직한 포장이 이루어질 수 있도록 가이드라인을 마련, 처리과정에서 오염이 발생하지 않도록 유도하고 있다.

또한 포장폐기물의 효율적 관리를 위한 역할 및 책임분담방안 마련하여 규제대상 사업자의 의무이행여부를 사업자단체와 한국자원재생공사가 함께 확인토록 하고, 불이행 업체에 대하여 환경부 및 지방자치단체 등에 통보토록 하여 제도의 실효성이 제고되어야 한다.

합성수지재질 포장재의 감량화 정책으로 합성수지포장재의 감량을 위해 합성수지재질 포장재의 연차별 감량화 목표율의 상향조정 검토와 포장방법 및 포장재의 재질 등의 기준에 관한 규칙의 개정을 통하여 과대포장 규제대상제품을 추가하는 방안이 추진 중이며 합성수지재질 포장재 감량화 방법이 개선되어야 한다.

(3) 소비단계에서의 폐기물 최소화

쓰레기 종량제의 보완으로 폐기물처리에 오염자부담원칙을 적용하기 위해 쓰레기처리수수료를 실제 배출량을 기준으로 부과하는 쓰레기종량제를 1995년부터 실시하고 있다.

시행 후 많은 성과에도 불구하고, 종량제 시행에 따른 부작용과 함께 재활용품의 급격한 증가에 대한 대책이 미흡하며, 형광등과 같은 생활계 유해폐기물의 처리문제가 대두되었고 종량제의 적용이 배제되는 폐기물 또는 지역에 대한 대책 마련 및 불법소각 및 불법투기증가에 대한 대책이 필요하다.

대책으로는 비닐봉투 과다사용에 대한 대책, 종량제 적용범위 및 지역의 명확화, 종량제봉투의 개선, 종량제 수수료 요율의 적정화, 신고포상금제 및 청결유지 명령제도를 통한 쓰레기종량제 보강 등이 있다.

(4) 처분단계에서의 폐기물 최소화

처분단계에서의 최소화를 위해서는 발생된 폐기물을 최대한 재활용할 수 있는 기반구축이 필요하며, 폐기물의 분리수거 및 회수처리체제 구축이 중요한 과제이다.

3.4.4 환경법적인 규제동향

도시지역에서 나오는 오물을 위생적으로 처리하기 위해 시작된 한국의 폐기물관리 및 처리정책은 산업화, 공업화, 도시화 따라 폐기물의 양이 증가하고 새로운 성상의 폐기물이 출현하면서 단일화된 폐기물관리 체계하에서 발생에서부터 매립에 이르기까지의 전 과정을 종합적으로 관리하는 정책으로 변화하였다.

또한 쾌적한 생활환경의 중요성에 대한 국민의식 성장은 위생적이고 안전한 폐기물 관리의 필요성을 증대시켰다. 이에 따라 발생 폐기물을 매립장, 소각시설 등의 폐기물처리시설을 통하여 안전하고 적정하게 처리하는 것은 국가 환경정책의 중요사안이 되었으며 정부는 폐기물의 종합적인 관리 및 위생적인 처리를 위하여 1986년 폐기물관리법을 제정하고 그 이행계획으로 1993년부터 국가폐기물관리종합계획을 수립하였다.

동법 및 계획은 사용이 종료되는 매립지를 대체할 수 있는 매립지 및 위생 소각장의 추가 건설계획과 발생 폐기물을 원천적으로 줄이기 위한 국가폐기물종합계획 목적에 따라 배출하는 폐기물의 양을 기준으로 쓰레기 수수료를 징수하는 쓰레기 종량제, 폐기물의 재활용을 유도하는 예치금 및 부담금제도, 재활용산업을 지원하는 지원정책 등을 강력하게 추진하고 있다.

(1) 오물청소법

오물청소법은 도시지역에서 나오는 오물을 위생적으로 처리하여 생활환경을 청결하게 유지하고자 1961년 12월 30일, 법률 제914호로 제정, 공포되었으며 폐기물 관리법이 제정되면서 1986년 12월 31일 폐지되었다. 오물청소법은 기존 조선 오물소제령에 의거하여 도시지역에서 발생하는 오물을 근교에 매립하던 쓰레기 관리정책을 변화시켜 폐기물처리가 국가의 관리영역으로 편입되게 하였다.

(2) 폐기물관리법

폐기물을 적정하게 처리하여 자연환경 및 생활환경을 청결히 함으로써 환경보전과 국민생활의 질적 향상에 이바지함을 목적으로 1986년 제정된 폐기물관리법은 종래 이원화되어있던 오물청소법상의 생활폐기물관련규정과 환경보전법상의 산업폐기물관련규정을 통합하여 폐기물관리체계를 단일화하고 관리를 강화하였다.

또한 폐기물을 일반폐기물과 산업폐기물로 구분하고 폐기물의 성상과 특성에 따른 관리를 강화하는 계기를 마련하였으며, 폐기물을 발생에서부터 수거, 재생, 소각, 매립에 이르기까지 모든 과정을 체계적이고 합리적으로 관리할 수 있게 되었다.

(3) 폐기물의 국가 간 이동 및 그 처리에 관한 법률

폐기물의 국가 간 이동 및 그 처리에 관한 법률은 유해폐기물의 국가 간 이동 및 그 처리의 통제에 관한 바젤협약이 1989년 3월 스위스 바젤에서 채택되고 우리나라가 가입하면서 그 국내이행을 위하여 1992년 12월 8일 제정되었다. 동 법률은 폐기물의 국가 간 이동으로 인한 환경오염을 방지하고, 재활용 목적으로 수입되는 폐기물이 적정하게 관리되도록 폐기물의 수출과 관련하여 수입국 및 경유국의 허가를 요구하고 있다.

(4) 국가폐기물관리종합계획

폐기물관리법에 의거하여 1993년 최초 수립된 국가폐기물관리종합계획은 지속가능한 자원 순환형 경제사회기반을 확립하기 위하여 종량제실시 및 1회용품 사용규제 등 폐기물 최소화정책, 예치금 및 부담금제도 실시 등 폐기물 자원화정책, 재활용 산업기반 조성 등 지원정책, 생산자책임재활용제도 도입에 의한 통합재활용시스템구축사업 등을 시행하고 있다. 또한 환경부는 제1차 계획의 정책목표를 발전적으로 이어 받아 자원 순환형 폐기물관리체계를 정착시켜 나가기 위하여 2002년 3월 제2차 국가폐기물관리종합계획 (2002~2011)을 확정하였다.

(5) 쓰레기종량제

정부가 폐기물관리종합계획의 폐기물최소화정책의 일환으로 1995년부터 시행된 쓰레기 종량제는 쓰레기를 버린 만큼 비용을 내야하는 배출자부담원칙에 입각하여 쓰레기 발생을 원천적으로 줄이고 재활용품의 분리배출을 촉진하고자 시행되었다.

생활폐기물과 성상이 유사하여 생활폐기물의 기준 및 방법으로 수집, 운반, 보관, 처리할 수 있는 폐기물에 대해 실시되고 있는 쓰레기 종량제는 배출하는 폐기물의 양을 기준으로 쓰레기 수수료를 징수하고 있으며 2단계 누진율 제도를 도입하여 기준을 초과하는 배출에 대해서는 높은 요율을 적용하고 있다.

(6) 폐기물부담금제도

국민들의 생활여건 향상 및 국가경제의 성장과 함께 각종 폐기물의 발생이 급증하면서, 폐기물 문제는 더 이상 자연적으로 해결될 수 없는 상황에 도달하였다. 폐기물 발생량의 증가는 산업의 성장이나 환경의 개선 등에 의해 야기된 불가피한 측면도 있으나 폐기물을 최대한 적절하게 처리하여 폐기물의 발생을 줄여야 한다는 사회적 필요성을 새롭게 인식시켜 주고 있다.

각국은 물론 국제기구에서 환경보전, 지속생존의 수단으로 폐기물의 적절한 관리를 위한 제반 정책적 노력을 경주하고 있는데, 독일, 일본, 미국, 캐나다 등의 국가에서는 다양한 형태의 폐기물 관리제도를 도입하여 시행 중에 있으며, 대표적인 제도로 폐기물부담금제도(Waste Disposal Charge), 제품부담금제도(Product Charge), 또는 생산자책임재활용제도(Extended Producer Responsibility) 등을 들 수 있다.

폐기물부담금제도는 재활용개념과 폐기물 최소화개념을 기반으로 재활용촉진과 폐기물최소화를 목적으로 1992년에 도입되었으며, 1993년 6월부터 폐기물예치금제도와 병행하여 시행되었다.

1998년 합성수지 원료생산자가 부담하던 폐기물부담금을 플라스틱 생산자 또는 사용자에게 부담하는 방안이 제기되었으며 규제개혁위원회는 합성수지 및 플라스틱제품 업계를 중심으로 한 사업자 단체와 자발적 협약한 내용을 바탕으로 부담금 부과요율을 하향조정하고 3년 내에 합성수지에 부과하는 폐기물부담금을 폐지하기로 의결하였다.

이러한 결정을 바탕으로 지식경제부 주도 하에 한국석유화학공업협회, 한국플라스틱재활용협회 및 원료메이커 등 관련업계간 협의가 이루어졌으며, 합성수지업계와 제품제조업계간에 폐기물을 회수 및 처리하는 데에 대하여 역할분담을 하기로 협의하고, 석유화학업계 및 플라스틱업계가 자발적으로 120억 원의 재원을 조성하여 유화 및 고형연료화 기반구축사업을 진행하였다.

규제개혁위원회의 결정에 따라 2002년 말에는 자원의 절약과 재활용촉진에 관한 법률 시행령 개정을 통해 합성수지에 부과하던 부담금을 폐지하고, 플라스틱제품에 부담금을 부과하기로 하였다. 또한 부담금대상품목도 살충제·유독물, 화장품, 껌, 담배, 플라스틱제품 등 7개 품목으로 조정되었다.

❶ 살충제 및 유독물 용기

살충제, 유독물 용기는 용기에 부과되는 부담금 품목이면서, 부담금제도 시행초기부터 포함되었던 품목이다. 이들 용기들은 주로 주택, 공장, 이발소, 미용실, 약국 등에서 발생하는데 소각의 경우 폭발의 위험이 있기 때문에 소각이 불가능하고 주로 매립처리를 하게 된다.

현행 부담금 부과대상이 되는 살충제 용기는 유리병과 플라스틱용기이고, 규격은 500㎖를 기준으로 하여 500㎖ 이하의 용기는 개당 7원, 500㎖ 초과는 개당 16원의 부담금이 부과되고 있다.

살충제 용기 중에서 농약관리법 제2조의 규정에 의한 농약은 제외하였다. 유독물 제품 중 금속캔, 유리병, 플라스틱을 사용하는 용기는 모두 부담금 대상이 된다. 유독물용기는 500㎖ 이하가 개당 6원, 500㎖ 초과가 개당 11원의 부담금이 부과되고 있다.

❷ 화장품 용기

화장품 용기의 경우에는 유리병만이 부담금 부과대상 품목이 된다. 금속용기나 플라스틱용기를 사용하는 견본품은 부담금 부과대상품목에서 제외되었다. 화장품용기는 30㎖이하 개당 1원, 30㎖ 초과 100㎖ 이하의 용기는 개당 3원, 100㎖를 초과하는 용기는 개당 4.5원의 부담금이 부과되고 있다.

❸ 담배

담배는 건조 가공된 입담배를 향료 등을 첨가하여 권련지로 말아놓은 제품으로 원재료는 재 건조 잎담배와 권련지, 필터 등으로 구성된다. 담배에서 폐기처분되는 것은 주로 필터부분이다.

담배가 폐기물부담금 대상품목이 된 것은 1996년 12월 28일 화장품의 플라스틱용기를 사용하는 견본품과 함께 포함되었다. 초기의 부담금 요율은 20개비당 4원이었으나 2004년 12월 30일 현재로 20개비에 7원으로 인상되었고, 2005년 하반기에 10원으로 인상하였다.

❹ 플라스틱제품

플라스틱은 2003년부터 부담금 부과대상품목으로 편입되었으며, 원료에 부과되었던 합성수지가 제외되고, 중간재나 최종재인 플라스틱에 부담금을 부과하게 되었다. 대부분의 플라스틱은 재활용이 가능하지만 경제성의 이유로 재활용하지 못하고 매립이나 소각처리를 하고 있다.

현행 플라스틱제품에 대한 부담금 부과요율은 크게 세 가지로 구분되는데 첫째, 제1차 플라스틱 제품(플라스틱관 제품 제외), 포장용 플라스틱제품, 기타 플라스틱제품에 대해서 합성수지 투입 kg당 7.6원(수입의 경우 수입가의 0.7%)을 부과한다.

둘째, 건축용 플라스틱제품, 기계장비 조립용 플라스틱제품, 제1차 플라스틱 제품 중 플라스틱관 제품은 합성수지 투입 kg당 3.8원(수입의 경우 수입가의 0.7%)을 부과하며, 마지막으로 플라스틱을 재료로 사용한 가구제품, 인형, 장난감, 오락용품, 끈, 로프, 사무, 회화용품, 라이터, 칫솔, 면도기(전기식 제외)는 합성수지 투입 kg당 7.6원(수입의 경우 수입가의 0.7%)을 부과하고 있다.

예를 들어 유럽 EU의 WEEE는 폐전기전자제품 처리지침(Directive 2002/96/EC)으로서, 폐전기전자제품 발생을 억제하고, 폐전기전자제품의 재사용, 재활용, 재생촉진과 폐전기전자제품의 환경성을 개선할 목적으로 대형가전제품 등 10개 전기전자제품군을 대상범위로 2005년 시행하고 있다.

EU WEEE 대상제품은 무기, 군수품, 전쟁물자 등 국가안보와 관계되어 있거나 군사적용도로 사용되는 기기, 원유시추기계, 산업현장에 고정되어 있는 공장기계 등과 같이 대규모 고정산업도구 등이다.

또한 생체이식 제품이거나 감염된 의료기기, 가정용 형광등, 백열등 등의 조명기기, 필라멘트 전구, 기차에 설치된 커피메이커, 자동차 오디오 등의 전기전자기기가 아닌 제품에 고정되어 있거나 부품인 경우는 적용에서 제외된다.

폐전기전자제품을 처리하는 재활용센터는 제품군별 재활용률(50~75%) 및 재생률(70~80%)을 만족해야 하며, 의료기기에 대한 재활용 및 재생률 의무조항은 없다. 또한 WEEE 지침은 지침의 대상이 되는 전기전자제품과 일반 도시폐기물을 구별하여 수거할 수 있도록 WEEE 심벌 부착을 요구하고 있고 그 표시위치와 부착의 내구성도 규정하고 있다.

제품군별로 재활용 및 재생률 기준을 살펴보면, 대형가전제품과 자동판매기(재생율 80%, 재활용율 75%), 정보통신장비와 소비가전(재생율 75%, 재활용율 65%)와 그 밖의 소형가전제품, 조명기기, 전동공구, 완구, 레저 및 스포츠제품, 검사 및 통제기기는 재생율 70%와 재활용률은 50%로 규정하고 있다.

생산자의 무료수거 의무화에 따라 회원국들은 2005년 8월 13일까지의 인구밀도를 기초로 2006년 말일까지 거주자 당 연평균 최소 4kg 이상 회수할 수 있도록 하기 위해 소비자들과 유통업자들이 무료로 폐전기전자제품을 회수할 수 있는 시스템을 설립하였다.

WEEE 심벌의 부착의무는 지침 대상이 되는 전기전자제품과 일반 고시폐기물을 구별하여 수거할 수 있도록 규정하고 있고, 그 표시 위치나 부착의 내구성도 구체적으로 규정하고 있다. 생산자는 회원국별 가입 재활용제도의 청구 유형에 따라 회수처리비용을 부담해야 하며, 매월 판매실적 및 재활용 처리실적을 관리하고 매년 정부당국에 보고해야 한다.

보고 내용에는 국가 생산자 식별 코드, 보고기간, 제품군 카테고리, 해당국가 판매중량, 폐전자전기제품의 회수/재활용/재생/폐기/수출량 등이 포함되어야 한다. 기업대응사례로 Philips사는 재활용 정보를 제공하기 위해 'Recycling Passport' 프로그램을 만들어 제품별로 홈페이지를 통해 정보를 제공하고 있다.

대표적인 재활용 정보제공은 EICAT, OECED, AeA, Euroupe, EERA 가이드로 생산자와 재활용센터 간의 지속적인 의사소통을 용이하게 하며, 재활용센터에서는 사전처리 부품 또는 물질존재 여부를 선언해야 한다.

회원국들은 모든 폐전자전기제품의 회수율 목표치에 따라 2016년부터 2018년까지 과거 3개년 평균 판매중량의 45% 이상, 2018년부터 2021년까지 65% 이상 또는 발생된 폐전자전기제품의 85% 이상 회수를 달성해야 한다.

적용의 예외사항은 유예기간(법규 발효 후 6년까지, 2018년까지) 무기, 군수품, 전쟁물자 등 국가보안과 관계되어 있거나 군사용 용도로 사용되는 기기, 이 법령의 제품군 범위에 포함되지 않는 다른 종류의 제품 부속품으로 특별히 설계되어 오로지 그 기기의 부속품으로서의 기능만을 수행하는 기기, 필라멘트 전수, 고정식 대형 산업도구, 생체이식 제품이거나 감염된 의료기기로 규정하고 있다.

유예기간(법규 발효 후 6년 이후, 2018년 이후) 이후 추가되는 예외사항으로는 우주로 보내지도록 설계된 기기, 고정식 대형설비거기로 특별히 이 설비들의 부속품으로 설치되거나 설계되지 않는 기기들은 제외하고, 고정식 대형 산업도구, 형식승인을 받지 않은 전기이륜차를 제외한 사람이나 재화를 운송하는 수단, B2B 용도로만 사용가능한 조사 및 개발용도로만으로 특별히 설계된 기기, 제품 폐기 후 감염이 예상되는 체외진단용 의료기기 및 능동형 이식의료기기 등 총 6개 제품군으로 규정하고 있다.

3.4.5 건설폐기물

건설사와 현장의 인식 부족과 관리하기 귀찮다는 이유로 다른 폐건축자재와 함께 혼합폐기물로 처리하는 경우가 대부분이기 때문에 이들 재활용 업체들은 어려움을 겪고 있다. 국내 폐 석고보드는 연간 35~40만 톤이 배출되고 있으나 재활용률은 불과 5~10%에 불과하다는 것이 업계의 분석이다. 그나마 신축현장에서만 일부 재활용되고 있을 뿐, 훨씬 더 많은 양이 발생하는 재건축현장은 집계조차 불가능하다.

이에 비해 일본은 신축 건설현장에서 발생하는 연간 40만 톤의 폐 석고보드 가운데 약 80% 이상을 재활용하고 있다. 아울러 연간 136만 톤이 발생하는 재건축 현장도 45% 이상 재활용한다. 이는 2000년대 20%에 머물던 재활용률을 높이고자 일본 정부가 2006년에 석고보드 매립 금지법안을 통과시켰기 때문이다.

이러한 정책 변화의 배경에는 1999년 발생한 매립처분장 황화수소 가스중독 사망사건이 있다. 후쿠오카현 찌쿠시노시의 안정형 매립처분장에서 근로자 세 명이 황화수소가스 중독으로 사망하는 사건이 발생한 것이다.

사고 현장에는 석고보드, 폐타이어가 폐기물에 섞여 있었으며 이 물질이 근로자들을 사망에 이르게 한 황화수소 발생의 원인일 가능성이 크다는 분석결과가 나왔다. 실제로 폐 석고보드는 일산화탄소보다 10배 이상 오존층을 파괴하는 황산칼슘이 배출되는 것으로 알려졌다.

삶의 질이 향상되면서 쾌적하고 안전한 환경에 대한 사회적 관심이 고조되었고 환경문제와 함께 폐기물의 적정처리와 재활용에 대한 관심 또한 높아져 건설현장에서는 발생 폐기물의 감량 및 적정처리 방안을 수립하여 환경문제에 적극적으로 대비해야만 하게 되었다.

이에 한국정부는 건설폐기물 관련법을 제정하고 재활용 목표를 설정하여, 건설 폐기물 처리 및 재활용 방안을 실시하는 등의 노력을 기울이고 있지만 이러한 노력에도 불구하고 건설폐기물의 적절한 관리 및 처리는 선진국에 비해서 뒤떨어져 있는 실정이다.

건설폐기물의 재활용과 효율적인 처리를 위해서는 건설공사의 계획 및 설계단계에서부터 발생량의 추정 및 재활용 방안의 수립을 적극적으로 추진하고, 환경친화적인 설계를 실시하며, 순환형 산업구조를 바탕으로 건설공사의 제로에미션을 위한 지속적인 노력이 요구된다.

그리고 보다 실질적인 관계법령과 통일된 정책결정, 발생원에서부터 최종처리까지 배출자의 역할과 분리 및 배출의 문제 등을 보완할 수 있는 종합적인 제도분야의 방안 마련과 함께 해체공사 기술의 개발과 보급, 재생골재의 생산설비를 개선, 품질의 적격한 기준 마련 등의 기술적인 노력이 필요한 것이다.

그 해결방안으로 첫째로 분별해체 공법의 확대시행 및 기술개발분야이다. 건설폐기물의 재활용의 성공여부는 폐기물의 분리되고 선별로부터 시작된다. 건설자재의 가공기술은 매우 발달되어 있기 때문에 이것을 잘 이용한 해체공법을 선택하는 것이 바람직하다.

그러나 철근이나 철골이 복합된 콘크리트 구조물의 경우는 양자의 재질이 완전히 다르며, 대단히 견고하고 강해서 이들을 해체하기에는 많은 어려움이 있다. 선진국에서는 이러한 각종 구조물의 특성을 분석하여, 여러 가지 해체공법이 시행되고 있지만 국내에서는 각종공해 및 특수한 환경 여건을 무시한 채 종래부터 사용되고 있던 대형장비에 의한 공법에만 의존하고 있는 실정이다.

두 번째로 재생골재의 생산설비 보완정책일 것이다. 건설폐기물을 분리하는 공정이라 하더라도 폐콘크리트의 분쇄물을 그대로는 일반 골재와 같이 사용할 수 없는데다가 재생골재는 천연골재에 비하여 품질이 많이 떨어진다. 그 이유는 중간처리업체가 보유하고 있는 생산설비와 성능의 한계로 인하여 고품질의 재생골재를 생산하기가 어렵기 때문이고 또한 수요자 측면에서도 재생골재의 사용에 대한 인식이 낮기 때문이다.

일본 후생성은 폐기물이 발생할 때부터 혼합된 상태이기 때문에 중간처리과정에서 완전한 선별이 이뤄지기 어렵다며 문제 해결을 위해 폐기물 배출자들의 인식전환과 함께 선별기술 개발 그리고 반입 폐기물에 대한 공적심사제도의 도입 및 강화 등에 대한 개선사항이 필요하다고 지적했다.

주목할 만 한 점은 국내 폐기물 매립형태가 당시의 일본과 크게 다르지 않다는 것이다. 재개발, 사회기반시설 확충 등 건설폐기물 발생량이 꾸준히 늘어가는 상태에서 불법적인 건설폐기물 매립이 계속된다면 한국 역시 사고위험에 이미 노출됐다는 것이다.

건설업계는 재활용을 통해 자원절약은 물론 경제적 이득을 얻는 방법이 있음에도 국내 건설사들은 자원낭비와 함께 환경파괴와 사고위험까지 있는 최악의 방법을 선택하고 있는 셈이다. 특히 폐 석고보드는 재활용을 통하면 혼합 배출보다 처리비를 절반으로 줄일 수 있음에도 인식 부족과 관리 부재로 불법처리가 계속되고 있다.

한국의 환경부 자료에 따르면 2010년 폐콘크리트의 하루 발생량은 11만 4302 톤이며 재활용량은 11만 4256 톤으로 99.9%가 재활용되고 있다. 폐아스콘 역시 발생량 3만 2535톤 가운데 99.8%인 3만 2499 톤이 재활용되고 있다.

반면 폐보드류는 하루 155 톤의 발생량 가운데 70%인 110 톤이 재활용 되는 것으로 나타났는데, 실제 재활용 실적과는 전혀 관련이 없는 허수에 불과하다는 것이 업계의 시각이다. 폐보드류 등이 발생했을 때 이를 분류하지 않고 혼합폐기물로 배출하기 때문에 실제 폐보드류 배출량과 비교해 극히 미미한 숫자만 통계에 잡힌다는 것이다.

실제로 하루 발생량 155 톤을 365 일로 환산하면 5만 6575 톤에 불과해 국내 석고보드의 연간 생산량인 150만 톤에 비해 터무니없이 적은 양만 통계에 잡히고 있다. 이는 지자체가 제출한 부정확한 통계를 환경부가 그대로 수용해 정책 수립에 활용하고 있기 때문이라고 지적하고 있다.

이러한 현상이 발생한 데는 지자체의 관리 부재와 함께 환경부의 안이한 대응도 한몫하고 있다. 재활용을 촉진하고자 법을 만들었지만 골재 재활용 실적을 홍보하는 것만 신경을 쏟을 뿐, 다른 폐기물이 얼마나 재활용되는지는 관심이 없다는 평가다.

아울러 같은 건설폐기물재활용촉진법 대상이면서도 골재는 폐자원관리과에서 담당하지만 나머지 건설폐기물은 자원순환 정책과와 자원재활용과 등에서 나눠 맡고 있어 통합적인 관리가 불가능한 구조다.

전문가들은 환경부가 실태를 파악하고 지자체를 독려하기 위한 실질적인 조치를 취하지 않는 이상 재활용률을 높이기는 어려울 것으로 보고 있다. 아울러 폐 석고보드 매립을 금지하는 등의 제도 정비가 시급하다는 지적도 나오고 있다.

3.4.6 해외 사례

선진국의 사례보다는 인도네시아의 폐기물최소화 정책에 대해 그 사례를 알아보고자 한다. 자원과 교육에 투자를 많이 하고 날로 발전해 나가고 있는 인도네시아는 EPR 제도 정착, 전기전자제품 회수 체계 구축, 분리수거체계의 확립, 환경친화적 포장제도 추진 등의 네 가지로 폐기물최소화 정책을 추진하고 있다.

(1) EPR 제도 정착

- 생산자책임재활용제도(Extended Producer Responsibility): 제품 또는 포장재의 생산자에게 그 제품 및 포장재의 폐기물에 대하여 일정량의 재활용 의무를 부과하고, 이를 이행하지 않을 경우 재활용에 소요되는 비용 이상의 재활용부과금을 생산자에게 부과하는 제도로서, 재활용의무 대상품목을 설정하고 재활용 의무 총량을 산출하여 고시
- EPR 관련 포장재 재활용 가치 확대 및 재활용 활성화를 위한 재질개선가이드라인 마련
- EPR 대상품목의 수집운반재활용 등 각 단계별로 지자체, 재활용 의무자의 책무 명확화
- 합리적 역할분담을 위한 관련전문가, 지자체, 관련협회 등으로 협의체를 구성 및 운영
- 생산자책임재활용제도를 적용받는 폐기물은 생활폐기물에서 분리하여 별도의 폐기물분류 및 회수체계를 갖추고 생산자, 지자체, 소비자 등 관련경제주체간의 합리적 역할분담 방안 강구
- 친환경 상품 구매 관련 제도: 재활용 제품 등 친환경상품의 생산/보급 기반
- 재활용제품 수요 촉진 및 기술개발 강화하고 재활용의 질적 측면에도 중점을 두어 재활용 과정의 환경관리 강화 및 재활용제품 품질에 대한 불신을 해소하기 위한 개선방안 필요

- 재활용제품의 품질을 관리/향상하기 위한 재활용제품 품질기준 설정 및 인증제도 강화가 필요하고, 재활용산업은 재활용기술개발에 투자하기 위한 자체역량이 부족하므로 재활용기술개발에 대한 지원 필요
- 제품의 자원순환성평가제도 도입: 제품폐기물의 발생억제 및 순환이용을 제고하기 위하여 제품 제조자로 하여금 자원순환성을 스스로 평가/공개
- 신도시개발 등 개발계획 수립 시 자원순환성을 고려하여 개발사업 계획수립 단계부터 자원순환성을 사전에 고려하게 함으로써 건축구조물, 자재 등을 설계
- 재활용제품에 대한 품질인증제도, 친환경상품 의무구매제도 도입하고 공공기관별 친환경상품 의무구매 목표율 및 연차별 구매목표율 설정에 관한 지침을 마련하여 친환경상품 구매 확대 유도
- 대형유통업체의 재활용제품 판매매장을 친환경상품 전시/판매매장으로 확대운영 추진
- 재활용센터 활성화 등을 통해 폐가전제품, 폐가구 등 폐기물 재이용 확대 추진
- 지방정부에서 재활용센터를 설치하는 경우 국가에서 사업비의 일부를 지원하는 방안 마련하고 중앙정부와 지방정부간 사업비 분담방안 등 검토

(2) 전기전자제품 회수체계 구축

- 전기전자폐기물 생산자, 지방자치단체, 유통업체 등이 참여하는 회수체계 구축
- 전기전자제품 자원순환 관련제도를 마련하여 전기전자제품의 설계단계에서부터 재활용 용이성 제고를 위해 재활용 목표율 설정, 생산자에게 회수/재활용 의무 부여
- 자치단체 책임 하에 중고물품 교환, 재사용가능한 대형폐기물의 수거/선 별/수리 및 수선 등을 위한 시설과 인력을 마련은 자치단체별로 한 군데씩 설치하도록 법령에 규정하고 자치단체가 대형폐기물을 수거/선별/처리 할 때에는 수리 가능한 물품을 별도로 구분하여 우선적으로 회수/판매할 수 있도록 조치
- 전기전자제품 자원순환 관련 제도 마련하여 전기전자제품의 설계단계에서부터 재활용 용이성 제고를 위해 재활용 목표율 설정, 생산자에게 회수/재활용 의무 부여
- 처분과 관련한 비용부담제도를 통합, 재정리하여 재정적 인센티브 마련
- 사전재활용평가제도 확대 발전은 부품과 물질의 재활용률을 높이기 위해 사전평가기법을 개발하고, 재질/구조개선 대상사업자의 재활용지침 이행을 강화
- 부품의 표준화 및 주요 부품의 호환성을 높이도록 하고, 플라스틱류의 재질 표시 및 재활용가능 물질 사용을 유도
- 제품정책의 개선은 제품의 내구연한 연장을 유도하고 제품의 수리서비스 강화, 부품의 호환성 제고를 위한 표준화 및 보유기간의 확대, 수리서비스 산업의 육성 유도

(3) 분리수거체계의 확립

- 분리수거란 종이류, 의류, 캔류, 고철류, 병류, 플라스틱류 등 재활용 가능한 물품을 가정의 배출단계에서부터 수거체계를 구축(종류별 분리수거함을 마을에 설치)하고 지자체의 책임 하에 운반, 재활용(자체 또는 민간 사업체에 위탁)하는 것을 말함
- 지방정부가 분리수거를 계획적으로 실시할 수 있도록 연차별 분리수거 계획을 수립하고, 회수 목표율을 설정하여 분리수거된 재활용품 등이 다시 매립 등으로 처분되는 사례를 방지

- 지방정부는 국가가 생산자에게 부여하는 재활용 목표율 등을 감안하여 분리수거 품목 및 수거량 등을 계획
- 생산자책임재활용제도의 시행과 연계하여 분리수거, 회수선별과정에 대한 책무 부담을 명확히 함
- 형광등, 건전지 등 유해폐기물에 대해 생산자책임재활용제도에 의한 별도의 분리수거체제를 구축하여 잠재적인 자원의 회수/재활용을 확대

(4) 환경친화적 포장제도 추진

- 제품의 포장설계 단계부터 포장폐기물 발생을 감량화하도록 친환경포장 가이드라인을 마련하여 사업장에 시범적용하고, 성과평가를 토대로 포장 환경기준 설정 등 개선방안 마련
- 포장폐기물의 효율적 관리를 위한 홍보 및 단속 강화
- 자치단체 및 관련단체 등에 대한 포장폐기물 억제제도 홍보 및 교육 강화
- 명절 등 과대포장이 성행할 수 있는 특정시기에 지도/단속 강화
- 복합 재질 및 처리 곤란한 소재의 사용을 제한하여 재활용을 촉진
- 합성수지 재질 가전제품 완충용 포장재의 연차별 감량화 추진
- 용적에 관계없이 가전제품의 경우 일정량 이상 친환경 재질로 대체하거나 감량하도록 추진
- 포장폐기물로 인한 환경문제를 원천적으로 해결하기 위하여 감량화 정책을 우선 추진하되 재질대체가 어려운 제품에 대하여 재활용을 적극적으로 추진
- 포장재질 규제, 포장방법 규제, 합성수지 재질로 된 포장재의 연차별 줄이기 제도 등을 추진
- 포장방법 규제는 과대포장을 억제하기 위하여 제품을 포장하는 경우 상자 안에 남은 공간을 일정비율로 제한하고 포장횟수를 규제하는 것임
- 합성수지로 된 포장재의 사용량을 줄이고 친환경적인 재질의 포장재로 대체하도록 합성수지재질로 된 포장재의 연차별 줄이기 제도 도입
- 포장폐기물의 분리배출 및 수거체계 마련
- 포장폐기물의 분리수거 촉진을 위해 지방자치단체로 하여금 연차별 분리수거 계획을 수립토록 하여 계획적/효율적 분리수거가 이루어지도록 유도

3.4.7 기타 사례

(1) 폐기물의 다양화

이 외에도 폐기물최소화를 위한 방법이나 기법은 정밀화학공정이나 안성시의 폐기물처리계획, 현대자동차의 그린디자인, 뉴질랜드의 상업용 폐기물처리 방법, 일반적인 아파트 분해정책, 최근 이슈가 되고 있는 핵폐기물 처리, 한국 경기도 연천군의 쓰레기 매립지 선정과 예산군 및 군산시의 폐기물 소각처리에 대한 방법 등 다양하게 찾아볼 수 있다.

또한 폐목재의 자원화는 목재자원의 고갈과 가격상승, 기후변화 대응을 위한 신재생 에너지로서 관심이 높아지고 있으며, 지구온난화 원인물질인 CO_2의 흡수원인 산림자원의 순환이용 측면에서도 아주 중요한 의미를 갖는다.

한국은 목재소비량의 대부분을 수입에 의존하고 있음에도 폐목재의 발생량은 매년 증가하고 있으며, 재활용률은 46.4%에 불과하여 절반 이상이 소각 또는 매립으로 폐기되는 것으로 나타나 순환이용가능 자원이 낭비되고 있다.

이에 따라, 제도적인 측면에서 폐목재의 발생을 저감하고 자원화를 촉진하여 폐기되는 양을 최소화하기 위한 개선방안의 제시는 첫째, 폐목재의 발생저감을 위한 개선방안으로 독특한 주거문화, 잦은 이사, 소비행태 등의 원인으로 계속 증가하고 있는 폐가구류의 발생억제를 위해서는 현행 권장사항으로 되어 있는 붙박이장 설치를 의무사항으로 강화하고, 그 대상을 공동주택에서 단독주택에까지 확대할 필요가 있다.

둘째로 폐목재의 자원화촉진을 위한 개선방안으로 페인트, 기름, 방부제 등 함유 여부만으로 재활용 또는 처리대상을 달리함으로서 자원화를 제한하는 문제점을 개선하기 위해서는 유해정도를 고려한 세분화된 배출기준이나 등급 및 재활용 처리기준 마련되어야 한다.

건설폐목재의 재활용을 위해서는 건축물 등 구조물의 해체과정에서 혼합건설폐기물의 발생을 최소화하고 분리해체를 통해 분리배출이 용이하도록 혼합건설폐기물의 물질별 분리 및 재활용 의무가 보다 강화되어야 한다.

또한 폐목재의 경제성을 고려한 재활용 유도를 위해서는 시장원리에 의한 물질재활용과 에너지회수간의 우선순위 원칙의 정립이 필요하며, 영세한 폐목재재활용산업의 육성을 위해 설비투자에 대한 세액공제 확대, 자금지원 및 정부 R&D투자 확대 등이 필요할 것으로 사료된다.

다른 예로 병의원, 보건소, 의료관계 연구소와 교육기관 등에서 배출하는 폐기물로서 사업계 일반폐기물을 포함한 각종 폐기물을 말하는데, 탈지면, 가제, 붕대, 기저귀, 인체 적출물, 주사기, 주사침, 체온계, 시험관 등의 검사기구와 분석장치, 엑스선필름 폐현상액, 유기용제 등이 이에 속하며, 의료관계 폐기물 또는 병원 폐기물이라고도 한다.

의료폐기물은 진료실, 처치실, 수술실, 검사실, 조제실, 세척실 등 발생장소의 특성상 병원균이나 중금속, 독극물 등 병원체 및 유해물질의 오염에 의한 위험성과 주사침, 깨진 유리 등에 의한 부상의 위험성이 큰 것들이 주종을 차지한다.

총 발생량의 약 4분의 1이 혈액, 체액, 분뇨 등에 오염된 폐기물로 이를 통해 감염될 위험성이 높고, 검사실과 조제실에서 발생하는 각종 폐약품과 독극물 및 수은 등 유해중금속에 오염될 위험이 있으며, 주사바늘, 유리병 등은 폐기물 청소원이나 처리업자에게 부상과 감염의 위험을 안겨준다.

또 욕실의 폐수, 먹다 남은 음식 등도 병원균 감염의 위험이 있기 때문에 의료시설 내의 생활폐기물도 일반폐기물과 함께 처리되지 않도록 해야 한다.

지금까지는 의료폐기물의 처리를 의료기관 자체나 외부 처리업체에서 소각을 기본으로 삼았다. 감염성 폐기물은 수집 즉시 소독하거나 소각해야 하지만 체온계 등 중금속을 함유한 폐기물을 소각을 할 경우 유해성분이 공중으로 방출되어 환경오염을 유발하는 폐해가 발생한다. 또한 항생물질을 매립하거나 하수도에 흘려보내면 토양과 수질을 오염시키게 되며 폐기된 항암제는 자연 생태계에 영향을 미치게 된다.

따라서 의료폐기물은 배출과 수거 단계에서 감염성 및 손상성, 가연성 및 불연성 등으로 적정하게 분리하고, 처리과정에서 전문지식을 갖춘 관리감독자의 지휘 아래 안전하게 처리해서 환경이나 인체에 대한 유해성분의 발생을 최소화해야 할 필요가 있는 것이다.

또 다른 예로, 듀퐁사가 청정기술개발활동을 활성화하기 위해 각 공장책임자들에게 매년 폐기물 감소목표와 실천계획을 서면으로 제출토록 하는 공식 프로그램을 시행하고 있다.

듀퐁사는 청정기술 실천방안으로 5R를 실천하고 있는데, 첫째, Reduce Waste(폐기물최소화)는 대량의 폐기물을 발생시키는 공정은 개선하고 유해성 원재료의 양을 줄이도록 원료배합비율을 바꾸어 유독폐기물의 발생량을 감소시킨다.

둘째, Reuse(재사용)는 공업용수와 같은 자원은 다시 순환시켜 그로부터 재사용이 가능한 고형물을 회수하면서 자원의 사용량을 줄이며, 셋째 Recycle(재생)은 부적격 제품을 재생산하여 고품질의 완제품을 만들어낸다.

넷째, Recover(회수)는 이미 사용된 화학제와 원재료로부터 재사용할 수 있는 것은 모두 회수한다. 예컨대 증류과정을 통해 솔벤트를 회수한다든지 폐열을 회수해 보일러용 연료로 재사용하는 것이다. 마지막으로 Research(연구)는 폐기물의 극소화와 기타 환경적 우려에 대응하는 공정기술을 개발하기 위한 연구를 계속한다는 것이다.

(2) 폐기물 수거기술의 예

산업도시화로 인하여 비례적으로 증가하게 되는 폐기물의 환경오염으로 그러한 폐기물 수거를 위한 차량 증가에 의한 대기오염, 교통 체증, 폐기물 발생과 처리, 하수와 오수의 발생 등이 또한 병행될 수밖에 없는 실정이다. 여러 가지 환경유발 요인 중 생활폐기물의 경우 매일 발생되고 있고 발생된 폐기물의 수집과 운반을 위하여 많은 인력과 장비가 매일 동원되고 있기 때문이며. 매일 발생되는 폐기물의 양도 수만 톤 규모에 달한다.

서울의 경우, 2011년도에 환경부에서 발표한 2010년 전국 폐기물 발생 및 처리현황을 보면 한국에서 발생하는 생활폐기물 양은 하루 49,159톤이라 하고, 이중에서 서울에서 발생되는 양은 10,020톤으로 20.3%에 해당된다. 인구로 보면 전체 행정 구역 인구는 51,003,160명으로 서울 인구는 이중 10,383,074명인 20.3%에 해당되어 인구와 생활폐기물 발생량은 비례적인 상관관계가 있는 점을 알 수 있다.

그러나 폐기물 처리에 소요되는 관리 예산을 보면 26.1%로 인구 비율과 동일했던 발생량 20.3%에 비하여 높은 것으로 나타났다. 서울시의 경우 하루에 폐기물 운반을 위한 수집단계에서 약 950여대의 차량과 수집 후 운송과정에서 약 320대 이상의 차량이 매일 운행되고 있다. 또한, 서울시 생활폐기물 운반량은 연간 약 3,657,000톤이며 관리예산은 약 1.1조 원으로 톤당 처리비용은 301천원이 되며 소각이나 매립비용이 포함되어 처리비용이 높은 것으로 보인다.

이들 폐기물 운반차량이 운행하는 과정에서 발생되는 환경오염의 요소는 크게 두 가지인데 하나는 화석연료 사용으로 인한 배기가스 배출과 차량운행으로 인한 교통체증을 들 수 있다. 배기가스로 인한 오염 양은 어느 정도 추론이 가능하지만 폐기물 수거차량으로 인한 교통체증에 대한 문제는 많은 연구가 진행되어 있지 않다.

생활폐기물을 수거하기 위한 차량운행으로 발생되는 배기가스는 질산화물(NOx), 이산화탄소(CO_2) 순이며 연간 서울시내에서 생활폐기물 수거를 위하여 특장차량 운행으로 발생하는 대기오염 물질을 편익으로 환산하면 수백억 원에 달 할 것으로 추정된다.

미국 뉴욕의 경우를 보면, 2003년 뉴욕주정부에너지연구개발원(New York State Energy Research and Development)에서는 뉴욕시 지하에 캡슐수송장치(PCP: Pnenumatic Capsule Transport)를 이용하여 화물을 운송하는 타당성조사를 의뢰받았다. 여기에는 터널 건설과 폐기물 운송 우편물이나 소화물 운송 박스 등과 같은 화물 운송 등 세부적인 적용방법이 구체적으로 검토되었는데, 폐기물의 경우 매일 발생되는 폐기물을 하루 16,400톤씩 55mile 떨어진 매립장까지 보내는 방법을 대상으로 하였다.

뉴욕 주에서는 지하에 설치된 PCP를 검토하였고 이때의 장점은 트럭의 필요성을 크게 줄이고 교통혼잡을 유발하는 트럭의 수를 감소시키며, 화석연료로 인한 대기오염, 소음과 트럭에 의한 교통사고를 크게 줄일 수 있으며, 눈비 등 기후에 영향, 교통 혼잡과 도로보수 등에 영향이 없어 배송 신뢰성이 매우 높다는 것이나, 설치비가 높다는 단점이 있다.

PCP의 역사는 러시아에서 첫 번째 Transprogess 시스템으로 깨어진 암석을 운반하기 위해서 설계되었는데 몇 개의 컨테이너 캡슐을 연결한 공압철도로 운전되었다. 1971년 11월 Georgia의 Tibilisi 근처에 직경 1,020mm로 건설되었는데 캡슐은 적재시 30km/h 또는 비적재시 50km/h 속도로 2.1km을 운행을 하였다. 한 개의 공압철도는 6개의 캡슐이 연결되었고 15톤을 적재하였다. 이 시스템은 SKB Transnefteavto-matika에 의해서 설계되었고 Giprovodkhoz에 의해서 건설되었다.

1975년 1,220mm 직경의 PCP시스템이 Sichevska Concentrating 분쇄기에서 피트에 있는 자갈과 모래를 잘게 부수고 선광을 하는 분쇄기로 옮기기 위해 가동에 들어갔다. 배관길이는 8km이지만 110개의 캡슐철도를 이용하여 연간 8백만 톤을 효과적으로 운송하였다. 1983년도에는 성피츠버그 레닌그라드에 도시에서 근처 처리장까지 폐기물을 옮기기 위하여 시스템이 건설되었다.

또한, 1972년에서 1985년 사이에 미국, 구소련 그리고 영국에서 상용화 하려는 노력이 있었는데 1985년 이후 불명확한 이유로 설치가 중단된 구소련의 시스템이 가장 성공적이었다.

1970년대까지 PCP 사업은 활발하지 못하였지만 1980년대 이후에도 꾸준히 새로운 돌파구를 찾고 있고 아울러 초대형 사업이 지속적으로 검토되고 있는데, 성공사례로서 일본의 스미모토 메탈사는 1m 직경에 3.2km 길이의 시스템을 1980년대에 석회석을 시멘트 공장으로 수거하기 위하여 설치하였다. 시스템은 연간 2백만 톤을 수송하고 있으며 가동률은 95%를 상회하고 있으며, 이 시스템은 현재까지도 가동되고 있다.

3.5 오염예방

오염예방은 공정, 관행, 물질 또는 제품의 사용 중 오염을 발생 전에 막거나 줄이거나 혹은 통제하기 위한 것들을 의미하며 재활용, 공정변화, 통제메커니즘, 자원의 효율적 이용을 포함한다. 특히 환경오염문제를 해결하기 위해서는 오염을 야기하는 경제활동을 억제하거나 오염방지 행위를 증가시켜야 하지만 이는 인간이 영위하는 경제성장에 걸림돌이 되는 것이다.

오염예방의 원칙은 환경문제가 발생하기 전에 그것을 회피할 수 있도록 생산과정과 제품공정개선에서 시작이 되어야 한다는 개념이다. 즉 원료에 의한 오염통제와 배출의 억제, 생산방식의 친환경적 변화 등으로부터 고려되어야 한다는 것이다.

1975년 3M이 3P(Pollution Prevention Pays) 프로그램을 진행한 것을 계기로 처음으로 거론되었다. 그 이후 미국 내에서 오염예방에 대한 본격적인 논의가 이루어진 것은 1988년 미 환경청(EPA)이 오염예방국(Pollution Prevention Office)을 설립하여 오염예방을 환경정책에 반영하면서 부터다. EPA가 1990년 제정한 오염예방법(Pollution Prevention Act)에 따르면 발생원 감량(source reduction)을 강조한다.

즉 발생원 감량과 사업장 내 재활용(on-site recycling) 등을 통해 폐기물 및 오염물질의 발생량을 줄이거나 없애는 것을 의미한다. 오염방지는 사후조치(end-of-pipe devices)를 통해 오염을 통제하거나 제거하는 것에 초점을 맞추는 접근방법과, 오염을 감축시키거나 방지할 수 있는 생산공정 및 제품의 개선을 강조하는 오염예방 방법을 통칭하는 용어이다.

오염예방에 해당하는 생산공정 개선을 위한 청정기술의 주요 특성은 생산제품 단위당 에너지와 원료의 사용을 최소화하고, 제작기간과 제품 사용기간의 대기, 수질 및 토양 오염물질 방출을 최소화하고, 유해한 성분이 적거나 전혀 없는 제품을 생산하고, 제품의 내구성과 수명 및 재활용도를 최대화하는 것 등을 포함한다.

따라서 사전오염예방은 청정생산과 유사한 개념으로 미국 환경보호청에서는 근원적으로 폐기물 발생을 제거하거나 감축하는 오염원감소로 원료, 에너지, 물, 토양 등 자원 사용에 대한 효율성을 극대화하여 인간과 환경을 보호하는 일련의 실천행위이다.

3.5.1 해양오염

지구온난화가 계속되면서 그 영향은 해양오염 방면에서 나타날 수 있다. 오늘날의 온난화는 저위도보다 고위도 지방에서 더 빠르게 진행되고 있다. 가장 눈에 띄는 현상은 극지방의 빙하와 알프스와 히말라야 산지 등의 산악빙하가 녹아내리는 것이다.

산악빙하가 녹아내리면 고스란히 해수면을 상승시키는 요인이 된다. 뿐만 아니라 기온상승 자체가 해수면 상승의 요인이다. 해수면 상승은 인류의 1/3이 거주하고 있는 해안지역에 홍수와 침수 등의 피해를 유발할 것이다. 이미 태평양의 산호초 섬은 물속으로 사라지고 있다는 보고가 있다.

기온상승은 해수의 팽창, 극지 및 고산지의 빙하의 융해로 이어져 해면의 상승을 초래하고 말 것이다. 그 예로 지구의 해수면 상승은 지난 100년에 10~25cm로 지구온난화와 깊은 상관관계가 있는 것으로 여겨지며, 2100년에 이르러서는 해수면은 최대 88cm까지 올라 갈 것으로 예측되고 있다.

유류오염예방에 관하 법적규제를 시행하고 있는데, 국제해사기구(IMO)는 인간 환경과 해양 환경의 보전을 위하여 선박, 해양시설, 항구, 기름 취급 시설에서 발생되는 기름 오염 사고가 해양 환경에 심각한 위협임을 인식하고, 기름 오염 예방조치와 해상인명안전협약(SOLAS)과 해양오염방지협약(MARPOL)을 엄격히 적용하고 있다.

그리고 유조선과 해양시설의 설계, 운영 및 유지를 위한 강화 기준의 조속한 개발에 역점을 두고 기름 오염사고에 대한 신속하고 효과적인 대응조치와 기름 오염 방제를 위한 효과적 대비 및 석유, 해운산업 역할의 중요성을 강조하여 전문 19조로 구성된 이 협약을 1990년에 채택하고 1995년에 발효시켰다.

해양오염대책을 위한 한국의 사례도 다양하게 볼 수 있는데, 최근 국민참여연대의 해양오염예방 활동의 노력을 하고 있다. 서귀포 해양경찰서에서는 최근 국립공원 내 산장과 캠핑장에 대한 선호도가 높아지고 있다.

2004년부터 주 5일제가 전면 시행됨에 따라 건전한 여가 활동의 활성화와 해양오염예방 프로그램의 참여를 확대시키는 방안으로 참여 실적에 따라 포인트를 부여하고 누적된 포인트로 국립공원 및 시설에 대해 무료 이용을 할 수 있는 국립공원 그린 포인트 제도를 도입 운영하고 있다.

충남 태안해양경찰서는 소형어선에서 발생되는 해양오염을 효율적으로 예방하고 관리하기 위한 대책을 마련 하였는데 지역 내 소형어선 선주 및 운항자 200명 대상으로 설문조사를 실시한 결과 주로 10t 미만 소형어선은 봄부터 가을까지 새 연안에서 활동하고 어선 발생 선저폐수는 한 척당 월 평균 30ℓ 미만으로 조사됐다.

이에 어선발생 선저폐수 등의 육상처리를 위해서는 어업인 대상으로 계몽 및 홍보가 필요하다는 결과에 따라 해양오염 예방대책을 마련하게 되었는데, 그 주요내용은 1촌 1지킴이 만들기 운동, 어업인 교육활성화, 소형어선 선저폐수 저감 연구회 운영 및 불법 해양오염행위 단속강화 등이다.

또한 경남울산 해양경찰서에서는 2012년도 상반기 해양환경 저해사범 집중단속을 실시해 그 결과 총 30건의 위반행위를 적발했는데 단속결과 유해액체물질운반선 세정수 불법배출 등 오염행위 5건, 행정질서 위반 2건, 경미한 행정지도 23건으로 총 30건이 적발됐다.

특히 중점단속대상으로 선정된 유해액체물질운반선의 환적 및 화물변경에 따른 세정수 불법배출 행위에 대해 집중 단속한 결과 화물창 세정수를 영해기선으로부터 12마일 이상 해역에서 배출이 가능함에도 불구하고 연안 부근해상에 약 36톤을 불법 무단 배출하는 등 오염물질 불법배출 행위를 적발해 유해액체물질 운반선에 대한 지속적인 단속이 요구된다.

중국은 2012년 공산당 기관지 인민일보를 통해 중국이 방사성오염 예방대책의 책임을 인민해방군에 부과했다고 했다. 중국은 후진타오 당시 중앙군사위원회 주석 서명으로 이런 내용의 방사성오염 예방조례를 선포했다.

본 조례는 인민해방군의 최고통수권자가 방사성오염 예방과 사고 발생시 수습작업을 총괄 지휘한다는 내용을 기본원칙으로 하여, 군이 책임을 지고 만약의 사태에 일사불란하게 대응한다는 내용을 담고 있다. 조례는 아울러 인민해방군에 방사성 오염 예방작업의 관리책임과 더불어 감독권도 부여하고 있다. 이러한 상황은 중국이 일본의 후쿠시마 원전사고를 지켜보면서 철저한 관리감독과 신속한 대응을 골자로 인민해방군 주도의 방사성오염 예방대책을 마련한 것으로 알려지고 있다.

중국의 행정부인 국무원은 총리 주재로 핵안전, 방사능 오염 방지에 대한 12차 5개년(2011~2015년) 계획 및 2020년 장기 목표 안을 통과시켰으며, 이 안은 원전과 민영 연구용 원자로, 핵연료 처리 시설 등의 입지 선정, 관리 방안 등에 관련한 종합적인 안전 규정을 담은 것으로 후쿠시마 원전 사고 이후 대대적인 손질을 거친 것으로 알려지고 있다.

3.5.2 대기오염

한국 정부는 각종 공해방지 법규를 시행해야 하고 있고 이는 건강한 인간생활을 위해 해야 할 실천사항이다. 집안 온도를 적정하게 유지하며 각종 난방 연로의 사용을 줄이며, 가까운 거리는 걷고 대중교통 수단을 이용해야 하며, 프레온 가스가 포함된 에어컨, 스프레이, 무스 등은 되도록 사용하지 말아야 한다.

자동차의 사용량을 줄이고 무연휘발유 차를 사용과 유독가스를 내뿜는 물건을 태우지 않으며, 기업 공장의 굴뚝에는 집진기의 설치로 에너지 소비를 최대로 줄이고자 노력해야 한다. 또한 자동차에는 정화기를 부착하여 배출가스를 최소화해야 할 것이며, 점진적으로 에너지원을 태양에너지, 수력발전, 천연가스 등을 이용해야 한다는 것이다.

한국 환경부는 오토오일 사업을 추진하고 있는데, 오토오일 사업이란 연료기술과 자동차기술의 상관관계를 복합적으로 분석하여 자동차 배출가스 저감 및 연료품질 향상을 위한 정책에 활용하기 위한 사업을 말한다.

이는 국제수준의 자동차연료 공급에도 수도권지역의 미세먼지, NOx 등이 대기환경 기준을 만족하지 못한다는 점에 기인한다. 특히 수도권지역에서는 도로이동 오염원에서 배출되는 대기오염물질 비중이 높아 한국형 오토오일 사업추진 등 수송부문에 대한 지속적인 대기오염 개선정책 추진이 절실한 상황이다.

이에 따라 환경부는 한국형 오토오일 로드맵 마련을 위한 연구용역을 이미 지난 2009년 6월부터 발주하는 등 대기오염 개선을 위한 사업을 진행 중이며, 환경부에서는 자동차연료 사용이 자동차의 온실가스 및 대기오염물질 배출에 직접적으로 영향을 미치므로 2012년도 이후부터 자동차연료 환경품질 제조기준 개선을 검토 중이다.

호흡기 건강과 연관된 것으로 알려진 도시의 대기오염이 혈압과도 연관된 것으로 나타났다. 독일 Dusiburg-Essen 대학 연구팀이 밝힌 5000명가량을 대상으로 한 연구결과에 의하면 다른 인자를 보정한 후에도 대기오염에 장기간 노출되는 것이 혈압을 높이는 것으로 나타났으며 고혈압은 동맥경화증이라는 동맥 혈관이 딱딱해지는 질환 발병 위험을 높여 이로 인해 심장마비나 뇌졸중 등의 심혈관질환이 발병할 위험 역시 높아지게 된다.

과거 연구결과 대기오염이 심장질환과 순환기 질환 발병과 연관된 것으로 나타난 바 있으며 매일 대기 오염도가 높아지는 것이 혈압을 높일 수 있는 것으로 알려져 있지만 장기간 노출이 미치는 영향에 대해서는 그 동안 알려진 바 없었으나, 교통이나 연료 사용, 공장이나 발전소 등에서 배출되는 장기간 미세입자 노출도가 높아지는 것이 평균 동맥혈압이 높아지는 것과 연관된 것으로 나타난 것이다.

특히 이 같은 혈압 증가는 남성보다는 여성에서 더 현저했으며 공해가 심한 도시 지역에 사는 사람들이 혈압이 높으며 이번 연구결과 대기오염이 생명을 위협하는 심장마비나 뇌졸중등이 시작되게 하는 인자일 뿐 아니라 이같이 만성 심혈관질환이 발생하게 하는 기저 원인인 질환 발병에도 영향을 줄 수 있다고 강조하고 있다.

대기오염 예방을 위한 실천적인 생활습관은 실내 온도계설치, 실내의 자연조명 활용습관, 실내의 밝은 색 조성, 타임스위치의 설치, 보일러의 주기적인 청소, 단열주택, 환기 등이 있으며, 가전제품에 대한 사용상 주의와 자동차의 경제속도 유지와 경제적인 운전습관 등도 요구되고 있다.

전 세계에서 대기오염이 가장 심각한 나라는 이란, 인도, 파키스탄이고 미국과 캐나다의 공기가 가장 깨끗하다고 하나, 실내공기오염은 산성비와 오존층파괴, 지구온난화와 같은 환경문제를 일으키며 인체에도 직접적인 영향을 준다.

대기오염에 의한 사망자 수는 연간 600만 명에 달하며, 그 중 미세먼지로 인한 사망자가 매년 134명에 이른다. 특히 공기를 호흡하는 양이 성인보다도 많고 면역력도 약한 어린이들의 사망원인 중 많은 부분을 차지하는 게 바로 공기오염인 것이다.

지구온난화 또한 대기오염 때문에 발생되며, 석유 등의 화석연료가 탈 때 발생하는 이산화탄소, 메탄가스 등의 오염물질로 온실효과가 일어나 지구의 온도가 상승하는 현상임을 이미 인지하고 있는 바이다.

지구대기의 1%를 구성하는 이산화탄소 등의 온실가스는 지구에 들어오는 짧은 파장의 태양에너지는 통과시키는 반면, 지구로부터 나가려는 긴 파장의 적외복사 에너지는 흡수하여 지구의 온도를 유지하는 담요역할을 하여 왔다.

만약 온실가스가 존재하지 않는다면 지구의 평균온도는 영하로 내려가 빙하기가 찾아올 것이다. 온도의 상승 주요원인은 대기 중의 온실가스의 상승을 유발시킨 화석연료의 사용 때문이고, 온실가스는 대기로부터 열이 빠져나가는 속도를 지체시킴으로서 지구대기의 온도를 상승시킨다.

현재 이산화탄소의 양은 전례가 없을 정도로 높다. 과거의 기록에 의하면 이산화탄소의 양이 최대치에 도달한 후 커다란 기후 변화가 일어났다. 각각의 기후변화는 이산화탄소가 최대치에 도달한 후 수천년 후에 빙하기가 도래했다.

대기 중의 열을 흡수하여 저장함으로써 온실 효과를 일으키는 기체는 자연 상태의 수증기 외에 이산화탄소뿐만 아니라 메탄, 프레온 가스(CFCs) 등 매우 다양하게 존재한다.

지구온난화에 영향을 미치는 온실가스로는 교토의정서에서 지정한 6대 온실가스 물질인 이산화탄소(CO_2), 메탄(CH_4), 아산화질소(N_2O), 과불화탄소(PFCs), 수불화탄소(HFCs), 육불화황(SF_6) 등의 직접 온실가스와 일산화탄소, 질소가스, 비-메탄휘발성 유기물질의 간접 온실가스로 구분할 수 있으며, 이러한 온실가스들은 국가 경제의 원동력인 산업활동과 우리의 일상생활과 밀접하게 연관되어 배출되고 있다.

이산화탄소는 석탄이나 석유 등의 화석연료의 연소과정에서 주로 발생하며, 목재류 등의 벌목, 화재, 바이오매스의 잔존물이 부패하거나 토탄(peat)의 연소 등에서 발생되며, 이산화탄소는 2004년 기준 총 인위적 온실가스 배출량의 77%를 차지하고 있다.

메탄은 자연적 및 인위적 발생원에 의해 대기 중에 배출되는데. 자연적 발생 원인으로는 습지, 해양, 식생, 메탄 수화물(CH_4 hydrates) 등을 꼽을 수 있으며, 인위적 발생은 농 · 축산업의 가축배설물, 천연가스 등의 에너지 연소, 폐기물, 소나 양 같이 성장하는 반추동물, 산업공정 등이 원인이 된다.

UNEP/UNFCCC 에서는 메탄이 20%의 온실효과에 기여한다고 지적했고, 메탄은 배출되면 주로 대류권에서 화학적 반응에 의해 제거되기까지 대략 8.4년이 잔류된다고 보고하고 있다. 또한 아산화질소는 농업에서 주로 발생하며, 일부는 산업공정 · 사바나 화재 · 벌목 및 폐수 · 폐기물 소각과정에서 발생하는 것으로 보고되고, 채광이나 고온연소시 발생한다. 과불화탄소는 주로 불연성, 무독성 냉매로 사용되어 냉매의 대기 유출시 발생한다.

수불화탄소는 주로 반도체 세척공정에서 발생하는데, 용매를 사용하지 않는 건식 세척공정이 개발되고 있다. 육불화황은 주로 고압의 전기설비, 변압기, 절연가스 등에서 발생하는데, 이를 처리하기 위해서는 고온의 특수설비가 필요하다.

전 지구적 온실가스 배출량은 일부 개도국 및 최빈국의 배출통계가 집계되지 않아 정확히 산정하는데 한계가 있지만, 전 세계 온실가스 배출의 상당 부분을 차지하고 연료 연소(fuel combustion)에 의한 CO_2 배출 통계를 살펴보면 알 수 있다.

전 세계 140여개 IEA 회원국의 배출량을 살펴보면, 2009년 기준 전체 배출량이 28,999.4백만 CO_2톤으로서 1990년의 배출량 20,966.3백만 CO_2톤에 비해 약 38.3% 증가한 것으로 나타났다.

이는 1970년대 초반 배출량의 2배에 이르는 증가 규모이다. 1990년부터 2009년에 이르는 20년간 1차 의무감축 대상 국가들의 배출량은 6.4% 감소한 반면, 비대상 국가들의 배출량은 132.3%나 증가하여 극명한 대조를 보이고 있다.

1805년 이후 대기의 조성변화와 온실가스인 이산화탄소와 메탄가스의 증가가 인간의 활동과 관련 있음은 이미 인지하고 있다. 가뭄이나 홍수 등의 기상요소의 최대 및 최소치의 주기성이 수십 년의 값이 아니면 기후변화에 속하지 않는다. 그러나 1850년부터 약 2050년까지 예상되는 이산화탄소와 메탄의 양은 앞으로도 꾸준히 증가할 것으로 예상된다.

지구온난화 및 기후변화에 대한 전문 연구기관인 IPCC에 따르면, 대기중 온실가스 농도를 낮추기 위한 국제적인 노력이 없을 경우 21세기 동안 대기온도는 지속적으로 증가할 것으로 전망되고 있다.

IPCC 4차 보고서에 따르면, 향후 20년 동안 약 0.2℃/10년 상승률로 온난화가 진행될 것으로 전망하는데, 온실가스와 에어로졸 농도가 2000년 수준으로 일정하게 유지된다 하더라도 기온은 0.1℃/10년 비율로 상승할 것으로 예상하고 있다.

이 같은 지구온도 상승 속도는 지난 100년간의 관측된 지구온도 상승폭보다 2~10배 클 뿐만 아니라 지난 10,000년간의 변화보다 훨씬 더 빠르게 진행될 것으로 예측되고 있다. 현재 약 368ppm 수준의 대기중 온실가스 농도는 21세기에 490~1,260ppm까지 증가되고, 이에 따른 지구 평균온도도 1990년에서 2100년 사이에 약 1.4~5.8도 상승할 것으로 예측되고 있다.

한국도 여름이 무척 더워지고, 대륙의 사막화가 급속히 진행되면서 황사도 심해지고, 열대야 등 이상기후 현상도 많이 일어나고 있으며 일상생활의 대부분을 실내에서 거주하는 우리의 생활공간에서 발생하는 각종 공기 중 오염물질은 모르는 새에 몸에 축적되어 큰 건강상의 위협이 될 수 있다는 것이다. 따라서 최근 유행하는 화려한 실내 건축자재나 가구에서 나오는 화학물질, 그리고 새집에서 발생하는 포름알데히드, 미세먼지 등은 특히 주의해야 한다.

3.5.3 토양오염

토양오염의 방지책은 적절하고 철저한 관리여야 하는데 토양은 물질의 최종 도착지이기 때문에 버리지 않을 수 없으며 또한 농산물의 증산을 위하여서는 비료와 농약의 사용이 불가피하다. 될 수 있는 한 필요 이상으로 투약을 한다든가 폐기시킨다든가 하는 것을 자제해야 하며 또한 매몰시킨 경우에는 표시를 달아서 후세에 자원으로 이용되도록 하여야 할 것이다.

배수가 잘 되도록 하여야 하는데 pH는 중성이 유지되도록 노력하여야 할 것이다. 토양오염 방지법은 농경지의 토양오염만을 규제대상으로 하고 있지만 앞으로 비경용지의 토양오염에 대해서도 법적으로 규제하고 대책을 강구해야 한다.

토양이 오염되지 않도록 하기 위해서는 농약 처리방법을 개선하거나 미생물에 의해서나 화학적으로나 잘 분해되고 2차생성물이 유해작용을 하지 않는 농약의 개발도 필요하다.

이를 위해 농약의 과다사용을 피하고 산성비료의 사용을 줄이면서 중성비료로 바꾸며 화학비료보다 퇴비등 유기질 비료의 사용을 권장해야 한다는 것이다. 또한 가정하수 산업폐수를 함부로 토양에 버리지 않으며, 폐기물 또는 독성물질을 무분별하게 토양에 버리지 않음으로 매립지의 방식을 위생매립으로 하여 관리를 철저히 해야 한다는 것이다.

즉 토양오염의 주된 쓰레기의 무단처리나 일회용품 사용은 분리수거를 확실하게 해야 하며, 인간생활의 가장 기본적인 음식물은 남기지 않아야 한다는 것이다.

3.5.4 수질오염

수질오염의 70% 정도가 생활하수와 쓰레기에 의한 것으로 조사되었으며 각 가정, 학교, 음식점, 호텔 등의 세탁장, 화장실, 조리실 등에서 나오는 유기물, 세제 화공약품 등의 폐수의 정수처리, 쓰레기 양 줄이기와 분리수거를 철저히 실시해야한다.

공장, 공업단지 등의 산업장, 병원, 연구소 등의 폐수와 쓰레기 처리를 위해서는 해당 기관이나 시설에서 자체적으로 폐수 정화시설을 반드시 설치하고, 유기물, 약품, 약병, 중금속류 등의 오염물질을 하수로 무단방류하지 않도록 해야 한다.

농축산 사육장, 골프장, 농축산물 가공업소의 정수시설로 분뇨, 소독 · 살균, 약 품 등의 폐수를 무단방류하지 않도록 해야 하며, 학교, 아파트의 음용수, 생활용수로 사용하는 물탱크는 수시로 적정 시기에 깨끗이 청소하고 상 · 하수도를 청결하게 유지 관리하여 수질오염 예방을 실천해야 한다.

정부의 해당 기관에서는 지역별로 악성 폐수의 무단방류 현상을 감시 및 단속하고 대국민 계몽을 철저히 하며 상수원 수질개선을 위한 기술도 지속적으로 개발하고 도입하여 지역별로 방지대책을 실천해야 한다.

이를 위한 몇 가지 실천적인 행위를 보면 샴푸대신 비누사용, 음식물 남기지 말 것, 세탁시 적적분량의 세제 사용, 공장의 폐수정화장치 설치, 가축분뇨를 발효시켜 식물의 거름으로 이용, 기름 찌꺼기의 세정, 강한 약품과 쓰레기 투기금지, 정화조의 주기적인 청소 등을 들 수 있을 것이다.

이렇듯 수질오염 예방법으로서 수질오염방지를 위한 기술적인 접근 뿐 아니라, 수도꼭지는 물이 흐르지 않게 꼭 잠근다거나, 절약형 수도꼭지의 설치, 쌀뜨물은 화분에 주거나 세수하는 등 재사용, 음식물의 최소한 배출 등 생활실천적인 면에서의 습관이 요구되는 것이다.

3.6 에코디자인

전 세계적인 기업의 추세가 환경부하에 관한 이슈로 말미암아 더 이상 환경친화적이지 못한 제품, 공정, 기업, 조직, 소비 및 폐기 등은 살아남기가 어려운 시대에 도래하였다.

일본, 미국 및 EU 등 선진국의 여러 기업들은 이러한 추세에 대응하기 위하여 새로운 제품 설계방법을 모색해왔으며 그러한 방법은 제품의 전 과정에 걸친 주요 환경요소와 부하측면을 기존의 제품설계 및 개발과정에 접목하거나 확대시키는 것이 에코디자인(Eco-Design)의 개념이다(〈그림 3-8〉).

미국, 덴마크, 독일, 영국 그리고 일본은 국가차원에서의 에코디자인과 환경을 고려한 설계(DfE: Design for Environment)에 대한 다양한 연구와 기법을 개발해오고 있는데 미국 EPA에서는 1991

년부터 산업계, 학계 및 관련 연구소와 협력하여 관련 사업을 추진해오고 있으며, 청정기술 대안평가, EMS와의 통합방안 그리고 다수 제품에 대한 사례연구를 통해 본 사업을 지원하고 있다.

덴마크 EPA는 EU의 IPP를 도입했을 뿐 아니라 1998년부터 청정생산제품과 개발에 대한 다양한 프로그램을 개발하여 덴마크 환경부를 지원하고 있다. 독일과 영국은 환경부를 중심으로 DFE 국가지침서를 개발하여 산업계에 제공하고 있으며, 다양한 사례연구를 통해 이를 활성화하고 있다.

일본의 경우도 일본 산업환경관리협회인 JEMAI에서 기업의 친환경설계 도입 및 사용촉진을 위해 1994년 환경을 고려한 설계 위원회를 설립하여 다양한 설계 도구를 개발하고 있다.

이러한 국가차원의 활동이외에도 대표적인 전기, 전자회사인 IBM, HP, Xerox, Sony, Philips와 같이 기업차원에서 자원절약과 환경부하를 최소화하기 위한 제품개발과 재활용품 회수 및 재사용방안을 자체적으로 개발하여 다양한 이익을 도모하고 있다. 대부분의 국내기업은 선진국과 비교하여 상대적으로 이 분야에 대한 연구가 부진하며, Design For 'X', 분해를 고려한 설계, 혹은 재활용을 고려한 설계 등을 에코디자인이라고 이해하고 있다.

한국의 경우 이러한 국제무역시장에서의 변화에 대응하고 경쟁력을 갖추기 위하여 1990년 후반부터 환경부를 중심으로 환경친화적 제품설계 확산방안을 마련을 위한 정책연구회를 운영해서 국내 환경을 고려한 설계 보급을 위한 기틀을 마련한 바 있다.

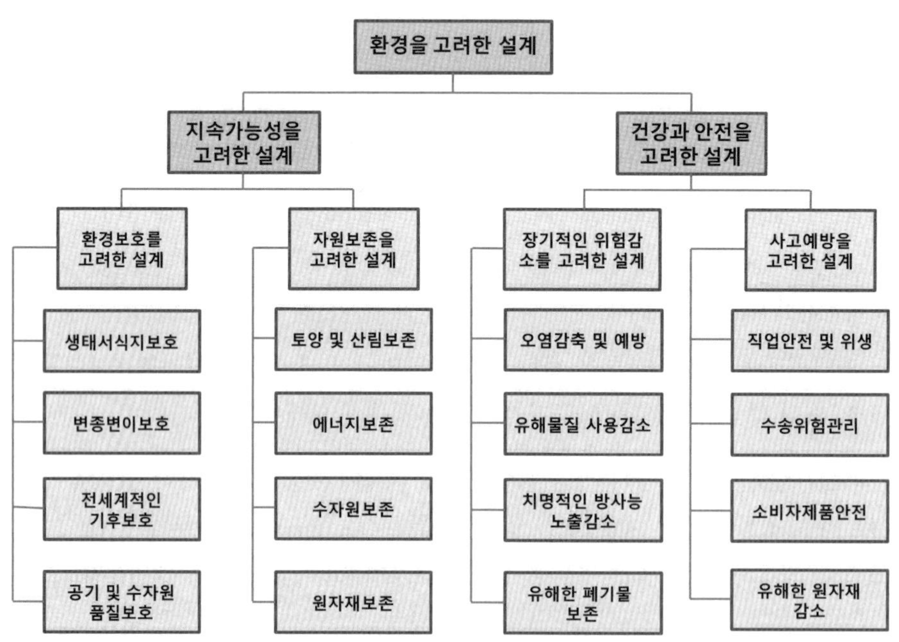

〈그림 3-8〉 환경을 고려한 설계의 구조체계

이 연구로 인해 정부의 환경정책 측면에서의 대응방안을 모색하게 되었으며 DfE 개념에 관한 국제 동향과 이것의 근간이 되는 제품감시(product stewardship) 및 이론적 논의와 선진국가 및 기업의 사례를 연구함으로써 국내 산업에 적합한 DfE 활성화 방안이 논의되기 시작하였다. 또한 산업자원부에서는 청정기술 산업의 일환으로 가전제품의 환경친화적 제품설계기술 및 시스템개발에 대한 연구를 수행하였다. 이 연구결과는 제품 전 과정 단계에서의 조립, 분리, 재활용 용이성, 환경영향성 등을 통합하고 고려한 환경친화적 설계기법으로서 실제 기업에서의 제품설계과정에서 적용되고 있다.

정부차원에서 이러한 정책이 국내 산업에서 활성화되는 것을 지원하기 위해서 국가기반정보를 구축해왔다. 국내기업 차원에서는 전기 및 전자산업을 중심으로 제품에 대해 환경친화적 설계의 기법을 개발하고 적용해온 결과, 제품에 대한 환경영향 및 비용측면에서 상당한 효과를 얻고 있다고 평가하고 있다.

그러나 환경친화적 설계를 위한 이론적 기반과 체계적 방법론이 부실하기에 이를 지원하고 통합하기 위한 국가적 차원의 지침서가 요구되었다. 이에 따라 2001년부터 환경부에서는 국내 산업에서의 환경친화적 설계 확산을 위한 지침서와 이를 지원하기 위한 다양한 시스템을 개발하기에 이르렀다.

이 지침서에는 기반산업에 대한 환경, 품질, 보증, 비용정보 등을 제공하는 동시에 국내외 환경정책이 반영한 기법을 제공함으로써 국내제품의 세계시장에서의 경쟁력을 갖출 수 있는 기반기술을 확보하게 하고 장기적으로는 지속가능한 생산 및 소비체계를 구축하는 하나의 틀을 제공하게 되었다.

따라서 국내에서도 에코디자인에 대한 기술 및 도구 개발에 대한 노력이 절실하며, 그 주축은 실행능력이 있는 기업이 되어야 한다. 국내기업이 에코디자인에 대한 기술과 도구 개발을 선도할 수 있다면 산업 경쟁력을 제고 시킬 뿐 아니라 지속가능한 소비가 달성되는 환경친화적인 경제사회 구축에 크게 기여할 수 있을 것이다.

에코디자인은 전체 생산라인에서 환경적인 요소와 경제적인 요소를 고려해서 제품개발에 있어서 환경오염방지에 대한 적절한 도구와 기법이 기업에게는 필수불가결한 것으로 대두된 것이다.

LCA에서 언급했듯이 제품의 요람에서 무덤까지 생산품과 서비스의 환경적 실적의 평가를 위한 접근방법이 매트릭스관계를 포함해서 어떤 방법으로 간에 원재료의 습득에서, 구성요소의 생산, 생산품의 조립과 가공, 유통, 소매, 포장, 사용, 재생, 재사용 및 폐기에 이르기까지 고려해야 한다.

이는 생산제품과 공정의 설계단계에서 약 80%의 비용과 생산과 관련된 환경적 및 경제적 영향이 결정되기 때문이다. 에코디자인의 핵심은 생산효율의 증가를 위해 보조물의 다양성을 줄이고 위험재료를 피하는 조달관계, 소비자를 위한 친환경제품의 마케팅, 혁신적 제품의 창조를 위한 연구과 끊임없는 개발, 제품과 작업조건의 개선을 위한 환경, 건강 및 안전에 관한 고려와 폐기되는 제품 대신 신뢰할 수 있는 제품으로의 철저한 품질관리 등을 들 수 있다.

이러한 환경보호로부터 얻을 수 있는 기업의 이점들은 기업 간의 경쟁력 강화와 시장에서의 압박에서 고객의 요구와 안전을 고려한 친환경제품의 판매증가 등 다양할 수 있다. 비근한 예로 영국 기업의 경우는 모바일 장치용 태양열 충전기로 유독성 분석을 통한 개선된 에너지 시스템의 개발과 소비자를 위한 친환경제품을 통한 소비자의 접근 등 친환경 디자인에 관한 노력을 기울이고 있다.

이는 기업들이 개선 가능한 모든 환경적 요소와 경제적 요소를 고려하면서도 미적 요구의 결합을 통해서 소비자는 친환경제품을 원하지 않는다는 말과는 반대의 노력으로 소비자들에게 친환경 디자인된 제품의 기능성과 이점을 알려야 하는 의무도 고려해야 한다는 것이다.

즉, 친환경제품설계는 환경친화적설계 활동을 의미하며, 이에 대한 정의는 여러 가지로 다양하게 사용되고 있다. 일반적으로 넓은 범위로, 제품과 공정의 전 과정에 걸쳐 환경, 안전, 보건의 목적을 위한 측면에서 설계, 디자인 성과를 체계적으로 고려하도록 하는 프로세스 혹은 시스템적 고려라고 정의된다.

보다 구체적으로는 작업환경과 안전, 소비자의 보건과 안전, 자원소비, 오염예방, 폐기물 최소화, 분리·해체, 재활용, 재사용 등을 고려하여 제품개발을 하는 것이다. 또한, 제품과 설계 절차의 프로세스 엔지니어링에 환경적 고려를 통합시키는 활동이라고 정의하기도 한다.

종합적으로 정리해보면 DfE는 제품 전 과정인 원료 획득, 제품 개발 전략, 제품 개념화, 제품 개발, 제조, 사용, 서비스, 폐기 전주기에 걸쳐 환경부하를 최소화하며, 재제조(re-manufacturing)를 통해 폐기 제품의 재활용 및 재자원화를 극대화하고, 제품의 가격과 성능 및 품질의 기준을 만족시키면서 친환경적인 제품을 개발하는 활동이라고 정의한다. 그러므로 DfE란 제품의 가격과 성능 및 품질의 기준을 만족시키면서 환경적으로도 적합한 제품을 개발하는 것을 의미한다.

결국 환경을 고려한 설계는 전 세계적으로 위기의식을 고조시킨 온도변화, 오존층생성과 생물학적 손실, 공기오염, 산성비 등 다양한 환경적 변이요소에 대한 기업 및 산업차원에서의 책임이다. 환경을 고려한 설계를 위한 접근방법은 다양하다.

일반적으로 환경을 고려한 설계의 범위는 환경위험관리, 제품안정성, 직업건강과 안전, 오염예방, 생태계 및 자원보존, 사고예방 그리고 폐기물관리경영 등 많은 규범까지 그 영향을 미치고 있다.

기업들은 지구를 위협하는 오염배출량을 최소화해야 하는 지구생물권 보호요소, 자원의 지속가능한 사용에 관한 변수, 폐기물의 최소화를 위한 노력은 피할 수 없는 것이라면 리사이클링 가능성 고려, 환경적으로 안전한 에너지사용과 지혜로운 에너지 보존, 작업자와 공동체의 인간건강 위험요소 감소, 환경부하가 적은 제품의 판매와 소비자유도를 고려한 시장성 변수, 환경적으로 유해한 요소를 배출하였을 경우의 기업배상조건, 환경에 극히 유해한 사고를 발생했을 경우에 기업폐쇄 조치, 환경감시를 위한 기업에서의 최소한 인원배치, 일반에게 공개할 수 있는 기업자체의 연간 환경에 대한 감사 등이 포함되어야 한다.

통합제품정책(IPP: Integrated Product Policy)은 2001년 2월 EU에서 'Green Paper'를 발간함으로써 공식의제로 채택되었다. IPP가 탄생된 근본원인은 환경문제 대응방안의 패러다임이 변화되었기 때문이다. 즉, 공정이 아닌 제품자체에 관련된 환경부하가 환경문제의 본질이 되었으며, 따라서 제품과 관련된 환경규제 정책을 실시해야 한다는 것이 핵심 논리이다.

이와 관련해서 그린디자인(green design)은 생태디자인(ecological design) 혹은 친환경디자인(environmentally conscious design) 등으로 표현될 수 있으며, 지구환경을 위한 다양한 산업디자인의 신동향중 하나로서 대두되고 있는 것이다.

생태계 보호와 자연에 대한 경각심은 디자인 전반에 걸쳐 하나의 커다란 조류를 형성하였는데 그린디자인이라는 신조어와 그에 따른 새로운 경향들이 나타나 현대사회 디자인의 한 흐름을 주도해 나가고 있다.

즉, 그동안 자연생태계에 악영향을 끼친 산업화의 부산물인 제품이 자연생태계에 더 이상 피해를 주지 않으면서 자연의 순화과정에 순응할 수 있도록 설계하는 것이다. 예를 들면 사용할 때 에너지효율을 높이기 위해 냉장고에 단열재를 사용하면 이로 인해 이를 제조하거나 처리할 때 에너지 소비나 오염물질을 많이 배출하게 된다.

이와 같은 것은 일반적으로 모든 제품에 대해서 발생할 수 있기에 이를 방지하기 위해서는 제품의 탄생부터 소멸까지 전 생애에 걸쳐 종합적으로 평가하여야 한다는 움직임이며 현재 세계적인 흐름이다.

이에 DfE는 제품에 대한 LCA와 총비용분석(TCA: Total Cost Analysis)을 기초로 분해를 고려한 설계(DfD: Design for Disassembly)와 재활용을 고려한 설계(DfR: Design for Recycling), 회수 및 재사용을 고려한 설계(DfRR: Design for Recovery and Reuse) 등 제품의 환경적 측면을 고려한 다양한 활동들을 모두 포함한다.

그리고 이를 위해 자원의 재생과 부품의 재사용을 촉진시키기 위한 설계인 재생과 재사용을 위한 설계, 폐기물의 최소화를 위한 설계(DfWM: Design for Waste Minimization) 그리고 에너지 보존을 위한 설계(DfEC: Design for Energy Conservation), 자원 보존을 위한 설계(DfMC: Design for Material Conservation), 서비스 및 업그레이드 용이, 재활용, 재사용, 재제조 용이, 에너지 절감, 분해 용이, 감량화 및 소형화, 전 과정 비용 등과 같은 사항에 초점을 맞춘 선진 제품설계 기법이 포함된다.

따라서 제품개발 프로세스를 환경방침과 환경전략과 연계시켜 제품개발 초기단계에 제품의 가격·성능·품질 등을 만족시키면서 전 과정에 대한 환경적 측면을 제품 및 공정의 설계에 통합하는 활동으로 환경적으로 차별화된 제품을 원하는 녹색소비자들의 욕구를 만족시키기 위한 환경을 고려한 체계적인 제품을 설계하는 기법이다.

선진국에서 시행한 사례들을 살펴보면 〈표 3-4〉와 같으며 특히, 일본과 유럽지역의 실행사례를 많이 찾아 볼 수 있다. 이들 사례들이 다양한 이름으로 진행되었지만 기본 목표 지향점이 같고 실제 내용은 유사점이 많다.

〈표 3-4〉 친환경제품 설계 기업 사례

국가	기업	주요내용
일본	도시바	ECP(Environmentally Conscious Product) 설계지원시스템
	미쓰시비	• 리사이클링 정보 시스템 • 친환경제품 설계지원 Tool • Eco-Material
	마쓰시다	• 조립 및 분해성 평가기술 - 조립성, 분해성, 재활용성을 정량적, 객관적으로 평가, 설계의 단순화를 통한 친환경 제품 개발 • Green Design • 마쓰시다의 지구환경 보호활동
	샤프	환경부하 저감 순환형 제품개발 시스템 - 가공, 생산시의 무해화 설계, 사용 시 maintenance 정보, 재상품화율, 부품재생에 대한 재생정보, 재료 재생시의 수지 특성 등 제품의 전 과정에 관한 환경정보를 D/B화
미국	IBM	ECP Program: 환경설계 5대 목표를 설정 1. 제품의 수면연장을 위해 upgradability를 고려한 제품개발 2. 제품 폐기시 재사용과 재활용성을 고려한 제품개발 3. 제품 폐기시 안정하게 처리할 수 있는 제품개발 4. 기술 및 경제적으로 타당한 재활용 된 물질을 사용하는 제품 개발 5. 제조 및 소비전력 감소, 에너지효율을 개선하는 제품개발
	Philips	Eco Design
	Hewlett Packard	전 과정 제품 책임주의 프로그램
	제록스	전 부품 재이용, 재순환 과정과 재제조업
유럽연합 (Green TV개발)	Loewe	TV내의 회로판 개선 - 난연제의 오염물질 제거 - Composite Production
	Nokia	성능과 재활용성을 높인 스피커 개발- 유한요소법
	Philips	• 진공관 제조에서 폐기된 TV 유리 재사용 기술 • 체크리스트 방법에 의해 기업이 채택 가능한 시나리오에 대한 잠재적인 환경성 기회 및 위협요인을 파악하여 제품적용
덴마크	Gram	환경친화적 냉장고 개발: 에너지 절약형 냉장고 - EDIP(Environmental Design for Industrial Products): 산업 제품 환경친화 설계 적용-새로운 콘덴서 도입/Base plate/Hinge/새로운 전자 제어장치/증발기 교체/커버교체 등
	Bang&Olufsen	환경친화적 TV 개발: TV 환경성 개선을 위한 설계 - 모의실험(사용 기간 동안 에너지 소비, 폐기 후 재활용, 평균수명 증가 등)

국가	기업	주요내용
독일	BMW/Volkswagen	• 폐 자동차의 효율적 분해 및 재활용 • 잔류물 처리과정 시스템
	베를린 공대	281 분해공장(Disassembly Factories) 연구프로그램 - 공정과 공구개발 - 제품평가와 분해계획 - 분해 용이를 위한 제품 설계
스웨덴	Volve/StenaBilfrafgementeringAB	ECRIS(Environmental Car Recycling in Scandinavia): 자동차 재활용 시스템 - LCA 방법론과 도구, 물질 재활용, 에너지 회수, 위험 폐기물과 경제성

3.6.1 주요 국제 규제동향

최근의 국제 환경관련 규제들을 살펴보면 EU의 전기전자제품 및 자동차 관련 법규와 같이 포장재, 폐기물 및 독성물질 등을 규제대상으로 제품 생산단계 이후의 종말(end-of-pipe)관리에 초점을 두는 기존 환경관련 규제들과 현재 입법예정 중인 규제들은 이와는 다른 양상을 보이고 있다.

제품 제조이전 단계, 즉 제품 계획 및 설계 단계에서부터 규제를 가하는 것으로는 EU의 기존 EEE 법규 초안과 같은 것이 좋은 예라 할 수 있다. 또한 앞으로의 환경정책의 근본개념으로 적용될 통합 제품정책의 기본 역시 제품자체에 대한 사전적 예방측면의 부각이라 파악할 수 있다.

IPP의 환경적 노력과 관련된 근본 개념은 각 작업장의 환경경영체제 도입, 체계적인 공급업자관리, 생산과 개발과정에서의 에코디자인의 융합과 제품의 건전한 폐기 실행으로 인해 제품의 라이프 사이클의 모든 면을 고찰하고 가장 효과적인 조치로 환경부하를 최소화하려는 유럽연합의 환경정책이다(〈그림 3-9〉).

즉 디자이너, 제조업자, 마케팅업자, 소매상인, 소비자 등 각각의 분야에서 환경성과를 향상시키고자 자발적이면서 강제적인 도구의 다양성을 갖고 있다. 특히 전자제품에서의 에코디자인의 과제성격은 더욱 두드러지게 나타난다. 제품의 축소, 하드웨어에서 소프트웨어로 소형화, 집적화, 디지털화 및 휴대성에 관한 이슈가 대두되었고, 기능의 통합과 전자전기의 운반 메커니즘으로의 전 세계적인 가상 네트워크로서의 입지를 세우고 있다고 보는 것이다. 이를 위해 유럽은 국가 법령으로 평균 유럽연합의 GDP의 12%정도를 유치하고 있으며, 제품의 환경성과를 향상시키기 위한 노력을 경주하고 있다.

이는 미래의 환경관련 규제 성격이 제품설계의 초기단계서부터 환경적 측면을 고려하여 통합한다는 에코디자인의 기본 개념에 부합할 뿐 아니라 동시에 기업의 에코디자인 도입이 앞으로 다가올 어떠한 형태의 환경관련 규제에 대해서도 능동적으로 대처할 수 있을 것이다.

그러나 Sony사의 사례나 국내 자동차 업계의 사례에서와 같이 WEEE나 ELV와 같은 종말관리 개념의 규제에 대한 대처 또한 현실적으로는 매우 시급한 실정이다.

전기전자제품 관련 법규는 제조 혹은 수출업체로 하여금 품목별로 일정 비율의 재활용 의무 및 무료수거 의무를 부과하는 제도로 1998년부터 논의가 시작되었고 EU 관보를 통하여 정식으로 공고되었다.

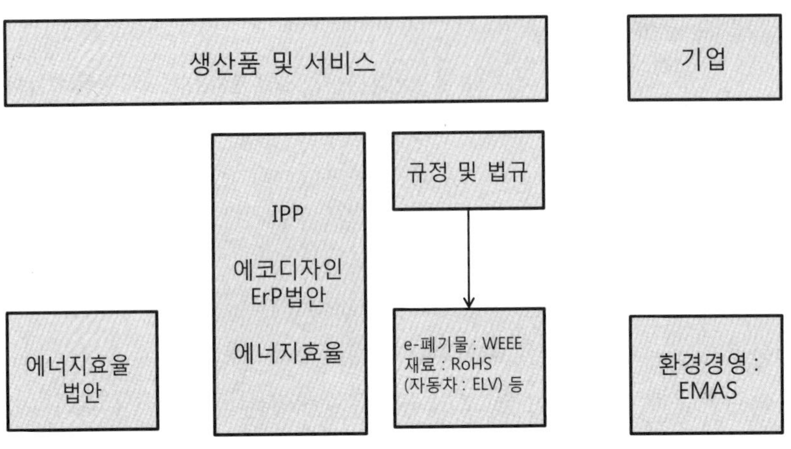

〈그림 3-9〉 EU의 환경친화적 설계의 정책과 법령

전기전자제품 폐기물의 재활용 추진과 처리에 따른 환경부하 최소화 등을 목적으로 하는 폐전기전자제품 법규(WEEE: Directive on Waste Electrical and Electronic Equipment)와 전기전자제품에 있어서의 특정 위험물질 사용제한 법규(RoHS: Directive on the Restriction of the use of certain Hazardous Substances in electrical and electronic equipment)의 법규로 구성되어 있다.

WEEE는 폐전기전자제품 법규에 따라 제조업체가 갖는 의무를 무료수거 의무화, 수거시스템 자금부담, 품목군 별 재생비율 의무화 및 특정물질 분리 의무화의 네 가지 사항으로 요약할 수 있다. 이에 따라, 제조업체는 수거된 폐전기전자제품을 재생, 재사용 및 재활용 공정으로 보내기 전에 특정물질이나 부품을 제거해야 한다.

WEEE의 양은 EU에서 연간 600만 톤 이상을 차지하고 있으며 매년 3~5%의 증가를 보이고 있으나, 그 폐기물의 수집과 처리 및 재생비율이 상대적으로 낮은 것이 현실정이다. 종종 폐기가 어려운 물질이 있으며, 이에 WEEE에 포함되는 것으로는 중금속, 난연제와 같이 처리가 힘든 화학물질이나 귀금속, 구리, 주석과 같은 가치 있는 물질의 처리가 이에 속한다.

WEEE 부록에 따르면 크고 작은 가전제품, IT와 전자통신장비, 소비자와 조명장비, 전기전자 도구, 장난감, 레저 스포츠 장비, 의료설비, 모니터링과 제어기구 및 자동판매기 등이 그 범위에 있다(〈그림 3-10〉).

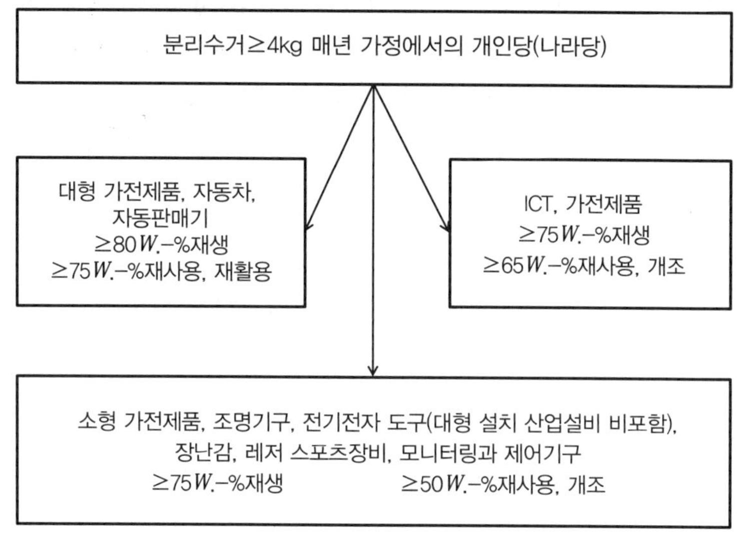

〈그림 3-10〉 WEEE의 수집, 재생 및 재활용 비율현황

WEEE에서 요구하고 있는 제품의 친환경적인 설계는 분해와 재생이 쉬운 EEE의 디자인과 생산을 장려하며 재사용과 재활용을 촉진하고자 한다. 또한 디자인이나 제조과정이 재사용을 방해하지 않음을 보장해야 하며, 회원국의 상황에 따라 규제의 방법을 정할 수 있다고 한다.

이때 최소한 제거되어야 하는 부품은 PCB를 함유한 축전지, 수은을 함유한 부품, 배터리, 인쇄회로, 토너 카트리지, 브롬 난연제를 함유한 플라스틱, 음극선관, CFC, HCFCs, HFCs 등 15개 물질로서 이들 부품은 법규에 별도로 규정된 처리방법에 따라 처리되어야 하며, 브라운관, 오존층파괴물질 함유 장비, 가스램프에 대해서는 별도로 분리, 처리되어야 하는 물질이 따로 언급되어 있다.

예로 일반적인 휴대폰에서 인쇄배선기판인 PWB는 제거해야 하고 10cm2 보다 큰 PWB 또한 제거해야 하며 100cm2 보다 큰 LCD에서는 브롬계 난연제가 포함된 플라스틱, 배터리, 수은이 포함된 부품 등은 제거하도록 규정하고 있다.

RoHS는 특정 유독성물질의 전자 및 전기 장비 사용제한에 관한 법규로서, 2006년 7월 1일부터 EU 시장에서 판매되는 전기전자제품에는 납, 수은, 카드뮴, 6가-크롬, PBB, PBDE 등 6개 물질의 사용이 금지된다. 전기전자 설비, 전기부품, 플라스틱 부품 및 절연물질 등 다양하게 전자제품과 부품에서의 유해물질을 법적으로 금지하고 있다.

이때 적용 대상제품은 WEEE 적용 대상제품 중 의료장비 및 감시와 통제장치를 제외한 8개 품목군에 해당되며, 특별히 그 사용이 허용되는 유형은 법규 부속서 상에 별도로 기재되어 있다.

자동차와 관련된 법규인 ELV(Directive of the European parliament and of the council on End-of Life Vehicles)는 자동차를 폐기할 경우 회수 및 처리 비용을 판매업체가 부담토록 한 EU의 법규다. 이때 폐차 1대당 20~120 유로의 규모가 될 것으로 예상되고 있으며, 그 적용대상으로는 9인승 이하 승용, 승합, RV 전차종, 3.5톤 이하 트럭 및 삼륜 차량뿐만 아니라 예비부품이나 교체부품도 포함된다.

이 법규에 따르면 2002년 7월 1일 이후 판매되는 차량에 대해서는 무상으로 폐기되는 자동차를 회수해야 하며, 2002년 7월 1일 이전 판매 차량의 경우 2007년 1월 1일부터 이 법이 적용된다. 또한 자동차 폐기처리비용을 부담하는 것 이외에 제조업체가 이행해야 하는 의무가 몇 가지 더 명시되어 있다.

즉, 자동차 제조업체는 신차종 출시 6개월 이내에 분해 매뉴얼을 제공하는 등 관련 정보를 제공해야 하며 2003년 7월 1일 이후 모든 판매차량에 대하여 유해물질 사용 금지를 의무화하였는데 그 규제대상으로는 납, 카드뮴, 6가-크롬 및 수은이 해당된다.

전세계 자동차 업계에서는 ELV법규로 인한 폐차회수와 처리비용에 대해 특별준비금을 계상하려는 움직임이 보이고 있는데 그 예로, 폭스바겐은 특별 준비금 7억 유로를 계상했고, 다임러 크라이슬러도 벤츠와 스마트 부문의 ELV 비용으로 약 3억 유로를 책정했으며 도요타도 2002년 폐차 회수비용에 따른 준비금 100억 엔을 계상하였다.

EU EEE 법규 초안은 2001년 2월에 'Working paper for a directive of the European Parliament and of the Council on the impact on the environment of electrical and electronic equipment' 라는 제목으로 논의되었으며 이 초안의 주요 골자는 디자인 단계에서 제품 전 과정의 환경성을 고려하는 것이 제품의 전체 환경영향을 증진시키는데 매우 중요하다는 것이다.

이 법규 초안에 의하면 제품 제조자는 환경성 정보제공의 의무가 주어지는데 이는 최종제품이 아닌 부품 납품업자들에게 해당되는 사항으로 전기전자제품의 부품, 조립부품 생산 업자는 해당 부품을 사용하는 제품의 환경상 투입물 및 배출물을 규명하고 이를 정량화하는데 필요한 모든 정보를 반드시 제공해야 한다.

생산자의 정보를 받은 전기 및 전자제품 제조자는 제품의 전 과정에 걸친 환경영향에 대한 평가(assessment of the environmental impact)를 수행하고, 그 결과를 제품의 환경성과를 증진시키는 기회를 평가하는데 사용해야 한다.

이때, 제품의 전 과정에서 평가해야 하는 사항으로는 예측되는 물질, 에너지 및 기타 자원 소모량, 대기, 수질 및 토양으로의 배출물, 소음, 진동, 방사능과 같은 물리적 영향에 의한 오염, 폐기물 발생량과 재사용, 재활용 및 재사용된 물질의 사용 가능성 등이며 디자인 해결책과 기술적 선택사항을 결정하는 데 적용해야 하는 원칙들은 제품의 전 과정을 통한 오염방지와 자원보호, 에너지와 물질의 효율적인 사용, 재활용된 물질 사용 권장 및 부품, 서브시스템 및 시스템의 재사용, 자연으로의 유해물질 방출 최소화 등 다양할 수 있다.

또한 제품 제조자는 환경 디자인 측면에서 소비자 및 이해관계자를 위해 정보 혹은 관련 라벨을 부착할 의무를 갖게 되며, 그 내용은 제조공정에 관한 법규, 제품의 중요 환경특성 및 제품 성능에 관한 소비자 정보, 설치, 사용 및 유지방법에 대한 사용자와 소비자 정보, 폐기시 분해, 재활용 또는 폐기에 관한 처리설비에 대한 정보들을 포함해야 한다.

적합성 인정에 관한 규제로는 EEE 법규 초안에는 관련 의무들을 다른 인증 시스템을 획득함으로써 대체할 수 있음을 명기하고 있다. EU에서 인정하는 인증 시스템인 전기전자제품이 해당 제품군의 EU 환경마크(eco-label)와 EMAS(Eco-Management and Audit Scheme)에 따라 EU 환경마크 취득 및 EMAS 등록 필요성이 증대될 것으로 예상된다.

EU 폐전기전자제품에 관한 법규가 유럽기업들의 입장표명으로 인하여 2007년으로 연기된 것과 달리 많은 전문가들은 기업들이 EEE 법규에 대하여 적극적인 자세를 취하고 있어 이 법규의 시행이 조만간 확정될 것이라 예상하였으나 관계자들의 이해가 얽혀져있고 몇 가지 문제점들이 제기됨에 따라 최종 지침이 나오지 못하고 초안으로서 종료된 상태이다.

그러나 EEE 법규 초안은 이미 새로운 틀을 갖는 좀 더 확장된 지침으로 변화하려는 움직임을 보이고 있다. 2002년 초부터 유럽 위원회에서는 EEE 법규, 에코디자인, EER 관련 워크숍 및 전문가 회의 등을 개최하며, EEE 법규 초안에 대한 기업 관계자, 교수, 공무원과 같은 이해관계자들의 의견을 모아왔다.

이러한 일련의 과정 속에서 EEE 법규 초안의 문제점들이 제기 되었고, 결국 지난 2002년 말에 EuE(a draft proposal for a framework for Eco-design of End use Equipment)라는 새로운 초안을 다시 발표하게 된 것이다.

새롭게 수정 발표된 EuE 법규 초안은 기존의 EEE 법규 초안과 EER 법규 초안의 통합된 형태이다. 이때 End-use Equipment(EuE)란 작동을 위해 에너지가 필요한 장비 및 그러한 에너지를 발생시키거나 이송하는 장비를 의미하고, Energy Efficiency Requirement(EER)이란 제품의 기능 실현을 위한 최대 허용 에너지 소비 또는 장비의 최소 에너지효율을 의미한다.

결국, 새롭게 탄생된 EuE 법규는 기존의 EEE 법규에 비해서 대상 제품의 폭이 다양해지고, 제품 에너지효율에 대한 고려가 좀 더 강화되는 것이라 볼 수 있는 것이다.

통합제품정책(IPP) 도구에 대해서는 아직까지 재정적인 인센티브가 높은 것으로 보이며 EU이사회는 우선적으로 IPP를 적용시킬 제품군을 좀 더 구체적으로 정할 계획이다.

IPP 도구의 제안된 이행 방안에 대해서는 먼저 재정적 도구로 시장에서 녹색제품 가격요인의 파악과 차등화된 세제안 조사가 이행되고 있고, 제조자 책임개념을 EU법제화까지로 확대함으로써 EU회원국의 동기부여를 장려하는 제조자책임 도구, 많은 제품에 확대하고자 하는 환경라벨의 도구, 환경성 자체주장 사용을 감시하고 ISO TypeIII의 환경성 선언을 지원하는 체계를 수립하고자 하는 환경성 선언 도구, 공공구매와 환경에 대한 해석서를 채택하고 녹색 공공구매 가이드라인을 작성하게 된 공공구매의 도구 등이 있다.

또한 제품정보 도구는 제품의 환경영향에 관한 기존 정보와 연계하여 제품 환경성 평가도구의 개발과 그 확산으로 이행되고 있으며, 친환경설계 지침의 개발, 확산, 작용을 장려하고자 하는 에코디자인 법규도구, 환경친화적인 설계에 관한 표준개발지원을 통해 EU표준 관련 이해당사자들과의 협력방안을 모색하게 된 표준도구, 친환경 제품설계를 위한 새로운 접근방법의 법령적인 검토와 계획된 법령제시 시 새로운 접근방법의 법령을 검토하기 위한 새로운 접근방법 도구와 EMAS와 연계하여서 환경보고서의 잠재력 조사를 이행하고 있는 지원도구 등이 있다.

결론적으로 에코디자인의 핵심이유는 재료에 있어서 재생 가능한 자원과 위험물질의 분리사용, 제품의 생산과정 및 공정설계에서의 효과적인 방법으로 에너지 소비를 감소하고 재사용과 재활용 시의 폐기과정에서의 환경부하를 감소하고자 하는 것이다.

3.6.2 해외 에코디자인 동향

유럽의 선진국들은 기존 제품의 최종 단계에서의 각종 규제들을 점차 강화함은 물론 새로운 접근 방법인 에코디자인 관련 지침들을 꾸준히 개발하고 있는데 이러한 경향은 환경이 이미 기술적 무역장벽의 하나가 되고 있다는 것을 시사하는 것이다.

에코디자인 시스템의 동향으로서 먼저 에코디자인 프로세스는 상세하고 체계적이며 기업의 특성을 잘 반영하고 있고 에코디자인을 추진하고자 하는 기업들은 우선 기업의 실정에 맞는 에코디자인 프로세스 및 에코디자인 추진 전략을 개발하여 제품에 적용해야 할 것이다.

또한 에코디자인을 추진하고 있는 기업에서는 대표적으로 에코디자인 지침서, 경제성 및 환경성 분석이 통합된 분석도구, Eco-product 설계 프로그램 및 사업장 간 환경성 정보 네트워크 등의 에코디자인 활용 도구를 사용하고 있다.

선진국가 기업들의 에코디자인 제품설계에 관한 동향은 다양한 측면에서 이루어지고 있는데, 특히 무연 솔더링, 할로겐 화합물 저감 플라스틱, 에너지 소비 감소 및 친환경 포장과 같은 분야에서 두드러진 연구 개발을 하고 있는 것으로 보인다.

선진 전기전자 기업들은 무연 솔더링에 많은 관심을 두고 있고 이에 대한 기술을 개발하고 있는데 이는 2006년 개시된 EU WEEE 법규의 공표에 의한 기업 대응 차원에서 이루어지고 있는 것이다.

NEC의 경우 세계 최초로 무연 솔더링 기법을 개발하였으며, 마쯔시다의 경우 납 대신 주석과 은의 합금이나, 주석과 구리의 합금을 사용하여 MD player, TV 등 여러 가지 제품에 적용시키고 있다. 캐논이나 HP 및 Sony의 경우도 납을 사용하지 않고 솔더링한 제품을 출시하고 있으며, 모토로라의 경우 기존 주석-납 도금 프레임 대신 니켈-팔라듐(palladium)-금 도금을 사용한 제품을 출시하고 있다.

마쯔시다, 캐논 등의 선진 기업에서는 할로겐 화합물 저감 플라스틱을 개발해 제품에 사용하고 있다. 할로겐 화합물은 소각 시 유독가스를 배출해 환경에 유해한 것으로 알려져 사용이 규제될 것으로 예상되는 물질이다.

에너지 소모량 감소는 전통적으로 전기 및 전자 제품에 있어 가장 주요한 이슈이다. 제록스 제품은 과거 10여 연간 에너지 소비 측면에서 현격한 감소를 달성하였다. 1990년 이후로 각 제품에 전기절약 모드를 사용하여 미사용 기간에 자동적으로 작동정지 하도록 하여 에너지 절감을 가져왔다.

1993년 이후에는 US EPA의 'ENERGY STAR office Equipment program' 에 가입과 함께, 에너지효율 제품 디자인 실행 계획을 수립하여 176개 이상의 제품에 대하여 ENERGY STAR 라벨을 인증 받았다. 실례로 ENERGY STAR 인증을 받은 Xerox 432DC 제품의 연간 에너지 소비는 Xerox 5034(1990년 산) 보다 80% 이상 절감된 것으로 보고되었다.

기업들은 포장재 부분에 있어서도 에코디자인 지침을 따로 설정하여 지속적인 개선 성과를 내고 있다. IBM의 경우 'Environmental Packaging Guideline' 을 1990년부터 작성하여, 이를 제품 생산에 적용하고 있다. 이 지침은 오존층 파괴물질 및 중금속 배출물질 사용금지, 제품으로부터 PBBs(PolyBrominated Biphenyls)와 PBBOs(PolyBrominated Biphenyl Oxides)가 발생되는 물질 사용금지, 포장재의 생산시 또는 포장재 내부에 유해화학물질 성분 무배출, 재사용 및 재활용 가능한 포장재 사용 및 신규 포장재에 관한 정보 데이터베이스 구축 등의 사항을 포함한다.

선진 기업들은 에코디자인의 구체적 향후 방향을 설정할 뿐만 아니라 지난 계획의 달성률을 점검하고 있다. 이러한 기업들의 활동은 에코디자인이 이제 기업의 중요한 활동을 보여주는 것이다.

각 선진 기업들은 에코디자인에 관한 다양한 목표들을 설정하여 추진하고 있다. 필립스의 경우 친환경제품 관련 추진 프로그램을 운영하는데, 4년을 주기로 그 시대와 기술 수준에 적합한 정책 및 목표를 선정하기 위한 새로운 프로그램이다. 1998년 'The Environmental Opportunity Program' 을 마치고 현재 'Eco-Vision' 을 2002년까지의 계획아래 진행 중이다.

모토로라는 무사고, 쓰레기 배출량 제로, 환경친화적인 배출, 고효율 에너지 사용, 새 제품 설계에 폐기 제품 사용 등 제품 환경 목표를 세워놓고 이를 매년 자체 평가하고 있다. 에코디자인을 수행하고자 하는 기업은 이렇게 향후 목표를 설정하고 이를 달성하기 위한 전사적인 노력을 하고 있다.

3.6.3 국내 에코디자인 현황

국내에서는 일부 가전업체와 자동차 제조기업 등 일부 기업이 에코디자인 분야에 힘써오고 있으나 일부를 제외하고는 에코디자인과 같은 환경관련 국제적 흐름에 대한 대응이 아직 미미한 것으로 보인다.

에코디자인 조직은 최고경영자의 확고한 의지 하에 직속 환경기구를 설치하여 운영해야 하나 국내에는 아직까지 그러한 토대를 구축한 기업이 별로 없으며 근래에 들어와 일부 대기업들이 추진 계획을 세우고 있는 실정이다.

어느 전자회사의 경우 DfX 소프트웨어 업그레이드 및 개선 지원을 하는 솔루션지원그룹, 제품, 부품, 소재 Level의 유해물질 분석 및 대체물질 적용 검토와 포장재 개선을 연구하는 소재기술파트, 제품 LCA 및 친환경제품 개발 지원 등의 역할을 하는 환경기술파트 같은 규모 부서들이 부분적인 에코디자인 관련 업무를 해왔으며, 다른 전자회사의 경우 그룹 내 품질센터 및 생산기술연구원에서 부분적으로 에코디자인 관련 연구를 수행하고 있는 실정이다.

국내 기업들의 경우 고유의 에코디자인 프로세스를 수립하여 추진하는 수준까지는 도달하지 못하고 있는 것으로 보이며 법적으로 규제를 받거나 고객이 요구하는 사항에 대응하고 있는 실정이다.

대기업을 제외하고 대다수의 기업들이 타 업체의 추진동향을 보고 대응하겠다는 수동적 자세를 견지하고 있으며 업계를 리드하는 에코디자인 프로세스의 구축 또는 이에 대한 전략이 수립되어 있지 않은 것으로 보인다. 국내의 모 전자회사가 최초로 ATROiD라는 에코디자인 활용 도구를 독일의 Braunschweig 대학의 기술적 지원 하에 개발한 바 있다.

1996년도에 개발된 이 도구는 여러 제품에 적용되면서 2002년에 Version 3까지 개발되었다. 명칭에서 알 수 있는 것처럼 ATROiD는 완전한 에코디자인 도구라기보다는 유럽의 WEEE 법규를 겨냥하여 설계단계에서 제품의 재활용성, 분해성 등을 분석 및 평가하고 개선 아이디어를 제공하도록 개발된 DfD(Design for Disassembly) 소프트웨어의 한 종류라 할 수 있다. 타 기업 대부분의 경우 직접 개발한 툴은 없으며 상용 DfX 도구를 사용하거나 제품에 대한 LCA 수행용 소프트웨어를 개발하여 이용하는 수준이다.

환경을 선도하는 기업들은 주로 LCA 데이터베이스를 구축하여 에코디자인에 적용하고 있고, 국내의 경우 몇 개의 전자회사가 관련 부분에 있어서 오래 전부터 노력을 기울이고 있다. 두 기업 모두 1996년을 전후하여 제품 LCA 수행을 통한 데이터베이스를 구축하고 있으며, 이를 환경성적표지제도에 이용하고 있다.

국내 기업이 최근 개발한 제품들의 에코디자인 사례로 세탁기로 세탁기의 환경성에 대한 가장 주요한 문제점 중의 하나는 사용 단계에서의 전력사용량이 많다는 것이다. 이는 모터 효율은 물론, 물 사용량 및 세탁 헹굼 알고리즘에 크게 좌우된다.

이에 대한 수연간의 연구를 통하여, 세탁 효율을 35.5%나 향상시키면서도, 물 사용량 및 전력 소비량을 이전 모델 대비 각각 20% 및 30% 이상 감소한 제품을 개발하였다. 이러한 결과는 최적 세탁 헹굼 알고리즘 개발 및 간접 방식의 고효율 BLDC 모터 연구 개발에 따른 결과이다.

레이저 프린터는 종이에 토너를 옮긴 후 열과 압력을 가해 굳힘으로써 이미지나 텍스트가 고정되는 원리를 이용하고 있으며 이를 위해 정착기라는 장치를 이용한다.

일반적으로 정착기는 램프의 열을 이용하고 있으나 이러한 방식은 열을 상승시킬 때 시간과 에너지가 적지 않게 소비된다는 단점을 가지고 있다. 이러한 단점을 보완하기 위해 기존의 정착방식을 QPID(Quick Printer Initiating Device) 방식으로 변경 적용함으로써 에너지를 절약하는 제품을 개발하였다.

동작 상태에서 전력 소비가 적은 제품을 개발하기 위해 노력한 결과 2000년 대비 절감 소비전력을 이산화탄소(CO2) 계수로 환산 시 약 30% 이상 절감되는 제품을 개발하였다. 이러한 결과는 고효율 회로 설계, 불필요한 팬 동작 제어, 사용자 상황에 맞는 절전 제어 시스템 구현에 따른 성과이다.

컴퓨터를 구성하는 부품 중 대표적인 부품인 HDD(Hard Disk Drive)의 최대소비전력, 평균소비전력, 그리고 대기 소비 전력을 기존대비 각각 10%, 3%, 29% 감소시켰다. 이는 새로운 칩 기술인 Marvell Tristar 1P, Head 수의 절감, Head와 Disk 간의 마찰 저항 감소 및 대기 상태의 IC Control 최적화를 통하여 실현된 결과이다.

또한 화장품 혹은 세안제 같은 미용제품의 경우 용기의 환경성에 대한 연구가 국내·외적으로 활발하다. 올해 하반기 시판될 헤어 컨디셔너 제품 용기의 경우 22% 이상의 수지 중량을 감소시킴으로써 연 1,600만원의 생산비용 절감 효과뿐 아니라 이에 따른 환경 부담금 절감 효과까지 거둘 것으로 예상된다.

현재 시장에 출시된 8종의 치약제품 경우 네 가지 종류의 물질 층으로 구성된 치약 튜브의 알루미늄층 두께를 최적화함으로써 치약 튜브의 감촉을 향상시킬 뿐 아니라 자원 사용량 및 부재료 사용량을 획기적으로 절감시켰다. 따라서 올해 하반기부터는 전 품목으로 확대될 예정이다. 이는 외국 환경 선도 기업의 제품에 대한 벤치마킹을 통하여 좀 더 환경친화적이고 경제적인 효과를 얻기 위한 기업의 자체적인 노력의 산물이며 구체적으로는 수지중량 축소에 의한 두께 조정 및 수지 고밀도화 등의 용기 소프트닝 개선 제품 개발에 힘쓴 결과이다.

3.6.4 기업차원의 대응 방안

EU의 WEEE 및 ELV와 같은 법규에 의해 제품 생산자가 수행해야 하는 의무는 점차 확대되고 있으며 제품 회수, 재사용 및 재활용 목표치가 법규가 개정될 때마다 상향 조정될 가능성이 크므로 이에 대한 적극적인 대응이 필요할 것으로 보인다. 특히 RoHS 관련 유해물질 대응 기술은 제품 개발에 많은 시간이 소요되므로 사전에 기술을 확보하여야 한다.

환경 선도 기업들은 이미 이에 관한 사전 대응을 하고 있으며 선도 기업들 중에는 친환경 원료 개발을 위한 담당 부서가 따로 설치되어 있는 경우도 많은데, 국내 기업에서도 소재 및 포장 부서에서 이를 위한 제품 개발에 보다 많은 노력을 기울여야 할 것이며 기업에서는 이를 위한 지원이 필요한 것이다.

EU, 일본 등 선진국의 전기전자제품 환경규제 강화에 따라 국내에서도 정부 차원의 대응 방안이 시급히 수립되어야 할 것으로 보인다. 산업자원부에서는 선진국들이 전기전자제품에 대한 폐기물의 발생을 줄이고 특정 유해물질의 사용을 억제하기 위한 환경규제를 대폭 강화하고 나섬에 따라 국내 전기와 전자업계의 대응이 시급히 요구되며, 이에 따른 정부차원의 대응방안을 마련해 시행하고 있다.

산업자원부에서 지난 2003년 4월에 대기업과 중소기업을 분리하여 전자제품의 환경규제 대응전략을 수립했고, 물질 개발, 신뢰성평가기술 확보, 유해불질 분석 및 신뢰성평가 표준화 등 기술개발 및 인프라 확충 지원을 확대할 계획이 포함되어 있다.

또한 대응전략 관련 세부지침을 업계에 전파하고 전자제품 환경규제 정보 및 기술제공을 위한 데이터베이스를 구축하였으며 2003년에 무연 솔더링 기술을 채용한 제품의 신뢰성평가 테스트 베드 구축, 같은 해 유해물질 분석 및 신뢰성평가 방법의 표준화 추진, 그리고 2004년에는 무연 솔더링 공정조건 연구를 위한 시범라인을 구축하였다.

또한 산업자원부에서는 공급망관리체제(SCM: Supply Chain Management)을 활용하는데 이는 대기업이 협력기업과 함께 청정생산과 환경경영 도입 프로그램을 제시할 경우 정부는 사업비 중 일부를 지원하는 것이다. 이에 따라 국내·외 기업에 부품을 납품하는 중소기업의 환경경영 도입이 가속화되고, EU의 WEEE 법규와 같은 무역 장벽 요소에 대한 대응에 도움이 되고 있다.

이와 같이 정부는 EU 환경정책이나 규제가 무역 장벽의 소지가 될 가능성에 대해서 인식하고 이에 대한 대책을 수립하고 있다. 기업 스스로 에코디자인 체계를 자발적으로 수립하여 친환경제품들의 보급을 촉진하도록 유도하는 일이 본질적으로 필요한 문제이다.

즉 시장 압력을 이용하는 것이 바람직하고 제품의 가격이 친환경문제와 관련하여 과연 적정하게 책정되었는지를 검증하고, 검증결과에 따른 세금이나 보조금 형태로 제품가격을 적정화하는 것이 효과적이다.

그러나 이 같은 적정가격이 설정되어 있지 않은 경우 소비자에게 제품의 환경 속성을 보다 잘 알리게 하고, 그 결과 기업들이 소비자의 요구에 부응하여 친환경 제품 제조를 촉진시켜야 한다. 이상과 관련된 구체적인 사항으로 가격 메커니즘인데, 제품의 전 과정에 걸친 진정한 환경비용이 제품가격에 모두 반영된다면 제품의 환경성과는 시장에서 최적화 될 수 있다.

그러나 대부분의 경우에 있어서 이는 사실과 다르고 소위 시장실패(market failure)가 발생한다. 이 같은 시장실패를 바로 잡는 가장 강력한 도구는 오염자 부담원칙(polluter pays principle)이다. 이 원칙의 목적은 제품의 전 과정에서 야기되는 진정한 환경비용을 제품가격에 반영시키도록 하는 데 있다. 여기에는 제품의 환경성과에 따른 차등적 세금 부과 방안이 효과적일 수 있다.

예를 들어 환경마크 또는 환경성적표지 인증을 받은 제품들에게 부가세 감면 조치 등이 있을 수 있다. 또한 환경친화적인 제품에 인센티브를 주는 새로운 부가세 부과 체제를 고려해 볼 수도 있다.

녹색 제품에 대한 수요는 기업들로 하여금 환경상의 노력을 배가시키는 큰 원동력이 된다. 이렇게 녹색소비자 수요의 목표는 소비자가 제품을 선택하는 힘을 통하여 시장이 주도하는 제품의 환경성 개선을 지속적으로 유도하는 것이다.

이 모든 일이 가능하게 되기 위한 기본요건으로는 제품에 라벨이나 기타 용이하게 접근할 수 있는 정보를 통하여 이해하기 쉽고, 적절하고 또한 신뢰할 수 있는 정보가 소비자에게 주어지는 것이다.

유럽의 경우 공공기관의 구매가 EU GDP의 12%를 차지한다. 프랑스 같은 경우 공공구매가 19%까지 차지하고 있다. 이는 공공기관의 구매력이 얼마나 큰지를 단적으로 나타내는 것 있다. 따라서 정부나 공공기관들은 녹색구매에서 자기들이 선도자 역할을 할 수 있다는 점을 분명히 인식하고 이를 실천해야 한다.

3.6.5 ErP

EU는 에너지관련 제품(ErP: Energy-related Product)에 대한 친환경설계 의무화, 친환경설계 기준에 부합하지 않는 제품의 EU 내 시장 진입금지와, 불안정한 유가에 따른 자원 확보 및 기후변화에 대응하고자 제품의 환경성과 에너지효율을 높이기 위한 방안과 제품의 전 과정에 걸쳐 발생하는 환경영향을 감소시키고 회원국마다 상이한 에코디자인 기준을 통일할 목적으로 2009년 관련 법률을 시행하게 되었다.

그 대상범위는 승객과 화물 운송수단을 제외한 에너지의 생산, 사용, 이동, 측정 제품과 사용단계에서 에너지 절감에 기여할 수 있는 에너지관련 제품에 두고 있다.

더구나 친환경제품설계 요구사항은 일반 및 특정 친환경제품설계로 구분되어 규정하고 있다. 따라서 내부설계관리, 이행방안 요구사항에 대한 기술문서 작성 및 보관, 경영시스템 구축을 통한 적합성 평가 등 에너지관련 제품의 시장출시 및 서비스 개시 전에 이행방안의 요구사항에 대한 적합성 평가를 수행하고 있다.

EU는 2009년 말부터 셋톱박스와 조명, 세탁기, 식기세척기, 냉장고 등에 대한 친환경설계지침 기준을 확대적용하고 있다. 세탁기는 용량별로 세탁성능, 에너지효율, 에너지소모, 물소모량 등을 맞춰야 한다.

제품설명서에 일반 세탁제와 농축세제의 사용량 등을 자세히 표기해야 하고, 식기세척기는 세척성능, 건조효율, 에너지효율 등에 대한 구체적인 요구 사항을 반드시 명시해야 한다. 또한 산업용 전기모터, 냉장고 등은 에너지효율성 등급을 강화해서 일정 등급 이하의 제품은 판매가 금지된다.

EU에서 요구하고 있는 친환경제품설계는 일반 친환경제품설계와 특정 친환경제품설계로 구분된다. 일반 친환경제품설계의 요구사항은 설계자의 제조공정과 관련된 정보, 제품의 주요한 환경적 특성과 성과정보를 제품과 함께 제공해야 한다.

제품의 환경영향을 최소화하고 최적의 평균수명을 보장하기 위한 제품설치, 사용, 유지보수 방법과 폐기제품처리에 관한 정보, 제품의 업그레이드 가능성 및 예비부품의 이용가능 기간에 관한 정보, 제품의 해체, 재활용 및 폐기에 관련된 처리시설에 관한 정보 등이다.

이에 따른 제조자 요구사항은 제품의 전 과정에 걸친 환경성 분석표를 작성해야 하고, 이행방안에서 제공된 기준제품 대비 달성된 환경성과를 평가하고 에코디자인 파라미터를 선정하고 제공해야 한다고 규정하고 있다.

특정 친환경제품설계는 전 과정의 다양한 단계에서 자원의 적절한 사용제한을 그 목적으로 하고 있는데, 사용단계에서 전력 및 용수소비에 대한 제한, 제품에 들어가는 특정재료의 양에 대한 제한, 재활용 원자재의 최소요구량, 특정 에코디자인 요구사항의 경우는 레벨이나 한계값 등 구체적인 요구수준이 제시되어야 한다고 규정하고 있다.

EU의 ErP 지침은 에너지 관련 제품에 환경친화적인 디자인을 반영하도록 하는 에코디자인 준수지침을 2005년 2월 승인에 승인하면서 제품의 작동을 위해 전기, 화석연료, 재생연료 등의 에너지원을 사용하는 제품의 부품이 단독으로 판매되는 경우도 해당이 된다.

이는 제품의 디자인 및 설계단계에서부터 제품의 사용 후 재활용에 이르기까지 환경친화적인 제품이 되도록 하는 것이 주요목적이며, 에너지 사용제품이 EU 시장에서 자유롭게 이동되는 것으로 보장하기 위하여 지침이 승인되었으며, 2007년 3월부터 EU에 수출하는 각종 에너지 사용 제품은 ErP지침의 이행규정을 준수하여 제품의시판전에 유럽통합인증(CE Mark)를 부착해야 한다.

EU에서 유통되는 에너지 사용제품은 ErP지침의 에코디자인 수행방법에 따라 제품의 디자인 및 개발이 되어야하며 이를 만족한 경우 CE Mark를 부착하고 적합성 선언을 공개하여야 판매할 수 있다. 만약 적합성 평가 결과에 의해 CE Mark를 부당하게 부착한 경우 그 제품에 대한 개선조치가 되지 않으면 시장출시가 금지된다.

예로 Blue Angel의 에코 라벨은 1978년 시작되었으며 세계 최초의 공식적인 국가 에코 라벨링으로 계획된 것인데, 3,800개의 제품과 서비스에 관련되어 있으며, 현재는 전자제품을 그 범위로 독일과 해외애서 약 710명의 라벨 사용자들이 사용하고 있다.

환경보호로부터 얻는 이점들의 예는 다양하다. 2001년 말에 네덜란드는 케이블에서 발생한 카드뮴으로 약 120만개의 케이블 제품을 교환해야 했으며, TWINflex사는 통상적인 인쇄회로기판의 기계적 및 전기적인 기능을 분리함으로써 귀금속과 같은 비싼 재료의 효과적인 방법으로의 회수가 가능하게 하였다.

즉 ErP지침의 적용대상은 특정산업이나 제품군이 아닌 제품의 기능을 수행하기 위해 에너지를 사용하는 전제품에 해당되며, 소비자에게 개별적으로 판매되는 부품도 해당되어 전 산업군에 영향을 주기 때문에, 기업들은 제품개발시 제품에 대한 전 과정사고(life cycle thinking)로 접근하고, 이를 위해 제품 전 과정에 대한 환경평가인 LCA를 수행하여 그 결과를 제품개발시에 반영하여야하므로, 기업뿐만 아니라 공급망에 속한 협력업체에서의 환경평가도 함께 고려해야 한다.

ErP지침을 가장 근본적이고 광범위한 제품 환경규제라고 정의한다면, 소위 그린라운드가 비로소 그 실체를 드러냈다고 볼 수 있으며, 기업은 ErP지침을 규제가 아닌 제품의 시장경쟁력을 한 차원 높일 수 있는 기회로서 인식해야 한다.

ErP지침의 관점에서 현재 국내 기업과 정부가 시급히 해결해야 할 문제점들이 많다. 첫째 일부 대기업을 제외한 대부분의 기업에서 ErP지침이 요구하는 제품의 친환경성 평가 시스템이 구축되어 있지 않은 점이다.

둘째로, 국제적으로 에코디자인에 대한 표준화 작업이 활발함에도 불구하고, 국내 민관 합동의 전략적 대응이 미흡하다는 점이며, 셋째로, 국내 환경마크의 평가항목이 EU에 비해 적어 국내에서 입증된 친환경제품이라도 EU 시장을 공략하기 위해 별도의 제품 환경성 입증 과정이 필요하다는 점이다.

특히 국내 환경마크를 부착한 환경경쟁력이 있는 제품의 경우 마크 평가항목을 확대하고, 부여기준을 높이지 않을 경우 친환경성을 입증하기 위한 추가적인 비용이 발생할 수 있다는 것이다.

현재 국내 제품이 ErP 지침을 이행하기 위해서는 최소 5%의 제품 단가상승이 예상된다. 따라서 기업은 제품의 친환경성 평가시스템과 공급업체와의 친환경 공급망을 구축하는 데 만전을 기해야 할 것이며, 특히 중소기업의 경우 제품의 친환경성 평가시스템은 물론 친환경 공급망 구축을 위해 필수적인 환경경영시스템을 구축해야 한다.

3.6.6 에코디자인 수행절차

제품 개발단계에서의 에코관련 설계에 대한 지침은 ISO/TR 14062:2002에 따르면 다음과 같다. 먼저 제품 디자인과 개발에 환경적인 요소를 통합하는데 관련된 개념과 현재의 시행들을 제공해야 하며, 그 목표는 제품의 환경적 성능의 향상을 위함이다.

〈그림 3-11〉에 의하면 제1단계인 계획은 제품 아이디어의 목표로 설계하고자 하는 제품과 타 제품과의 차별성 및 우수성에 대한 정의와 전체적으로 신제품이나 제품이 향상되었는가를 제품의 개선 계획할 때는 이전 세대를 벤치마킹해야 한다. 이를 위한 종합적인 기업 전략과 사업 환경을 고려해서 고객과 시장의 수요, 규제, 계획된 에코라벨, 틈새시장, 제품의 경쟁력 등을 정의해야 한다.

제2단계에서는 제품의 명세서를 기안할 때에 에코디자인의 통합과정으로 기술적으로나 재정적으로 실행가능성의 체크와 명세를 상세히 하기 위한 지침이나 체크인벤토리의 작성과 공급 체인과의 의사소통에 구상해야 한다.

다음 단계에서는 에코디자인 도구와 데이터베이스의 적용으로 사용이 금지되어 있는 재료의 대체 물질의 발견과 라이프 사이클 시나리오, 그리고 조립과 분해를 위한 디자인에 대한 세부사항이 이루어져야 한다. 그 다음단계로, 환경적 요구의 실제 구현이 이루어지고 있는가를 확인하는 절차로 필요시에 디자인의 개조와 변형이 있을 수 있으며 이전 제품과의 벤치마크를 실행한다.

시장출시단계에서는 제품의 환경적 우수성을 알리고자 품질 및 전 과정 비용관련 등의 특징들을 소비자에게 알림으로 소비자들의 인식수준을 향상시킨다. 마지막 단계는 제품의 성공을 평가하고자 차세대 제품의 미래 환경 개선사항을 확인하며 동시에 차세대를 위한 혁신이 무엇인가에 대한 노력이 있어야 할 것이다.

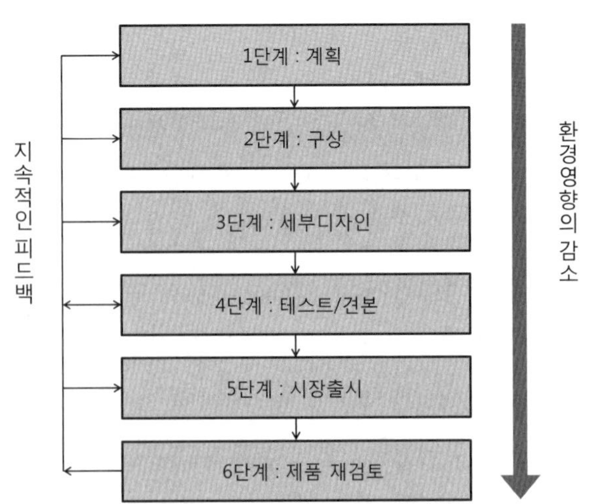

자료: 환경마크협회(2004), 에코디자인가이드 수행절차

〈그림 3-11〉 에코제품 개발단계 과정

에코디자인의 일반적 원칙은 가능한 적은 종류의 재료 사용, 유해 물질사용 금지, 부족 자원으로 분류된 자원의 사용금지, 설립된 재활용 시스템에서 재활용 할 수 있는 재료의 사용, 재료의 소비감소, 초과 치수 금지, 포장의 감소 및 유출과 낭비의 감소 등이다. 이를 위해 에코디자인의 매트릭스 형태의 도구를 사용해서 타 제품과 점검할 필요가 있을 것이다.

또한 구체적인 법적 금지가 있은 제품과 부품들인 전기전자 설비 (수은, 카드뮴, 납, 6가-크롬, PBB, PBDE, 육불화황(SF_6)), S전지 (수은, 카드뮴, 납), 전기 부품 (할로겐 방향 화합물들), 플라스틱 부품 (복합적 염소결합체, 부타디엔, 아크릴로니트릴, 카드뮴 화합물, OBDE, PeBDE), 절연 물질 (CFC-프레온가스 와 할론) 등은 제품설계에 있어서 가장 먼저 고려해야 할 재료특성인 것이다.

3.7 그린 SCM

환경에 대한 관심이 고조되고 국내외 환경규제가 강화됨에 따라 국내외 기업들은 환경경영 활동에 노력해왔으나, 과거의 활동은 부문별로 별개의 프로젝트로 수행되어 왔다. 이러한 노력들이 통합적이고 유기적으로 추진되지 못하여 기업의 투자나 구성원들의 노력이 중복됨으로써 효율적인 성과를 거두지 못한 경우가 많았다. 일례로 모기업에서 환경친화적 설계를 수행하여 환경성이 뛰어난 제품을 출시했음에도 불구하고, 협력업체에서 공급한 아주 작은 부품에 소량의 규제물질이 포함되어 제품 전체의 수출이 금지되고 벌금까지 물어야 하는 사례도 발생하였다.

3.7.1 그린 SCM 배경

과거에는 환경규제에 대한 대응이 비용을 유발하여 기업 경쟁력을 약화시킨다는 시각이 지배적이었으나, 최근의 연구에 의하면 기업의 공급망을 아우르는 환경경영 전략을 통해 기업의 지속적 경쟁우위를 확보할 수 있다는 결과가 많이 제시되고 있다. 이러한 이유로 국내외적으로 기업의 개별 부문이 아닌 전체 공급망관리(SCM: Supply Chain Management) 관점에서 친환경 개념을 도입하는 기업이 늘어나면서 그린 SCM이 확산되고 있다.

SCM이란 원재료 조달 및 공급부터 최종 고객에게 제품을 납품하기까지, 즉 공급자에서 고객까지의 기업 핵심활동(계획, 설계, 구매, 제조, 주문처리, 배송·물류) 전체를 하나의 흐름에서 관리하는 활동이라 할 수 있다. 즉, SCM은 공급망 전체를 하나의 통합된 개체로 보고 이를 최적화 하고자 하는 경영방식인 것이다. SCM은 통합된 정보 활용, 고객만족 지향, 전체 최적화, 전략적 추진 등 다양한 특성이 있어 많은 기업에서 활용되어 왔다.

이와 같이 기업의 경쟁력 강화수단으로 사용되고 있는 SCM에서 환경경영 전략이 도입되게 되었고, 이러한 경영기법을 그린 SCM이라고 하고 있다.

그린 SCM에 대한 정의는 관점에 따라 조금씩 다르지만, Srivastava(2007)에 따르면, '제품설계, 자재 획득 및 선정, 제조공정, 최종제품 배송, 사용 후 관리 등을 포함하는 환경적 사고를 SCM과 통합하는 것' 이라고 정의하고 있다. 기존의 SCM이 품질과 비용, 속도 등에 집중해왔다면, 그린 SCM은 물 사용량, 온실가스 배출량, 유해물질 여부, 재활용률 등에 주목한다. 전통적 SCM이 경영성과에만 주목한 반면, 그린 SCM은 그 목적을 제품 및 프로세스가 환경에 미치는 영향에까지 확장하고 있는 것이다.

기업들이 그린 SCM에 주목하는 이유는 최근 EU를 위시한 선진국들이 경쟁적으로 각종 유해물질에 대해 강력한 규제를 부과하고 탄소발자국 등 제품의 전주기에 걸쳐 환경영향을 평가하는 각종 인증제도가 등장하면서 원재료 획득에서 폐기에 이르기까지 전 과정에서의 환경영향에 대한 관리가 필수적이 되었기 때문이다.

이에 따라 선제적으로 그린 SCM 구축에 나서는 기업들이 늘어나고 있다. 모기업들은 협력업체에 대해서도 품질, 가격, 납기뿐만 아니라 온실가스 배출량, 에너지/물 사용량, 유해물질 사용여부 등을 총체적으로 관리하도록 요구하고, 필요에 따라 기술적 지원도 아끼지 않고 있다. 과거에는 제품 성능에 직접적인 영향을 미치는 주요 공급업체를 중심으로 관리해 왔다면, 그린 SCM에서는 작은 부품을 생산하는 소규모의 협력업체까지 관리 범위를 넓혀가고 있다.

오늘날 기업의 활동이 제품설계에서부터 재료 조달, 제품 생산, 마케팅, 유통/판매 등의 과정을 통해 유기적으로 수행됨에 따라 공급업체 및 유통업체와의 상호협력과 정보공유는 매우 중요한 요인이 되었다. 개별 기업의 경영성과와 환경성과를 향상시키기 위해서는 해당 기업의 혁신만으로는 한계가 있고, 특히 환경성과 측면에서는 더더욱 공급업체 및 유통업체와 공조가 불가피하게 된 것이다. 이러한 이유로 공급업체 및 유통업체와의 협력적 관계가 기업의 에코효율성에 중요한 요인이 되고 있다. 환경경영은 한 기업만이 독자적으로 성취할 수는 없으며, 그 기업의 공급사슬 전반에 걸쳐 통합적이고 유기적으로 수행되어야만 효과를 거둘 수 있는 것이다.

3.7.2 그린 SCM 동향

앞에서 언급한 바와 같이 국내외의 수많은 기업들이 앞 다투어 그린 SCM을 도입하고 있는데, 가장 큰 이유는 글로벌 환경규제의 강화 때문일 것이다. Sony사와 같은 글로벌 기업조차 협력업체가 납품한 전선에 포함된 미량의 유해물질(카드뮴)로 인해 유럽수출에서 막대한 손실을 경험하기도 했으니, 중소업체의 경우는 더 이상 언급할 필요도 없을 것이다. 강제적 환경규제 외에도 다양한 환경라벨링 제도들이 활성화됨에 따라 기업들은 소비자의 선택을 받기 위해 최선을 다하게 되었다.

기업의 탄소 배출량을 공개하는 CDP(Carbon Disclosure Project)에서 발표한 'Supply Chain Report 2011'에 따르면, 평균적으로 기업 활동에서 발생하는 온실가스 중 절반 이상이 공급망에서 발생하고 있다고 한다. 특히 WalMart사의 경우, 기업활동에서 발생하는 온실가스 중 공급망이 차지하는 비중이 전체의 90%에 이른다. 따라서 지속가능성장을 추구하는 기업들은 개별 기업의 제품, 서비스, 생산공정을 넘어 전체 시스템 관점에서 기업활동이 환경에 미치는 영향을 고려하기 시작하여 그린 SCM에 주목하고 있다.

그린 SCM은 비용절감을 통한 재무성과와 더불어 환경영향을 최소화하는 제품 차별화를 실현하는 도구로 자리 잡고 있다. 선도적으로 지속가능경영을 추구하는 기업에게 그린 SCM은 새로운 경쟁우위를 창출할 수 있는 기회로 인식되고 있다. 세계시장에서 인정받는 친환경 제품을 지속적으로 출시하기 위해서는 설계, 제조 등의 기술역량뿐 아니라 친환경 재료나 부품을 안정적으로 공급받을 수 있는 공급망 구축이 필수적인 것이다.

공급망 내 협력관계개선을 위해 미국의 많은 기업들은 환경개선을 위해 사용하는 기법을 공급업체와 공유하고, 친환경적 설계 및 제조에 관련된 공동 연구를 수행하며, 사용이 끝난 제품과 포장재의 회수 및 재활용에 대한 개선 방법을 공급업체와 함께 모색하고 있다.

또한, 기존의 수요와 공급관계로부터 화학물질, 세척제, 실험 및 사무용품 등의 재고관리를 공급업체에 위탁하여, 원료 및 부품의 사용과 관리에 대한 서비스를 함께 구매하는 새로운 관계를 모색하는 기업의 수가 증가하고 있다.

공급업체가 구매기업에 원료 또는 제품의 사용과 관련된 서비스를 제공할 경우 공정개선 및 친환경적 제품설계에 대한 다양한 시각의 의견이 제시될 수 있다. 이와 같은 강점을 인식한 미국의 많은 기업들이 공급업체와 환경개선을 위해 사용되는 기법을 공유하며, 공동 연구와 프로젝트를 수행하고 있다.

공급업체는 구매기업에 제공하는 원료 및 부품에 대한 전문적 지식을 보유하고 있기 때문에 사용 및 관리 측면에서 효율성 극대화와 폐기물 최소화를 추진하는데 용이하다. 현재 화학물질, 세척제, 실험 및 사무용품 등의 재고관리를 공급업체에 의뢰하여 원료 및 부품의 사용과 관리에 대한 서비스를 함께 구매하는 방식을 선택한 기업의 수가 증가하는 추세이다.

기존 SCM이 품질, 비용, 납기 등에 중점을 둔 반면, 그린 SCM에서는 에너지소비량, 용수 사용량, 온실가스 배출량, 유해물질 사용여부, 재활용률 등의 환경지표 또한 중점 관리하는 추세이다. 이를 위해 과거의 협력업체 관리 차원에서 벗어나 적극적인 교육과 기술지도를 통해 공급망의 질을 다지고 있다. 따라서 모기업의 환경보고서에 협력회사의 환경성과까지 명시하는 기업들이 늘고 있다.

P&G사는 2010년부터 400여 개의 협력업체를 대상으로 'Environmental Sustainability Supplier Scorecard'를 작성하도록 하여 관리하고 있다. 이 점수표에는 해당 연도와 과년도의 에너지 사용량, 용수 사용량, 유해 폐기물, 무해 폐기물, 온실가스 배출량 등을 기록하여 환경성과를 평가한다. 이 제도의 장점은 점수표를 작성하는 과정에서 서로의 입장을 이해할 수 있고, 협력업체로부터 환경성과 개선을 위한 아이디어를 얻을 수 있다는 점이다. 실제로 협력업체에서 제시한 다양한 아이디어가 프로젝트로 진행되고 있다고 한다.

그린 SCM의 또 다른 추세는 관리대상 협력업체가 지속적으로 늘어나는 현상이다. 국제 환경규제가 강화되어 아주 미량의 유해물질조차 허용되지 않는 추세에 따라, 과거 주요 공급업체 위주의 관리에서 한 걸음 나아가 작은 부품을 생산하는 2차, 3차 소규모 협력업체의 관리도 소홀히 할 수 없게 된 것이다.

국내의 사례를 들면, LG전자는 제품의 유해물질을 관리하기 위하여 4천여 개에 달하는 1차 협력업체를 대상으로 친환경 인증제(LGEGP: LGE Green Program)를 실시하고 있는데, 2006년 9월부터 LGEGP IT 시스템을 구축하여 모든 인증업무를 IT 시스템으로 관리, 모니터링하고 있다. 인증 기준은 크게 환경경영시스템, 유해물질, 제품관리 시스템 등 세 가지로 구분되며, 친환경인증을 받으려면 유해물질분석성적서, 유해물질분석표, 비사용증명서, 유해물질관리목록표 등 지정된 서류를 제출해야 한다. 또한 1차 업체가 2차 업체를 관리하도록 요구하고 있어 전 과정에서 유해물질 관리가 이루어질 수 있도록 노력하고 있다.

협력업체의 관리 범위를 단계적으로 확대하는 한편, 전체 공급망 관점에서 문제를 근본적으로 해결하고자 하는 기업도 늘고 있다. 가장 대표적인 사례가 원재료 자체를 친환경 재료로 대체하는 방법인데, 글로벌 기업들은 이미 친환경 원재료 확보에 총력을 기울이고 있다. 일례로 WalMart사는 친환경 의류 재료 확보를 위해 유기농 목화를 공급하는 경작지에 대해서 유휴기간 동안 재배되는 작물도 함께 구매함으로써 안정적인 공급망을 확보했다. 또 다른 예로써 건강보조식품 업체인 Nutrilite사는 세계 곳곳의 청정 지역을 매입하여 직접 유기농 재배를 함으로써 친환경 원료를 확보하고 있다.

과거의 SCM은 원재료 획득, 제조, 유통, 최종 소비자로 이르는 단방향 흐름의 관리만을 주력해 왔으나, 그린 SCM은 폐기에서 시작하여 원재료로 이르는 역방향 흐름에 주목하고 있다. 이는 최근 재활용 및 재사용에 대한 요구가 확산됨에 따라, 한번 사용 후 버려지던 자원이 전체 경제 시스템 상에서 순환하기 시작한 것이다. 특히 EU 등 선진국을 중심으로 생산자가 제품 폐기 이후의 처리비용까지 부담해야 하는 규제가 확대되고, 장기적인 관점에서 폐기물을 자원화 하는 것이 경제적이라는 인식이 확산되면서 역방향(reverse) SCM에 대한 관심이 증대되고 있다. 역방향 SCM은 사용 후 제품의 수거, 재사용 가능 부품 선별, 재활용 가능 부품 분해/가공 등 일련의 사후과정을 체계적이고 효율적으로 관리하는 것을 의미한다.

EU에서 폐차처리지침(ELV: End of Life Vehicles Directive)이 발효됨에 따라 BMW는 폐차를 효과적으로 수거하기 위해 폐차재활용 네트워크를 운영하고 있다. 또한 폐전기전자제품(WEEE) 및 유해물질사용제한(RoHS) 지침이 채택됨에 따라, 전자제품을 체계적으로 수거하기 위해 Braun, Electrolux, HP, Sony 등 동종 기업들이 모여 2002년 'European Recycling Platform'을 결성하여 운영해 온 결과 전체 관리비용을 절감하게 되었다.

재제조(remanufacturing)란 폐기된 제품을 분해하여 사용 가능한 부품을 선별해서 이를 다시 생산에 투입하는 활동을 말하는데, 글로벌 기업들이 재제조에 노력하고 있다. 일찍이 후지제록스는 1993년 호주 시드니에 공장을 설립하여 부품 재제조를 시행하여 2006년 1,300만 달러를 절감하고, 540만 달러의 매출을 올렸으며, 중국 공장에서는 부품 재사용을 통해 15,500톤의 온실가스 배출을 방지하고, 2,000톤의 원재료 소비를 줄였다고 한다.

국내 기업에게도 그린 SCM은 당면한 과제로 부상하고 있다. 그린 SCM을 구축하기 위해서는 원재료, 생산, 유통, 소비, 폐기 등 전 과정의 어느 부문에서 어떤 환경 오염요인이 존재하는지 식별하고 전체 공급망에 걸친 환경영향을 관리할 필요가 있다. 또한 그린 SCM을 효과적으로 추진하기 위해서는 협력업체, 동종기업, 환경단체 등과의 제휴도 강화할 필요가 있다. 이와 같은 전략적 제휴는 역방향 SCM과 같이 대규모 투자비용이 소요되거나 개별 기업의 노력만으로는 충분한 성과를 거두기 어려운 경우에 특히 효과적이다. 우리 기업들도 그린 SCM을 도입하여 전체적인 시스템 관점에서 지속가능성장을 추구해야 할 것이다.

3.7.3 그린 SCM 요소

그린 SCM에서 다루는 이슈를 크게 분류하면, 그린디자인, 그린오퍼레이션, 신시장 개척 등으로 생각해 볼 수 있다. 그린디자인은 친환경설계, 에코디자인 등이라고도 하며, 전 과정에 걸쳐 환경영향을 최소화하는 제품을 설계하는 분야로서, 3.6절에서 살펴본 바와 같다. 그린 SCM에서 가장 큰 영역은 그린오퍼레이션인데, 녹색구매, 그린공정(4장), 녹색물류(3.8절), 폐기물 관리(3.4절) 등 다양한 분야를 포함한다. 녹색구매 분야에서는 공급자 선정, 개발, 분석 등을 수행하며, 그린공정 분야에서는 생산 계획 및 통제, 재고관리, 유지보수, 재활용 등을 수행한다. 녹색물류 분야에서는 배송, 사용 후 제품 수집, 검사 및 선별, 사전처리(preprocessing) 등을 수행하고, 폐기물 관리 분야에서는 오염예방, 구매 절약, 폐기 등을 수행한다. 이와 같이 그린 SCM에서 다루는 분야는 기업의 모든 활동을 망라한다고 볼 수 있다.

이 단원에서는 다른 단원에서 다루지 않은 녹색구매를 위주로 설명한다. 녹색구매를 위해 적용할 수 있는 방법으로는 구매기업과 공급업체의 협력관계 개선, 친환경구매 및 제품정보공개, 환경기준 및 관리시스템 수립, 공급업체 평가 및 인증제도 도입, 공급업체에 대한 지원방안 수립과 공급망 내에서의 서비스 전략수립 등이 있다.

(1) 그린파트너십

환경관리 공급망은 우선적으로 공급업체와의 협력적 관계개선이 있어야 한다. 기업과 공급업체의 관계개선 범위는 친환경적 설계 및 제조에 관련된 프로젝트 공동수행, 전 과정에서 환경부하가 적은 대체원료, 제품, 기기, 공정 개발을 위한 공동연구 수행, 환경개선을 위해 사용되는 기법 공유, 공급업체에 의한 화학물질, 세척제, 실험실 및 사무용품 등의 재고관리, 사용이 끝난 물품 및 포장재의 회수, 재활용에서의 개선 방법 모색, 공급업체로부터 원료 및 부품의 사용과 관리에 대한 서비스 구매가 있어야 한다는 것이다.

특히 환경 및 효율성 개선을 통한 이득으로는 원료 및 부품에 대한 전문적 지식을 보유한 공급업체가 사용 및 관리 측면에서의 효율성과 폐기물 저감 극대화에 기여하고 공동참여를 통해 친환경적인 제품 및 공정설계시 다양한 시각의 의견수렴이 가능하며, 상호협력을 통한 공급업체와 구매기업간의 관계 개선이 있을 수 있다.

이러한 환경관리를 위한 공급망의 성공은 협력관계 개선을 위해 고려해야 할 사항을 조화롭게 이루어 나가는 것이다. 공급업체의 참여를 위한 기업의 사전준비로는 공급업체가 참여하여 해결할 수 있는 개선사항에 대해 조사, 제품 및 공정의 개선에 대한 브레인스토밍을 위한 다기능(cross-functional) 팀의 구성이 가능하며, 설계, 제조, 구매, 폐기물 처리, 사무실 및 인력과 관련된 사항을 고려대상에 포함해야 한다.

최근 국내에서도 그린파트너십이 확산되고 있는데, 그린파트너십이란 대기업이 협력업체인 중소기업에 대한 공정진단과 청정생산기술보급을 통해 중소기업의 환경경영체제 구축을 지원하는 사업을 말한다. 대기업은 양질의 환경친화적인 부품을 공급받고, 협력업체는 환경경영 체제를 구비하는 동시에 대기업과 장기적 · 안정적인 거래관계를 구축하는 대중소 상생협력 프로그램의 일환으로 각광받고 있다.

환경경영을 통해 기업이미지를 개선하고 친환경 제품을 생산하는 것이 기업 경쟁력을 좌우하는 중요한 요소로 부각됨에 따라 대기업은 일찍이 90년 중반부터 청정생산, 환경마케팅, 환경회계와 같은 환경경영전략을 추진하여 환경경영의 기반을 확립해온 반면, 국내 기업의 99.4%를 차지하는 중소기업은 환경경영추진이 미흡한 실정이어서 대기업의 노하우를 협력업체에 전수하는 그린파트너십이 절실히 필요하게 되었다.

이에 우리나라 정부에서는 2003년 7월 한국생산기술연구원 국가청정생산지원센터(KNCPC)를 주관기관으로 하여 자동차, 철강, 제지, 석유화학, 전기전자 5개 업종을 선정하여, 3년간 1차 시범사업을 진행하였다. 주요 사업내용은 공급망 내 협력업체의 전사적인 환경경영 능력 개선, 대기업의 선진 청정생산기술 이전확산, 주요 업종 내 대기업과 협력업체간 환경관련 협력모델 개발 등으로 하여 추진하였다.

2006년 10월 정부는 그린파트너십 사업을 확산하여, 당시 산업자원부는 삼성전자, LG전자, 현대차, SK, 포스코, 유한킴벌리 등과 환경분야 대중소 상생협력 협약을 체결하여 모기업이 축적한 사업성과를 미참여 1차 협력업체로 확산하는데 초점을 맞추어 2006~2010년간 약 750억 원의 예산을 지원하여 모기업에서 1차, 2차, 3차 협력업체로 연결되는 협력체계를 구축해왔다.

대기업은 협력사의 친환경경영체계의 수립을 거래의 필수조건으로 제시하며 필요한 교육과 기술을 지원하고 다양한 형태의 점검을 실시하고, 대기업과 협력업체 외에도 다양한 환경전문기관이 참여하여 환경경영기법과 유해물질관리를 지도한다. 그린파트너십은 제품 혹은 서비스의 생산을 위한 일련의 기업간 네트워크를 통제하고 관리하는 SCM에 환경관리 정책과 목표를 반영한다는 측면에서 그린 SCM 추진을 위한 필수불가결한 요소라 할 수 있다(〈그림 3-12〉).

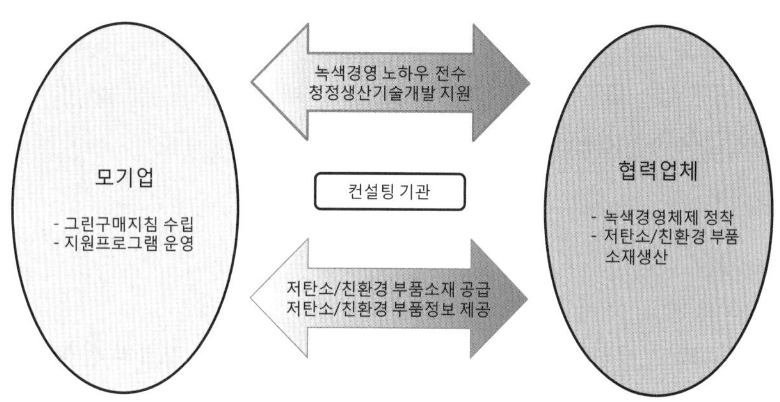

자료: 국가청정생산지원센터(2010) ,청정생산기술에서 녹색기술까지 제1권 녹색산업

〈그림 3-12〉 대중소 그린파트너십 개념도

현대자동차의 경우, 그린파트너십 네트워크시스템(www.scem.co.kr)을 활용하여 참여기업간의 커뮤니케이션을 활성화하고 프로젝트 결과물을 표준화하고, 네트워크를 통하여 비참여 업체의 환경경영까지도 지원하였다. 협력업체 교육에 있어서는 그린파트너십에 참여한 1차 협력업체 담당자를 각 분야별 전문가로 활용하여 중소기업형 통합 매뉴얼을 개발함으로써 2차 협력업체의 환경경영 추진 능력을 제고하였다. 대상기업의 다양성을 고려하여 기업별 맞춤형 환경경영 방식을 확산하고, 협력사 특성에 따른 18개 모듈개발사업을 추진하였으며, 기업맞춤형 네트워크 시스템을 활용하고 교육을 강화하였다.

삼성전자의 경우, 거래하는 협력회사의 모든 부품 내 유해물질을 체계적이고 신속하게 관리하기 위한 유해물질 정보관리시스템(e-HMS)을 운영함으로써, 협력회사는 삼성전자에 납품하는 부품의 일반정보 및 유해물질 사용현황을 등록하고, 삼성전자의 관련부서는 등록된 부품정보를 확인하여 품질을 승인하는 체계를 구축하였다.

또한 유해물질 정보를 구매시스템과 연계하여 구매단계에서 유해성에 대한 검증이 이루어지지 않은 부품은 사용하지 않도록 하였으며, 2006년 9월 제품 내 환경관리물질 운영규칙을 제정하여 제품 내 부품, 원자재, 포장재, 배터리 등에 함유된 환경관리물질을 파악하여 사용을 금지하거나 제한시켰다. 2004년 5월부터 에코파트너 인증제도를 시행하여 환경품질관리시스템 평가와 부품검증 작업에 협력회사의 적극적인 참여와 협조를 유도하였으며, 2005년 7월 국내외 전 협력회사에 대한 인증을 완료하여 글로벌 환경규제에 대응할 수 있게 준비하였다.

SK의 경우 15개 협력업체의 청정생산기술을 지원하여 수질, 대기, 폐기물, 에너지, 소음 등의 분야에서 문제점을 해결하기 위한 최적의 개선안을 도출하여 시행하여왔는데, 분야별 주요 개선내용은 다음과 같다.

❶ **수질 분야:** 공업용수 회수 설비 개선, 고농도 폐수처리기술 이전, 폐수발생 반응기 전용 홀딩탱크 설치 등

❷ **대기 분야:** VOC 포집 및 제거시설 설치, 환기시설 설치, 덕트라인 개조 및 시설개선, 비산분진 포집시설 설치 등

❸ **폐기물 분야:** 오일제거 기계 설치, 별도 폐기물 보관시설 설치, 용매 재활용 시스템 설치 등

❹ **에너지 분야:** 에어 프리히터를 설치하여 폐열회수

❺ **소음 분야:** 방음커버 설치

(2) 녹색구매

기업의 제품뿐만 아니라 공급업체의 부품 또는 제품에 대한 LCIA와 기업의 환경방침, 목표, 경영체제 등에 부합하지 않는 공급업체의 활동을 평가할 수 있는 시스템의 구축이 필요한 것이다.

제품의 품질과 관련 서비스에 노하우를 가지고 있으며, 환경사안에 적극적이거나, 장기간의 거래관계를 가진 1~2개의 공급업체와 협력을 우선적으로 추진해야 한다.

공급업체의 선정기준으로는 환경목표를 달성하기 위해 제품공급 이외의 부가 서비스를 제공하는 공급업체를 선정하고, 협력에 대한 계약관계를 수립 시 고려사항으로는 협력을 통한 이득이 상호간 공평하게 배분되는지의 여부와 공급업체의 부가적인 서비스나 참여에 대한 지불 여부와 협약의 법적인 효력부여 여부인 것이다.

일반적으로 기업은 원료 또는 부품 구매를 통해 공급업체에 대해 영향력을 행사한다. 미국 내 많은 기업이 자사의 구매방침을 환경개선을 통한 기업의 이미지 제고와 부가가치 창출에 이용하고 있다.

기업은 공급업체가 조달하는 제품의 환경부하를 저감하기 위해 부품 및 원료에 대한 구매 기준을 규정함으로써, 공급업체가 청정생산 공정 도입 및 청정원료의 사용, 환경을 고려한 설계, 에너지와 용수사용의 저감, 폐기물 발생 최소화, 독성을 가진 제품 또는 유해물질 배출의 저감 등에 노력을 기울이도록 유도할 수 있다.

현재 미국 내 주요기업의 자체적인 환경친화적 구매방침은 공급업체가 제출해야 할 제품정보기준을 포함하고 있으며, 구매계약에 환경개선을 위한 기법의 공유, 친환경적 제품의 개발, 사용이 끝난 제품의 회수 및 재활용 공정의 개선, 원료의 사용 및 재고관리의 전문 서비스 업체 위탁 등 새로운 협력관계를 포함하는 추세이다.

환경친화적인 구매와 제품정보 공개요청 시에는 구매방침의 적용범위, 제품에 사용되는 특정물질, 원료 또는 제품의 제조공정, 공급업체의 제품 전 과정, 공급업체의 영업전반에 대해 고려해야 한다. 이에 따른 공급업체에 대한 요구사항은 청정생산 공정 도입 및 청정원료의 사용, 환경을 고려한 설계, 에너지와 용수 사용의 저감, 폐기물 발생 최소화, 제품의 독성 또는 유해물질 배출 저감에 대한 자료일 것이다.

환경친화적 구매와 제품정보 공개를 위한 고려사항은 구매방침 및 기준의 개발 여부로 기존업계 방침 및 기준적용여부와 공급업체의 특성을 반영한 자체기준 개발이며, 구매방침 및 기준의 적용범위는 공정, 제품, 공급업체의 사업 전 분야와 구매 대상제품에 대한 기준설정과 더불어 특정 유해물질이나 해당물질이 포함된 제품의 구매중지, 구매 결정시 전 과정의 환경적부하를 고려해서 공공기관 및 정부의 에코-라벨 기준을 제시하고, 전 세계적인 제품인증제도를 도입하는 것이다.

공급업체에 대한 평가시스템을 구성하기 위해 공급업체의 업무와 역량을 파악하고 평가를 통한 혜택 부여와 대부분의 경우 구매기업이 요구하는 환경기준에 대한 대비가 없으므로 명확하고 지속적인 구매 관련 정보를 제공하고 확정된 요구사항에 대해 공급업체에 교육과 지원을 제공해야 한다. 소비자에 대한 교육 또한 제품의 환경정보를 이용한 소비자의 인식수준을 향상시킬 수 있을 것이다.

일반적으로 기업은 제품생산에 사용되는 원료 또는 부품의 환경적 위험요소를 고려하여 공급업체에 대한 구매방침에 환경요구사항을 포함하고 있다. 그러나 제품에 사용되는 원료 또는 부품의 종류가 다양해지고 기업의 자체적인 환경관리가 비능률적으로 진행됨에 따라, 공급업체가 자발적으로 환경기준을 준수하기 위한 환경관리체계의 도입을 요구하는 추세이다.

현재 미국 내 주요 기업은 공급업체에 대한 환경기준을 개발하기 위해 공급업체의 환경사안에 대한 비전, 기업 내 환경측면을 고려하는 주체, 환경관련 규제의 준수여부, 구매기업의 내부 환경기준에 대한 이해수준, 환경친화적 제품설계여부, 원료 및 에너지의 효율적 사용, 재활용과 오염방지를 위한 방안 등에 대한 설문조사를 실시하고 있다.

이러한 설문조사의 결과를 토대로 기업은 공급업체에 대한 환경기준과 적용범위를 설정하고, 공급업체 지원방안 및 환경기준 미준수 업체에 대한 조치방안을 수립하고 있다.

공급업체에 대한 환경기준 및 관리시스템 구축은 활발하게 이루어지고 있는데, 공급업체에 대한 기업의 일반적 요구사항은 일반적으로 공급업체가 자사의 내부 환경기준과 같은 수준의 목표를 달성하도록 요구하고 있고, 공급업체의 환경경영체제의 도입과 타 업계의 환경관련 표준인증획득 등을 필요로 하고 있다.

환경관련 기준 적용현황은 정부가 운영하는 에코-라벨 인증에서 국제인증 기준까지 다양한 기준을 고려하고 구매방침 내 ISO14001 인증획득을 기본 조건으로 포함하는 기업의 수가 증가추세이며 미국 내 일부 정부기관은 구매계약 업체에 ISO14001 인증 의무화 추진을 고려하고 있다.

대부분의 기업은 공급업체의 선정과 원료 및 부품에 대한 구매결정시 판단의 근거가 되는 자료를 수집하기 위한 평가를 실시한다. 공급업체에 대한 평가기준 개발 시 고려해야 할 사항으로는 평가대상 공급업체의 범위에서부터 공급업체가 준수해야 할 기준의 범위, 기존의 업계 평가방법 및 절차, 평가의 빈도 및 환경기준 미준수 업체에 대한 방침 등이 있다.

미국 내 주요기업은 공급업체에 대해 설문조사서 작성 및 자체 감사자료 제출을 요구하며, 조달된 원료 및 부품을 검사하고, 공급업체에 대한 현장심사를 실시한다. 또한 대상기업의 제품에 대한 Eco-label 인증프로그램을 도입하거나 ISO14000 및 14001 기준에 의거한 감사를 실시하고 있다.

공급업체에 대한 평가와 인증은 주로 공급업체에 의해 작성된 설문조사서 검토, 공급업체의 제출자료 검토, 공급업체로부터 조달된 제품에 대한 검사, 공급업체에 대한 현장심사, Eco-label 인증 프로그램 도입, ISO14000과 14001 기준을 기초로 한 감사, 자사와 관련된 공급업체의 영업활동 조사 및 허가 등이 있다.

각 공급업체에 대한 평가의 범위를 결정하기 위해서 전략적으로 대처하는 공급업체, 특정 원료나 부품에 대한 독점 공급업체 특징과 자사활동과의 관련범위에 따라 평가여부와 시기를 결정해야 한다. 평가 및 인증빈도는 일회성 초기 평가, 연차 평가, 필요시 위험요소를 기초로 한 평가, 매 평가시 새로운 또는 개선된 제품 생산공정의 포함 여부 등을 고려해야 한다.

공급업체의 환경기준 미준수 공급업체에 대한 고려사항으로는 환경 요구사항 준수를 위한 지원제공, 평가팀의 권고사항 제공 및 조정방안 개발 및 새로운 공급업체 또는 구매계약업체의 발굴하는 방법을 고려해야 한다.

(3) 녹색구매 네트워크

국내의 녹색구매 네트워크(http://gpn.or.kr)는 제품의 생산 · 유통 · 소비단계와 관련된 각 경제주체가 친환경 제품의 생산 · 소비를 촉발시키기 위한 연결망으로서, 각 경제주체가 자발적으로 참여하는 수평적 합의체이다.

녹색구매 네트워크의 목적은 소비자가 시장에서 제품을 구매할 때 친환경 제품을 선택하도록 하여 녹색생산을 유도하고, 이를 통해 환경문제와 경제문제를 해결하고자 함이다. 녹색구매 네트워크에 참여하는 각 경제주체는 다음과 같은 역할을 담당한다.

정부는 환경친화적인 생산 · 소비체계 기틀 마련을 위해 녹색생산과 녹색소비 관련 사회인프라 구축 및 제도정비 등의 역할을 담당한다. 따라서 정부 및 공공기관, 지방자치단체는 녹색상품을 우선적으로 구매해야 하는데, 이를 녹색조달이라 한다.

기업은 생산과 소비의 주체로서, 친환경 제품 관련 기술을 개발하여 녹색제품을 적극적으로 생산하여 시장에 공급한다. 판매에 있어서도 제품 진열시 녹색제품을 우선적으로 취급하고 전시회, 통신 서비스 등을 통해 녹색상품이 활발하게 유통될 수 있도록 하며, 기업에서 사용하는 물품을 구매할 때도 녹색상품을 우선적으로 구매한다.

시민(단체)은 소비주체로서, 녹색제품을 우선적으로 구매하고, 녹색구매 교육과 녹색소비생활 실천 캠페인을 통해 녹색소비생활의 중요성을 인식하고 녹색소비에 노력하여 녹색제품 구매가 증대되도록 한다.

녹색구매 네트워크는 각 경제주체들간의 역할분담과 상호협력을 전제로 한다. 생산분야에서는 친환경 제품 관련 기술을 개발하고 나아가 능동적인 환경친화적인 경영체제를 확립한다. 유통분야에서는 친환경 포장재 사용, 친환경 수송수단 이용 등 환경영향을 저감할 수 있는 모든 방안을 적용한다. 소비분야에서는 친환경 제품을 최종적으로 구매하고 소비하는 기능을 담당하며, 공공 및 공동구매, 평가 및 모니터링, 교육홍보의 단위로 구성하여 활동한다. 기술분야에서는 시장에서 다른 상품과 차별화하기 위해서 친환경 제품을 소개하는 기능을 담당한다. 가이드라인을 설정하여 친환경 제품에 대한 인지도를 높이고 권위를 부여함으로써 시장에서 소비자들에 의하여 친환경 제품이 선택될 수 있도록 한다.

(4) 녹색조달

국가 차원에서 제품의 환경영향을 원천적으로 저감하기 위하여 최근 전 세계적으로 녹색조달(GPP: Green Public Procurement)의 중요성이 강조되고 있으며, 선진국을 중심으로 그린조달 확산에 따른 정책들이 마련되고 있다. 녹색조달이란 '환경을 고려한 공공조달' 로서, 동일한 기능을 하는 제품/서비스 중 환경에 미치는 부정적인 영향을 최소화할 수 있는 제품/서비스를 선택하여 조달하는 과정을 말한다.

국내에도 '녹색제품 구매촉진에 관한 법률' 제6조에서 공공기관의 장은 상품을 구매하고자 하는 경우 녹색제품을 의무적으로 구매하도록 하고, 제8조~11조에서 공공기관은 녹색제품 구매지침에 따라 매년 기관별 녹색제품 구매이행계획을 수립 · 공표해야 하고, 구매실적을 집계 · 제출하도록 규정하여 공공기관이 녹색제품을 의무적으로 구매하도록 하고 있다.

녹색조달의 목적은 〈표 3-5〉에 나타난 바와 같이 천연자원 보존, 에너지효율성 제고, 환경제품의 활성화, 이산화탄소 배출감소, 유해물질 방출감소, 조달비용 절감 등이며, 궁극적으로는 환경보전 및 에너지 저감뿐만 아니라 경제적/사회적 효율성을 동시에 제고하고자 함이다. 즉, 환경에 미치는 부정적 영향을 최소화함과 동시에 경제발전을 추구하는 '지속가능 조달'의 개념으로 인식이 확대되고 있다.

〈표 3-5〉 지속가능 조달의 목표

분 야	효 과
경제	- 기업혁신 촉진 - 경쟁을 통한 환경기술의 가격 하락
환경	- 정부의 환경정책의 목표 달성 - 민간부분의 그린구매 유도 - 환경의식 고취
사회/보건	- 삶의 질 향상(유해물질 감소, 쾌적한 환경 등) - 민간부문의 물품 및 서비스에 대한 환경기준 향상
정치	- 환경보호, 지속가능한 발전 정책을 실시하고 있다는 신호 역할

녹색조달이 가장 발달한 것으로 알려진 EU의 경우, EU 환경총국에서 녹색조달을 총괄하여 녹색조달 정책의 수립, 규정 마련, 각 회원국 녹색조달 실행계획 관리 및 장려 등의 역할을 수행하고 있다. 각 회원국별 녹색조달 운영은 공공조달 담당기관이 독립적으로 관리하나, 전반적인 조달정책의 운영원칙은 EU 공공조달 지침을 따른다. 제도의 운영체계는 〈그림 3-13〉에 나타난 바와 같이 공공조달 지침, 관련 환경기준, 국제협약, EU 차원의 발전전략, 각 회원국의 규정 등 여타 규정들이 유기적인 관계를 형성하며 탄력적으로 운영되고 있다.

EU 녹색조달 제도의 세부내용은 공공조달 지침, 녹색조달 정책, 녹색조달과 관련된 환경기준 등 크게 세 부문으로 나누어 살펴볼 수 있다. 먼저 공공조달지침은 EU 공공조달 시장을 단일화하고 경쟁력을 제고하기 위해 마련된 지침으로서, 공정하고 개방적인 경쟁 체제를 도입하여 조달기관이 선택할 수 있는 폭을 넓힘으로써 우수한 공급자에게 더 많은 혜택이 돌아갈 수 있도록 하기 위한 것이다. 과거에는 물품(The Public Supply Directive), 공사(The Public Works Directive), 용역(The Public Services Directive) 등 별개의 지침이 있었으나, 2004년 개정 지침(Directive 2004/18/EC)은 이들을 통합하여 운영되고 있다. 이 지침은 다음과 같은 환경 관련 이행사항들을 요구하고 있다.

- 기술규격에 환경기준을 적용할 것
- 에코라벨을 사용할 것
- 계약내용 수행 시 사회적, 환경적 조건을 고려할 것
- 입찰자는 환경기준을 준수하였음을 입증할 것

- 입찰자는 환경경영수단(environmental management measures)을 통한 계약이행 능력이 있음을 입증할 것
- 환경적 요인을 고려하여 권장기준(award criteria)을 적용할 것

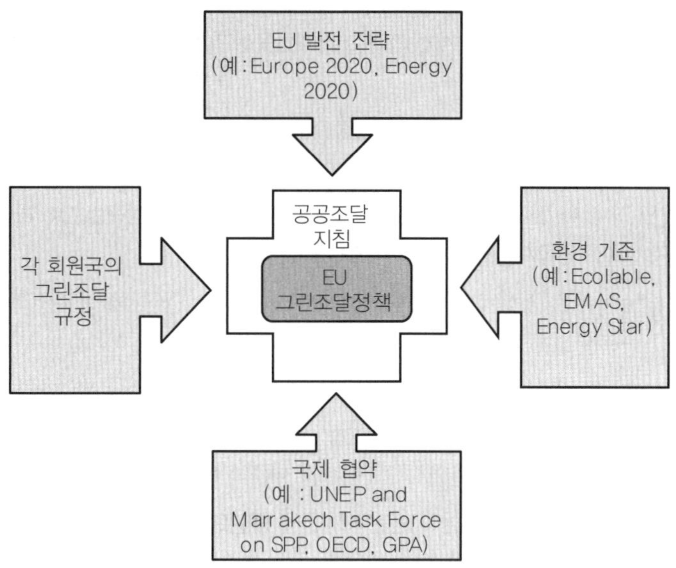

자료: 녹색경영정보포털(http://www.gmi.go.kr/), EU의 그린조달제도

〈그림 3-13〉 EU 녹색조달제도 운영체계

EU의 녹색조달 정책은 EU 집행위원회의 제안사항으로서 효력만을 가지며 각 회원국에 대한 강제력은 없으나, 다음과 같은 규정들을 통해 에코라벨, 에너지스타, 환경경영시스템, 건물에 대한 에너지 효율 지침등과 밀접하게 연관되어 운영되고 있다.

❶ **통합적 제품 정책 전달**(Communication on Integrated Product Policy): EU 집행위원회는 각 회원국들에 2006년 말까지 녹색조달을 위한 실행계획을 마련할 것을 요청함

❷ **EU 지속가능개발**(EU Sustainable Development Strategy): EU 집행위원회는 2010년까지 모든 회원국의 녹색조달 비중을 가장 우수한 회원국 수준으로 끌어올릴 것을 권고함

❸ **녹색조달 소통**(Communication on GPP): 가장 최근 도입된 정책으로서, 수치화된 성과목표, 목표달성을 위한 절차 및 방법론 등을 구체적으로 제시함

EU의 녹색조달과 관련된 환경기준은 대부분 매우 강력한 환경규제로서, 이를 위반하면 EU에 대한 수출뿐 아니라 EU 지역 내에서 생산이나 영업활동을 할 수 없게 된다. EU의 그린조달 관련 주요 환경기준은 다음과 같다.

❶ RoHS(The Restriction of the use of certain Hazardous Substances): 제품에 유해한 물질(납, 크롬, 카드뮴 등) 사용 제한을 명시한 지침

❷ **에너지효율지침**(Energy End-Use Efficiency and Energy Services): 에너지효율성과 에너지 서비스에 관한 지침으로서, 공공부문의 모범적인 실천을 권고하고 있음

❸ REACH(Registration, Evaluation and Authorization of Chemicals): 신규 화학물질의 등록 및 관리에 대한 지침

❹ EU Energy Star: 미국정부와 EU의 합의에 따라 에너지효율이 높은 상품에 에너지 스타를 부여하는 제도로서, 공공조달업체 선택에서 필수 고려 요건임

❺ EU EMAS(Eco-Management and Audit Scheme): 기업과 공공기관들의 친환경 경영을 촉진하도록 하는 시스템

❻ Clean Vehicle: 친환경 차량의 확산을 통하여 쾌적한 도로교통 환경을 조성하고자 마련된 지침으로서, 특히 공공 구매당국과 공공서비스 공급자들의 역할을 강조하고 있음

❼ RES(Renewable Energies): 재생자원의 활용에 대한 지침으로서, 공공건물이 재생에너지 활용기준에 부합하도록 유도

❽ EU Ecolabel (Manual for GPP): 환경기준에 부합하는 상품에 에코라벨을 부여하는 제도로서, 2009년 녹색조달(GPP)에 대한 내용이 추가됨

❾ Ecodesign Directive: 에너지 소비 경감을 통해 친환경 제품의 확산을 촉진하는 지침

❿ Energy Labelling Directive: 에너지효율이 높은 제품군을 중심으로 공공조달이 이루어지도록 촉진하는 지침

⓫ EPBD(Energy Performance of Buildings Directive): 건축물의 에너지효율성 증대를 위한 지침으로서, 2018년 12월 31일 이후 공공조달 되는 모든 건축물에 대해 제로에너지 기준 적용

녹색조달의 이행여부 및 이행범위 등은 각 회원국 및 구매기관의 재량에 따라 결정되므로 EU 조달시장에 진출하고자 하는 기업들은 해당 국가와 기관의 방침과 규정을 숙지해야 한다. 환경 관련 규정은 단기간에 숙지하기 어렵고 규정이 수시로 변하기 때문에 지속적으로 규제정보를 업데이트할 필요가 있다. 유럽인들은 환경에 대한 의식이 높고 체질화되어 있어 환경마크에 대한 신뢰가 높고 절대적인 구매기준으로 삼고 있으므로, 유럽 지역에 수출하고자 할 때는 환경인증마크를 획득하는 것이 필수적이라 하겠다.

(5) 성공 요소

글로벌 선도기업들은 원재료 조달, 설계, 생산, 유통, 소비, 폐기, 재생 등 공급망 전반에 걸쳐 환경영향을 관리하는 그린 SCM 구축에 적극적으로 나서고 있다. 앞에서 살펴본 바와 같이 성공적인 그린 SCM을 위해서는 협력업체와의 파트너십이 매우 중요한 문제이다. 공조체제 구축을 위해서는 신뢰감 형성이 가장 중요한데, 진솔한 의사소통을 통해 공통된 목표의식과 공동체의식을 공유할 필요가 있다.

그린 SCM에 있어서 개선기회에 대한 실행순위부여 및 실행계획의 결정은 환경적 및 경제적으로 투자대비 높은 가치를 내는 부문에 우선적으로 순위를 부여하고, 폐기물 발생량을 기준으로 제품이나 공정개선을 고려해야 하며, 화학물질 재고관리, JIT(Just-In-Time) 관리, 재사용 가능한 포장, 공정

개선, 대체용제 사용, 에너지사용 저감 등과 같이 담당직원이 단독으로 실행할 수 없는 부문을 우선적으로 고려해야 한다.

기업은 또한 친환경제품 개발 국제표준화를 선도하고 환경마케팅을 통하여 친환경 제품 시장을 확대하는데 노력해야 하는데, 특히 친환경제품 개발 국제표준화와 관련하여 반도체, 휴대폰, LCD 등 세계시장을 선도하고 있는 제품은 에코디자인 표준개발을 주도하여 제품의 시장경쟁력을 유지해야 한다.

환경경영에 실패하는 기업이 지불해야 하는 금전적, 사회적 비용이 급속히 증가하고 있는 현실에서 우리 기업에게도 그린 SCM은 당면한 과제로 다가왔다. 우리 기업들도 제품, 서비스, 생산공정, 물류 등 기업의 개별적 경영활동을 통합하여 전체적인 시스템 관점에서 그린 SCM을 성취함으로써 지속가능한 성장을 추구해야 할 것이다.

3.7.4 그린 SCM 사례

2001년 크리스마스 직전, Sony의 가정용 비디오게임기 플레이스테이션 130만 대가 협력업체가 공급한 전선에서 기준치를 넘는 카드뮴이 검출되는 바람에 네덜란드 세관에서 반입이 금지되어 1억 6천만 달러 원 상당의 판매 손실을 입었다. 카드뮴은 독성이 강한 유해물질이지만, 전선에 일반적으로 사용되던 물질로서, 인체에 직접 접촉할 일이 없어 반입이 허용되어 왔었다. 그러나 세상의 변화를 Sony는 감지하지 못했다. 네덜란드 정부는 게임기의 사용 후까지 고려하여 폐기과정에서 유해할 수 있다고 판단한 것이다. 쓰라린 경험을 통해 친환경 공급망의 중요성을 깨달은 Sony는 협력회사의 녹색경영을 장려하기 위해 '녹색 협력 기준'을 마련하고 부품 생산과정에서 유해물질 기준을 수립했다. 결국 2003년부터는 자사의 '녹색 협력사 인증'을 받은 곳에서만 부품을 구매해오고 있다.

영국 과자업체 Walker Crisp는 2007년 과자봉지에 '탄소발자국(Carbon Footprint) 75g' 이란 표지를 붙였다. 감자 재배에서 과자 제조, 상점 진열, 먹은 후 포장지 폐기에 이르기까지 전 과정에서 온실가스 75g이 발생했다는 의미다. 이후 전 세계적으로 탄소라벨링 제도가 퍼져나갔으며, 우리나라에서도 '탄소성적표지제도'를 시행하여, 이제는 마트에 가면 심심치 않게 탄소발자국 표지를 볼 수 있게 되었다. 전 과정 온실가스 배출 200g인 맥주대신 150g인 맥주를 마시면서 지구 환경지킴이로서 뿌듯해 할 날이 머지않은 것이다.

그린 SCM은 환경 보호를 넘어 기업의 경쟁력 확보에도 기여하고 있다. 예컨대 운송수단을 항공기와 트럭 대신 온실가스 배출이 적은 선박이나 철도로 바꾸거나, 동종 기업 혹은 협력사와 물류체계를 공유함으로써 효율을 높이고 비용을 절감하는 것이다. Walker Crisp는 무게 단위로 감자를 구입하던 관행을 깨고 수분을 제거한 후의 마른 중량으로 거래하기 시작하면서 감자 튀기는 시간을 10% 가량 단축하였으며, 농가 입장에서도 보관 과정의 습도 유지비를 절감할 수 있어 서로 이득이 됐다.

기업용 소프트웨어(SW) 개발업체 SAP는 CO_2 발생 이력 감시, 태양광 발전시설 설치, 백열등의 LED 전등 교체, 출장 대신 화상회의 채택 등 다각적인 노력을 통해 2009년에만 CO_2 발생을 15% 줄이고 관리비 1억2천만 달러를 절약했다고 한다. 이러한 과정에서 쌓인 경험을 모아 'CO_2 저감 소프트웨어' 를 개발한 SAP는 앞으로 5년 안에 관련 시장이 70억 달러 규모로 성장할 것으로 예측했다.

글로벌 유통업체 Wal-Mart의 경우, 2005년 대대적인 사업 지속가능성 전략을 도입하여 2013년까지 포장재를 5% 감소시킨다는 목표를 세웠다. 이를 통해 CO_2 배출량 약 67만톤 저감, 34억 달러의 직접적인 비용절감, 공급망 전체를 통해 약 110억 달러의 비용절감 등을 예상하고 있다.

식품업체 Nestle은 지속적이고 전사적인 지속가능 프로그램을 도입하여 막대한 환경성과와 재무성과를 달성했다. 자원 절약, 재사용, 재활용, 에너지 회수 등을 지원하는 통합적인 접근을 시도하여 제품 포장에 적용한 결과, 1991년에서 2006년 사이에 포장재료 비용을 5억 달러 이상 절감했다.

네덜란드 맥주회사 Heineken은 'Aware of Energy' 프로그램을 통하여 2002년에서 2006년 사이에 화석연료와 전기에너지를 15% 가량 절감하였다고 한다. 국제에너지기구(IEA)의 ' Energy Report 2012' 에 따르면 현 BAU 기준 2050년까지 지구의 온도는 6℃나 올라갈 전망이고, 이를 2℃ 수준으로 낮추기 위해서는 온실가스의 50%를 저감해야 하는데, 이를 위한 가장 좋은 방법은 에너지 효율을 높이는 것이라 한다. 이와 같이 그린 SCM은 기업의 재무적 성과를 위해서라도 적극 추진해야겠지만, 그 결과는 인류 전체의 혜택으로 돌아오게 될 것이다.

3.8 녹색물류

최근 글로벌 환경규제 강화와 에너지 비용 급등에 따라 물류 과정에서 발생하는 탄소배출과 환경오염을 줄이기 위한 녹색물류(green logistics)에 대한 관심이 커지고 있다. 특히 녹색물류는 기업의 SCM 차원에서 통합적으로 수행되어야만 비로소 성공할 수 있다는데 의견이 모아지고 있다.

3.8.1 녹색물류의 개념

녹색물류란 '제품 및 서비스의 생산, 유통, 판매, 폐기에 걸친 전 과정에서 사용되는 모든 물류활동이 환경에 미치는 부정적 영향력을 최소화할 수 있도록 설계되고, 구현되며, 관리 및 통제되는 체계' 라고 생각할 수 있다. 다시 말하면, 기존의 생산에서부터 시작되어 유통과정을 거쳐 최종소비자에게 제품이 전달되는 전통적 물류활동에 초점을 맞추고 있는 순물류(forward logistics)와 고객 및 소비자의 제품 사용 중 또는 사용 후 발생하는 반품, 회수, 수리, 재판매, 재활용, 재사용, 폐기 등을 다루는 역물류(reverse logistics)가 통합된 폐순환 공급망 내에서 지속가능성, 경제성, 친환경성 등을 추구하는 물류로 정의될 수 있다(〈그림 3-14〉).

녹색물류의 특징은 크게 세 가지 영역으로 구분될 수 있다. 첫째는 물류활동이 직접적으로 환경에 미치는 영향에 관한 부분으로서, 물류활동을 통해서 발생하는 다양한 결과물이 환경에 미치는 부정적 영향력을 최소화시키도록 운영함으로써 녹색물류의 목적을 달성할 수 있게 된다. 특히, 순물류 활동이 이 영역에서 중요한 역할을 담당하게 되는데, 재사용이 가능한 물류기구 및 포장의 개발, 수송방법 및 수단의 개발, 배송경로의 최적화 등 다양한 활동이 이에 포함된다.

둘째는 물류활동의 대상물 처리과정 및 결과가 환경에 미치는 영향에 관한 부분으로서, 물류활동을 통하여 처리되는 다양한 대상물이 환경에 미치는 부정적 영향을 최소화시키도록 운영함으로써 녹색물류의 목적을 달성할 수 있게 된다. 특별히 역물류 활동이 이 영역에서 중요한 역할을 담당하며, 최적의 반품수거 시스템, 적정처리 프로세스 개발, 효율적 관리체제 구축, 신속하고 정확한 의사결정 정보시스템 개발, 재판매 및 재사용을 통한 대상물 수명연장, 재활용을 통한 부족자원 보전, 안전한 폐기처리를 통한 지구환경 보전 등 다양한 활동이 이에 속한다.

셋째는 물류활동을 통하여 이동되는 대상물의 특성에 대한 정확한 정보와 이동 및 보관경로의 정보를 추적하여 제품을 수명주기 동안 정확하고 철저하게 관리함으로써, 자재, 부품, 완제품, 재고품 등의 단계에서 요구되는 처리활동이 환경친화적으로 수행될 수 있도록 정보를 제공하고 의사결정을 수행하여 녹색물류의 목적을 달성할 수 있게 된다. 특히 이 영역은 순물류와 역물류 모두 중요한 역할을 수행하게 되는데, 사용되는 자재 및 부품의 특성과 최종 폐기 처리방법 등에 관한 정보, 부품 및 제품의 수리 및 재생시 필요한 분해도 정보, 완제품의 재고파악, 반품의 이력조회, 반품의 처리를 위한 의사결정에 사용될 정보, 최종 폐기처리시의 제품폐기관리 정보 등을 관리하는 활동이 이에 속한다.

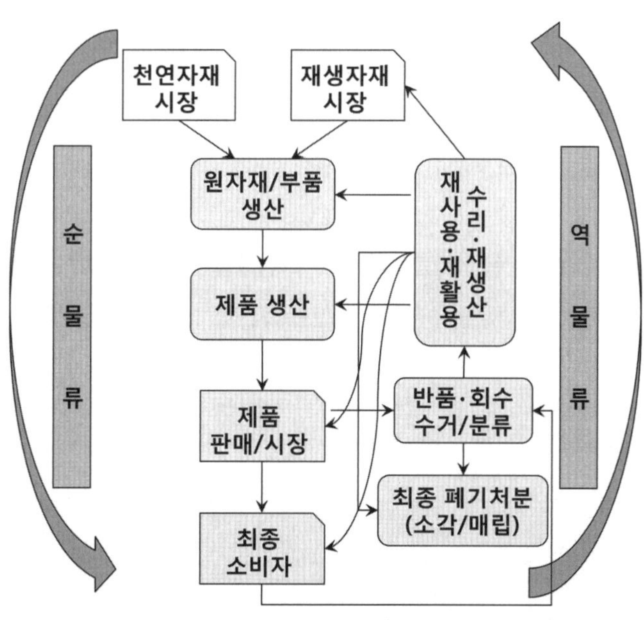

〈그림 3-14〉 녹색물류의 범위

녹색물류를 통해 물류활동 과정 중에 물류가 환경에 미치는 영향을 최소화하는 동시에 물류환경을 정화시키고 물류자원을 충분히 이용할 수 있다. 또한 환경오염과 자원소모의 감소를 목표로 하여 선진적인 기술을 이용하여 운송, 보관, 포장, 하역, 유통가공 등 물류활동을 계획하고 실시함으로써 지속가능한 발전을 추구하게 된다(〈표 3-6〉).

〈표 3-6〉 녹색물류의 지속가능한 경영

구분	기존의 경영	지속가능경영
경영 목표	단기성과 중심	중기 및 장기성과
고객	단기고객중심	미래고객도 포함
접근 방법	경제성과 위주로 환경, 사회성과의 개별분리	경제성과 바탕에 환경, 사회성과를 균형 있게 관리
커뮤니케이션	기업내부중심	기업외부로 확대
정 보 공 개	수동적	전략적
가치제고대상	기업내부자중심	현 세대와 미래세대, 생태계
위험 관리	재무위주	책임위주

지료: 출처: 한국표준협회미디어(2011), 녹색물류

녹색물류는 전혀 새로운 영역이 아니라 물류에서 나타날 수 있는 환경문제를 해소해가는 것이며, 단순히 환경문제만을 해결하는 것이 아니라 지속가능한 성장을 추구하는 접근법이다. 특히 녹색물류는 개별 기업의 환경경영 성과보다는 공급사 및 수요사와 함께 공급망 전체의 환경 경쟁력을 제고하는 방향으로 추진되어야 한다. 개별 기업만의 에코효율성을 높이면 되는 문제가 아니라, 공급망 전체에서 모든 단계의 환경영향이 줄어야 비로소 지속가능성장이 가능하기 때문이다.

녹색물류의 실행 수준에 따라 다음과 같이 5단계로 기업 유형을 구분할 수 있다.

- **1단계(개별적 대응)**: 에코드라이브, 비용저감, 포장재 절감 등 단순한 대책을 수행하고 있는 기업
- **2단계(물류활동 개선)**: 개별적 대책과 함께 물류활동 개선을 동시에 추진하는 기업으로서, 물류업무개선 추진조직을 구성하고 왕복화물을 확보하는 등 적재효율을 향상시키는 기업
- **3단계(물류혁신 추진)**: 물류시스템 혁신을 추진하는 기업으로서, 회사에 발생하는 환경부하 및 관련 활동을 측정해서 시스템적으로 조정 및 관리하는 기업
- **4단계(녹색물류 추진)**: SCM 수준의 녹색물류를 추진하는 기업으로서, 공급자 및 고객까지 포함한 조정과 공동추진을 도모하며 공급망 전체에서 발생하는 환경부하를 SCM 부서에서 통합 관리하는 기업
- **5단계(지속가능성장)**: 기존의 녹색물류활동을 확대해 이해관계자까지 참여해 목표를 수립하고 측정 관리하는 이상적인 기업

실질적으로 녹색물류의 탁월한 성과를 거두는 단계인 4단계에 이르기 위해서는 친환경 공급망 체계에 대해 통합적으로 파악하고, 공급망에서 세부적인 전술을 세우고 실행해야 하며, 녹색물류의 목표에 따라 적합한 녹색물류성과지표를 활용하는 것도 필요하다.

이에 따라, 녹색 물류공급망의 추진방안으로 나타나는 대표적인 개념이 녹색물류 공급망인데 이는 친환경 포장 및 물류기기개발, 복합물류거점 인프라 확보, 녹색물류 지원제도 강화, 복합운송확대 및 공동화 확대 등을 들 수 있는데, 이는 아래 표와 같이 기업이 환경요소를 고려한 지속가능한 경영을 하기 위한 가장 기본적인 틀이 되고 있다.

3.8.2 녹색물류 동향

과거에는 녹색물류와 같은 친환경 활동이 기업의 생산성을 저해시키는 요인이 된다고 생각했지만, 저탄소 녹색성장이라는 개념이 나오면서 성장과 환경을 동시에 생각하는 물류가 각광받기 시작했다. 녹색물류와 관련한 정부의 정책방향은 정부와 기업이 함께 참여하는 협력체계 구축, 대량수송체계로의 전환, 물류활동 모든 단계에서의 환경성 제고 등이다. 주요 추진과제로는 녹색물류인증제도, 녹색물류합동회의, 친환경 수송수단 전환 지원, 저공해 물류장비 보급, 화물차량 운행횟수 감소 및 적재효율 향상, 환경오염 저감 장치기술 개발, 재활용 물류체계수립 등이 있다.

또한 녹색성장 5개년 계획의 녹색물류 사업을 살펴보면, 저탄소 에너지자립형 그린 포트 구축, 친환경교통수단으로 수송체계전환(modal shift), 녹색성장형 복합운송시스템(intermodalism) 구축과 투자효율화 달성, 수배송 및 보관 등의 물류공동화 인프라 구축, 녹색물류인증제 및 녹색물류 파트너십으로 녹색물류 활성화, 에코드라이브 활성화, 친환경 물류시설 및 장비 개발과 활용 등이 포함되어 있다.

녹색 물류공급망의 추진방안으로는 친환경 포장 및 물류기기개발, 복합물류거점 인프라 확보, 녹색물류 지원제도 강화, 복합운송확대 및 공동화 확대 등을 들 수 있는데, 이는 기업이 환경요소를 고려한 지속가능한 경영을 하기 위한 가장 기본적인 틀이 되고 있다.

환경적인 요소와 경제적인 요소로의 물류정책 등은 이제 기업뿐 아니라 전 세계적으로 필수적이 되었고, 한국도 역시 2011년도에 녹색물류 인증제를 도입하고 녹색물류 파트너십을 수행하고 있다. 녹색물류 파트너십은 정부, 화주, 물류기업과 관련된 유관기관 등이 참여하는 협의체를 구성하고 유대관계를 지속하면서 녹색환경을 조성하기 위한 인센티브 제도라고 볼 수 있다.

국내 그린 물류를 위한 노력의 예를 살펴보면, 녹색물류 인증제도와 파트너십 제도를 비롯한 녹색물류정책이 있다. 이들은 기본적으로 환경부하 문제를 최소화하면서 기업의 이익을 보장하는 방향으로 추진되어야 하나, 녹색물류 인증 제도를 시행하기 이전에 녹색물류의 활동에 대한 실천자료, 실태보고서, 가이드라인을 발간하고 적극적으로 홍보할 필요가 있다. 지속가능경영원의 지속가능보고서 자료에 의하면 2008년 기준으로 50개 기업 중에 오직 8개 기업만이 물류에 대한 언급을 하고 있다고 하며, 이 중에는 이산화탄소 배출량을 기록한 기업은 오로지 한 기업에 불과하다고 보고하고 있다. 이는 이산화탄소 배출량 등 환경부하 요소를 파악하고 활용하는 이해의 부족에서 나타나는 대표적인 현상이며 이를 개선할 수 있는 방법의 모색이 시급한 것이다.

환경적인 요소와 경제적인 요소로의 물류정책 등은 이제 기업뿐 아니라 전 세계적으로 필수적이 되었고, 한국도 역시 2011년도에 녹색물류 인증제를 도입하고 녹색물류 파트너십을 수행하고 있다. 녹색물류 파트너십은 정부, 화주, 물류기업과 관련된 유관기관 등이 참여하는 협의체를 구성하고 유대관계를 지속하면서 녹색환경을 조성하기 위한 인센티브 제도라고 볼 수 있다.

자원순환형 친환경 물류활동의 전반적인 시스템은 〈그림 3-15, 16〉과 같고, 환경친화적 물류공급망의 접근방법은 〈그림 3-17〉과 같이 표현될 수 있겠다. 그린 물류를 위한 노력의 예로 한국의 경우를 살펴보면 녹색물류 인증제도와 파트너십 제도를 비롯한 녹색물류정책은 기본적으로 환경부하 문제를 최소화하면서 기업의 이익을 담보하는 방향으로 추진되어야 하나, 몇 가지 고려해야 할 사항들이 있다.

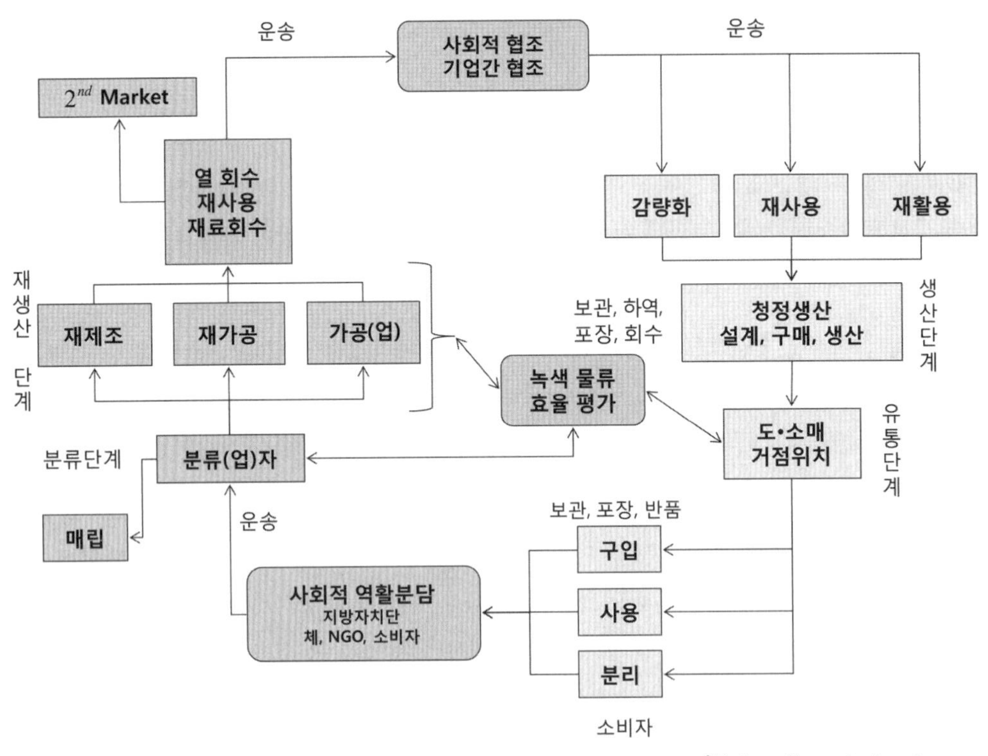

자료: http://www.logispark.com

〈그림 3-15〉 자원순환형 시스템과 녹색물류

녹색물류 인증 제도를 시행하기 이전에 녹색물류의 활동에 대한 실천자료, 실태보고서, 가이드라인을 발간하고 적극적으로 홍보해야 한다. 지속가능경영원의 지속가능보고서 자료에 의하면 2008년 기준으로 50개 기업 중에 오직 8개 기업만이 물류에 대한 언급을 하고 있다고 하며, 이 중에는 이산화탄소 배출량을 기록한 기업은 오로지 한 기업에 불과하다고 보고하고 있다. 이는 이산화탄소 배출량 등 환경부하 요소를 파악하고 활용하는 이해의 부족에서 나타나는 대표적인 현상이며 이를 확신할 수 있는 방법의 모색이 시급한 것이다.

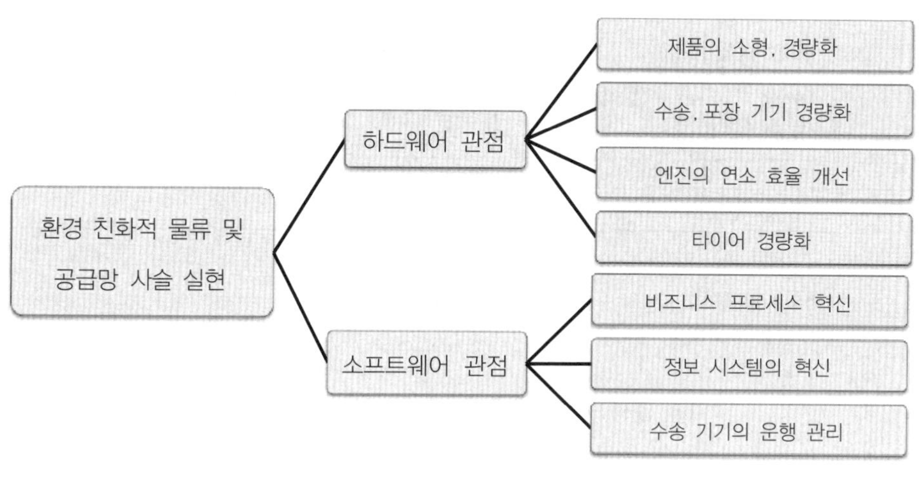

자료: 녹색공급사슬의 설계와 구축(2011)

〈그림 3-16〉 자원순환형 시스템의 친환경 물류활동

녹색물류 인증제도는 환경친화성을 지향하는 측면은 유사하다고 볼 수 있지만 국제 인증인 ISO14000 시리즈나 일본의 그린경영인증제도와의 차별화가 요구된다. 일본의 그린경영인증제도는 친환경시스템만을 인증대상으로 하는 ISO14000 시리즈와는 달리 이산화탄소 배출량 산정결과가 인증기준이 되고 있으며, ISO14000 시리즈가 인증기관의 기업지도를 허용하지 않고 있는 반면 일본 제도는 인증기관의 기업지도를 허용하고 있다.

일본의 그린경영인증제도는 물류기업과 중소기업을 그 대상으로 하기 때문에 한국의 인증제도의 모델이 되기에는 부족하다고 한다. 즉 환경개선 추진결과를 심사할 수 있는 방향의 모색도 필요한 것이다. 이산화탄소 배출량 산정시 차량들의 연료 사용량이 반영되는 정교한 산정방법도 필요하다.

해외의 녹색물류 추진현황을 살펴보면, 먼저 일본은 2005년 4월 '녹색물류파트너십' 프로그램을 시행하여 2,900여개 기업 및 단체 회원을 대상으로 보조금 교부, CO_2 배출량 산정법 책정, 사례 보급, 표창제도 등을 통해 화주 및 물류사업자의 협력활동을 지원하여왔다. CO_2 감축효과가 명확히 예견되는 사업에 대해 한 사업당 5억 엔 이내에서 대상경비의 1/3에 해당하는 보조금을 지급한다.

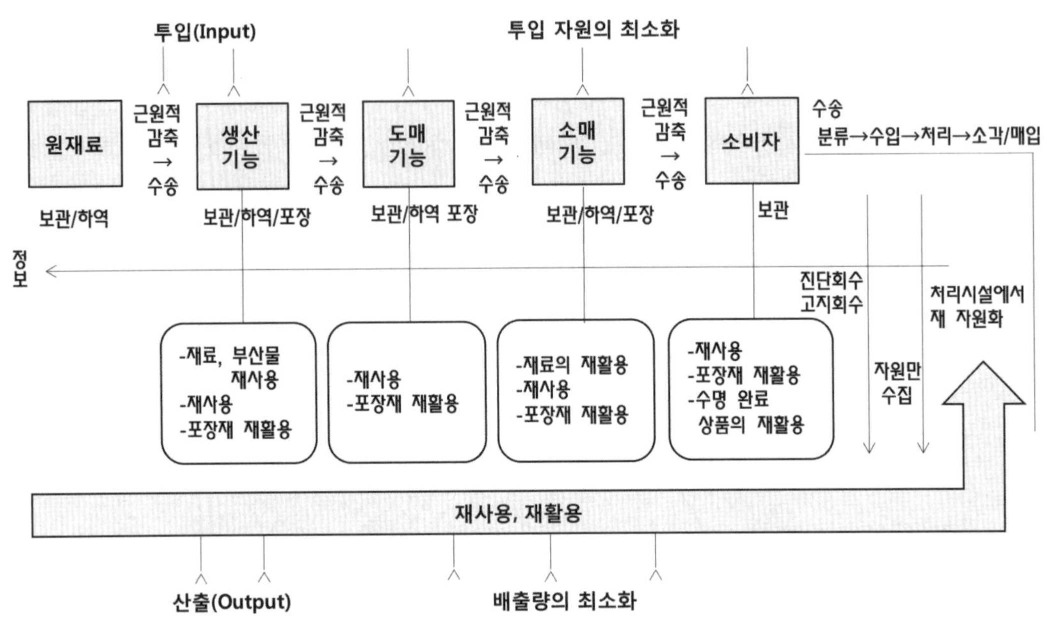

자료: 스즈키 쿠니노리(2011), 녹색공급사슬의 설계와 구축, 우용출판사

〈그림 3-17〉 환경친화적 물류공급망의 접근방법

미국의 경우 2004년 2월 'Smartway Transport Partnership' 프로그램을 수립하여 1,000여개 기업 및 단체 회원을 대상으로 대기오염 물질 방출량 감소 및 기타 환경 개선뿐만 아니라 참여 기업들의 비용 절감 등을 추진해왔다. 매년 CO_2 3.3~6.6천만 톤에 해당하는 33~66억 갤런의 연료를 감축하는 것을 목표로 하고 있다.

EU는 1997년부터 시행하던 'PACT(Pilot Actions for Combined Transport)' 프로그램을 2003년 'MPP(Marco Polo Programmes)'로 격상하여 2006년까지 1단계, 2013년까지 2단계로 추진하고 있다. 2단계 예산은 4.5억 유로이며, "Free Roads - Clean Air"를 슬로건으로 하여 친환경적 복합연계 물류수송체계 구축을 목표로 하고 있으며, 매년 수송체계전환(modal shift), 촉매(catalyst), 공통학습(common learning), 고속화해로(motorway of the sea), 교통체증저감(traffic avoidance) 등의 분야에서 프로젝트를 공모하고 있다.

일본의 경우 2006년 4월 '개정에너지절약법'이 시행됨에 따라 운수부문에는 화물량(톤)과 운송거리(km)를 곱한 값이 연간 3,000만 톤.km 이상이 되는 기업은 에너지절약 추진이 의무화되었는데, 이로 인해 운송회사뿐만 아니라 운송을 의뢰한 기업도 의무적으로 에너지절약을 시행해야 한다.

국내의 녹색물류 추진현황을 살펴보면, 2008년 11월 '지속가능 교통물류발전법' 제정을 통해 친환경물류 체계구축 및 활동지원의 근거를 마련하였고, 국토해양부를 중심으로 '녹색물류' 확산을 위하여 LNG 혼소차량 개조금액 지원, 블록트레인 활성화, 녹색물류인증제 실시 등 구체적인 정책을 실시하고 있다.

2009년부터 시행되고 있는 '녹색물류인증제'는 기업인증과 사업인증으로 구분되는데, 기업인증은 기업의 친환경 물류활동 전반에 대해 공인기관이 평가하여 인증하는 제도로서, 관리계획, 실행, 운영, 교육 등에 대한 방침 및 실천계획을 기준으로 평가한다. 사업인증은 기업이 제안한 물류부문의 온실가스 저감 프로젝트 비용을 지원하는데, 보조금 신청액을 예상 온실가스 저감량으로 나눈 효율성을 기준으로 평가한다.

3.8.3 녹색물류 활동

녹색물류 달성을 위해 주로 시행되는 개별 활동들은 다음과 같다.

❶ 수배송 분야

- 개발: 운송적재율을 고려한 제품/포장 개발, 제품/포장 경량화
- 영업/마케팅: 물류효율을 고려한 거래/출하단위 결정, 출하빈도 적정화, 반품억제 정책 실시
- 구매: 물류효율을 고려한 조달지역 결정(local sourcing), 물류효율을 고려한 거래/조달단위 결정, 조달빈도 적정화, 순회집하(milk-run) 조달
- 생산: 출하작업 정시화, 물류단위를 고려한 생산로트 편성
- 물류(3PL): 저공해차량 도입, 저공해연료 사용, 수송체계전환, 에코드라이브, 공동 수배송/혼적, 대형화/트레일러화, 회송차량 활용, 차량 정비/점검
- 물류네트워크 최적화 (물류거점 수, 위치, 크기 등)

❷ 포장분야

- 개발: 경량화/슬림화, 친환경소재 사용, 재사용/재활용, 제품 강도 개선
- 영업/마케팅: 제품 포장에 대한 생략 및 감축 협의
- 구매: 구매제품 포장 감축, 친환경포장재 구매
- 생산: 친환경 포장설비
- 물류(3PL): 파렛트 표준화/관리, 포장사용 최소화, 저공해 포장재 사용

❸ 보관/하역 분야

- 개발: 보관효율을 고려한 제품/포장 개발
- 영업/마케팅: 물류센터 안전재고 수준 적정화, 수요 적정화(demand shaping), 수요예측 정확도 개선
- 구매: 자재 안전재고 수준 적정화, 재고위치 최적화, 장기부실재고 감축, 자재소요량 예측 정확도 개선
- 생산: 중간제품 안전재고 수준의 적정화, 재고위치 최적화, 저공해 기기, 판매-생산 동기화
- 물류(3PL): 공동보관, 에너지절감형 조명, 자연채광, 냉동/냉장 효율화, 재고위치 최적화, 유닛로드시스템

❹ 관리 분야

- 온실가스배출량 관리 체제 구축
- KPI 개발 및 관리
- 관련 정책, 법규, 제도의 파악

- 변화관리(임직원 의식제고 및 교육)
- 성과관리(인센티브/페널티)
- 이해관계자 커뮤니케이션

녹색물류를 성공적으로 수행하기 위해 반드시 필요한 추진전략의 요건은 다음과 같이 다섯 가지로 살펴볼 수 있다. 첫째, 모든 경영활동에서 공통적으로 요구되는 사항이지만 최고경영자의 의지가 필요하다. 최고경영자자 녹색물류의 목표를 설정하고 전사적 역량을 총동원하여 이를 달성해야 한다. 경영자는 전략의 결정과 추진에 중요한 영향을 미치며, 경영자의 태도는 중 · 장기적으로는 기업문화를 혁신할 수 있기 때문에, 환경문제를 기업경영에 있어서 비즈니스 기회로서 활용하는 것이 중요하다.

둘째, 녹색물류 전략이 명확히 설정되어야 한다. 시장과 기술면에서 자사의 강점을 살려서 우세한 위치를 차지할 수 있는 대상 분야를 찾아 경쟁전략을 수립해야 한다. 예를 들어 마케팅에 강한 기업은 시장과의 커뮤니케이션을 활성화시키는 전략을, 제조에 강한 기업은 제조 프로세스의 낭비를 없애고, 환경부하가 적은 기술을 도입하는 전략을, 연구개발에 강한 기업은 환경을 고려한 설계(DfE)로 제품개발부터 환경문제를 예방하는 전략을 수립하는 것이 바람직하다.

셋째, 녹색물류를 위한 장기적이면서 근본적인 대책을 수립해야 한다. 사후처리중심 대책은 단기적인 대응이며, 단발적 효과밖에 기대할 수 없으므로, 환경개선을 위한 기술개발과 조직혁신은 장기적 투자가 필요하다. 환경문제를 근본적으로 해결하기 위해서는 장기적 관점에서 지속적으로 접근해야 하며, 목표 간 상충관계(trade-off)를 충분히 고려하여 균형 있는 해결책을 찾아야 할 것이다.

넷째, 환경전략과 경영전략이 일관성이 있어야 하며, 전략의 연장선상에서 녹색물류 활동이 추진되어야 한다. 환경문제를 접근함에 있어서 전사적인 사업전략에 대응하는 프로세스로 전개하면서, 공급망 전체로의 환경영향을 고려하도록 한다. 최고경영자의 의지가 있더라도 이를 전개해 나가는 전략과의 연계성이 부족할 때에는 좋은 결과를 얻기 어렵다. 제품의 전 과정에서 단계별로 연계하여 연속성 있는 대책을 수립하고 이를 통한 환경부하 저감을 추진해야 한다.

다섯째, 녹색물류 전략은 전사적으로 추진되어야 한다. 새로운 목적과 목표에 대응할 수 있는 직무, 인적자원, 설비, 자금, 정보 등에 적합한 조직이 필요하다. 부서별로 수립할 수 있는 주요전략의 예를 살펴보면 다음과 같다.

- **기획부서:** 부서별 전략 취합 및 조정, 전사적인 대책 수립
- **R&D부서:** 환경 고려형 기술과 제품을 개발 · 설계
- **구매부서:** 원재료 및 부품의 녹색조달
- **제조부서:** 에너지 절약, 자원절약, 제로에미션
- **홍보·총무부서:** 이해관계자 커뮤니케이션, 환경보고서 발간

- **재무부서:** SRI(사회적 책임투자)에 대응
- **경리부서:** 환경비용 집계 및 분석
- **감사부서:** 환경대책 평가 및 조치

3.8.4 녹색물류 사례

Honda는 1992년에는 환경과제의 사고방식을 명문화한 'Honda환경선언'을 제정하고 모든 제품 분야에 배출가스 클린화와 연비향상에 힘써왔다. Honda는 개정 에너지절약법에서 하주 책임범위로서 완성차 운송, 공장간 부품 운송, 보수부품 운송 등에서 매출액 당 CO_2배출량을 2006년도에 비하여 10% 삭감하는 내용으로 환경부하 저감 목표를 정하였다. 4륜 완성차 운송은 에너지절약 운전활동, 트레일러의 신규차량으로 교체, 에코드라이브 실천 등을 추진하여 평균연비를 3% 향상시켰으며, 운송차량의 CO_2 배출량을 687톤 저감하였고, 선박운송에 의한 수송체계전환 확대를 추진하고 있다. 2008년 11월부터 종래는 나고야항에서 전국으로 운송하고 있던 중국으로부터의 수입차를 큰 시장에 보다 가까운 도쿄항과 고베항으로 수입항을 변경하여, 국내 육송거리를 단축하여 CO_2를 약 7% 저감하였다. 보수부품 운송은 2008년 9월 집약작업을 완료하여 운송루트 효율화를 목적으로 한 차터(charter)편으로 전국출하를 달성하였는데, 차터편의 적재율 향상과 배송루트 변경 등을 통해 2006년도에 비하여 약 21.1%라는 대폭적인 CO_2 배출량 저감을 달성하였다. 또한 회수가능 포장재 사용, 보수부품 회수/재생/재이용 확대, 폐자동차 부품 및 에어컨 냉매 회수, '그린구매 가이드라인' 제정을 통한 친환경 자재/부품 조달, 거래선 환경부하 저감, '그린딜러' 제도를 통한 판매회사 온실가스 저감 등 다각적인 활동을 추진하여 성과를 거두고 있다.

Toyota의 경우, CO_2 삭감, 에너지 대응, 대기오염 방지 등을 극복해야 할 3대 환경과제로 정하고, 자동차의 개발에서부터 생산, 사용, 폐기, 재활용에 이르기까지 모든 단계에서 환경부하 저감을 추진하고 있다. 2004년부터 진행해온 해외 각 거점에서의 CO_2 배출량 파악 체제정비를 완료하고, 철도운송의 확대, 해상운송의 항구 집약에 의한 물류효율화, 물류 파트너와 일체가 된 연비향상 활동, 포장재 저감 등의 자원순환 활동, 부품 회수 및 재활용, '그린조달 가이드라인' 제정 등 다각적인 활동을 추진하고 있다.

GE운송 사업부는 4억 달러 상당의 최첨단 기관차 기술을 에볼루션 시리즈 기관차에 투자하여 연료효율성을 최대 5%까지 향상시키고 주요 배출량을 최대 40% 감축하였으며, 미 EPA에서 제정한 엄격한 Tier Ⅰ, Ⅱ의 배출기준을 충족시켰다. 이 기관차에 도입된 'Trip Optimizer'는 예정된 스케줄을 맞추는 동시에 연료소비를 최소화하기 위한 경로별 최적속도를 계산함으로써 불필요한 제동을 줄이고 속도조절을 쉽게 하여 연료소비를 약 10% 절감할 수 있었다. 또한 'Locotrol' 시스템은 기관차의 전력을 전체 열차에 배분하여 열차를 보다 효율적으로 배치하고 여러 개의 기관차를 효과적으로 통제함으로써 기관차의 연료소비와 이산화탄소 배출을 획기적으로 저감할 수 있을 것으로 예상되고 있다.

국내의 경우 Homeplus, LG전자, 한진 등 일부 선진기업들을 중심으로 녹색물류 활동을 본격화하고 있다. 동아제약 물류자회사인 용마로지스는 공동수배송, 수송차량 대형화, 탄소인벤토리 관리, 탄소 라벨링, 디지털 운행기록계 등을 운영하여 친환경 운송을 추진하고 있다.

유한킴벌리의 물류과정 중 환경부하가 가장 큰 부문은 운송부문으로서, 운송구간의 최적화로 공차율을 감소시키고, 적재효율 향상과 차량 대형화로 운송효율을 극대화시킨 결과, 2008년도 온실가스 배출량을 전년 대비 약 6.7% 저감하였다. 2008년에 새로 신축한 메트로허브센터를 통해 주요 고객사인 이마트, 테스코, 롯데마트 등의 대량 물량들을 통합 배송해서 운송효율 향상과 온실가스감축을 도모하였으며, 물류부문의 환경영향감소와 지속가능성의 실천을 위해 2009년부터 녹색협업, 녹색역량 강화, 녹색파트너십 구축 등과 같은 분야의 활동을 강화하고 있다.

홈플러스는 '그린 핵사곤' 전략을 천명하여 그린스토어, 그린프로세스, 그린고객, 그린이송, 그린목표관리, 그린네트워크 등의 프로그램을 추진하고 있다. 이 중 그린프로세스 분야는 선진적인 친환경 물류 · 운영 프로세스 구축, 점포에서 발생하는 폐기물 재활용, 물류 효율의 극대화를 통한 친환경물류체계 구축 등을 골자로 하여 추진된다. 그 결과 2006년에는 2005년 대비 단위면적당 전기 22.7%, 수도 6.5%의 사용량 절감을 달성했으며, 2007년에는 공조기 인버터, 펌프 인버터, T5 램프 등 최신의 에너지 고효율설비 투자를 통해 에너지효율을 30% 이상 높여 단위면적당 전기 6.1%, 수도 11.5%의 사용량 절감을 달성하였다. 점포에서 발생하는 폐기물의 재활용량 또한 2006년 2만 2555톤에서 2007년 2만 5370톤으로 12.5% 증가하였는데, 자율 포장대 운영 등 재활용 활동의 강화로 박스·병·종이·플라스틱·비닐 등을 재활용함으로써 재활용 비율을 50%까지 확대하였다. 유통에 있어서는 8톤 이상 대형차량을 운행함으로써 전체 운행차량 대수를 줄임으로써, 유류비 절감, 환경오염 감소, 교통량 감소 등의 효과를 거두고 있다. 또한 물류센터에서 점포 간 배송시 트레일러를 주로 이용하고, 국내 유일의 최장차량인 Draw-Bar를 도입해 운송효율을 제고함으로써 2007년 4만 7005대의 차량 절감효과를 거두고, 상차율을 세계 최고수준인 97.9%까지 끌어올렸다.

기아자동차는 물류공동화시스템과 물류센터를 구축하고 구간거리 단축, 적재율 향상, 운송횟수 감소 등을 통해 조달물류를 개선해왔다. 국내 지역별 판매량을 감안한 지역출하장 운영을 통해 판매물류 최적화에 노력하여 운송차량을 대형화하고 RFID를 도입하여 교통정체시간을 피해 필요한 양만 운송될 수 있도록 협력사에 납입시간 정보를 제공하는 것은 물론 운송차량의 위치도 파악할 수 있는 물류체계구축을 추진해온 결과 협력회사의 납품 운송횟수를 감소시켰다. 또한 재자원화센터에 첨단 유비쿼터스 기술을 이용한 모니터링 시스템을 통해 폐차투입 및 재활용/폐기물 처리량 등 폐차과정을 실시간으로 확인할 수 있는 폐차처리 시스템을 구축하여 운영하고 있다. 또한 독자적인 기술개발이 어려운 중소기업을 지원하기 위해 보급형 해체시스템 및 장치를 개발하였으며, 친환경 폐차시스템을 공개하고 국내 폐차처리 업계와 협력체제를 구축하여 폐차처리 표준 제정을 위한 기술 및 노하우를 제공하여 왔다.

Chapter 04

청정공정 관련기술

Chapter

04 청정공정 관련기술

산업혁명 이후 기업이 환경오염의 주범이라는 사실은 이미 인지된 바 있고, 그러한 오명을 벗기 위해 산업계에서는 환경적 지속가능성과 경제적 수익성을 추구하는 환경경영시스템의 도입과 그 정착에 노력해야 한다. 그것은 기업의 존재가 바로 사회적 책임을 지고 사회발전과 인간건강을 위한 존재임을 인식해야 하기 때문이다.

4.1 청정생산 공정기술

산업혁명 이후 기업이 환경오염의 주범이라는 사실은 이미 인지된 바 있고, 그러한 오명을 벗기 위해 산업계에서는 환경적 지속가능성과 경제적 수익성을 추구하는 환경경영시스템의 도입과 그 정착에 노력해야 한다. 그것은 기업의 존재가 바로 사회적 책임을 지고 사회발전과 인간건강을 위한 존재임을 인식해야 하기 때문이다.

우선적으로 고려해야 할 사항은 바로 폐수처리 및 폐기물 공정 등은 근본적으로 환경오염의 해결방안이 될 수 없다는 것이다. 산업의 산출물을 생산하는 전 과정에서 청정기술의 개발과 노력이 먼저 선행되어야 한다는 것이다.

오염물처리의 접근 방법에 있어 다음과 같은 고려해야 할 문제점이 시사된 바 있다. 첫째, 한 매체에서의 사후처리 기술은 다른 매체로의 오염물 전달 위험성이 있고, 그것은 동등한 양의 심각한 환경문제의 원인이 될 수 있는 제2차 간접 오염원이 될 수 있다는 지적이다.

둘째, 환경 재해의 치료만큼 비용이 들지 않더라도 사후처리 저감 설비의 가동은 생산공정 및 제품비용에 상당한 영향을 주게 된다. 마지막 문제의 지적은, 오염처리 기술의 규제법규 필요성이 제기되기 때문에 비효율적인 규제구조로 이르게 된다는 것이다.

이러한 방법들은 실질적인 오염제거라기보다는 오염의 다른 매체전이에 불과할 수 있을 뿐만 아니라, 환경오염 기준의 강화와 함께 비용증대의 부담이 증가되어 실질적 오염물질의 감소로 이어지기 어렵다는 것이다.

따라서 지속가능한 기업의 발전을 이루기 위해서는 당사자의 오염방지 및 청정기술의 근원에서 오염물질이나 폐기물의 창출을 감소 혹은 제거하는 물질이나 그러한 친환경적인 공정의 사용과 실행에 노력해야 한다.

즉, 오염발생이 적으며 재이용률이 높은 생산공정과 제품설계에 우선적으로 순위를 두며, 발생하는 폐기물은 발생지에서 처음부터 처리해주는 등 근본적인 청정오염 방지기술의 개발에 역점을 두어야 한다.

이는 자연의 소비를 줄이고 오염을 방지하면서 지속가능한 개발을 추구하도록 유도하는 것이며, 경제성장과 환경의 질을 동시에 강화하려 한다면, 기업들은 청정기술과 환경친화적인 산업기반구축에 목표를 두어야 한다.

청정기술을 요구하는 청정생산의 자세한 구분은 생산원료, 공정, 제품의 관리개선 및 교육을 하는 관리개선기술, 저공해물질 사용 등 청정원료를 활용하고 변경하는 기술, 저공해, 저폐기물, 리사이클링, 에너지효율을 고려하여 설계하는 환경친화적 설계제품기술, 생산공정 중 오염물질 발생을 근본적으로 줄이기 위한 신 청정공정기술로 구분된다.

또한 생산공정 중 발생된 오염물질을 재순환 처리 또는 활용하기 위한 기술로 생산공정에 포함된 재이용 기술, 생산공정에 사용되는 에너지로부터 발생하는 오염물질을 최소화하는 저공해 에너지 응용 및 에너지절약 생산기술 등으로 구분할 수 있다.

이는 청정생산기술이 단순한 기술의 변화가 아니라 산업과 환경과의 관계에 대한 새로운 접근을 의미하기 때문이다. 이러한 청정생산기술은 기존의 생산기술에 환경을 고려한 새로운 기술형태로 저오염, 저에너지, 저소비 산업기술을 포함하여 첨단 메카트로닉스, 마이크로일렉트로닉스, 생명공학기술 등과 함께 새로운 기술 패러다임 형태를 보이고 있다.

이러한 맥락에서 나타난 에코 개념의 생산 공장은 어원 그대로 생태적인 시스템을 기반으로 환경과 소비자를 위한 제품이나 서비스를 생산하기 위해서 설계 및 공정에 청정기술의 도입과 공장의 환경개선 등 개선적인 기술을 바탕으로 그 목적을 두고 있다.

이러한 기술들은 주로 폐기물의 처리와 처분은 쓰레기 더미에서 재이용, 재활용, 에너지회복, 쓰레기 매립설계, 대체적인 기술의 공학적인 방안 등 복합적인 시스템이나 공정으로 개발되는 것에서부터 기인된다. 따라서 물리, 화학, 융해, 합성 등 많은 과학적 기술이 필요하며, 향후 산업에서는 환경적이고 경제적이며 지속가능한 폐기물 처리경영시스템을 위한 다양하고 통합적이어야 한다.

청정생산 공정기술은 오염물질이 형성된 후에 처리하기보다는 발생억제에 초점을 두고 자원을 덜 사용하면서 환경피해의 최소화를 통해 경쟁력을 갖는 것으로 그 공정기술 개발전략은 첫째, 모든 원부재료의 정확한 재고관리를 통해 적정량의 원부자재 구입으로 유해 폐기물로서의 폐기량을 최소화해야 한다.

둘째, 무독성 또는 저유해 원료로 대체되는 공정의 개발을 통해 제조과정 중에 발생하는 유해물 발생량을 최소화함으로써 환경 친화적인 제품생산을 실행해야 한다.

셋째, 폐기물 발생을 최소화하는 장치와 회수와 재순환 공정을 향상시키는 장치의 개발을 통한 공정 설계와 운전으로 엄격한 방재 보수로 공정을 최적화해야 한다. 이를 위해 생산과정에서 발생하는 오염 폐기물 유형을 분석하여 삼투압, 증발, 이온교환, 침출, 원심분리, 비중분리, 증류와 같은 기술을 이용하여 원하지 않는 폐기물을 농축하여 부피를 감소하는 공정이 필요하다.

넷째, 각종 제조공정에서 발생하는 폐수 중에 함유된 물, 기름, 용제류 등을 증류 및 분리여과막 등 적절한 기술을 사용하여 재사용하며 경우에 따라 연소에 따른 연료사용과 산, 소다 등의 회수 재이용이 가능하도록 해야 한다.

폐수의 저감과 재이용은 불가피하게 현장 혹은 공정에 따라 차이가 있지만, 일반화된 접근방법과 기술들이 다양한 종류의 산업폐수를 저감하는데 성공적으로 사용되어 왔다. 폐수의 최소화 기술은 목록관리 및 향상된 공정, 장치의 수정보완, 생산공정의 변화, 재활용 및 재사용 등의 주요 그룹으로 나눌 수 있다.

4.1.1 재제조

재제조(remanufacturing)란 사용 후 제품을 체계적으로 회수하여 분해, 세척, 검사, 보수·조정, 재조립 등 일련의 과정을 거쳐 원래의 성능을 유지할 수 있도록 만드는 것을 말한다.

적은 비용과 적은 천연자원 또는 에너지로 사용된 제품, 즉 폐제품을 파괴시키거나 녹이지 않고 제품(수명주기)을 몇 번이든 순환시킬 수 있다는 점에서 기존의 물질재활용과는 차별화된다. 반면, 재이용은 사용 후의 제품이나 부품을 특별한 생산공정 없이 단순한 세척을 통해 다시 사용하는 것을 말한다.

재제조 과정은 크게 여섯 가지 단계로 나누어진다. 첫 번째 단계는 외관이 낡았거나 성능저하 또는 고장으로 소비자가 폐기한, 사용 후 제품을 수거하는 단계이다. 재제조 산업에서는 사용 후 제품 가운데 재생이 가능하여 재제조 대상이 되는 부품/제품을 코어라고 부르며, 이를 원래 제조한 업체가 직접 수거하거나 전문 대행업체가 수집하기도 하고, 또는 재제조업체가 수집하기도 한다.

〈표 4-1〉 재제조, 재활용 및 재사용의 개념

구분	개념
재제조 (Remanufacturing)	사용 후 제품을 체계적으로 회수하여 분해, 세척, 검사, 보수·조정, 재조립 등 일련의 과정을 거쳐 원래의 성능을 유지할 수 있는 상태로 만드는 것
재활용 (Material Recycling)	폐제품/부품을 수거하여 원재료의 잔존가치를 활용하기 위해 분해, 파쇄하여 녹이는 등 물리적 가공을 거친후 제품의 원료로 사용하는 과정
재이용 (Reusing)	사용 후 제품/부품의 재사용을 위해 최소한의 작업(단순 세척)을 거친 후 남은 수명만큼 다시 같은 목적으로 사용하는 과정

자료: 국가청정생산지원센터(2010) ,청정생산기술에서 녹색기술까지 제1권 녹색산업

두 번째 단계에서는 이와 같이 여러 가지 경로를 통해 회수한 코어를 재제조 공장에서 완전히 분해하는 단계이며, 세 번째 단계에서는 분해된 부품들을 세척하고, 네 번째 단계에서는 부품들의 성능검사를 거쳐 분류한다.

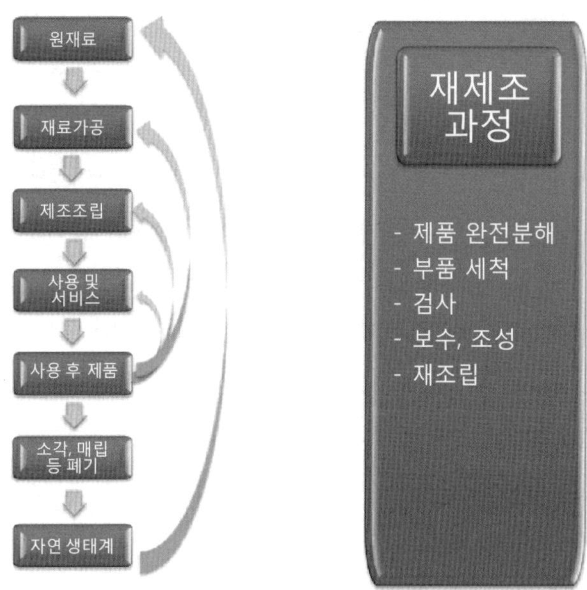

자료: 국가청정생산지원센터(2010), 청정생산기술에서 녹색기술까지 제1권 녹색산업

〈그림 4-1〉 재제조의 정의

다섯 번째 단계에서는 원제품 또는 신제품 수준의 성능을 갖도록 보수·조정하거나 또는 보수·조정이 어려울 경우 신부품으로 교체한다. 여섯 번째 단계에서는 원래 제품으로 재조립한다. 그리고 마지막으로는 재조립된 재제조품의 최종 성능검사를 실시하여 시장출시 유무를 결정하게 된다.

재제조					
- 체계화된 공정 - 재활용이나 수리와는 공정 및 특성측면에서 차별화 됨	- 매출액 대비 고용화가 높음 (소비재산업과 비슷한 수준)	- 최신기술 수준으로 upgrade 가능	- 원제품과 비슷한 수준으로 품질 보증	- 사용후 제품을 파괴하지 않고 원제품 수준의 성능으로 복원	- 특정 소비자를 대상으로 하지 않음

〈그림 4-2〉 재제조의 특성

재제조의 유형은 크게 네 가지로 나눌 수 있다. 우선, 물류 체계도 제대로 갖추지 않은 채 단순 수리하여 시장에 공급하는 단순 재제조 유형을 들 수 있다. 우리나라의 많은 재생업체들의 사업형태가 이에 속한다.

다음은 OEM(Original Equipment Manufacturing) 재제조 방식으로서, 회수물류체계를 갖추고 원제조업체로부터 제품이나 부품의 검사기준 등에 대한 정보를 제공받아 재제조하여 시장에 직접 공급하는 유형이다.

제3자 재제조(독립재제조)방식은 회수물류체계를 갖추고 있지만 원제조자의 도움 없이 자체의 기술로 재제조하여 시장에 공급하는 형태이다. 마지막으로 통합 재제조 방식은 회수물류체계를 갖추고 원제조자가 직접 재제조 라인을 구축하여 재제조 관련 정보를 공유하여 재제조하고 원제조자가 직접 시장에 공급하는 형태를 말한다.

단순 재제조 형태는 기술력이나 물류체계가 구축되지 않은 채 사업을 하는 수준이며, OEM 재제조 형태는 물류체계를 갖추고 재제조 사업을 하는 유형이며, 독립 재제조 방식은 물류체계를 갖추고 사업을 하되, 완전하지는 않지만 나름대로의 기술력과 노하우를 가지고 재제조하는 방식을 말한다.

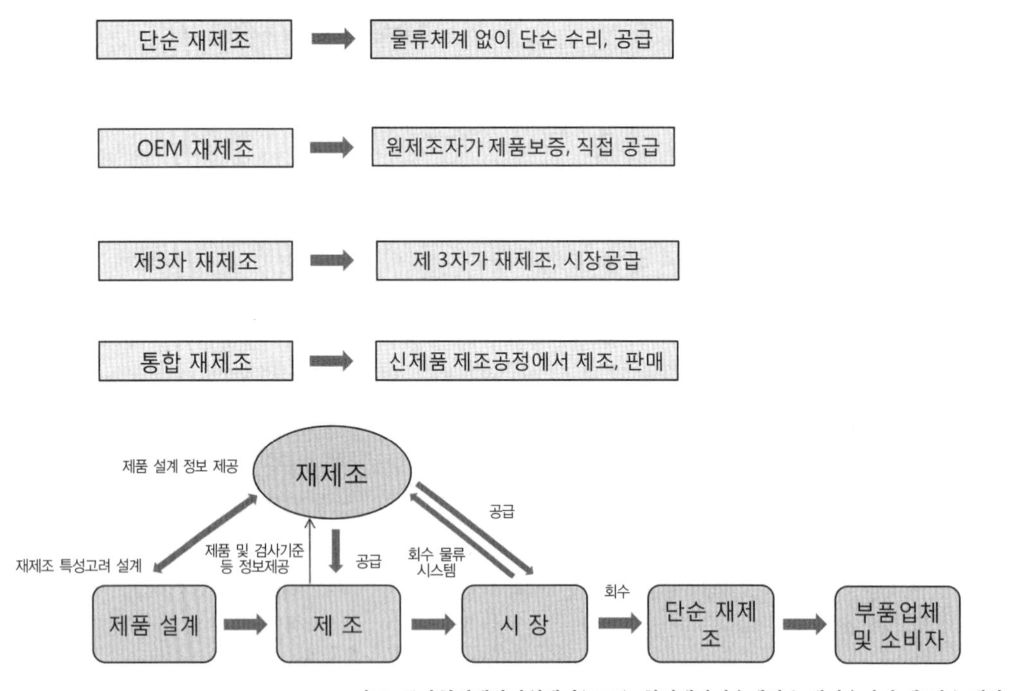

자료: 국가청정생산지원센터(2010) ,청정생산기술에서 녹색기술까지 제1권 녹색산업

〈그림 4-3〉 재제조의 유형

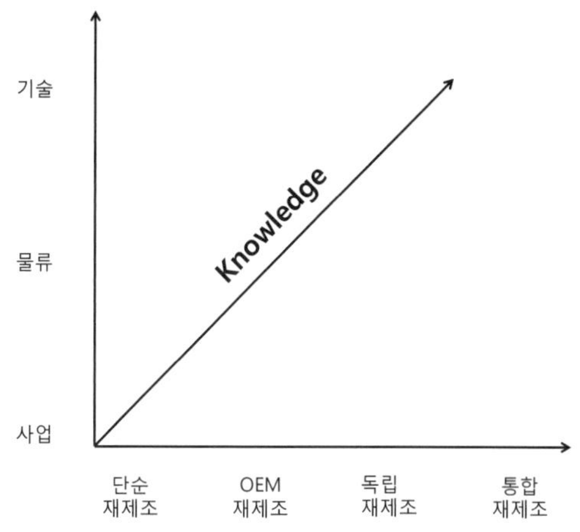

〈그림 4-4〉 재제조의 유형별 수준

재제조산업 활성화		
환경적 효과	**경제적 효과**	**사회적 효과**
- 자원재사용으로 인한 폐기물 발생 최소화 →환경부하 저감 - 폐기단계의 환경경제효율성 재고 - WEEE, ELV 지침 등 국제 환경규제 비용효과적 대응	- 제품제조시 요구되는 원/부자재 절감 - 제품제조시 투입되는 에너지 절감 - 노동집약적 산업으로 고용창출 효과가 상대적으로 큼 - 유망 수출품목으로 부상할 가능성	- 소비자 피해 예방 - 소비자에게 다양한 선택권 부여 - 시장 양성화, 공정거래

〈그림 4-5〉 재제조의 경제적, 환경적, 사회적 효과

현재 전 세계적으로 재제조가 되고 있는 품목은 매우 다양하고, 미국의 경우에는 SIC(Standard Industrial Classification) 코드를 제정해서 총 84개 종류의 품목을 재제조 대상 품목으로 하고 있다.

이 중에서 특히 재제조가 활발하게 이루어지고 있는 품목은 자동차부품, 전기기기, 토너 카트리지, 타이어, 사무용 기구, 컴프레서, 밸브, 컴퓨터 정보처리기기, 자동판매기, 복사기, 게임기기, 악기, 로봇, 항공기 부품, 제빵기기, 건설장비, 의료기기 등으로 나타나고 있다. 그리고 통합 재제조 방식은 물류 체계뿐 아니라 재제조에 필요한 모든 기술을 확보하고 사업을 하기 때문에 가장 경쟁력이 있고 이상적인 유형이라 할 수 있다. 재제조 적용 사례를 살펴보면 다음과 같다.

(1) 자동차 부품

미국의 경우는 대략 7,000여개의 재제조업체로 파악되고 있으며, 자동차분야의 재제조업체가 약 70% 이상을 차지하고 있다. 독일의 Mercedes-Benz ATC사는 재제조품 생산 외 신품 공장에서 하자가 있거나 과잉생산된 부품 등의 불용 부품을 회수하여 재제조하였는데, 그 내용은 다음과 같다.

- 폐차, 해체작업 등 모든 공정은 포장된 실내시설에서 진행: 차량 입고시 차대 동력계를 이용, 검수를 통하여 상태 파악
- 액상 폐기물은 분리 회수장치를 이용하여 선별 회수하며, 작업지시에 따라 재제조 가능 부품을 해체하여 회수
- 해당 자동차 관리번호, 입고번호, 제작년도, 모델번호, 부품명, 부품번호, 주행거리 등을 표기한 관리 표시(*)를 부착 하고, 해당 부품의 상태(파손, 정상 작동 여부)를 기록하여 관리

일본 U-PARTS(주)는 자동차 해체, 자동차 재제조 부품 판매, 자동차 기능부품의 검사장비 개발, 광역 통신망에 의한 정보 서비스 등을 주요 사업으로 하는 업체로서, 다음과 같이 자사 재제조 부품의 품질 관리뿐만 아니라 회수와 유통까지 통합적으로 관리하였다.

- 폐자동차를 해체하기보다는 주로 사고 난 자동차를 유상으로 구입하여 품질 좋은 부품을 회수하고 재제조 후 판매
- 엔진 및 자동변속기의 간편한 시험장비를 개발하여 사용하며, 재제조 엔진 및 변속기 판매 시 시험 성적서 첨부

(2) 전기·전자제품

성숙기에 접어든 재제조 시장을 바탕으로 기업중심의 특성화 기술개발이 활성화되어 있으며, 미국의 경우 전기장치/기구 관련업체가 약 15%, 토너 카트리지 관련업체가 약 10%를 차지하고 있다. 전기·전자 산업에서는 아날로그 복사기 재제조 시장규모가 크며 제록스 중심으로 아날로그 복사기 재제조가 활발하게 진행되고 있다. 디지털 레이저프린터의 경우, 로체스터공대(RIT)의 CIMS(Center for Integrated Manufacturing Studies)를 중심으로 핵심부품의 잔류수명진단 기술 등 개발 진행되어 왔다.

일본의 경우, 리스시장에서 사용계약이 완료되어 발생되는 사용 후 레이저 복합기에 대한 재제조 기술개발이 활발하게 진행되어 왔으며, 최근 20ppm 이상의 레이저 복합기 재제조 산업이 급성장하고 있다.

네덜란드의 Flextronics 사는 'Signature Analysis'를 이용하여 다양한 제품의 고장요인을 모듈별로 조합·분석하는 잔류수명기술을 개발하였다. 모듈 시뮬레이션을 통하여 얻어낸 결과물을 재제조 제품에 적용하여 재제조 제품에 대한 신뢰도를 제고하는데 기여하고 있다.

선진국을 중심으로 토너 카트리지의 주요 부품(토너, 롤러, 블레이드, OPC 드럼 등)을 원상태 수준으로 재제조하는 기술개발이 활발히 전개되고 있다. 최근 원적외선 복사열 표면처리로 도전성 성질의 탄성 롤러에 에어노즐로 분사시켜 사용 후 탄성롤러의 눌린 부분을 원형상태로 복원하는 기술이 개발되었다. 또한 전이(migration)가 거의 없는 이온-콤플렉스형 대전방지제의 코팅 기법을 통해 탄성

롤러의 표면 복원뿐만 아니라 탄성롤러의 본질적 전도성과 전하량을 회복시키는 기술, 비탄성롤러는 표면에 처리(sanding) 작업을 하여 표면의 마모된 부분의 코팅층을 제거하고 대전방지 코팅제에 의해 재코팅을 하는 기술 등이 개발되었다. 블레이드 재제조 기술은 와이퍼 블레이드, 닥터 블레이드에 우레탄을 사용하여 재코팅하는 방법을 시도하였다.

(3) 화학촉매 및 특수산업용 기계

미국의 재제조 산업분야의 매출액은 약 530억 달러로 제약, 컴퓨터, 철강, 소비재 부문에 버금가는 수준을 보이고 있다. 일본의 경우도 주로 도요타, 혼다, 닛산 등 자동차 재제조업체가 주를 이루는데, 최근 들어 디지털 카메라 보급과 확산으로 인해 일회용 카메라 등에 대한 재제조 시장도 형성되었으며, 유럽의 경우도 그 시장규모가 약 15억 유로(27조원)를 형성하고 있다.

화학촉매의 경우, 정유공장에서 많이 사용되는 중질유 탈황촉매인 RDS의 재제조 기술이 상용화 수준까지 개발되었다. RDS(Residue DeSulfurization)란 정유공장에서 쓰이는 촉매로서, 중질유를 경질유로 전환하는 공정(RHDS, VRDS 등)에 사용되는 촉매를 말한다. 한편 타 촉매분야도 재제조 제품의 품질 검사 기술이 상용화 수준까지 발전하였다.

특수산업용 기계의 경우, 무공해 복합구조 코팅 기술 및 장비가 개발되었으며, 제품에 대한 기술의 개발뿐만 아니라 재제조 공정에서 작업자 안전을 위한 기술과 장비도 개발되었다.

우리나라의 경우는 재제조산업에 대한 개념이 부족하며, 사업규모가 대부분 영세한 가내공업 수준이며, 핵심 중고품 회수체계가 아직 미흡하다. 또한 재제조업에 참여하는 사업이 미국, 유럽, 일본에 비해 상대적으로 미흡한 실정이라고 볼 수 있다.

미국	➢ 재제조산업이 세계에서 가장 발달됨 : 530억불에 7만3천개 업체 - Rochester 공대 내 '국립재제조센터' 중심, 연구개발 및 기술지원 - 국방부가 세계 최고의 단일 재제조자(항공기 등 군수품) ➢ 신제품 생산업체가 재제조산업에 적극적으로 참여 - 재제조제품의 품질 보장, 소비자 신뢰 형성 - 일회용카메라 약 52백만개 재제조(재활용 80%, 에너지 70% 절감) - Xerox사는 재제조 토너카트리지를 신제품용으로 사용
유럽 (독일)	➢ 품질보증 규정 시행 중(신제품-2년이상, 재생품-1년이상) - Beyreuth 대학, Fraunhofer 중심, 연구개발 및 기술지원 ➢ Daimier Benz, Volkwagen, BMW 등 재제조라인 별도 구축 - Bosch 등 시스템부품 납품업체들도 독자적 재제조사업 수행 ➢ 네덜란드 Fiextronics사는 복사기의 신제품과 재제조품을 함께 생산, 전 유럽에 공급
일본	➢ 도요타, 혼다, 닛산 등 신차생산업체 중심 재제조 시장 형성 - 고객의 차량유지비 절감을 통한 고객서비스 강화 - 도요타는 재제조품을 순정품과 동일하게 보증(2만km/1년)
공통	➢ 정부의 특별 지원이나 세제혜택 없이 시장원리에 따라 성장 ➢ 신제품 생산업체가 재제조업에 참여

유럽 전세계 1/3
독일 유럽1/2
미국 전세계 2/3

〈그림 4-6〉 해외 주요국들의 재제조 산업 현황

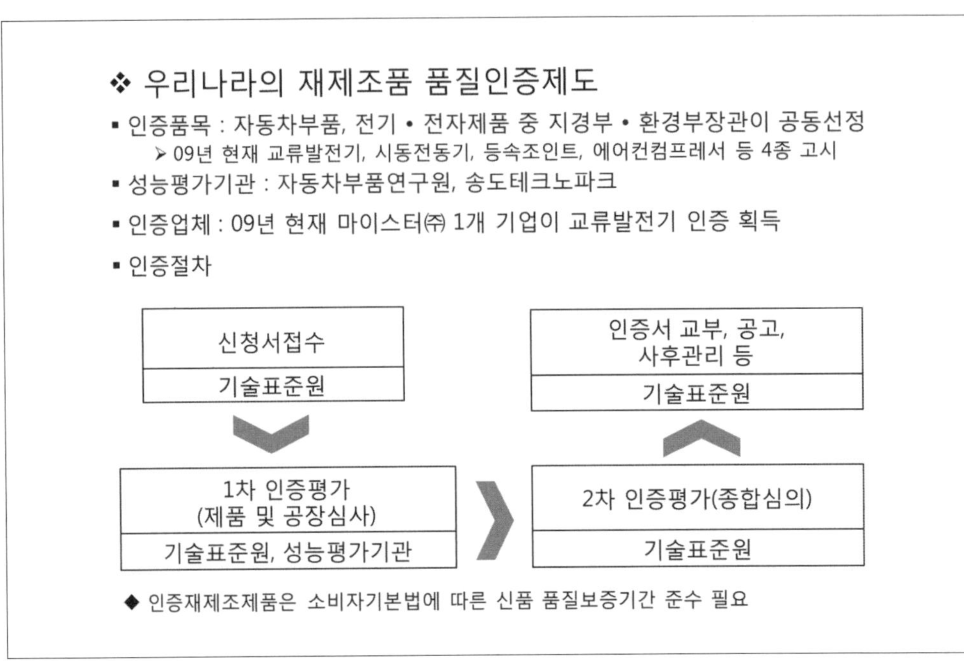

〈그림 4-7〉 한국의 재제조품 품질인증제도

4.1.2 유해물질 대체기술

현재 지구상의 최대문제는 환경오염과 에너지 고갈이라는 면에서 이미 국내외적으로 대기오염 유발물질인 휘발성 유기화합물(VOCs)의 사용 및 배출에 대한 강한 규제가 시행되고 있다. 이러한 환경과 에너지 문제를 해결할 수 있는 방안으로서 다양한 공정기술 중의 하나인 청정대체용매 공정기술이 있으며, 이는 이온성액체, 물, 초임계 유체, 액체 폴리머 등을 이용하는 공정기술이다.

이온성 액체는 이온으로 구성된 액체이며 그 존재는 1900년대 초반부터 알려지기 시작하여, 1948년에 전기 화학적 특성과 물리적 특성에 대한 연구가 활발하였으며, 이차전지, 이산화탄소 흡수, 도금, 정전기 방지제, 바이오매스로의 전환 등 다양하게 이용하고 있다.

초임계유체 응용공정기술은 초임계유체의 특성인 점도, 확산계수, 용해도 등에 큰 영향을 미치는 분자회합으로 기인하는 용매 밀도의 공간적 비동질성과 시간적 파동인데, 이미 선진국에서는 유기용매 대신에 이산화탄소나 물과 같은 용매를 사용하여 환경오염을 원천적으로 방지하는 청정생산공정, 낮은 임계온도 용매를 이용하여 에너지사용의 절약공정개발, 중합공정, 화학반응공정, 결정화하는 공정에서 높은 확산속도를 이용한 제조공정, 그리고 낮은 표면장력으로 인해 섬유 염색공정, 목재에 방부제 함침공정, 칼라토너 제조공정에 활용하고 있는 것이다.

초임계유체 응용공정의 분리기술은 원두커피에서 카페인을 제거하는 공정, 홍차잎의 탈카페인, 향료, 색소, 지질추출 및 의약품, 화장품용도, 쌀가공, 참기름 추출, 코크마개공정, 드라이 클리닝 산업공정, 코팅공정과 염색산업공정, 살균 및 탈취, 전기도금공정, 중화공정, 세척공정, 건조공정, 폐수처리공정 등에 사용할 수 있다.

초임계유체 응용공정기술은 이와 같이 증류와 용매추출의 원리가 같이 적용되는 복합기술의 성격을 갖고 있어서 청정생산 공정기술로서 다음과 같은 핵심요소를 보인다.

- 온도와 압력의 변화로 용질 성분을 선택적으로 추출할 수 있다.
- 휘발성이 높은 용매를 사용하기 때문에 잔류 용제를 완전히 제거할 수 있다.
- 열변성 물질을 저온에서 안전하게 분리할 수 있다.
- 저온에서 비휘발성 물질을 증발시킴으로 증류에 비해 에너지 절약이 된다.
- 비독성 유체를 사용하여 의약품이나 식품 등을 오염 없이 정제할 수 있다.
- 환경을 오염시키지 않는 무공해 공정이 가능하다.
- 초임계유체의 점도가 작으므로 추료에의 침투성이 좋아서 추출효율이 높으며 또한 확산계수가 커서 추출속도가 빠르다.
- 초임계유체를 공용매와 함께 사용하면 추출효율을 높일 수 있다.
- 추출 잔류물과 용매의 분리가 용이하다.
- 초임계유체의 용해력을 조절하여 추출물을 분획할 수 있어서, 화학적 성질과 휘발도가 유사한 성분도 용이하게 분리할 수 있다.
- 기존 용매 추출 시 사용하는 용매는 증류 등의 과정을 거쳐 정제를 해야 되지만, 초임계용매는 온도 또는 압력을 변화시킴에 의해 용매의 회수가 가능하다.
- 초임계유체를 이용하는 추출공정에서는 임계 영역근처에서 온도와 압력이 용해도에 큰 영향을 미치기 때문에 온도만이 영향을 미치는 액체추출에 비해 조업 유연성이 있다.

다른 청정공정기술로는 나노촉매를 이용한 촉매기술인데, 나노기술의 특징인 미세화, 친환경적, 에너지 절약적, On-site 등과 유사성을 지니고 있어서 이전보다 더욱 분자 원자 수준에서의 합성, 조작, 기능화, 재료화가 요구되고 있다. 이러한 나노촉매는 에너지 전환 및 광촉매, 그린화학 및 환경분야, 비대칭합성, 생체모방 기술, 분자인쇄 기술 등 다양한 분야에 활용할 수 있다.

나노촉매를 통한 그린 화학적 응용은 그 잠재적인 시장가치의 규모가 존재하고 있으며, IT제품과 의약제품 등 다양한 분야에 적용되고 있다. 현재까지 활발하게 연구가 진행 중인 분야는 고체산 촉매기술, 물 용매에 의한 유기용매 대체기술, 균일계 촉매의 불균일화 촉매기술, 비대칭 촉매기술, 초문자 촉매기술, 이온성액체 활용기술, 초임계유체 활용기술, 과산화수소 및 이산화탄소 산화제 활용기술, 생체모방형 촉매기술, 초분자 촉매기술, 마이크로파 합성기술, 바이오촉매기술, 유기촉매기술, 무금속 촉매기술 등으로 요약될 수 있다.

화학공정통합기술은 에너지 절약과 저배출형 및 원재료 저소모형 기술의 패러다임으로 원료물질의 효율적인 사용, 에너지효율, 배기방출의 감소, 공정운전 등 네 분야에서 활발하게 적용되고 있는 또 하나의 청정공정기술이다. 예를 들어, 새로운 반응 분리기술 분야로 투과 증발막의 경우 탈수반응과 같이 물과 유기 혼합물의 분리에 있어서 기존의 탈수소화 반응과는 효과적인 차이가 있다.

즉, 반응 투과증발 분리막 공정은 일반적인 축합반응의 문제점인 평형의 한계를 극복하며, 반응과 분리를 동시에 실행할 수 있는 원천기술로서, 에너지비용, 설치비, 운전비 등을 절감할 수 있는 친환경적인 융합공정이라 할 수 있다. 에스터화, 아세탈화, 케탈화 반응 등에 세미상업화 또는 파일럿 규모로 활용되고 있으며 반응수율 향상, 반응속도 향상, 생성물 분리를 동시에 달성할 수 있다.

이와 같이, 반응증류공정은 기존 공정에 비해 장치비와 운전비용을 현저히 낮출 수 있고, 또한 높은 제품순도와 선택도를 얻을 수 있다는 장점이 있다. 따라서 반응계와 분리계의 통합공정기술, 열교환망의 합성기술, 물 공급망의 합성기술 등의 개발이 더욱 활발하게 이루어져야 할 것이다. 아래는 몇 가지 사례를 살펴본 것이다.

(1) 자동차용 고온솔더 기술

유럽의 폐자동차 처리지침(ELV)에서는 자동차 전장품 내 납(Pb) 사용을 예외적으로 인정하여 왔으나, 2011년부터 일부 품목을 규제에 포함시켰고 2016년부터 전면 규제 예정에 있다. 현재 자동차 내 전장품의 사용비중이 20~30%를 점유하고 있고, 향후 전기자동차의 상용화가 일반화되고 있는 추세에서 전장품의 사용비중은 급속히 증가될 것으로 예상된다.

또한 하이브리드 및 전기 자동차용 전장부품의 지속적 시장을 확대할 것으로 예상되고 이 중 전자부품 및 시스템이 자동차 총 제조원가에서 차지하는 비율은 현재 약 20~30% 정도이며 향후 2015년에는 35~40% 정도로 증가할 것으로 전망된다. 따라서 전장품 제조에 필수적인 고온용 접합소재의 개발 및 이를 활용한 상용화 제품개발이 요구되고 있다.

고온솔더 기술산업은 원료인 고온솔더, 엔진용 고온솔더 전장부품, 엔진용 고온솔더 전장모듈, 엔진용 고온솔더 그린자동차 등으로 분류되며, 전세계 시스템은 주로 Toyota 및 유관업체가 담당하고 있고 부품 또한 몇몇 선진 업체가 주도하고 있다. 고온솔더 전장소자, 고온솔더 엔진용 모듈은 Bosch, Toyota 등 해외 선진 소수 기업들이 과점 형태의 시장을 형성하고 있으며, 현재 유해물질 프리 고온솔더 개발 및 적용은 진행 중에 있다.

〈표 4-2〉 자동차용 고온솔더 기업 사례

구 분	주요내용
Bosch	• 디젤엔진 관련 기술에서 선도적임 • 2009년도 회계기준으로 약 382억 유로 매출 기록 • 2007년부터 Volkswagen, Porsche 사와 함께 Hybrid 자동차개발을 착수하여 2010년 4월에 양산함 • 핵심 부품인 power electronics, electronic motor, hybrid control unit을 개발하며 특히 방열 특성이 우수한 power electronic 개발을 위해 패키지 소재 및 공정 개발 • 2010년 4월 power electronic 업체들과 함께 high-lead solder 대체품 개발 콘소시엄 구성
Infineon	• 세계 두 번째 전장반도체 업체로써 2008년 베이징 올림픽에서 사용한 Chang An 사의 "Jiexun" 자동차의 hybrid module 모듈 공급 • Boshe와 함께 2010년에 high-lead solder 대체품 개발 콘소시엄에 동참하여 application 진행
Continental	• 자동차의 샤시/안전부품, 파워트레인 부품 등을 자동차 업체에 공급 • 최근 클러스터, 타이어정보, 인포테인먼트, 공조, 정보통신 등 편의사양의 사업영역을 확장

(2) 유해물질-free 자동차 부품

국제적 환경규제 강화에 따른 유해물질-프리 부품소재기술은 자동차, 전기전자, 생활용품 등 전 산업분야의 경쟁력강화에 필수적이며 고위험성 물질의 사용량을 저감 또는 대체하기 위한 기술개발을 바탕으로 환경규제를 넘어 국제적으로 선도할 수 있는 기술개발이 필요한 분야이다.

자동차 주행 중 타이어 마모로 인한 분진이 인체에 흡입 시 다환방향족 탄화수소 오일(PAHs: Polycyclic Aromatic Hydrocarbons)로 인한 인체유해성을 방지하기 위하여 PAHs 중 8종류에 대한 일정농도 이상의 사용 및 유통을 금지하고 있다.

또한 신규 제작 자동차 실내에서 발생되는 유해물질은 장기 노출 시 인체에 유해한 휘발성유기화합물인 톨루엔, 벤젠, 자일렌, 에틸벤젠, 스티렌, 포름알데히드, 프탈레이트계 등이 방출되어 인체유해성을 일으킬 가능성이 높기 때문에 향후 국제 환경규제가 강화될 전망이다. 이와 같은 환경규제 관련 대응을 위한 기술이 개발 중에 있다.

(3) 자동차 도장공정 청정화 기술

자동차용 도료는 1980년대부터 외관과 물성부분에 대한 집중적인 연구가 있었으며, 친환경부분에 있어서 필수적인 요소가 되었다. 2000년대 들어서는 중도와 상도 도장라인이 병합된 도장시스템의 도입도 이루어졌으며 많은 노력을 기울이고 있다. 현재 유럽의 선진기업에서는 수용성 3CIB공정 및 BIB2단축공정, 친환경 에코-공정 등은 중도 및 베이스코트 부분의 공정을 단축하는 개념에 중점을 두고 있다.

선도장 칼라 강판의 완성차 공장도입은 기존의 도장공정에서 필수불가결한 전처리, 전착, 중도, 상도 공정 등을 생략할 수 있기 때문에 획기적인 친환경 도장 공정기술로 부각을 나타내고 있다. 뿐만 아니라, 접합시스템의 개발로 인해 작업이 수월해지고 있는 실정이다.

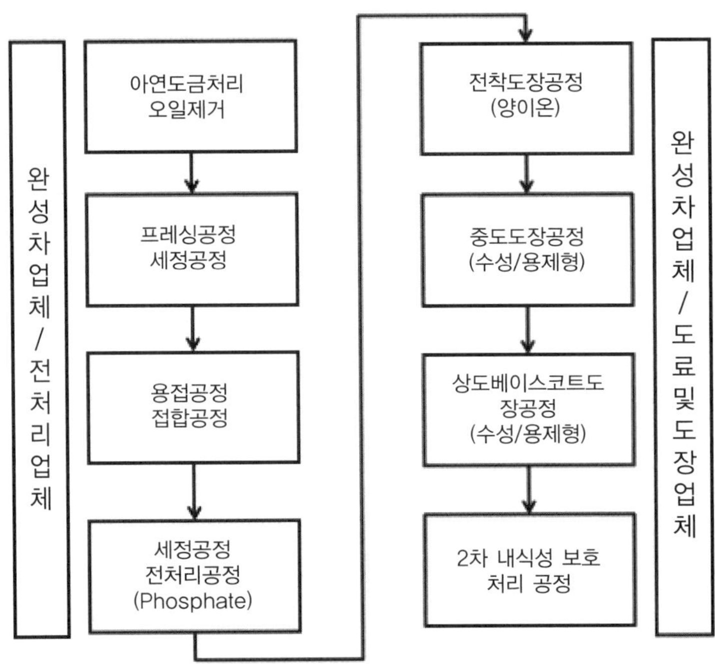

자료: 국가청정생산지원센터(2010) ,청정생산기술에서 녹색기술까지 제2권 그린생산공정

〈그림 4-8〉 전통적인 자동차 생산 공정

독일의 ThyssenKrupp 및 Basf Coating, 미국의 GM과 Ford, Daimler사 등은 자동차 도장 후 조립공정을 적용해서 해외에 기술개발 지원을 하고 있다. 한국도 POSCO, 현대자동차, Hysco, 동부제강, 연합철강 등에서 국내기술의 대응 필요성을 인식하고 자체적으로 선도장 강판제조 공정인 고속 롤코팅 도장기술들을 보유하고 있으나, 미래적용기술로 적극적인 연구가 이루어져야 할 것이다.

도료산업은 약 2,000여종의 원료를 취급하는 소량 다품종 정밀화학 산업으로, 석유화학, 화학섬유, 비료공업 등과 같은 대규모 장치산업과 구별된다. 특히, 건설, 철강, 금속, 선박, 자동차, 전기전자 등의 타 산업과의 중간재 및 마감소재로 사용되기 때문에 전후방 연관효과가 크다. 이에 수입의존의 영향을 배제하는 자구책의 노력이 필요한 실정이다.

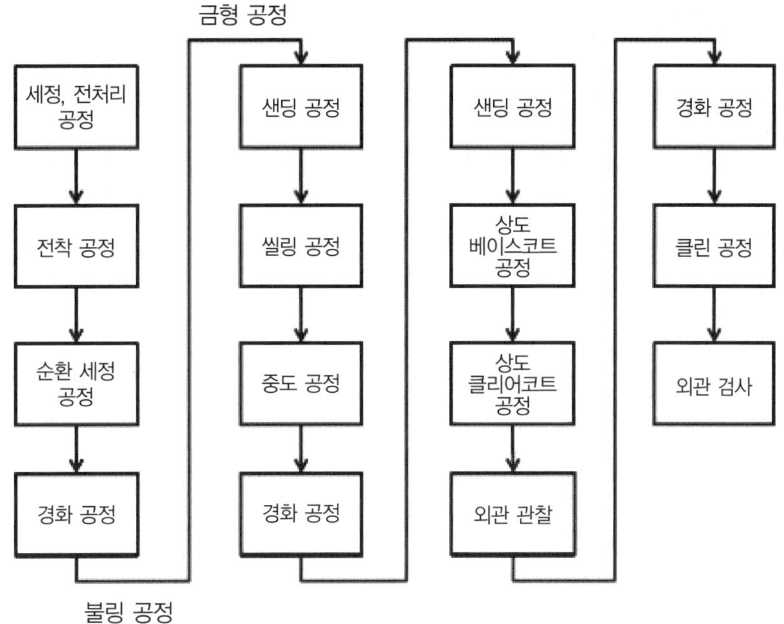

자료: 국가청정생산지원센터(2010), 청정생산기술에서 녹색기술까지 제2권 그린생산공정

〈그림 4-9〉 자동차 습식 중도/상도 도장공정

현재 개발되고 있는 기술은 세계적인 환경문제 추세에 자동차 동자강판의 모듈화 공정으로서, 기존의 습식 도장공정에서 배출되어온 VOCs, 폐수, 슬러지, 세정용제 등을 배제할 수 있는 청정기술이 될 것이라는 점에서 큰 의미가 있으며 다음과 같은 장점이 있다.

- 기존의 비친환경적인 전처리, 전착, 중도, 상도 도장공정에서 발생되는 막대한 양의 슬러지와 오폐수를 제거하는 무배출 그린생산기술 시스템구축이 가능하다.
- 습식도장공정보다 1/10수준의 단축된 공정의 수를 제공함으로써, 완성차 생산공정 단축을 통한 경화에너지 절감과 이에 따른 이산화탄소 배출량저감 효과와 친환경 녹색 그린기술 구현이 가능하다.
- 전처리와 전착 도장공정과 같은 침적 도장시스템에서 반드시 필요로 하는 막대한 양의 단계별 세정수를 생략할 수 있는 청정화 그린시스템을 구축할 수 있다.
- 고속 롤코팅 공정의 적용은 기존 공정의 휘발성 유기화합물 비산의 주요원인이 지목되고 있는 중도와 상도 스프레이 도장공정을 생략할 수 있어 기존 대비 50% 이상의 VOCs 감소 효과를 얻을 수 있으며, 적용되는 도료의 100% 재사용이 가능하다.
- 용접공정 제거를 통한 새로운 차체 설계와 조립기술, 접합기술 등의 다변화에 따른 타 분야의 요소기술에 다양한 영향을 줄 수 있을 것으로 예상된다.

4.1.3 원부자재대체 공정

(1) 클린 패키징 공정과 제품

환경오염 저지 및 해결을 위한 글로벌 공감대가 형성되고 그 중요성이 강조되면서 유해 폐기물 발생량이 많은 패키징 산업을 중심으로 지속가능한 포장 및 친환경 포장으로 전환되고 있다. 세계 패키징 시장의 규모는 약 6,400억 달러, 성장률은 연간 6.0% 로 추산되며, 신흥시장의 증가로 지속적 성장을 이룰 것으로 예상된다.

Pike Research의 최근 보고에 따르면 세계 패키징 시장에 있어서 친환경 관련 시장(재사용, 재활용, 분해성 포장재 및 공정 시스템)은 2009년 21%에서 2014년에는 약 32%까지 급속도로 성장할 것으로 전망하고 있다. 여기서 패키징 친환경 생산, 원천 감량, 회수 물류 등 관련 시장은 당시 약 900억 달러에서 2015년까지 약 2,900억 달러의 세계 시장 규모를 형성할 것으로 예상된다.

패키징 선진국에서는 전망 있고 핵심적인 미래 친환경 패키징 기술로 자원순환 및 재활용, 재활용 소재 응용, 패키징 감용 및 감량 기술, 생분해성 소재, 나노 기술이 적용된 패키징 기술 등을 중점 육성하고 있으며, 특히 미국, 일본, 그리고 EU에서는 제조 공정상 유해물질 발생을 근본적으로 해결하는 친환경 공정기술을 패키징 제품의 생산, 경량화에 활용하도록 장려하고 있다.

친환경 패키징 분야의 선도국인 일본은 자원순환 및 패키징 감용 및 감량 기술을 중점적으로 개발하는 반면 회수용 패키징 용기사용이 일반화되어있는 미국은 공정시스템의 효율화 및 친환경 공정기술 개발에 주력하고 있다. 또한 나노·IT·바이오 기술과 접목한 미래 지향적 공정개발 및 패키징 기술에 관한 연구가 진행 중이다.

〈표 4-3〉 해외 시장규모(원부자재대체 공정)

구분(시장규모, 백만불)	2005	2010	2015	2020
그라비아 잉크	15,700	17,900	21,500	24,300
발포 플라스틱	16,500	18,500	20,800	23,400
Flexible 패키징	6,500	7,500	8,660	10,000
표면처리 및 코팅제	40,270	42,400	85,700	228,300
계	78,970	86,300	136,660	286,000

* World Ink File(2008), Flexible Packaging Industry Report (2009), 한국제지공업연합회(2007)

〈표 4-4〉 패키징 기술 동향

구분	내 용	대표기술 (경제성&기능성 고려)	대표제품
패키징 원천감량	• 패키징 감량설계 → 소재·공정 기술 • 감량 시 본래 성능 유지	• 고기능성 나노레이어 필름 – 두께 감소하지만 동등 물성 유지(기계적 강도, 투과도 등) • 알루미늄과 같은 이종 소재 배제	청정생산 공정·소재 ↓
패키징 청정생산	• 특정위험물질 배제 기술 • VOC, 인체유해물질 배제 생산기술 • 친환경 용매 사용 생산기술	• 수분산 나노 잉크 – VOC 배제 생산기술 • 나노성분의 차단성 향상 • 초임계유체 발포체 – 친환경 유체 사용 • 시장성이 큰 완충재 제조 공정	패키징 3대 시장 (전산업 적용) ↓
패키징 자원순환	• 패키징 재사용/재활용 기술 • 바이오매스기반 패키징 소재 기술 • 운송 안정성 평가	• 자원순환 코팅재 – 폐기시 코팅재 제거로 자원 재순환 – 시장성이 큰 종이 패키징 적용 • Self-cleaning 표면처리 – 패키징의 1회성 특징을 타파 – 외형적 미려함 유지와 재사용 가능	Flexible 패키징 완충용 패키징 지류 패키징

〈표 4-5〉 유해물질-free 기업 사례

구 분	주요내용
BASF (독일)	• 바스프(Basf)는 페인트, 코팅, 접착제, 안료 등에서의 고분자 분산과 촉매, 산화아연을 바탕으로 한 자외선 흡수제 등에서 친환경 나노기술이 활용되고 있음 • 나노 크기의 두께로 된 다층 안료 코팅(Variocrom TM Color Variable Pigments)은 무지개 색을 발현시킬 수 있으며, 고휘도, 고내후성이면서 중금속을 사용하지 않는 유해물질 Free기술을 개발 적용중임 • 나노 크기의 고분자입자를 물에 분산시킨 후 물을 증발시키면, 끈적끈적한 고강력 VOCs-Free 접착제를 개발
Dow Chemical (미국)	다우케미칼 (The Dow Chemical Co.)은 신합성 나노실리카로 천연 나노클레이 (Montmorillonite)를 대체하여 폴리올레핀과의 나노복합재료를 개발하여 전선 및 케이블용 수지 컴파운드의 난연성은 개선시키면서 다른 물성은 종전대로 유지되는 나노복합재료기술을 자동차부품에 확대 적용시키는 기술을 실용화하고자 마그나(Magna International of America)와 공동으로 미국 상무성의 연구자금을 획득하여 연구 중
DuPont (미국)	• 듀폰(Du Pont)은 물처리 응집제로 비정형 실리카 마이크로겔용액(Particlear TM)을 공급하고 있으며 실리카 마이크로겔은 직경이 1~10nm인 구형 실리카가 3차원 사슬로 연결되어 있으며 용도에 따라 50~100nm 크기로 조절이 가능하고 환경친화적인 제품을 개발 • 에콜로지 코팅(Ecology Coatings Inc.)과 라이센싱 계약을 맺고 나노기술제품을 생산하여 북미 자동차시장에 판매 중으로 유해물질-free 자외선 경화코팅제품개발
H&R	전 세계 PAHs규제 대응 친환경오일 25만톤 생산

구 분	주요내용
다이킨 (일본)	• 2012년까지 인체에 유해한 C8과 PFOA의 제조와 판매를 중지 • 인체 유해성이 적은 C6기반의 대체물질을 개발 중 • 미국 다우 코닝과 공동개발 진행 • PFOA 제거 기술 개발
아사히 글라스 (일본)	• 2006년에 C6기반의 물질을 상품화에 성공 • 새로운 대체 물질로 PTFE 기반의 물질을 개발하여 2009년 초반에 상업화에 성공
DuPont (미국)	• 이온 교환법 및 열분해를 통해 PFOA 제거 공정 개발 • C6 기반의 제품 개발 완료(95% 이상) • 2010년 C8제품 생산 중단
3M/Dyneon	기존에 사용하던 유화제를 대체, C4의 물질 개발
Clariant	• NanoSphere라는 PFOS, PFOA-free 제품 개발 • C6기반의 Nuva-N 시리즈 제품 개발

〈표 4-6〉 클린 패키징 기업 사례

구 분	주요내용
Amcor (미국)	• 기존 PET 대비 34% 경량화 된 PET 개발하여 원자재 사용량을 줄임 • PET 용기 생산 공정의 단순화를 위한 공정 연구
Toyo Seikan (일본)	• 나노 기술이 융합된 flexible 패키징 공정 및 제품 연구 • PET 및 알루미늄 캔의 경량화로 원자재 사용량을 줄이고, 친환경 신공법을 이용하여 탄소 배출량 감소에 기여
Dupont (미국)	• 친환경 패키징용 수지를 개발·생산 • 친환경 공정 개발을 통한 에너지 사용 및 탄소배출량 저감 • 무용제 인쇄판 및 분산중합 용매 개발 • 이산화탄소 용매를 이용한 Teflon 및 공중합체 제조
ExxonMobile (미국)	• Metallocene Polyolefin, Polyester 수지를 이용한 NanoLayer Film • Retail multipack 수축 필름, Pallet 수축 필름, 식품 패키징용 필름, 플라스틱 백용 필름 등 감량 필름 개발
TetraPak (스웨덴)	• 무용제 라미네이팅 기술 개발 • 종이팩 재활용 기술을 통한 폐기물 배출 절감
Mitsui Chemical (일본)	• 나노스케일 결정구조 폴리올레핀 엘라스토머 필름 개발 • 실란트 및 접착 필름 개발
Treofan (독일)	• 경량 공중합체 다층 필름 개발 • 리튬배터리용 고분자 분리막 개발
에로헤드(미국)	• 스위스 네슬레 미국 내 계열사 • 친환경 생수병 개발, 기존 제품에 비해 합성플라스틱 30% 적게 사용
후지제록스 (일본)	바이오매스 플라스틱을 복합기 내부 카드리지 커버 소재에 사용

자료: 국가법령정보센터(http://www.law.go.kr/), 재제조제품 품질인증요령

(2) 무용제 무기질 청정재료

생활수준이 향상됨에 따라 그 관심의 영역은 환경의 질과 인간건강상태와 상관관계에 관한 보건의학적인 영역으로 확대되고 있다. 특히, 대부분의 대도시에 거주하는 현대인들이 하루 중 실내 환경에서 보내는 시간이 90% 이상을 차지하게 되면서 실내 공기질이 건강에 미치는 영향에 관심이 고조되고 있는 실정이다.

특히, 내장제나 각종 마감제에서 배출되는 휘발성 유기화학물질로 인한 빌딩증후군현상(SBS: Sick Building Syndrome)이 사회적으로나 환경적으로 대두되면서 건설업자나 건자재업체는 이에 따른 대책과 관련 청정재료개발에 노력을 기울어야 하는 실정이다. 일반적으로 도료는 신나(thinner)라 불리는 벤젠, 톨루엔, 크실렌 등의 VOCs를 사용하는 유성도료와 환경적인 면에서 상대적으로 친환경적인 물을 사용하는 수성도료로 나누지만, 수성도료도 다량의 환경오염물질을 함유하고 있다.

따라서 최근에는 건축물 내·외벽을 구성하는 콘크리트나 모르타르 벽면의 주성분인 시멘트 성분과 유사한 칼슘-실리케이트 광물질과 기타 무기질원료를 주원료로 사용하는 무용제형 무기질 도료도 개발되고 있다.

〈표 4-7〉 도료의 화학물질이 인체에 미치는 영향

화학물질	사용 건자재	인체에 미치는 영향	사용되는 화학물질
포름 알데히드	합판, 벽지, 도료 건축용 접착제, 벽지 접착제	발암성, 발암촉진작용, 아토피성 피부염, 알러지	포르말린
유기인계 화학물질	합판, 벽지	발암성, 급성독성, 만성독성, 신경독성, 접촉독성, 두통, 전신권태감, 흉부압박감, 발한, 의식혼탁, 시력저하	훼니토로치온, 휀치온, 인산토리 에스테르류
유기용제	도료, 접착제, 비닐크로스	발암성, 마취작용, 두통, 어지럼증, 눈코귀의 자극, 구토, 피부염, 고농도로 중추신경계 장애	초산부틸, 톨루엔, 크실렌, 아세톤
프탈산 화합물	벽지의 가소제, 도료	발암성, 호르몬이상, 생식이상, 소화불량, 중추신경장애, 설사, 위장장애, 구토	DOP(DOHP), DBP, BBP
유기염소 화합물 (다이옥신 발생물질)	비닐벽지	뇌종양, 간장암, 폐암, 유방암, 임파선암, 어지럼증, 손발의 절임	모노염화비닐
	방부처리 목재합판의 방충제	종양, 백혈병, 태아기형, 피부장애, 간장앙애, 식욕부진, 다량발한, 불면, 권태감, 관절통	펜타클로로 페놀

실내공기 환경오염의 주된 원인은 유기화합물, 포름알데히드, 암모니아 등과 같은 가스상 오염물질과 납, 카드뮴, 망간, 안티몬, 비소, 수은 등을 포함하는 무기입자상 중금속이다. 그러나 비용적인 측면에서 친환경소재로서의 대체사용은 한계가 있는 것이다.

환경친화적 페인트는 천연페인트가 가장 대표적인데, 페인트의 구성성분을 대부분 천연의 원료로 사용하여 제조된 것을 말한다. 즉, 식물성 원료로는 송진, 아마인유 등을 동물성 원료로는 계란껍질에서 추출한 콜라겐성분을 사용하며, 용제로는 석유화학용제 대신 감귤껍질, 감자알코올 등을 이용하며 인공안료 대신 천연안료를 사용한다. 이러한 천연페인트의 종류에는 미네랄 페인트, 저 VOCs 페인트, 클레이 페인트 등이 있다.

4.1.4 소음·진동방지 기술

소음·진동은 물이나 공기, 폐기물과 같은 환경오염물질과 달리 인간이 즉각적으로 느낄 수 있으며 폐해가 바로 전달되는 특징을 가지고 있다. 소득수준이 높아지고 생활환경이 개선됨에 따라 저소음 및 저진동에 대한 요구는 더 높아지고 있으나 산업화 및 도시화가 진행됨에 따라 소음·진동에 노출되는 인구는 더욱 증가하고 있는 것으로 나타나고 있다.

미국의 경우 소형트럭 운행은 1970년에 비해 2000년에는 750%로 증가하였고, 대형트럭은 213%, 승용차는 175%, 항공기는 213% 증가하였으며 특히 민원의 주원인인 야간 항공기운항은 750% 증가하였다. 이에 따라 1974년 미국에서 55dB 이상의 소음에 노출되는 인구는 1억 명이었으나 1990년도에는 1.38억 명으로 늘어난 것으로 집계되고 있다. 또한, EU는 건설장비 등 실외 기계설비의 소음에 대해 2006년을 기점으로 2~3dB 저감된 규제를 적용하고 있으며 2012년 11월부터는 타이어도 소음을 표시하는 방안을 발표하는 등 선진국의 공산품에 대한 소음·진동 규제는 계속 강화되는 추세에 있다.

소음·진동 방지 기술은 생산 및 이송·운반 등 산업활동 전 과정에서 발생하는 소음·진동을 저감하는 기술을 의미한다. 자동차, 기관차, 선박, 항공기 등 대중 교통매체의 핵심장비인 엔진의 정숙화, 건설용 중장비소음을 줄여서 운전자 및 주변 작업자에 미치는 소음 저감, 신재생에너지 중 가장 많은 수요를 담당하는 풍력발전은 블레이드 소음저감 등이 중요한 이슈로 대두되고 있으며, 다음과 같은 기술이 주목받고 있다.

❶ 친환경 고성능 방음벽

방음벽은 철도 및 도로교통 소음으로부터 주거지역을 보호하거나, 대형 공장 또는 사무실 내부에서 국부적으로 소음으로부터 근무자를 보호하는 설비를 의미하는 시설

❷ 친환경 사일렌서

사일렌서는 기체 또는 유체가 통과하는 관로상에 설치하여 소음을 저감시키는 장치로 기체의 흐름은 원활하게 하면서 기계 또는 방음상자 내부에서 발생된 소음의 외부 전파를 차단시키는 장치

❸ 고부가가치 방음상자(sound enclosure)

소음을 발생하는 기계류로부터 발생하는 공기기인 소음(air-borne noise)을 저감할 목적으로 기계류의 일부 또는 전체를 둘러싸는 구조물 또는 장치

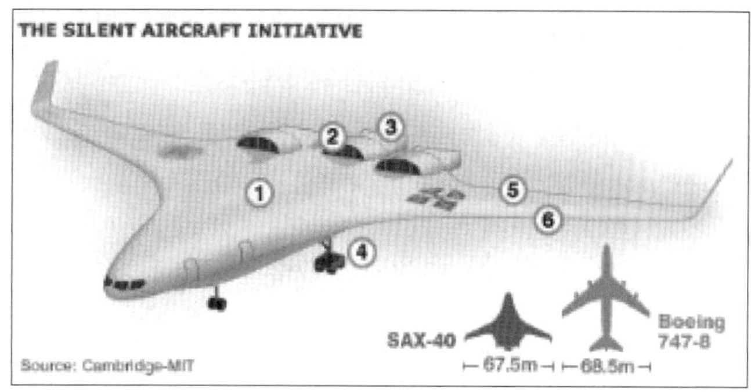

기존 항공기는 날개 주변의 소용돌이 치는 공기로 인해 많은 소음을 발생

꼬리 날개가 없고 몸통과 날개가 한덩이로 이루어진 일체형 구조

〈그림 4-10〉 항공분야의 소음진동 저감 기술

④ 친환경 흡·차음재

흡음재는 기계장비 등과 같은 소음원에 의한 일정 공간내의 소음을 저감하기 위하여 사용되는 무기물계 혹은 유기고분자계 제품을 의미하며, 차음재는 소음원에서 방사되는 소음을 차폐할 목적으로 소음원 주변이나, 소음 전달경로에 설치되는 제품으로 금속 표면재 사이에 흡음재가 삽입되어 있거나 혹은 기타 유사 구조로 제작된 제품

⑤ 친환경 제진재

제진재는 진동에 의해 발생한 기계적 에너지를 소산하여 진동을 저감할 목적으로 사용되는 소재를 의미하여, 구조물에 도포되어 구조물의 댐핑을 증가시키는 제품

⑥ 고정밀 스마트 하이브리드 방진마운트

산업계에서 사용하고 있는 장비를 대상으로 외부에서 발생한 진동 및 충격을 차단함으로서 대상 장비를 보호하고, 내부에서 발생하는 진동의 크기를 저감함으로서 대상 장비의 최대 성능사양을 구현할 수 있는 환경을 제공하는 제품

⑦ 저소음·저진동 중소형 팬

기계적인 에너지를 기체에 전달하여 압력과 속도 에너지로 변환시켜주는 유체기계로, 일반 건축물의 급·배기용 및 공기조화용으로 활용되는 각종 시스템의 주요 구성부품(공기역학/음향학적으로 소음을 최소화하면서 설계된 압력과 유량을 발생할 수 있도록 블레이드와 주변 구조물을 최적 설계한 전자장비 및 HVAC용 팬)

북미의 경우 소음진동제어를 위하여 지출된 총 경비는 2000~2010년의 기간 동안 한 해 평균 100억 달러가 넘을 것으로 추산되었고, 지출규모면으로는 소음완충지대(noise buffer zone)를 설치하기 위한 부지마련 비용, 도로변 방음비, 발전소 및 화학공업 등 프로세스 공업의 소음 제거비 순서로 나타났으며, 연평균 성장률도 20%에 달하는 것으로 나타나고 있다.

일본의 경우, 소음진동제어는 환경문제 중 가장 오랫동안 연구되어 온 분야로, 과거의 소음진동 발생 후 대처하던 시장은 소멸되고, 종합적 엔지니어링 시장이 부상하고 있으며, 1980년도에는 약 60억 엔 규모, 1990년도에는 약 100억 엔 규모를 형성하고 있어, 2020년 경에는 약 130억 엔 규모의 관련시장이 형성될 것으로 예측되고 있다.

중국의 경우, 소음진동규제 산업은 환경보호산업의 한 구성분야로서 지난 한 세기에 거쳐 크게 발전하였으며, 1970년대에 백여 종 제품의 천만위엔 수준의 생산액에서 2000년에는 천여 종 제품의 5억 위엔 이상의 규모를 형성하고, 소음기, 흡음재, 방음부품, 방진기, 감진재료, 소음 및 진동 측정기기 등 다양한 제품이 시장에 출시되고 있다.

중국의 소음진동 방지시장 확대는 환경보호법, 환경소음오염방지법 등과 같은 소음과 진동규제 방면의 160여개 관련법규 제정으로 인한 결과이며, 이와 더불어, 관련 인력, 전문서적 및 간행물 등 전반적인 인프라를 확충함으로써 세계 수준의 경쟁력 확보를 도모하고 있다.

전 세계적으로 소음진동방지 관련 제품이 적용되는 주요 분야로는 자동차·항공·철도·선박 등의 수송분야와 의료·소비재·전자·건축 분야 등을 들 수 있으며, 언급된 전 분야에서 공통적으로 소음진동방지 기술이 정교화되고 있다.

〈표 4-8〉 소음진동방지 기술 기업 사례

구 분	주요내용
Shanxi Shangfeng Technology (중국)	• 바람/먼지막이벽 및 방음벽 제작회사 • 다기능 벽체 제작 기술 보유
Shenyang Wanchang Traffic Safety Facilities Manufacturing(중국)	• 방음벽 등 교통관련 시설물 • 고속도로용 방음벽 제작 기술 보유
SCM INSONORIZZAZIONE SRL CABINE SILENTI BARRIERE ACUSTICHE ANTIRUMORE INSONORIZZANTI (이탈리아)	• 차음패널, 방음벽, 소음기, 방음상자 등 제작 • 일반 산업용 소음 저감 제품 설계 및 소음 저감 제작 기술 보유
Nittobo (일본)	• 글래스울(glass wool) 생산업체 • 일본내 흡음재 제조판매 대표기업으로 미네랄을 이용한 분진저감 제품 제작 기술 보유
Owens-Corning (미국)	• 건축용 흡/차음재 및 단열재 • 글래스울(glass wool)을 세계 최초로 상품화한 기업
Rieter (스위스)	• 차량용 내외장 흡/차음재 • 전 세계 다국적 기업을 통한 국제적 생산 및 판매를 통한 세계시장 점유.
Howa Textile Industy Co., Ltd(일본)	• 차량용 내외장재 • 일본 자동차 내장재 대표기업
Kurashiki Kako (일본)	• 일본 1위의 방진마운트 시스템 회사 • 일반기계, 정밀기계 등에 적용할 수 있는 세계적 기술보유
Bilz (독일)	• 독일 1위의 방진마운트 시스템 회사 • 일반기계, 정밀기계 등에 적용 기술보유
ITT Enidine (미국)	• 미국 1위의 방진마운트 시스템 회사 • 주요 수송기계시스템용 특수목적 제품제작 기술
Hutchinson (프랑스)	• 프랑스 1위의 방진마운트 시스템 회사 • 주요 수송기계시스템용 특수목적 제품제작 기술 • Barry Controls, Vibrachoc, Paulstra 등

자료: 국가청정생산지원센터(2010) ,청정생산기술에서 녹색기술까지 제3권 녹색제품

4.2 청정생산 원료 및 제품기술

제품 생산시 제품설계단계의 중요성은 일찍이 인식되어 왔으며, 점차적으로 환경을 고려한 친환경설계의 중요성이 부각되기 시작함으로써 제품 내 유해물질의 사용으로 인한 환경유해성을 감소하고 재활용을 촉진하기 위해 폐기단계에서의 관리보다는 설계와 제조단계에서의 예방을 우선시하게 되었다.

이에, 환경과 산업보호를 위해 점차 강화되고 있는 국제환경규제에 선제적으로 대응하고자 국제시장을 선점할 수 있는 유니소재가 적용된 제품의 개발뿐 아니라 다양한 국가차원의 기술대응이 필요하게 되었다.

4.2.1 유니소재

소재는 부품 및 완제품을 구성하는 핵심기초 물질로 그 재질별 구성은 대표적으로 금속, 화학, 세라믹 소재로 대별되며, 그 용도로는 전기전자, 섬유화학, 자동차용, 기계용 소재 등 다양하며, 소재산업은 전방산업의 근간이 되는 뿌리산업으로 국가 주력산업은 물론 성장동력산업 경쟁력을 결정하는 중요한 위치를 차지하고 있다.

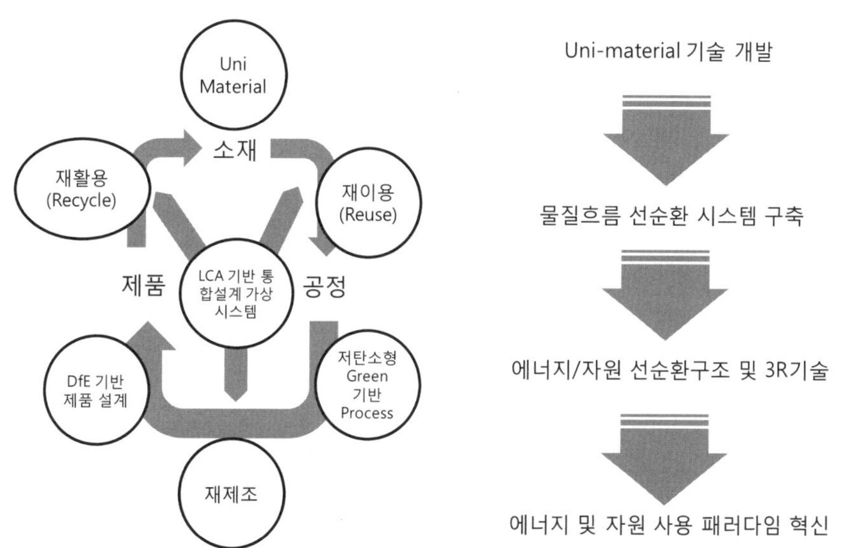

자료: 국가청정생산지원센터(2010) ,청정생산기술에서 녹색기술까지 제3권 녹색제품

〈그림 4-11〉 유니소재에 의한 에너지/자원 선순환 개념도

최근 친환경문제와 더불어 물질순환지향, 환경부담 저감형의 재료개발의 패러다임의 배경 하에, 경제적인 리사이클링이 가능하도록 단순 또는 단일한 합금조성의 재료개발과 이를 이용한 혁신적인 제조기술 개발에 의해 다양한 범위의 특성이나 형상을 구현하고자 유니소재(uni-material)라는 새로운 개념이 부각되었다.

유니소재는 제품의 기능을 유지하면서 제품의 사용 후 재활용이 가능하고 유해물질 사용을 저감하기 위해 설계 및 생산, 수거 및 재활용 등을 고려한 기존 제품의 재질 단일화를 의미한다.

유니소재는 유니-폴리머, 유니-세라믹, 유니-금속 등을 포함하며, 자동차, 전기전자, 생활용품 등 다양한 산업분야에 적용이 가능하다. 유니소재가 적용된 제품은 친환경적이며, 지속가능하며, 선순환 물질흐름이 가능한 개념으로 유니소재의 통합된 소재를 통해 다양한 성능을 구현하면서 재활용시 추가적인 분리 및 선별작업이 최소화되며 고가의 제품에 활용될 수 있다는 장점이 있다.

예를 들어, 플라스틱 용기나 식품 포장재의 다층필름 중간층에 EVOH를 활용하여 가스차단성 등의 기능을 구현하기 위해 사용하는 경우가 많으나 재활용이 불가능한 단점을 지니고 있다. 소재별로 적용사례를 간단히 살펴보면 아래와 같다.

(1) 유니 세라믹

세라믹 소재 기반 제품 개발시, 유해물질 저감, 경량화, 경박화, 친환경소재, 재활용 촉진 등을 위해서는 폐기단계에서의 관리·처리 강화 보다 설계·제조단계에서 예방이 중요하다.

유니세라믹 분야는 범용성, 독창성, 통합성의 특징과 기능을 가지며, 첨단유리, 전기전자, 자동차, 생활용품 등 전 산업에 적용 가능하여 기존 소재 대비 유니세라믹 적용제품 및 공정을 통해 친환경성, 원료절감, 자원순환 향상, 온실가스 저감, 에너지 사용 효율이 증대될 수 있다.

(가) 초경량 유리제품

유리용기의 두께를 얇게 하여 경량화함으로써 원료를 절약할 뿐만이 아니라, 연료나 CO_2의 배출량을 줄이고, 한층 더 가벼워진 만큼 수송효율도 향상하는 등 환경 부하를 줄일 수 있다. 일본 유리병 협회에서는 21세기를 맞이해 초경량 병의 사용을 한층 넓히기 위하여 'Reduce bottle', 'Recycle bottle', 'Returnable bottle' 등의 세 가지 테마에 대하여 연구개발을 수행하고 있다.

(나) 전자기기용 박판 유리제품

유리소재는 친환경 원료를 사용하고 리사이클이 가능한 친환경 소재로 유리의 기능을 다양화하여 사용 확대를 통해 지구 온난화 방지 및 온실가스 규제를 달성할 수 있다. 향후 디스플레이의 대형화, 모바일화에 따라 유리소재의 박판화, 강도강화가 절실하게 요구되어 초박형 유리를 적용하면서도 강도가 높은 내충격성, 내스크래치성을 갖는 유리나 플렉서블 디스플레이 구현이 가능한 유리소재가 사용될 전망이다.

(다) 친환경소재 기반 세라믹 후막 부품 액추에이터

친환경 소재 극막화 기술을 통한 원료절감 확보, 초슬림형 제품 응용을 통해 원료절감과 이산화탄소를 저감할 수 있다. 압전 세라믹을 기반으로 하는 액츄에이터는 기존 Pb계 소재에 대한 원천 특허는 주로 일본의 마쓰시타, 무라타, NEC, SEICO, 도시바 등 일본의 기업이 거의 차지하고 있다.

국내시장의 절반 이상을 아직 수입에 의존하고 있는 실정이지만 청정에너지 활용을 위한 에너지 하베스팅 기술이나, 초슬림 액추에이터 기술 등은 미래성장 산업에 있어서 중요한 기술로서 급성장하고 있는 시장만큼이나 중요성이 부각되어 친환경 원천소재의 확보를 위한 일본, 한국, 중국 등의 특허전쟁은 더욱 치열할 것으로 전망된다.

(라) 무기단열재

기존의 단열소재보다 2~3배 정도의 에너지효율이 높고 재활용이 가능하고 화재발생 시에도 안전하며 유해가스 발생이 없는 새로운 단열소재로서, 기존 건축소재 시장은 성능보다 저가 자재를 사용하는 가격 경쟁력 중점을 두고 있었으나 최근 웰빙 욕구가 증대되면서 환경과 안전을 고려하는 고성능 자재의 요구 급격히 증가하는 추세이다.

(2) 유니 알루미늄

금속 소재의 경우에는 우리나라의 주력 산업인 전기·전자, 자동차, 조선 및 중공업 분야의 주요한 전방 산업으로, 주력산업 성장의 원동력이 되는 핵심 소재임에도 불구하고 원광석 및 소재 자원의 부재로 인하여 전량 수입에만 의존하고 있기 때문에, 능동적인 재활용에 의하여 수입의존도를 낮출 수 있으며 양질의 원소재를 재활용할 수 있을 뿐만이 아니라 생산 및 제조 공정에 있어서도 특성과 형상의 구현범위를 가질 수 있는 혁신적인 유니금속 기술이 요구되고 있다.

알루미늄과 기술개발은 군수 및 항공과 민간 분야로 구분될 수 있으며, 군수의 경우 미국 및 러시아가 기술개발을 주도하였으며, 미국의 경우에는 NASA 등에서 Sc 등의 희토류를 사용하여 고강성을 낼 수 있는 전신소재 개발을 주도하고 있다.

러시아의 경우에는 VIAM(All-Russia Institute of Aviation Materials)과 VILS(All-Russia Institute of Light)를 중심으로 VAL10 및 VAL12합금을 개발하여, 인장강도가 470MPa의 고강도이면서, 연신율이 13% 정도로 우수한 특성을 낼 수 있는 합금을 개발하였으나, 민수분야에 적용하는 부분은 경제 및 기술적인 한계가 있는 것으로 알려져 있다.

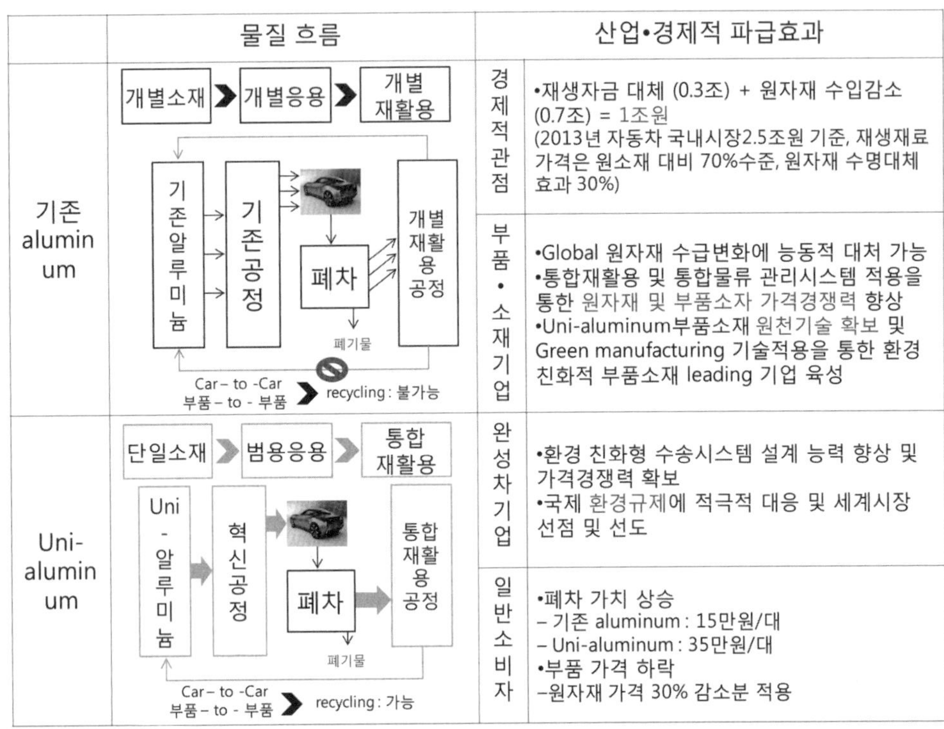

자료: 국가청정생산지원센터(2010) ,청정생산기술에서 녹색기술까지 제3권 녹색제품

〈그림 4-12〉 자동차에 사용된 기존 알루미늄과 유니 알루미늄 비교

Ufa State Aviation Technical University의 R. Z. Vailev와 Kyushu University의 Z. Horita 등은 알루미늄 합금의 구속전단 가공법을 적용하여 결정립 크기를 초기 500m에서 약 0.2~0.3m으로 미세화하여 항복강도를 2~4배까지 향상시킴으로 그 강도와 인성을 증가시켰다. 자동차 알루미늄 부품에서 가장 높은 비율을 차지하고 있는 것이 주조(79%) 공정이며, 따라서 알루미늄 주조공정은 자동차의 연비향상과 이산화탄소 배출저감 측면에서 자동차 경량화에 가장 큰 영향을 미치는 공정에 크게 이바지할 것이다.

자동차 산업에서 고유가와 이산화탄소 환경규제에 실질적으로 대처할 수 있는 유일한 방법은 전기자동차나 차량의 경량화밖에 없으며, 하이브리드, 플러그-인, 퓨얼-셀과 in-wheel과 같은 미래형 녹색 자동차도 기존의 차체 플렛폼을 적용하게 되면 효율이 오히려 감소하게 되는 문제점을 갖고 있기 때문에, 알루미늄의 차체 적용은 미래적으로 필연적인 수요가 증가할 것으로 예상되고 있다.

이에 따라, 유니 알루미늄을 기존에 사용하던 부품으로 대체하기 위해서는 기존의 강도 범위나 형상범위를 만족할 수 있는 혁신적인 액상 및 고액공존 제조기술이 개발되어야 하며, 그 예로는 고액공존 영역의 알루미늄 제어기술인 Semi-Solid 공정과 용탕의 청정화를 도모할 수 있는 초음파 진동처리와 같은 기술이 부가되거나 대체되어야 한다.

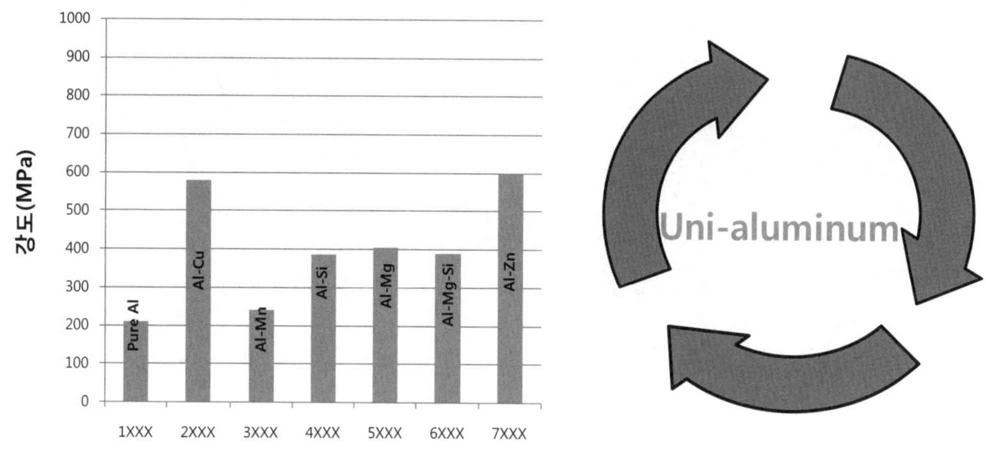

자료: 국가청정생산지원센터(2010), 청정생산기술에서 녹색기술까지 제3권 녹색제품

〈그림 4-13〉 기존 알루미늄 합금과 유니 알루미늄 합금의 비교

이러한 배경으로부터 유니 알루미늄 입체변형과 평면저항과 관련된 청정혁신 제조기술은 지금까지 합금 첨가원소로 제어하던 압출재 및 압연재의 특성을 각각 입체변형 및 평면저항 혁신기술로 제어하고자 하는 기술로 대두되고 있다.

민간분야에서의 알루미늄의 가장 큰 수요분야는 수송기계 분야이며, 이를 위하여 Novelis, Kobe, Aloca, Frukawa, Honda 등의 대기업이 자동차용 엔진, 피스톤, 휠 등의 주조재와 차체를 구성하는 전신재를 개발하기 위하여 지난 20여 년간 지속적으로 연구개발을 진행하고 있다. 이는 폐차 후 소재별 분류작업 없이 일괄 재생처리가 가능하여 Car-to-Car 및 Part-to-Part의 재활용을 실현할 수 있다.

Honda의 경우에는 유니의 개념으로 통합소재-특성구현-범용응용-통합재활용이 가능한 소재의 적용이 아니라, 글로벌 현지화 전략을 사용하여 중국, 러시아 및 동남아 등에서 생산시에 조달이 가능한 소재만을 적용하고, 소재의 종류도 그림과 같이 다양한 종류로 한정하였지만, 차체의 설계 개념을 변경하여 오히려 안전성을 그대로 유지하면서 경량화까지 할 수 있는 단순소재(simple material) 개념이 개발되어 신차종에 확대 적용될 계획에 있다.

선진 자동차기업의 예를 살펴보면, 독일의 Audi, Lamborghini, 영국의 Lotus와 Jaguar, 이탈리아의 Ferrari, 미국의 Ford 등이 차체 알루미늄 제작에 이미 적용하고 있다.

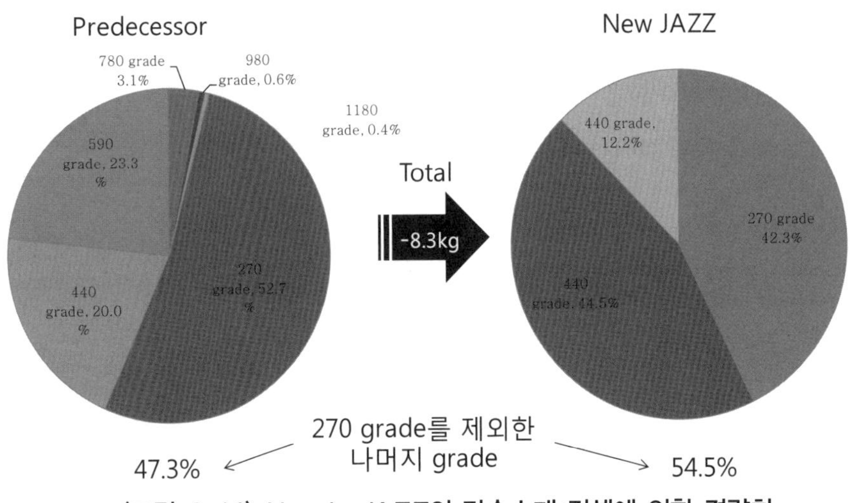

〈그림 4-14〉 Honda JAZZ의 단순소재 컨셉에 의한 경량화

고강도 알루미늄 합금설계에 관한 연구는 러시아, 미국, 일본 등이 기술력을 갖고 있으며, 전차, 항공기와 자동차의 고속화 및 경량화를 위한 고강도 및 고온강도 향상을 위한 부품소재개발이 꾸준히 연구되어 왔다. 한편 양자, 분자, 원자 모델링 기술, 컴퓨터를 이용한 전산모사 연구는 최근에 독립 센터 가상 실험실 등의 형태로 발전되어 활용되고 있다.

〈표 4-9〉 알루미늄 판의 환경영향평가 지수결과

영향범주	CI	NI	WI	기여도(%)
무생물자원고갈	2.73E+01	1.46E-03	3.53E-04	74.81
지구온난화	1.68E+03	2.79E-04	7.30E-05	15.48
오존층고갈	7.49E-09	9.07E-11	2.62E-11	0.00
광화학산화물 생성	6.30E-01	8.55E-05	6.63E-06	1.41
산성화	8.89E+00	1.58E-04	2.19E-05	4.65
부영양화	6.45E-01	7.25E-05	9.83E-06	2.08
생태독성	2.23E+00	2.98E-05	7.40E-06	1.57
인간독성	1.59E-03	2.39E-09	6.31E-10	0.00
총계(Eco-indicator)	4.72E-04			

자료: Silent Aircraft Initiative (http://silentaircraft.org/)

미국의 ORNL(Oak Ridge National Laboratory), NANL(Los Alamos National Laboratory) 등의 국립연구소와 계산과학센터와 Cal Tech의 Material and Process Simulation Center 등 대학연구소, 그리고 일본의 NIMS(National Institute for Material Science)의 계산과학센터 등을 예로 들 수 있다. 또한, 알루미늄 판에 대한 전 과정 목록분석은 원료물질 취득에서부터 제품제조까지의 전 과정평가를 수행하고 환경영향평가 지수를 도출하고 있다.

(3) 유니 플라스틱

자동차에 사용되는 재료구성은 소형차 기준으로 철금속 68%, 비철금속 5%, 플라스틱 11%, 고무 4%, 유리 3%, 기타 9% 수준으로 되어있고, 최근 개발되고 있는 차종은 알루미늄 사용이 평균 13%를 상회하고 있다.

이에 적용되는 플라스틱 소재는 주로 실·내외 장식부품이나 엔진, 샤시계 부품으로 활용된다. 약 40종의 소재가 적용되어 약 11개 범주의 소재로 구분가능한데, 이처럼 다양한 플라스틱 소재는 하나의 부품 내에서도 주변 환경의 특성에 따라 서로 다른 소재를 사용하여 접착, 체결 등의 방법으로 바인딩하여 활용되거나 같은 종류의 소재를 베이스로 첨가제 등을 적용하여 다양한 그레이드를 개발하여 적용하는 경우가 많아 재활용성이 매우 취약하고 2~10 종류의 소재 적용에 따른 원가상승, 품질 산포에 의한 문제가 근본적으로 해결되고 있지 않아 동일한 소재로 일체화하는 유니 플라스틱 소재 적용 기술이 시도되고 있다.

〈표 4-10〉 유니 플라스틱 적용사례

구 분	주요내용	개발품
포 드	전기자동차로써 HDPE의 회전성형으로 제조되어 연간 10,000대의 생산능력을 갖고 있음. 유니 플라스틱 소재 개념에 가장 가까운 차량으로 평가	
르 노	플라스틱 차량으로서 프론트페이셔, 펜더, 루프, 루프 엑스텐션, 상부 쿼터 판넬, 사이드레일, 도어 판넬, 리어도어 부품 등이 플라스틱 소재로 되어있지만 모두 열경화성 SMC 소재를 적용하고 있어 생산성이나 재활용성 측면에서 아직은 불리한 측면이 있다고 평가	
BMW	재활용성을 고려하여 첨가제의 종류와 사용량을 표준화하여 내장부품용 PP소재의 그레이드를 통합화 연구 진행 중	
도요타	• 내외장 부품에 사용되는 PP소재 중 16개 그레이드를 통합화하는 유니 플라스틱 소재 개발을 진행중 • 현재 TSOP는 유니 플라스틱 소재로써 내장 및 외장부품 일부 적용 중	

자료: 국가청정생산지원센터(2010) ,청정생산기술에서 녹색기술까지 제3권 녹색제품

자동차용 고분자 유니 플라스틱 소재 적용 범위는 신재 자체의 물성을 균일화하고 넓은 영역의 물성을 확보하는 것 이외에도 유니 플라스틱을 활용하기 위해 최적의 제품을 설계하고 재활용 소재의 제조 시에도 적용이 가능하기 때문에 플라스틱의 전 과정에 걸쳐 유니 플라스틱 소재화 기술이 개발되고 있다.

유니 플라스틱은 아래와 같은 다양한 분야에 적용될 수 있을 것으로 예상된다.

- 자동차 내장부품용 통합 신소재 분야
- 자동차 고강도 구조용 복합소재 분야
- 자동차, 전기 및 전자제품 내 소형집적부품용 소재 분야
- 히터/에어컨 컨트롤용 소재, 전기전자용 소재
- 섬유, 발포체 접합 부품의 단일 소재화 분야
- 다양한 형상, 사용 환경에 따른 이종 재질 적용 분야
- VOC화합물, 중금속 등 유해물질 대체소재 개발 분야

자동차의 경우 약 2만 여개의 부품으로 이루어진 복잡한 제품으로 내장, 외장, 차체 등으로 나누어서 알루미늄 사용현황을 살펴보면 내장부품인 경우는 계기패널, 바닥, 콘솔, 시트, 도어트림, 카펫, 헤드라이닝 등에 주로 사용하고 있으며, 외장부품의 경우는 〈표 4-11〉과 같이 그 특성과 용도를 정리할 수 있다.

All 플라스틱 자동차는 현대자동차의 카르막, Ford사의 Th!nk City, 르노의 Avantime coupe 등이 대표적이며, 도요타, 닛산, BMW, VW 등은 플라스틱을 이용한 기술연구를 지속적으로 수행하고 있는 실정이다.

주요 산업별 재활용 현황을 보면, 전기·전자 분야의 폐제품 발생량은 지속적으로 증가하고 있으며, 한국도 매년 전자제품이 수입제품을 포함하여 연간 1,100만대 이상이 판매되고 있으며, 신제품 판매량의 연평균 4.6% 증가와 더불어 폐제품 발생량도 연평균 5.1% 증가하고 있는 실정이다.

폐전자제품 이외에 한국의 주력산업인 자동차 분야의 경우도 지속적으로 증가를 예상하고 있으며, 생활용품 및 식품 용기와 포장재도 대표적인 재활용 대상품목 중의 하나이다. 식품포장용기의 경우는 포장용기 중량기준으로 합성수지제가 가장 많은 부분을 차지하고 있다. 유니소재의 산업별로 몇 사례를 살펴보면 다음과 같다.

전기전자제품 산업의 사례로는 다리미의 소재단일화, 헤어드라이기 부품소재 단일화, 조명 반사갓 소재, 필름 스피커의 부품 소재, 선풍기의 부품 및 소재 단일화 등이 있으며, 자동차 산업은 컬럼커버, 커버 홀, 범퍼, 트렁크 내장재, 사이드 몰딩, 대시 인슐레이터, 연료호스, 시트백 커버, 도어 팔걸이 패드, 도어 손잡이 등 부품의 단순화와 재활용이 가능하도록 한 사례를 찾아볼 수 있다.

〈표 4-11〉 자동차 주요 외장부품의 플라스틱 요구특성 및 재료현황

부품명	주요재료	주요 요구 특성
Bumper Facia	PP, PC+PBT, PU-RIM, 저수축/저팽창 TPO, PP+Blending, PBT계	내충격성, 치수안정성, 강성, Painting성
Bumper Back Beam	PT+PBT, OO+GF, PA+GF, PC+PBT	고탄성, 고충격성, 성형성
Wheel Cover	PA6, PA66, MPPO, ABS+PC, PA66+MPPO, Alloy재료, PA66(저흡수성)	고탄성, 고충격성, 내후성
Lamp Reflector	BMC, SMC, PC, PPS, PA계	치수안정성, 고내열성, Coating성
Rear Transverse Pillar	ABS, TEO, PC+PBT, PBT계, TPO	내충격성, 성형성
Waist Line Molding	PVC, PP, TPO, TPU	내충격성, Soft성(내한)
Cowl Top Cover	PP, ABS, PP, ABS+PC	내후성, 비용, 내Scratch성
Radiator Grille	ABS, ASA, ABS+PC, TPO, TEO, PBT계	내충격성, 도장, 도금성
Rear Combi Lamp	PMMA, PC	내후성, 내열성, 성형성
Outside Mirror Handle	PA계PC+PBT, PA계 Alloy	내Creep성, 내진동성, 내후성, 내충격성
Outside Door Handle	PC+PBT, PA66+MPPO, PA계, PC계	내Creep성, 내충격성, 도장성
Fender Quarter Panel Door Panel	PA+MPPO, PU-RIM, ABS+PC, PA+MPPO, PU-RIM, ABS+PC	내충격성, 고내열성, 치수안정성, 도장성
Hood Roof Trunk Lid	SMC, PP+GF(GMT), XTC(열가소성SMC)	치수안정성, 내열성, 충격성, 평활성, 도장성

자료: 국제환경규제기업지원센터(2011), 유니소재 사례집 2

생활용품의 유니소재 사용의 사례는 생수용기 및 라벨, 우유용기의 제품소재, 음료용기, 뚜껑, 생분해성 1회용품의 소재, 가구류의 소재, 파티션의 소재, 안전봉투, 유아용품, 스포츠 용품, 신발 및 종이 출판물에서 그 사례를 볼 수 있다. 또한, 건축산업의 사례는 코르텐 스틸 외장재, 스틸 하우스, 종이, 벽종이, 유리강화수지 인도교, Ice Hotel, 에어돔 등이 있다.

소재측면에서 기존의 플라스틱 소재가 지니고 있는 한계를 극복할 수 있는 엔프라 대체 올레핀계 유니 플라스틱, 탄력적인 성형성 발현 유니 플라스틱, 첨가제와 분자량 등 다양한 그레이드를 단일 그레이드로 통합하는 소재, 다양한 물성을 구현하는 고성능 첨가제를 이용한 유니 플라스틱, 기존의 금속을 대체하는 고성능 유니 플라스틱 등으로 제품과 청정공정 기술의 개발과 연구가 필요하며, 미래 유망한 유니 플라스틱 소재기술은 〈표4-12〉와 같이 요약할 수 있다.

〈표 4-12〉 미래 유망한 유니 플라스틱 소재기술

분야	기술분야
소재	• 엔프라 대체 고성능 올레핀 알로이 제조기술 • 유연 가공성 유니 고분자소재 제조기술 • 그레이드 단수/통합화 유니화 고분자소재 제조기술 • 유니고분자 적용 고강성 초경량 보강재 제조기술 • Paint/Adhesive/Sealant 유니 소재화 기술
제품	• 유니소재 활용 경량화/구조 단순화 제조기술 • 유니소재 전용 Universal Fastening 기술 • 유니소재별 내구성 예측 시뮬레이션 기술 • 유니소재 이용 부품 모듈화 디자인/제품화 기술
재활용	• 폐자원 활용 고성능 고내구성 유니소재화 기술 • 공정 스크랩 통합 재활용 및 유니화 처리기술 • 폐기소재내 매트릭스/보강재 분리 및 자원화기술

자료: 국가청정생산지원센터(2010) ,청정생산기술에서 녹색기술까지 제3권 녹색제품

(4) 유니 우레탄

우레탄 유니소재 활용 친환경 타이어 제조기술은 소재에서 재활용 및 폐기의 전 과정에 대한 선순환의 사이클을 가지고 소재특성, 공정 및 기능의 한계를 극복할 수 있는 신개념의 환경친화성과 지속가능성을 포괄적으로 구현할 수 있는 신개념의 타이어 청정생산 제조기술이다.

기존 제조공정은 〈그림 4-15〉에서 보는 바와 같이 여러 층의 고무와 보강재들의 복합체로 구성되어 있으며, 이로 인해 유해한 제조공정을 거치게 된다. 이때에 발생되는 마모분진과 폐기 시에 재활용의 곤란으로 인한 환경오염을 극복하도록 현재는 고기능의 우레탄 유니소재를 적용하여 타이어를 생산한다.

타이어 산업은 전통적인 고무 및 화학산업의 일환으로 제작공정이 아래 그림과 같이 복잡하고 유해한 화학물질 사용으로 인해 환경오염의 주범으로 논란이 끊임없이 제기되고 있는 대표적인 산업이기에 청정제조공정개선을 위한 노력이 필요하다. 〈그림 4-16〉은 우레탄 유니소재를 사용하여 타이어를 생산하는 공정을 나타내고 있다.

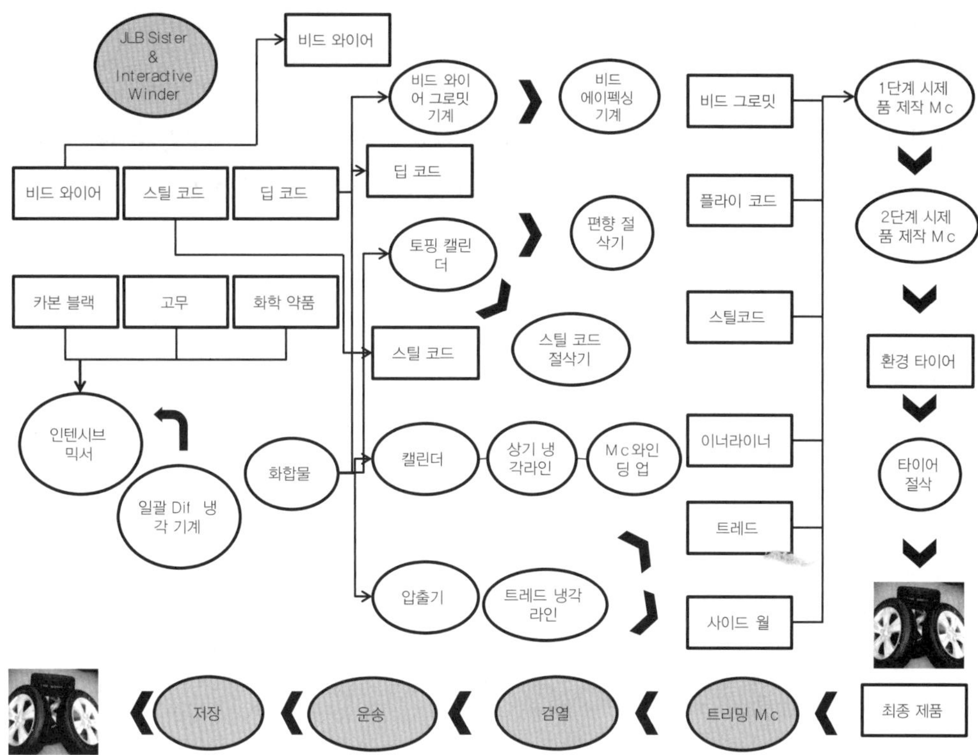

자료: 국가청정생산지원센터(2010), 청정생산기술에서 녹색기술까지 제3권 녹색제품

〈그림 4-15〉 기존 고무타이어 제조공정

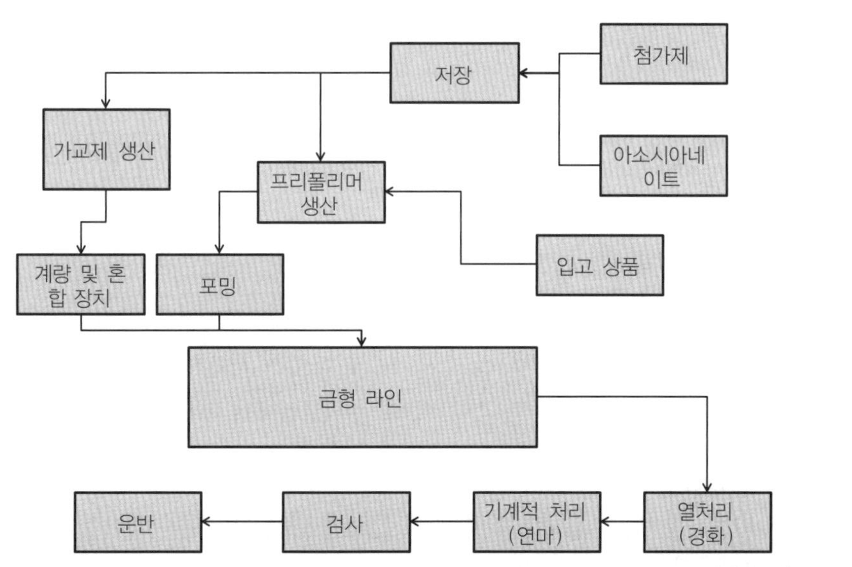

자료: 국가청정생산지원센터(2010), 청정생산기술에서 녹색기술까지 제3권 녹색제품

〈그림 4-16〉 우레탄 유니소재 타이어 제조공정

4.2.2 바이오매스 기술

바이오에너지 기술의 개발은 바이오매스의 재사용을 통해 환경보전의 효과와 이산화탄소 저감효과 때문에 주목받고 있으며 특히, 탄소 배출권에 관해서도 바이오연료 사용에 의해 발생한 이산화탄소는 국가 이산화탄소 배출량 통계에 포함시키지 않도록 협정되어 있어 국제적으로도 바이오에너지 생산 기술개발은 상용화를 목표로 추진되고 있다.

- 바이오 원료: 전분, 식물유지 외에 셀룰로오즈, 헤미셀룰로오즈, 리그닌
- 바이오화학원료: 바이오화학제품 제조에 광범위하게 사용되는 기본화합물 (플랫폼화합물로서 에탄올, 젖산, 숙신산, 글리세롤 등)
- 바이오화학제품: 바이오플라스틱, 범용화학제품, 정밀화학제품, 특용화학제품 등
- 바이오연료: 바이오에탄올, 바이오디젤, 바이오부탄올, BTL-디젤 등

바이오에너지는 바이오매스를 연료로 하여 얻어지는 에너지로 일반적으로 바이오매스라 하면 식물이나 미생물 등을 에너지원으로 이용하는 생물체로서 태양에너지를 이용한 광합성 과정을 통하여 모든 식물과 미생물이 생성되며 이를 먹고 동물체가 만들어지며 이와 같은 자연계 순환의 전 과정에서 생성된 유기성 생물체를 통틀어 바이오매스라고 정의한다.

바이오매스란 광합성에 의하여 생성되는 다양한 조류 및 식물 자원, 즉 나무, 풀, 농작물의 가지, 잎, 뿌리, 열매 등을 일컫는다. 하지만 근래에는 이보다 광범위한 의미로 모든 산업 활동에서 발생하는 유기성 폐자원, 예를 들면 톱밥, 볏짚 등과 같은 농·임업 부산물, 하수 슬러지(sludge)를 포함하는 각종 유기성 산업 슬러지, 음식 및 농수산 시장에서 발생하는 쓰레기, 축산 분뇨 등을 모두 바이오매스 자원이라고 한다.

바이오매스 자원인 농작물과 산림은 공기 중 이산화탄소와 태양 에너지를 이용하여 식량을 생산하면서 산소를 발생하는 이로운 자원이지만, 이외에도 축산 분뇨, 산업 슬러지 등은 토양과 하천 오염의 주원인으로 골치 아픈 바이오매스 자원이기도 하다.

생물체를 열분해시키거나 발효시켜 메테인·에탄올·수소와 같은 연료, 즉 바이오매스 에너지를 채취하는 방법이 연구되고 있다. 브라질은 사탕수수와 카사바(만조카)에서 알코올을 채취하여 자동차연료로 쓰고 있고, 미국은 케르프라는 거대한 다시마를 바다에서 재배하여 거기서 메테인을 만드는 연구를 하였다. 이처럼 지방의 특색을 살릴 수 있기 때문에 로컬에너지에 속한다고 본다.

바이오매스는 지구상의 생물권에는 동식물의 유체를 미생물이 분해하여 무기물로 환원시킨다는 물질 순환 사이클이 있는데, 이 미생물(분해자)을 대신하여 인간이 이것을 에너지나 유기 원료로 이용하자는 것이다.

마른 잎이나 짚으로 밥을 짓거나 장작불로 증기 기관차나 자동차를 굴리고 횃불로 어둠을 밝히는 것

등은 바이오매스의 직접적인 이용이며, 목재를 구워 숯을 만들고 미생물을 사용하여 알코올을 만들거나 메탄가스를 발생시키고 풀이나 짚을 썩혀 퇴비를 만드는 일 등은 바이오매스의 변환 이용이다.

현재는 이러한 바이오매스 자원의 양면성을 경험하면서, 궁극적으로 생활에 이롭고 환경 피해를 최소화하는 방향으로 바이오매스 자원을 활용할 수 있는 바이오매스 자원의 에너지화를 꾀하고 있다.

현재 지구상에는 건량으로 약 1.8~2조 톤의 바이오매스가 존재하며, 약 10%에 해당하는 2,000억 톤의 바이오매스가 광합성에 의해 임산물과 농산물 형태로 매년 생성되고 있다.

즉, 지구상에서 받는 태양 에너지의 약 0.1%가 바이오매스로 축적되고 있는 것이다. 생성된 바이오매스의 에너지 환산량은 약 7.2×10^{10} Toe(ton of energy equivalent)로 연간 약 76억 Toe, 화석 연료 소비량의 약 10배에 해당한다.

현재의 기술로 수집 가능한 폐기물 바이오매스를 에너지로 이용한다면 농업 부산물에서 약 8억 Toe, 임산 폐기물에서 약 5.5억 Toe, 그리고 축산 폐기물에서 약 8.5억 toe, 도합 약 22억 Toe의 바이오에너지 개발이 가능하여 전 세계 연간 에너지 소비의 약 30% 가량을 충당할 수 있다.

하지만 이와 같이 전량의 바이오매스 자원을 에너지화하기 위해서는 폐기물의 수집과 바이오매스 작물의 재배와 함께 바이오매스를 에너지로 변환할 수 있는 다양한 기술의 확보가 불가피한 상황이다.

현재의 에너지원으로 큰 비중을 차지하는 석유는 머지않은 장래에 고갈될 것으로 예상되고 있으며, 1978년 말부터 시작된 제2차 석유 파동을 계기로 세계 각국에서는 바이오매스 이용에 관한 연구가 활발해졌다.

바이오매스를 에너지원으로 이용하면 에너지를 저장할 수 있고, 재생이 가능하며, 지구 어느 곳에서나 얻을 수 있고, 적은 자본으로도 개발이 가능하며, 환경적으로 안전하다. 그러나 바이오매스를 얻기 위해서는 넓은 면적의 토지가 필요하며, 자원량의 지역적 차이가 큰 것이 단점이다.

바이오매스 이용에 특히 관심이 깊은 나라는 동남아시아, 아프리카 등지의 비산유 개발도상국들로, 석유를 구입할 외화가 부족하기 때문에 바이오매스를 이용한 에너지 개발이 주요 당면 과제로 되어 있는 곳들이다.

우리나라도 국민 경제 발전과 적극적 산림 보호 정책에 따라 상당량의 바이오매스 자원이 축적되고 있으나, 경제 규모의 확대에 따른 각종 유기성 폐기물이 증가하여 바이오매스 자원의 처리가 문제시되는 상황이다.

바이오매스는 사람이 식량으로 사용할 수 있는 당질계, 전분질(녹말)계 바이오매스(예: 사탕수수, 고구마, 옥수수, 콩 등)와 식량으로 사용할 수 없는 섬유소계 바이오매스(나무, 볏짚, 기타 농·임산 폐기물 등)로 구분된다.

섬유소계 바이오매스는 지구상에서 가장 많이 생산되고 순환이 가능한 신재생자원이나 아직까지 땔감, 목재, 건축재, 종이, 펄프 등으로 국한되어 있어 그 활용도가 극히 낮은 상태이다.

섬유소계 바이오매스는 리그닌 15-25%, 셀룰로오스 38-50%, 헤미셀룰로오스 23-32% 등으로 이루어진 리그닌 및 탄수화물 복합체로, 임목, 각종 농산물의 부산물 및 폐기물이 포함되며 국내에서도 농·임산업 폐기물 발생량이 증가하고 있어 이에 대한 처리 및 활용 문제가 대두되고 있다. 섬유소계 바이오매스로부터 바이오 알코올의 생산을 위한 공정은 다음과 같이 구성된다.

❶ **전처리 공정(pre-treatment)**: 셀룰로오스를 원료로 하여 여러 가지 화합물을 생산하기 위해서는 셀룰로오스를 구성하고 있는 탄수화물을 발효성 당으로 전환하는 과정이 필요함. 발효 가능한 당을 생산하기 위해 바이오매스를 물리적, 화학적, 생물학적으로 처리하는 과정이 전처리 공정임
- 물리·화학적 전처리 방법은 증기 폭쇄(steam explosion), 암모니아 폭쇄(AFEX), 산·염기 처리 등이 있으며, 폭쇄는 고온의 증기나 암모니아로 셀룰로오스를 쪄서 셀룰로오스의 구조가 열리도록 유도하여 효소의 접근이 용이하게 하는 방법임
- 생물학적 전처리 방법은 주로 실험실 규모의 연구가 진행 중이며, 셀룰로오스를 부패시키는 곰팡이를 이용하여 전처리하는 방법임. 최근에는 유전자 조작을 통해 생물 촉매로의 개발이 진행 중임

❷ **당화 공정(saccharification)**: 효소를 사용하여 바이오매스를 전처리한 후 얻어진 탄수화물 중합체를 발효가 능한 당으로 전환하는 공정으로, 효소당화 공정을 통해 얻어진 당은 에탄올, 부탄올 등의 액체 연료 및 바이오폴리머의 모노머인 유기산으로의 전환이 가능함
- 1990년대 후반 이후로 Applied Molecular Evolution, Biomethodes, Codexis, Danisco, DSM, Novozymes, Verenium(이전 Diversa) 등이 분자진화기술의 상업적용을 주도하고 있음

❸ **발효 공정(fermentation)**: 효율적인 전처리와 당화 공정을 거쳐 당화액을 생산하면, 에탄올 발효 공정에 적용이 가능하며, 기타 부탄올 및 유기산 전환도 가능함
- 발효를 거쳐서 생산되는 여러 가지 유기산(예: Lactic Acid, Butyric Acid, Succinic Acid, 3-Hydroxy Propionic Acid, Itaconic Acid, Glutamic Acid)들은 미생물의 대사과정에서 중간 산물이나 주요 부산물로 생산되며, 다양한 화학제품의 기반물질로 변환이 가능함

이러한 바이오알코올의 성공적인 생산과 섬유소계 바이오매스의 효과적인 활용을 위해서는 바이오알코올 생산의 경제성이 확보되어야 한다. 현재 공정에서는 발효성 당을 얻는 공정 중 원료작물과 섬유소 분해효소의 생산에 가장 많은 비용이 소요된다. 특히 대량 및 저비용의 수송용 에탄올 생산을 위해서는 이러한 고비용의 발효성 당을 얻는 공정이 획기적으로 개선되어야 바이오연료의 실용화가 가능하므로, 생물공학기술을 이용한 신기술 개발이 요구되고 있다.

바이오연료 분야의 R&D를 선도하고 미국 에너지부에서도 이러한 상황을 고려하여 바이오에너지 작물을 통한 슈가 플랫폼(sugar platform) 개념의 연구 사업을 에너지부(DOE: Department of Energy) 산하 NREL(Natural Resource Ecology Laboratory)을 중심으로 2002년부터 연간 3,000만 달러의 연구비를 투입하여 실용화를 목표로 추진 중에 있다.

국내에서도 슈가 플랫폼 사업이 추진되어 저비용의 발효성 당을 생산할 수 있게 되면 이미 세계 일류 수준의 발효기술을 보유한 국내 기술에 의해 수송용 알코올을 비롯해 여러 가지 다양한 바이오 소재 생산기술의 실용화가 앞당겨질 수 있을 것으로 전망된다.

목질계 바이오매스의 경우를 예를 들어 보면, 수송용 연료로서 국내외적으로 목질 바이오매스가 요구되는 배경과 목질계 바이오연료에 대한 기술개발 조사로부터 얻은 결론으로는 목질 바이오매스로부터 생산되는 수송용 바이오연료는 현재 미국 등지에서 상용화되고 있는 곡물(옥수수)에탄올에 비해 지속가능한 원료공급이 가능하고, 온실감소효과가 크며, 농·산촌의 지역경제 발전 등 유리한 점이 많아 제2세대 수송용 연료로의 가능성이 매우 큰 것으로 고찰된다는 보고가 있다.

미국, EU 및 일본 등은 자국의 국가 에너지 안보를 위해 국산원료를 사용한 에너지 국산화와 온실가스 감축의 도구로 바이오에탄올 사용을 늘이고 있고, 공격적인 시장개발에 나서고 있으며, 주요 선진국의 이러한 움직임은 전세계 에너지 시장에 크게 영향을 미칠 것으로 예상된다.

또한, 수송용 바이오연료의 주류는 식량원료 기반인 1세대 바이오연료와 비식량 원료기반인 2세대 바이오연료로 분류되는데 장기적으로 비식량 원료인 목질계 바이오매스가 주요 연료가 될 것으로 전망될 뿐 아니라, 목질계 수송용 연료에 대한 국내외 기술개발로드맵을 분석한 결과 미국과 일본은 바이오에탄올에, EU는 바이오에탄올과 BTL의 기술개발에 비중을 두는 것으로 분석되고 있다.

〈표 4-13〉 바이오에탄올 기업 사례

구 분	주요내용
Bluefive(미국)	강산을 이용하여 섬유소계 바이오매스를 전처리/당화하여 150 KL/day의 바이오에탄올 생산 설비를 확보
Iogen(캐나다)	약산 공정을 이용하여 섬유소계 바이오매스를 전처리하고, 효소당화 고정을 거쳐 40 ton/day 규모의 바이오에탄올 생산 설비를 확보
POET(미국)	옥수수 속을 이용하여 20,000 gal/yr의 pilot 생산 설비를 확보
DuPont(미국)	암모니아 침지법을 사용한 전처리 공정을 확보
DOE & USDA(미국)	바이오매스 R&D 7대 Board Action Area를 지정하여 다양한 공정 기술을 적용
NREL 연구소(미국)	산, 염기 용매를 적용한 pilot 규모의 전처리 설비를 확보하여 각 기술별 경제성 평가 완료
Novozymes & Genencor International	상용화 효소를 확보하고 대량 생산이 가능
NEDO & Mitsubish (일본)	열수 처리 공정을 도입하여 목질계 및 섬유소계 바이오매스의 전처리/당화 기술 확보
석화 및 각 지자체 (중국)	• 옥수수대를 포함한 섬유소계 바이오매스의 열수 및 산 처리 공정을 이용한 전처리/당화 기술 확보 • 100 ton/day 규모의 바이오에탄올 생산 설비 확보
EU	독일을 중심으로 목질계 바이오매스를 열분해 공정을 이용한 당화 및 발효 기술 확보하고 pilot규모의 바이오에탄올 생산 수행

한편 국내에서는 목질계 바이오에탄올과 BTL(Biomass To Liquid), 부탄올 등에 대한 중장기적 기술개발 계획이 수립되어 있어 곡물보다는 목질계 원료에 대한 기대가 큰 것으로 분석된다고 한다.

이러한 수송용 바이오연료로서 목질바이오매스가 요구되는 배경으로는, 원료공급의 우월성과 지속가능성, 옥수수유래 에탄올과 비교되는 온실가스 저감효과, 농산촌 지역경제 활성화에 기여, 국가 에너지 안보 (국내에너지소비의 약 96.4%(2005년 기준)를 수입에 의존) 등으로 사료된다.

바이오연료 사용에 대한 국내외적 보급 환경 변화를 살펴보면, 우리나라 정부에서 발표한 '신재생에너지 RD&D전략 2030' 에서 추진하는 세제 및 인프라 등의 제반 여건만 갖추어진다면 에탄올 상업화는 시간문제라고 예상된다. 또한, 최근 국내기업들은 해외자원 개발 및 해외 농장 플랜테이션을 통해 에탄올 원료 작물 확보에 투자하고 있으며 일부 RD&D를 통해 국산기술경쟁력 확보 등에 노력을 경주하고 있고 비식량 원료인 목질바이오매스 에탄올에 대한 보급도 크게 늘어날 것으로 예측(산업자원부, 2005, 2007) 하고 있다.

미국의 경우 에너지 독립과 안보를 확보하기 위해 2007년 미국 의회는 'The Energy Independence and Security Act(EISA)' 를 발효시켜 '20 in 10' (10년 이내에 휘발유 소비 20%를 감소)정책을 수립하였으며, 이를 달성하기 위해 2022년까지 바이오연료 360억 갤런 사용 목표를 수립하였다.

또한, 목질계 에탄올 상용화 기술 및 기반 완성 단계는 목질계 에탄올 생산기술이 실증단계에 있는데, 이들의 가격 경쟁력은 2012년에는 옥수수기반의 에탄올 가격과 동등한 수준으로 낮추는 것이 가능하였으며, 그 시장 수용성(market acceptance)을 보면, 옥수수기반의 에탄올이 자동차연료로서 품질을 갖추고 넓은 시장을 이미 확보한 상태이다. 한편 바이오부탄올, Fischer-Tropsch 합성연료(BTL)와 같은 바이오연료들은 가격의 효율성, 연료로서의 품질 면에서 연구의 초기 단계임으로 상용화에는 많은 시간과 노력이 필요할 것으로 보고되고 있다.

EU는 2006년 'Biofuel Vision for 2030' 비전을 수립하고 유럽의 수송용 연료의 25%를 온실가스 저감 효과가 큰 바이오연료로 대체하겠다는 목표를 설정하고 다양한 R&D 수행하고 있으며, EU의 수송용 바이오연료 보급 목표는 2003년을 기준으로 2010년까지 18배나 증가하였다.

일본의 경우는 지난 2002년 말 'Biomass Japan 전략' 을 정부정책으로 채택하면서 바이오연료 기술개발을 적극 추진하였으며, 2006년 3월 개정 발표된 '2차 Biomass Japan 전략' 에서 지구온난화 방지대책의 일환으로 수송용 바이오연료 생산을 2010년까지 50만kℓ/년, 2030년까지 600만kℓ로 확대할 방침을 수립하였다(METI, 2007).

일본 정부는 최근 곡물을 이용하지 않는 일본형 바이오에탄올을 생산할 계획을 발표하고, 볏짚이나 폐목재를 효과적으로 이용한 기술 개발과 휴경지를 활용한 비곡물 연료용 작물을 생산함으로써 식량안보에 영향을 주지 않는 정책으로 전환하였다.

2030년까지 목표로 한 바이오에탄올 600만$k\ell$ 중 볏짚과 밀짚에서 180만~200만$k\ell$, 폐목재와 휴경지 작물재배 목질바이오매스에서 200~220만$k\ell$를 생산할 계획을 밝히고, 일본 농수산성은 2008년 6월 이후 볏짚을 효율적으로 이용하는 시스템 등을 시험하였다.

일본 에너지산업성 보고에 의하면 볏짚과 폐재로부터 생산되는 바이오에탄올 목표(시판)가격은 2015년까지 100엔/ℓ, 2020년까지 40엔/ℓ이고, 산림에서 생산되는 목질바이오매스로부터 생산되는 에탄올의 경우에는 2020년까지 100엔/ℓ을 목표로 하고 있다.

목질계 바이오에탄올에 대한 국내외 기술 개발 로드맵을 살펴보면, '신재생에너지 RD&D 전략 2030' 에서 발표한 목질계 바이오매스를 이용한 수송용 바이오연료에 대한 기술개발 추진계획은 바이오에탄올, 바이오부탄올, BTL의 연료 형태로 분류되어 수립되어 있다(산업자원부, 2007).

미국은 바이오에탄올 생산기술개발과 관련된 모든 미국의 R&D는 'Energy Policy Act of 2005' 와 'Biomass R&D Act of 2000' 에 의해 고안, 지시된 'Biomass Research and Development Initiative(BRDI)' 에 근거하여 실행되고 있다. 미국의 수송용 바이오연료 기술개발은 목질바이오매스를 이용한 바이오에탄올 생산에 중점을 두고 추진하고 있는 실정이다.

개발공정의 핵심기술은 효소 생산단가의 저감과 효율적인 당화를 위한 전처리 기술을 개발하고자, 구체적인 R&D목표는 2012년까지 가격 경쟁력 있는 목질계 바이오에탄올을 생산하고, 2015년까지는 미국 수송용 연료로 목질계 바이오에탄올을 30억(*gal/yr*), 2022년까지는 160억(*gal/yr*) 생산이 목표이다.

2030년까지는 미국 휘발유 사용(2004년 기준)의 30%를 바이오연료로 대체하고, 지난 2012년까지 $1.33/gal, 2017년까지 $1.20/gal으로 낮추어 옥수수에탄올가격과 동등한 수준의 생산비용을 목표로 하고 있다.

EU는 2010년까지는 1세대 바이오연료 생산 기술, 2020년까지 2세대 바이오연료 생산기술을 개발하고 2020이후에는 바이오연료 생산 공정의 경제성 향상을 위해 통합 화학공정 기술, 즉 바이오 리파이너리를 개발한다는 로드맵을 제시하고 있다.

2020년 BTL과 목질계 에탄올 생산 비용은 2010년에 비해 각각 10~20% 및 15~30% 정도 낮아질 수 있을 것으로 예측하고 있었으며, 수요증가에 대체하기 위해서는 목질계 에탄올만으로는 어렵다고 판단하고 제2세대 연료로 목질바이오매스나 농산 폐기물과 같은 원료를 열분해하여 가스화한 후 바이오 오일로부터 생산해내는 BTL디젤 보급을 증가시킬 것으로 보인다.

특히, 제2세대의 바이오연료의 경제성을 높이기 위해 장기적으로 바이오리파이너리 개념의 기술개발 도입을 도모하고, 이 같은 개념의 기술개발은 아직 연구개발 중으로 2040년 정도에나 가능할 것으로 예상되고 있다.

EU는 목질계 바이오에탄올을 중심으로 추진 중인 미국과 달리 목질계 바이오매스를 열분해하여 대체연료인 BTL디젤이나 다른 바이오제품을 생산하는 기술 개발에 대해 많은 연구를 하고 있다.

일본에서 현재 수행중인 바이오연료 R&D과제는 에탄올 관련과제가 23개로 바이오디젤(9개)에 비해 많은 기술개발비가 투자되고 있고, 볏짚을 효율적으로 모으거나 산에서 나무를 쉽게 생산/운반하는 기계를 개발하고, 볏짚이나 폐목재 등에서 대량으로 에탄올을 제조하는 기술과 연료를 대량생산할 수 있는 작물 개발 등을 목표로 하고 있다.

특히 폐목재로부터 바이오에탄올 생산하는 기술개발을 위해 해외에서 개발된 목질계 에탄올 생산 공정의 상용화 방안을 검토하기 위한 실증 연구를 지원하고, 대상원료를 다양한 목질계 폐기물로 확대하여 여러 지역에서 발생하는 폐기물을 사용하여 에탄올을 생산하는 실증 연구를 통해 비즈니스 모델 개발을 추진하고 있다.

일본은 2010년~2030년까지는 에탄올수요가 상당히 증가하는데 비해 목질바이오매스의 에탄올 전환기술이 미비할 것으로 예측하고 목질계 에탄올 생산에서 가격경쟁력을 가질 수 있는 기술개발을 위해 기초연구 지원에 주력한다는 전략이다.

이러한 목질바이오매스를 이용한 수송용 바이오연료의 개발동향은 다음과 같이 요약할 수 있다. 첫째, 목질계 바이오에탄올은 그 원료로 밀짚, Corn Stover 등 농산 폐기물 및 목재 등이 있는데, 이들은 목질계 바이오매스 에탄올 발효에 앞서 산 또는 효소를 촉매로 한 당화 공정이 선행되어야 한다. 발효 및 정제공정은 이미 상용화된 바이오에탄올 생산 공정과 동일하며, 목질계 바이오매스로부터 바이오에탄올을 생산하는 기술은 현재 기술개발 단계에 있다.

둘째, 바이오부탄올은 에탄올에 비해 연료 물성(높은 에너지함량, 낮은 부식성, 낮은 증기압 등)이 우수하여 차량연료로서 장점이 많은 것으로 평가되고 있으며, 부탄올의 생산에 사용되는 촉매는 에탄올과 다르며 발효 특성도 달라 다른 공정 방식의 적용이 필요하다.

셋째, Fischer-Tropsch 합성연료(BTL)는 기존의 바이오디젤은 식물성 기름만을 원료로 사용하는데 비해 BTL은 모든 종류의 바이오매스를 원료로 사용하므로 원료 제한이 없다는 장점이 있다. 특히, BTL은 목질계 바이오매스를 열분해하여 합성가스로 전환한 후 가스정제 및 Fischer Tropsch 합성에 의해 생산되기 때문이다.

이러한 기술은 연구단계이지만 이미 상용화된 석탄 가스화에 의한 액상 연료 생산 기술(CTL)의 연장선상에 있어 기술개발이 단축될 수 있는 이점이 있고, BTL디젤유는 경유에 비해 황과 방향족 성분이 없고 세탄가가 높아 연료로서 물성이 우수하다.

또한, 현재 차량에 장착된 디젤 엔진에 대해 완벽한 호환성을 가질 수는 있으나, BTL기술은 매우 복잡한 엔지니어링 프로젝트이어서 상용화에는 많은 기술적 문제들이 해결되어야 할 것이다.

바이오매스(biomass)란 원래 생태학 용어로서 특정시점에 어느 공간에 존재하는 '생물량' 또는 '생체량'을 물질의 양으로, 통상 질량이나 에너지량으로 표시한다. 태양에너지를 받은 식물과 미생물의 광합성에 의해 생성되는 식물체 및 균체와, 이를 먹고 살아가는 동물체를 포함하는 생물 유기체의 유기물량이다. 생태학적 의미에서는 나무의 줄기, 뿌리, 잎 등이 대표적인 바이오매스이며, 죽은 유기물인 유기계 폐기물(목질폐재, 가축의 분뇨 등)은 바이오매스가 아니라고 할 수 있으나 산업계에서는 유기계 폐기물도 바이오매스에 포함시키는 것이 보통이다.

바이오매스를 '재생가능한(regenerable) 생물 유래의 유기성자원으로서 화석연료를 제외한 것'으로 정의하며, 바이오매스가 될 수 있는 자원으로는 곡물, 감자류를 포함한 전분질계의 자원과, 초본, 임목과 볏짚, 왕겨와 같은 농수산물을 포함하는 셀룰로오스 (섬유소)계의 자원, 사탕수수, 사탕무와 같은 당질계의 자원, 가축의 분뇨, 사체와 미생물의 균체를 포함하는 단백질계의 자원, 이들 자원에서 파생되는 종이, 음식 찌꺼기 등의 유기성 폐기물도 포함된다.

바이오매스 자원은 적절한 관리만 이루어지면 고갈되지 않고 영구히 사용할 수 있는 재생가능한 에너지로, 광역 분산형의 자원이어서 지역 에너지원으로서 주목받고 있으며, 에너지원으로서 바이오매스의 장점은 에너지를 저장할 수 있다는 점, 재생이 가능하다는 점, 물과 온도 조건만 맞으면 지구상 어느 곳에서나 얻을 수 있다는 점, 최소의 자본으로 이용 기술의 개발이 가능하다는 점, 그리고 석유, 석탄, 원자력의 이용 등과 비교할 때 환경적으로 안전하다는 점 등으로 볼 수 있다.

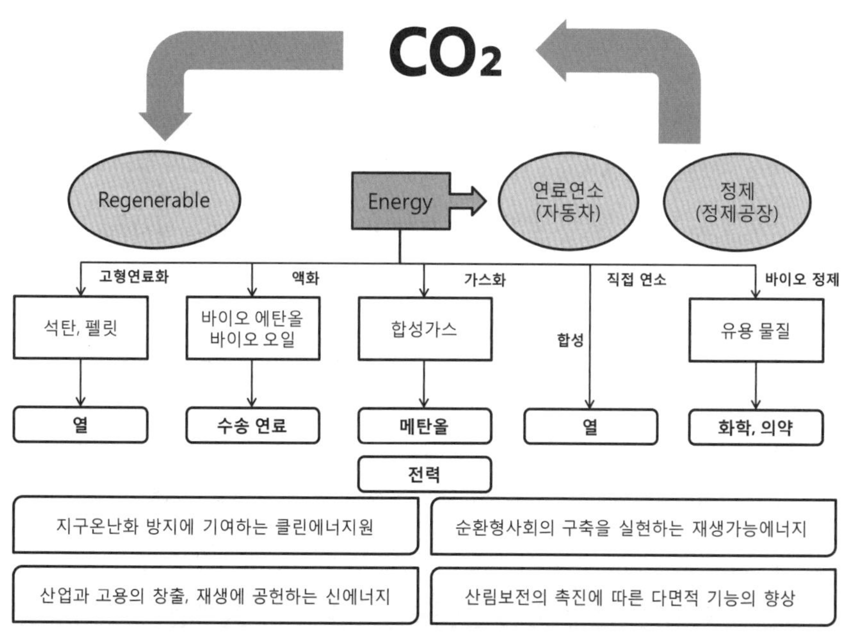

〈그림 4-17〉 목질 바이오매스 활용과 의의

바이오매스는 유기물이기 때문에 연소시키면 이산화탄소를 배출시키나 바이오매스에 함유된 탄소는 성장과정에서 광합성에 의해 흡수한 이산화탄소에 유래되며, 바이오매스를 사용하여도 전체적으로 보면 대기 중의 이산화탄소를 증가시키지 않는 이러한 특성을 탄소중립(carbon neutral)이라 한다.

목질 바이오매스는 이산화탄소와 태양에너지를 이용한 광합성 과정을 통하여 목질 자원으로 저장하는 효과적인 에너지 보관시스템으로 될 수 있으며, 광합성 과정에서 이산화탄소를 사용하기 때문에 지구 온난화의 가장 큰 원인인 이산화탄소 배출에 대해서 자유로운 에너지원이다.

지구 전체의 바이오매스의 양은 열대다우림이 전체 바이오매스 중 41.6%를 차지하여 가장 많고 열대계절림, 북방침엽수림, 온대낙엽수림의 순이며, 점유 면적이 지구의 10% 안팎에 불과한 산림이 전체 바이오매스 중 90% 이상을 차지하고 있다.

동남아시아와 남아메리카 등지의 대규모적인 산림 벌채나 개발 등으로 지구상의 바이오매스는 해마다 달라지고 있으며, 산림에 대한 적절한 개발과 이용은 목질 바이오매스의 가치와 활용도는 상승하며, 1980년대 후반부터 원유가격이 안정되어 브라질을 제외하고는 결실을 맺지 못하였으나 2000년대 초반부터 다시 석유가격이 급등하면서 다양한 연구들이 재시도되고 있는 실정이다.

연료나 화학원료의 생산 기술은 석유 자원을 이용한 화학적 합성 공정에 의존하는데, 이로 인한 환경 및 자원 고갈 등의 문제가 대두되고 있으며, 공해 유발형 및 에너지 과소비형 화학원료 생산 공정을, 재생 가능한 자원인 바이오매스를 이용한 생물공학 공정으로 대체하여, 탈공해 · 저공해의 청정 생물공학 기술(green-biotechnology)을 개발하려는 연구가 활발히 진행되고 있다.

사탕수수나 옥수수의 전분계 탄수화물을 효소 가수분해 후 발효시켜서 에탄올을 생산하여 가솔린을 대체하는 연구들이 성공하여 브라질과 미국 내에서 생산하고 있으며, 전분계 탄수화물은 대부분 식량자원이기 때문에 식량자원으로서의 가치와의 경합이라는 피할 수 없는 논쟁이 되고 있다.

목질 바이오매스는 이산화탄소 배출 감소와 연관되어 지구온난화 방지에 기여하는 클린에너지, 순환형사회의 구축을 실현하는 재생에너지, 산업과 고용의 창출·재생에 공헌하는 신규에너지, 산림보전의 촉진에 따른 다면적 기능의 향상이라는 의의를 보유하고 있다.

목질계 바이오매스는 열화학적 변환 기술에 의해 가스화되어, 수소와 일산화탄소로 구성된 합성가스(syngas) 혹은 바이오합성가스(biosyngas)로 불리는 혼합가스를 생성되고, 가스화 시스템은 바이오매스를 가스(수소, 일산화탄소, 메탄의 혼합)로 전환시키기 위해 고온을 사용한다.

고형 연료인 숯(목탄)도 열화학적 변환 기술에 의해 얻어지지만, 합성가스 생산을 위한 열분해 과정보다는 낮은 온도에서 변환되며, 합성가스는 촉매를 이용한 화학반응(Fischer-Tropsch 반응)을 거치면 액상의 탄화수소로 변환되는데, 이를 BTL(biomass to liquid)이라 일컬으며 디젤엔진 등에 사용할 수 있는 연료로서의 가능성 때문에 주목의 대상이 되고 있다.

유기성 폐기물(음식 쓰레기, 분뇨, 동물체, 목질 폐잔재 등)로부터는 미생물에 의한 발효를 통해 메탄과 같은 바이오가스(biogas)를 얻을 수 있으며, 이는 전기 발전이나 산업공정 과정에서 증기를 만드는 보일러의 연소용 연료 또는 가정의 조리용 연료로 사용될 수 있다.

생물체의 광합성 작용을 이용하여 직접 바이오연료를 만들 수도 있는데, 이는 광생물학적 변환 기술이다. 예를 들어 박테리아와 녹조류의 광합성은 물과 햇빛으로부터 수소를 생산하는데 이때 얻어진 수소를 '바이오수소' 라고 한다.

목질계 바이오매스의 열화학적인 변환을 통해 얻어진 합성가스로부터 분리된 수소 역시 바이오가스로 불리는데, 이러한 바이오수소는 연료전지 등에 사용되는 수소에너지로의 활용이 기대되고 있다. 목질계 바이오에너지가 지구의 미래와 환경을 전적으로 책임진다고는 할 수 없으나, 지구 환경의 개선에 이바지 할 것이다.

최근의 국제적인 경제 동향을 보면 목질계 바이오에너지 분야는 그야말로 '맑음' 이라고 할 수 있고, 미국의 골드만삭스사는 2005년도에 캐나다의 아이오젠사에 3,000만 달러의 투자를 감행하였다.

마이크로소프트사의 빌게이츠 회장도 2005년도에 퍼시픽 에탄올사에 8,400만 달러를 투자했으며, 미국의 부시대통령은 2006년 연두기자회견에서 2012년에 셀룰로오스에탄올을 생산하기 시작하여 2030년에는 사용비율을 30%까지 끌어 올리겠다고 발표하였다. 또한, 유럽 각국도 바이오연료 관련의 연구개발 예산을 점차 늘려가는 동시에 보급 확산을 위한 법률적, 사회적 기반을 다지고 있는 실정이다.

이는 차세대 청정에너지 생산을 위한 혁신적 시스템을 창조할 수 있으며, 환경 및 에너지 문제 해소와 이용되지 않은 모든 종류의 바이오매스 자원의 효과적 활용, 식량 공급이나 삼림 파괴 등에 저촉되지 않는 차세대 청정에너지 생산의 효과를 볼 수 있을 것으로 전망하고 있다.

BTL은 액체 형태로서 기존의 인프라 구조를 통해 쉽게 저장되고 운송되며 따라서 필요한 시간과 장소에서 사용 가능한 높은 유연성이 있으며, Micro Energy의 기존 바이오매스 동력 생산시스템을 변경하여 전기와 열을 함께 생산할 수 있기 때문이다.

바이오디젤이나 바이오에탄올과는 달리 BTL은 식용 자원이 아니더라도 모든 가연성 물질로부터 생산 가능하며, 디젤보다 우월한 대체재로 BTL은 세탄가(cetane value)가 높아 디젤에 비해 점화 잠재력 및 폭발력이 크며, 또한 디젤에 비해 NOx 및 미립자 물질이 3분의 1 정도에 불과하며, 황이 없으므로 배기에 SOx가 배출되지 않는다.

〈표 4-14〉 BTL과 디젤의 비교

설 명		디 젤	BTL
최소 가열량	[MJ/kg]	43.5	43.5
공기-오일 비율	[kg/kg]	14.6	14.9
밀도	[kg/m^3]	802	763
세탄가		59.9	78.4
운동 점성(@30oC)	[mm^2/s]	2.20	4.44
HFRR	[m]	440	580
산소 함유량	[W%]	0	〈0.1
탄소 함유량	[W%]	87.5	84.9
수소 함유량	[W%]	12.5	15.1
황 함유량	[W%]	〈10	〈1

바이오매스를 다른 형태의 에너지로 변환시키는 방법은 직접연소, 열화학적 변환, 생화학적 변환 등으로 다양할 수 있다. 이러한 바이오매스는 생태학 분야에서 사용되던 용어로 생태계의 살아있는 유기체의 전체 질량을 뜻하기도 하고 인간도 바이오매스에 포함된다. 그러나 에너지원의 관점으로 보면 살아있거나 죽은 지 얼마 되지 않은 식물이나 음식물 쓰레기, 축산분뇨 등 다양한 유기물을 의미하는 단어이다.

〈표 4-15〉 BTL과 다른 대체연료와의 비교

설 명	바이오에탄올	바이오디젤	플라스틱오일	GTL	BTL
재료의 가용성	제한적	폭이 좁음	제한적	제한적	폭이넓음
식용과의 배치	심각함	심각함	없음	없음	없음
제품 품질	균일함	균일함	변함	균일함	균일함
연료 생산비용	높음	매우 높음	높음	높음	적정

지구에서 1년간 생산되는 바이오매스의 총량은 석유의 총 매장량과 비슷하다고 하고 바이오매스를 에너지원으로 활용하면 화석연료와 달리 새로운 이산화탄소를 만들어 내지 않는다는 장점이 있다. 이는 동시대 대기의 이산화탄소를 흡수한 식물을 다시 연소하여 이산화탄소가 생성되는 것과 수백만 년 전의 이산화탄소를 흡수했던 식물로 만들어진 화석연료를 오늘날 사용하여 대기에 이산화탄소를 추가하는 것의 차이라고 볼 수 있다.

바이오매스와 바이오연료(biofuel)라는 두 용어는 자주 혼용되어 사용되는데 두 단어는 범주의 차이가 있기 때문에 혼용되어 사용할 수 있더라도 구분하는 것이 좋다.

바이오매스는 가공되지 않은 에너지원으로 사용할 수 있는 유기체의 총량을 지칭하는 단어이고, 바이오연료는 바이오매스를 가공하여 사용하기 쉬운 형태로 만든 것을 의미하기 때문이다.

바이오매스를 활용하는 방법은 다양하다. 가장 일차원적인 활용으로는 예로부터 해온 것과 같이 태워 난방을 하거나 조리에 이용하는 것인데, 요즘도 시골에는 아궁이에 장작을 때고 온돌로 집을 난방하고 요리를 하며, 도시에서는 장작이나 숯으로 고기를 구워 먹는 등의 활용도 사실 바이오매스를 열로 활용하는 것이다. 또한, 바이오매스를 열병합발전(CHP)의 연료로 사용하여 전기를 생산하거나 난방에 사용하는 방법도 있는데, 지난 태양에너지와 지열에너지의 활용과 같이 열을 얻어내는 원료로 활용하는 것이다

가정용 등 소형 난방 시스템의 연료로 활용하는 방법으로 톱밥이나 나무 가공 중 생기는 부산물들을 목질계 펠릿(wood pellet)으로 만드는 예도 있으며, 열대지방은 팜(palm) 나무나 팜 열매껍질, 코코넛 열매껍질이나 가지 등도 활용한다.

나무와 비슷하게 풀 또한 펠릿 형태로 가공하여 연료로 사용하기도 하는데 이러한 펠릿 형태의 바이오매스 가공은 균일한 크기와 적은 물 함량 그리고 높은 밀도로 만들 수 있어 자동으로 제어하기 쉽고, 높은 연소 효율을 보인다.

바이오매스 중 사탕수수나 사탕무, 옥수수나 당밀을 미생물과 효소를 이용하여 발효시켜 에탄올을 만들 수 있는데 이를 바이오연료라고 한다. 바이오연료 중 에탄올은 전 세계적으로 860억 리터를 생산하며 그 중 미국이 230억 리터 정도를 생산하며, 브라질이 약 540억 리터를 생산하고 있다. 미국과 브라질이 전 세계 바이오에탄올 중 90%를 생산, 소비하고 있다.

바이오매스로 만든 바이오디젤은 화석연료로 생산된 디젤과 그 성분이 비슷하여 붙여진 이름인데, 바이오디젤은 유럽연합 국가들이 절반 가까이 생산하고 있고 전 세계적으로 약 150억에서 200억 리터 정도 생산되고 있으며, 주로 동식물성 기름과 폐기유로 바이오디젤을 만든다.

사탕수수나 옥수수를 대량 생산하기 위해서는 넓은 농지와 많은 물이 필요하며 보조금 없이는 화석연료와 가격 경쟁에서 밀린다는 사실이 있다. 또한, 식량으로 사용할 수 있는 자원이기 때문에 재생에너지로 활용하기보다 식량으로 활용해야 하는 것이 아니냐는 의문도 많이 제기되고 있다. 식량이냐 연료냐에 관하여 양측이 유효한 논쟁을 세계적으로 여전히 지속하고 있기 때문이다

이러한 논란이 되는 바이오연료를 1세대로 칭하며, 논란에서 상대적으로 자유롭기를 원하거나 자유로운 바이오연료를 2세대 바이오연료라고 한다. 2세대 바이오연료는 사탕수수나 옥수수 같은 식량자원이 아닌 지속가능한 공급이 가능한 바이오매스 자원을 이용하여 만든 연료를 의미한다.

따라서 식량 자원이 아닌 식물의 줄기나 잎이나 외피 등이나 수확하고 남은 부산물을 이용하거나 잡초와 같은 풀을 이용한다거나 산업용 부산물인 나뭇조각이나 펄프 등을 활용한다.

물론 2세대 바이오연료를 사용하는 것이 지속 가능한 재생에너지로서 적절할지 몰라도 만들어내는 과정이 어렵다는 단점이 있다. 2세대 바이오연료의 원료가 되는 바이오매스는 목질계(lignocellulosic) 바이오매스이다.

목질계 바이오매스에는 대부분 목질소(lignin), 헤미셀룰로오스(hemicellulose), 셀룰로오스(cellulose) 등의 복잡한 탄화수소로 이루어져 있어, 이를 효소와 증기 가열, 전처리를 통해 목질섬유에탄올(lignocellulosic ethanol)로 만들어 1세대 바이오연료와 같은 바이오에탄올을 만드는 복잡한 과정을 거쳐야 한다. 따라서 아직 연구 개발이 필요하며 상업화되어 가격 경쟁력을 가지기엔 갈 길이 먼 상황이지만, 이러한 바이오연료 이외에도 해조류(algal biofuel)나 자트로파(jatropha), 진균류(fungi) 등을 바이오매스로 활용하여 바이오연료를 만드는 연구도 진행되고 있다.

4.2.3 생태모사 제품

생태모방형 공학은 가혹한 환경에 적응하면서 끊임없이 다듬어져 온 최적화된 작품인 자연으로부터 영감을 얻어, 기술의 융합을 통해 이루어지는 원천기술을 지칭한다.

이러한 최적화된 생물체를 모사 또는 모방하여 공학적으로 개발하고 응용하려는 시도는 새로운 기능과 새로운 소자, 그리고 새로운 시스템을 개발하는데 획기적인 전기를 마련할 수 있는 방안으로 대두되었다.

자연모사기술(nature inspired technology)라고도 불리는 생태모사기술은 자연의 생태계와 자연현상 그리고 살아있는 생명체 등의 기본구조, 원리 및 메커니즘을 모사(mimetics)하여 공학적으로 응용하는 기술이기도 하다.

자연모사기술은 흔히 생체모방 혹은 생체모사(biomimetics, biomimicry)라는 용어로 일반적으로 알려진 개념보다 한 단계 진보하여 무생물까지도 포함한 자연으로부터 영감을 얻어 인간의 삶을 보다 편리하고 풍요롭게 만들어 주기 위한 청정융합기술이라고 할 수 있다.

생태모사기술은 공학만이 아닌 인문사회 과학적인 분야와 환경문제에도 연관이 있는 분야이며, 외부환경에 적응하여 공학적으로 활용하는 측면에서는 생체모방이나 자연모사라는 의미를 함축적으로 포함한다고 할 수 있다.

생체모방공학 분야의 석학인 영국 바스대학의 Julian Vincent 교수는 생물학과 공학적 기술사이의 중첩되는 부분이 10%에 지나지 않아 향후 기술적 난제 극복에 큰 해결방안을 제시해 줄 것으로 예측하고 있으며, 자연은 공학·기술적 생산물에 비해 현저히 적은 물질을 이용하여 소량의 에너지를 소비하면서도 효율적이고 다양한 구조를 만들 수 있는 고효율화된 최적의 시스템이라고 설명하고 있다.

그는 또한 생물과 공학사이의 연관관계를 〈그림 4-18〉과 같이 다섯 단계로 구분하여 정리하였는데, 자연에서 배운 기술은 단순히 자연의 모양을 따라하는 절대적 복제단계, 자연의 모양일부를 복제하는 일부 복제단계, 자연의 기능을 모방한 기능 복제단계, 복잡한 구조의 핵심을 응용한 유사성 축약단계, 그리고 인간을 대신할 수 있을 정도의 뛰어나 영감적 설계단계로 구분하였다.

이러한 생태모방형 공학을 적용한 생태모사 제품은 자연계에 존재하는 재료·공정·구조를 모방하여 에너지효율을 극대화시키거나 환경오염을 시키지 않도록 설계·제작·사용 되어지는 제품군을 의미한다. 생태모사기술이 적용될 수 있는 제품군들은 다양하지만 대표적으로 다음과 같이 설정할 수 있다.

- 생태모사 전기·전자제품
  - 초발유/내지문 표면
  - 눈부심이 없는 반사방지막
  - 환경감시 센서 플랫폼
- 에너지절감 수송기계부품
  - 항력저감 운송기기
- 생태모사 신소재제품
  - 의료용 습식접착제
  - 초경량복합구조 소재
  - 자기복구 소재

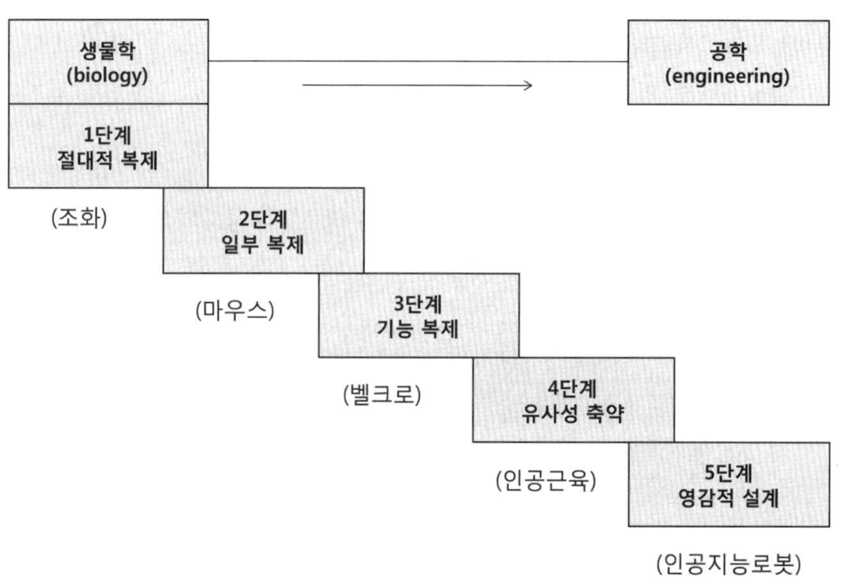

자료: 국가청정생산지원센터(2010), 청정생산기술에서 녹색기술까지 제3권 녹색제품

〈그림 4-18〉 생물학과 공학의 접근

생태모방 제품은 다양한 산업군을 형성할 수 있으며, 주로 현재의 제품기능에서 생태를 모사하여 그 기능을 획기적으로 발전시키면서 친환경기능을 갖도록 하는 가치사슬을 구성하고 있다.

다수의 화학제품회사들이 만들어 소수의 대기업에 납품하는 형태로 산업이 구성되어 있으며, 몇 개의 다국적 대표 회사들이 새로운 기능을 갖는 산업이 고부가가치 산업임을 인식하고 기술적 추이를 관심 있게 지켜보고 있다.

그러나 획기적으로 고유능력을 높이면서 친환경 성격을 갖는 제품을 위한 기술적인 난이도는 자연을 닮은 구조물을 제작하는 공정과 만들어진 구조물들의 신뢰성을 확보하는 것으로, 이 분야의 기술적 난이도가 상대적으로 매우 높기 때문에 산업계 확산에 어려움을 겪고 있다.

자연을 모사한 설계의 예는 〈표 4-16〉과 같이 다양하게 찾아 볼 수 있는데, 거북복을 모사한 벤츠 자동차는 65%의 낮은 공기저항계수를 갖는 개념으로 2005년도에 개발하였고, 거미와 문어의 형상을 지닌 Flynn Product Design에서 개발한 webcam이 있다.

또한 물감이나 염료의 사용 없이 생생한 색상을 구현하는 몰포 나비를 모사한 Molphotex 섬유, 독일 Lotusan에서 개발한 연잎 표면을 모사한 초발수 특성의 페인트, Festo의 쥐가오리 형상을 모사한 풍선 비행체(air-Ray), 2009년 독일 Festo사의 펭귄을 모사한 수중 로봇, 일본의 물총새 부리를 모사한 일본의 고속열차의 예를 볼 수 있다.

자연모사 기술의 예는 그 밖에도, Pax Technology의 백합꽃 구심나선 형상의 액체의 흐름과 섞임을 원활하게 하는데 착안하여 만든 믹서기, Lunocet사의 고래의 꼬리지느러미 형상의 Monofin, 그리고 Tubercle Technology사의 혹동 고래의 가슴 지느러미형상을 모사한 윈드터빈 블레이드 등 다양하게 찾아 볼 수 있다.

〈표 4-16〉 자연모사기술에 따른 대표적인 응용의 예

기술 분류	대표적 응용의 예
구조	벌집구조, 거미줄 Web, 게코 접착, 외란에 대한 동적/적응적 반응, 해바리기 씨, 곤충날개, 식물잎
재료	나무 섬유질 복합제, 조개껍질, 거미줄 단백질, 광크롬 유리, 자기치유/감지재료
기구	EAP, 형상기억 합금, 에어머슬, 곤충비행기구(와류 제어)
공정	세포 메커니즘(여과, 이온 전달), 사막여우 귀, 흰개미 집, 뼈, 광합성, 뿔 등의 성장(침착/광물화)
동작	인공지능개념, 전문가시스템, 의사결정, 패턴인식, 확고함, 신경회로망, 학습분류시스템, 개미군집기구(분산인공지능)
제어	동물로봇제어, 신경과학, 중심패턴발생기
감이지이기	생체모사 시각/청각/촉각시스템, 햅틱, 생화학신호측정기
통신	개미의 페로몬분비, 위장/반위장, 돌고래 간 의사소통
세대간모사	생태학, 리사이클링, 유전알고리즘/프로그래밍, 문화발전 메커니즘, 유전자공학/조작

자료: 국가청정생산지원센터(2010) ,청정생산기술에서 녹색기술까지 제3권 녹색제품

〈그림4-19, 그림 4-20〉에서 보듯이 이러한 자연모사기술 중에서 청정생산과 녹색기술에 가까운 기술 분야에 대한 예와 기술 로드맵을 정리하면 〈표 4-17〉과 같이 정리할 수 있다.

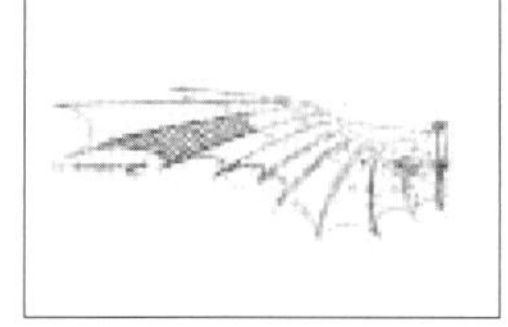

다빈치의 새 날개를 모사한 비행체 스케치

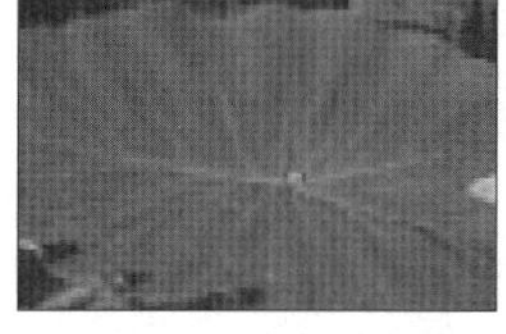
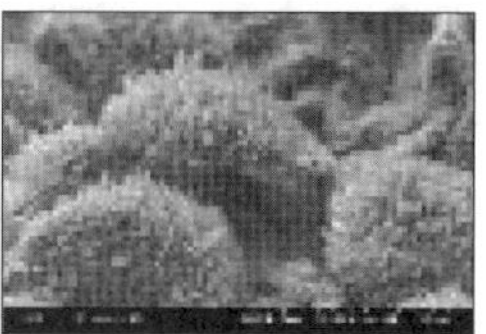

초발수성 토란잎과 표면의 미세돌기

영국 Essex대학에서 개발한 로봇 물고기

육각형 구조의 벌집과 벌집구조의 타이어

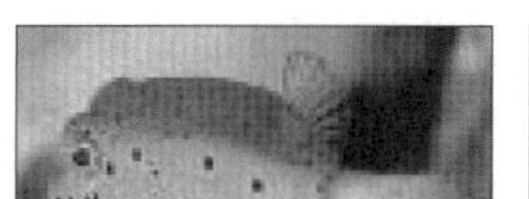

거북복과 형상을 모사한 벤츠 컨셉트카(2005)

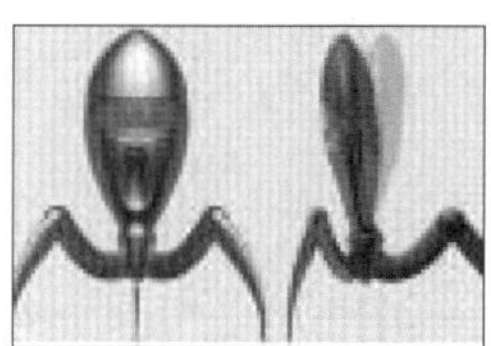

필립스사의 Webcam

자료: 국가청정생산지원센터(2010) ,청정생산기술에서 녹색기술까지 제3권 녹색제품

〈그림 4-19〉 자연모사기술의 예-1

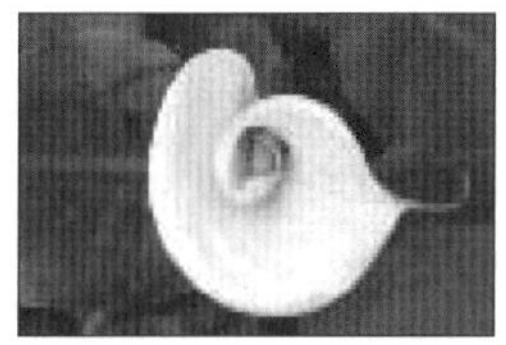

백합꽃 나선형상의 Mixer Spiral

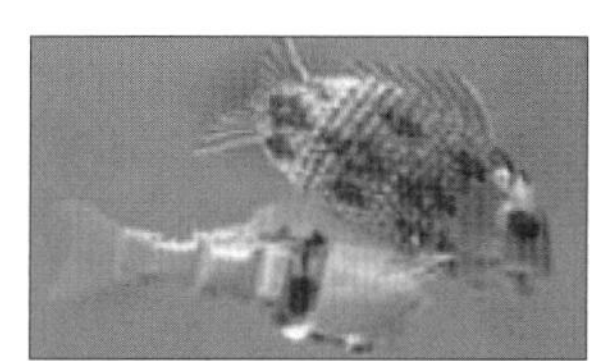

영국 에섹스 대학에서 개발한 바닷속 오염도를 측정하는 물고기 로봇

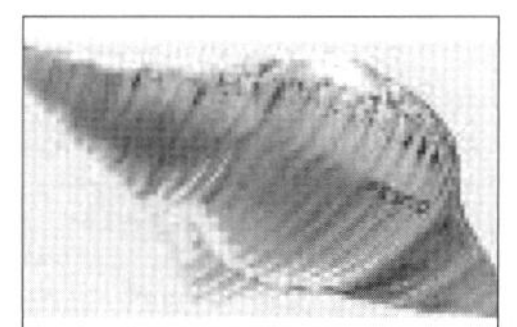

가오리와 미를 모사한 Festo의 비행체

물총새 부리의 형상을 모사한 일본의 고속열차

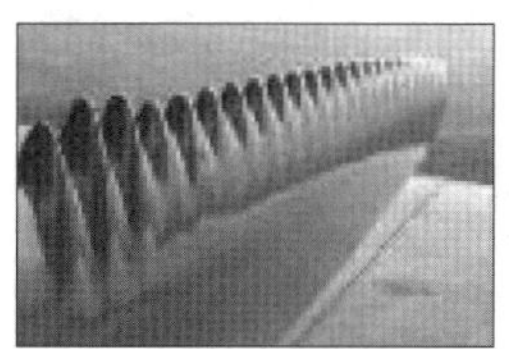

고래 꼬리지느러미를 모사한 Monofin

혹등고래 지느러미를 모사한 터빈블레이드

자료: 국가청정생산지원센터(2010) ,청정생산기술에서 녹색기술까지 제3권 녹색제품

〈그림 4-20〉 자연모사기술의 예-2

〈표 4-17〉 자연모사기술의 로드맵

구 분	주 요 내 용
Self-healing 폴리머/금속	동물의 뼈/식물의 줄기 등에서 self-healing 현상을 모방한 재료개발로서 피로파괴 등에 의한 구조물 붕괴를 예방기술
No VOCs 테이프/접착제	VOCs가 배출이 안되는 건식/습식 접착기구를 자연에서 모방하여 새로운 부착제를 개발하는 기술
Lotus 모사 자기세정 표면	연잎/토란잎 등에서의 자기세정 현상을 모방하여 건축물 또는 산업현장에서 청소가 필요없는 표면을 제작하는 기술
최소저항 유체표면	선박 등에서 가장 문제가 되는 유체저항을 최소화함으로써 운송비의 절약과 속도향상을 얻을 수 있는 기술
군사용 식수 수집 장치	극한 지역에서 작전을 수행하는 군인 또는 민간작업자에게 가장 필수적인 식수수집을 하는 사막딱정벌레 모사기술
지능형 복합재료 구조체	외부환경에 따라 변형하는 나무 등을 모방한 새로운 개념의 능동 구조물개발과 구조재료 측면에서 최적의 재료가 될 수 있는 연성/강성을 모두 갖춘 재료의 개발을 자연계에 존재하는 복합재로부터 아이디어를 얻을 수 있는 기술
Myosin/actin 모사 비회전형 구동장치	체내이동 가능한 nanobot이나 MAV(Micro Air Vehicle)과 같은 미세 기계들에 필요한 구종장치를 생체내 존재하는 비회전형 구동장치를 모방하여 개발하여 사용가능한 기술
곤충모사 MAV	군사정찰용이나 오지/극한환경에서의 산업적 작업시 필요한 소형이동 수단이 될 수 있는 기술
곤충/동물모사 보행로봇	고층건물/절벽 등에 활용 가능한 payload 운반용 로봇이나, 절벽이동 로봇, 재활 복지용 로봇 등의 개발에 활용가능
인공광합성	광합성을 모방하여 전기생산, 연료생산, 약물생산 등을 수행할 경우 폐기물이 전혀 없는 청정공정이 될 수 있는 기술
생체물질 제작공정 모사한 물질제작공정	생체물질을 모사할 경우 나노/마이크로/매크로까지의 구조제작이 자기조립을 이용한 새로운 개념의 제작공정이 가능할 것으로 예상되는 기술
Swarmbot (개미모사 단체로봇)	단일 개체만으로는 최종목표를 예상할 수 없으나, 개체들이 모여 일을 할 경우 전체적으로 단체의 단일목표에 맞춰 일하게 되는 곤충사회를 모방하는 기술로, 개체의 손실 등에도 전체목표 달성에는 영향이 없는 강건한 생산시스템 조성
곤충모사 인공시각센서	전 각도의 시각정보를 동시에 하나의 시스템으로 받아들일 수 있는 시스템을 개발할 수 있을 것이며, 이는 MAV/감시 시스템 등과 결합되어 사용할 수 있는 기술
생체 임플란트용 인공눈/코/귀	생체 임플란트가 가능한 인공눈/코/귀의 경우, 복지적인 개념에서 장애인들의 보다 나은 삶의 영위에 큰 도움이 되는 기술
투명 망토형 위장막	anti-communication의 대표적 결과물인 위장막에 대한 공학적 재해석의 대표적 예로서, 장애물 뒤의 시각정보를 투명 망토와 같이 볼 수 있도록 rectro-reflection현상을 활용한 예. 비행기, 자동차 등의 사각지대를 제거할 수 있으며 건축물 내에서 외부환경의 조망이 사각 없이 가능한 기술
Eco complex (생태계 모사 산업단지)	자연모사의 최종목표 중 하나로, 인공 광합성과 다분히 직/간접적으로 연관되어 있으며 자연계와 같이 기본적인 input만으로 폐기물 없는 생산시스템의 모사를 통한 산업단지

(1) 전기·전자제품

(가) 초발유/내지문 표면

제품의 표면에 나노/마이크로 스케일의 돌기형상 또는 요철구조를 만들거나 re-entrant 구조를 만든 후, 표면에너지를 최소화하는 표면 코팅을 하여 물이나 기름이 매우 싫어하는 표면을 제작하여 자기세정(self-cleaning)이나 내오염(anti-fouling) 등의 효능을 가지도록 하는 기술이다.

현재 발유성 표면 연구는 초발수 유리표면을 통한 자기세정효과 구현에 초점을 맞춰져 있으며 건물 외벽에 사용되는 유리제품의 개발이 활발하게 이루어지고 있다. 독일 STO사에서는 건물 외벽 등에 도포하였을 경우 항상 깨끗한 표면을 유지할 수 있는 Lotusan 페인트가 개발되었다. 플라스틱 기판에 발유 특성이 구현될 경우 핸드폰, 노트북 등 전자제품 표면에 파급효과가 클 것으로 예상되나 필름 형태의 지문방지 제품 외에는 상용화된 제품이 현재까지는 없다.

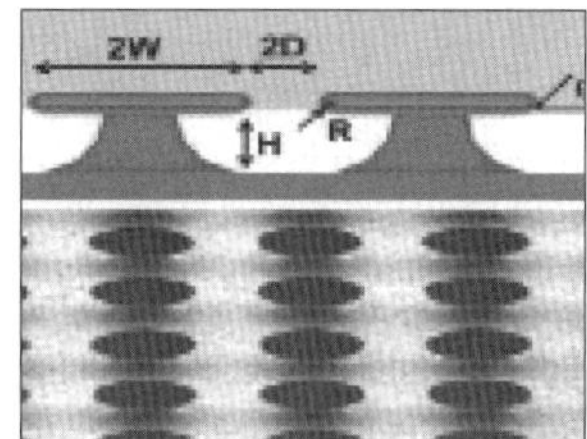

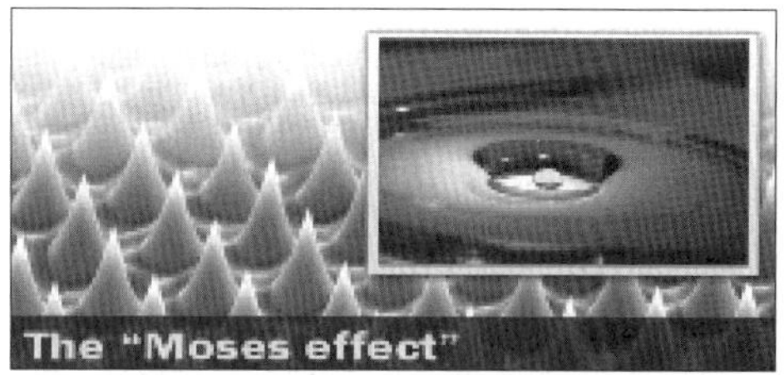

MIT에서 제안된 초발유 표면 개념도 및 오크리지 국립연구소에서 구현한 초발수 표면

자료: 국가청정생산지원센터(2010), 청정생산기술에서 녹색기술까지 제3권 녹색제품

〈그림 4-21〉 토란잎의 초발수 표면 전자현미경 사진

(나) 눈부심이 없는 반사방지막

나노스케일의 구조물을 이용하여 반사방지를 구현하는 기술로 나노돌기들을 이용하여 기존의 필름 방사 방지막과는 달리 광대역 파장의 빛을 넓은 입사각에서도 효과적으로 반사되지 않게 하여 빛의 투과율을 극대화하는 기술이다.

최근 TAC을 대체하기 위한 아크릴계의 필름 개발, 복합시트 분야 등에 대한 연구가 활발히 전개되고 있으며, 일본 기업들이 관련 분야 특허를 가장 많이 선점하고 있다. 표면에 미세요철을 형성하여 빛의 반사를 줄이는 기술은 전 세계적으로 연구개발이 활발하게 진행되고 있으나, 제품 상용화는 아직 미미한 단계에 머물고 있다.

〈그림 4-22〉 반사방지어레이 실리콘과 반사방지 표면(캘리포니아 대학)

(다) 환경감시 모바일 센서플랫폼

곤충이나 물고기를 모방하여 만든 로봇에 곤충이나 물고기가 가지고 있는 센싱(시각, 촉각, 미각, 청각 등) 능력을 모방한 센서를 탑재하고 있어 실시간으로 환경오염을 감시하는 기술이다.

최근에는 반도체식 가스센서에 MEMS 공정을 도입한 마이크로 가스센서가 개발되어 저전력 마이크로 가스센서 어레이를 이용한 전자코 시스템을 미국의 Cyrano Science가 상용화에 성공하였다.

또한 미국 ICX Technologies사는 독성 화학물질, 살충제, 폭발물질을 탐지할 수 있는 센서 플랫폼을 개발하여 휴대형 또는 이동형 시스템에 장착하여 운용할 수 있는 제품을 판매하고 있다.

(2) 수송기계 부품

조류나 곤충의 날개에 존재하는 깃털의 형상이 난류형성에 영향을 미쳐 항력을 저감하는 사례와 상어나 청새치의 비늘에 존재하는 미세구조물이 수중에서의 항력을 저감시키는 사례를 모방하려는 기술이다.

(a) 자동차의 사이드 미러, (b) 비행기, 위그선의 날개와 몸체 접합 부분

〈그림 4-23〉 자연모사 fillet 형상을 적용하여 개발할 제품

형상을 이용한 항력저감 기술을 위해서는 크게 수중 항력감소기술과 공기 중 항력 감소기술로 나누어 볼 수 있는데, 전산해석기술, 표면저항 측정 기술, 마이크로·나노 항력감소 구조설계기술, 항력저감 구조용 소재기술, 표면오염 제거기술, 파이버 항력저감 구조제작 기술 및 유동가시화·측정기술, 마이크로·나노 항력감소 구조제작기술, 소재기술, 표면오염 제거기술이 개발되고 있다.

(3) 신소재제품

신소재를 이용한 제품은 다양하게 찾아볼 수 있으나 본 장에서는 몇 가지 관련된 청정공정기술 사례를 보기로 한다.

(가) 의료용 습식접착제

대부분 선진국 중심으로 기술개발이 진행되고 있으며 전세계 시장의 80%를 차지하고 있다. 시아노아크릴레이트 및 피브린 계열의 의료용 접착제가 상용화되었으며, 독성 이슈의 문제로 생체 친화적 접착제를 개발하기 위해 콜라겐, 홍합 단백질 등을 이용한 연구가 진행되고 있다.

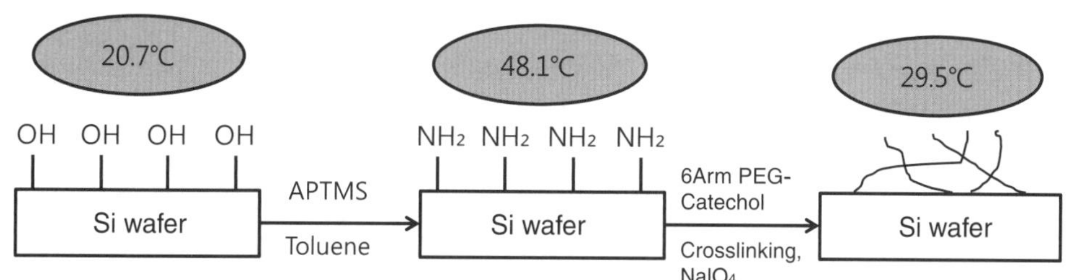

〈그림 4-24〉 생체 모방 코팅기술을 통해 친수성/소수성 표면성질 변화유도

(나) 초경량 복합구조 소재

자연계에 존재하는 구조물들이 유기-무기의 복합재의 구성, 하중의 조건에 따라 형상의 밀도를 조절한다거나 가장 최적화된 구조물을 형성하는 등의 방법으로 초경량이면서도 강성을 유지하는 것을 모방하여 구조물을 제작하는 기술이다. 이는 기존의 소재 자체가 경량화되도록 소재를 개발하는 개념이 아니라, 구조를 제어함으로 인해 초경량화를 구현하고자 하는 기술로, 외부환경에 스스로 반응하는 기능을 구현하자는 개념이기도 하다.

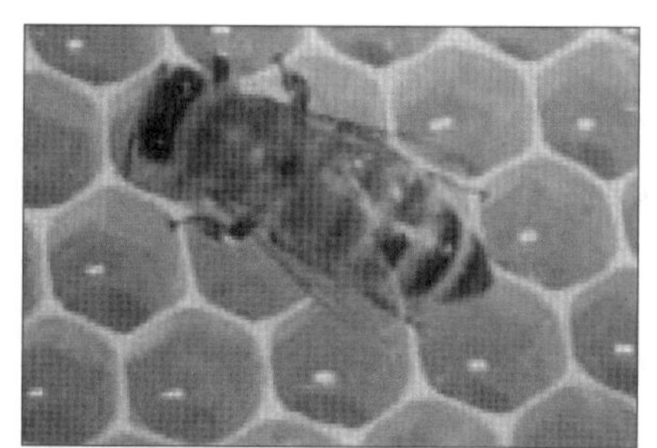
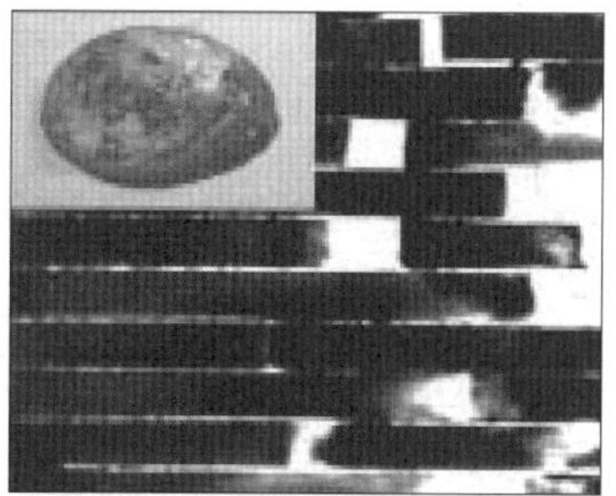
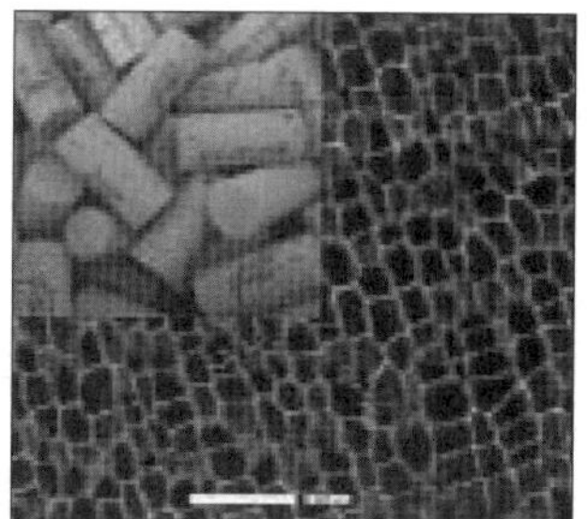

초경량 구조-벌집(왼쪽), 고강도 경량 복합구조-조개껍질 (가운데),
다공성-negative/zero Poisson's ratio 구조-코르크 나무 껍질(오른쪽)

〈그림 4-25〉 자연계의 초경량 구조 예시

미국, 유럽 등 정부주도하에 초경량 복합구조 소재 개발을 위한 다양한 연구 프로젝트가 수행되고 있으며, 특히 일본의 경우 차세대 항공기용 신소재 실용화를 위한 기술 과제 등과 함께 정부·연구소·대학들이 컨소시엄을 형성하여 잠재적인 시장의 실현과 수용 능력을 증가시키기 위해 노력 중이다. 이의 성과로 자동차 회사에서는 자동차용 구동부품을 금속복합소재로 개발하여 일부 채용하고 있다.

(다) 자기복구소재

구조물에 파괴(균열 등)가 일어났을 때, 파괴가 일어난 곳이 자동적으로 치유되는 구조물을 제작하는 기술이다. 살아있는 생물체가 상처를 입었을 때 스스로 복원되는 자기복원 기능을 모사한 기술로 응용분야가 매우 다양한 기술이다.

이미 표면손상을 수리하는 자체치료 코딩 기술은 개발되어 적용되고 있으며, 최근 미국 일리노이대 연구진이 새로운 무촉매 자체치료 물질을 개발하여 항공기 동체에서 풍력발전용 프로펠러에 이르는 다양한 구조체에 사용될 수 있는 소재를 개발하였다.

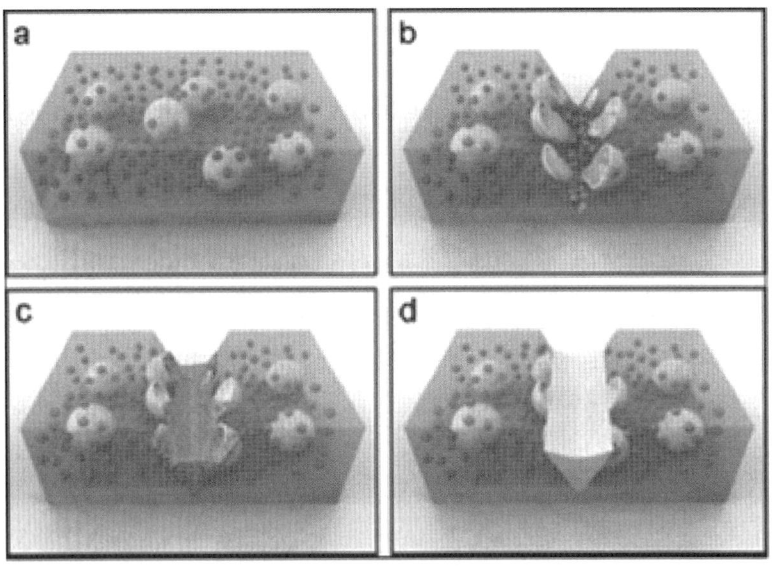

〈그림 4-26〉 기능 자기복원 기술의 개념도

(4) 초발수 표면처리 공정기술

다양한 기능을 가진 자연의 표면 중 마이크로/나노구조물을 이용하여 초발수 특성을 갖는 표면과 이를 실생활에 응용하고자 하는 기술은 환경오염, 에너지고갈, 물과 식량 부족 등의 문제들을 해결할 수 있는 하나의 기술이 될 것이다. 산업에 응용할 수 있는 기능성 표면은 연못에서도 항상 깨끗함을 유지하는 연꽃잎을 모사한 초발수 표면이 된다.

연꽃잎은 표면의 왁스 층과 마이크로/나노 계층구조로 인하여 물방울과의 접촉을 최소화할 수 있기 때문에 물에 대한 접촉각이 150°보다 크다고 한다. 초발수 표면은 물을 싫어하는 성질과 더불어 물방울이 쉽게 구를 수 있기 때문에 미끄럼각이 작아 물망울이 먼지를 가로질러 구를 때, 구형의 물방울이 표면의 먼지를 수집하게 되는 자기세정 효과를 보이기도 한다. 따라서 표면 에너지가 낮은 실리콘이나 불소계 화학물의 화학적인 인자를 습식 혹은 건식방법으로 코팅함으로써 구현되어 왔다.

초발수 표면의 제작공정은 하향식과 상향식, 그리고 두 가지 방법을 복합한 방법이 있는데, 그 기능의 활용분야는 옷이나, 야외에 사용되는 직포 및 부직포, 그리고 섬유자체에 특성을 부여하는 특수섬유 등 섬유관련 분야, 유리 및 자기류가 일반적으로 사용되는 거울, 타일, 유질창과 같은 욕실관련 분야, 디스플레이 화면을 보호하기 위한 기술 분야에 대해 응용되고 있다. 예를 들어, 초발수 표면 청정좌변기, 건축유리, 자동차 유리, 휴대폰, MP3, 디지털 카메라, PDA, 노트북 등의 IT제품, 태양전지, 플라스틱 용기 등이 있다.

초발수 표면처리 공정기술의 강점으로는 기존의 제품이 갖지 못하는 원천기술을 확보할 수 있으며, 기술개발의 경우 산업화가 비교적 용이하다는 것과 기존 제품들이 초발수용 필름과 도포제 등으로 이미 포화되어 있고, 초고층 건물, 고효율 태양전지, 대면적 디스플레이, 고급자동차 등에 사용될 반영구적 초발수와 자기세정 투명유리의 수요가 지속적으로 발생하고 있기 때문에 그 장점이 되고 있다.

반면에, 대면적 제작의 경우 성장 초임단계이며, 기계적 신뢰성 확보에 대한 연구진행이 필요하다. 이는 유사연구 분야에 참여하고 있는 연구소나 기업들이 매우 많고, 연구개발 성공 이후에 기존의 업체들의 독자적인 진입가능성이 충부하다는 점을 염두에 두어야 한다.

(5) 스마트 물/용제 순환공정기술

2001년 Nature지에 나미브사막 딱정벌레(Namib desert beetle, stenocara)가 공기 중의 수분을 수집하여 식수로 활용한다는 연구논문이 게재 되면서 침수와 소수 복합표면에 대한 연구와 활용분야에 대한 주목을 받게 되었다. 이러한 기술은 자연계에 존재하는 고효율 표면특성을 모방하여, 물 또는 용제의 수집/응측 시스템은 물론 여과/분리 시스템의 기술을 진보시키는 것을 의미한다.

즉, 공기 중이나 생산라인에 존재하는 과포화상태의 유동층으로부터 물/용제를 스마트 표면구조와 표면재료를 이용하여 수집/응축/분리/여과에 사용되는 에너지를 혁신적으로 절감하는 개념이며 핵심기술로는 물/용제 순환시스템을 위한 표면 최적설계와 평가기술, 수집/응축/분리/여과 기능을 갖는 스마트 소재 및 부품 제작기술, 스마트 소재와 부품을 조립하여 시스템화하는 기술 등으로 분류된다.

사막 딱정벌레의 등껍질을 모사한 기능성 표면 제작기술은 현재 기초연구만 진행된 상태이고, 영국 옥스퍼드 대학 Andrew Parker 교수팀이 2001년 Nature에 사막 딱정벌레의 물 모으는 능력을 발표함으로 주목을 받기 시작하면서, 미국 MIT대학의 Michael Rubner 팀이 2006년 Nano Letter에 이를 모방한 필름을 세계 최초로 제작 발표하였다.

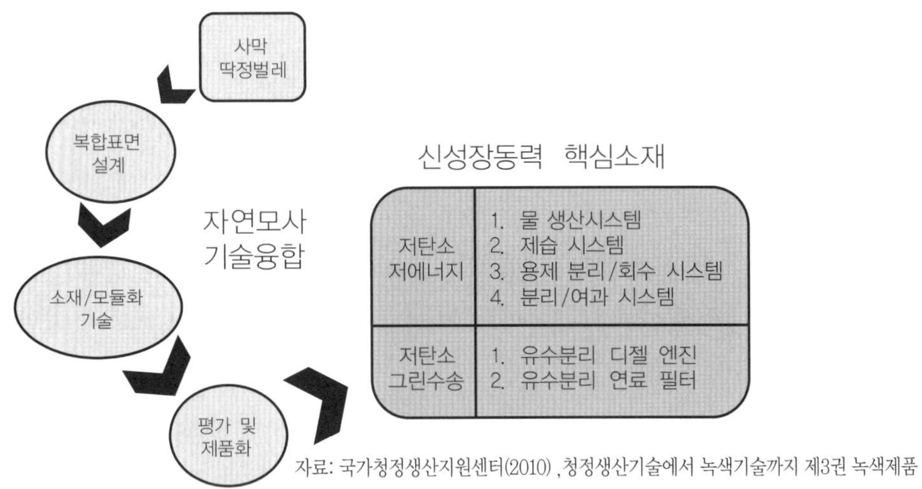

자료: 국가청정생산지원센터(2010), 청정생산기술에서 녹색기술까지 제3권 녹색제품

〈그림 4-27〉 자연모사 응용 스마트 물/용제 순환기술 개념도

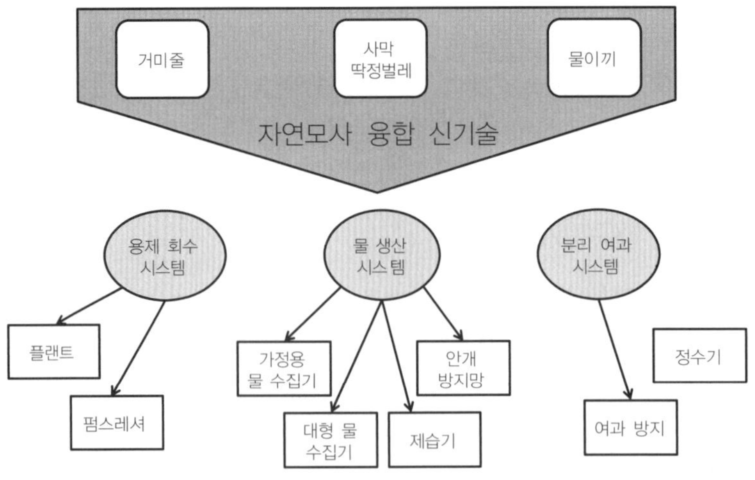

자료: 국가청정생산지원센터(2010), 청정생산기술에서 녹색기술까지 제3권 녹색제품

〈그림 4-28〉 자연모사 응용 스마트 물/용제 순환기술 체계도

미국 Lawrence Berkeley 국립연구소의 Jean Frechet 교수팀은 2008년 JACS에 초발수성 표면위에 탄소나노튜브 패턴을 형성하고 화학처리를 하여 패턴 부분만 친수성으로 만들어 그 위에 물을 응집시키는 구조를 제작하여 발표하였다.

독일 Freiburg 대학의 Jurgen Ruhe 교수팀은 2008년 Langmuir에 초발수성 표면에 형성한 친수성 패턴에 응집되는 물방울이 시편을 기울임에 따라 중력에 의해 아래로 구를 때, 패턴의 크기와 물방울의 부피와의 관계를 고찰하고 발표하였다.

캐나다 과학자들은 사막 딱정벌레와는 구조가 다르지만 동일한 원리로 수분을 수집하는 장치가 'fog catcher' 라는 이름으로 개발하고 사용하고 있으며, 이는 플라스틱 망을 이용한 것으로 해안가나 산에서 물을 수집하는 기능을 가지며, 현재 칠레, 에콰도르, 네팔 등에서 이용하고 있다.

이스라엘 연구팀은 2007년 전기를 사용하지 않고 건축물을 이용해서 공기에서 하루에 최소 40리터 이상의 물을 만드는 기술을 개발하였으며, 영국의 QinetiQ사는 무동력으로 안개에서 물을 생성하는 방법을 연구하고 있다.

칠레에서는 구조물의 높이가 200~400미터로 바다안개로부터 물을 수집하는 개념설계에 들어가 있으며, 칠레 Universidad de Antofagasta, Universidad Arturo Prat, 미국의 NASA에서는 대기 중 습기 포집장치를 냉각코일에 공기를 순환시키는 방법으로 개발하였는데, 이 방법으로 칠레 아타카마 사막에서 약 3시간에서 하루 동안 대기 중 존재하는 수분의 약 60%에서 90%를 포집할 수 있었고, 포집된 물에서 약 4g/ℓ 농도의 소금이 발견되었다고 한다.

호주의 Island Sky사는 컴프레서와 냉각제를 이용하여 주변온도를 현재 습도에 알맞게 이슬점까지 낮춘 후 팬을 이용하여 공기를 주입시켜 이슬을 모으는 방법으로 모인 물은 필터를 통해 정수가 되는 습기 포집형 정수기를 판매하고 있다. 평균적으로 이 시스템은 하루에 약 20리터의 물을 생산할 수 있으며, 조건이 온도 35도와 습도 90%일 경우 최대 50리터의 생산이 가능한 것으로 보고되고 있다.

미국의 Aquascience사는 하루에 350~1,200 갤런의 물을 포집할 수 있는 시스템을 개발하였으며, 미국의 Air2Water사는 하루 최대 10,000리터의 물 생산이 가능한 수분포집기를 개발하였다.

또한 캐나다의 Element Four사는 콘덴서를 이용하여 응축공정을 통해 수분을 포집하고 카본필터와 UV광원을 이용하여 정수 및 살균을 통해 식수를 공급하는 제품을 개발하였는데, 약 15kg의 제품무게에서 약 11리터의 물을 생산하는 전기료를 고려했을 때 리터당 약 3~4cent의 가격이라고 한다.

인도의 Watermaker India사는 약 600여명의 Jalimudi마을에 AW1000 기계를 설치하여 하루에 약 5,000리터 이상의 식수를 수분 포집하는 스테이션을 세계 최초로 만들었으며, 일본의 Koshiyama와 Takuya는 친수성을 갖는 금속 플레이트의 이용에 관한 특허출원을 냈다.

Kimura Yoshihasa사는 소형 풍력 발전기를 이용하여 헬륨풍선과 함께 낮은 구름과 안개 뿐 아니라 공장의 굴뚝에서 발생하는 수증기를 포집하는 기술을 개발하였고, 후지필름의 Kamata Akira와 Fukuda Makoto는 물방울 추락성을 갖는 전사시트를 소수성 고분자인 폴리스티렌과 폴리메틸 메타크릴레이트를 결합하여 롤 프린팅 방식을 통해 구현하였다.

합성 필터 펄프 여재 시장의 경우 Fleetguard사는 5겹 이상의 부직포 복합여재를 출시하였고, 미국의 GEO2 Technology사는 Fiber구조의 다공성 세라믹 재료를 이용한 벌집형태의 채널을 구성하여 Gas-Liquid separator를 개발하였다. 영국의 Dunlop Equipment사는 Rotor 형태의 구조와 RETIMET과 같은 다공성 재료를 이용하여 Gas-Liquid separator를 개발하였다.

한국의 삼성전자는 에어컨용 기름 분리기를 원형의 하우징 내에 기체 및 기름의 혼합기체를 원주방향으로 주입하여 회전 흐름으로 원심력이 발생하여 혼합기체에서 기름을 분리하는 청정공정기술을 개발하였다.

대만의 Mei-Lien Chern은 압축기에 의해 고압으로 응축된 혼합기체가 기체-오일분리기로 들어가게 되면, 원심분리기에 의해 오일이 분리되며, 분리된 오일은 실린더 벽면에 붙어 아래로 흐르게 되고 토출가스는 토출배관을 통해 배출되는 기체-오일분리 장치를 개발하였다.

이러한 유수 분리/여과 공정기술은 1999년 Mcilvaine Company의 분석에 의하면 2020년의 세계 필터시장 규모는 약 1.4조 달러로 전망하고 있으며, 환경문제와 더불어 오염된 물질을 제거하는 분리소재 개발에 주목을 받고 있다. 대표적인 최대산업은 자동차 등의 수송분야이며 액체필터, 집진필터, 에어필터, 마스크 등의 사용량이 증가에 있는 추세이다.

2003년 UN의 세계 수자원개발보고서에 따르면 2025년 세계 인구의 약 40%가 담수 부족에 직면할 것이고, 전 세계국가의 약 20%가 심각한 물 부족 사태를 겪을 것이라고 전망하고 있다. 미국의 경우 지난 30년간 물 사용량이 세 배 이상 증가하였으며, 2016년에는 약 5,295억 달러의 시장이 형성될 것으로 예상하고 있다.

이에 GE사는 매출의 첫 번째 요소로 물 산업을 지목했으며, 한국의 코오롱, GS건설, 삼성 엔지니어링, 두산중공업 등의 많은 국내기업들이 적극적으로 물 산업에 참여하고 있다. 이 외에도 안개제거 시스템, 수집기 시스템, 정수기 사업 등은 환경문제와 더불어 부각되고 있는 실정이다.

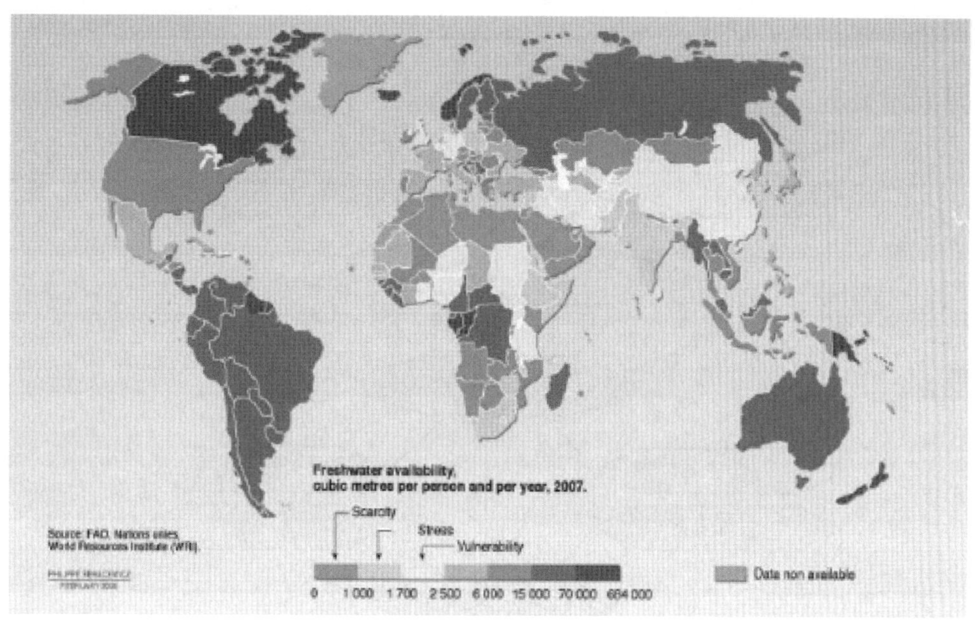

자료: 국가청정생산지원센터(2010) ,청정생산기술에서 녹색기술까지 제3권 녹색제품

〈그림 4-29〉 물 부족(스트레스) 국가현황

4.2.4 이산화탄소 활용 제품

현재 이산화탄소는 요소(urea), 카보네이트(carbonate) 및 무기탄산염 제조 시 원료로 활용되고 있으며, 이중 대부분 요소 제조에 활용되고 있다. 최근 선진국 중심으로 이산화탄소를 활용한 합성수지 제조기술은 유기금속 촉매계를 활용하여 이산화탄소와 또 다른 원료 단량체를 공중합하는 형태로서 고부가 폴리머 연구가 진행 중에 있다.

이산화탄소는 유기화합물 및 탄수화물의 중요한 탄소원이 되며 여러 가지 화합물 또는 재료와 함께 유용한 다른 물질을 합성할 수 있다. 그러나 이산화탄소는 화학적으로 매우 안정하기 때문에 새로운 물질로 전환시키기가 어려워 촉매, 전기화학 또는 광화학 반응을 이용한다.

이산화탄소를 전환하기 위한 촉매를 사용한 화학적 방법에서는 제올라이트 또는 백금이나 팔라듐 등 귀금속이 포함된 촉매를 이용해서 CO_2를 화학적으로 변환시켜 다른 물질을 만드는 방법으로 메탄올, 탄화수소(hydrocarbon), 디메틸에테르(dimethyl ether) 등의 합성이 가능하다.

친환경 원료인 CO_2를 시작물질로 하여 alkylene carbonate뿐만 아니라 isocyanate의 전구체인 carbamate, 치환 urea 등을 합성할 수 있으며, 이들을 합성하면서 생성되는 부산물인 알코올, 글리콜(glycol), 아민(amine) 등으로 공정 내에서 재순환시킬 수 있는 폐순환(closed-loop) 신공정 기술로 연결시킬 수 있다.

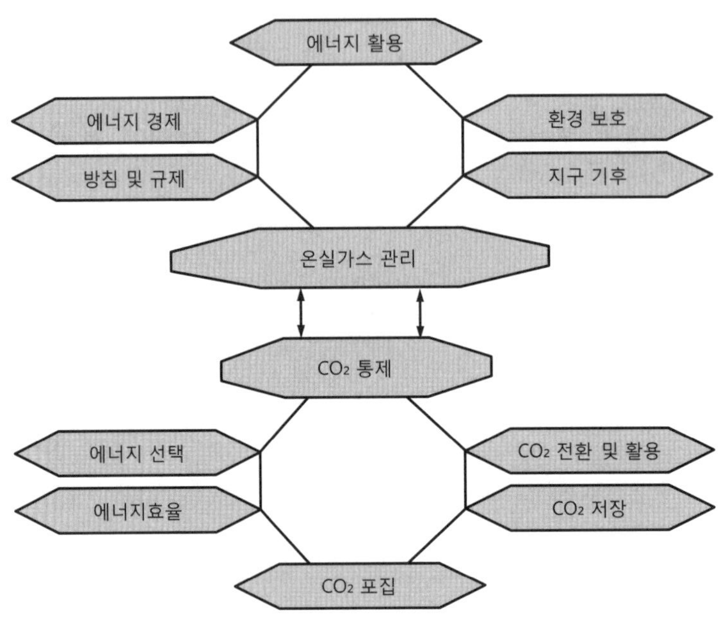

〈그림 4-30〉 이산화탄소 활용 분야

에너지 및 석유화학 업계에서는 이미 매년 1억3천만 톤 이상의 이산화탄소가 활용됨으로서 폐기물인 이산화탄소의 부가가치를 높여오고 있다. 이산화탄소의 대규모 활용에 있어 CO_2의 대규모 회수 기술과의 연계는 필수적이며, 회수된 CO_2를 폐기하기 위해서 상당한 비용이 소비되는 반면 CO_2 활용은 폐기물인 CO_2에 부가가치를 부여하여 자원으로서 다시 이용한다는 측면에서 큰 의미를 가진다.

이산화탄소를 활용한 폴리카보네이트 제조기술은 유기금속 촉매계를 활용하여 폴리카보네이트의 원료인 디메틸 카보네이트 및 DPC를 제조하는 형태의 연구와 이산화탄소와 에폭사이드 화합물을 반응시킴으로써 지방족 폴리카보네이트를 제조하는 연구가 진행되고 있다.

Asahikasei사는 이산화탄소와 알킬렌옥사이드의 반응을 통하여 폴리카보네이트의 원료를 제조하는 공정을 개발하였으며 중국의 Chimei, 한국의 제일모직, 호남석유 및 Sabic사가 이 공정을 이용하여 폴리카보네이트를 생산하고 있다.

미쯔비시 화학사에서는 이산화탄소로부터 요소를 제조하고 이를 이용하여 디메틸 카보네이트를 제조하고, 디메틸 카보네이트로부터 폴리카보네이트의 주원료인 DPC를 제조하는 공정에 관한 연구가 진행되고 있으며 학계에서는 이산화탄소와 페놀을 직접 반응시킴으로써 DPC를 얻는 연구를 진행하고 있다.

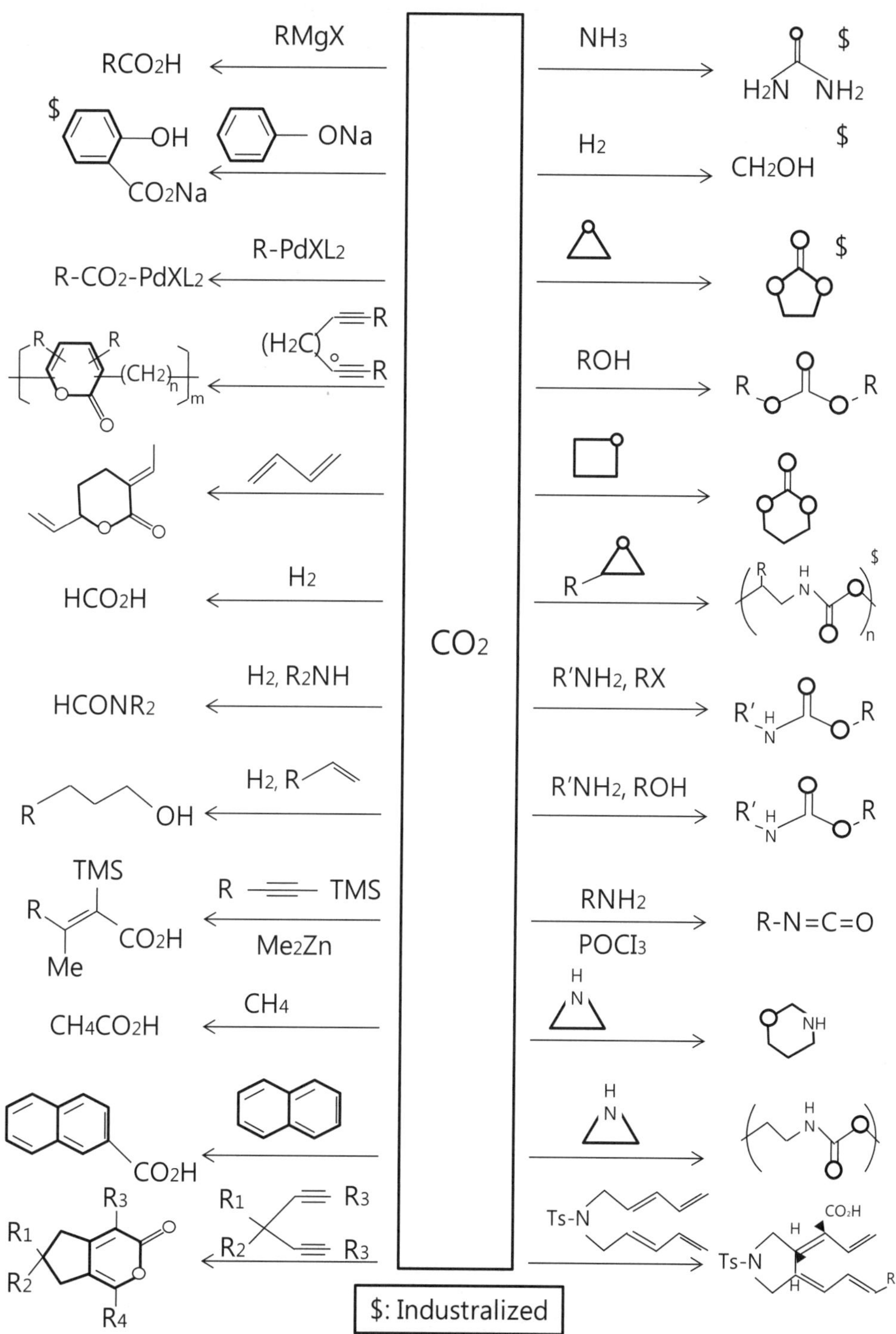

〈그림 4-31〉 이산화탄소를 원료로 합성 가능한 화학제품

〈표 4-18〉 이산화탄소 활용 제품 기업 사례

구 분	주요내용
Asahikasei (일본)	• 카보네이트, 이소시아네이트 • 에폭사이드 이용 이산화탄소로부터 Polycarbonate를 합성하는 세계 최초의 공정 (특허 보유) • 공정 특성: 안정성(유독성 물질인 phosgene, 암유발 물질인 메틸렌 클로라이드 사용하지 않음)과 친환경성(無 폐기물, 정제/분리 불필요, 에너지 절약) • 본 공정으로 Polycarbonate (제품명:WonderliteTM)합성 • 공정기술 제휴(Biz.) → Chimei(대만), 제일모직, 호남석유화학(한국) 등
미쯔비시화학 (일본)	이산화탄소로부터 제조한 요소를 사용하여 DMC를 제조하고 이를 이용하여 얻어진 DPC와 BPA의 반응을 통해 폴리카보네이트를 제조하는 프로세스 개발 중
미쯔이화학 (일본)	• 요소, 메탄올 • 화학제품 제조 보유기술로부터 이산화탄소를 이용한 전환 소재, 프로세스를 개발 중 • RITE와 공동으로 메탄올 합성 고활성 촉매 개발('90 ~ '99年), 자사 발생 이산화탄소와 잉여수소를 사용해 메탄올 합성 실증 파일럿 설치('09.3月, 100톤/년, 연속공정 4500 시간 확보), full- scale 생산 가능 수준의 물분해 광촉매 개발 중 • 중기경영계획의 기본 전략으로 온실가스 삭감 혁신 프로세스 개발을 선정, 관련 신규 제품/사업에 120 M$ 투자('09.10~ '12)
요소	• 전세계 암모니아-요소 플랜트 411개 가동 중 (아시아 205, 유럽 79, 북미 40, 중동 38 등) (진행 예정 100여개) • 이산화탄소 회수공정으로 기존 플랜트의 요소 생산량 증대 효과기대 • 주요 요소 기술선 (M/S) Stamicarbon (60%), Snamprogetti (21%), Toyo (19%)
폴리우레탄 (미국)	• 미국의 폴리우레탄 수요는 2009년까지 연평균 성장률 3.2%를 유지하며, 시장 가격으로는 74억 달러에 달함 • 미국 DOW Chemical은 PU를 제조하는 주원료인 MDI 생산규모를 3년 이내 생산규모 50% 확대 (Texas주 MDI plant 증설)
BASF (독일)	메탄올(350℃, 50atm, 구리계 촉매) 아민류 기술(Methyl Diethanol Amine, MDEA)
원료가스 정제공정기술	• 이산화탄소 부생가스 정제 기술 • 암모니아 정제 기술

4.2.5 그 밖의 제품

(1) 나노디지털 프린팅

최근 전자기기 제품의 경박단소화와 다기능화 추세에 따른 디지털 프린팅은 기존에 사용하던 진공증착(evaporation) 및 사진식각(photolitho-graph) 방식과는 달리 회로배선을 기판 위에 직접적으로 패터닝하는 방식의 새롭고 간단한 청정제조 공정기술이다. 특히, 고가의 마스크를 사용하지 않아 재료비가 감소하며 감광제, 감광액, 에칭액 등을 사용하지 않기 때문에 폐수도 발생하지 않는 친환경적인 공정기술로 부각되고 있다.

일본을 포함한 해외의 관련 청정 나노입자 제조공정을 보면 대표적으로 가스 중 증발법으로 진공 중에서 증발된 원료물질의 증기가 일정한 크기로 응집되는 클러스터링이 발생해서 초미세 나노입자가 생성되고 이들이 운반기체에 의해 차가운 기판으로 이동하여 입자가 생성된다.

이때 기판온도는 약 100°k 미만으로 매우 낮은 온도이고 여기서 순간적으로 포집되기 때문에 초미세급의 나노입자가 생성될 수 있다는 원리이다. 디지털 프린터용 나노입자 기술은 전자, 정조, 통신 등 고밀도 패터닝 미세배선형성에 사용되는 핵심소재로서 관련시장이 빠르게 증가하고 있다.

한국에서 개발되고 있는 관련 공정기술의 예를 들면, 금속자체의 열분해법과 아민(amine)기 자체의 환원이 동시에 발생하는 열분해에 의해 금속나노 입자를 대량제조가 가능한 공정을 개발하여 Au, Pt, Ag, Pd 같은 각종 귀금속 나노입자와 Au-Ag, Ag-Pb 등의 합금나노 입자의 페이스트(paste)화를 수행한 것이다. 이는 디지털 프린팅공정을 이용한 미세배선 공정기술로써 TFT-LCD, OPDP, OLED, 유연(flexible) 디스플레이 등 정보 디스플레이와 연료전지, 태양전지 등 에너지소재 및 부품, 범용 PCB, Chip 접합, COF와 FCCL 등 직접회로 패키지, 그리고 RF-ID와 같은 전자정보 통신사업 분야에 다양하게 걸쳐 주요한 핵심 공정기술로 부각되고 있다.

(2) 디지털 날염기술

디지털 날염기술은 섬유산업에서 기존 컴퓨터의 하드웨어기술과 CAD기술을 섬유의 날염에 적용한 것으로서, 기존의 날염공정에 비해 공정의 단순화, 단납기화, 다품종 소로트화, 에너지 절감과 같은 이점이 이외에도 적용 디자인의 무제한과 고해상도의 실사출력 등 점차 다양화되고 고급화되는 소비자의 요구에 부응할 수 있는 첨단의 고부가치 염색가공 공정기술이다.

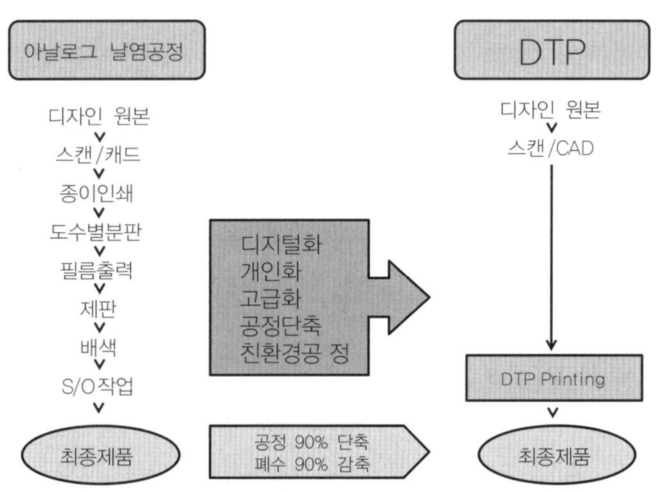

자료: 국가청정생산지원센터(2010) ,청정생산기술에서 녹색기술까지 제3권 녹색제품

〈그림 4-32〉 기존 날염공정 및 디지털 청정날염공정의 비교

디지털 날염기술은 유럽, 미국 등에서 시작한 이후, 전 세계적으로 30여개의 관련 회사에서 디지털 날염에 관련한 기술을 개발하여 보급하고 있으며, 이탈리아, 프랑스, 일본 등 패션 강국들을 중심으로 확대되고 있다.

〈표 4-19〉 디지털 프린팅 기술의 장·단점

장 점	단 점
획기적인 공정단축 다양한 색상의 표현가능 샘플생산이 용이 소량다품종 생산가능 환경친화적, 에너지 저감	낮은 생산성(프린팅 속도) 잉크 및 제조비용 고가 노즐 Clogging 현상 사용가능 잉크 수의 제한

자료: 국가청정생산지원센터(2010) ,청정생산기술에서 녹색기술까지 제3권 녹색제품

이에 한국도 2000년도 이후부터 관심을 갖고 연구개발하고 있고, 이탈리아 꼬모에 있는 전문적인 디자인 개발업체인 아방가르드의 경우를 보면 이를 유명 브랜드 판매망과 연계하여 다품종 소량생산을 통해 최종 상품까지 공급망으로써 고부가가치를 창출하고 있다.

디지털 날염의 주요 요소기술은 프린터와 제품설계 및 운영 소프트웨어, 잉크, 전·후처리공정 및 설비이며, 요소기술 간의 상호연계를 통한 기술개발이 매우 중요하다.

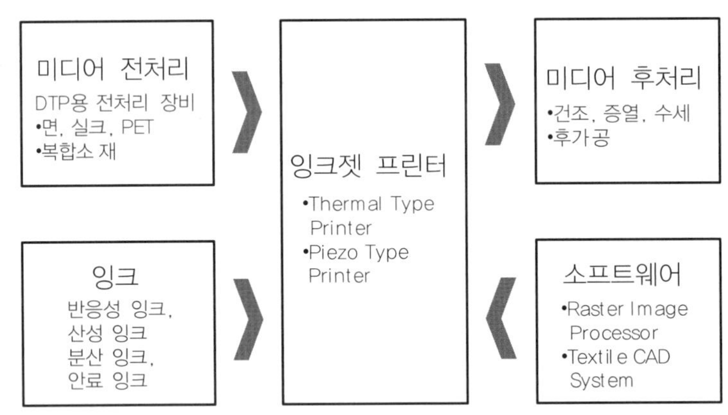

자료: 국가청정생산지원센터(2010) ,청정생산기술에서 녹색기술까지 제3권 녹색제품

〈그림 4-33〉 디지털 날염공정의 요소기술

최근 디지털 날염분야에서는 세계적으로 유명한 업체들이 컨소시엄을 구성하여 각자의 분야에서 신기술 개발에 적극 추진하고 있는데, 한 예로 이태리의 Reggiani에서 출시되는 DReAM의 경우 헤드기술은 이스라엘의 Aprion에서, 잉크는 스위스의 Ciba에서 공급받아 디지털 날염 솔루션을 제공하고 있으며, DuPont의 Artistri는 일본 이찌노세에서 엔진을, Xaar의 라이센스를 보유한 Seiko-Epson으로부터 피에조 헤드를 공급받아 솔루션을 제공하고 있다.

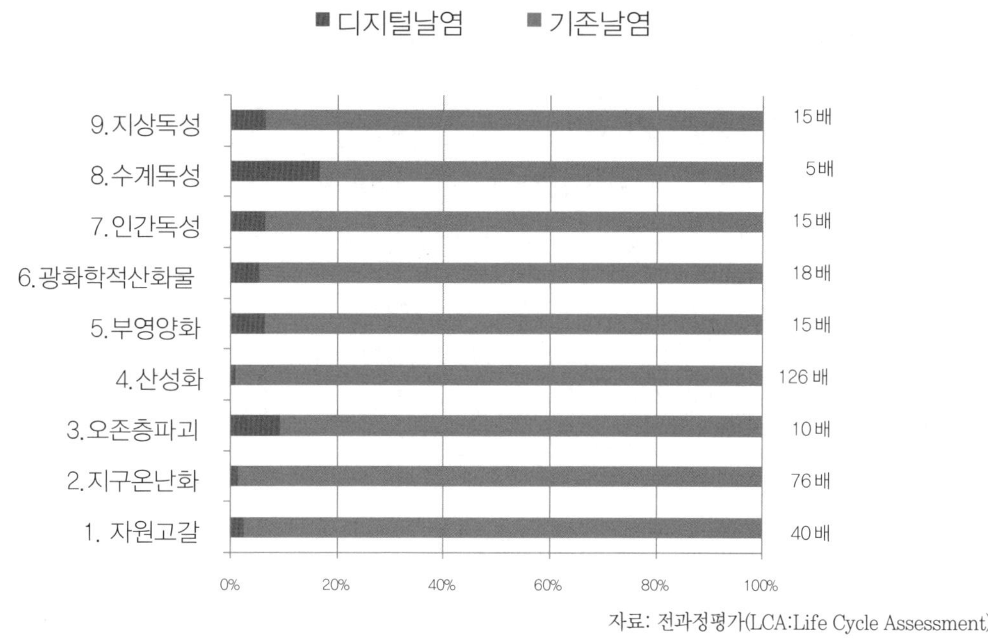

자료: 전과정평가(LCA:Life Cycle Assessment)

〈그림 4-34〉 날염공정의 환경영향 분석비교

국내 디지털 날염시스템과 관련해서는 단순 프린터를 공급하는 일본의 Mimaki, Konica, Roland사 등의 외국제품의 에이전트와 디지털 날염에 관련된 솔루션을 종합적으로 개발하고 공급하는 유럽의 스톡, 짐머, DGS, 소피스, 미국의 DuPont 등의 업체와 국내에서는 태일시스템과 유한킴벌리사가 있다.

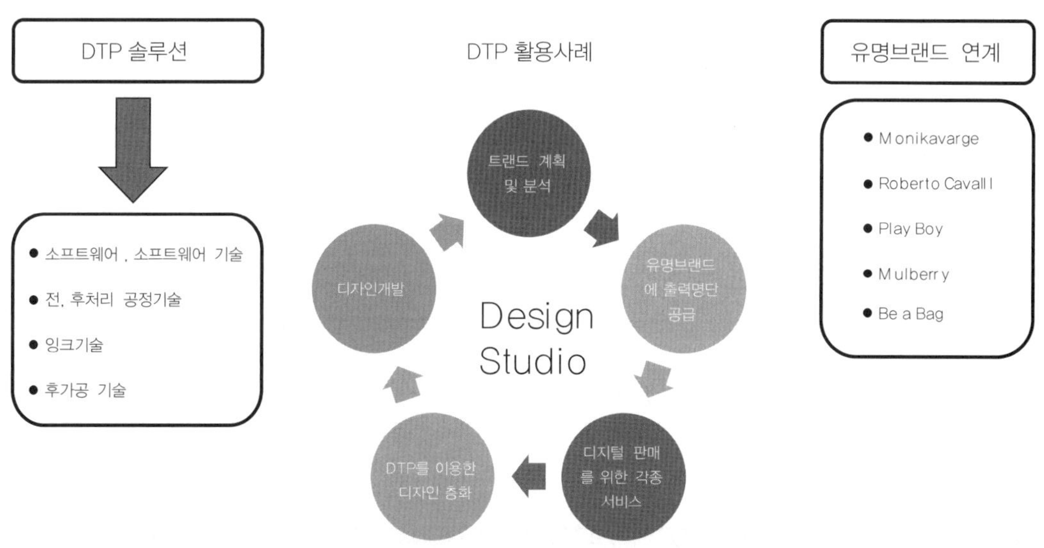

자료: 국가청정생산지원센터(2010), 청정생산기술에서 녹색기술까지 제3권 녹색제품

〈그림 4-35〉 이태리 아방가르드 DTP 활용 사례

4.3 청정처리 기술

4.3.1 폐기물고도처리 기술

폐기물로부터 원유나 천연가스 대체연료의 전화기술 개발을 통해 폐기물의 저감과 함께 에너지 저감을 유도할 수 있으며, 대표적 기술인 폐기물고도처리 기술로서 폐기물 고형연료 제조 및 이용, 폐기물가스화 용융 기술이 있다.

폐기물 고형연료 제조·이용 기술은 폐기물 고형연료를 제조하는 기술과 고형연료를 연소하여 열을 이용하는 기술이 연계된 것을 의미한다. 고형연료 제조설비는 각종 가연성폐기물에 대한 파·분쇄-건조-선별-성형 등의 단위장치로 구성되어 있으며, 고형연료 이용설비는 제조된 고형연료에 대한 저장-공급-연소-열교환기-터빈-공해방지 등의 단위장치로 구성되어 있다.

고형연료 제조설비는 유럽과 일본기업이 주도를 하고 있으며, 미국은 폐기물을 대부분 매립처분하고 있으므로 고형연료화 관련 산업이 활발하지 않은 편이라 할 수 있다. 유럽연합은 10여 년 전부터 유기성폐기물 매립에 의한 지구온난화 문제를 억제하기 위하여 매립폐기물 중에 유기성폐기물 비율을 억제하는 규정을 시행하였다.

그에 따라서 유기성폐기물 선별기술이 발달하면서 관련되는 고형연료화 사업이 급속히 확대되었다. 고형연료 이용설비는 유럽, 일본 및 미국 등에서 다수의 기업이 고효율화를 위해 연구를 계속 진행하고 있다.

폐기물 가스화 용융 기술은 폐기물 내의 가연분을 CO, H_2가 주성분인 합성가스로 전환하고, 불연물은 용융하여 슬래그로 전환하여, 폐기물을 전량 자원화할 수 있는 기술을 말한다.

폐기물의 가스화 용융을 통해 얻어진 합성가스는 보일러, 가스엔진, 가스터빈 그리고 연료전지의 연료로 사용할 뿐만 아니라 촉매 반응에 의해 메탄올, DME(Di-methyl Ether), F-T 합성유(Fischer Tropsch liquid), SNG(Synthetic Natural Gas, 합성천연가스), 수소 등과 같이 다양한 화학원료로 전환할 수 있다. 폐기물의 가스화 용융을 통해 얻어진 슬래그는 환경적으로 무해하므로, 건자재 등으로 활용가능하며, 최근에서 슬래그로부터 유용한 자원 회수도 시도되고 있다.

현재 폐기물 가스화 용융 시설은 경제성 확보를 위하여 단독으로 운영되지 않고 주위 설비와 연계함으로서 경제성 확보를 추구하고 있다. 예를 들면 코크스로에서 발생되는 COG와 혼합하여 발전용 연료로 사용하거나, 석탄가스화기에서 발생되는 합성가스와 혼합하여 암모니아 생산용 원료로 사용하는 경우가 있겠다. 현재 상업용 설비로 가동되고 있는 대표적인 설비로는 일본의 JFE사의 폐기물 가스화 용융 설비(2기), 일본 EUP사의 RPF를 대상으로 한 가스화 용융 설비가 있다.

자원순환은 폐자원을 효율적으로 순환시키고 탄소배출을 감소할 수 있는 하나의 기술로서 금속자원에 대한 회수와 정제에 대한 내용을 살펴보기로 한다. 폐전자기기 제품의 급증과 처리하기 위한 기술의 필요성이 요구되면서 폐전자기기 제품으로부터의 재자원화가 필요하게 되면서, 금속광물 자원 혹은 이를 대체할 수 있는 자원으로부터 금속광물을 분리, 정제, 제련과 정련기술로 산업원료용 금속소재로서 활용하는 일련의 기술체계로 금속 자원의 효율적인 사용을 위한 기술이 요구되고 있다.

컴퓨터, 휴대폰, 자동차, 가전제품 등 유행에 민감한 제품들의 디자인 및 기능의 추가로 급속한 발전과 수요가 따르면서 이를 처리하는 국가적인 대책이나 기술개발이 시급한 실정이다. 산더미처럼 쌓이는 폐전자기기 제품들의 처리는 한 국가만의 문제가 아니고 전 세계적으로 이슈가 되고 있는 것이고, 이런 환경문제는 다만 폐전자기기 제품에만 국한되는 것은 아니다.

폐전자기기 제품에서 금속을 회수하고 정제하는 기술은 일반적으로 전처리기술, 건식제련기술, 습식제련기술로 구분되고, 회수하고자 하는 금속에 따라 공정기술이 상이하게 된다.

재활용인 경우에는 일반적으로 해체, 절단과 분쇄공정의 전처리공정, 분류된 분쇄물에서 농축이 이루어지는 농축공정, 그리고 금속농축물에서의 정제 및 회수단계인 정련공정 등 세 가지 공정을 거치게 되며, 현재 대부분의 공장에서 건식법과 습식법을 혼용해서 사용하고 있다.

건식제련법은 폐제품의 처리, 소각, 플라즈마, 전기 아크로 또는 용광로에서의 유기물질 분해 및 용융과 고온에서 기상반응 등이 포함되며, 일반적인 포집금속으로는 주로 Cu, Pb, Ni, Fe, Ni-매트 등이 사용된다.

반면에, 습식제련법은 전처리공정을 걸친 유각금속 성분들을 산이나 알칼리로 침출하고 이어 용매추출, 화학침전, 시멘테이션, 이온교환법, 여과 및 증류 등의 기술을 이용하여 목적금속을 분리하고 농축한다.

이러한 자원순환 기술은 전기전자, 정보통신, 자동차, 철간, 비철금속, 석유화학 등 주요산업의 성공여부를 위한 핵심부분이고 각 국의 지속적인 발전을 위한 요소일 것이다. 미국 소비자의 경우, 약 83%가 친환경 제품에 관심을 갖고 있으며, 경기하락에도 불구하고 약 19%는 이전보다 더 많이 친환경 제품을 구매하고 있으며, 일본의 샤프사는 폐 디스플레이에서 투명전극의 핵심소재인 희유금속인 인듐(In)을 추출하고 재사용할 수 있는 기술을 개발하였다.

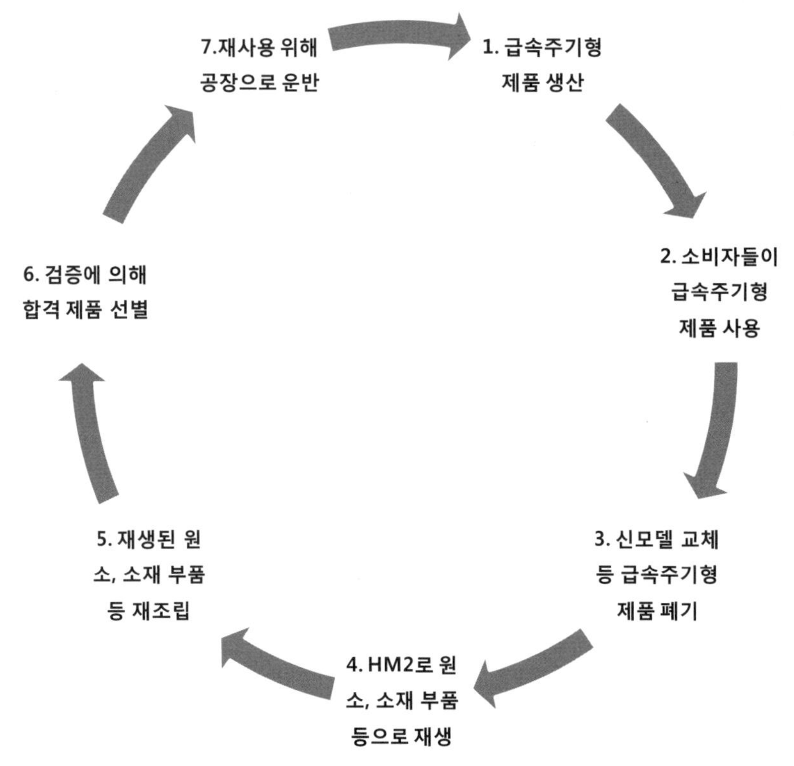

자료: 국가청정생산지원센터(2010) ,청정생산기술에서 녹색기술까지 제2권 그린생산공정

〈그림 4-36〉 금속회수 및 정제의 개념도

한국의 경우도 약 82%가 환경친화적 제품에 선호를 갖는 것으로 나타나고 있다. 환경부가 조사한 폐기물 발생량 및 처리현황을 보면 하루 폐기물 발생량(318,928톤/일) 중 83.6%가 재활용되는 것으로 나와 있다.

세탁기, 에어컨, 전자레인지, TV같이 부피가 큰 전자제품의 경우 재활용 비중이 높지만, 핸드폰 같이 부피가 작은 전자제품의 경우 재활용되는 비율이 평균에 비해 낮다고 한다. 핸드폰의 경우 연간 폐휴대폰이 1,400만대로 추정되는데 반해 재활용은 300만대 정도이고, 400만대는 폐기나 분식수출, 가정보관이 600만대, 재이용은 100만대 정도로 조사되었다.

〈표 4-20〉 폐기물고도처리기술 기업 사례

구 분			주요내용
폐기물고형연료	고형연료제조 플랜트	가와사키제철 (일본)	• 일본 1위의 RDF플랜트 공급업체 • 회전열풍로 직접건조로 및 플랫다이스방식 성형설비로 구성
		고형연료 이용 플랜트	• MBT(Mechanical Biological Treatment)복합 고형연료 제조설비 제작 • 비성형 고형연료 제조설비 중심
		Vecoplan (독일)	• 고형연료 제조설비용 단위장치 제작 • 저속 고토르크 방식 파쇄기 개발 • 스프링식 파쇄날 보호 파쇄기 개발
		M&J (덴마크)	• 대형 조대파쇄기 제작 • 독자 디자인 회전절단날 기술 보유
	고형연료이용 플랜트	Foster wheeler (미국)	• 외부순환유동층 보일러 기술보유 • 일본 미에현 RDF발전소에 설비 건설함
		VTT (핀란드)	• 우드 연료, 폐기물연료 등 다양한 연료에 대한 보일러 제작 • 순환유동층 보일러 등 다수 설비를 공급함
		Lurgi (독일)	• 외부순환유동층보일러 개발자 • 설비 다수 보급
폐기물 가스화 용융 설비		JFE (일본)	• 제철소 내에 설치하여, 인근 산업폐기물을 가스화 용융 처리 • 현재 치바, 오카야마에서 각각 상업 운전 중임 • 가스화 용융을 통해 얻어진 합성가스는 오염물질이 제거된 후 제철소 내의 COG와 혼합하여 발전소 연료로 공급(발전 설비 공유)
		미쯔비시 엔지니어링 (일본)	• 70톤/일급 가스화 용융로, 2003년부터 가동 중 • 합성가스를 이용한 가스엔진 발전 (GE Jenbacher 사의 1.2MW급 가스 엔진 채용) • 전체 발전 효율: 19%, 전체 열효율: 65%
		우베산코 (일본)	• RPF를 대상으로 가스화 용융을 통해 합성가스 생산 후, 인접한 우베암모니아(주)로 정제하지 않는 합성가스를 공급 • 우베암모니아(주)에서는 석탄가스화를 통해 얻어진 합성가스와 폐기물 가스화를 통해 얻어진 합성가스를 혼합한 후, 정제하여 암모니아 제조용 수소 제조로 사용
		쇼화덴교(일본)	RPF를 가스화 용융하여 합성가스를 암모니아 제조용 원료가스로 이용
		유럽	바이오매스 가스화를 통해 얻어진 합성가스를 미분탄 화력발전소의 보일러로 공급하여 발전용 연료로 이용

한국의 희유금속의 비축재고는 코발트, 실리콘, 바나듐 등이 필요한데 이는 극소량이 사용되어 전체 원가 중 1~5%에 불과하나, 대체재가 없기 때문에 그 비축 필요성이 증대되고 있다. 1992년 자원의 절약과 재활용촉진에 관한 법률이 재정되었지만, 재활용으로 얻는 자원에 대한 정확한 통계가 부족해서 정확한 계획을 세우지 못하고 있다.

4.3.2 고도수처리 기술

(1) 고도수 청정처리

고도수처리 기술은 산업 활동 전 과정에 걸쳐 필요한 용수를 필요한 목표수질을 달성하기 위하여 표준수처리 기술로 제거가 어려운 오염물질을 추가적으로 제거하는 수처리 기술을 말한다.

선진국을 중심으로 자국의 차세대 사업을 물산업에 역점을 두고 추진하고 있다. 세계 물시장은 지속적으로 성장하여 2010년 기준으로 약 4,828억 달러 규모로 추정되며, 앞으로도 중동과 아시아를 중심으로 안정적인 물 공급을 위해 신규투자가 확대될 것으로 예상됨에 따라 연평균 5.6%의 성장이 전망된다. 이에 따라 수처리 기술 및 제품 개발에 많은 투자를 하고 있다. 물처리 및 관리에 있어서 가장 중요한 수중의 고형물을 제거하기 위한 막분리기술과 공중보건상의 이유로 각종 유해성 미생물에 의한 오염예방을 위해 정수처리시설의 소독, 살균 시스템의 고도화가 이루어지고 있다.

고도수처리를 위한 막분리기술로써 상업적인 NF/RO 막을 제조할 수 있는 나라는 미국과 일본 등 제한적이며, FilmTec, Hydranautics, Osmonics, Koch, Trisep, Toray 등이 독점하고 있는 상황이다.

처리용 MF/UF 분리막 소재 및 막여과 시스템 관련 산업은 소수의 대기업이 세계시장을 독점하고 있으며, 여기에는 Aquasource, Memcor, Zenon, Toray, Asahi Kasei 등이 있다. 또한 기존의 상용화된 고분자 분리막의 단점을 개선할 수 있는 나노기술(일반적으로 촉매 나노입자)을 결합한 세라믹 분리막에 대한 연구가 선진국과 미국 에너지부(Department of Energy)의 'Vision 21' 프로그램 등을 통하여 기술이 개발되고 있으며, 향후 선진국의 세라믹 분리막 세계시장의 수요가 매우 증가할 것으로 예상된다.

세계적으로 전기투석과 관련된 기술개발은 주로 이온교환막의 제조기술과 공정운전기술을 중심으로 진행되어오고 있으며, 높은 에너지 비용과 막비용이라는 경제적인 제한 요소가 있었으나, 1980년대 이후 다양한 이온교환막의 개발이 이루어져 일본의 Asahi Chemical, Asahi Glass, Tokuyama Co. 그리고 미국의 Ionics, Dupont 등에서 50여종의 이온교환막이 제조되면서 공정이 경제성을 갖게 되었다.

미생물 살균 소독 시스템 기술로는, 정수기술에 있어 소독은 전처리, 후처리의 2단계로 행해지고 있으며 소비자의 증가하는 삶의 질 향상에 대한 요구로 전체적인 품질 향상과 더불어 기기의 소형화, 가정화가 진행되고 있다.

선진국 중심으로 다양한 각도와 방안을 이용한 소독기술의 연구 개발이 진행 중이며, 소독 후 유해물질을 발생시키지 않는 UV소독기, Ozone을 이용한 소독기술 등이 각광받고 있다.

오존의 경우 미세기포를 이용한 기술의 적용에 대한 연구가 일본을 중심으로 개발되고 있으며, 오존, 염소와 열에 내성이 강한 조류 및 아메바의 파괴에 초음파를 이용한 완전살균 파괴 기술에 대한 연구가 개발되고 있다.

이밖에 고속 부상고액분리장치, 고율 여과장치, 기능성 여과재 등의 기술을 개발 활용 중에 있으며, 아울러 인(P) 등 특정 물질 제거에도 활용하고 있다.

〈표 4-21〉 고도수처리 기업 사례

구 분	주 요 내 용
베올리아 (프랑스)	• 세계 1위 물서비스 회사 • 세계적인 서비스망을 바탕으로 우수 기술을 확보하여 수처리 공정은 물론 단위 수처리 설비의 세계적인 기술을 보유함 • AF-Float, Idraflot 등의 부상분리기술을 보유하고 있음
수에즈 데그라몽 (프랑스)	• 세계 2위 물서비스 회사 • AquaDAF의 고율 부상분리 장치 기술 보유
레오폴드 (미국)	• High rate DAF인 ClariDAF 제품 보유 • 레오폴드 여과 등 수처리 설비 제품 보유
팍슨 (미국)	• 50년 역사의 미국 수처리 전문회사 • Dynasand 여과기술 보유 • 인처리 설비 보유
블루워터 Tech. (미국)	• 미국의 수처리 전문회사 • Bluepro 인 고도처리 필터 등 전, 후처리 수처리제품 보유
베올리아 (프랑스)	• 허니컴을 이용한 큰 직경의 모듈 개발 • 세라믹으로 이루어진 고 내구성의 제품 • 티타늄(TiO_2) 를 바탕으로 제작
크루거 (덴마크)	• KCM을 이용한 정수처리모듈로서 박테리아 제거에 효율적임 • 적은 역세주기와 높은 회복율(98% 이상)을 적은 에너지 소모 운영
데구사(독일)	• 부직포 위에 세라믹 코팅
마쯔시다(일본)	• 전극판 위에 세라믹층 도포
Asahi Kasei (일본)	• 폴리올레핀계 분리막과 세라믹입자의 하이브리드화 추진 • 세라믹 소재로는 알루미나 (Al_2O_3)가 주로 사용
NGK (일본)	• 세계적인 세라믹 분리막 제조업체 • 도쿄의 정수처리에 세라믹 분리막의 최초 적용
Eawag (스위스)	• 스위스 수생과학기술 연구재단 • UV-A와 태양열을 이용해 물속의 미생물을 살균하는 저개발국가의 식수 미생물 오염도 개선 방법 개발
Atlantium (이스라엘)	• 소형 UV 살균기 개발 • 쿼츠 크리스탈을 이용한 자외선의 고효율 방사 및 소형화 실현
Trojan Tech. (미국)	• 상용으로 가장 강력한 출력의 아말감 램프인 Solo LampTM 개발 • 고출력 램프의 사용으로 램프 소요 1/3 으로 절감 • 뉴욕시 살균 시설, 캘리포니아 오렌지 카운티 지하수 정화 시스템, 벤쿠버 지하철 살균 시설 도입
HielscherUltrasonics (독일)	Ozone, 열, 염소에 내성을 가지는 아메바질을 초음파를 이용해 사전 분해 후 Ozone 처리
BioTek (영국)	• 세계적인 오존소독설비 생산, 개발 업체 • 전해식 오존수기의 개발

(2) 용수핀치 공정기술

한 가지 대표적인 공정기술인 용수핀치(water pinch) 공정기술은 최종배출수를 고도처리 방법을 이용하여 재이용하는 기존의 방법에서 벗어나 공정 내에서 물을 절약하고 그 물을 공정의 과학적이고 체계적인 분석에 근거하여 몇 번이고 이용하고 폐수처리장에 방류함으로서 용수 재이용율를 높이고자 하는 공정기술이다.

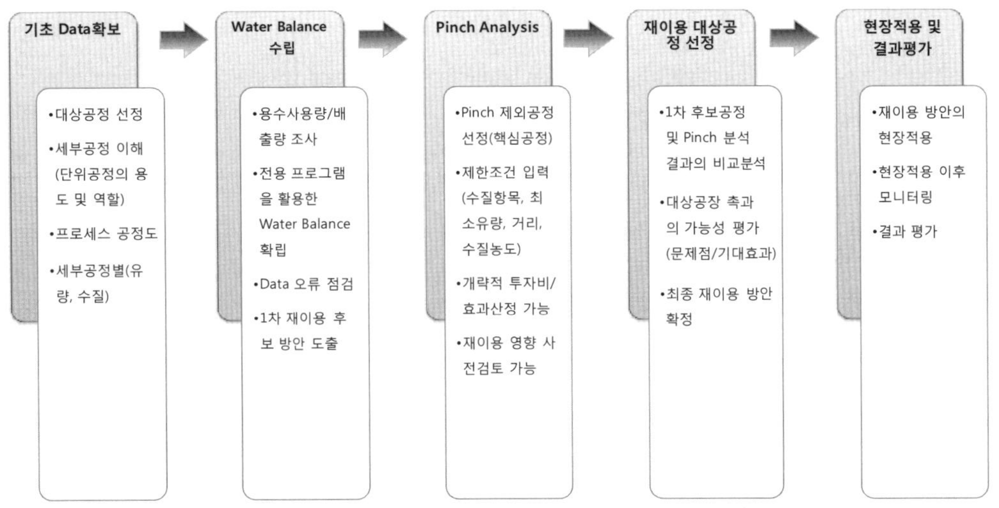

자료: 국가청정생산지원센터(2010) ,청정생산기술에서 녹색기술까지 제2권 그린생산공정

〈그림 4-37〉 용수핀치 프로젝트 수행의 업무흐름

실제 산업에서는 하나의 공정에서 용수 최적화가 아니라 전체 산업공정에서 사용되는 용수 사용량을 최소화시킬 필요가 있고, 이 용수핀치 분석기법은 그래프에 기초한 방법으로 초기에 영국의 Manchester 대학에서 공정통합학과에서 열교환기망(heat exchange network)의 최적화를 위해 개발한 것이 이론적 기틀이 되었다.

용수핀치 기법을 이용한 용수재이용의 수행단계는 일반적으로 지역 내의 용수시스템에서 증가되는 현재 및 미래의 요구량을 정확하게 판단하는 용수수지 작성단계, 공정수질, 재이용 가능성 탐색과 재생, 처리조건 수립 등이 포함되는 핀치분석단계와 프로젝트 실행결과분석의 과정을 따른다. 용수핀치 기술의 단계는 다음과 같이 간단히 정리할 수 있다.

❶ 유틸리티 시설을 포함한 물이 사용되는 모든 공정과 폐수나 기타 공정수가 발생되는 지점들이 표시되어 있는 전체용수 사용 시스템에 대한 용수 흐름도를 작성하고, 용수의 물질수지를 설정하여 source와 sink를 정의한다.

❷ 핵심오염물질을 정의하여야 하는데, 부유물질의 전도도, 온도, pH 등이 포함되며, 주요 대상 공정에서 제한요건이 되는 오염물을 선정하고 제한 농도치를 설정하여야 한다. sink에 대해서는 최대 허용량을 정하고 source에 대해서는 최소량을 지정한다.

❸ 상용화된 소프트웨어나 수학적 최적화 방법을 사용하여 source와 sink사이의 최적의 용수공급 상태를 분석하며 이를 위해서 다량의 오염물질을 고려한 핀치분석을 수행한다. 초기 설계된 용수망에서 현장의 공정변화나 최적지점의 변화에 따라 오염물의 추가가 고려되어야 하나 공정개선이나 재이용의 조건이나 핀치점을 포함해야 한다.

❹ 마지막 단계에서는 실질적으로 공정에 적용 가능하도록 재이용망의 설계를 수정한다.

(3) 세정공정처리

이와 함께 주요한 하나의 폐기물처리 공정기술로 세정공정이 있다. 세정공정은 시간 혹은 공정이 지속됨에 따라 표면에 쌓인 불순물 혹은 오염물질을 제거함으로써 표면이 원래 가지고 있던 기능을 지속가능하게 유지시켜주는 매우 중요한 공정이다.

종전의 세정방법은 물을 기반으로 한 다양한 유기용제, 산, 알칼리 용액을 혼합하여 세정하는 습식세정(wet cleaning) 방법이었으나, 이러한 습식세정방법은 인체와 환경에 유해물질을 사용하기 때문에 대체 세정기술로 건식세정(dry cleaning) 방법이 매우 청정한 공정기술로 나타나게 되었다. 현재 산업에서 널리 사용되고 있는 대표적인 건식세정방법으로 레이저세정, UV/오존세정, CO_2 드라이아이스 세정, 플라즈마 세정 등이 있다.

(가) 레이저세정 공정기술

레이저는 인간이 일상적으로 사용하는 태양광, 형광등과 같은 일반등과는 성질이 다른 독특한 형태의 빛이다. 그 발생의 기본원리는 1917년 Albert Einstein에 의해 처음 제안되었으며 1960년 미국의 과학자 T. Maiman은 인조루비를 사용하여 최초의 레이저빔 발진에 성공하였다.

레이저 발진기의 기본구조는 활성매질(active medium), 펌핑소스(pumping source), 그리고 광공진기(optical resonator)로 구성되어 있으며, 레이저세정 공정은 레이저 광의 단색성 및 응집성이 매우 중요한 효과로 작용하여 효과적인 오염물질 제거 특성을 가진다. 그 특성은 단색성(monochromaticity), 그 위상이 시간적과 공간적으로 같은 에너지를 상쇄 없이 유지하는 특성인 정합성(coherence), 지향성(directionality) 등이다.

레이저세정 공정기술의 기본원리는 레이저 빔을 세정대상물 표면에 조사하여 표면 위에 존재하는 오염물질이 레이저 빔과 효과적으로 반응하여 오염물질만을 선택적으로 제거하는 것이다.

강력한 레이저 빔이 대상물 표면에 인가시 표면에서는 레이저 빔의 에너지를 흡수하며 열로 변환됨으로써 표면에서 급격한 온도상승이 발생하며, 이러한 순간적 온도증가가 오염물질을 순간적으로 증발시킴으로써 세정이 이루어지는 것이다.

레이저세정의 차별적인 특성은 레이저의 단색성을 이용하여 오염물질만을 선택적으로 제거가 가능하고, 아주 짧은 레이저 펄스를 사용하기 때문에 정밀한 오염층 제거가 가능하다.

외부로부터 기계적 부하를 모재 표면에 가하지 않아 잔류응력 등이 발생하지 않은 표면 릴리프(surface relief)공정이며, 비접촉식 공정이므로 접촉마모가 발생하지 않는다는 것이다. 또한, 레이저에 의해 유기된 고온효과로 표면위에 존재하는 미생물 박멸에 의한 표면살균효과와, 공정의 자동화 및 환경친화적이라는 점이다.

이 방법은 주로 반도체 산업에서 응용되는데, 웨이퍼제조 공정인 경우 세정공정이 약 30%를 차지하기 때문에 생산수율에 직접적인 영향을 미칠 수 있다. 따라서, LCD, PDP, OLED 등과 같은 평판 디스플레이 제조공정에서 미세오염물질 제거에 주로 사용하고 있으며, 레이저 충격파 세정으로 더 강력한 공정기술이 개발되었다.

그 밖에 레이저 빔을 사용한 세척 공정기술로는 습식 레이저세정 공정기술(Wet laser cleaning)이 있는데, 이는 표면에 얇은 액체 막을 형성시킨 후 레이저 빔을 조사하면 세정효율이 증가하는데 이를 습식 레이저세정이라고 한다.

물이나 알코올이 일반적인 액상물질로 사용되며, 이러한 기술은 1990년대 초에 미국 IBM에서 실리콘 웨이퍼 위 미소입자들을 효과적으로 제거하기 위해 고안된 공정기술이다. 이 밖에 유체 동력학적 레이저세정(hydrokinetic laser cleaning), 경사각 레이저세정(angular laser cleaning), 가변파장 기술(tunable wavelength technique) 등이 있다.

(나) UV/O_3 세정공정기술

자외선(UV: UltraViolet)은 1801년 독일의 화학자 J.W.리터가 감광작용을 일으키는 특수한 광선으로 발견하였으며, 보통 100~380nm 파장을 가진 가시광선보다 파장이 짧은 전자기파를 총칭하며, 화학적 작용이 매우 강해서 적외선, 열선, 혹은 화학선이라고도 불린다.

자외선의 화학적 반응은 분해, 결합, 양생, 파괴와 같은 반응을 하는 광화학반응(photo-chemical reaction), 살균작용(sterilization, 200~280nm), 홍반작용(red spot, 280~320nm), 오존생성(ozone generation, 200nm파장 이하) 등이 있다.

오존은 화학적으로 불안정하여 공기 중에서 혹은 물속에서 쉽게 산소와 활성산소로 분해되는데, 이때 발생하는 활성산소는 산화력이 염소보다 5.6배 강하며, 바이러스 살균력 또한 염소보다 약 25배 이상 강하기 때문에, 상온에서 산화하지 않는 안정 금속인 금, 은, 수은 등도 산화시킬 수 있다.

염소와 달리 2차 환경오염의 우려가 없고 반감기가 짧아 환경적 오염지수가 낮기 때문에 살균 및 산화제로 관련 산업에 그 이용이 늘고 있는 추세이다.

따라서 1972년 Bolon과 Kunz에 의해 기본원리가 확인된 이후, UV/O_3(자외선/오존) 세정은 고출력 자외선램프와 산소가스를 이용하여 활성산소와 오존을 만들어 표면위의 유기오염물질을 제거하는 세정공정기술이다.

이 방법은 자외선램프 장착을 기본으로 하기 때문에 시스템 구조상 매우 단순하고 동작이 간단하여 다양한 분야에서 응용되고 있고, 여러개의 램프를 직렬식으로 용이하게 배치할 수 있어 대면적 대상물을 세정하는데 특별한 제한이 없기 때문에 평탄한 판재 구조를 가진 대상물 표면을 세정하는데 효과적이다.

주로 반도체 산업과 디스플레이 산업에서 반도체 웨이퍼와 패키징 공정에서 세정하는데 과산화수소 대신 오존을 사용한다. UV/O_3 세정공정 시스템의 핵심기술은 자외선램프, 램프 하우징의 구조 및 특징, 세정시스템의 형태 등을 말하고 있다.

(다) CO_2 드라이아이스 세정공정기술

CO_2 드라이아이스는 상온 가압에 의해 만들어진 액체 이산화탄소를 순간 감압에 의해 단열팽창을 통해 만들어진 고체형태의 이산화탄소를 말한다. 일반상온(15℃)에서 이산화탄소 가스를 압축기를 통해 가압하여 54.4atm 압력에 이르면 이산화탄소 가스는 액체상태와 공존하는 평형상태가 된다.

이러한 액체 평형상태에서 순간적으로 대기압(1atm)으로 감압하면 고체와 기체의 평형상태에 도달하게 되며, 이때의 평형온도인 78.5℃의 이산화탄소 고체 드라이아이스가 생성된다.

이와 같이 순간적인 감압공정을 단열팽창이라고 하고, 이러한 단열팽창은 고압 이산화탄소 탱크의 밸브를 순간적으로 열 때에, 혹은 탱크와 연결된 노즐 끝단에서 발생하며, 이를 통한 이산화탄소 고체 드라이아이스가 발생하게 된다.

이산화탄소 드라이아이스 세정원리는 드라이아이스 미세 알갱이를 고압가스와 함께 분사시켜 작업물과 충돌시킴으로써 표면을 세정하는 방법을 말하는데, 기존의 모래 혹은 세라믹 파우더를 고압으로 분사해 세정하는 블라스팅(blasting)과 작동모습이 유사하나 근본적으로 세정 메커니즘이 크게 다르다.

두 가지의 드라이아이스 세정절차는 첫 번째로 상온 고압상태의 이산화탄소를 노즐을 통해 대기압 상태로 분사시 순간적인 단열팽창 현상에 의해 고체 드라이아이스가 만들어지며, 이들이 표면과 충동함으로써 세정이 실행된다. 두 번째는 고압 이산화탄소를 상압으로 낮출 때에 만들어지는 드라이아이스를 마치 가래떡을 뽑는 것과 같은 방식으로 직경 수mm의 고체의 드라이아이스 알갱이를 만든다.

이 두 가지 방법 모두 고압분사에 의한 물리적 블라스팅 효과, 초저온 드라이아이스 온도에 의한 표면 열충격, 드라이아이스의 승화현상 시 부피팽창력 800배 증가와 액체 이산화탄소의 유기물질에 대한 용해력 등의 네 가지 세정 메커니즘이 작용하게 된다.

이 방법으로 세정할 수 있는 오염물질은 급속 동결되면 부서지기 쉬운 금형, 성형몰드의 잔류찌꺼기, 접착제, 풀, 페인트, 바니시(banish), 기름, 그리즈(grease), 수지(epoxy), 왁스, 우레탄, 합성수지, 성형재료, 고무, 실리콘, 합성고무, 제과, 제빵 찌꺼기, 방사능, 녹, 반도체 장비부품의 오염층 등 매우 다양한 산업에서 응용될 수 있다.

(라) 플라즈마 세정공정기술

플라즈마는 기체의 이온화상태로 정의하며, 고체, 액체, 기체도 아닌 물질의 제4상태로 플라즈마의 현상은 이온화현상, 여기(excitation)와 이완(relaxation), 그리고 분리(dissociation) 등이 있으며, 반도체산업에서 세정과 에칭(etching) 목적으로 널리 사용되고 있다.

플라즈마의 종류는 코로나방전, 불꽃방전, 아크방전, 글로방전(glow discharge)로 나눈다. 플라즈마 세정은 말 그대로 플라즈마를 이용하여 기판표면에 존재하는 오염물질을 제거하는 공정이며, 물리적·화학적 반응을 조절하여, 반도체산업에서 주로 사용되고 있다.

4.3.3 도시광산 기술

지구상의 자원의 총량은 일정하면서 지하자원이 감소하고 지상자원이 늘어가고 있는 실정에서, 지하에서 지상으로 인간이 사용하고 폐기된 제품에 포함된 금속자원을 도시광산(urban mining)으로 정의한다.

인간이 채굴할 수 있는 도시광산 자원은 결국 폐제품 내에 함유되어 있는 금속이고, 광의의 도시광산 자원은 금속자원 뿐만 아니라 플라스틱 등의 유기물과 석유 등의 에너지 자원 등도 포함한다.

또한, 이동된 수명이 다한 폐자원이 산업 혹은 생활주변에서 발생되어 소량으로 넓게 분포되어 양적으로 광산규모를 가진 것을 도시광산이라 한다.

재자원화과정을 통해 철, 구리, 알루미늄 및 희유금속 등 다종의 금속을 안정적으로 확보할 수 있게 하는 토털 기술을 도시광산 기술이라 한다. 이러한 폐제품의 재자원화 공정인 스크랩의 전처리 공정, 농축공정, 정련공정 등이 파분쇄/선별/제련/고순도화(정련)으로 분류된다.

❶ **전처리:** 후속 선별, 추출, 고도처리 공정을 효율적으로 수행할 수 있도록 대상 처리물질을 이송·공급, 파쇄·분쇄, 분급, 저장·집진하는 과정

❷ **선별:** 전처리 과정을 통해 얻어진 분쇄산물로부터 물리적, 화학적 또는 양자를 병행한 선별기술을 이용하여 가연물, 불연물, 유기물, 무기물(금속자원) 등으로 분리하는 과정으로 공정의 선택은 회수물의 종류, 물성, 형상, 회수물 순도, 경제성을 고려하여 선정해야 함

❸ **추출:** 선별과정의 회수물 중의 목적금속을 고온의 열이나 적당한 용매에 의하여 녹여 금속성분만을 분리해낸 뒤 일련의 회수공정을 통해 각 금속별로 회수하는 과정

❹ **고순도화(정련):** 금속종에 따라 산업체에서 요구되는 금속의 순도를 높이기 위한 공정으로 건식, 습식정련 등이 포함됨

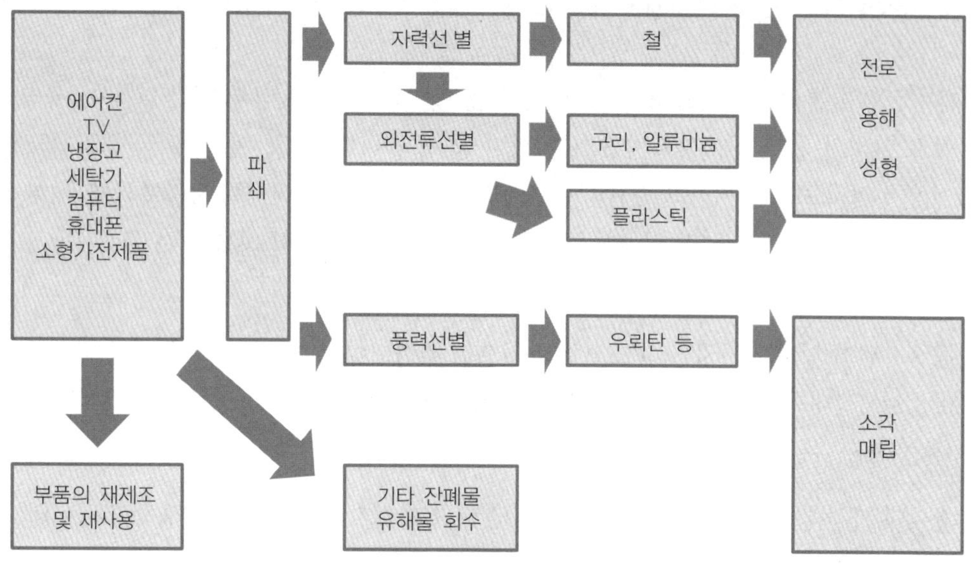

자료: 국가청정생산지원센터(2010), 청정생산기술에서 녹색기술까지 제1권 녹색산업

〈그림 4-38〉 도시광산의 회수과정

도시광석	전처리	선별	추출	고순도화
제품 또는 부품이 용도 폐기된 상태	파분쇄를 통해 소입자화 과정	종류별 분리과정	목적금속의 회수과정	요구되는 금속 순도를 높이는 과정

〈그림 4-39〉 도시광산의 개념과 흐름

금속은 크게 철과 비철금속으로 분류하기도 하는데, 이는 비철금속의 종류가 매우 많지만 철 생산량이 전체의 90% 이상을 차지하기 때문이다. 일반적으로 금속은 성질에 의해 크게 다음과 같이 분류한다.

- **중금속:** 비중이 4~5이상인 금속이며, 크롬, 철 니켈, 구리, 아연, 카드뮴, 주석, 몰리브덴, 수은, 납 등이 있다.
- **경금속:** 비중 4~5를 경계로 하여 이보다 비중이 작은 금속인데, 비중 면에서는 나트륨과 칼륨 등의 알칼리 금속과 칼륨 등의 알칼리 토금속도 경금속에 속하지만 일반적으로 경금속공업에서의 대표적인 것은 마그네슘, 베릴륨, 알루미늄, 티타늄 등이 있다.
- **비금속:** 이온화 에너지가 수소보다 작고 물 또는 산에 쉽게 침식되는 금속으로서, 칼륨, 바륨, 칼슘, 나트륨, 마그네슘, 알루미늄, 티나늄, 망간, 아연, 크롬, 철, 카드뮴, 코발트, 니켈, 주석, 납 등이 있다.
- **귀금속:** 화학적으로 이온화 에너지가 수소의 이온화 에너지보다 훨씬 크고, 산과 산화제에 의해 산화되지 않는 금속으로 금, 백금, 루테늄, 로듐, 오스뮴, 이리듐 등이 있다.

- **희유금속:** 총 35광종에서 총 56개의 원소로 구성되는데, 한국과 달리 일본은 한국에서 분류하고 있는 마그네슘, 카드뮴, 인, 실리콘 등의 네 광종을 희유금속에서 제외하고 있다. 미국은 마그네슘, 니켈, 인, 비소, 안티몬, 주석을 제외하는 대신 한국에서 제외되고 있는 칼슘, 루비듐, 우라늄, 플루토늄을 포함시키고 있다.

지구상에는 790억 톤의 매장량을 가진 철이 가장 많고, 그 다음으로 알루미늄, 티타늄, 구리, 아연, 니켈 순으로 알려져 있다. 금속자원의 80% 이상이 중국, 캐나다, 콩고, 호주, 미국 등 5개국에 편중되어 있어 안정적 확보가 미비하고 자원의 무기화가 심화되고 있다. 이러한 시점에서 전 세계 전자폐기물 시장 규모는 2009년 57억 달러에서 2014년 147억 달러로 증가할 것으로 전망되는 등 도시광산 산업의 규모가 빠르게 성장하고 있다.

국내 폐금속자원의 경제적 가치는 46조 4천억 원으로 추산되며 매년 4조 3백억 원의 폐 금속자원이 발생되고 있다. 국내의 EPR 도입 후, 폐전자 제품의 회수량은 2004년 67,433톤/년에서 2007년 106,376톤/년으로 꾸준히 증가하고 있다.

또한 주요 4대 가전제품을 기준으로 연간 약 280만대의 폐전기·전자제품이 발생하고 있는데, 철, 플라스틱, 알루미늄, 구리, PCB기판에 함유된 금속류 등 많은 유가자원을 포함하고 있으며, PC, 휴대폰 등 대표적인 IT기기에는 금, 은, 코발트, 탄탈륨 등의 희귀금속이 다량 포함되어 있다.

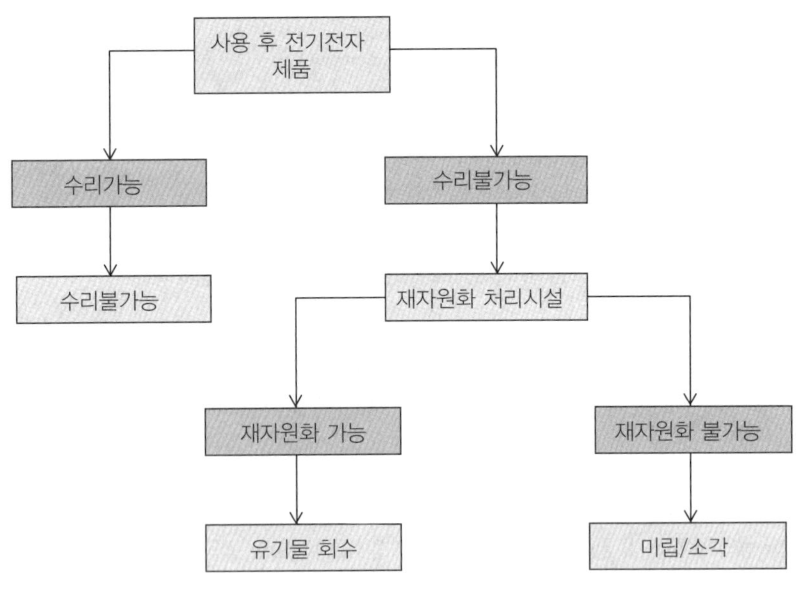

자료: 국가청정생산지원센터(2010) ,청정생산기술에서 녹색기술까지 제1권 녹색산업

〈그림 4-40〉 국내 폐전기전자제품의 재자원화 흐름

자동차, 전동차, 선박, 항공기 등과 같은 이동수단들은 철, 알루미늄, 티타늄, 구리, 아연, 코발트 등을 함유하고 있고, 컴퓨터, 복사기, 휴대폰, 의료기기 등은 구리, 은, 금, 철, 희토류원소, 플라티늄, 인듐, 망간, 필라듐 등 다양한 금속을 함유한다.

이 가운데 특히 휴대폰은 금과 은을 다량 함유하고 있어서 우량 도시광산의 하나다. 남아프리카의 유력한 금 광산에서 얻어지는 금광석 1톤에는 대략적으로 금 5g의 금이 함유되어 있는 반면, 휴대폰 1톤 속에는 금이 150~400g이상이 함유되어 있기 때문이다.

금속자원의 확보는 광석에서 채취하는 것보다 금속 함유량이 높고 이물질이 적어 훨씬 경제적이며, 재활용 사이클을 통해 반영구적으로 금속자원의 확보가 가능하다 할 수 있다. 도시광산으로부터 금속광을 확보하려면 경제적, 환경적인 문제를 해결할 수 있는 저비용, 친환경 선별기술 개발이 요구되며, 이를 달성하기 위해서는 대상 금속에 적합한 선별·추출·고순도화 장치와 시스템 및 공정 개발이 요구된다.

희유금속 및 귀금속의 수요가 증가함과 동시에 국제 가격 상승에 힘입어 기존의 비철제련 업체에는 폐전자 스크랩만을 재처리할 수 있는 장치 및 프로세스 개발에 관심을 두고 연구 개발 및 설비투자를 지속적으로 진행하고 있다.

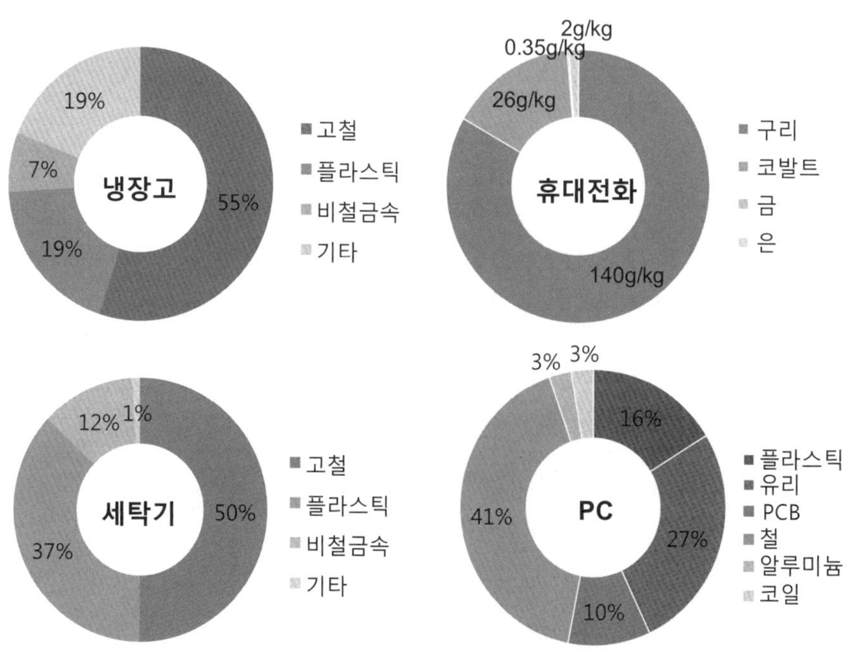

〈그림 4-41〉 전기·전자제품 구성성분

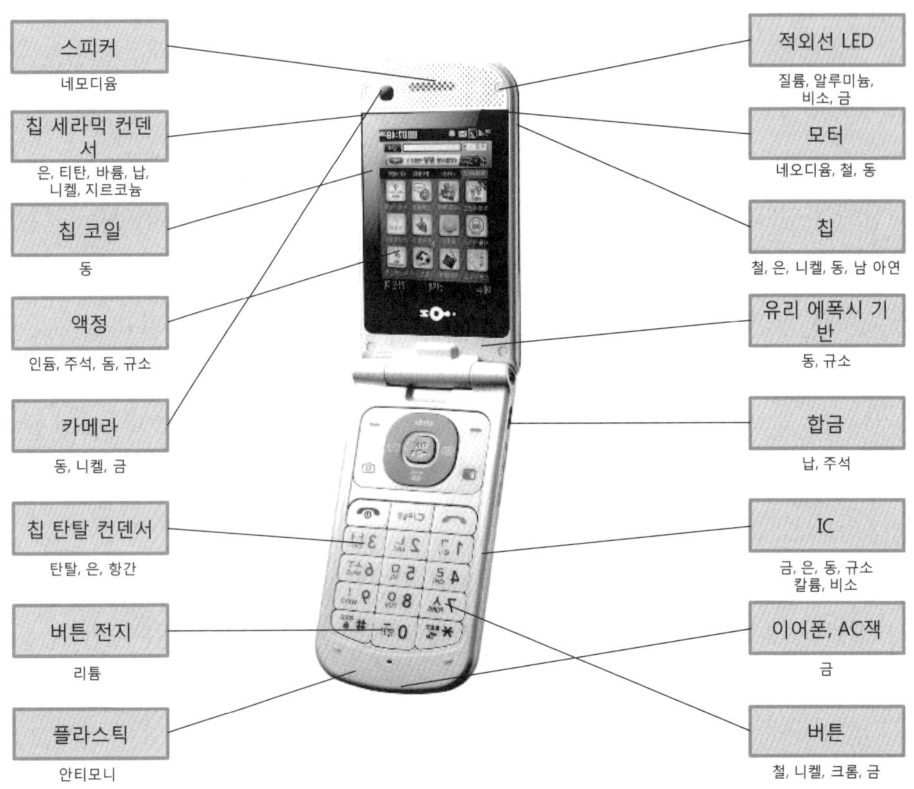

자료: 사이언스올 (http://www.scienceall.com/), 환경과 녹색성장 교과서

〈그림 4-42〉 폐 휴대폰의 금속자원

도시광산자원의 처리기술개발은 분급, 파쇄·분쇄 등 개별적인 장비의 개발보다는 이송, 파·분쇄, 분급 등이 어우러진 처리시스템 개발에 중점을 두고 진행되고 있으며, 현재 대부분의 선진 전처리 장비는 일본, 독일, 미국 등의 업체가 독점하고 있는 상황이다.

일본의 경우 도시광산의 중요성을 초기에 인지하고 제련회사 뿐만 아니라 전자회사에서도 자사에서 만들어진 폐전자제품을 재활용하기 위한 신공법 개발 및 장치투자가 현재 활발히 이루어지고 있다.

일본의 도시광산 산업규모는 전세계 매장량의 약 16%인 금 6,800톤, 22%인 은 6만톤, 61%인 1,700톤 등으로 세계 최대인 남아프리카공화국 매장량(14%)보다 많은 것으로 추산되며, DOWA의 경우 리사이클링 원료를 100% 투입할 수 있는 새로운 로를 가동하고 있으며, 닛코금속도 금, 동 및 니켈 등의 7종류의 금속을 회수할 수 있는 설비를 도입하였다.

〈표 4-22〉 도시광산 기업 사례

구 분	주 요 내 용
이송/공급 (아이신/Fuken) 일본	• 일본 선두 공급 및 수송기 제조업체 • 정량 Rotary Valve에서부터 공기이송장치까지 생산
	• 60년 이상의 오랜 경험 보유 • 분체 정량 공급 장치 전문업체 • Roll Fedder 및 Weighing Auto Feeder 등
파쇄/분쇄 (호소가와/ 구리모트) 일본	• 세계 제일의 분체 장치 제조업체 • 초미분 생산 분쇄기 전문
	• 80년의 분쇄 경험 • 대형 수직형 Roll Mill, Ball Mill 전문 제조
분급 (뉴메틱/고와) 일본	• 전세계 Toner 생산용 분급장치 독점 • 기류식 분급장치 전문생산업체
	• 진동 분급장치 전문 생산 • 원형 스크린, 초음파 스크린 생산
저장 · 집진 (미쓰이) 일본	• 30여년의 Silo 제작 경험 • 대형 Silo의 제작 노하우 풍부
비중선별(일본) (AIST)	• 도시광석으로부터 금속물질과 저비중의 플라스틱, 비금속의 분리를 위해 개발되었으며, 건식의 풍력선별법이 많이 활용 • 고비중 금속과 저비중 금속 간의 분리를 위해 응용되며, 또한 비중차가 적은 금속 간의 분리를 위한 장치개발이 이루어지고 있음
자력선별(미국) (Eriez)	• 금속물질 중 철금속과 비철금속간의 분리에 활용 • 합금물질 간의 자성차이를 이용한 금속물질 분리에도 활용 가능 • 철금속 이물질의 제거를 위한 목적으로도 활용
정전선별(미국) (Outocump)	• 전도성 및 비전도성 물질 간의 분리에 활용가능하며, 미립자 금속과 비금속의 선별에 사용 • 최근 혼합된 모든 물질의 분리가 가능한 마찰하전형 정전선별 장치 개발
근적외선(독일) (GmbH)	• 혼합된 금속물질 간의 근적외선 값의 차이를 이용하여 분리하는 기술로서, 향후 금속물질 간의 분리에 확대 이용될 것으로 예상됨 • 금속과 비금속 간의 분리를 위한 장치개발이 이루어짐
부유선별(미국) (Denver)	• 파분쇄 된 미립자 금속 간의 분리를 위해 개발 • 조립자 금속의 분리가 어렵기 때문에 불순물의 제거를 위해 응용
건식제련/용매추출(벨기에) (Umicore)	• Lithium ion(Li-ion) and Nickel Metal Hydride (NiMH) batteries 재처리 공장이 현재 가동 중임 • 생산성, 효율성, 회수율 향상을 위해 건식제련과 분리/정제기술이 하나된 새로운 공법을 개발하여 기존의 Cu와 Ni 이외에도 Au, Ag, Pt, Pd, Rh, Ru, Ir, In, Se, Te 등을 추출하여 제품화하고 있음 • 사용되는 장치로는 기존의 smelter와 blast furance가 동시에 가동 중
건식제련 (일본) (Dowa holdings)	• 자동차 스크랩 사업 확장으로 인해 Recycling 만을 위한 새로운 로가 현재 건설 중에 있음 (Kosaka smelting and refining) • 전자기판(PCB), 금속스크랩, 희유금속과 내화재광물의 부산물로부터 총 19종의 원소를 추출해 낼 수 있는 장치를 현재 건설 중에 있음 • Au, Ag, Cu, Pb 등을 기본으로 하여 희유금속 및 귀금속을 제품화하고 있음

구 분	주 요 내 용
건식제련 (일본 長州산업)	기존의 전로의 경우 철함유율이 95% 이상의 고급스크랩을 사용하지만 저급철 스크랩의 수집량의 증가에 따라 철함유량이 40%정도의 가전제품을 파쇄한 스크랩도 처리할 수 있는 신형 전로를 개발하여 현재 조업 중에 있음
건식제련 (진공 증류로)	• 반도체 제조 공정에서 발생하는 폐기물로부터 유독한 비소와 희유금속들을 회수하는 장치로서, 물질고유의 증발 온도차를 이용하여 분별 회수하는 방법 • 진공증류로(Vacuum distillation furnace)를 자체 개발하여 가동 중
건식제련(독일 Auribis) (Sub-merged Arc Furnace)	• 기존의 동제련 건식공정에 저급구리스크랩, 희유금속이 함유된 전자스크랩 및 저급스크랩을 제련공정에서 동시에 처리함 • 금, 은, 백금, 파나듐 등이 전해정련공정에서 Cu-slime에 포함이 된 상태로 잔재
용매추출(호주) (CSIRO)	• 희유금속을 포함한 유가금속 회수에 적용되며, 고기능 추출제의 개발로 응용범위가 확대되고 있음 • 최근 소규모 및 고순도 분리를 위한 칼럼형 추출장치의 도입이 활발하게 추진 중이며, 고효율 추출장치 개발이 진행 중임
흡착/이온교환	• 상대적으로 생산성이 낮으나, 고가의 희유금속(백금족 포함)의 고순도화 공정에 적용 • 고효율 흡착제 및 추출제 기능이 부가된 흡착제 개발로, 응용범위 확대

Chapter 05

주요 산업별 청정기술

Chapter

05 주요 산업별 청정기술

전 세계적으로 지구환경문제의 주범이 되고 있는 산업이 바로 석유를 포함한 화학산업 분야일 것이다. 2002년도 UN에서도 요하네스버그 회의에서 국제적 화학물질관리에 관한 전략적 접근(SAICM: Strategic Approach to International Chemical Management)을 채택하고 화학물질 관리를 강조하기 시작했다. 이는 화학물질 관리의 국제 규범의 기초가 되면서 포괄적 환경문제의 전략 및 지구행동계획을 마련하는 틀이 되었던 것이다.

5.1 석유화학산업

5.1.1 환경규제 및 대응 동향

전 세계적으로 지구환경문제의 주범이 되고 있는 산업이 바로 석유를 포함한 화학산업 분야일 것이다. 2002년도 UN에서도 요하네스버그 회의에서 국제적 화학물질관리에 관한 전략적 접근(SAICM: Strategic Approach to International Chemical Management)을 채택하고 화학물질 관리를 강조하기 시작했다. 이는 화학물질 관리의 국제 규범의 기초가 되면서 포괄적 환경문제의 전략 및 지구행동계획을 마련하는 틀이 되었던 것이다.

UN은 국제 화학물질 분류표시 조화시스템이라 불리는 GHS 제도를 추진하고 국가마다 상이한 화학물질 분류 및 표시 제도를 단일화하고 통일화하려는 움직임이 일어나면서 사용자로 하여금 쉽게 유해성을 인식할 수 있도록 하였으며, 이는 APEC 역내 국가까지도 도입하게 되었다.

OECD도 유해물질에 대한 평가, 관리 및 화학물질 관련규제의 국제적 조화를 위한 프로그램을 진행하고 있는데 이는 화학물질 배출량 보고제도 확산, 신규화학물질 유해성 심사제도 조화, 화학물질 정보공동 인정, 위해성 평가 및 관리, GHS 추진, 시험지침 및 GLP 규정 수립 등의 노력을 하고 있다.

또한 국제 화학단체 협의회(ICCA)를 중심으로 화학제품의 전 과정에 걸쳐 환경과 인간건강을 보존하도록 배려하고 이를 경영방침 공약으로 실행하는 생산자 중심의 자발적 활동을 확산하고 있으며, EU, OECD 및 미국 등을 중심으로 산업계 참여를 통한 오염자 부담원칙을 추진하고 있다. 국내 화학산업계도 2000년도에 46번째로 ICCA/RCLG(Responsible Care Leadership Group)에 가입하고 활발한 활동을 하고 있다.

석유화학산업 분야는 유기화학과 무기화학분야 내에도 수많은 화학제품을 제조하는 세부분야를 포함하는데, 그 동안 화학산업에서의 환경기술 개발은 주로 제품생산 후의 오염물질과 폐기물처리에 초점을 두었다.

국내외로 환경규제 강화로 기업이나 산업계에서의 큰 부담과 함께 에너지 절약과 효율성 향상을 위한 개선에 노력하지 않을 수 없게 되었다. 특히, 석유화학산업은 광범위하게 인류사회와 인간건강에 직접적인 영향을 주는 산업으로써 제일 먼저 환경보호에 앞장서야 할 입장인 것이다. 석유화학산업에 대한 전 세계적인 환경규제는 유해화학물질규제, 배터리규제, 오존층파괴물질·온실가스규제 등으로 구분할 수 있다.

석유화학산업은 화석연료를 주원료로 사용하여 다량의 온실가스가 생성되고 제조공정에서 막대한 에너지를 소비하기 때문에 기후변화협약의 영향을 크게 받아왔으나, 최근에는 선진국과 개도국 모두 기후변화 관련 규제보다는 유해화학물질 저감을 위한 규제를 강화하는 추세이기 때문에 관련 기업 및 산업들은 이에 부응하는 청정공정 및 생산기술의 개발이 필수적인 요소가 되었다.

석유화학산업의 경우 화학제품의 주요 생산지 대부분이 중국과 중동으로 이동한 상태이고 유럽과 미국의 화학 제조업 비중이 낮기 때문에, 선진국에서 온실가스 배출 저감을 목적으로 무역제재를 강화할 가능성은 높지 않으나, 국가별 감축목표에 따라 석유화학산업에도 상당한 감축 압박이 부과되고 있다.

(1) 유해화학물질규제

석유화학물질 관리에 대한 다수의 국제협약이 제정되었으며, 최근에는 세계 각국에서 안전·보건을 목적으로 하는 유해화학물질 관리 규제가 강화되고 있어 석유화학 수출 기업에게 어려움을 주고 있다. 가장 대표적인 EU의 REACH제도는 2007년 시행된 이래로 중국, 일본, 최근에는 대만과 동남아 지역 국가들에까지 확산되어 환경규제가 가속화되고 있다.

일본은 2011년부터 모든 화학물질에 대하여 수입량에 따른 신고서 제출을 의무화하고 있으며, 중국의 경우에도 석유화학산업을 핵심 육성산업으로 지정하고 이를 보호하기 위해 반덤핑관세를 부과하고 신규 화학물질의 신고·등록 제도를 시행하고 있다.

이렇듯 석유화학산업에 있어서의 청정관리체계나 관련 공정기술 개발이 시급한 상황이다. 그 중에서도 DMF(Dimethyl Fumarate)는 피부화상, 습진, 알레르기를 유발하는 유해성 화학물질로서, 저감대책이 요구된다. DMF는 특히 피부 접촉 시에 통증, 가려움증, 염증, 홍진을 유발하고 호흡장애 또한 유발하며, 쥐를 이용한 암 유발 시험에서 피부건조증이 발생되는 유해성 화학물질로 알려져 있다.

영국, 프랑스, 폴란드 등의 EU 회원국에서 시장에 출시된 가구와 신발에서 소비자의 불만이 발생하였는데, 임상적인 시험, 보관 및 수송과정에서 발생하는 습기로 인한 곰팡이 발생을 방지하기 위한 살충제인 DMF로 인해 소비자 피해가 발생된 것으로 확인이 되었다. 이는 살충제 지침에 따라 DMF

를 함유한 제품을 EU 역내에서 합법적으로 제조할 수 없으나, 수입된 제품 내의 DMF의 제한은 불가능하였기 때문이었다. 사안의 긴급성을 감안하여 일반제품안전(General Product Safety) 지침에 의해 DMF 규제에 대한 결정을 채택하게 된 것이다.

국내 기업의 대응은 일부 기업에서 이탈리아 수입자로부터 실리카겔 사용을 중지해달라는 요청을 받은 경우도 있고, IBM에서는 포장에 DMF를 사용하고 있지 않다는 자료를 배포한 경우도 있다. 국내 기업의 경우는 제품내 DMF 함유여부를 확인해야 하고, DMF를 함유한 제품은 DMF를 함유한 원료를 DMF를 함유하지 않은 다른 물질로 대체하기에 이르렀다.

또 다른 중요한 유해물질규제는 미국 California Proposition 65로서, 1986년도에 미국 내 제조자 및 수입자를 그 의무이행주체로 Proposition 65 목록 함유 제품을 대상으로 안전한 식수 및 독성물질 관리법을 시행하였다.

1986년 캘리포니아 독성화학물질의 노출에 관한 우려에 대응하기 위한 계획을 승인하였으며, 캘리포니아 Proposition 65로 알려진 안전한 식수 및 독성물질 관리법으로 발전되었다. Proposition 65에 따라 매년 암을 유발하거나 생식독성 물질에 대한 목록을 발표하고 있으며, 현재 약 800여개의 물질이 등재되어 있다.

대만의 경우는 역내에 유통되는 화학물질에 대한 정보의 부재로 인해 UN 화학물질의 분류나 표시의 세계조화시스템과 국제적 화학물질 관리를 위해 전략적 접근을 참고하여 노력하고 있는 실정이다.

터키정부는 EU관련 화학물질 관련규제를 시행함에 따라 2002년도에 화학물질관리 및 목록지침과 분류, 표지 및 포장지침 등 유해물질을 효과적으로 관리하기 위한 화학물질 인벤토리 구축 및 유지를 위한 행정적인 절차와 원칙을 구축하기 위해 노력하고 있다. 터키는 역내 1톤 이상의 제조나 수입 또는 사용되는 모든 화학물질을 환경산림부에 등록하도록 하고 있으며, 그 등록대상은 물질, 혼합물 내 물질과 고분자제품에 사용되는 첨가제 등이다. 특히 광석, 광물, 석탄, 화학적 처리가 되지 않은 원유, 국가 방위를 목적으로 하는 물질과 고분자는 면제물질로 적용하고 있다. 포장지침은 반드시 터키어로 표기된 화학물질명을 사용하여야 하며, 부속서에 명시된 위해성 문구와 안전성 문구사용을 요구하고 있다.

필리핀 정부 또한, 필리핀 내 제조자와 수입자를 의무이행주체로 1993년도에 신규화학물질을 사용, 저장, 수입, 판매, 제조, 운송 및 가공하기 위해서는 사전에 환경관리국의 승인이 필요하며, 기존물질 역시 신청서를 제출해야 한다. 필리핀 화학관리규정(PICCS)에 등록된 수은, 석면, 시안화물 등 특정 관리대상 화학물질을 제조, 수입, 판매 및 운송을 하기 위해서는 등록증명서가 요구된다. 또한, 신규화학물질 관련요건 중에서 소량수입확인, 사전제조수입신고 등은 일본 관련법의 MSDS 절차와 유사하다.

한국도 역시 한국 내 제조자 및 수입자를 의무이행주체로 신규화학물질(물질 자체 및 혼합물 내)을 대상범위로 1991년도부터 유해화학물질 관리법 시행규칙을 시행하고 있다. 그 목적은 화학물질로 인한 국민건강 및 환경상의 위해를 예방하고 유해화학물질을 적절하게 관리함으로써 모든 국민이 건강하고 쾌적한 환경에서 생활할 수 있기 위함이다.

한국정부는 1992년 2월 2일 전에 국내에서 상업용으로 유통된 화학물질로서 환경부장관이 고용노동부장관과 협의하여 1996년 12월 23일에 고시한 화학물질과, 또는 그 이후 종전의 규정이나 이 법의 규정에 따라 유해성심사를 받은 화학물질로서 환경부장관이 고시한 화학물질 어느 하나에 해당하는 물질을 기존물질로 정의하고 있다.

화학물질이라 함은 신규화학물질, 유독물, 관찰물질과 취급제한 및 금지물질로 구분 되는데, 원자력에 따른 방사성물질, 약사법에 따른 의약품과 의약외품, 마약류관리에 따른 법률에 따른 마약류, 화장품법에 따른 화장품, 농약관리법에 따른 원재와 농약, 비료관리법에 따른 비료, 식품위생법에 따른 식품과 식품첨가물, 사료관리법에 따른 사료, 총포, 도검, 화약류 등 단속법에 따른 화약류 및 고압가스 안전관리법에 따른 독성가스 등은 해당 법률이 적용되기 때문에 유해화학물질관리법에서는 적용되지 않는다.

(2) 배터리규제

EU는 배터리 및 축전지에 포함된 수은, 카드뮴, 납의 유해물질 사용제한과 폐배터리 및 폐축전지의 수거율 및 재활용률을 향상시키며, 재활용 및 폐기를 포함하는 전 과정에서의 배터리 및 축전지의 친환경성 향상을 그 목적으로 하고 있다.

배터리는 수은, 카드뮴과 납의 성분이 포함되어 있기 때문에 유해물질로 사용 및 규제를 제한하고 있으며 수거 및 재활용을 위한 대응 방안이 엄격하고, 모든 배터리와 축전지에 보기 쉽고 지워지지 않도록 규정된 크기의 라벨을 부착해야 한다.

미국의 경우는 수은 함유 배터리 및 축전지 관리법을 제정하여 해당 배터리의 수집, 폐기, 재활용 및 표시를 통해 인체건강 및 환경을 보호하기 위한 목적으로 1996년도부터 시행하고 있다. 미국은 매년 3억 5천만 개 이상의 축전지가 판매되고 있으며, 타국의 경우와 마찬가지로 수은, 카드뮴 및 납의 성분을 함유한 유해한 중금속이나 배터리의 사용 중에는 인체건강 및 환경에 어떠한 유해한 영향을 미치지는 않는다.

중국의 경우에도 역시 염기성 및 비염기성 아연·이산화망간 배터리 중 수은, 카드뮴, 납 함량의 제한요구와 아연·산화은, 아연·이산화망간 배터리 중 수은 함량의 제한요구에 관련 법률을 2010년도부터 시행하고 있다.

중량 대비 수은 함량 0.025% 이상인 아연·망간 배터리, 아연·망간 알카라인 배터리는 중국 내에 판매가 중지되고, 중량 대비 수은 함량 0.0001% 이상인 것에 대해서는 생산, 수입 및 판매도 금지하고 있다. 폐납축전지에 대해서는 재활용 의무화와 따른 방법으로 처분하는 것을 금지하고 있다.

(3) 오존층파괴물질·온실가스규제

또한 EU는 오존층 파괴물질과 이를 포함한 제품을 대상으로 오존층 파괴물질에 관한 규정을 마련했다. 주요 내용은 오존층 파괴물질 및 이를 포함하는 제품의 생산, 판매 및 사용과 제3국으로의 수출을 제한하고, 몬트리올의정서 당사국으로서 의정서 규정을 반영해서 대상물질별 감축과 전면폐기일정을 제시하며, 재활용, 재생산 및 적절한 폐기 시스템을 구축하는 것 등이다.

미국은 주별로 독자적인 환경규제를 시행하고 있는데, 캘리포니아주는 미연방에 비해 엄격한 기준을 설정하고 미연방의 환경규제를 주도하고 있다. 이러한 배경으로 캘리포니아 대기자원위원회에서는 세계최초로 자동차 이산화탄소 배출규제초안을 채택하여 온실가스 배출 감축법과 더불어 자동차 배기가스 규제법을 시행하고 있다.

2002년 7월 세계 최초로 자동차에서 배출되는 온실가스, 특히 이산화탄소 배출의 삭감을 목적으로 자동차 배기가스 규제법이 제정되었다는 것은 환경보호를 위한 엄격한 제한사항이라 할 수 있으며, 미국정부에서도 캘리포니아주가 예외적으로 연방법보다 강력한 규제수단을 제정할 수 있도록 허용한 것이다.

이산화탄소 배출규제법에 따라 CARB(California Air Resource Board)에서는 2009년 이후부터 연비뿐만 아니라 승용차 및 경트럭과 중형 승용차량에 대해 온실가스를 규제하는 AB1493 규정을 시행하고 있다.

온실가스는 CO_2, CH_4, N_2O, HFCs 등으로 자동차 엔진 뿐 아니라 에어컨, 타이어 등에서도 발생하며, 이산화탄소 이외 다른 배출물은 별도의 가중계수를 이용하여 이산화탄소 등가 배출량으로 계산되는데 각 기체의 지구온난화계수(GWP)는 이산화탄소 1, 메탄 23, 아산화질소 296, 수불화탄소 134a 1,300, 수불화탄소 152a 120 등으로 알려져 있다.

캘리포니아주는 1950~1960년대 대기오염의 악화가 심각해짐에 따라 미국 내에서 최초로 배기가스 중 일산화탄소와 탄화수소의 규제와 NOx의 규제를 도입했다. 이러한 캘리포니아주의 노력이 타주에도 영향을 미치게 되어, 관련 자동차 산업은 연비 개선을 시작으로 공해 삭감대책을 마련하기 시작했고, 미국 뿐 아니라 일본을 포함한 세계 각국의 자동차 배기가스 규제에 큰 영향을 끼치게 되었다.

중국 정부도 중국의 오존층 파괴물질에 대한 규제의 단순화를 목적으로 향후 냉매, 소화기, 세정제,

살충제 및 에어로졸 등에 사용되는 오존층 파괴물질에 대한 구체적인 퇴출 조치를 2010년도에 마련하였다.

(4) 환경규제 대응 동향

석유화학산업은 국내외적으로 가장 많은 환경규제와 주목을 받고 있는 산업으로서, 석유나 천연가스를 원료로 기초화학제품을 생산하고 그것으로 각종 화공약품을 제조하고 생산하는 산업이다. 석유화학산업은 1920년대 프로필렌 가스로부터 이소프로필알코올을 합성하는데 성공함으로써 발전하기 시작했다.

특히 석유화학산업에서 발생되는 환경오염물질의 종류가 다양하고 발생원천도 매우 복잡하기 때문에, 원료투입과 공정과정을 통해 산출물이 생산되는 전 과정에 있어 오염발생 가능성을 최소화하는 청정생산기술도입이 크게 요구된다.

폐열이나 폐가스 등의 에너지의 효율적인 사용방법과 가정용 플라스틱 등 매립 처리되고 있는 폐기물의 처리를 포함하여, 지구환경보전과 환경오염에 대한 관심이 부각되는 상황에서 세계적으로 강화되고 있는 환경규제에 보다 능동적인 대처 및 그와 관련된 연구개발 또한 시급하다.

석유화학분야에서 환경과 청정관련기술개발 동향은 석유화학분야에서의 중질유의 탈황 및 활용공정의 개발, 청정 가솔린으로의 변천과 환경 분야에서 대기 오염원 저감 및 제어기술과 천연가스를 이용한 합성가스제조기술 및 공정개발, 이산화탄소의 화학적 활용 및 관련 공정기술 분야에 주력해왔다.

특히 원유가의 상승으로 인하여 중질 연료유의 사용량 증가는 매년 12% 정도 증가하고 있는 추세이다. 따라서 이러한 석유소비 구조변화에 따른 청정생산을 위한 시설투자와 기술개발이 시급하다. 그러나 막대한 투자비가 소요되고 선진기술 확보가 미흡한 상태이기 때문에 장기적인 전략과 계획이 필요한 실정이다.

원유정제공정에서 발생하는 폐기물은 공정의 특성에 의해 필연적으로 배출되는 경우도 있으나, 폐수중의 오염물질은 각 탱크와 배관펌프 등에서 새어나와서 청소시 유출되는 것이 대부분이다. 원유정제에서 발생하는 폐기물을 성질에 따라 분류하면 유리상유, 유화유, 응축수, 산폐수, 가성폐액, 알칼리, 특수화합물, 폐가스, 슬러지 및 고형물 등이 있다. 유리상유는 작은 기름방울 고형물과 기름이 혼합된 것으로서, 폐수표면에 층을 이루어 떠 있으며, 유화유는 윤활유의 화학처리, 탈염조작, 특수화학약품공정, 산슬러지의 회수처리, 납의 탈유, 유탱크 세정공정 등에서 발생하여 특수한 처리 장치가 필요하다. 응축수는 정류탑의 분리기(separator) 등에서 배출되는 것으로서 기름 외에 황화물, 아황산염, 황산염, 아민, 페놀 등이 함유되어 있어서 특수한 처리법을 적용해야한다.

즉 석유정제산업에서의 주요 사전오염예방기술인 청정기술은 기름성분이나 탄화수소의 손실방지,

보조제에 의한 소비 절감 및 유입불순물의 유용자원화 증가 등으로 폐기물의 발생기회를 최소화함으로써 이루어질 수 있다. 에너지절약 및 무배출 목표는 반응단계공정 등에서 발생되는 부산물을 최상의 기술로써 사전에 처리해야 가능한 것이다.

석유화학산업은 공장자동화나 최적화설비를 도입해서 효율적인 공장운영과 과감한 연구개발 투자를 필요로 하며, 궁극적으로 사전오염 예방을 염두에 둔 에너지효율이 우수한 공정으로 바뀌어 나가야 한다고 주장한다. 최상의 품질과 부생유분의 특화 및 신소재 기술개발을 위한 친환경 공정을 갖는 공장의 개념으로 바뀌어야 한다.

우리나라 석유화학산업은 대표적인 수출 산업으로서 국가경제 성장을 견인하는 기반산업이며, 수출 비중은 중국 약 40%, 아시아 지역 약 30%, 유럽, 미국 및 남미 지역이 나머지 30%를 차지하고 있다. 우리나라 석유화학제품의 세계 시장점유율은 꾸준한 상승세를 보이고 있으며 특히, 중국시장에서는 점유율 20% 대로서 꾸준히 1위를 유지하고 있다.

국내 석유화학 기업들은 강화된 화학물질 규제에 대한 실질적인 대처 방안을 강구하고 있으나, 화학물질 규제는 까다롭고 복잡해서 적절히 대응하려면 많은 시간, 비용, 노력 등을 투입해야하기 때문에 많은 기업들이 고전하고 있는 상황이다.

화학물질 규제는 경제적 부담이 되는 것은 사실이나, 국내 석유화학 기업들이 중국이나 동남아시아 국가들에 비해 선진화된 환경기술과 체계적인 유해물질 관리전략을 잘 활용한다면 선진국 시장 점유율을 높이는 계기가 될 수도 있을 것이다.

화학물질과 관련된 규제들은 사후조치를 통해 대응하기보다는 사전예방 차원에서 근본적으로 오염물질을 차단하는 접근이 필요하다. 이를 위해서 친환경 화학 소재를 꾸준히 개발하고, 화학물질 유해 안전성 평가기술을 향상시키는 등 기반기술 확보에 지속적인 노력을 경주해야 할 것이다.

국내 석유화학 기업들은 환경규제에 대한 단기적인 대응과 더불어 장기적인 관점에서 미래의 규제 방향에 대응하는 것이 바람직하다. 단지 화학물질 규제뿐만 아니라 제품 환경성과 관련된 포괄적인 규제에 대하여 기업의 사회적 책임을 인식하고 녹색화학 및 녹색경영 기법을 발전시켜 나가야 할 것이다.

5.1.2 석유화학산업의 청정기술

석유화학산업은 에틸렌, 프로필렌, 부타디엔의 기초제품과 합성수지, 합섬원료, 합성고무 등과 같은 유도품 제조를 위해 다단계의 생산공정을 거치게 되면서, 발생되는 오염물의 종류가 매우 다양하고 복잡한 특징이 있다.

전체공정에서는 혼합폐수를 연속공정에서는 염화수소, 폐촉매, 폐용제를, 회분식 공정에서는 독성 폐촉매, 폐필터, 슬러지, 폐용제, 분진, 폐화학세척제 등을 배출하며, 제조공정에서는 폐용제, 슬러지, 중금속 화합물과 시아나이트 등을 배출한다. 따라서 전 공정에 걸쳐 오염발생 가능성을 최소화하는 청정생산 기술이 요구되는 것이다.

특히 국내의 폐플라스틱 발생량은 증가 추세에 있으며, 이는 폐기되어 토양에서 완전히 분해되기까지는 무척 많은 시간이 필요하기 때문에 폐기물의 재활용과 청정처리가 매우 중요한 것으로 부각되고 있다.

(1) 프로세스 통합기법

석유화학산업에서의 사전오염 예방과 에너지효율향상을 위해서는 원유정제 폐기물과 오염방지와 제어, 에너지 절약형 단위공정의 변경 등에 특히 관심을 갖고 연구해야 할 시점에 있는 것이다. 이러한 청정공정 기술의 구축사례는 프로세스 통합방법으로 공정설계 단계에서 사전오염 방지를 위한 기술들인데, 핀치 분석(pinch analysis), 지식기반 접근법, 수치적 최적화 접근법 등이 대표적이다.

그 중에 핀치 분석은 기본적인 열역학에 기초하여 전 산업공정에 걸친 열흐름을 분석하는 시스템적인 기술이라 할 수 있다. 이 방법은 특히 액상 시스템 등의 물질전달의 해석에도 적용이 되며, 폐수시스템의 분석에서 새로운 접근법을 제시할 수도 있다. 사전 오염예방, 개별공정 배출물 저감, 공정 배출물의 저감을 위한 전체 공정의 통합, 그리고 폐수발생 최소화를 위한 분야에 응용될 수 있다.

또한, MPC(Multi-variable Predictive Control)는 제품규격을 PPM 단위로 섬세하게 관리하는 접근법이고, 지식기반 접근법은 전문가 시스템 기반으로 폐기물 최소화를 위한 선택의 확인 및 평가를 위한 흐름도의 논리적 순서 계층적 설계 및 검토절차에 있어서 특정 사전 오염예방을 위한 인간의 사고과정을 모방하는 인공지능에 의해 청정 공정설계를 개발하는 것이다.

수치적 최적화 접근법은 간단한 수학적 모델을 이용한 모사에서부터 복잡한 수학적 프로그래밍 방법까지 다양한 수치적인 최적화 방법이다. 경제성을 고려한 설계시 정량화를 위한 비용공식이 결합되기도 한다. 그래프나 다이어그램을 통해 가시적인 표현을 할 수 있다는 장점이 있다.

선형 혹은 비선형 프로그래밍도 다양한 응용분야에서 사용되기도 하는데, 생산설비에서의 용수사용 및 폐수 생성속도, 펄프 및 제지공정에서의 폐기물 최소화, 폐기물 최소화를 위한 역삼투압 네트워크의 합성 등이 그 예가 된다.

국내의 석유화학산업 청정기술의 단기적인 대처수단으로는 적절한 재고관리, 조업 및 유지관리 절차의 개선이나 기존설비의 개선 그리고 자동제어 추가로 인한 재품개선, 공정 조업조건의 변경 등을 포함하는 생산공정 변경이 있을 수 있다.

프로세스 통합기법은 공정변경에 의하여 친환경성을 제고하는 방법으로서, 기존 공정을 청정생산 공정으로 전환하여 오염물 배출 저감을 도모하는 것이다. 예컨대, 유분 분리공정의 전 단계에서 유분을 직접 활용하여 필요한 제품을 생산하여 공정의 유연성을 확보하거나, 기존 증류공정을 대체할 수 있는 에너지 저소비 공정을 개발하여 에너지를 절약하고 이산화탄소 배출을 저감하거나, 새로운 매질을 이용한 새로운 화학반응으로 경제성 있는 청정생산 공정을 개발하는 것이다. 주요 기술로는 다음과 같은 것들이 있다.

❶ **분리 전단계에서 반응물을 이용한 제품 생산기술**
- C_4 유분활용 유효 탄화수소 제조기술

❷ **신분리기술개발**
- 분리막/증류 하이브리드 혼합공정개발
- 분리장치 소형화기술
- 저에너지 분리장치개발

❸ **신반응 매질 공정 기술개발**
- 이온화액체(ionic liquid) 제조 및 응용기술
- 초임계 매질 응용기술
- 플라즈마 응용 생산기술

(2) 반응공학적 청정생산기법

반응공학적 청정생산기법은 반응경로 축소, 고효율 촉매개발 및 이에 필요한 신반응기 개발 등을 망라한다. 주요 세부기술로는 다음과 같은 것들이 있다.

❶ **반응단계 축소기술:** 새로운 중간체 반응경로를 개발하거나, 또는 1단 저압 반응 공정을 개발하는 기술
- 고 선택성 저 부산물 생성 EG(Ethylene Glycol) 제조기술
- 1단 반응공정 기술개발

❷ **무용매 고효율 촉매 이용기술:** 용매를 사용하지 않는 고효율의 촉매를 이용하는 공정을 개발하여 폐수 및 폐기물의 배출을 방지하고, 촉매 사용량 감소로 인하여 촉매를 제거할 때 발생하는 폐수량을 감소시키는 기술
- 폴리프로필렌 무용매 중합기술
- 고효율 촉매제조 기술

❸ **신 반응기 공정기술:** 기존 반응기를 대체하여 오염물질의 배출과 에너지 소비를 감축할 수 있는 새로운 개념의 반응기를 개발하는 기술
- 초음파 반응기 설계기술
- 마이크로 반응기 설계기술
- 단시간 접촉 반응기(short-contact time reactor) 설계기술
- 분리막 반응기 또는 분리막을 결합한 하이브리드 반응기 개발

(3) 유해물질 대체 공정기술

유해성 원부재료의 대체를 통하여 유해물질 사용 및 배출을 원천적으로 제거하는 기술을 말한다. 주요 세부기술로는 다음과 같은 것들이 있다.

❶ **유해성 원부재료 대체 공정기술:** 포스겐(phosgene), 염소 등 유독성 원부재료를 저독성 물질로 대체하여 작업자의 안전문제를 개선하고 환경오염을 방지하기 위한 기술
- 포스겐 대체 공정기술
- 염소 대체 공정기술개발
- 환경호르몬 물질 대체 공정기술

❷ **이산화탄소 활용 기술:** 지구온난화 가스인 CO_2를 고부가가치 석유화학 제품을 제조하는 대체 원료로 사용하는 기술
- 이산화탄소 활용 석유화학원료제조기술
- 이산화탄소 응용을 위한 신촉매 개발

❸ **새로운 석유화학 자원개발:** 석유의 새로운 대체 원료를 개발함으로써 석유고갈에 대비하고, 폐기물과 부산물을 최소화하면서 자원활용 효율을 향상시킬 수 있는 기술
- C_1 화합물 전환기술
- 메탄의 부분산화에 의한 고효율 합성가스 제조기술
- 미생물 공정에 의한 석유화학자원개발

(4) 그 밖의 청정기술

그 밖에도 폐수 원천분리와 폐기물 농축 후 재이용 등으로 인한 폐기물 감량과 공장 폐수의 재활용, 폐촉매의 재생 및 재활용, 공장폐열의 재활용, 폐솔벤트의 정제 및 공정 내 재이용, 공정부산물의 고도 정제 후 활용, 폐유, 폐타이어, 플라스틱, 폐고무 등의 재활용을 의미하는 재이용 및 회수에 대한 기법 등이 있다.

단기적인 청정제품 기술개발은 열가소성 플라스틱 재활용, 청정 가솔린의 배합, 광분해성 및 생분해성 플라스틱 제조, 재활용 스티로폼 대체 물질의 개발과 저공해 연료제조 등을 꼽을 수 있으며, 유해물질을 용제로 사용하는 공비 증류공정을 흡착공정으로 대체하는 유독성용매 대체공정 같은 원료대체 기술의 개발이 시급한 실정이다. 그리고 청정기반기술의 개발은 신촉매 개발, 공정개발설비, 공정 최적화 기반기술 등이 있다.

장기적인 대처수단으로는 모노머(monomer)용 청정중간원료의 제조, 유지용제를 사용하지 않는 중간체 제조, 화석연료의 대체 에너지개발과 같은 원료대체와, 저오염 촉매공정, 저온 촉매공정, 바이오 반응기(bio-reactor) 활용공정, 에너지 절약형 공정, 무-포스겐 폴리카보네이트(non-phosgene polycarbonate) 제조공정, 유해가스 제거용 촉매공정 등의 신공정개발기술이다. 또한 기존공정 설계의 청정화와 개선 및 최적화, 청정제품을 위한 첨단 청정기술의 개발이 앞으로의 숙제로 남아있다.

5.1.3 화학물질 관리서비스

화학물질관리서비스(CMS: Chemical Management Service)는 석유를 포함한 화학산업에서 취급하는 화학물질의 구매, 운반, 사용, 폐기 등 화학물질 전 과정 활동과 관련된 제품과 서비스의 일부 또는 전부를 CMS 공급자가 공급 및 관리하기 위한 사용자와 공급자간의 전략적이고 장기적인 계약을 의미하는 사업이다(〈그림 5-1〉).

특히, 화학물질은 고체, 액체, 기체로 구성되어 있어서 안전문제의 주의가 필요한데, 공급업체로부터 사용자까지 구매, 운송, 보관, 사용 및 폐기단계가지 전 과정에서 효율적인 관리가 요구되며 불필요한 절차는 개선해야 한다.

CMS와 유사한 개념의 'Chemical Leasing'은 화학물질 사용에 대한 효율성을 증가시키기 위한 서비스 기반의 비즈니스 모델로, 환경규제에 대응하면서 경제적, 환경적 이익을 창출할 수 있는 수단으로 인지되어 있다.

일례로 이집트의 Dr Badawi사와 GM Egypt사간의 용제공급에서 용제 세척서비스로의 계약을 통해 원자재 재활용으로 인한 15% 비용절감, 용제사용량 감소로 인한 VOC 60% 감소, 폐기물 관련 환경규제대응 강화, 임직원의 인식제고 등의 다양한 개선효과를 창출하였다.

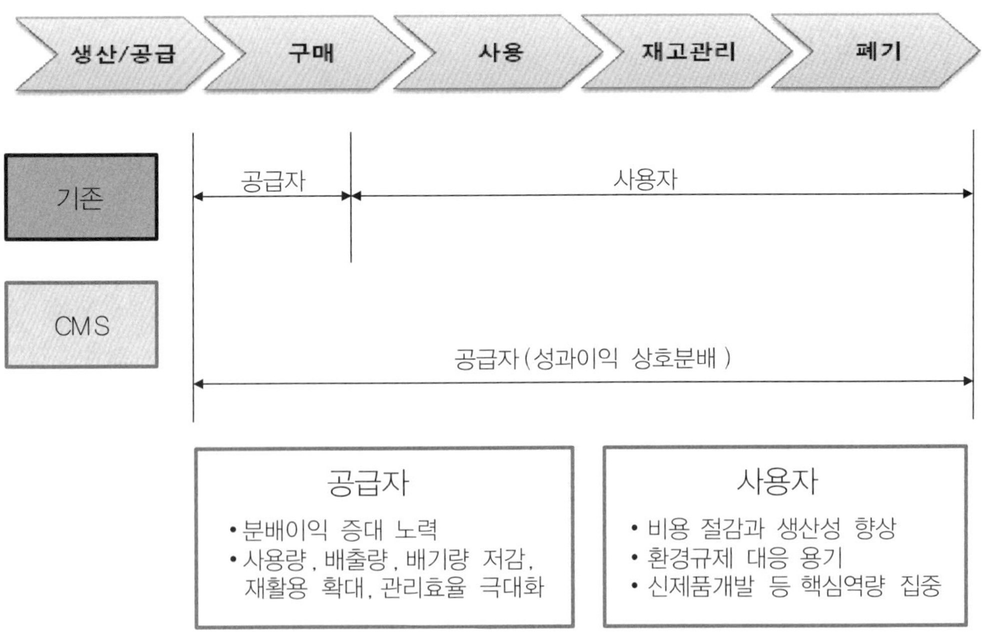

〈그림 5-1〉 화학물질관리서비스의 범위

CMS 활성화와 타 산업으로의 확장을 위해 1996년 설립된 미국의 비영리 단체인 CSP(Chemical Strategies Partnership)의 'CMS Industry Report' 에 따르면 CMS 공급사 및 고객사를 대상으로 설문조사한 결과, 공급업체 수입의 증가, 고객의 이익, 경제적 효과와 환경적 효과를 얻을 수 있었다고 한다.

미국의 CMS 공급업체는 금속, 항공제조, 항공수송관리, 전자업종 등에서 활발하게 성장을 하고 있고, 대량 의학용 화학물질, 농약, 특수 폴리머, 향료 및 향수, 특수 세라믹 등도 취급하고 있다.

특히, GM이나 Ford와 같은 자동차 산업, Motorola와 Intel의 전기전자산업, Delta Air Line이나 Raytheon의 항공방위산업, 대학연구소 등에서도 그 사례를 찾아볼 수 있다.

유럽을 포함한 전 세계적으로 CMS의 개념과 응용이 전개되고 있는데, 한국은 아직 그 이해와 입증 효과에 대한 어려움, 전문서비스 공급자의 부재, 아웃소싱으로의 전환에 대한 기존 관리체계의 저항, CAM 추진 관련 단체의 부재 등으로 활발한 활동을 하지 못하고 있는 실정이다.

그러나 기아자동차, 삼성전기, 노벨리스코리아, 한일시멘트, 성신양회 등의 대기업에서 CMS를 추진하고 있는 현황이며, 관련 전문가 교육을 해외로부터 마련하고 화학물질 사용량 모니터링 기술, 설비상태 통합 모니터링 기술, 예측정비 진단 요소기술, 규제대응 프로세스 자동화 기술 등 그 저변확대를 위해 힘쓰고 있다.

CMS 프로그램의 도입절차는 다음과 같이 6단계로 설명할 수 있다.

❶ **계획수립 단계:** 내부적인 팀의 조직 및 팀이 수행해야 할 과업 작성

❷ **데이터 수집 및 분석단계:** 베이스라인 산정이 필요한 이유와 전체적인 비용분석 수행

❸ **화학물질 베이스라인 설정단계:** 화학물질 관리 기준비용 설정을 수행하여 화학적 수명주기와 화학적 범위에서 어떤 부분을 화학물질 서비스 공급업체에게 양도할 것인가에 대한 의사결정

❹ **서비스 프로그램 설계단계:** 프로그램 범위와 사업장 내 각종 장벽에 대한 고려와 관리자 승인과 의사소통을 위한 계획수립

❺ **정보제공 단계:** 화학물질 서비스 공급업체에게 요구할 RFP 작성 및 공고할 내용에 대한 정보제공 공급업체 모집

❻ **공급업체 선정단계:** 공급업체의 제안서를 평가하고 서비스 공급업체를 선정

5.2 전기·전자산업

5.2.1 환경규제 및 대응 동향

전기 및 전자산업에서 발생되는 폐기물은 환경오염뿐만 아니라 인간의 건강에 가장 유해한 물질생성의 원인 중 하나이다. 전력소비에 수반된 환경부하와 더불어 전기·전자 제품의 폐기물 처리도 문제가 되고 있다.

산더미처럼 쌓아있는 폐기물을 볼 때마다, 각 나라들은 서로 그 처리를 회피하고 쓰레기 매립에 온갖 신경을 쓰고 있으면서, 정작 환경규제에 대한 청정기술 개발이라든지 사전처리방법들은 그동안 잊고 환경이 극심하게 황폐해지고 그 심각성이 주목받게 되어서야 비로소 여러 가지 방안을 내놓기 시작한 것이다. 전 세계적으로 환경규제에 대한 인식이 확산되면서 선진국을 시작으로 관련 산업분야에 대한 연구가 시작되었다.

막대한 양으로 쌓여가는 전기·전자 제품의 폐기물은 향후 지구 인류의 생존과 결합한 문제이기 때문에 재활용이나 재이용 등 사후처리 기술개발도 중요하지만, 기업이나 관련 산업계에서는 설계단계에서부터 유해물질 사용을 지양하고 재이용을 고려한 제품개발에 주력해야 할 것이다.

이제는 자국 내의 환경규제만 고려할 것이 아니라 전 세계적인 환경규제 동향과 대응에 관한 연구를 수행함으로써, 사후대응이 아니라 선제적 대응, 소극적 대응이 아니라 적극적 대응 기술을 확보해야 할 것이다. 더구나 전기·전자산업은 석유화학산업과 더불어 인간생활에는 없어서는 안 되는 것이며, 특히 고부가가치를 생성하는 산업이기에 관련 산업에서는 기업의 경쟁력과 생존을 위해 각 나라의 환경규제 동향을 잘 살펴보고 대응해야 하는 것이다. 전기·전자산업의 규제는 다음과 같이 크게 유해물질규제, 에너지효율규제, 자원순환규제 등으로 구분하여 살펴볼 수 있다.

(1) 유해물질규제

전기·전자산업과 관련된 가장 대표적인 국제환경규제는 2007년 1월부터 시행된 EU의 WEEE라고 할 수 있다. 이 규제는 전 세계 각국으로 퍼져나가 우리나라를 포함한 주요 국가들에서 시행되고 있다. WEEE 규제는 전기·전자제품의 생산 및 수출에 가장 크게 영향을 미치고 있는 것으로 나타났다.

중국은 전기전자산업 및 자동차산업에 사용되는 배터리를 아연-망간 배터리, 납축전지, 알칼리성 아연-망간 배터리, 니켈-카드뮴 배터리와 기타 유해배터리 등으로 구분하고, 수은함량이 0.025% 이상인 배터리는 판매를 금지하고 있다. 규제에서 제시하는 요건에 부합하지 못하는 경우, 제품의 제조, 수입, 사용 등이 불가능하도록 제제 조치하고 있다.

인도는 2010년 10월 '2010 E-waste Management and Handling Rules'에 대한 법률을 공포하였는데, 기존 20종에서 6종으로 제한물질 목록을 축소하고 대상제품의 범주를 축소하여 모든 의무이행 주체에 대해 연간 보고서 제출을 의무화하고 있다. 특히 의무이행 주체를 제조자, 판매업자, 재활용센터, 재가공자(Refurbishers: 전기전자제품을 새롭게 가공하는 사람), 분해업자, 재활용업자 및 소비자 등으로 구분한 것이 특이하고, 각 의무에 대해 상세하게 규정하고 있다. 저감대상 유해물질로는 카드뮴(100ppm), 6가-크롬, 납, 수은, PBB, PBDE (1,000ppm) 등 6개의 물질들이다.

전기·전자산업에 적용되는 환경규제는 매우 다양하지만, 유해물질 규제에 대한 가장 효율적인 대응방안은 대체물질 및 대체공정을 개발하는 것이다. 일례로서 오존층 파괴물질인 CFC를 대체하는 친환경 물질을 개발하여 사용하면 근본적으로 문제를 해결할 수 있다.

대체물질 개발이 지연되는 경우에는 CFC 파괴 및 분리기술 등을 생산공정에 적용해야 하지만, 이는 부가가치가 없는 공정이므로 제조원가 상승의 원인이 된다. LG디스플레이의 경우, 제조공정에서 온실가스의 하나인 SF_6(육불화황)이 다량 배출되는데, 막대한 자금을 투자하여 이를 처리하는 설비를 설치하여 가동 중이다.

이는 비용 상승의 원인이 되지만, 탄소배출권 확보를 통하여 새로운 수익을 창출하게 되었다. 또 다른 예로써 납(Pb)에 대한 처리를 생각할 수 있다. 거의 모든 전자제품에 소요되는 PCB 기판에 납땜이 필요한데, 이를 대체할 수 있는 용접 방식을 개발하면 원천적으로 문제를 해결할 수 있다.

그러나 그렇지 못한 경우에는 폐기 후 PCB 내의 납을 수거하여 처리하는 비용이 발생하게 된다. 따라서 우리나라 기업들은 유해물질을 대체할 수 있는 친환경 물질 개발과 더불어 전기·전자 제품의 재활용, 재이용 기술 개발에 더욱 노력함으로써 환경규제에 대해 효율적이고 경제적으로 대응해야 할 것이다.

(2) 에너지효율규제

전기·전자 제품의 에너지 소비는 생산단계보다 사용단계에서 훨씬 크게 발생하므로, 에너지효율에 대한 무역조치가 확산되는 추세이다. EU에서는 2009년 7월 온실가스 저감을 위한 ErP(친환경설계지침)에 냉장고, TV, 전기모터 등에 대한 요건을 새로이 규정하여 에너지효율성 등급을 강화하고, 제품 관련 정보표기를 의무화하고, 대기 상태에서의 전력소비량 규정을 제정하였다.

미국 캘리포니아주에서는 2011년부터 58인치 이하 TV의 시간당 전력소비량을 183W 이하로 규제하고, 2013년부터는 163W 이하의 제품만 판매가 가능하도록 제정하였다. 선진국뿐만 아니라 개발도상국에서도 온실가스 감축에 노력을 기울이는 추세이기 때문에, 저효율 전자제품의 수출이 어려워질 전망이다.

미국의 에너지스타 프로그램(Energy Star Program)은 에너지효율이 높은 제품을 알리고 사용을 권장하기 위한 목적으로 1992년 시행한 법률이다. 가전제품과 건축자재 등 8개 제품군을 대상범위로 미국 EPA에서 지정한 기관에서 3자 인증을 받아야 하며, 호주, 캐나다, 일본, 뉴질랜드 및 유럽연합 등에서도 이를 도입한 바 있다.

이 제도에 따라 미국 내 생산자는 그 해에 생산이 중단된 모델을 포함해서 모든 생산 중인 가전제품과 관련하여 연간보고서를 연방무역위원회(Federal Trade Commission)에 제출해야 하며, 또한 신 모델은 출시에 앞서 해당모델의 에너지효율과 소모량을 데이터로 제출해야 한다.

중국의 전기전자제품 에너지소비규제인 에너지 절약법은 공업, 건축물, 교통운송, 공공 및 에너지 분야에서 실내에어컨, 선풍기, 다리미, 가정용 냉장고, 가정용 세탁기 등 에너지 사용제품을 대상범위로 에너지사용 제품의 최저 소비기준을 규정하고 에너지소비량 표기를 의무화하고 있으며, 에너지소비량을 제품설명서 또는 에너지효율 라벨에 표시해야 한다.

일본의 'Top Runner Program'은 각 제품별 현재의 최고 효율수준을 미래의 최저 효율기준으로 설정하고 이를 목표 기간 내에 달성하도록 하는 제도로서, 차량과 전기전자제품 등 에너지를 사용하는 기계 및 기구를 그 대상범위로 1999년도에 관련 법률을 시행하였는데, 인증방법은 자발적 인증제도를 도입하고 있다.

멕시코에서는 2011년 9월 냉장고, 세탁기, 에어컨 등 186개 전기·전자제품에 대한 에너지효율 라벨링 부착을 의무화하여 2012년부터 본격적인 단속을 하고 있다.

이 제도의 특징은 각국에서 시행되고 있는 EU 에코라벨, 미국의 에너지스타, 캐나다의 에너지효율등급, 한국의 에너지효율마크 등 공인된 기준에 따라 검사한 결과에 근거하여 반드시 스페인어로 에너지 소비량을 제품표면과 포장표면에 표기하여 부착해야 한다.

아랍에미리트연합(UAE)에서는 2011년 4월에 '국가 에너지효율화와 보전 프로그램'을 공포하여 전력 사용량이 높은 에어컨을 대상으로 에너지효율등급 라벨의 부착을 의무화하였고, 2012년부터 적용대상을 확대하여 세탁기, 냉장고, 전등 제품 등까지 포함시켰으며, 2013년부터는 덕트 등 에어컨 관련제품까지 확대될 예정이다.

한국의 에너지 소비효율등급표시제도는 소비자들이 효율이 높은 에너지 절약형 제품을 손쉽게 식별하여 구입할 수 있게 하고 제조 및 수입업자들이 생산 및 수입단계에서부터 원천적으로 에너지절약형 제품을 생산 및 판매하기 위한 목적으로 1992년에 전기냉장고 등 에너지사용제품 22대 품목을 그 대상범위로 시행하였다.

또한, 한국의 대기전력 저감 프로그램은 소비자의 절전형제품 구매촉진을 유도하여 낭비되는 사무 및 가전기기의 대기전력 소모량에 따른 에너지비용 절감을 통한 지구환경 보전을 목적으로, 컴퓨터 및 모니터 등 에너지사용제품을 그 대상범위로 1999년 관련 법률을 시행하였다.

대기전력 저감을 위해 제조업체의 자발적 참여를 바탕으로 대기시간에 슬립모드 채택, 대기전력 최소화를 유도하는 자발적 협약제도실시, 대기전력 저감 우수제품을 개발하여 사용하지 않는 시간에 자동적으로 슬립모드 등의 최소 전력모드로 전환되어 에너지를 절약하는 등 다각적인 노력을 기울이고 있다.

호주의 에너지라벨링 및 최소에너지효율기준법은 1986년에 냉장고 및 세탁기 등 에너지 사용제품을 대상범위로 강제적 및 자발적인 인증으로 시행하고 있다. 1970년대 New South Wales와 Victoria 주가 에너지라벨링 제도도입을 최초로 제안했고 그 이후 범정부차원에서 2000년에 법제화가 완료되었다.

수영장 가열기는 자발적인 품목으로 정하고 나머지 대부분의 관련 제품은 의무사항으로 구분하고 있다. 호주정부는 에너지효율위원회(E3: Equipment Energy Efficiency)에서 사용단계에서 제품의 에너지효율을 관리하고 프로그램을 강화하고 있으며, 이해 관계자와의 포럼이나 세미나를 개최하는 등 활발한 활동을 하고 있다.

전 세계적으로 많은 국가들이 에너지효율이 낮은 백열전구의 사용을 억제하는 규제를 시행하고 있는데, EU, 호주, 뉴질랜드, 대만 등은 이미 백열전구의 판매를 금지하고 있으며, 러시아, 캐나다 등도 2014년부터 전면 금지할 예정이다.

EU에서는 2009년 9월부터 100W 이상 백열전구에 대한 에너지효율 기준을 크게 강화하였으며, 2012년 9월부터 모든 백열전구에 대한 기준을 강화하여 사실상 유통을 금지하고 있다.

뉴질랜드에서는 2009년 10월부터 백열전구의 수입과 판매를 금지하고 있으며, 호주에서는 2009년 2월부터 일반 가정용 백열전구의 수입을 금지하고 단계적으로 규제기준을 강화하여 2015년부터는 모든 백열전구의 유통이 금지될 예정이다. 대만은 2010년부터 백열전구 생산을 금지하고 공공기관에서의 사용을 금지하여 왔으며, 2012년부터 민간부분에서도 전면적으로 사용이 금지되었다.

미국 정부는 백열등(incandescent lamp)을 에너지효율이 높은 조명으로 대체하기 위해 2012년 1월부터 100W 이상 백열전구의 에너지 절감율 기준을 28%로 강화하여 현실적으로 유통을 차단시키고 있다.

2011년 11월 중국 국가발전개혁위원회, 상무부, 세관총서, 국가공상관리총국, 국가품질감독총국 등은 공동으로 '일반 조명 백열등 수입과 판매 금지에 관한 공고' 를 발표하여 2012년부터 점진적으로 백열전구의 생산·수입·사용을 금지하고 2016년 10월부터 모든 백열전구 판매가 전면 금지되도록 규정하고 있다. 이에 따라 2012년 10월부터는 100W 이상, 2014년 10월부터는 60W 이상, 2016년 10월부터는 15W 이상 백열전구의 수입과 판매가 금지된다.

우리나라도 2014년까지 백열전구 사용을 전면 중지한다는 목표로 2012년부터 소비효율기준을 20%

로 대폭 강화하여 2012년 1월부터 70W 이상 백열전구에 대하여, 2014년 1월부터는 25W 이상 백열전구에 대하여 적용함으로써 사용을 억제하고 있다.

제조 단계에서의 에너지 규제에 대한 가장 효율적인 대응책은 친환경 에너지원을 개발하여 사용하는 것이다. 친환경 에너지원으로는 태양열, 풍력, 조력, 지열, 바이오에너지 등 다양한 신재생에너지가 연구되고 있다.

한편으로는 스마트그리드 등 에너지 관리를 통하여 사용 효율을 높이고자 하는 연구가 꾸준히 진행되고 있다. 보다 중요한 문제는 제품에 대한 에너지 규제인데, 전기·전자 제품의 에너지효율을 향상시키는 기술개발이 지속적으로 이어지고 있다. TV의 경우 브라운관에서 시작하여 PDP, LCD, LED 등으로 점차 에너지효율이 높은 방식으로 진화하고 있다.

(3) 자원순환 규제

전자제품은 그 특성상 생산단계에서도 오염물질이 배출되지만, 기술발전이 가속화되면서 제품의 수명주기가 단축됨에 따라 다량의 폐기물이 발생할 수밖에 없다.

미국의 폐전자제품 재활용법은 현재 28개 주에서 시행되고 있다. 재활용 비용을 징수하고 재활용을 저해하는 제품 내 특정 유해물질의 사용을 제한하고, 징수된 재활용 비용을 기반으로 재활용 시설기반구축 및 사업체지원 등을 수행하는 것을 목적으로 관련 법률들이 유사한 목적으로 각 주에서 시행하고 있다.

중국정부도 냉장고, 세탁기, 에어컨디셔너, TV, 컴퓨터 등의 가전기기 및 전자제품을 대상범위로 제조자는 폐가전 및 전자제품의 회수와 재활용을 향상시킬 수 있도록 제품을 설계해야 하고, 직접 회수하여 재활용을 이행하며, 자체처리가 가능한 처리 기업에 위탁처리를 해야 한다.

일본의 경우에도 마찬가지로 TV, 냉장고 등의 특정 가전제품 폐기물의 수거, 운반 및 재상품화와 재활용 촉진을 목적으로 2003년 가전 리사이클링법을 시행하고 있다. 따라서 친환경적인 제품설계를 독려하고 있으며, 제품별 재활용율 규정하고 있다.

또한, 회수의무, 처리의무, 재정의무 등에 관한 조항이 엄격하게 규정되어 있다고 그 주 대상범위는 TV 및 냉장고 등의 특정 가전제품 등으로 의무이행주체는 생산자가 된다.

한국정부는 2008년부터 전기·전자제품 및 자동차의 자원순환에 관한 법률을 시행하고 있는데, 10개의 전기·전자제품군으로 분류하여 폐전기전자제품의 발생에 대한 사전예방과 재사용, 재활용, 재생 등을 통한 폐전기전자제품의 최종 처리량 저감하고, 제품 전 과정에서의 환경성 개선과 제조 및 수입업자에게 유해물질 사용제한, 정보제공 등의 의무를 부여하여 환경을 보호하고 경제적 손실을 예방하는 것을 목적으로 하고 있다.

5.2.2 전기·전자산업의 청정기술

전기·전자산업에서 적용되는 청정생산 기술은 무수히 많지만, 대표적인 기술로는 플라스틱 첨가제 대체기술, 납을 사용하지 않는 무연 솔더링 기술, 친환경 세정공정 및 표면처리 기술, 전기·전자 제품 재제조 기술, 온실가스 배출 저감 기술, 친환경 설계 기술 등을 들 수 있다.

(1) 플라스틱 첨가제 대체기술

전기·전자 제품에는 전선, 기판 등 무수히 많은 플라스틱 부품이 들어가는데, 제품에 포함되는 납(Pb), 카드뮴(Cd), 할로겐 난연제 등의 유해물질을 유해하지 않은 물질로 대체하는 기술을 말한다. 이는 제품의 개발단계에서 환경오염을 원천적으로 저감하는 친환경 물질을 적용하는 기술로서, EU를 중심으로 강력히 시행되는 WEEE, RoHS 등 전기·전자 제품의 환경규제에 적극적으로 대응하기 위한 기술이다. 이를 위해 유해물질 대체 및 적용 기술을 기반으로 하여 바이오기술(BT)을 접목시킨 새로운 친환경 소재 개발 및 적용이 요구된다.

(가) 납(Pb) 대체기술

납(Pb)은 EU RoHS 지침(2006.7.1)에서 사용이 엄격히 규제되는 유독성 물질로서, 구토, 위경련, 신근마비, 관절통 등을 유발하는 급성, 만성 독성을 갖는다. 그러나 납은 접합제(solder), CRT, 플라스틱 안정제, 플라스틱 몰딩제, PVC 케이블, 형광등 등 수 많은 전기·전자 제품 및 부품에 사용되어 이를 대체할 수 있는 친환경 소재의 개발 및 적용이 필요하다. 이를 위해 다음과 같은 기술의 개발이 진행되고 있다.

- 기구부품 Pb 대체 안정제 적용 기술
- PVC 전선류에서 Pb 대체 적용 기술
- 인쇄회로기판 부품에서 Pb 대체 기술
- 친환경 소재 개발 및 상용화

(나) 카드뮴(Cd) 대체기술

카드뮴(Cd) 역시 EU RoHS 지침에서 사용이 엄격히 규제되는 유독성 물질로서, 호흡곤란, 구토, 골연화증, 생식장애 등을 유발하는 급성, 만성 독성을 갖는다. 그러나 카드뮴은 표면 코팅, 합금, 광전지, 배터리, 플라스틱 안정제, 페인트 안료, 금속 도금, 릴레이/스위치 부식방지제 등 수 많은 전기·전자 제품 및 부품에 사용되어 이를 대체할 수 있는 친환경 소재의 개발 및 적용이 필요하다. 이를 위해 다음과 같은 기술의 개발이 진행되고 있다.

- 표면 코팅 대체 적용 기술
- 금속 도금 대체 적용 기술
- 기구부품 Cd 대체 안정제 적용 기술
- 전지, 배터리 대체적용기술
- 인쇄회로기판 부품에서 Cd 대체 기술
- 친환경 소재 개발 및 상용화

(다) 할로겐 난연제 대체기술

플라스틱은 대부분 탄소, 수소, 산소 등으로 구성된 유기물질로서 연소하기 쉬운 성질을 가지고 있어서, 이와 같은 성질을 물리·화학적으로 개선해 잘 타지 못하도록 첨가하는 물질을 난연제라 한다. 이러한 난연제는 원재료, 첨가물과의 혼합성이 좋아야 하고, 최종제품의 기계적인 성질에 영향을 주지 않아야 하며, 연소시 발연 및 독성가스의 발생이 적어야 한다.

플라스틱의 난연화 방법에는 분자 구조 변경을 통하여 내열성 플라스틱을 제조하는 방법, 난연 성분을 플라스틱 구조 내에 화학적으로 결합시키는 방법(반응형 난연제), 난연제를 플라스틱 내에 물리적으로 첨가시키는 방법(첨가형 난연제), 난연제 코팅 또는 페인팅을 하거나 제품 디자인 변경을 통한 내열성 향상을 도모하는 방법 등이 있다(고병열외, 2002).

브롬화 난연제는 할로겐계 난연제로서, 연소의 추진역할을 하는 활성라디칼을 할로겐 화합물이 연소과정에서 포착함으로서 그 난연 효과를 발휘한다. 할로겐 원소 중 요오드(I)는 라디칼 포착제로서의 효과가 할로겐 원소 중에서 가장 우수하지만 가격이 비싸고 내열성 및 내광성이 부족하여 거의 사용되지 않고 있으며, 불소(F)는 라디칼 포착제로서 효과를 거의 나타내지 못한다. 이에 반하여 브롬(Br)은 효과적으로 라디칼을 제거하는 능력을 가지고 있어 할로겐계 난연제 중 가장 많이 사용되고 있다. 할로겐 화합물은 불연성가스를 발생시킴으로써 가연성가스를 희석시키고 산소도 차단하는 효과가 있어 할로겐 난연제는 인쇄회로기판, 컴퓨터 캐비닛, TV 세트 등 등 수많은 전기·전자 제품 및 부품에 사용되어왔다.

그러나 할로겐 난연제 또한 EU RoHS 지침(06.7.1)에서 사용이 엄격히 규제되는 유독성 물질로서, 염소나 브롬은 공기 중의 수분과 만나면 유독한 염산이나 브롬 가스가 발생되며, 인체에 흡입되면 폐에 치명적인 손상을 가져온다. 특히 건물, 기차, 항공기와 같이 밀폐된 환경에서 발생하는 화재는 불에 의한 피해보다 먼저 폐 손상에 의한 질식으로 인한 대형 사망사고로 이어지게 만든다.

더욱이 PBB(Perbromobenzene), PBDE(Perbromodiphenyl ether)등과 같은 화합물은 화재시 열에 의해 무색이고 독성이 높은 다이옥신을 발생시키기 때문에 더욱 위험하다. 다이옥신은 물이나 유기용매에 녹지 않고 미생물들에 의해서도 분해되지 않기 때문에 한번 생성되면 자연계의 순환에 의해 인체에 들어와 심각한 병을 발생시키는 아주 위험한 물질이다.

이와 같이 할로겐 난연제는 생물학적 축적, 연소시 다이옥신 발생 등을 유발하기 때문에 이를 대체할 수 있는 친환경 소재의 개발 및 적용이 필요하다. 이를 위해 다음과 같은 기술의 개발이 진행되고 있다.

- 기구 부품의 비 브롬계 난연제 적용 기술
- 인쇄회로기판의 비 브롬계 난연제 적용 기술

(2) 전자제품의 무연 양산기술

최근 PCB설비 시장에서 가장 주목받는 분야가 무연(Pb Free)솔더를 비롯한 친환경생산 기자재들이다. 솔더의 주원료인 납의 사용을 금지하는 국제 환경 규제가 점차 강화됨에 따라 무연 솔더링 기술 확보가 전자 정보 업체의 최대 관심사로 떠올랐기 때문이다.

솔더는 부품의 표면 실장에 쓰는 크림 형태의 접착제로서 간편하게 부품 실장을 할 수 있어 인쇄회로기판(PCB) 제조공정의 80% 이상이 이 방식을 사용하여 왔다.

그러나 유럽연합(EU)이 2006년 7월부터 모든 전기전자 제품 및 생산공정에 납, 수은 등 특정 유해물질 사용을 전면 금지하는 RoHS법안을 시행함으로써, 납이 포함된 전기·전자 제품은 앞으로 EU 수출이 불가능하다. 규제대상 전기 전자기기 범위에는 일상생활에 쓰이는 모든 제품이 포함되며, PCB가 들어가지 않는 제품이 없을 정도로 다양한 분야에 쓰이기 때문에 무연솔더링 기술은 산업의 친환경화에 필수적이다.

따라서 환경 유해성 금속인 납의 사용규제에 사전적, 능동적 대응을 위한 전자제품의 무연솔더링 양산기술 개발이 시급하게 진행되어 왔다. 주요 기술개발 과제는 다음과 같다.

- SnPb계와 무연솔더링에 대한 비교 LCA 연구
- 중/저온계 무연솔더링 양산기술개발
- 부품 및 회로기판 표면처리 재료, 공정 및 신뢰성 기술 개발
- 고신뢰성 무연솔더 접착(paste) 제조기술 개발
- 환경친화적 이방성 전도성 필름/접착제를 이용한 유기기판 플립칩 실장재료 확립 및 양산기술 개발
- BGA(ball grid array), CSP(chip scale package) 패키징을 위한 지름0.3mm급 무연 솔더볼 개발 및 관련산업 보급
- 접합재료의 부품 납 프레임, 내부 접합 부분, 회로기판 표면처리에 사용되는 합금의 무연화 기술개발 및 신뢰성 확보
- 전자제품 제조공정의 무연화 양산기술

기술개발 사례로서, 삼성전기는 2005년 4월 기존의 무연솔더링 기술보다 30% 이상 원가를 절감할 수 있는 세계적인 무연솔더링 기술을 개발했다고 밝혔다. 당시 일본 마쓰시다에서 개발한 물질이 유

일한 대체재로 사용되고 있는 상황에서 삼성전기가 개발한 기술은 고가의 인듐이 2%만 함유된 물질이 사용돼, 인듐이 8% 함유된 마쓰시다 기술에 비해 완제품 대비 30% 가량 원가절감의 효과가 있는 것으로 알려졌다. 또한, 솔더의 녹는점이 섭씨 210℃ 수준으로 솔더링시 부착되는 칩에 열충격을 최소화할 수 있게 되었으며, 솔더링시 필요한 다양한 공정 기술들을 개발되었다. 이러한 기술 개발로 인해 기존 해외 업체들이 독식하고 있던 고부가가치 무연솔더링 시장을 선도하는 계기가 되었으며, 수입대체 효과뿐만 아니라, 거꾸로 해외에 수출을 하게 됨으로써, 특허 로열티 수익 등 다양한 효과들과 함께 친환경 기업으로써의 이미지를 제고할 수 있게 되었다.

(3) 환경친화적 세정공정 및 표면처리 기술

전자부품 제조시 기존의 공정은 화학연마, PR도포, 노광 현상, 에칭, 박리 도금 등의 순서로 이루어져 있는데, 이러한 공정 중 화학연마내의 화학약품을 이용하거나 PR도포전 PR밀착성 향상을 위한 화학약품을 이용한 습식(wet)세정과 도금공정에서 도금의 밀착성 향상을 위한 화학약품이 이용되어 왔다. 이러한 화학약품 사용에 따른 과다한 비용지출과 오염물질의 과다발생이 문제점으로 부각되어 왔으며, 습식세정에 따른 화학약품의 사용은 DI(초청정수)등의 부수적인 장비, 부수적인 설비로 인하여 상대적으로 공정이 복잡해지고 화학 용액으로 인한 장비의 수명이 감소되는 문제점을 야기한다.

따라서 습식세정이 주를 이루고 있는 장비 및 부품 세정공정에서 건식세정 기술이나 환경친화적인 습식세정 기술의 개발이 요구된다. 이를 통해 화학 용액 사용량을 절감하고 환경친화적인 세정기술을 확보하고 유해물질을 저감시킬 수 있다.

또한 전기, 전자 부품 세정에 표면처리 기술을 적용하여 표면처리에 의한 표면 특성을 향상시키고 화학 용액의 사용량 감소로 인한 부품의 반영구적 사용을 도모하는 효과가 있다. 이 분야에서의 주요 기술은 다음과 같다.

- 화학물질(chemical) 저감 기술 및 건식 세정기술 개발
- 환경친화적인 습식 세정 및 폐수, 폐기물 저감 기술 개발
- 장비 및 부품의 내화학성, 내구성 향상을 위한 표면처리 기술 도입 및 대체 가능성 타진
- 하이브리드 세정과 표면처리의 복합 적용

(가) 플라즈마 세정 기술

플라즈마는 기체, 고체, 액체에 이은 제4의 물질상태로서 좁게는 기체가 고도로 전리화한 상태이며 넓게는 하전된 입자를 포함한 중성의 입자집단을 일컫는다. 플라즈마는 아주 높은 온도와 에너지 밀도를 만들 수 있어 대체 에너지원으로 사용될 수 있으며, 전자산업의 신소재개발, 통신방식 개발, 국방, 환경 분야 등에서 광범위하게 이용되고 있다.

플라즈마를 이용한 세정기술은 HCFCs, PFCs 등을 사용하는 화학적 세정방법에서 물리적 세정방법으로 대체되고 있다. 과거에는 화학세정기술이 중추적 역할을 하고 있으나 오염이 허용되지 않고 처리비용이 크게 중요하지 않는 물리적 세정기술 비중이 증가하는 추세이다. 또한 플라즈마 세정방법을 사용할 때 실리콘 기판 표면을 손상시켜 결함이나 미세 표면흠집 등을 유발할 수 있는데 이것을 감소시키기 위해 원거리 플라즈마 방식이 제안되고 있다.

플라즈마는 공해를 유발하지 않고 금속, 플라스틱, 유리 등의 탈지, 세정, 활성화에 활용할 수 있어 플라즈마 세정으로 불리고 있으며, 독일을 중심으로 한 유럽에서 각광을 받고 있다.

(나) 초임계유체 세정 기술

혼합물에서 특정성분을 추출하여 분리하는 능력이 뛰어나 식품분야에서 응용되는 초임계유체(supercritical fluid)가 최근에는 반도체 웨이퍼의 불순물을 제거하는 차세대 세정물질로 관심을 모으고 있다. 초임계유체란, 고온과 고압의 한계(임계온도와 임계압력)를 넘어선 상태에 도달하여 액체와 기체를 구분할 수 없는 시점의 유체를 가리킨다. 이러한 유체는 기체처럼 형태는 없지만 액체와 동일한 비중과 밀도를 지니며, 점도는 기체와 같이 낮은 물성을 갖고 있다.

실리콘 웨이퍼 상에 집적 회로를 형성하기 위해서는 수백 개의 분리된 공정 단계가 필요하며, 공정단계 중 30-40%가 세정공정, 즉 웨이퍼에 존재하는 불순물을 제거하는 공정이다. 액체상태의 세정물질은 밀도가 높아 불순물과 잘 반응하여 쉽게 제거할 수 있는 반면에, 액체의 표면장력에 의한 문제점이 있다. 또한, 기체는 확산속도가 빠르고 표면장력의 문제는 없으나, 밀도가 낮아 불순물의 용해능력이 현저히 떨어진다. 기체의 장점인 빠른 확산속도와 낮은 표면장력 및 액체의 장점인 용해능력을 결합한 초임계유체가 반도체 웨이퍼 제작의 세정공정에 활용되고 있다.

초임계유체는 액체와 기체의 장점을 모두 보유하고 있어 액체와 같이 불순물을 쉽게 용해시킬 수 있으며, 또한 기체와 같이 미세한 패턴의 내부공간까지 완벽하게 도달하여 잔류물과 오염물을 제거할 수 있다. 따라서 에칭공정이 완료된 반도체 웨이퍼에 초임계유체를 공급하면 각종 오염물질이 신속하게 기판으로부터 제거된다.

초임계유체로는 이산화탄소(CO_2)가 대부분 활용되고 있으며, 또한 압력을 대기압으로 하면 이산화탄소만이 기체로 분리되어 회수됨으로써 재사용이 가능하여 기존공정에 비해 생산단가뿐만 아니라 친환경적인 사용이 가능하다.

이산화탄소 초임계유체 세정기술을 이용하면 30nm 이하의 미세 패턴의 웨이퍼를 세정시에 잔류 산화물 및 유기물을 동시에 제거하고 전 공정에서 폐수를 배출하지 않는 매우 획기적인 기술인 것으로 알려져 있다. 초임계유체의 세정이 여러 가지 장점이 있음에도 연구개발에 장애가 되는 요소로는 초임계상태를 만들기 위해서는 고압(이산화탄소의 경우 72.9 기압)이 유지되어야 한다는 점이다. 그러나 반도체 메모리는 계속해서 미세화되어 가고 있기 때문에 초임계유체 세정은 유력한 대안으로 고려되고 있다. 특히 초임계유체 세정은 기존 세정에 비해 에너지 사용 및 환경오염을 획기적으로 줄일 수 있는 친환경적인 기술이다.

(4) 재제조 기술

정보통신 기술의 급속한 발달로 인하여 전기·전자 제품의 사용수명이 급격히 단축됨으로써 사용하지 않고 유기되는 제품의 규모가 막대하게 증가하고 있다. 대부분의 가정에 사용하지 않고 서랍에 넣어둔 휴대폰이 몇 개씩은 있을 것이다. 이러한 폐자원을 그대로 폐기하면 환경오염 및 자원의 낭비를 초래하는 반면, 폐기단계에 있는 사용 후 제품이나 부품을 회수하여, 완전분해, 세척, 검사, 보수 조정, 신제품 조립공정과 같은 재조립 과정을 거쳐 본래 가지고 있던 제품의 기능 및 성능을 회복하도록 하는 재제조 기술을 활용한다면 그 효과는 막대할 것이다. 재제조 기술은 지구자원을 덜 사용하고 산업발전에 따른 환경파괴를 최소화하는 중요한 청정생산 프로젝트의 하나이다.

유럽연합(EU)의 경우 폐차처리지침(ELV: End of Life Vehicle)이 시행됨으로써 2006년부터 생산자가 자사 폐제품에 대해 85% 이상의 재생률을 달성해야 하고, 폐전기·전자제품 처리지침(WEEE: Waste Electrical and Electronic Equipment)이 2003년 2월 발효됨으로써 2007년부터 제품별 정해진 재활용률을 달성하도록 되어 있다. 일본의 경우 특정 가정용기기 재상품화법(2001년 4월)과 가정용 PC 재활용법(2003년 10월)이 발효되어 생산자가 폐제품의 수거 및 일정비율 이상의 재활용 책임의무를 수행하고 있다.

전기·전자산업에서 적용할 수 있는 재제조 기술로는 다음과 같은 것들이 있다.

❶ **분리기술:** 양질의 부품을 분리하는 기술
- 부품 선별기술
- 부품 분리기술
- 선별품 검사기술

❷ **재생기술:** 폐기된 부품을 재생시키는 기술
- 이물질 제거기술
- 부품 재생기술

❸ **재조립기술:** 재생 부품을 다시 조립하는 기술
- 부품 재조립기술

❹ **특성 평가:** 재생 제품의 특성 및 신뢰성 평가를 통한 수명 예측 및 연장 기술
- 특성 평가기술
- 신뢰성 평가기술

5.2.3 반도체·디스플레이산업의 청정기술

반도체산업은 청정산업으로 인지되고는 있지만 제조공정에서 포장재, 인쇄회로기판조각, 프린트기판, 세정폐액 등의 폐기물 등이 환경부하가 되고 있고, 반도체나 인쇄회로기판 제조에는 많은 화학적 공정이 포함되어 있어서 제조단계에서의 환경부하가 상대적으로 큰 편이다.

반도체산업에서의 환경오염물질은 크게 폐유, 폐산, 폐알칼리, 폐플라스틱 및 기타 오염물질로서, 폐유는 웨이퍼, 치구, 공구 등의 세척 및 사진석판인쇄(photo lithography) 공정의 감광제와 현상제 등에서 발생된다. 폐산은 특히 세정 및 에칭(etching) 공정 등에 사용되어 발생되는 불산, 황산, 초산, 염산 등이며, 특히 황산의 배출이 많다.

Intel사의 경우를 살펴보면, 1985년 반도체 매출에 비해 엄청난 비용이 소요되는 유해 폐기물을 생산하였지만, 폐기물 최소화 프로그램을 통해 4년 만에 10% 수준으로 감소시켰으며 매출은 세 배에 이르렀다.

Intel사는 제조공정에서 오존파괴를 유발하는 화학성분을 완전히 제거하였으며, 산성액, 물, 뿐 아니라 심지어 컴퓨터 칩을 탁송하는 플라스틱 상자까지도 재활용 대상으로 삼고 있다,

이렇듯 반도체 산업공정에서 우선적으로 폐기물을 최소화해야 하는 이유는 반도체산업의 제조공정 과정에는 많은 화학물질들이 사용되고 이로 인한 많은 배출물들이 발생하게 됨에 따라, 독성 및 유해성이 매우 높은 배출물들이 존재하기 때문이다. 따라서 먼저 제조공정 중에 사용되는 처리수와 유기용제의 양을 감소해야 하는 청정기술의 적용전략이 필요하다.

폐기물의 감량화를 위한 구체적인 노력의 예로는 사용량의 제한을 통한 발생 폐기물 자체의 감소, 기존 공정기술의 개선과 합리화를 통한 발생 폐기물의 감소, 중간처리를 통한 폐기물 최종 처리량의 감소와 폐기물의 분리에 이은 재자원화를 들 수 있겠다.

특히, 폐알칼리는 석판인쇄, 에칭, 방식제(resist) 제거, 세정, 배기가스의 처리 등에서 발생되며, 폐플라스틱은 포장공정을 비롯하여 불량 칩에 의한 몰딩(molding) 수지와 폐매거진(magazine) 등이 주류를 이루고 있다.

특히, 전자제품의 재활용이 적고 수명주기가 단축됨에 따라 폐기물이 대량 방출되고 있는 추세이기 때문에, 각국마다의 자국 내 환경기준을 강화하고 있다.

사실상 반도체산업은 늘 화학물질을 사용해왔고 많은 양의 비소, 인화수소, 유황 과산화물과 불화수소산은 환경오염과 인간건강에 대한 위험인자로 남아있게 되었다. 일본 및 유럽과 미국 등 선진국가에서는 이를 인식하고 반도체산업과 관련된 환경규제를 강화하고 있는 추세이다.

이러한 환경규제에 대응하기 위해서 폐기물처리 등 사후처리 기술보다는 제품의 설계, 장치, 공정, 제조, 소비자 사용단계 등 전 과정을 통한 환경오염방지를 위한 사전 예방적 청정기술이 시급하다.

반도체산업이 첨단산업이라 하지만 환경오염발생의 원인의 예외는 아니며, 이에 대한 해결책이나 관련 청정기술은 타 산업과 마찬가지로 폐기물발생의 최적화와 최소화, 유해물질의 재이용과 재활용으로 연계되는 기술이 요구된다.

반도체·디스플레이산업은 전지·전자산업에 포함되지만, 반도체·디스플레이산업의 특성에 맞는 청정생산기술만을 분류하여 살펴보기로 한다.

(1) 유해물질 대체 기술

(가) 무연(Pb-free) 기술

앞 단원에서 설명한 바와 같이 납은 EU 등 선진국에서 강력히 규제되는 유해물질이지만 PDP 절연제 등 디스플레이 제품에 많이 사용되어온 물질이다. 따라서 환경 유해성 금속인 납의 사용규제에 사전적, 능동적 대응을 위한 디스플레이 제품의 무연 양산 기술 개발이 요구되며, 주요 기술로는 다음과 같은 것들이 있다.

- PDP절연소재인 PbO의 저온절연 대체소재 개발
- PDP의 저온절연소재 증착공정 개발
- 다양한 디스플레이의 무연 소재/공정개발
- 디스플레이 접합재료의 부품 납 프레임, 내부 접합(joint) 부분, 회로기판 등의 소재에 무연화 기술개발 및 신뢰성 확보

(나) 무할로겐 디스플레이 기술

할로겐을 포함한 제품을 소각할 경우 환경호르몬이 발생하는 것으로 알려져 있다. 이에 따라 할로겐 물질인 브롬(Br)과 염소(Cl)의 유해성은 최근 그 중요성에 대한 인식이 확산되고 있으며, 국제전기표준회의(IEC)와 국제환경단체 Greenpeace에서도 규제 및 평가가 현재 진행되어 왔다. 따라서 기존 6대 물질에서 더 나아가 유해성 논란이 있는 브롬계 난연제와 폴리염화비닐(PVC) 물질을 LCD 패널에서 제거하는 기술에 대한 요구가 증대되었다. 국내에서도 법적 규제보다 한발 앞선 친환경 기술개발로 고객에게 차별화된 가치를 제공하기 위해 LG디스플레이 등에서 차세대 친환경 LCD 할로겐 프리 LCD를 2000년대 후반부터 양산하기 시작했다.

할로겐 프리 LCD는 할로겐 물질로 분류되는 브롬(Br)과 염소(Cl)를 획기적으로 줄여, 제품의 할로겐 물질 함유 농도를 900ppm 이하로 낮춘 제품으로서 LG디스플레이는 할로겐 대응 가능한 대체 부품의 개발을 대부분 완료하였다.

이러한 활동을 통해 유럽 및 미국 등 선진국을 중심으로 국제 환경 장벽이 더욱 높아지고 있는 상황에서 법적인 규제보다 한 발 앞서 친환경 기술을 개발해 고객에게 차별화된 가치를 제공하는 동시에 신시장을 개척해 나가고 있다.

(2) 공정 최적화 기술

반도체·디스플레이산업에서 공정별로 추진해온 대표적인 과제로는 다음과 같은 것들이 있다.

(가) 폐과산화수소 용액 재활용기술

반도체 공정에서 나오는 폐과산화수소 용액 재활용기술을 통해 폐과산화수소의 발생량을 감소시키고, 과산화수소함유 폐수를 공업용수로 재이용함으로써 용수사용을 절감하는 기술로서, 주요 세부기술은 다음과 같다.

- 공정에서의 폐과산화수소의 발생특성 파악
- 공정별 용도별 과산화수소사용량 및 성격 파악
- 폐과산화수소 폐액 특성 파악
- 폐과산화수소 재이용 기술
- 공정별 용도별 과산화수소의 역할에 따른 재이용 가능성 평가
- 폐과산화수소 재이용을 위한 경제적인 과산화수소 분리기술
- 과산화수소함유 폐수의 재이용 기술
- 과산화수소를 이용한 산화기술

(나) 초순수 제조공정 최적화 기술

제조프로세스에서 산업용수로서 재이용하려면 용존유기물과 현탁물질 이외에 무기염류와 유기염류를 제거해야 하는데, 나노여과막과 역삼투막을 이용한 막분리조작이 필요하게 된다. 반도체 제조공장에서는 초순수 등급의 물이 95% 정도 반복적으로 재이용되고 있는데, 이러한 초순수 제조공정의 최적화 기술이 요구되며, 주요 세부기술은 다음과 같다.

- 집수조, 활성화탄소, 양이온 타워, 마이크로 여과, 반투압, 진공 탈기, 자외선/오존처리, 혼합 베드, 자외선 살균, 카트리지 폴리쉬, 울트라 여과 등의 단위 공정별 평가
- 단위 공정별 신재료 도입 가능성 평가
- 대체 공정 도입
- 단순화 단위 공정 설정 및 도입
- 전체적인 집합화 평가
- 최적화 공정 개발

(다) 플립칩 패키징의 액상 봉지재 대체기술

반도체 칩은 수많은 미세 전기 회로가 집적되어 있으나 그 자체로는 반도체 완제품으로서의 역할을 할 수 없으며, 외부의 물리적, 화학적 충격에 의해 손상될 수 있다. 그러므로 반도체 칩을 납-프레임이나 PCB에 탑재하여 전기적으로 연결해 주고, 외부의 습기나 불순물로부터 보호할 수 있게 밀봉 포장하여 반도체로서 기능을 할 수 있게 해주는 기술을 반도체 패키징(packaging)이라고 한다. 봉지재는 외부환경으로부터 반도체 회로를 보호하는 회로 보호재로서, 반도체 산업과 관련한 반도체용 봉지재, 접착제 부분의 난연성에 대한 기술이 많이 요구되고 있고, 섬유, 도료, 접착제 용도의 난연제의 기술개발에 대한 관심이 고조되고 있다.

2006년의 RoHS 환경규제의 발효를 전후로 친환경 반도체 봉지재(EMC) 수요가 크게 늘면서 제일모직 KCC 동진쎄미켐 등 국내 EMC 업체들도 부가가치가 높은 그린 제품 비중을 높여가고 있다. 친환경적 자기 소화성 반도체 소자 봉지재의 개발은 일본, 미국 등지에서 연구가 되고 있고 일부 상용화되어 국내에 도입되고 있는 실정으로 차세대형 원천물질 제품개발이 중요한 과제이다.

플립칩 패키징의 액상 봉지재를 대체하는 환경친화적 고상 봉지재 기술로서, 플립칩 패키징에 사용되는 액상 봉지를 이용한 underfill(높은 열전도도 및 낮은 열팽창계수 등의 특성을 만족하면서 침투에 의한 공정이 가능한 저점도 액체상의 새로운 물질) 공정을 대체하는 MUF(Molded Under Fill)공정 및 기술, 무연 솔더 표면 실장(board mounting)에 적합한 고상 봉지재료(EMC) 개발, 기존의 Br/Sb형태의 난연제(flame retardant)를 대체하는 환경친화적인 난연제를 함유하는 고상 봉지재료(EMC) 개발 등이 주요 과제라 하겠다.

(라) 무연 솔더 도금기술

Sn-Pb 솔더는 주로 저렴한 가격과 유용한 물질의 특성 때문에 전자기기의 패키징과 물질의 접합에 사용되는 중요한 물질이다. 하지만 최근에 환경과 건강에 대한 관심이 부각되면서 납(lead)의 독성에 대하여 심각하게 생각하게 되었고, 이로 인하여 납(lead)의 사용이 규제되고 있다. 따라서 무연 솔더 개발에 대하여 많은 연구가 진행되고 있다. 무연 솔더를 적용하면서 부품과 기판의 도금에 Sn-Pb 도금에서 Sn 도금을 적용하게 되었으며, 이때 Sn 도금 표면에서 고양이 수염과 같은 위스커(whisker)가 발생하여 성장하며, 이로 인해 회로 간의 단락(short)을 유발하여 고장을 발생시키게 한다. 따라서 무연 솔더를 적용하는 경우 도금 재료에 따라 위스커 발생시험을 하게 된다.

따라서 무연 솔더(Pb-Free Solder)표면실장을 위한 위스커-프리 솔더 도금 기술의 중요성이 부각되었으며, 무연 솔더 도금에서 위스커 성장 메커니즘을 규명한 후 실제 생산에 적용할 수 있어야 한다.

구체적으로는 위스커-프리 주석도금의 공정 조건을 평가하고, 유연 솔더와 무연 솔더의 젖음성을 비교평가하며, 무연 솔더 표면 실장에서 요구하는 조건에서의 신뢰성을 평가하고, 최적의 도금 조건을 설정하여 시스템을 구축하는 기술이 요구된다.

무연 솔더 도금에서의 위스커 성장 메커니즘을 규명하기 위해서는 도금 층의 내부 잔류응력을 분석하여 위스커 성장과의 관계를 규명하고, 위스커의 단면을 FIB 단면분석으로 분석하여 도금층과 기저금속(base metal) 층과의 계면을 분석하고, 위스커가 발생하지 않는 최적의 도금 조건을 설정하고, 여러 가속조건 중 위스커 성장을 정확하게 모의실험할 수 있는 조건을 설정하는 연구가 필요하다.

(마) 친환경 건식세정 기술

반도체 제조기술의 비약적인 발전으로 회로가 고집적화, 고성능화됨에 따라 공정 중에 발생하는 미세입자(particle), 유기금속 오염물, 자연 산화막 등의 오염물질, 표면 미세 거칠기와 표면 흡착 등이 제품의 수율, 품질과 신뢰성에 큰 영향을 미치게 되었다. 따라서 환경친화적이면서도 대량생산에서의 수율을 증대시키는 핵심적 세정기술의 개발이 절실히 요구되어 왔다. 최근 크게 각광을 받고 있는 새로운 건식세정방법은 초임계유체(supercritical fluid)를 사용한 웨이퍼 세정 표면 처리법이다.

초임계유체는 임계온도와 압력 이상에서 있는 유체로서, 기존의 용매와 차별되는 독특한 특성을 갖고 있다. 액체 용매는 분자간 거리가 거의 변화하지 않아 단일 용매로서는 커다란 물성의 변화를 기대하기 어려운데 반해 초임계유체는 기체의 저밀도에서 액체의 고밀도 상태까지 연속적으로 변하기 때문에 물질이동과 열이동이 빠르고 미세공으로 빠르게 침투할 수 있다. 이러한 초임계유체의 장점을 세정 공정에 응용하여 고효율, 고품질, 고속, 친환경적인 혁신 기술을 개발해온 것이다.

초임계유체를 사용한 웨이퍼 세정 장비의 개발은 국내에서는 혁신적인 기술로서, 이에 대한 연구는 시대의 조류에 맞추어 필수적이라고 할 수 있다. 친환경 건식세정 기술은 고 선택성 단일 및 혼합 초임계유체-공용매 시스템 개발, 수율 향상을 위한 다엽식 세정 반응기 개발, 고효율 하이브리드 건식세정 공정 개발, 연속식 자동화 건식세정 장비 개발 등을 망라한다.

초임계유체-공용매 시스템 개발을 위해서는 초임계유체-공용매의 열역학적 특성 분석 및 스크리닝, 기초 세정특성 파악 및 세정원리 규명, 다엽식 하이브리드 건식세정 공정기술 개발 등이 필요하다.

수율 향상을 위한 다엽식 세정 반응기 개발을 위해서는 세정 극대화를 위한 하이브리드 건식세정 시스템을 개발하고 공정 조작 변수의 최적화 및 공학적 데이터베이스를 구축할 필요가 있다, 연속식 세정장비의 자동화 시스템 개발을 위해서는 세정 반응기 주변 장치 및 공정 개발, 클러스터화를 위한 기반공정기술 개발, 자동화 로봇 시스템 개발 등이 필요하다.

국내의 대표적 기술개발 성과로는 2006년 5월 서강대 교수 연구팀과 신성이엔지·동우화인켐이 산학 협동을 통해 세계 최초로 개발한 웨이퍼 건식세정 기술을 들 수 있다. 이 기술은 반도체 공정 중

불순물을 제거하는 세정 공정의 에너지 소비량을 60% 이상 줄일 수 있는 기술로서, 초순수물질과 각종 화학물질을 사용해 감광액 등을 제거하는 기존 습식 세정 기술과는 달리 초임계 상태의 이산화탄소를 사용하여 환경오염과 에너지 소비를 획기적으로 줄일 수 있다고 한다. 건식세정 기술은 초순수물질 및 각종 화학물질의 생산·재활용에 엄청난 에너지가 소비되는 습식세정보다 싸고 환경친화적이며 기존 방식으로 불가능한 고집적 회로 세정도 가능하다.

(바) 친환경 구리배선 공정기술

반도체의 친환경·고집적화를 위한 차세대 공정 도입이 진행되면서 관련 공정 재료·장비 분야도 획기적인 발전을 이루었다. 주요 반도체 관련 업체들은 반도체의 정밀화·고집적화 및 친환경 규제 강화에 따라 변화하는 공정에 맞춘 신재료와 공정기술 개발에 전력해왔다.

나노공정의 비약적인 발전으로 인하여 회로의 미세화로 인한 신호 지연, 전력 손실 및 누설 등의 문제 해결을 위한 기술도 진행되어왔다. 전력 손실이 적은 구리 배선 반도체용 층간 절연물질로 쓰이는 저유전물질과 CMP 슬러리, 이산화규소를 대체하는 절연막 물질인 고유전물질 처리기술 등이 개발되어왔다. 저유전물질의 경우 경도가 약해 기존 패키징 공정에선 쉽게 손상되는 문제가 있다. 반도체 산업은 고집적화와 미세화라는 내부적 도전과 환경 규제라는 외부요인 등 내외부의 도전을 맞이하여 신뢰성과 비용을 만족시키는 신재료 및 공정 개발이 지속되어오고 있다.

친환경 구리배선 공정기술은 반도체 소자의 금속배선공정 중 환경친화적 구리 전해 및 무전해 도금공정의 개발, 구리 전해 및 무전해 도금공정 후 발생하는 도금용액의 재활용 및 순환 시스템 개발, 기존의 슬러리와 소모자재를 사용하는 구리 CMP를 대체하는 신개념의 환경친화형 전기화학적 평탄화(ECP) 공정 개발 등을 망라한다.

환경친화적 도금공정 개발 분야에서는 무전해 도금용액의 대체 환원성분의 개발, 새로운 조성의 무전해 도금용액 개발, 소자공정의 구리배선과 함께 은(Ag)배선공정, 게이트 메탈 도금 공정 및 합금도금 공정개발, 전해 및 무전해 도금용액의 재활용시스템 개발, 전해 및 무전해 도금장치의 국산화 등이 추진되어 왔다.

슬러리를 사용하지 않는 환경친화적 신개념 구리 CMP 공정 개발 분야에서는 환경친화적 슬러리 없는 CMP 공정 개발, 새로운 개념의 CMP 공정인 전기화학적 평탄화 (ECP) 시스템 개발, 전기화학적 평탄화(ECP) 시스템 공정의 최적화 등의 연구가 추진되어 왔다.

구리 도금 및 현 CMP공정 폐수의 재활용 시스템 구축 분야에서는 구리도금용액의 재활용시스템 구축, 폐슬러리의 중금속 제거 및 연속식 DI 워터 분리 및 재생공정 개발, 폐슬러리 분리 및 고형공정 기술 개발, 재생용수의 사용용도 개발 등이 추진되어 왔다.

(사) 무수은(Hg-free) 백색 광원 기술

조명산업에서 발광효율이 낮고 수명이 짧은 백열전구와 신경계통에 해를 주는 수은(Hg)을 사용하는 형광램프는 발광다이오드(LED: Light Emitting Diode)와 면 전체가 발광하는 유기 EL(OLED: Organic LED) 등 수명이 길고 전력소비가 적은 조명기기로 바뀌는 추세다.

60W 백열전구를 같은 밝기의 LED 램프로 대체할 경우 에너지 소비량을 80% 이상 절감할 수 있으며, CO2 배출량 또한 약 85% 저감시킬 수 있다. 비록 LED가 발광효율에서 백열전구나 형광램프를 상회하고 있다고는 하지만 아직 제조원가에서는 백열전구나 형광램프에는 미치지 못하고 있다. LED 전구는 아직 가격이 비싸기는 하지만 소비전력은 백열전구의 1/6 정도, 수명은 10만 시간 정도로서 총체적으로는 경제적이다.

형광램프는 독성 물질인 수은(Hg)을 포함하고 있으며 국내에서는 거의 재활용되지 않고 매립되고 있다. 수은은 RoHS 지침에서도 특정 유해물질로 지정되고 있으나 대체물질이 개발되지 않아 형광램프는 예외조치를 받아 사용이 계속되고 있다.

조명기구로서 LED는 백열등이나 형광램프에 비해 수명이 훨씬 길고, 독성 물질을 사용하지 않으며, 시인성이 뛰어나고, 소형 조명기구 설계가 자유로우며, 전력 소비가 적고, 자외선을 거의 방출하지 않아 방충효과가 크고 조광이 자유로운 장점이 있는 반면, 점광원이기 때문에 눈이 부시고 열에 약하며, 조명 디자인의 자유도가 적다는 제약이 있다.

유기 EL(electroluminescence)은 면의 전체가 발광하기 때문에 눈부심이 없고, 면의 모양을 자유롭게 선택할 수 있어 디자인의 자유로우며, 유기물 분자구조의 조합에 따라 발색을 달리할 수 있고, 매우 가볍고 얇으며 발열량이 미소하여 광을 확산하기 위한 기구가 불필요한 장점이 있는 반면, 현재로서는 발광효율이 낮으며 휘도를 높이면 수명이 짧아지는 단점이 있다.

무수은 백색 광원 개발 분야의 주요 과제로는 백색광 무기 EL 개발, 유기 단분자 EL 개발, 유기 고분자 EL 개발 등을 들 수 있다. 백색광 무기 EL 개발 과제는 대형 기판용 유기 단분자 EL 개발, 전조(precursor) 합성, 표면 처리 기술 개발, 다층 박막 구조 실현 등의 세부과제를 포함하며, 유기 단분자 EL 개발 과제는 전조 합성, 표면 처리 기술 개발, 다층 박막 구조 실현 등의 세부과제를 포함한다. 유기 고분자 EL 개발 과제는 고분자 물질 개발 및 합성, 유연(flexible) 발광층 구현, 낮은 구동 전압 구현 등의 세부과제를 포함한다.

(3) PFC 저감기술

TFT-LCD 제조상의 건식식각(Dry Etch) 공정에서 주로 사용하는 가스는 SF_6, Cl_2, He, N_2, O_2 등이 있는데, Cl_2(염소)는 부식성이 강하고 공기 중에 0.1% 이상 존재하면 순간적으로 강한 호흡 곤란을 일으켜서 사망하는 유독가스이며 SF_6(육불화황)은 지구온난화 규제 대상인 PFC(Per-Fluoro Compound) 계열 가스로서 지구온난화계수(GWP)가 24,900으로서 매우 높다.

PFC는 반도체 공정에서 일반적으로 사용되며, 산업적으로는 변압기에서 SF_6가 사용되어지고 있다. PFC는 매우 안정한 화합물로서 CF_4, C_2F_6, C_3F_8, C_4F_{10}, SF_6, NF_3 등의 6종을 포함한다. PFC는 원칙적으로 인체에 무해하나, 지구상에서 분해되는 시간이 1,000년 이상 소요되기 때문에 지구에 잔존하는 시간이 상당히 길며, 지구의 복사열의 방출을 막아서 지구온난화 현상을 일으킨다. PFC가 발생되는 장소가 반도체 사업에 대부분 국한되어 있기 때문에, 그 처리가 가능하며 대체물질 기술이나 대체 공정 기술 등이 효과적으로 적용될 수 있다. 일반적인 PFC 저감방안을 검토해 보면 다음과 같다.

❶ PFC 대체물질, 대체 공정개발
❷ PFC의 효율적 사용
❸ PFC 회수 및 재사용
❹ 배출된 PFC 처리기술

PFC 저감을 위하여 위 네 가지 방법을 모두 사용할 수 있으며, 각각의 방법에 대하여 간략히 기술하면 다음과 같다.

(가) PFC 대체물질, 대체공정 개발

가장 근원적 방법이며 가장 어려운 방법이지만, 실제로 많은 연구가 진척되어 왔다. PFC의 문제점은 반응온도가 높고 분해가 잘 되지 않는다는 점에서, C_4F_8O 및 F_2 등 대체물질이 개발되어 현재 생산 단계에 있다. 이러한 대체물질의 개발은 대체 공정의 개발이나 공정의 변경을 요한다.

주요 기술로는 non-PFC 세정 기술을 들 수 있으며, non-PFC 발생 장치 개발, non-PFC 정제 및 공급시스템 개발, non-PFC 세정공정기술 등을 포함한다. PFC 대체물질로 유망한 F_2 발생장치 및 세정공정 개발, 잔여 유해가스 처리기술, 그리고 경제성 평가 등의 연구가 진행되고 있다.

(나) PFC의 효율적 사용

공정에 주입되는 PFC가스의 약 50% 정도는 공정에서 분해되고 나머지 50%는 대기 중으로 방출되므로 공정 중에서 분해효율을 높이는 것에 대해서 연구되고 있으며, 이 분해효율을 높이기 위하여 NO 혹은 O_2를 첨가하여 분해효율을 높이는 방법이 현재 사용되고 있다.

(다) PFC 회수 및 재사용

배출된 PFC 회수 및 재사용 방법으로는 일반적으로 활성탄 흡착, 제올라이트 흡착 등을 생각할 수 있으나, 장치의 크기가 크고, 회수되는 PFC의 순도가 낮은 점 등을 고려할 때 현재 가장 채택하기 어려운 방법 중 하나이다.

(라) 배출된 PFC 처리기술

방출되는 PFC가스는 LPG가스에 의한 연소, 전기 히터에 의한 산화방법, 수소가스에 의한 연소 등의 방법으로 제어할 수 있다. PFC는 고온에서 연소가 가능하기 때문에 화석연료나 전기에너지로 연소시켜 분해할 수 있다. 산화방법과 원리는 유사하지만 고온반응을 촉매를 사용하여 반응온도를 낮추고, 산화효율을 높이는 연구가 진행되고 있다. 다양한 PFC 처리기술을 살펴보면 다음과 같다.

❶ 산화방법

산화방법은 가장 손쉽게 사용할 수 있는 방법이지만, 산화시키기 위해서는 800~1,200℃ 고온이 필요하며 산화원료로서 LPG나 수소 등을 사용할 경우 화재위험이 있다. 전기 산화방법은 원료사용 방법에서 발생되는 안전상의 문제를 다소 해소할 수 있지만 전기 에너지 소모가 많다는 문제점이 있다. 또한 산화반응 후 PFC가 대부분 HF나 이산화탄소로 분해되기 때문에 후단에서 HF를 처리할 수 있는 습식 혹은 건식의 HF처리 장치가 별도로 필요하게 되어, 장치가 복잡하게 되는 문제점이 있다.

❷ 촉매산화법

촉매를 이용하여 산화온도를 낮추는 산화방법이다. 적절한 촉매를 사용하면 500~900℃정도에서 산화반응이 일어남으로써 에너지 사용을 절감할 수 있고, 안전성을 강화시킬 수 있는 장점이 있다. 그러나 반응 후에 생성되는 HF, F_2 등이 촉매의 성능을 급격히 저하시키기 때문에 촉매를 주기적으로 교체해야 되는 문제점이 있다. 또한 산화법과 마찬가지로 연소 후에 발생되는 2차 오염물질인 HF 등의 처리 문제가 여전히 남아 있다.

❸ 플라즈마 분해 방법

난분성 물질인 PFC를 강력한 에너지인 플라즈마를 사용해서 분해하는 방법이다. 플라즈마는 거의 모든 난분해성 물질을 분해할 수 있으나, 유입되는 기체의 양이 많을 경우 처리가 어렵다는 치명적인 단점을 가지고 있으며, 또한 플라즈마 배기가스에 의한 파우더 생성 등으로 인한 장치의 유지 보수가 어려운 점이 있다. 기술의 상용화를 위해 많은 문제점을 해결하기 위한 연구가 활발히 진행되고 있다.

❹ 화학처리 방법

PFC를 화학약품과 반응하여 반응생성물을 폐기물 처리하는 방법으로서 일정온도의 높은 온도가 필요하다. 이 화학처리 방법은 PFC 분해되고 난 후에 발생되는 부산물인 HF, F_2가 화학약품과 반응하여 배출가스가 전혀 없다는 장점을 가지고 있으나, 약제가 소모되기 때문에 주기적으로 약제를 교체해야 된다는 경제적인 문제점이 있다. 화학약품의 PFC 처리능력을 높이고 반응온도를 낮추는데 연구 초점을 맞추고 있다.

❺ 흡착제 처리 방법

흡착제 처리 방법은 일반적으로 활성탄이나 제올라이트를 사용하여 흡착하여 PFC를 제거할 수 있으나, 진공이나 고온조건에서 탈착하기 때문에 다른 장소에서(off site) 탈착가스를 연소 방법으로 처리해야만 근본적으로 PFC를 처리할 수 있다.

⑥ 저온 냉동법

가장 오래된 기술로서 가스를 고체로 만들어 분리시키는 방법이다. 액체 질소나 드라이아이스 등이 많이 사용되며, 배출되는 가스의 양이 많을 때는 에너지 문제를 고려하여야 한다. 이 역시 저온을 유지하지 못할 경우에 가스가 배출되는 문제점이 있고, 또한 완벽히 처리하기 위하여 다른 장소에서 재처리 연소시켜야 하는 근원적 문제점이 있다.

PFC처리 기술은 어느 한 가지 방법으로 완전히 해결하기보다 복합된 기술을 도입하는 것이 바람직하다. 또한 PFC 분해가 일어난 다음의 생성물인 HF, F_2 및 SiF_4 등의 처리도 동시에 해결하여야 하며, 이로 인한 대기 방지시설 혹은 폐수처리장의 부하 또한 검토되어야 한다.

(4) 자원순환 기술

반도체·디스플레이 산업에서 적용할 수 있는 자원순환 기술은 수없이 많지만 대표적인 몇 가지만 소개하면 다음과 같다.

(가) 고순도 ITO 타겟 재제조 기술

ITO(인듐 주석 산화물)는 디스플레이의 투명전극의 원료로 사용되는 핵심 소재로서, ITO 증착을 위해 타겟을 사용하면 약 30~40% 소모 후 더 이상 사용할 수 없다. 따라서 이러한 타겟을 고순도로 재제조하는 기술이 필요하다.현장에서 사용되는 ITO 폐타겟으로부터 핵심 소재인 인듐과 주석을 채취하고 이를 재활용하는 공정에서 불순물 차단 등 청정 환경에서의 재자원화 공정을 통해 순도 및 성능을 높이는 기술이다.

(나) 고기능성 배선 재제조

전자정보통신 제품에는 공통적으로 배선 회로가 형성되어 있는 전자회로기판이 들어있는데, 이러한 회로기판으로부터 Au, Ag, Cu, Ni 등 주요 자원을 회수하여 재제조하는 기술을 말한다.

(다) 고성능 형광막 분말 제조

조명, PDP 등 전기 및 전자 제품에 들어있는 형광체를 회수하여 이를 원소별로 재활용하고, 새로운 제품에 맞게 형광막 분말을 제조함으로써 다양한 용도로 재자원화하는 기술이다. 사용 연한이 다하였거나, 디자인 변경 등에 의해 더 이상 사용이 되지 않는 조명 및 PDP 등 전기 및 전자 제품으로부터 형광체를 재활용하고 제품 맞춤별로 조성 제어를 하여 형광체 분말을 제조할 수 있다. 전자회로기판의 배선 소재를 회수시 공정을 단축시켜 원가를 낮추고, 재활용뿐만 아니라 사용 가능한 기판의 재사용 등을 통해 공정 및 전력소모, 그리고 이를 통한 탄소 발생을 최대한 억제하는 기술이 필요하다.

(라) 투명전극 유리기판 재사용 기술

LCD, PDP, 휴대폰 등의 디스플레이 제품에 포함되어 있는 투명전극이 코팅된 유리기판을 녹이거나 파쇄 등 재활용 과정이 없이 그 상태 그대로 재사용하여 재자원화 공정 및 단가를 줄이는 기술이다.

LCD, PDP, 휴대폰 등 수명주기가 짧은 제품으로부터 투명전극이 코팅된 유리기판을 분리하여 이를 새로운 제품의 요구사항이 맞도록 가공을 하고, 이를 새로운 제품에 적용하여 핵심자원인 인듐을 확보하는 기술이 요구된다.

5.3 바이오(Bio)산업

5.3.1 국내외 바이오산업 현황

(1) 바이오산업

바이오산업(biotechnology industry 혹은 bio-industry)은 생명체 자체를 소재로 이용하거나, 이를 대상으로 하여 산업적, 의학적으로 유용한 기술과 소재를 개발하고 IT 등 다양한 기술들과의 융합을 통한 새로운 비즈니스를 창출하는 분야로서, DNA(유전자)를 소프트웨어로 사용하는 생명체를 다루거나 그 생명체를 위해 비즈니스가 이루어진다는 특성을 가진 산업 군이다.

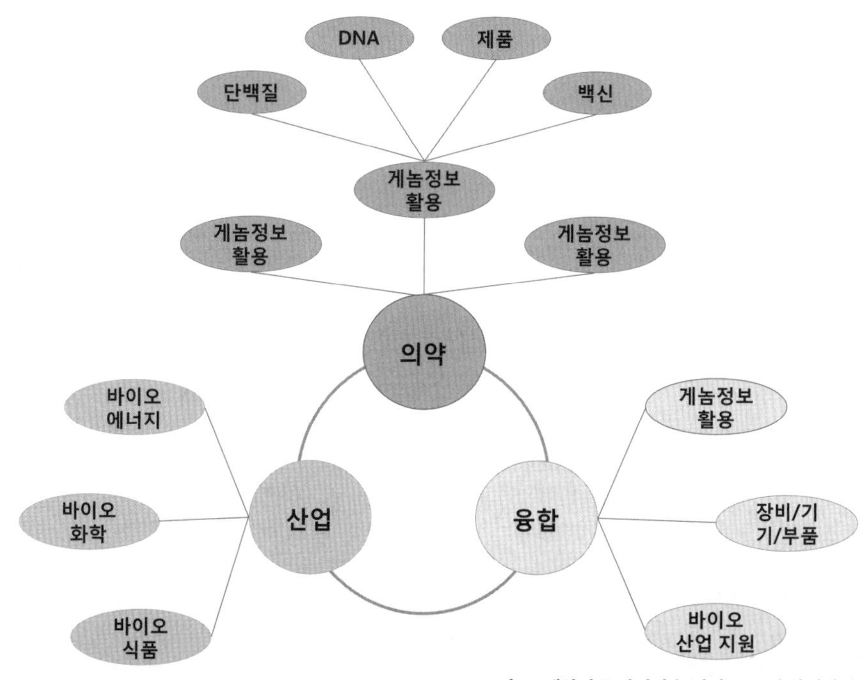

자료: 대한민국 산업기술 비전2020 융합신산업

〈그림 5-2〉 바이오산업의 개념도

바이오산업은 의약, 화학, 전자, 에너지, 농업, 식품 등의 다양한 산업과 연계되어 있는데, 상호간 융합을 통해 새로운 개념의 제품이나 산업들이 창출될 수도 있다. 바이오산업은 의약바이오, 의약 외 산업바이오 분야, 융합바이오 등의 분야로 편의상 크게 3가지로 나눌 수 있다.

의약바이오 분야는 질병의 치료 혹은 그와 관련된 과정에서 사용되는 각종 소재와 제품을 개발하는 분야로서 저분자 합성의약품, 단백질, 유전자, 세포, 백신 등 바이오 물질을 원료로 사용하는 의약품을 의미하는 바이오의약품과 천연물의약품으로 다시 구분할 수 있다.

산업바이오 분야는 바이오 물질을 원료로 사용하여 여러 가지 화학제품(유기산, 아미노산, 바이오폴리머 등)혹은 연료(에탄올, 디젤, 부탄올) 등을 생산하는 분야이다. 이 과정을 통해 만들어지는 물질들은 그 자체가 최종 제품이거나 식품, 농약, 기타 최종물질을 만드는데 필요한 원료로 사용될 수 있다.

산업바이오의 경우 발효부문을 제외하고는 산업바이오분야 기술의 국제경쟁력은 미흡한 실정이다. 바이오에너지 분야에서는 원료물질인 바이오매스를 얼마나 확보할 수 있는가가 매우 중요한데, 우리나라의 바이오매스 보유량은 매우 부족한 편이다.

산업바이오의 대표격인 바이오에너지와 바이오플라스틱 분야는 아직 산업화 시작 단계에 있는 제품들이 많이 있기 때문에, 지금이라도 서둘러 중장기 전략을 수립해야할 시점이다. 미생물 발효공정분야에서는 세계적인 수준의 기술력을 확보하고 있으면서도 전문인력이 부족한 것이 현실이다. 또한 산업바이오에서 원료로 쓰이는 바이오매스의 국내 부존량도 부족하다. 융합바이오 분야는 IT를 비롯한 다양한 기술들과의 융합을 통해 만들어지는 제품들이 포함된다. 예를 들어 미세배열(microarray), 바이오센서, 생물정보학 제품들이 이에 속한다 할 수 있다.

(2) 바이오산업 시장

2010년 기준 세계 바이오산업의 시장규모는 9,800억 달러로서, 2010년~2015년 연평균 9.6% 증가세를 보여 2015년에는 1조 5,700억 달러에 달할 것으로 전망된다(〈표 5-1〉).

〈표 5-1〉 세계 바이오산업 시장 규모 및 전망 [단위: $백만, %]

년도	시장규모	증가율	
		전년대비	CAGR
2010	987.2	9.1%	9.7%
2011	1,079.0	9.3%	
2012	1,181.5	9.5%	
2013	1,298.4	9.9%	
2014	1,434.7	10.5%	
2015	1,572.4	9.6%	

자료: Datamonitor 2010 및 IMS Health 2010 자료로 추정

삼성경제연구소 자료에 따르면 융합바이오 분야 중 바이오 장비산업은 2008년 7.5억 달러 규모의 국내시장을 형성하고 있으며, 무역수지는 5.8억 달러 적자를 나타냈다. 국내 생산액 대비 세계시장 점유율은 0.6%로 매우 적은 상황이며 국산화율은 16%로, 현 추세 유지 시 2018년 무역적자는 12.4억 달러로 확대될 가능성이 높다.

국내 융합바이오 관련 기업은 약 60여개(500인 이상 기업 없음)이며 종업원 수는 약 1,500여명으로 매우 영세한 규모이다. 최근 바이오니아, 마크로젠, 나노엔텍, 서린바이오사이언스 등의 기업들이 유전자 정보기술, 고신뢰성 진단키트 분야에서 사업을 활발히 벌이고 있으며, 해외에 수출도 하고 있다.

2009년에 실시된 지식경제부 '신성장동력 장비 경쟁력 강화 사업' 관련 기업체 실태조사 결과를 살펴보면, 미국을 100%로 기준을 설정할 때, 국내 기업들의 기술 경쟁력은 반도체 기술을 기반으로 하는 바이오칩 및 어레이, 스캐너 60~70%, DNA 자동합성 80%, HPLC 60%, DNA 자동분석 30%, 융합바이오 현미경 분석 40~50%임을 알 수 있다. 실태조사 대상이 수요자라기보다는 공급자였음을 감안할 때, 실제 기술수준은 더욱 낮을 것으로 예상된다.

2010년도 국내 바이오산업 통계조사에 따르면, 바이오산업제품의 국내 시장규모(저분자 의약품 제외)는 4조 7,974억 원 규모로 조사되었으며(〈표 5-2〉), 향후 고성장세가 지속되어 2017년에는 생산 20조 원, 내수 13조 원에 이를 것으로 전망되었다.

〈표 5-2〉 2010년 국내 바이오산업제품 시장 규모

[단위: 억 원, %]

구 분	판매규모			
	국내판매	수입판매	계	점유율
바이오의약[저분자의약품 제외]	15,703	10,997	26,700	55.7
바이오식품	10,129	94	10,223	21.3
바이오화학	2,644	703	3,347	7
바이오환경	1,071	7	1,078	2.2
바이공정 및 기기	488	1,917	2,405	5
바이오검정, 정보개발서비스 및 연구개발	1,342	13	1,355	2.8
바이오에너지 및 자원	2,301	76	2,377	5
바이오전자	480	9	489	1
합 계	34,158	13,816	47,974	100

자료: 지식경제부 및 한국바이오협회(2011), 2010년도 국내 바이오산업 통계조사

산업바이오 분야에서는 지금을 석유화학기반 경제에서 생물기반 경제(bio-based economy)로의 전환기로 보고 기업들과 각국 정부들은 이에 대한 전략을 수립하여 투자를 집중해 나가고 있다. 특히 거대 에너지기업, 화학기업들이 투자에 적극적이다.

Chemical & Engineering News에서 발표한 2008년 세계 매출규모 Top 10 화학기업 중 바이오 화학사업에 참여하고 있거나 적극적으로 기술개발중인 기업은 Dow, BASF를 비롯하여 총 6개가 된다.

바이오화학제품 시장 선점을 위하여 미국과 유럽의 세계적 화학기업들이 경쟁하고 있는 가운데, Shell사는 캐나다의 Logen사와 협력을 통하여 셀룰로오스로부터 에탄올을 생산하는 기술을 개발하고 있으며, BP사도 미국 UC Berkeley에 바이오에탄올 생산연구를 위한 연구소 설립을 지원하였고, DuPont사는 바이오부탄올을 상업화하기 위한 청정공정 개발에 대한 공동연구를 진행하고 있으며, Chevron사는 차세대 에너지원으로 바이오에탄을 생산을 위해 집중 투자하고 있다.

바이오플라스틱분야에서 ADM사는 PHA 생산업체인 Metabolix사와 대량생산 협력을 진행 중에 있고, BP사도 역시 Metabolix사의 기술을 활용하여 식물에서 대량생산하기 위한 연구개발을 진행 중에 있다. PLA분야에서는 NatureWorks사에 이어 일본의 Toyota사와 Toray사 등이 사업화를 추진 중에 있으며, 뒤를 이어 유럽 및 중국 기업들도 적극적으로 참여하고 있다.

숙신산(succinic acid)의 경우에도 2006년 미국의 DNP사는 프랑스 업체와 조인트벤처를 설립하여 연산 약 200톤 규모의 상업생산에 성공하였고, ADM사와 MBI사도 독자적인 기술개발을 통해 상업화를 추진 중에 있으며, 일본 Mitsubishi사도 Ajinomoto사와 연구협력을 통해 기술개발을 추진하고 있다. 이외에도 BASF사는 Novozyme사와의 제휴를 통하여 아미노산 및 비타민을 생산하고 있고, Dow사는 Cargill사와 합작하여 바이오플라스틱(PLA)을 생산 중에 있으며, Shell사는 Codexis사(바이오전문업체)와 제휴하여 슈퍼효소를 개발하고 있다.

또한 미국의 DuPont사는 바이오전문업체인 Genencor와 제휴하여 알코올 원료를 생산하고 있으며, Ashland사는 Cargill사와 프로필렌글리콜(propylene glycol) 생산을 위한 조인트벤처를 설립하였다.

석유 원료 가격의 불안정성으로 인해 생물학적 원료를 이용한 바이오연료 개발이 관련 기업을 시작으로 청정공정기술개발이 활발히 진행되고 있다. 예를 들어 대체에너지 선진국인 미국과 브라질 등에서는 390억 리터의 바이오에탄올이, 유럽지역에서는 40억 리터에 달하는 바이오디젤 에너지가 생산되어 기존 석유화학 에너지의 1% 정도를 대체하고 있으며, 2030년에는 대체수준이 7~10%까지 증가될 것으로 예측된다.

특히 바이오에탄올을 생산하기 위한 원료 작물인 옥수수, 사탕무우, 사탕수수, 밀 등의 생산 면적이 해마다 증가하고 있으며, 이에 따른 가격의 상승이 주요 문제로 부상하고 있는 상황이다.

바이오디젤의 경우 주로 유채 및 콩을 통해 생산되고 있는데, 유채는 태국에서, 콩은 미국을 중심으로 재배되고 있고, 최근 중국에서도 바이오디젤 생산을 위한 유채 생산량이 연 60% 이상의 급증세를 보이고 있다. 이에 따라 목질계 비식용 작물과 산림 폐자원, 조류 등과 같은 해양생물체들을 활용하는 아이디어가 활발히 검토되고 있다.

미국, 브라질, EU와 같은 대체에너지 선진국은 국가 주도 하에 조세 감면이나 최소혼입비율 의무화 등과 같은 정책으로 바이오에너지 분야와 관련된 산업을 집중 육성하고 있어 관련 기술과 산업이 급속하게 발전될 것으로 전망된다.

생산공정 자체가 폐기물의 발생을 줄이는 녹색기술의 하나로 인식됨에 따라 화학공정을 바이오 청정공정으로 대체하기 위한 저탄소 녹색기술 및 산업바이오제품에 대한 수요가 증대되고 있다.

장비 및 기기의 세계시장은 DNA synthesizer, Sequencer, Microarrayer, u-헬스케어, Chromatography, BioScanner등을 중심으로 급격히 발전하고 있으며, 미국이 전 세계시장의 46%를 차지하고 있으며 일본, 아시아 지역, 독일이 그 뒤를 따르고 있다.

융합바이오 분야는 분자진단 체외진단시장을 중심으로 세계적인 다국적기업들의 투자가 활성화되고 있다. 1980년 이후 생겼던 바이오장비회사와 시약회사들이 서로 합병하면서 이와 함께 매출이 수십억 달러에 도달하는 회사들이 생겨났고 미래 성장동력으로 분자진단분야에 집중적으로 투자하고 있다. 지멘스가 153억 달러를 투자하여 주요 진단회사들을 합병하였고 삼성을 비롯한, GE, 필립스 같은 거대기업들이 분자진단시장으로 진입하고 있다.

융합바이오의 바이오분리 및 분석 분야는 세계적으로 광범위한 설치기반을 가지고 있으면서 한 개 이상의 청정공정을 위한 다양한 분석장비를 공급하는 Waters, Agilent Technolgies, Shimadzu와 같은 거대 다국적 선도기업들이 세계시장에서 경쟁하고 있다.

현재 국내 분리장비 시장의 90% 이상이 이들 다국적 선도기업들이 차지하고 있으며 일부기업에서 HPLC, GC 제품을 국산화하여 중국, 동남아 및 중동지역에 수출하고 있는 상황이다.

바이오 스캐너의 경우 Affymetrix, Ciphergen, Genomic Solutions, 등의 외국 회사가 고가 장비 시장에서 경쟁하고 있는 한편, 마크로젠, 디지탈바이오테크놀로지, 서린바이오사이언스 등은 최근 대당 3,000만원에서 5,000만원 안팎의 저가 바이오칩 분석장비를 선보이며 시장을 공략하고 있다.

특히, 국내의 바이오 벤처기업들은 바이오칩 분석장비를 병원과 연구소에 보급해 바이오칩을 이용한 진단과 연구를 활성화하고 바이오칩과 분석장비 시장을 공략하는 전략을 취하고 있다.

바이오 어레이어의 경우 Affymetrix, BioRobotics, Hyseq 등의 회사들이 전통적인 고가 어레이어를 판매하는 한편, Nanogen, Packard BioScience 등은 독점적인 특허에 바탕을 둔 첨단 어레이어를 개발하여 시장을 공략하고 있다. 반면 국내에서는, 바이오니아 등의 회사가 어레이어 개발을 끝냈으나, 아직 시판에 들어간 제품은 없어서 전량 수입에 의존하는 상황이다.

바이오 분광기술 분야의 경우, 기술의 미래를 섣불리 예측하지 못할 정도로 많은 분야와의 접목이 이루어지고 있으며, 이미징 자체 기술과 타기술과의 접목 등을 통해 고유 분야를 확대해 가고 있다. 따라서 제품의 차별화가 쉽지 않고 기술력에 따라 급속히 진입과 퇴출이 이루어지고 있다.

국내의 융합바이오산업은 일부 분석장비에 한하여 Mid-tech 수준으로 개발이 되어 있으나, 신뢰성 및 감도 면에서 글로벌 기업들의 장비 성능에 못 미치고 있는 실정이며 국내 사용자들도 외산 제품을 선호하고 있다. 또한 외산 제품의 브랜드 인지도가 상당히 높은 상태이므로 국내 융합바이오산업 발전을 위하여 전략적인 지원 및 육성방안이 필요하다.

(3) 산업바이오 기술 동향

산업바이오 분야의 경우 이산화탄소 배출 억제와 에너지 문제가 심각하게 대두되고 있으며, 이에 대한 대처 방안으로 바이오매스를 이용한 바이오에탄올이나 바이오디젤의 생산기술, 처리 과정에 수반되는 오염물질의 환경친화적 분해기술이 활발히 연구되고 있다. 저비용 바이오매스의 확보, 고효율을 갖는 에너지전환기술 개발이 필요한 상황이다.

산업바이오는 바이오매스(biomass: 옥수수, 사탕수수, 목재류 등 재생 가능한 식물자원)를 원료로 사용하거나 생산공정에서 효소나 미생물을 이용하여 화학제품을 제조하는 산업이 포함되어 있어, 최근 기후변화에 따른 탄소배출 억제와 자원고갈에 따른 고유가 시장 등의 문제를 해결하여 지속가능한 발전을 이루기 위해 필요한 핵심분야로 인식되고 있다.

탄소배출 저감 의무이행, 기후변화 대처, 지속가능한 성장을 위한 새로운 국가 성장동력의 확보가 필요하게 됨에 따라서 정부는 미래 국가 전략산업 방향수립을 위한 전략(신성장동력 비전 및 발전전략 '09.1)에서 미래 녹색성장의 기반이 되는 녹색 원천기술 및 IT·BT·NT 융합형 원천기술 확보에 주력하겠다는 방침을 발표하게 되었는데 이러한 기술분야가 산업바이오의 핵심요소가 된다.

바이오에탄올을 예를 들면, 대체에너지 개발, 에너지안보강화, 환경개선, 농가소득증대 등 사회 전반에 다양한 파급효과를 미치는 산업으로 상당한 성장 잠재력을 보유하고 있다. 바이오매스로부터 에탄올을 생산하는 공정은 전체 이산화탄소 발생을 증가시키지 않는 환경친화적인 공정이며, 바이오매스로부터 얻어진 에탄올을 이용하여 에틸렌으로 전환하면 석유화학 제품의 대체 제품 생산이 가능하므로 산업 전반에 막대한 파급효과가 있다.

2004년 EuropaBio 보고서에 따르면 섬유질 바이오매스로부터 바이오에탄올을 생산하는 기술은 기존 공정대비 108%의 이산화탄소 저감, 에틸렌 제조기술은 석유화학 에틸렌 제조공정에 비해 106%의 이산화탄소 저감효과가 있는 것으로 나타나 있다.

이를 위해 미국의 경우 2000년 '바이오매스 R&D법' 을 제정하여 바이오에너지 개발을 본격화하였는데, 바이오매스 관련 R&D의 양대 주무부서인 에너지부와 농무부가 각각 약 1억 달러, 약 6천만 달러의 R&D 자금을 투자하고 있다.

특히 리그노셀룰로오스계(섬유소계) 바이오매스로부터 에탄올을 생산하는 기술에 집중 투자하고 있는데, 이는 (현재 바이오에탄올 생산 전분질 원료인) 옥수수의 가용량이 한정되어 있어 향후 에탄올 수요 증가 시 다양한 목질계 (농임산 부산물 및 산림 바이오매스) 원료를 활용하기 위함이다.

전분당 발효에 의한 1세대 바이오연료와 섬유소계 바이오매스를 이용한 2세대 바이오연료에 이어, 해조류 등의 비식용 바이오매스를 이용한 3세대 바이오연료의 기술개발이 활발히 진행되고 있다.

특히 미세조류를 이용한 바이오디젤의 경우 1, 2차 오일쇼크 당시 개발이 진행되었다가 보류되었지만, 고유가가 예상되는 상황에서 다시 상업화를 위한 추가 기술개발이 진행되고 있다.

산업바이오 분야는 재생 가능한 바이오 유래 물질을 원료로 사용하거나, 석유유래 원료를 바이오 전환기술을 이용하여 유기산, 아미노산, 바이오폴리머, 기반화합물 등의 다양한 화학제품, 혹은 에탄올, 디젤, 부탄올 등의 수송용 액체 연료로 전환하는 새로운 산업분야로 바이오 화학산업이라고 부르기도 한다.

지구적 탄소배출 억제와 석유자원 고갈에 대한 유일한 해결 방법으로 인식되어 급속한 성장이 예상되며 기술선점을 위해 국가 간 경쟁이 치열하게 전개되고 있다. 기존 석유화학 기반 산업에서 생산되는 물질을 직접 대체하거나 기능적으로 대체 가능한 새로운 바이오 유래 화합물을 생산하게 되기 때문에 바이오기반 산업과 기존 화학기술의 청정공정 융합을 할 때 통해 사업구현이 가능하다.

융합바이오 분야의 경우 융복합 분석장비 개발이 바이오산업 발전을 가속화하고 있다. NGS의 개발로 이 장비가 진단 장비로 활용될 가능성이 매우 높아졌으며, 유전자, 단백질, 기타 여러 지표를 현장에서 진단할 수 있는 현장검사용(POC: Point-Of-Care) 제품개발이 활발히 이루어질 것이다.

산업바이오 분야에서는 바이오매스 기반 산업과 기후변화 규제에 대응하기 위한 탄소재순환형 산업 등이 국가 정책적으로 다루어지고 있다. 2008년 9월 미국 국가정보위원회(National Intelligence Council)는 향후 정치, 군사, 경제, 사회 전반에 가장 큰 영향을 미칠 6대 와해성 기술(disruptive technology)을 선정, 발표하였으며 여기에 바이오연료 및 바이오화학제품(biofuel and bio based chemicals)을 포함하였다.

와해성 기술이란 정치 경제 군사 기타 사회적 측면 등 다양한 분야에서 국가 경쟁력에 위협이 될 수 있거나 혹은 국력신장에 기여할 정도로 파급효과가 큰 기술을 의미한다.

유럽 집행위원회는 2008년 1월, 미래 경쟁력의 핵심이 될 혁신경제를 이루기 위한 선도시장전략(LMI: Lead Market Initiative)을 발표하였으며, 6대 선도 시장의 하나로 바이오제품(bio based products) 시장을 포함시켰다.

바이오연료 및 바이오화학제품은 향후 석유수급 불확실성에 대한 대비, 온실가스배출 저감을 위한 국제적 협약 준수, 미래 소비자들을 만족시키는 새로운 친환경 제품개발 등의 차원에서 그 중요성이 평가되었기 때문이다.

산업바이오 분야의 경우, 최근 바이오화학 관련 연구기관 및 기업 종사자를 대상으로 한 설문조사를 보면 최고 경쟁력을 가진 미국을 10점으로 보았을 때 현재 국내 바이오화학기술은 약 6점 정도인 것으로 자체 평가했다.

제품별로 보면 석유화학 대체 제품기술은 6.0점이고 정밀화학 대체(식품, 의약, 화장품 소재의 경우) 기술은 6.2점, 그리고 바이오연료 등을 생산할 수 있는 기반 기술은 5.9점으로서 특별히 우수한 기술을 보유한 제품은 없는 것으로 평가되었다.

국내 기업들의 활동을 보면 화장품이나 식품 소재 등 일부 정밀화학 대체 제품은 참여기업이 34개가 되는 등 비교적 활동이 활발한 편이나, 석유화학 대체 제품의 경우 일부기업에서 주로 PLA(Poly Lactic Acid)를 이용한 컴파운딩이나 블랜딩 등을 통한 물성 개선 연구만 하고 있을 뿐 기초 원천연구 내지 다른 제품에 대한 연구는 미미한 상황이다.

연료 대체 제품은 현재 디젤의 2%를 바이오디젤로 혼유하고 있어 바이오디젤을 중심으로 일정 규모의 시장이 형성되어 있는 상황이지만, 생산 기술의 경우 선진국에 비해 미흡한 상황이다. 차세대 기술이라 할 수 있는 비식용 자원을 이용한 바이오연료 생산 기술 개발도 국내 사정상 활발하지 않다.

바이오연료 분야에 있어서, 많은 이들은 원료 식물 재배를 위한 공간 확보가 어렵기 때문에 바이오화학산업에 대해 회의적인 입장을 보여 왔다.

그러나 최근 비식용자원 등 다양한 자원을 원료물질로 개발하려는 노력이 진행되고 있고, 선진국의 대형 화학기업들이 농업기업과의 협력을 통해 자원 문제를 해결하려고 노력하고 있음을 감안할 때 국내 기업들의 입장도 변화가 필요하다.

바이오 화학산업이 탈석유 시대의 대안이 될 수 있음을 감안할 때보다 장기적인 관점에서 국내 실정에 맞는 기술개발과 핵심 역량 확보에 관심을 가져야 할 것이다

전 세계적인 추세를 종합해 보면 바이오산업분야 연구의 가속화, 질병 진단 및 치료와 관련하여 시장의 급격한 성장이 예상된다. 따라서 대부분 중소기업 규모인 융합바이오 분야에 대한 정부의 지원이 요구되고 있다.

정부지원을 통하여 국내 우수한 BT, NT, IT 간의 기술 융합이 추진된다면 연구개발이 가속화될 것이며, 현재 대학이나 연구소 수준에서 실험단계에 있는 단일세포분석, 생체나노물질분석, 질병 진단기술과 같은 핵심원천기술을 선점하도록 지원하는 것도 향후 특허장벽을 통한 경쟁력 강화에 중요한 방안이기도 하다.

5.3.2 바이오산업과 청정화

가장 청정공정생산 기술을 기반으로 해야 하는 바이오산업은 기술 개발력에 있어서 융합적인 요인이 필요하며, 다음과 같은 분석을 할 수 있을 것이다.

❶ 강점

- 생명공학 분야 투자 증가: 정부/대기업의 기술개발/투자 의지
- 국내 부품 개발 연구 활성화
- 일부 제품은 외국 경쟁제품도 초기 제품 수준으로 기술 격차가 크지 않아, 조기 제품개발로 기술 경쟁력 확보 가능
- 일부 연구소 및 대학의 선진국 수준 연구 역량 확보 및 우수한 국내 전문인력이 풍부
- 반도체, 소프트웨어 등 IT산업 활성화
- 의약 바이오부문의 연구개발 경험 풍부 및 신개념 치료제분야의 세계적 수준
- 세계 4위권의 발효공정 강국 및 산업바이오제품(Lysine)의 성공사례 창출
- 세계적 IT기반 NT/NT간 융·복합 인프라 확보
- 전통적 그린바이오 지식과 경험 및 산업화 가능한 소재 풍부

❷ 약점

- 관련 부품의 선진국 의존성, 특히 핵심부품일수록 높은 해외 의존도
- 중소기업 중심의 개발에 따른 자금난, 특히 고가장비일수록 심화
- 국외에 비해 상대적으로 작은 시장
- 국내 연구자들의 인지도 및 선호도 부족
- 전반적 바이오기술 수준 저위 및 핵심원천기술에 대한 지적재산권 취약
- 선진국 대비 절대적 열세인 기업규모 R&D 투자 한계
- 대형 의약바이오제품 출시 경험 부족 및 제도 미흡
- cGMP 등 선진국 대비 산업화 기반 취약
- 바이오화학제품 산업화를 위한 바이오매스 부족 등 바이오제품 원재료/부 품의 높은 수입 의존도
- 세계시장 진출을 위한 인허가 체계 이해 및 경험부족
- 바이오매스 재배용 높은 토지 가격과 재배 면적 부족, 뚜렷한 4계절

❸ 기회요인

- 전 세계적으로 생명공학 연구 투자 증가
- 생명공학에 쓰는 바이오장비 수요 증가
- 국외의 앞선 연구 그룹들에서 바이오장비분야에 충분한 연구경험을 가진 전문가들의 계속적인 국내 유입
- 바이오장비의 필요성에 대한 인식 확산
- 바이오제품군별 세계 시장 확대 및 신규시장
- 한미, 한EU, 한중, 한일 FTA 등 다자 간 협정에 따른 바이오산업 구조경쟁력 향상기반 도래
- 글로벌 제약사의 개방형 혁신(open innovation) 강화
- 바이오산업과 연계 될 수 있는 국내 대형 석유화학회사 존재
- IT/BT/NT 융합 연구가 산업화의 주요단계로 인식증가
- 이산화탄소 배출 규제에 따른 그린바이오산업 발전

④ 위협요인

- 국외의 거대 선도업체의 적극적인 투자와 앞선 기술 창출
- 국외 제품들의 성능 향상 및 다기능화, 국산화 제품의 경쟁력 저하
- 급속히 변화하는 바이오산업 기술
- 신기술 개발-산업화 사이의 연계성 부족
- 기술보호 등의 명목 하에 해외 핵심기술의 국내도입이 점차 난항 예상
- 중국, 인도, 브라질 등 개도국의 가격경쟁력 우위로 바이오제품 시장점유 확대
- 독과점/M&A/원천특허 선점 등을 통한 세계적 바이오기업의 기술 및 시장지배 강화
- 바이오신약의 산업화를 위한 장기간의 개발비용 증가 부담
- 곡물류, 그린카본 등 바이오자원 확보를 위한 국가 간 경쟁 심화
- 유전체 등 초기기대의 시장가치 실현 지연 (2000년 유전체 거품론 등)
- 선진국 중심의 그린 바이오 기술 및 특허 독점화 추세

5.3.3 바이오 청정기술

전 세계적으로 무농약 제배와 환경오염물질 함유제품의 회피 등 녹색으로의 회귀 문화가 등장할 것으로 예상되며, 이로 인해 재택근무나 개인과 가정 중심 문화로의 전환으로 이어질 가능성이 있다.

지구온난화, 환경오염, 슈퍼버그 및 신종질환의 출현 등으로 'unmet medical area'에 대한 수요 증가가 예측된다. 즉, 환경오염, 에너지·자원의 부족, 지구온난화 문제에 대해 경각심을 가지고 있고, 이런 문제를 유발하지 않는 제품의 개발이 요구되고 있는 것이다. 이러한 소비자 인식의 변화는 바이오기술에 기초한 산업구조로의 변환으로 이어지면서, 추가비용을 지불하더라도 친환경제품을 선호하는 소비성향을 유발하게 되어 바이오기술을 기반으로 한 새로운 산업의 출현을 가속화하는 요인이 되고 있다.

(1) 바이오 소재기술

산업바이오화학은 미생물, 효소 등 생물유래촉매를 사용하여 산업적으로 유용한 물질들을 제공하는 기술로 정의된다. 산업바이오화학기술은 단순한 바이오기술만 개발해서는 의미가 없으며, 기존의 화학공정과 잘 접목될 수 있거나 아니면 기존 화학공정을 완전히 대체할 수 있어야 경쟁력을 지닐 수 있게 된다.

바이오플라스틱 제조기술을 포함하는 산업 바이오-화학기술은 기존의 화학산업이 석유자원을 기반으로 하던 것과는 달리, 생물자원을 기반으로 하여 기존 화학산업의 상당 부분을 대체함으로써 인류의 지속가능한 성장을 가능케 하는 새로운 형태의 바이오-화학 융합형 기술이라 할 수 있다. 산업 바이오-화학공정은 크게 바이오매스 전처리 및 당화공정, 플랫폼 케미컬을 생산하는 생물학적 공정, 최종적으로 바이오에너지, 화학물질, 고분자 등을 생산하는 단계 등으로 진행된다.

(가) 바이오플라스틱

바이오플라스틱이란 석유기반 고분자 중 생분해가 되는 생분해성 고분자를 포함한 바이오매스 기반 고분자 전체를 말한다. 종종 바이오폴리머와 혼용되기도 하지만, 바이오폴리머는 생분해성에 초점이 맞추어져 있어 생분해성 고분자 전체를 지칭하는 반면, 바이오플라스틱은 바이오매스 기반 고분자 전체를 의미하므로 여기에는 생분해성이 아닌 고분자들이 다수 포함되어 있다.

이러한 바이오플라스틱이 필요한 원인 중의 하나가 바로 지구온난화이다. 지구온난화의 주범이 이산화탄소의 발생으로 인식되기 시작하면서 지속적으로 이산화탄소를 생산하는 석유기반 고분자를 대체할 수 있는 새로운 소재가 필요하게 되었으며, 따라서 이산화탄소 중립화(neutralization) 개념이 등장하게 되면서 바이오매스 기반 고분자가 바이오플라스틱이란 이름으로 등장하게 되었다(제갈종건, 2010).

플라스틱 소재는 대량생산이 가능하고 저렴하며 다양하고 우수한 기능을 갖추어 산업발달에 큰 공헌을 해 온 반면, 대량으로 발생되는 각종 폐비닐, 스티로폼, 플라스틱 용기 등의 소각이나 매립에 따른 환경호르몬 누출, 맹독성의 다이옥신 검출 폐기물의 불완전 연소에 의한 대기오염 발생 등과 같은 심각한 환경오염의 원인으로 대두되고 있다. 이러한 플라스틱의 환경오염 문제를 해결하기 위하여 플라스틱의 가공성, 내구성, 기계적 성질을 유지함과 동시에 분해성을 향상시켜 환경부담을 저감할 수 있는 기술 개발이 절실히 요구되고 있다.

일례로 폐기된 플라스틱이 빛에 의해서 분해되는 광분해성 플라스틱이나, 토양 중의 미생물에 의해 썩는 환경친화적이고 무해한 플라스틱인 바이오플라스틱에 대한 수요가 크게 늘어나면서 선진 각국에서는 쇼핑백, 플라스틱제 병의 분해성 수지 사용을 의무화하는 등 생분해성 플라스틱 등 친환경 플라스틱 등의 실용화가 활발히 추진되고 있다(안병, 2006).

바이오플라스틱은 탄소저감, 인체 무해성, 플라스틱의 대체재로서 주목을 받고 있으나 아직 해결할 과제가 남아 있는 실정이다. 그 중에서 시급한 것은 가격 경쟁력 확보, 내열성, 가공성, 내충격성 등 물성 개선, 가공기술 개발, 응용분야 확대, 분해기간 조절에 따른 유통기간이 1년 이상인 제품에 적용성 등에 대한 보완연구, 표준화, 규격기준 제정 작업 등이라 할 수 있다.

(나) 생분해성 고분자(biodegradable polymer)

생분해성 플라스틱이란 박테리아, 조류, 곰팡이 등과 같은 자연에 존재하는 미생물에 의해 물과 이산화탄소 또는 물과 메탄가스로 완전히 분해되는 플라스틱을 말한다. 생분해성 플라스틱은 대체로 전분을 이용하거나 지방족 폴리에스테르를 이용해서 만든다. 전분을 사용하는 방법은 옥수수나 감자를 첨가해서 만들며, '지방족 폴리에스테르'는 생분해성이 없는 '방향족 폴리에스테르'(주로 의류에 사용)의 분자구조 중 주로 벤젠고리 부분을 탄화수소로 대체, 자연환경에서 완전 생분해가 가능하도록 만들고 있다. 전분을 이용한 제품은 비교적 값이 저렴하고 분해성은 뛰어나지만 강도가 약한 단점이 있다. 이에 비해 지방족 폴리에스테르는 가격이 고가이지만, 강도가 높고 가공성이 뛰어나 최근 각광을 받고 있다.

대표적인 생분해성 고분자를 소개하면 다음과 같다.

❶ 젖산 고분자(PLA: PolylActic Acid)

전분 등 재생 가능한 자원에서 미생물로 발효해 만든 L-젖산을 단량체로 이용하여 화학적으로 합성하여 만들며, 이를 직접 분해하는 각종 미생물이 발견되었다. 폴리 유산은 생체 내에서 분해-흡수 되는 고분자이며, 생체 내에 존재하여도 독성이 없기 때문에 친환경 재료로서 유망하다. 현재까지 제조된 PLA의 물성은 낮은 충격강도와 낮은 열변형 온도를 제외하면 실제 제품 생산에 적용할 수 있을 정도로 우수한 것으로 알려져 있다.

❷ 폴리카프로락톤(PCL: PolyCaproLactone)

폴리카프로락톤(PCL)은 200℃ 이상에서도 안정하여 각종의 가공이 가능하기 때문에 생산 실적이 많은 생분해성 플라스틱으로서, 다른 폴리머와 혼합하기 쉽기 때문에 폴리에스테르, 폴리아미드, 폴리우레탄 등과의 혼합체나 그들 모노머와의 공중 합체에 대해서도 생분해성을 갖는 새로운 재료로서 유망하다.

❸ PCL과 전분 혼합체(bland)

PCL과 호화전분의 혼합체는 값싼 재생 가능 자원인 범용 생분해성 플라스틱으로서, PCL의 안정성과 전분의 장점을 살려 유망소재로 응용되고 있다. 전분은 저렴한 가격, 단순한 조성, 비교적 균일한 크기의 과립, 고분자 결정성 등의 특징을 가져 플라스틱 소재로서 매우 유망하며, 호화전분과 PCL로 된 혼합체는 상 구조의 제어에 의해 내수성과 기계 물성이 우수한 플라스틱 소재로 제조할 수 있다. PCL 단일 소재보다 굽힘 탄성률이 향상되고, 분해 속도도 빨라지며, 전분의 열 변성이 없어 용출물이 적고, 생분해성이 향상되는 등의 이점이 있어 각종의 용기, 장난감, 잡화 등에 이용되고 있다.

❹ 폴리부틸렌 석시네이트(PBS: Polybutylene succinate)

PBS는 지방족 폴리에스테르로서, 가수분해를 거쳐 생분해되며, 그 결과 고분자의 분자량이 감소하여 미생물에 의한 생분해가 가능해진다. PBS용 단량체의 하나인 숙신산(succinic acid)은 완전히 생분해되고 재생가능한 원료물질로부터 제조 가능하며, 우수한 기계적 특성을 발휘하는 폴리에스테르이다. PBS는 PLA에 비해 매우 저렴하고, 높은 융점과 매우 낮은 유리전이온도를 가지며, 기계적 물성과 가공성이 우수하여 제초용 필름, 포장용 필름, 위생용품, PVC 가소제, 가방 등에 활용된다.

❺ 폴리히드록시 부틸레이트(PHB: Polyhydroxy butyrate)

미생물이 만드는 열가소성 고분자 소재로 폴리 히드록시 알카노에이트(PHA)의 중에서도 폴리히드록시 부틸레이트는 생산성이 높으며 생물로부터 유래하는 열가소성 소재로서, 예전부터 기대되어 왔으나 결정이 커 기계적 물성이 나쁘고, 열 분해되기 쉬워 가공하기 어렵다는 등의 단점이 있었다. 따라서 PHB의 장점을 살리고 단점을 보완하는 혼합체 개발에 대한 연구가 진행되어오고 있다.

(다) 생분해성 섬유

생분해성 수지는 폐기 후 토양에 매립하면 미생물에 의해 분해되어 물과 이산화탄소로 환원되어 유해물질이 방출될 가능성이 낮기 때문에 친환경 소재로서 활용이 확대되고 있다. 생분해성 수지는 범용수지에 비해 생산비용이 많이 소요되어 소규모로 생산되어 왔으나, 환경보전의 중요성이 부각됨에 따라 저비용의 대형 생산공정이 개발되어 경제성이나 규모면에서도 지속적으로 향상되는 추세이다. 생분해성 섬유는 섬유 물성이 폴리에스테르나 나일론과 유사한 PLA수지 등의 단일 재료 섬유가 많이 사용되고 있다.

생분해성 복합섬유에서 융점이 서로 다른 수지를 사용할 경우, 섬유끼리 유착(융착)이 발생하여 불량을 야기하는 문제가 있다. 결정 고화가 비교적 빠른 수지를 사용하면 섬유 유착을 억제할 수 있으나, 촉감이 거칠고 가공성이 떨어지는 단점이 있으므로, 이러한 문제들을 해결할 수 있는 복합섬유 제조기술이 필요하다.

(라) 바이오 계면활성제

계면활성제는 한 분자 내에 친수기와 소수기를 함께 지닌 양 친매성 분자로서, 계면에 선택적으로 배양ㆍ흡착하여 계면의 성질을 변화시킴으로써 유화, 가용화, 분산, 응집, 세정, 기포, 대전방지 및 윤활성의 다양한 작용을 나타낸다. 그렇기 때문에 계면활성제는 식물, 의약품, 세제, 화장품, 고분자 등과 같이 산업전반에 걸쳐 폭넓게 사용되고 있다. 이러한 계면활성제는 주로 석유계 제품에서 화학합성으로 제조된다.

석유계 계면활성제는 원료의 용이한 공급과 쉽게 제조될 수 있다는 이점이 있으나 환경오염, 공해문제 및 자연생태계에 미치는 강한 독성으로 인해 심각한 문제점이 대두되면서 새로운 규제가 세계적으로 시행되고 있다, 따라서 석유계 계면활성제를 대체할 수 있는 천연계 원료를 사용한 계면활성제의 개발이 활발히 이루어지고 있다.

세계 계면활성제 기술개발동향은 특수한 용도의 계면활성제를 적용하는 응용기술과 환경오염을 적게 하는 생분해성 계면활성제, 기능성을 높여 상승효과를 유발시키는 다기능성 계면활성제, 인체의 안전성을 높여주는 저자극성, 무독성 계면활성제, 기존의 합성품과는 다른 미생물을 이용한 계면활성제, 그리고 신소재로 각광받고 있는 불소 및 실리콘계 계면활성제 등이 주류를 이루고 있다. 최근 들어 세계적으로 바이오 계면활성제에 대한 인식이 높아지면서 점차 이 시장이 확대될 조짐이 보이고 있다.

최근 대두되고 있는 바이오 계면활성제는 생분해도가 합성세제보다 우수하여 차세대 계면활성제로 꼽히고 있다. 다만 아직 원가 면이나 생산성 면에서 고전하고 있다.

(마) 바이오용제

식물성 오일로 만들어 지는 바이오디젤은 높은 생분해성을 가지며 무독성이기 때문에 친환경적 용제로써의 사용이 급속도로 증가하고 있다. 주요 작용기인 에스테르는 식물체의 세포 구성성분과 유사하여 식물의 표면에 있는 세포막을 잘 투과하여 흡수가 잘 되는 성질을 가지고 있다. 따라서 제초제의 농약 희석용제로 혼합하여 사용함에 따라 약제의 강력한 표면흡수를 도와 저농도의 농약살포로도 높은 효과를 내며 독성의 석유계 희석용제를 사용하지 않음으로써 저농도, 저독성의 농약제조에 큰 역할을 하고 있다.

바이오디젤은 농약의 희석용제뿐만 아니라 페인트, 접착제, 잉크, 플라스틱 산업 등에서 용제로 사용되어지고 있다. 경유와 유사한 용제 성질을 가지고 있으며 휘발성이 전혀 없는 장점을 가지고 있다. 현재 전 세계적으로 TVOC(Total Volatic Organic Compound: 총 휘발성 유기화합물)의 규제가 까다로워짐에 따라 석유계 용제의 사용이 금지되어 가고 있다. 이러한 석유계 용제를 대체할 수 있는 것이 바이오디젤이다. 바이오디젤은 경유와 유사한 용제 성질을 가지고 있으며 휘발성이 전혀 없는 장점을 가지고 있다. 따라서 국내에서도 주거공간에 사용되어지는 페인트 및 벽지, 접착제 등에 TVOC의 규제가 강화되어지고 있다. 따라서 국내에서도 바이오디젤을 석유계 용제의 대체용제로 사용하는 양이 급속도로 증가하고 있다.

(2) 바이오에너지 기술

에너지원 별로 이산화탄소의 배출량을 살펴보면 석탄은 물론, 태양광발전이나 풍력발전보다도 바이오에너지의 이산화탄소 배출량이 적음을 알 수 있는데, 유럽재생가능에너지협회(EREC)는 2010년까지 바이오에너지, 풍력, 태양광, 태양열 등을 통해 온실가스를 3억 2천만 톤 감축할 수 있을 것으로 예측했다. 이 중에서 바이오에너지는 1억 7600만 톤으로 전체의 55%에 해당하며 풍력발전(9900만 톤), 태양광발전(220만 톤)과 비교하면 온실가스 감축에 바이오에너지가 얼마나 기여할 수 있는지 쉽게 알 수 있다.

바이오에너지는 별다른 전환 과정 없이 바로 석탄, 석유, 천연가스 등 기존의 화석 연료를 대체할 수 있다. 당장 온실가스를 감축해야 하고, 더 나아가서는 석유 생산 정점에 대비해야 한다는 점에서 큰 전환 비용이 들지 않는 바이오에너지는 가장 좋은 미래 에너지 자원이다. 바이오에너지의 또 다른 장점은 저장이 용이하다는 점이다. 풍력, 태양 에너지의 경우에는 생산된 전기를 저장하기 어렵다. 하지만 바이오에너지는 바이오매스를 이용하여 에너지를 생산하기 때문에 일단 저장했다가 겨울에 사용할 수 있어서 난방연료로 매우 적합하다.

(가) 바이오에탄올

바이오매스로부터 얻어진 에탄올은 휘발유와 혼합연료(gasohol)의 형태, 산화물(ETBE: Ethyl Tetiary Buthyl Ether)의 혼합연료 혹은 수화에탄올(에탄올 95% + 물 5%)로 기존의 내연기관에 거의 완벽하게 사용될 수 있을 뿐만 아니라, 공연비(air/fuel ratio)를 낮게 유지할 수 있고, 증발잠열과 옥탄가가 높은데 반해 화염온도는 낮다는 등의 수송용 대체연료로서 아주 우수한 특성을 갖고 있음이 입증되고 있다. 바이오에탄올은 당을 함유하고 있는 작물을 효모나 박테리아 등의 미생물로 발효시켜 생산한다. 옥수수와 같은 전분을 원료로 하는 경우에는 산이나 전분분해효소인 아밀라제로 전분을 포도당으로 전환하여 에탄올을 생산하게 된다.

(나) 바이오디젤

바이오디젤은 식물성 유지(불포화 지방산)와 알코올을 알칼리 촉매로 에스테르화 반응을 통하여 얻은 부산물 글리세롤을 정제하여 만든 지방족 메틸에스테르로서, 순도가 95% 이상인 경우에 해당한다. 이는 생분해가 가능하고 무독성이며 연소시 공해가 거의 발생하지 않기 때문에 환경적으로 매우 유용하다. 바이오디젤은 1900년대 땅콩기름을 시작으로 개발되었으나, 화석원유 채취비용이 감소하면서 원유로부터 정제된 디젤유의 사용이 보편화되면서 부각되지 못하다가, 최근 원유가격 상승, 환경문제 등으로 인해 환경친화적인 바이오디젤 연료에 대한 관심이 다시 높아지게 되었다. 바이오매스 원료로는 유채, 대두, 해바라기씨 등의 유지계 작물이 쓰인다.

바이오디젤 연료는 재생 가능한 바이오매스로부터 생산되므로 자원의 고갈 문제가 없는 에너지이다. 바이오디젤 연료의 생산부터 폐기 때까지 전체 생애를 통틀어서 볼 때 자동차 연료로 사용되어 배출된 이산화탄소는 다시 광합성 작용으로 식물에 저장되기 때문에 대기로의 이산화탄소 순 배출량은 무시할 만하다. 방향족이 포함되지 않아 독성이 거의 없고 생분해도가 높아서 환경에도 오염이 적다.

바이오디젤은 일산화탄소, 매연, 분진, NOx, 방향족 화합물, SOx, 알데히드류 등 디젤엔진에서 발생하는 공해물질의 저감효과가 크고, 디젤엔진 기관의 개조 없이 그대로 사용 가능하다는 장점을 가지기 때문에 사용이 점차 증가되는 추세이다. 다만, 석유계디젤에 비해 저온 시동성이 떨어진다거나 다소 점도(viscosity)가 높아서 추운 날씨에서 연료공급 라인이 막힌다든지 하는 문제점이 있기 때문에 지역과 기후에 따라 바이오디젤 제품 특성을 달리함으로써 기술적으로 극복하려는 노력이 계속되고 있다.

(다) 바이오가스

바이오가스는 메탄, 이산화탄소 등으로 이루어져 있으며 다른 바이오매스와 마찬가지로 연소 중에 발생하는 이산화탄소는 식물 자원의 성장 과정에서 사용되므로 이산화탄소를 더 이상 증가시키지 않는다. 물을 많이 함유하고 있는 유기물이 혐기 상태에서 발효되면서 발생하는 메탄가스를 이용하는 방식이 바이오가스 열 병합 발전이다. 바이오가스 열 병합 발전에 사용되는 유기성 폐기물에는 여러 종류가 있지만 그 중에서 환경에 악영향을 미치는 점을 고려할 때 음식물 쓰레기와 가축 분뇨의 처리가 시급한 상황이다. 이들 유기성 폐기물은 매립, 소각, 재활용 등의 방법으로 처리되고 있는데 그 중 재활용의 방법에는 사료화, 퇴비화, 메탄가스화의 방법 등이 있다. 국회예산 정책처의 유기성 폐기물 자원화 사업별 환경성·경제성 분석 보고서에 따르면 이 중에서 가장 친환경적인 처리 방식으로 조사된 것은 다름 아닌 메탄가스화의 방법이었다.

바이오가스 열병합발전이 가지는 또 다른 장점은 바로 이산화탄소보다 11배나 더 강력한 온실가스인 메탄가스를 줄일 수 있다는 점이다. 메탄가스는 주로 바이오매스, 특히 동식물이 부패할 때 생성되는데, 바이오가스 열 병합 발전은 이를 공기 중으로 배출 시키지 않고 에너지원으로 사용할 수 있다. 이용되지 않을 경우 엄청난 양의 폐기물로서 주변 환경을 오염시킬 수 있는 가축의 분뇨, 음식물 쓰레기 등을 이용하여 에너지원으로 사용하기 때문에 폐기물의 재활용 측면에서도 매우 유용한 발전 방식이라 할 수 있겠다.

(3) 바이오매스 에너지 변환

물질순환 체계에 있어 인간이 사용하는 자원 중에서 가장 많은 양을 차지하는 것이 유기물이며, 화석연료를 제외한 생물유래의 유기물은 바이오매스 자원이다. 바이오매스는 태양에너지를 이용하여 물과 이산화탄소로부터 생물의 광합성 작용을 통해 얻어지며, 태양에너지와 생명체가 존재하는 한 지속적으로 재생산 가능한 자원이다. 유기성 폐기물은 인간의 생산·소비 활동으로부터 발생되는 부산물로써 생활폐기물, 인분 및 가축분뇨, 음식물쓰레기, 하수슬러지, 농·공산업 폐기물, 농산부산물, 식품가공 폐기물 등을 포함하며, 대부분의 경우 생물 유래의 바이오매스 자원이다.

바이오매스를 열 또는 에너지로 변환하는 기술은 직접연소법, 열화학적 변환법, 생물화학적 변환법 등으로 구분할 있고, 식물유를 에스테르화하여 얻어지는 바이오디젤 제조기술이나 바이오펠릿 제조기술 등이 있다.

(가) 직접연소

바이오매스를 직접 연소시켜 열을 직접 얻는 것은 물론 전력으로 변환시키는 기술을 포함한다. 이 방법은 바이오매스 변환이 가장 쉬워 널리 이용되는 방법이다. 목재가 난방 등의 열원으로 널리 사용되는 것 외에 폐목재, 나무부스러기, 나무껍질, 톱밥 등의 목재폐기물을 열원으로 사용하게 된다. 또한 왕겨, 콩깍지 등의 농업부산물, 도시폐기물 등도 열원으로 이용할 수 있다. 화석연료에 비하여 발열량이 낮은 것이 단점이나, 바이오매스를 효과적으로 연소시키기 위한 연소방법 및 장치의 개발이 활발하게 진행되고 있다.

바이오매스는 운반, 이용 등을 용이하게 하기 위해 여러 가지 가공을 하고 있다. 팰릿화 연료는 바이오매스를 분쇄, 건조, 압축한 후 팰릿 상으로 제조하는 것으로 바이오매스의 종류에 상관없이 연료화하는 것이 가능하다. 최근에는 생 쓰레기 등의 생활폐기물을 연료화하기 위한 효율적인 장치도 개발되었고, 목질 바이오매스 외의 폐기물을 혼합ㆍ정형화하여 열량이 높은 연료로도 제조되고 있다.

(나) 열화학적 변환기술

바이오매스를 열화학적으로 변환하여 에너지로 이용하는 방법은 직접연소 외에도 여러 가지 방법이 있다. 열분해 및 액화는 바이오매스를 상압 혹은 고압에서 산소가 결핍한 상태에서 가열하여 탄화(carbonization) 및 액화(liquefaction)를 유도하는 것이다. 한편, 가스화는 바이오매스를 공기, 산소, 수소, 수증기, 일산화탄소 혹은 이산화탄소 존재 하에서 가열하여 반응시켜 가스 상태로 변환하는 것을 말한다.

❶ 열분해

목재를 가열하면 200℃까지는 목재 중의 수분이 증발하고, 250℃ 전후부터 열분해가 시작되어 700℃ 이상에서 가스화 반응이 진행된다. 일반적으로 열분해는 상압, 400~600℃에서 행해지고 기체(가연성 가스), 액체(타르), 고체(탄화물)가 생성된다. 이들의 생성비율은 열분해온도, 가열속도, 목재의 입경 등에 의존한다. 한편 목재를 수천℃/초 정도의 고속으로 가열ㆍ냉각하면(반응기내 체류 시간 1초 이내) 열분해 생성물의 2차 반응(분해, 중합)이 억제되어 높은 수율(70% 이상)의 타르가 얻어진다. 통상의 열분해(저속 가열)의 경우 타르의 수율이 20~30%이기 때문에 최근의 연구 개발은 급속 열분해가 주류로 되고 있다. 급속 열분해의 경우, 타르의 수율을 향상시킬 뿐만 아니라 타르의 점도도 낮게 되어 경질인 타르가 얻어진다. 또한 반응기 내 체류시간이 매우 짧아서 원료의 대량처리도 가능하다.

❷ 직접가스화

바이오매스의 가스화는 가스화로의 형식에 따라 고정상형로, 유동상형로, 부유상형로로 분류되며, 실험실 수준의 것을 포함하면 200종류 이상이 된다. 가스화제로서 공기나 산소, 수증기를 이용하며 850℃부근에서 실행한다. 합성가스(수소, 일산화탄소), 저 칼로리 가스의 제조에는 속도론과 평형론을 고려해 보면 고온인 것이 유리하다. 한편, 메탄 등을 포함한 고 칼로리 가스의 제조에서는 평형론적으로는 저온 쪽이 유리하지만 속도론적 또는 중합ㆍ탄화 등 부반응의 제약 때문에 650℃정도에서 실행한다. 즉, 가스화 반응에 의하여 수소, 일산화탄소, 저급탄화수소 가스를 포함하는 합성가스를 생성하는 기술이다.

❸ 간접가스화

현재 메탄올 등의 액체 연료는 천연가스를 수증기 개질 또는 나프타를 부분 산화하여 얻은 합성가스로부터 합성된다. 이론적으로는 출발 원료를 목재 등의 바이오매스로 치환하는 것이 가능하지만 H_2/CO 비율이 다른 것과 유황 문제는 없으나 타르 등의 문제가 발생하는 등 별도의 해결과제를 안고 있다.

(다) 생물화학적 변환기술

목질계 바이오매스는 비교적 함수율이 낮기 때문에 자연 건조 후에 연소하여 에너지를 얻는 것이 가능하다. 그러나 조류, 식품 폐기물, 축산 폐기물 및 하수 오니 등은 수분을 많이 함유하고 있어 이들로부터 에너지를 얻기 위해서는 필수적으로 건조 공정이 필요함으로 효율적인 에너지 변환기술이라 할 수 없다. 또한 저온에서의 연소는 에너지효율이 나쁘고 유독물질이 생성되는 문제가 있다.

생물을 사용하는 에너지 변환기술인 메탄발효나 알코올발효는 건조공정을 필요로 하지 않으므로 수분이 많이 함유된 바이오매스의 에너지 변환에 유효한 방법이다. 단, 알코올 발효의 기질은 당이기 때문에 당질계 이외의 바이오매스를 이용할 경우는 당으로의 변환 전처리가 필요하다. 바이오매스의 에너지로의 생물 화학적 변환기술에는 메탄발효, 알코올발효 이외에 수소로의 변환, 미생물 전지, 탄화수소로의 변환 등의 방법이 있다.

❶ 메탄발효

메탄발효는 수분을 많이 함유하고 있는 폐기물이나 유기물의 농도가 높은 배수의 처리에 널리 이용되고 있다. 유기물은 혐기성 세균의 존재에 의해 주성분을 메탄과 이산화탄소로 이루어지는 가스로 변환되며, 이 과정에서 수소도 발생한다. 메탄발효 과정에서 미생물 군과의 작용에 의하여 유기계 폐기물이 처리되는 부가효과를 얻을 수 있다.

메탄발효법은 여러 가지 바이오매스를 원료로 사용할 수 있으며, 복잡한 전처리가 필요하지 않고, 도시가스와 거의 같은 발열량을 갖는 메탄가스를 쉽게 회수할 수 있는 장점이 있다.

❷ 알코올발효

바이오매스에서 알코올을 생산하는 기술은 기본적으로 글루코오스 등의 당질로부터 미생물의 발효능력을 이용하여 에탄올이나 부탄올을 생산하는 기술이다. 전분계나 리그노 셀룰로오스계 원료를 이용하는 경우에는 알코올 발효 전에 당화공정이 필요하다. 발효의 원료가 맥아당이나 수크로오스 등의 당질인 경우, 이들은 효모에 의해 알코올로 변환된다. 또한 각종의 전분 원료는 아밀라아제 등, 전분 분해 효소를 생산하는 사상균 등의 미생물을 이용하는 방법으로 당화하여 글루코오스나 맥아당으로 변환한 후, 알코올 발효를 한다. 목질이나 볏짚 등 셀룰로오스를 함유한 원료로부터도 알코올 생산이 가능하다.

❸ 수소 변환기술

수소는 연소할 때 이산화탄소를 발생하지 않기 때문에 가장 이상적인 가스연료라 할 수 있다. 수소는 일반적으로 물의 전기분해에 의해 만들지만 생물화학적으로도 생산할 수 있다.

생물학적 수소 변환기술은 홍조, 녹조, 남조 등 조류 및 광합성 세균 등의 광합성 생물을 이용하는 경우와 혐기성 세균이나 질소고정 세균 등의 비광합성 세균을 이용하는 경우로 대별된다. 식물이나 미세 조류에서는 광화학 반응계II에 의해 촉매로 되는 물의 광분해에 의해 수소가 발생된다. 광합성 세균은 광조사 하에서 저분자 유기산이나 글루코오스를 분해하여 수소가스를 발생시킨다. 따라서 바이오매스에서 이와 같은 전구체를 생산할 수 있으면 수소의 생산이 가능하다.

현재에는 단일 균에 의한 생산보다도 도시하수의 처리과정에서 수종의 미생물을 조합한 미생물 군을 이용하여 유기물을 분해하는 동시에 발생하는 수소를 포집하는 공정기술이 개발 중이다.

(라) 혐기성소화 기술

EU, 미국, 영국, 일본 등은 바이오매스 자원의 일부인 유기성폐기물(organic waste)의 혐기성소화(anaerobic digestion)를 통한 바이오가스 생산 및 활용 기술개발과 시설 보급화를 위한 다양한 신에너지 정책을 제시하여 왔다.

혐기성소화 공정은 절대적으로 산소가 존재하지 않는 조건하에서 생분해 가능한 유기물이 다단계 생화학 반응을 거쳐 CH_4와 CO_2로 최종 분해되는 과정으로 정의할 수 있다. 일반적으로 생분해성 폐기물(biodegradable waste)의 혐기성소화는 가수분해(hydrolysis), 산발효(acidogenesis), 유기산발효(acetogenesis), 메탄발효(methanogenesis)의 다단계 생화학적 반응단계로 이루어진다.

유기성 폐기물은 혐기성 미생물(anaerobes)에 의해 생물학적으로 분해되고, 부산물인 소화슬러지는 퇴비로 재이용되어 토양으로 환원되고, 에너지 생산과정에서 발생되는 이산화탄소는 생물의 생장과정에서 흡수한 것으로 대기 중에 이산화탄소 양을 증가시키지 않는 '탄소 중립(carbon neutral)' 특성을 갖는다. 소화과정에서 생성되는 바이오가스는 열과 전력을 생성하는 에너지원으로 이용함에 따라 온실가스 감축에 기여 할 뿐만 아니라 화석연료를 대체함으로써 환경과 에너지 문제를 동시에 해결할 수 있다.

유기성 폐기물의 혐기성 통합소화(anaerobic co-digestion)는 물리·화학적 성상이 각각 다른 둘 이상의 유기성 폐기물을 혼합하여 단일 소화조에서 일괄적으로 처리하는 소화공정으로 정의되며, 통합소화 공정의 적용은 유기성 폐기물의 안정적인 처리뿐만 아니라 소화효율의 향상과 더불어 바이오가스의 에너지 이용과 폐기물의 처리비용 그리고 소화 잔류물의 퇴비로서의 가치 측면에서 단일 폐기물 소화공정에 비하여 훨씬 효과적이고 경제적인 것으로 알려져 있다.

(4) 바이오 리파이너리(bio-refinery)

바이오 리파이너리는 기존 산업 체계에서 석유가 담당하던 역할을 재생가능한 자원인 바이오매스로 대체하기 위한 차세대 핵심 산업기술이다. 즉 지금까지 오일 리파이너리(oil refinery: 석유 정제)를 통해 휘발유, 경유와 같은 연료와 수많은 화학제품을 생산했듯이, 바이오매스를 원료로 하는 바이오 리파이너리를 통해 바이오에탄올, 바이오디젤 등과 같은 연료와 바이오플라스틱 등의 각종 화학제품을 생산하려는 시도이다. 태양열/태양광, 풍력, 지열 등과 같은 대체 에너지원들이 단순히 발전과 열이용 측면에서 석유의 대체 수단인 점을 감안할 때 바이오 리파이너리는 훨씬 포괄적인 범위에서 석유를 대체하려는 노력이라 할 수 있다(〈그림 5-3〉).

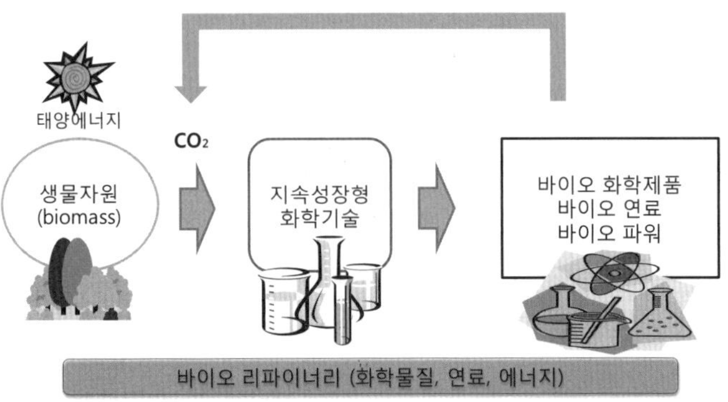

〈그림 5-3〉 바이오 리파이너리 개념도

바이오 리파이너리의 가치사슬은 1단계 바이오매스자원의 당화기술, 2단계 생성된 당류의 발효기술, 3단계 중간 생성물의 분리정제기술, 4단계 중간생성물의 용도개발기술, 5단계 최종 제품화기술로 완성된다(〈그림 5-4〉).

단위 공정별 바이오 리파이너리의 핵심기술로는 다양한 바이오매스의 전처리기술, 효소공학기술, 대사공학기술, 생물/화학촉매 개발기술, 생화학/물리화학적 전환 공정기술, 발효공정 최적화 및 분리정제기술, 고분자 단량체생산 및 중합기술, 용도개발 및 제품화기술 등이 있다(〈그림 5-5〉).

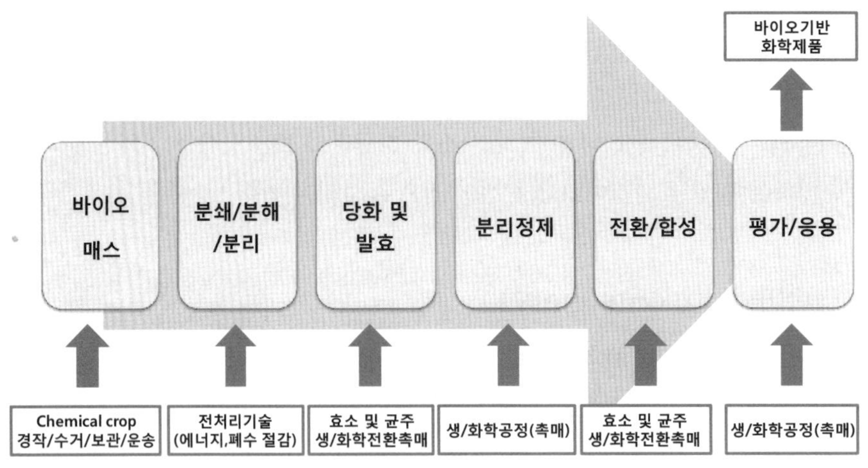

〈그림 5-4〉 바이오 리파이너리의 기술체계도

이러한 움직임이 가장 활발하게 나타나고 있는 곳은 미국이다. 미국은 지난 2002년 10월, '미국의 바이오에너지와 바이오제품의 비전'을 발표하면서 2030년까지 바이오연료는 연평균 15%, 바이오제품은 연평균 5.7%의 시장 확대를 목표로 하는 바이오 리파이너리 산업 창출 장기 전략을 밝힌 바 있다. 또한 2020년까지 석유를 원료로 생산되는 소재의 20%, 2050년까지 50%를 바이오제품으로 대체할 계획을 밝히는 등 바이오 리파이너리를 통해 거대 천연 소재 신시장을 창출하는 노력을 기울이고 있다. 유럽과 일본에서도 이와 유사한 움직임이 나타나고 있다. 유럽의 경우 지난 2003년 유럽 생물산업연합(EuropaBio)이라는 단체를 구성하고 유럽의 현실에 맞는 바이오에너지와 바이오제품의 개발 및 실용화에 나서고 있다. 일본도 지난해부터 경제산업성 주관으로 바이오프로세스 실용화 및 바이오매스 플라스틱 활용 사업을 적극 추진하고 있다.

바이오에탄올, 바이오플라스틱과 같은 제품들은 지금까지 다른 대체 에너지원들과 마찬가지로 낮은 효율로 인한 높은 제조원가를 극복하지 못해 시장을 확대하는 데 어려움을 겪었다. 하지만 다양한 기업들의 참여로 인해 규모와 범위의 경제 실현이 가능한 바이오 리파이너리가 건설된다면 생산비용 절감으로 인해 석유자원의 대체가 현실적으로 가능해질 전망이다. 국내에서도 지구 온난화 대응과 같은 환경 측면의 이점과 함께 산업 측면의 실익 또한 클 것으로 예상되는 바이오 리파이너리 산업에 대한 연구에 보다 적극적인 관심을 기울여야할 시점이다.

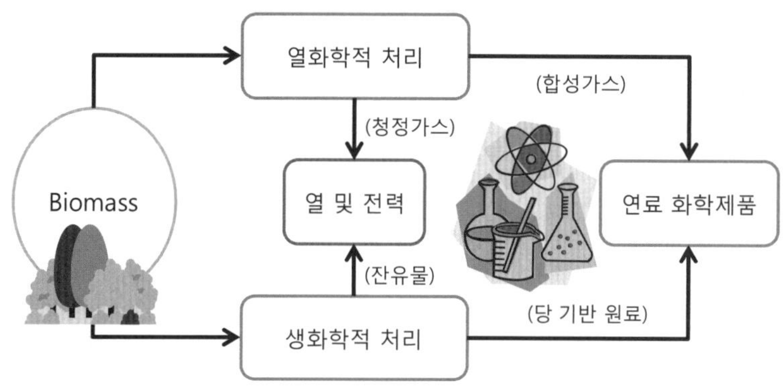

자료: NREL(National Renewable Energy Laboratory, 미국 국립재생가능에너지연구소

〈그림 5-5〉 바이오 리파이너리 흐름도

5.4 자동차산업

자동차산업은 IT산업과 더불어 우리나라의 수출을 선도하는 대표산업으로서, 거의 모든 기술이 종합적으로 융합되어 녹아드는 산업이다. 따라서 설계, 생산, 수송, 사용, 폐기 및 재활용에 이르기까지 주요 국제환경협약과 환경규제에 다발적으로 영향을 받는 대표적 산업이다.

5.4.1 환경규제 및 대응 동향

(1) 자동차산업의 환경규제

자동차산업에 대한 전 세계적인 환경규제는 다음과 같이 크게 연비규제, 배기가스규제, 자원순환규제, 타이어규제, 기타규제 등으로 구분할 수 있다.

❶ **연비규제:** 연비라벨링규제(EU, 미국), 미국 기업평균연비(CAFE)규제, 연비규제(중국, 일본, 한국 등)

❷ **배기가스규제:** EU EURO, 미국 LEV(Low Emission Vehicle), 중국 자동차배기가스규제, CO_2 배출규제(EU, 미국, 한국 등)

❸ **자원순환규제:** EU 폐자동차처리지침(ELV), 일본 ELV, 포장재회수의무규정(독일, 스웨덴, 덴마크 등), 재활용의무규정(독일), 한국 전기전자제품 및 자동차의 자원순환에 관한법률

❹ **타이어규제:** 타이어라벨링(EU, 일본), EU 타이어제품 내 특정 PAHs 사용 규제

❺ **기타규제:** EU 배터리지침(자동차), EU 연료품질규제, 중국 자동차연료 품질규제, EU 자동차용불소화가스규제, EU 자동차냉매누설량규제

자동차 제조업체는 자신이 제조 또는 수입한 자동차가 폐자동차가 된 경우에 그 폐자동차로부터 프레온류는 파괴하고, 에어백 인플레이터 및 ASR을 인수하고 재활용해야 하며, 프레온가스의 경우 리사이클링법 시행 이전에도 자동차 메이커 주도로 프레온가스 회수 및 파괴처리를 시행하고 있으며, 에어백 인플레이터는 자동차 메이커가 직접 인수하여 재자원화하고 있는데, 에어백 재활용 목표는 총중량의 85% 이상으로 하고 있다.

영국의 폐차회수 및 재활용체제의 주요 소재 재활용 및 회수율을 보면, 철 및 비철금속 98%, 타이어 60%(22% 재활용, 8% 에너지로 사용, 10% 재처리, 16% 재사용 등), 배터리 90%, 플라스틱 및 유리는 소재의 다양성 및 분리회수 비용의 과다로 재활용률은 상대적으로 매우 낮으며, 소재가 아닌 부품자체로서의 재활용실적에 대한 통계는 입수 불가능하다. 영국에서는 우리나라에 비해 폐차로부터 중고부품들을 회수하여 재활용하는 경우가 많지 않다.

한국정부도 생산단계에서 유해물질의 사용을 억제하고 재활용이 용이한 재질을 사용하고, 사후단계에서는 재활용의무를 부과하거나 재활용률을 준수하도록 해서 전기 및 전자제품 및 자동차에 대해 재활용 및 적정처리를 촉진하고자 하는 것을 목표로 하고 있다.

폐차처리지침 환경규제는 자동차의 원가상승 요인이 되기도 하지만, 신소재기술, 재활용기술, 하이브리드(Hybrid)기술, 연료전지기술 등 다양한 기술개발의 촉진제가 되기도 한다. 과거 자동차의 경쟁력은 가격, 품질, 성능 등으로 가늠되었다면, 앞으로의 자동차 경쟁력은 친환경성으로 결정될 것이라는 예측도 나오고 있다.

미국정부는 미국 내 판매되는 6,000파운드 이하의 신규 자동차 또는 대체연료 자동차를 포함한 수입자동차에 연비표시 라벨의 부착의무를 규정하고, 경트럭에 대한 연비규제가 점차 강화되었고, 2011년부터 개정된 CAFE 규정에 따라 본격적으로 승용차와 경트럭 모두에 대한 연비 규제 수치를 단계적으로 강화할 예정에 있으며, 2020년에는 모두의 평균 연비를 35.0mpg까지 향상시킬 예정에 있다.

미국은 또한 자동차에 의한 대기오염 감소를 위하여 1990년 11월 대기정화법(Clean Air Act)을 개정하면서 관련 정책을 체계화 하였는데, 핵심 전략은 연료정책 강화, 자동차 오염물질 배출기준의 강

화, 청정차량 프로그램 등으로 구분할 수 있다. 한국의 경우, 한국 신규제작 자동차 실내공기질 관리기준을 2010년 7월 이후 생산된 신규 제작된 자동차를 대상으로 적용하고 있다.

중국정부는 2000년 초부터 유연휘발유의 생산을 중단했고 무연휘발유 생산으로 전환하고, 휘발유첨가제로 TEL(Tetraethyl-Lead)의 생산, 판매 및 수입을 금지하고 고품질 무연휘발유의 개발을 촉진하고 있다.

중국의 승용차 연료 소비제한을 소려한 측정방법은 유럽의 ECE모델을 채용하고 있으며, 미국의 자동차 연비규제 강화를 발표한 데 이어 중국정부 역시 기존의 연비규제를 강화하고 있고, 대형차 대신 좋은 연비를 가진 소형차의 구매촉진을 위한 배기량기준 세제를 도입하고 있다.

일본은 휘발유, 경유, LPG 자동차, 1.5톤 이하의 경량화물차, 1.5~3.5톤의 중량화물차, 차량 총중량 3.5톤 초과 트럭 및 트레일러를 대상으로 1979년에 승차정원과 차량 총중량을 기준으로 각각의 목표연비를 설정하고 휘발유, 경유, LPG를 사용하는 10인승 미만의 승용차를 대상으로 각 연비규제를 시행하고 있으며, 고연비와 소형차량은 우대 세제를 시행하고 있다.

EU는 기후변화에 대응하기 위해 에너지효율규제를 강화하는 대책을 수립하여 타이어 라벨링 규제는 특히 발암, 돌연변이 유발 및 생식독성물질로 알려져 있으며, POP로 분류되고 있는 다환방향족탄화수소(PAHs)를 구성성분으로 하고 있는 신전유(extender oils) 및 이를 포함하는 타이어제품 내 특정 PAHs 함량을 제한하고자 유해화학물질의 사용 및 유통제한지침인 76/769/EEC 부속서1에 규제대상 물질로 특정 PAHs를 추가하였다.

EU는 또한 가솔린, 디젤 및 가스 등 자동차연료에 관한 법률을 2009년도 시행하고 있는데, 이는 2005년 이후부터 연료 내 납성분이 함유되지 않도록 규정했으며, 이 감축량은 2010년 EU에서 화석연료에 의해 배출되는 온실가스의 최소 6%를 차지하는 양이다. 이산화탄소 발생량을 감소시키기 위해 휘발유 내 산소함유량 2.7%와 에탄올 함유량 5%, 경유는 FAME(fatty acid methyl ester) 7%를 포함해야 한다고 규정한다.

우리나라 자동차 업계는 EU의 정책에 순응하여 EU에 수출하는 신규승용차의 평균 이산화탄소 배출량을 2009년까지 140mg/km로 낮추기로 하였다. 이산화탄소 배출규제 뿐만 아니라 연비라벨링 제도와 폐차처리지침 또한 우리나라 자동차산업에 영향을 미치고 있다.

환경보전에 대한 관심이 커지고 유가 또한 크게 오름에 따라 국가를 불문하고 대부분의 고객들이 연비가 높고 친화경적인 차량을 선호하게 되면서 연비 라벨링은 자동차 선택의 중요한 기준이 되고 있다. 따라서 국제적 추세에 맞추어 자동차 연비를 충분히 높이지 못한다면 환경규제 뿐 아니라 고객의 외면을 당하게 되어 경쟁력이 저하될 것이다.

(2) 환경규제 대응 동향

미국정부는 2050년까지 자동차 배출가스를 70% 감축한다는 계획 아래, '2007 Climate Security Act' 를 통해 완성차업체와 부품업체들에게 향후 20년간 400억 달러를 지원할 계획이다. 우선 연료전지차 개발 및 하이브리드차 양산을 위해 'Freedom CAR 사업' 등을 통하여 2003~2015년 기간 동안 27억 달러를 지원할 계획이다. 특히, 2015년까지 플러그인 하이브리드차 100만대 보급을 목표로 플러그인 하이브리드차(PHEV) 개발과 관련하여 리튬이온전지 성능 향상, PHEV의 상업적 대량생산, PHEV 장착 이중전지 시스템 등 3개의 프로젝트를 진행 중에 있으며, 하이브리드차의 성능을 획기적으로 개선할 수 있는 고성능 배터리 기술을 개발해오고 있다. 한편 2020년까지 수소 연료전지 자동차를 대중에게 보급한다는 목표를 위해 민·관 공동의 연구개발을 진행 중에 있으며, 연료 효율적 첨단자동차(ATVM)의 개발지원을 위해 에너지부는 250억 달러 규모의 직접프로그램을 운영 중에 있다.

일본정부는 하이브리드 자동차, 전기 자동차, 플러그인 하이브리드 자동차, 연료전지 자동차, 클린디젤차, CNG 자동차 등 차세대 자동차 개발 및 연료혁신을 통해 차세대 신성장동력화를 위한 '차세대 자동차·연료 운영전략'을 2007년에 발표하고, 3대 혁신(엔진, 연료, 인프라), 5개 부문 전략(배터리, 수소연료전지, 클린디젤, 바이오연료, 세계 최고의 편리한 자동차사회 구현)을 제시하였다. 또한 PHEV와 관련해 배터리 용량, 배터리 비용, 주행거리 등의 개선을 위한 기술개발과 대체재료 획득, 차량 감소 등을 추진하고 있다. 본 전략을 통해 2030년까지 수송부문의 석유의존도를 현재의 80% 수준으로 낮추고 에너지효율을 현재보다 30% 향상시킨다는 계획이다.

일본의 차세대 자동차·연료 운영전략의 주요 내용은 다음과 같다.

❶ 엔진 혁신: 배터리, 수소·연료전지, 클린디젤

- 차세대 자동차 배터리 프로젝트
  - 배터리 개발 프로젝트 추진
  - 충전 스탠드 정비, 안전성 확보를 위한 제도 정비
  - 2010년 콤팩트 전기차, 2015년 플러그인, 2030년 전기차 본격 보급
- 연료전지 기술 개발과 인프라 정비
  - 연료전지 개발 프로젝트 추진
  - 미래 수소 인프라 장비를 염두에 둔 실증 프로젝트 실시
  - 2030년까지 가솔린차에 버금가는 저가격 지향
- 고연비·클린 이미지 일신
  - 클린디젤 추진협의회 설치 (산·학·정 제휴 및 도입 우대안 연구)
  - 경유계 신연료 연구개발
  - 2009년 클린디젤 도입

❷ **연료 혁신: 바이오연료**

- 안전한 확대와 제2세대 바이오
  - 바이오연료혁신협의회 설치(산·학·정 제휴 및 기술개발 가속화)
  - 품질 확보, 탈세 방지를 위한 제도 인프라 정비
  - 2015년 자국산 차세대 바이오 가격 100엔/ℓ , 이후 40엔/ℓ 목표

❸ **인프라혁신**

- 세계 최고의 편리한 자동차 구현
- IT를 활용한 최고의 자동차사회 구축
  - 차세대 자동차사회 관련 기술개발 프로젝트
- 자동운전, IT기술개발, 교통제어용 S/W 개발
  - 2030년 도심 평균 속도 2배 향상

EU는 클린디젤 및 디젤 하이브리드차 시장 확대에 주력하고, 온실가스 규제에 대응하기 위해 마이크로 하이브리드차를 출시할 계획이다. 또한 수소연료전지 공동개발사업 등을 통해 수소연료전지 상용화 사업 등에 71억 유로(11조 2,600억 원, 2003~2015년)를 지원하고 있다.

우리나라도 자동차 CO_2 배출 감축을 위해 연비표시제도, 목표소비효율제도 등 다양한 연비제도를 시행하고 있으며, 연료전지자동차, 하이브리드 자동차 등 고효율자동차 개발을 위한 노력을 기울이고 있다.

우리나라는 선진국에 비하여 친환경 자동차 개발을 늦게 시작했지만, 연료전지기술, IT기술, 소재 경량화기술 등 기반기술을 바탕으로 빠른 속도로 발전하여, 마침내 2009년 현대·기아자동차가 아반떼 LPI 하이브리드를 상용화하기에 이르렀다. 국내 완성차업체들도 연비향상을 위해 자동차 경량화에 노력하고 있으며, 경량화를 위한 최적 설계기술, 부품설계기술, 대체소재 적용기술 개발에 주력하고 있다. 특히 대체 소재 적용기술 개발을 중점으로 알루미늄, 플라스틱, 마그네슘, 복합소재 등 경량소재를 적용하고 있다.

앞으로도 선진국의 자동차 관련 환경규제를 지속적으로 모니터링하고, 연료효율 향상기술, 친환경 연료 개발기술, 유니소재 기술, 친환경 자동차의 상용화를 위한 청정공정기술 등에 대한 개발역량을 축적해 나가야 할 것이다.

5.4.2 자동차산업의 청정기술

자동차산업에서 적용할 수 있는 청정기술은 무수히 많으나, 크게 분류하면 유해물질 저감기술, 에너지절약기술, 자원순환기술 등으로 나누어 생각할 수 있다. 단, 핵심소재기술은 이 세 분야에 모두 영향을 미치므로 별도로 설명하기로 한다.

(1) 핵심소재기술

삼성경제연구소의 보고(2012)에 의하면 자동차 선택 기준이 과거 성능 위주에서 경제성, 개성 표현, 친환경성 등으로 변하고 있어, 자동차 소재는 다음과 같은 특성을 갖추어야 할 것으로 나타났다.

❶ 철강을 대체하는 경량소재

- 엔진, 휠, 차창 등에 다양한 엔지니어링 플라스틱 적용 (단기, 중기적)
- 차체 등 주요 부품 소재가 철강에서 탄소섬유복합재로 대체 (장기적)

❷ 유기전자소재

- 자동차 내·외장 조명 및 디스플레이용 OLED 장착
- 차량의 보조 전력원으로 유기태양전지 사용

❸ 친환경소재

- 생분해성 바이오플라스틱
- 유해화학물질을 저독성 소재로 대체

(가) 금속소재

차량 경량화의 가장 효과적인 방법은 차량 전체 무게의 약 30%정도를 차지하고 있는 차체를 경량재료로 선택하는 것이며, 그 중에서도 알루미늄은 차세대 자동차를 위한 경량화 소재로서 가장 효과적인 재료라 할 수 있다.

차체, 엔진, 섀시, 의장 경량화를 진행하고 있는데, 특히 차체 경량화는 연료소비 및 온실가스 배출, 주행저항 등을 감소시켜 차체의 관성이 경감되어 조종안전성, 동력성능 향상 등의 파급효과도 크게 나타나고 있다. 엔진부분의 주철로 된 엔진블록을 알루미늄 다이캐스팅으로 교체하고 있으며 40~50%의 경량화 효과를 가져왔다. 시트 내부 프레임과 패널을 알루미늄 압출재와 마그네슘 주조재로 교체하여 경량화하고 있으며 주로 고급차종을 중심으로 개발하고 있다.

차체 이외에 알루미늄이나 마그네슘을 이용하여 개발이 활발히 진행되고 있는 부품으로 비교적 복잡한 형상을 가지고 있는 엔진의 실린더 헤드 및 실린더 블록, 변속기의 케이스, 너클, 로커암 등이 있고, 플라스틱의 경우에는 유리, 시트프레임 및 헤드라이트의 리플렉터 등에 적용하여 기존 차량 대비 25% 이상의 경량화 효과를 보고 있다. 마그네슘 적용부품으로는 중소형 다이캐스팅 부품 위주에 머물고 있으며 내열소재 관련 개발이 활발하게 이루어지고 있다.

자동차, 기차, 비행기 등 운송장비에는 연비 향상 및 온실가스 배출 저감을 위해 보다 가벼운 구조용 재료가 요구된다. 마그네슘은 구조용 금속소재 중 가장 가볍고 비강도, 비강성 등이 우수하여 자동차 경량화에 가장 유망하지만, 고온 특성이 불량한 단점이 있어 합금 형태로 개발되어 왔다.

Al, Zn, Zr, Mn, 희토류(rare earth) 원소 등과 합금화시킬 경우 알루미늄 합금의 2/3, 티타늄합금의 1/4, 철강재료의 1/5 수준의 낮은 밀도를 가지며, 비강도가 우수하고 치수안정성, 기계가공성, 진동흡수력, 전자파 차폐성 등이 뛰어나 수송기계 및 전자부품 등 구조용 재료로서 주목을 받고 있다. 그러나 조밀육방정 구조에 따른 가공성의 불량, 용해시 높은 산화성과 폭발성, 해수 및 대기에서의 내식성이 불량하여 그 사용이 제한되어 왔다.

이러한 문제점들은 마그네슘 합금의 내식성에 치명적인 영향을 미치는 Fe, Ni, Cu, Si 등의 불순물의 함량을 극도로 낮춘 고순도 합금개발로 내식성 향상에 획기적인 진전이 있었다. 용해상의 문제점들은 염화계 플럭스(flux)를 사용하지 않고 SF_6와 CO_2 혼합가스를 사용하여 고온 산화성을 막고 제조공법의 다양화에 의하여 극복함으로써 자동차, 전자부품 등으로 사용량이 급증하고 있으며, 이에 대한 연구개발 활동도 활발히 진행되고 있다.

마그네슘 소재의 활용성은 비단 자동차산업에만 국한된 것이 아니라, 고속철도, 자기부상열차 등의 수송기기, 의료기기, 스포츠·레저용품, 군수용품, 로봇 산업 등에서도 마그네슘 소재의 적용량이 지속적으로 증가할 것으로 예상된다. 마그네슘 소재는 강도 및 성형성을 충분히 높인 합금이 개발되어야 상용화가 가능하므로 기존 합금 방식에 비해 특성이 획기적으로 개선된 고강도·고성형성 신합금 개발 및 고효율 제조공정 개발이 필요하다. 이러한 원천기술을 개발한다면, 소재에 대한 독점적 지위를 확보함과 동시에 관련 부품 및 완성품에 대한 시장 지배력을 제고할 수 있다. 고강도 고성형성 마그네슘 신합금 제조를 위한 핵심요소기술은 다음과 같다.

❶ **석출/분산상 제어기술:** 석출/분산상과 기지 계면 응집(coherency) 제어, 분산/석출상의 형상, 크기, 분율 및 분포도 제어

❷ **비평형상 제어기술:** 응고모형 실험 및 전산모사 이용 신기법의 미세조직의 제어, 공정조건에 따른 평형/비평형 미세조직 제어

❸ **미세조직 및 집합조직 제어기술:** 소성변형 거동과 변형기구 해석 및 실험적 검증, 결정립 및 집합조직 제어 공정

❹ **고효율 고성형성 판재 제조기술:** 고성형성 판재 제조기술, 저비용 고효율 고속 주조 및 압연 공정

❺ **고강도 합금 고속압출 기술:** 신개념의 고속압출용 설비 및 금형 설계, 소성가공 공정변수 제어 및 고강도 합금 압출공정

(나) 플라스틱 소재

미래 자동차의 모습은 튼튼하고 가볍게, 개성 있고 편리하게, 깨끗하고 안전하게 변화될 것이라 한다. 이를 위해 가장 기대되는 소재가 플라스틱 소재라 할 수 있다.

자동차용 플라스틱 시장규모는 연평균 11% 가량 고성장하여 2010년 173억 달러에서 2017년 355억 달러로 증가할 전망으로 나타났다(Green Car Congress, 2011). 특히, 일본에서는 탄소섬유복합재의 고속성형공법이 도레이, 테이진 등에 의해 개발되어 대량생산이 가능해짐에 따라 자동차 차체 적용이 가시화되었다.

자동차 플라스틱시장에서 현재 자동차 경량화와 함께 가장 주목받는 소재로는 탄소섬유강화플라스틱(CFRP: Carbon Fiber Reinforced Plastic)과 엔지니어링플라스틱(EP: Engineering Plastic)을 들 수 있다. 먼저 CFRP는 뛰어난 물성임에도 가격이 매우 비싸고 성형이 어려워 지금까지는 경주용차나 고급 승용차의 디스크 브레이크, 브레이크 패드, 리어 스포일러 등에 일부만이 이용되어 왔다. 그러나 도레이, 데이진, 미쓰비시레이온 등 탄소섬유 기업들의 적극적인 노력과 정부의 적극적인 지원에 힘입어 보닛이나 지붕 등 자동차 차체에 대한 적용 가능성이 높아지고 있다.

자동차용 소재로서 플라스틱 등 합성수지의 전망은 매우 밝은데, 내·외장 부품, 외판 부품, 엔진룸 내 부품, 연료계 부품, 전기전자 부품, 기능 부품, 안전 부품, 창유리 등 사용되지 않는 곳이 없을 정도이다. 이렇게 다양한 분야에 적용 가능한 이유는 다음과 같이 설명할 수 있다.

❶ **경량성:** 철에 비해 비중이 약 1/7 밖에 되지 않는 저비중 소재로서, 자동차 경량화를 통한 에너지 절감에 가장 적합한 소재이다.

❷ **디자인의 자유도:** 성형성이 뛰어나기 때문에 복잡한 형상에서도 성형이 가능하고 또한 최근의 트렌드인 모듈화에도 대응하기 쉽다.

❸ **2차가공성:** 표면처리가 용이하여 미려한 외관을 조성할 수 있고, 접합성이 뛰어나다.

❹ **내충격흡수성:** 금속소재에 비해 충격흡수성이 뛰어나므로 안전성 향상에 기여할 수 있다.

❺ **내부식성:** 화학적으로 안정하여 산화되지 않고 부식에 강하다.

❻ **경제성:** 대량생산이 가능하여 재료비용이 적게 든다.

❼ **재활용성:** 폐기된 부품을 가공하여 재활용하기 쉽다.

❽ **친환경성:** 생분해성 플라스틱 적용을 통해 환경오염을 줄일 수 있다.

(다) 세라믹스 소재

자동차용 세라믹 부품의 소재는 전자기적, 광학적 특성을 이용하는 전자 세라믹스와 기계적 특성을 이용하는 구조 세라믹스로 구분할 수 있다. 전자 세라믹스 부품은 절연성을 이용한 점화플러그 외에도 이온 전도성, 압전성 등을 이용한 표시판 등에 다양하게 사용되고 있다. 구조 세라믹 부품도 경량성, 내열성, 내식성, 내마모、마찰성 등을 이용하여 여러 가지 부품이 개발되었으나, 본격적으로 상용화된 제품은 배기가스 정화를 위한 촉매담체, 세라믹 터보차저 로터 등을 포함한 10종 미만으로 알려져 있다.

세라믹스는 비금속 무기물질로서, 금속원소와 비금속 원소간 또는 비금속 원소들 간에 강한 화학결합으로 이루어진 화합물이다. 세라믹스는 금속이나 고분자재료에 비해 화학적으로 안정적이므로 산화나 부식이 되지 않고 높은 온도에서도 잘 견디어내는 특성을 가지고 있어서, 오래전부터 일상생활에서 뿐만 아니라 공업기술 부문에서도 요긴하게 사용되어 왔다. 그러나 세라믹스 제품들은 기계적인 충격이나 갑작스러운 온도 변화에 의해 깨지기 쉬운 단점 때문에 그 용도에 제약이 있었다.

세라믹스 신소재를 자동차에 사용할 경우 자동차 엔진이 가볍고 열효율이 높아지기 때문에 에너지를 절감하고 배기가스 내의 오염물질을 극소화할 수 있으며, 여러 세라믹스 센서를 활용하여 안전하게 운행할 수 있다는 장점이 있다. 따라서 이러한 세라믹스 신소재를 사용한 자동차를 개발하려는 연구가 각국에서 활발히 진행되고 있다. 점화플러그 및 배기가스 정화장치로부터 엔진부품의 일부까지 세라믹스 신소재로 개발되고 있으며, 앞으로 사용범위와 물량이 더욱 증가하리라 전망된다.

일례로써, 디젤엔진에 쓰이는 점화장치인 글로우 플러그를 들 수 있다. 이 제품은 디젤엔진을 시동할 때 연료가 쉽게 연소하도록 미리 800~900℃로 가열되는 발열플러그 장치로서, 종래의 제품은 산화알루미늄 애자에 니켈 발열선을 감아 금속제 이관에 넣은 다음 전기절연을 위하여 산화마그네슘 분말을 채운 것으로서, 발열시 산화마그네슘 분말이 오히려 단열효과를 나타냄으로써 시동하는데 오래 걸리는 단점이 있었다. 최근 이와 같은 결점을 보완하기 위하여 코일형태의 텅스텐 선을 치밀한 질화규소계 세라믹 소결체 속에 내장시킨 세라믹 글로우 플러그가 개발되었다. 발열선과 세라믹 재질의 내열성이 종래의 것보다 나은 것은 물론 열전도가 빨라 전기를 가한 후 2초 내에 900℃까지 가열할 수 있어 디젤 엔진의 시동시간을 가솔린 엔진과 거의 차이가 없도록 단축할 수 있게 되었다.

자동차의 핵심인 엔진 분야에서도 자동차를 가볍게 하며 또한 연료효율을 높이기 위하여 엔진과 엔진부품을 세라믹스 신소재로 대체하는 세라믹엔진 개발이 선진 각국에서 활발히 진행되고 있다. 기존의 엔진은 비교적 무거운 금속재료로 만들어지며 냉각수를 사용하여 낮은 온도에서 작동하기 때문에 무겁고 열효율이 낮다. 그러나 자동차용 엔진을 세라믹스 신소재로 만들게 되면 엔진 자체가 가벼울 뿐만 아니라 고온에서 작동시킬 수 있어 열효율이 높아지고, 엔진부품의 마모율이 낮아 엔진 수명이 길어지게 되므로 자동차 유지비용이 감소된다. 이러한 장점에 기인하여 산화알루미늄, 지르코니아, 탄화규소, 질화규소 등의 세라믹스 신소재를 이용하여 피스톤, 피스톤헤드, 실린더, 라이너, 밸브 및 로커암 등의 엔진부품이 개발되었다.

이미 선진국의 자동차 제작회사에서는 세라믹 엔진을 장착한 자동차를 개발하여 시험 중이나 세라믹 신소재를 만드는 비용이 너무 많이 들어 아직 일반에게는 실용화되어 있지 않다. 그러나 멀지 않은 장래에는 연료효율이 매우 높은 세라믹 엔진의 자동차가 대중화 될 것으로 기대된다.

현재의 자동차 엔진은 아무리 우수한 초내열 합금으로 만들더라도 1100℃ 이상의 온도에서는 사용할 수가 없다. 또한 냉각수를 돌려 엔진부분의 온도 상승을 막고 있는 실정이므로 에너지 손실이 클 뿐만 아니라 연료가 완전 연소가 되지 않아 공해 문제도 심각하다. 하지만 세라믹엔진에는 고온에서 어떤 금속합금보다 잘 견디므로 열효율은 물론 완전연소로 인한 공해방지. 냉각수가 불필요하므로 냉각계통과 윤활계통의 생략으로 전체무게를 줄일 수 있다는 것이다. 하지만 세라믹엔진에 있어서 문제점인 어떤 방법으로 열이나 기계적 충격에 강한 세라믹스를 만드느냐가 해결되어야만 할 것이다.

세라믹스 신소재를 이용한 터보차저 날개 이외에도 디젤엔진의 실린더 내벽·피스톤·밸브 등을 세라믹스로 대체하여 연소온도를 높이고 냉각장치가 필요 없는 엔진을 개발하고 있으며, 가솔린 엔진에서도 마모가 쉽게 일어나는 부품을 세라믹스로 대체하려는 노력이 진행 중이다. 이러한 노력을 통하여 엔진의 연료효율을 높이거나 알코올과 같은 대체연료를 사용할 수 있게 될 전망이다.

이미 거의 모든 자동차에는 세라믹스로 만들어진 배기가스 정화장치가 사용되고 있어 예전에 비하여 공해 발생량이 크게 감소된 것이 사실이나 환경오염에 대한 규제 사항이 더욱 강화될 추세이기 때문에 보다 효과적인 세라믹스 배기가스 정화장치가 필요하다.

(라) 친환경 분말야금 재료

자동차의 핵심 모듈인 엔진이나 변속기 등은 수많은 종류의 크고 작은 복잡한 기어와 기계 부품으로 구성되어 있다. 종래에는 이러한 부품들은 금속재료나 알루미늄 합금 등을 가공하여 제조하였으나, 제조공정이 복잡하여 생산 효율성에 문제점이 있어왔다. 근래에는 생산 효율성을 높이기 위하여 금속분말을 최종 부품의 모양으로 압축성형한 후 가열에 의한 소결과정을 통해 기존의 가공부품에 견줄 수 있는 특성을 갖는 새로운 재료가공 기술인 분말야금기술이 특히 자동차 산업에서 주목받고 있다.

한편, 자동차의 경량화 추세에 따라 가능한 모든 소결부품 또한 알루미늄 합금과 같은 가벼운 금속으로 대체하려는 경향이 크다. 일례로서 급속 냉각시켜 제조한 알루미늄–실리콘 합금분말을 완제품과 거의 같은 크기와 모양으로 성형한 후 소결하는 방법으로 밸브·연결봉·피스톤 재료 등 내역성·내마모성 및 강도가 요구되는 부품에 적용하는 시도가 성공적으로 추진되고 있다.

(마) 연료전지

수소를 연료로 사용하는 연료전지 분야도 급속한 연구가 진행되고 있다. 연료전지는 연료(LNG, LPG, 메탄올 등) 및 공기의 화학에너지를 전기 화학적 반응에 의해 전기 및 열로 직접 변환시키는 장치이다. 기존의 발전기술(연료의 연소→증기발생→터빈구동→발전기구동)과는 달리 연소 과정이나 구동장치가 없으므로 효율이 높을 뿐만 아니라 환경문제(대기오염, 진동, 소음 등)를 유발하지 않는 새로운 개념의 발전 기술이라고 말할 수 있다.

물을 전기분해하면 전극에서 산소와 수소가 발생하는데 연료전지는 물의 전기분해 역반응을 이용하는 것으로 수소와 산소로부터 전기와 물을 만들어 내는 것이다. 연료전지는 일반 화학전지(예, 건전지, 축전지 등)와 달리 수소와 산소가 공급되는 한 계속 전기를 생산할 수 있다. 즉, 공기만 있으면 무한히 사용할 수 있는 에너지이다.

연료전지는 배기가 대단하게 깨끗해 환경에 친밀한 특성을 가지고, 작은 용량으로도 효율이 높고, 더욱이 폐열의 유효 이용에 의하여 종합적 에너지효율향상을 도모할 수 있기 때문에 신에너지 기술뿐 아니라 자동차 구동 에너지원으로써 많은 연구개발이 진행되고 있다.

(2) 유해물질저감 기술

(가) 유해물질 분석기술 개발 및 표준화

자동차 유해물질은 구매단계, 생산단계, 사용단계, 폐기단계 등 자동차의 전 수명주기에 걸쳐 배출되므로 엄밀한 유해물질 분석기술 개발과 표준화가 우선적으로 필요하다. 특히 폐기단계에서의 유해물질은 ELV 등 국제 환경규제에 의해 엄격히 제한되고 있으므로, 이에 대한 분석 및 대응기술 개발이 요구된다.

주요 소재별로 기술개발과제를 살펴보면 다음과 같다.

❶ 금속소재
- 철(탄소강, 저합금강, 크롬합금강, 주철 등)의 유해중금속 시험방법 표준화
- 비철(알루미늄/알루미늄합금, 구리/구리합금 등)의 유해중금속 시험방법 표준화
- 내식성 표면처리(아연도금, 다크로 등)의 6가-크롬 시험방법 표준화

❷ 비금속 (세라믹, 분자)
- 세라믹(유리, 절연체, 압전체, 유전체, 자성체 등)의 유해중금속 시험방법 표준화
- 고분자(플라스틱, 접착제, 섬유, 피혁 등)의 유해중금속 시험방법 표준화

❸ 복합소재 등
- 복합재료(브레이크 라이닝, 소형전자부품, 코팅부품, 복합플라스틱 등)의 유해중금속 시험방법 표준화
- 기타 소재(종이 , 다층건조도장 등)의 유해중금속 시험방법 표준화

(나) 자동차 유해물질 저감 공정기술

EU 환경규제 RoHS에서 엄격히 제한하고 있는 납, 카드뮴, 6가-크롬, 수은 등의 유해물질(중금속) 저감을 위한 청정공정기술 개발이 전개되어, 기존 유해물질 관련 제조공정을 친환경 청정공정기술로 전환하는 노력이 진행되고 있다. 이를 대체소재와 공정기술로 나누어 살펴보면 다음과 같다.

❶ 대체소재 개발
- EU 환경규제 대상항목, 철강, 기계용 강, 알루미늄 등에 대한 유해중금속 배제 금속 부품·소재 개발
- EU 환경규제 대상항목, 압전체, 유전체, 전장부품 등에 대한 유해중금속 배제 세라믹 부품·소재 개발
- EU 환경규제 대상항목, 고무소재, 안료, 안정제 등 유해중금속 배제 고분자 및 첨가제 개발
- 배터리의 납 등 기술적 난이도가 큰 소재의 기술개발

❷ 공정기술 개발
- 핵심공정 기술개발
  - CrN용 아크 이온 플레이팅 기술개발
  - 펄스도금법에 의한 $Cr^{+}{}_{6}$ 대체 $Cr^{+}{}_{3}$ 도금공정 기술개발 등
- 환경친화적 고기능성 파릴렌(parylene) 박막 코팅기술 상용화 등 기존 보유기술의 상용화 개발
- 유해물질 함유 부품·소재에 대한 데이터베이스 설계 및 체계 구축/운영

(다) 저배기 공해기술

승용차에 비해 이륜차의 배기가스 공해가 심각한데, 길을 걷다 오토바이가 지나가면 호흡이 곤란할 정도로 심한 가스가 배출되는 것을 수없이 경험했을 것이다. 궁극적으로 모든 이륜차는 전기 구동방식으로 바뀌어야겠지만, 아직까지는 경제성 면에서 어려운 실정이다. 따라서 이륜차에서 배출되는 유해물질과 온실가스를 줄이기 위하여 기존 기화기방식(카뷰레터) 엔진에 비하여 연비향상과 배기가스 저감효과가 탁월한 저배기 공해기술 개발이 추진되고 있다.

대표적인 기술이 이미 승용차에 적용되고 있는 전자제어유닛(ECU: Electronic Control Unit)인데, 시동을 걸면 ECU는 공기를 빨아들이는 양을 측정하고, 엔진 회전수를 측정하고, 운전자가 실행하는 행위(액셀러레이터를 밟는 정도, 가속, 감속 등등)을 파악하여, 최적의 상태로 주행할 수 있도록 엔진을 제어한다. 결국 ECU는 주행 시의 기타 조건과 운전자의 의도를 파악하여 그에 맞게 엔진을 제어하는 기능을 하는 것이다. 이륜차용 저배기 공해기술을 세부기술별로 살펴보면 다음과 같다.

❶ 연료분사/엔진 전자제어 시스템 기술
- 2, 4행정 엔진용 센서/액추에이터 선정 및 신호처리회로 기술
- 2, 4행정 엔진용 전자제어시스템 기술
- 2, 4행정 엔진용 연료분사 시스템 기술

❷ 흡기계/연소실 설계기술
- 2행정 엔진용 사이클 시뮬레이션 프로그램 개발
- 흡기유동 최적화 연구
- 연소 최적화 연구
- 흡기계/연소실의 설계 및 제작기술
- 기존엔진 구조변경 설계기술
- 시제품엔진 조립/제작기술

❸ 엔진/차량 성능 최적화 기술
- 대상 엔진 기초 성능 실험
- 시제품엔진 ECU 매칭 기술
- 시제품엔진 장착 실차 ECU 매칭 기술
- 엔진, 실차 주행 연비 및 배기가스 시험

(라) 그린카(green car) 기술

그린카란 친환경동력시스템을 활용, 장착하거나 이에 준하는 개선으로 CO_2를 적게 배출하고 연비가 우수한 자동차 즉, 클린디젤자동차(CDV), 하이브리드자동차(HEV), 전기자동차(EV), 수소연료전지자동차, 천연가스자동차 등을 일컫는다.

세계 자동차 시장은 유가급등과 환경규제 강화로 인하여 고효율·친환경차로 패러다임이 급속히 전환 중에 있다. 고유가로 인해 연비가 좋은 친환경차에 대한 소비자 선호가 상승 중에 있으며 그린카는 2010년 이후 내연기관 자동차를 대체하기 시작하여 2035년경 신규차량 전량을 대체할 것으로 전망되고 있다. 그린카 관련 기술을 유형별로 살펴보면 다음과 같다.

❶ 하이브리드 자동차(HEV)

HEV는 2개 이상의 동력원을 가지고 주행하는 자동차로서, 동력원의 효율적인 이용이 가능해 연비와 CO_2 등 배출가스의 대폭적인 개선이 가능하고, 공회전시 엔진 정지, 회생제동 등에 의해서도 연비개선이 가능하다.

그린카 신동력 시스템의 핵심기술은 고전력밀도의 2차 전지 소재기술과 전동모터의 효율을 경제적으로 향상할 수 있는 획기적인 소재기술과 더불어 희귀금속의 자원 무기화에 대응하기 위한 희토류 소재의 사용을 최소화하는 배터리 및 구동시스템 기술 등이라 할 수 있다.

HEV는 기본적으로 도심 주행시 전기 모터의 도움으로 효율을 높이지만 한적한 국도나 고속도로에서는 엔진, 모터, 전지 무게 등의 문제로 디젤차에 비해 효율이 떨어지고, 전체 평균 효율 역시 디젤에 비해 낮기 때문에, 효율향상을 위한 연구가 지속되고 있다.

❷ 플러그인 하이브리드자동차(PHEV)

PHEV는 HEV 중에서도 심야전력이나 신재생에너지에서 생산되는 전력으로 배터리를 충전하여 운행하는 자동차로서, 배터리는 출퇴근 등 단거리, 내연기관은 장거리주행에 주로 사용한다.

배터리를 충전해야하므로 HEV보다 전력 의존도가 높지만, 연비와 CO_2 배출이 현저히 우수한 장점이 있다. 단, PHEV가 대중화되기 위해서는 배터리 충전소 등 인프라 확충이 필요하다.

❸ 전기자동차(EV)

전기자동차는 순수하게 배터리와 모터로만 구동하여 배출가스가 없으므로 가장 친환경적인 자동차라 할 수 있으나, 1회 충전으로 운행 가능한 거리가 짧은 것이 문제점이다. 소형, 대용량, 저가의 배터리 기술이 진보하면 중장기적으로 보급이 확대될 것으로 전망된다.

❹ 수소연료 자동차

수소연료 자동차는 크게 수소내연기관 자동차와 수소연료전지 자동차로 분류할 수 있는데, 수소 내연기관자동차는 공해가 거의 없고, 시스템 가격이 상대적으로 낮으나, 안전성과 효율성 측면에서 개선할 점이 많다. 이에 비해 수소 연료전지자동차는 무공해이고 내연기관에 비해 상대적으로 효율이 높지만, 시스템 가격이 높고, 내구성 개선이 필요하며, 고품질의 수소와 공기를 필요로 한다.

❺ 클린디젤 자동차

그동안 디젤차는 가솔린차에 비해 입자상 물질과 질소산화물(NOx)을 다량 배출하는 문제가 있었으나, 최근의 디젤차들은 후처리 장치 개발과 첨단기술 적용으로 친환경차로 변신하고 있다. 클린디젤차는 후처리 장치를 부착한 경우 가솔린이나 LPG 엔진에 비해 환경적이며, 출력, 승차감 등도 크게 향상되어 고속 및 도심 주행 모두에서 우수한 연비를 달성하였다.

대체연료 측면에서 살펴보면, 식물성 연료 바이오매스, 해조류 등이 선호되고 있는데, 이 중 디젤차에 사용 가능한 대체연료를 선택하면 디젤차의 고효율성과 CO_2 저감효과를 더욱 끌어 올릴 수 있다.

제로에미션 그린카를 만들기 위해서는 고효율 2차 전지 및 전동모터의 개발이 필수적이지만, 이 기술은 단기간에 달성할 수 없는 난제이기 때문에 현재까지 개발된 그린카와 관련된 기술을 하이브리드 및 전기자동차의 관점에서 최적으로 조화하는 기술을 통하여 기술적 과도기의 공백을 메울 수 있는 전략적 기술 선택이 필요하다.

일부 전기자동차에서 전기모터 구동을 통한 주행성능이 내연기관 자동차보다 우수할 수 있는 가능성이 확인된 바 있으며, 내연기관의 기술적 측면에서 현재의 비효율적인 왕복운동 엔진이 아니라 마이크로 터빈 및 로터리 엔진과 같이 회전운동 엔진을 전기 발전 전용 동력으로 활용한다면 기존 하이브리드 및 전기자동차의 단점을 보완할 수 있을 것으로 예상된다. 또한 차량 레벨의 시스템 최적화뿐만 아니라 지능형 기술과의 융합을 통한 시스템 최적화 및 고효율화 기술의 적용이 가속화될 것이며 경제성이 검증된 모든 에너지의 활용 기술이 사용될 것으로 예측되고 있다.

에너지회수, 그린 드라이브 등의 제어기술이 차량 성능에 많은 영향을 미칠 것으로 예상되며, 제어 S/W가 H/W의 단점을 극복하는 역할을 하게 될 것으로 보이고 주행상황 예측 및 기능 모니터링을 기반으로 하는 차량 제어기술이 적용되어 성능 및 안전성을 제고할 것으로 전망된다.

경량화는 모든 그린카에 있어서 공통적인 기술로서, 에너지저장 및 구동시스템의 중량 증가를 상쇄할 수 있는 가장 현실적인 방안으로, 차량의 안전과 비용을 고려하여 최적화된 소재의 활용이 기대된다.

친환경차는 유해물질 배출이 적어야 하는데, 운행중인 상태에만 국한하지 않고 자원개발부터 최종 폐차 단계까지 총체적인 친환경성 검토가 이뤄져야 한다. 예를 들어 HEV, EV, FCEV 경우엔 전기나 수소의 생산, 배터리 등의 교체와 폐기물 처리 등도 고려해야 할 것이다.

(마) 대체연료

마지막으로 대체연료의 개발 및 사용이 확대될 전망인데, 유망한 대체연료로는 다음과 같은 것들이 있다.

❶ **GTL(Gas to Liquid)**: GTL 연료는 디젤을 완벽히 대체할 수 있는 에너지로 각광받고 있다. 생산단계에서 F-T(Fischer Tropsch) 공법을 적용하는 기술상의 어려움과 윤활 향상제 의존성 등 몇 가지 문제점이 있지만, 기존 디젤 엔진에 바로 사용할 수 있고, 방향족 및 유황 성분이 매우 적으며, 세탄가가 높고 착화 지연이 짧아 열효율 제고와 배기가스 절감 효과가 뛰어난 장점이 있다.

❷ **바이오에탄올**: 생산기술이 쉽고 식물성 원료를 사용한다는 장점이 있지만 디젤 엔진보다 연비가 열등한 가솔린 엔진에만 사용 가능하며, 생산 가격이 GTL보다 높다. 디젤 차량 보급이 거의 없는 미국에서 선호되지만 식용 연료를 사용하므로 인해 환경단체로부터 지탄의 대상이 되고 있다.

❸ **BTL(Biomass to Liquid)**: 태양연료(sun fuel)라 불리는 BTL은 비식용 원료인 나무조각, 생물쓰레기, 보릿짚, 톱밥 등 목질계 바이오매스에서 GTL처럼 FT 공법의 액화 과정을 통해 만들어진다. GTL과 연료 특성이 유사하지만 제조 단가가 비싼 단점이 있다. 그러나 배출된 CO_2가 식물에 다시 광합성 작용으로 흡수되므로 기후변화 협약 대응에서 가장 유리하다. 옥수수 등으로 만든 에탄올보다 열효율이 높고 질소산화물 등 배출물질도 최대 30%까지 줄일 수 있어 기술발전에 따라 유망한 대체연료이다.

(3) 에너지절약 기술

(가) 제조공정 에너지절약 기술

자동차 사용 에너지절약도 중요하지만, 제조단계에서 사용되는 에너지와 자원을 절약하는 기술 또한 중요하다. 따라서 자동차 제조단계의 환경영향을 최소화하기 위한 자원절약 공정기술 개발이 진행되고 있다. 이에는 에너지 저소비형 제조공정(주·단조, 프레스) 개선 및 대체공정 기술과 환경 및 에너지 소비량 D/B 구축과 운영 등이 포함되며, 세부기술개발과제는 다음과 같다.

❶ 제조공정 기술개발

- 에너지 저소비형 제조공정(주?단조, 프레스, 기계 가공공정 등) 개선 기술개발
- 에너지 저소비형 제조 대체공정 기술개발

❷ 환경, 에너지 소비량 D/B 구축 및 운영

- 제조공정의 환경 D/B 구축
- 제조공정의 환경 D/B 운영 및 활용

(나) 초경량 구조화 기술

자동차 사용 에너지를 절약하기 위해서는 차체의 무게를 줄이는 것이 가장 효과적이다. 차체의 경량화를 위해서는 앞에서 소개한 신소재를 사용하는 방법과 더불어 차체 구조를 최적화하는 기술도 필요하다.

자연계에 존재하는 구조물들이 유기-무기의 복합재의 구성이나, 하중의 조건에 따라 형상의 밀도를 조절하거나 가장 최적화된 구조물을 형성하는 등의 방법으로 초경량이면서도 강성을 유지하는 것을 모방하여 구조물을 제작하는 기술이 연구되고 있다.

단순한 초경량 구조화 기술은 많은 연구와 실용화가 이루어지고 있으므로, 하중적응 강화재료 등 새로운 개념의 초경량 구조화 기술이 필요하며, 자동차산업 및 항공우주산업에 우선적으로 적용할 수 있는 공정기술의 개발이 필요하다.

(4) 자원순환기술

폐기된 자동차의 부품 및 재료를 다시 사용하는 기술도 활발히 연구되고 있다. 폐자동차에는 온실가스인 냉매, 유해중금속 등이 포함돼 있어 함부로 버리면 '폐기물' 로서 심각한 환경오염을 유발하지만 철, 비철 등은 물론 희토류 등 다량의 희유금속을 함유하고 있어 이를 회수해 재활용하면 오히려 '자원의 보고' 가 된다. 지구의 자원은 유한하기 때문에 이러한 자원순환 기술은 필수적이며, EU ELV 등 각국의 환경규제에 대응하기 위해서도 반드시 필요한 기술로서, 주요 기술은 다음과 같다.

(가) 자동차 부품 재활용기술

자동차 부품의 재활용률을 높이기 위해서는 설계 단계에서부터 재활용을 염두에 두어야 하며, 재료 분류 및 부품 재활용을 위한 다양한 기술이 개발될 필요가 있다. 자동차처리 부품 재활용을 위한 기초기반 기술 및 핵심기술 주요 사례는 다음과 같다.

❶ 자동차처리부품 재활용을 위한 기초기반 기술

- 고온, 고압이용 기유 추출기술
- 불순물 제거기술(원심분리,첨가제 등)
- 풍력, 와류선별 등 재질별 분리기술
- 전선(wire) 동선 분리기술
- 앞유리 PVB 필름 제거기술
- 세라믹 코팅, 열선 등 제거 기술
- 폐고무 미세분말(10㎛이하)화 장치

❷ 재활용 곤란부품 문제 해결을 위한 핵심기술

- 풍력, 와류선별 등 재질별 분리기술
- 유해물질 추출기술 (PCB)
- 해체곤란 이종재료 소물 부품 혼합 재활용기술
- 폐고무 미세분말(10㎛이하)화 장치
- 반응압출기를 이용한 탈류기술

(나) 자동차 해체 및 분리/분별기술

자동차 부품 재활용을 위해서는 자동차 해체 및 분리/분별이 선행되어야 하는데, 이 작업을 친환경적으로 수행할 수 있는 기술이 필요하다. 자동차는 다양한 재질과 때로는 유해물질이나 위험물질을 포함하기도 하는데, 복합재질 부품의 분리분별기술 및 위험물 사전 처리기술이 요구된다. 이를 위한 주요 공정기술 개발 과제는 다음과 같다.

❶ 분리불가부품의 해체기술 및 해체 전용장치

- 분리불가부품 재질분리기술
- 폭발위험물 제거기술
- 폭발위험물 사전전개처리장치 개발
- 해체장치/공구 개발

❷ 재질선별 및 유해물질 추출기술

- 비금속계 이종 복합재료 구성품의 재질별 선별기술
- 유해물질 선별 추출기술

❸ 재료분리/분별 및 선별응용기술

- 유해물질 제거용이 장치 개발
- 유류제거기술 및 장치 실용화 기술
- 재료분리/분별 및 선별 적용기술에 대한 장치 및 장치 간 연결시스템

(다) 자동차처리 환경성 평가기술

자동차 재활용 체계를 완성하기 위해서는 전주기(life cycle)에 걸친 환경성 평가기술이 필요하다. 자동차의 설계를 이용하여 차량의 재활용성 평가 및 문제부품 개선안을 제시할 수 있는 소프트웨어 개발, LCA 기법 확립 및 자동차 전용 LCA 소프트웨어 개발 등이 요구되며, 주요 기술개발 과제는 다음과 같다.

❶ 재활용성 평가 소프트웨어 개발

- 폐기 단계의 환경성 평가기법 개발
- 폐기 단계의 모델 설정 및 개발
- 재활용 DB 구축

❷ 자동차 전용 LCA 소프트웨어 개발

- 자동차 전용 알고리즘 개발
- 친환경 설계 요소 기술 분석기법 개발
- 전용 소프트웨어 개발
- 친환경 설계 평가기법 개발

(라) 자동차 자원순환 동향

환경부는 2012년 3월 현대·기아차, 한국GM, 쌍용자동차, 르노삼성자동차 등과 폐자동차의 금속자원 회수, 온실가스인 폐냉매의 적정처리 등을 위해 '폐자동차 자원순환체계 선진화 시범사업' 협약을 체결했다. 이번 협약으로 현대·기아차를 포함해 자동차 제조 5개사 모두 폐자동차 재활용에 동참해 현재 85%에 불과한 재활용률이 95%까지 높아질 것으로 전망하고 있다. 국내에서 발생하는 폐자동차는 연간 70~80만대 정도인데, 시범사업이 진행되는 1년간 현대·기아차가 7만7400대, 나머지 3개사가 2만2600대 등으로 총 10만대에 대해 폐자동차 재활용에 나서게 되었다.

그 이전에는 고철 등 유가성이 높은 물질만 재활용되고 온실효과가 큰 냉매조차 제대로 회수·처리되지 못하는 실정이었다. 삼성경제연구소에서는 따르면 폐자동차의 경제적 가치는 약 11.5조 원에 달하고 희유금속(1대당 4.5kg 함유) 가치만 약 1.8조 원으로 추정하였다.

이번 협약으로 한국GM, 쌍용자동차, 르노삼성자동차 등은 폐자동차 재활용률 증대와 폐냉매 회수와 처리를 위해 폐차장, 폐차 재활용업체 등과 친환경 폐차 재활용체계를 구축하는 등 제조사와 재활용업계 간 상생협력을 도모하게 되었다.

소각 등을 통해 버려지는 파쇄잔재물은 에너지를 생산하거나 유가금속을 회수하는 등 폐자동차의 95% 이상을 재활용하고, 폐냉매에 대해서도 적정 회수·처리체계를 구축하며 온실가스 감축을 추진하게 되었다.

폐자동차 등을 수거해 재활용 과정을 거쳐 니켈과 크롬 등 희유금속을 추출하는 이른바 '도시광산' 또한 유망한 분야이다. 정부에서도 폐자동차 재활용률을 높이고 폐휴대폰 수거에도 적극 나서는 한편, 대기업도 도시광산 사업 진출에 뛰어들고 있다. 도시광산 사업은 희유금속 확보 여건이 악화됨으로써 더욱 주목받게 되었다. 희유금속은 매장량이 적거나 기술적, 경제적 이유로 추출하기 어려운 금속으로서, 국내 희유금속 수입액은 2002년 32억 5000만 달러에서 2008년 129억 5000만 달러로 4배 가까이 증가했다. 특히 희유금속의 일부인 희토류는 97%가 중국에서 생산되는데, 중국이 수출량을 조절하며 '자원무기화'에 나서기 시작하여 수급여건이 악화되었다.

정부는 약 15%인 희소금속 재활용률을 향후 10년간 30%까지 끌어올린다는 계획 아래 재활용 활성화를 추진하고 있다. 국내 도시광산 사업에서 가장 큰 비중을 차지하는 자동차 산업으로서, 2010년 말 현재 국내에 등록된 일반 자동차가 약 1813만대인 점을 감안할 때 자동차 속 희유금속의 잠재가치만 해도 1조8천억 원 수준에 이를 것으로 추산되고 있다. 삼성경제연구소 2011년 보고서에 따르면, 일반 자동차에는 1대당 약 4.5kg의 희유금속(크롬, 망간, 니켈 등)이 들어 있으며, 친환경차의 희유금속 함유량은 이보다 훨씬 많은 1대당 9.1~11.3kg에 달한다고 하니, 기술개발의 파급효과가 매우 커질 것으로 기대된다.

5.5 철강산업

5.5.1 환경규제 및 대응 동향

바젤협약은 UNEP와 세계 환경단체들이 1989년 스위스 바젤에서 유해폐기물의 국가 간 불법이동에 따른 지구 환경오염 방지와 개도국의 환경친화사업을 지원할 목적으로 채택한 협약으로서, 철강, 제지, 석유화학, 비철금속 등의 산업에서 원자재 확보에 부담이 되고 있다. 철강산업에 가장 큰 영향을 미치는 국제 환경규제는 기후변화협약인데, 철강산업은 전형적인 에너지 다소비 산업으로서 탄소배출규제 강화에 따른 상당한 변화가 불가피하다.

교토의정서의 부속서 I에 등재된 선진 38개국은 2008년부터 2012년까지 전체 온실가스 배출량을 1990년 대비 평균 5.2% 줄일 것을 의무화하였고, 공동이행, CDM, 배출권거래제 등 시장원리에 입각한 온실가스 감축 실적에 대한 경제적 인센티브를 도입하였다.

온실가스 배출 대국이자 OECD 회원국인 우리나라는 자발적으로 2009년 11월 국가 온실가스 감축 목표를 결정하여 2020년까지 온실가스 배출량을 배출전망치(BAU) 대비 30% 감축할 계획을 내놓음으로써 철강산업에도 긴장감이 고조되고 있다.

국내 철강산업의 에너지절약 가능 잠재량 및 CO_2 감축 가능 잠재량은 매우 낮은 수준인데, 그 이유는 대기오염물질 배출 억제를 위하여 철강업계가 에너지 기술개발과 친환경 공정설비 등에 지속적인 투자를 해왔기 때문이다. 국내 철강산업은 선진국 대비 에너지 소비율이 높고, 대기 및 수질 오염물질 배출량과 고상 및 액상 폐기물의 발생량도 비교적 높은 수준이므로, 에너지 및 자원 다소비형 생산구조에서 에너지 저소비형 산업구조로의 전환 및 재자원화를 위한 청정기술개발이 필요하다.

철강산업은 이미 꾸준히 온실가스 저감형 청정공정을 개발하고 친환경 설비를 도입하는 등 많은 투자를 해왔으나, 총량제 감축 목표에 따른 추가적인 투자가 불가피하게 되었다. 이에 따라 파이넥스 공정을 확대 적용하고, 철강슬래그 등 부산물을 활용한 그린 프로세스를 꾸준히 개발해야 할 것이다.

온실가스 감축을 통한 탄소배출권 판매는 철강산업에 새로운 성장 기회를 제공할 수도 있다. 온실가스 저감을 통하여 탄소배출권을 부여받아 경제적 수익을 창출할 수도 있는 것이다. 향후 탄소시장의 높은 성장성을 고려할 때 온실가스 저감 기술개발은 철강산업에 고수익의 기회가 될 수 있다.

국내 철강업계의 온실가스 감축 기술개발은 과거 에너지효율 향상에 역점을 두었으나 최근 기후변화 대응형 산업기술도 추진하고 있으며, CO_2 감축 기술은 향후 CO_2 포집저장(CCS) 기술로 발전해 저탄소형 혁신철강 기술로 이어질 전망이다. 더 이상 CO_2의 발생을 감축하는 것에 한계가 있다는 인식하에 공기 중 배출을 억제하는 CO_2 CCS 기술에 대한 관심이 커지고 있다. 이 기술은 아직은 연구단계로서, 안정성을 입증하고 경제성을 확보하는 문제가 선결되어야 하지만, 향후 CO_2 감축에 큰 기여를 할 전망이다. 일본의 NEDO는 2020년~30년 세계 CO_2 감축량의 40%가 CCS 기술을 통하여 이루어질 것으로 전망하고 있다.

5.5.2 철강산업의 청정기술

국내에서도 환경친화적인 철강생산 공정 개발을 추진하고 있으나, 기존 공정을 청정공정으로 대체하기 위해서는 막대한 자본과 시간이 소요되므로, 기존 공정의 조업효율 향상과 에너지 절감을 목표로 동시에 환경친화적 철강 산업구조 전환을 추진하여 지속가능형 발전 체계를 구축해야 할 실정에 있다. 철강산업에서의 청정기술은 크게 청정공정 혁신기술, 친환경 제품기술, 재자원화 기술, 청정 지원기술 등으로 나누어 볼 수 있다.

(1) 청정공정 혁신기술

청정공정 혁신기술은 전기로 에너지 저감기술, 고철 신속 용해기술, 용강 품질 및 실수율 향상기술 등을 통한 고청정 전기로 조업기술과 스크랩 열분해 가스화 기술, 저출력 조업기술, 고 스크랩 조업기술 등을 통한 친환경 조업기술을 망라한다.

(가) 용융환원공정

용융환원공정(smelting reduction process)은 고로를 대체할 목적으로 개발되어지고 있는 차세대 제철기술로서 분광과 일반석탄을 직접 사용하여 용선을 제조하는 공정으로, 대기오염물질이 고로공정에 비해 90% 이상 저감되는 환경친화적인 청정공정기술이다.

세계적으로 매장량이 풍부하고 저가인 연료와 원료를 사용하면서도 환경오염물질의 배출을 감소시키고 에너지 사용량을 최소화하여 원가경쟁력을 높임으로써 기존의 고로 공정을 대체할 수 있는 경제적인 새로운 공법을 개발하기 위한 노력이 1970년대 이후 전 세계의 제철관련 업체들에 의해 지속되어 왔다. 국내의 POSCO도 이미 상용화에 성공한 코렉스(COREX: Coal Ore Reduction) 공법을 도입하여 1995년 세계최초로 연산 60만톤 규모의 COREX C-2000 설비를 포항제철소에 구축하였다.

그러나 COREX 공법은 공정 특성상 사용가능한 광석의 입도가 8mm 이상으로 제한되어, 원료상의 제약조건을 극복할 수 있는 파이넥스(FINEX: Fine Ore Reduction Process) 공법을 연구하게 되었다. 일본의 'DIOS', 호주의 'HISMELT', 유럽의 'CCF' 등 대부분의 공정이 상용화에 이르지 못한 가운데, 1992년 이후 POSCO가 개발해온 FINEX 공법을 적용하여 2007년 5월 세계 최초로 연산 150만톤 규모의 공장을 준공함으로써 유일하게 상업화에 성공을 거두었다.

FINEX 공정에서는 미립의 분체 상태인 철광석을 별도로 사전처리하지 않고 4단의 유동로에 투입하여 철광석 입자들을 유동 상태에서 환원가스에 의해 균일하게 환원시킨 후, 환원된 미립의 입자를 단광으로 크게 만들어 밀폐형 용융로 상부를 통해 노내로 투입한다. 이와 같이 FINEX 공정의 기술적 큰 특징은 소결광과 코크스 제조공정이 생략되어 있다는 점이다.

FINEX 기술로 인해 고로에서는 사용할 수 없는 저가의 품위가 낮은 석탄과 분광석이 안정적으로 사용되어 고품위 연·원료 고갈 문제를 해소하게 되었으며, 고로공정 대비 20% 이상의 용선 제조 원가 절감이 가능하게 되었다. 또한 FINEX 공법은 철광석과 석탄을 사전처리하지 않고, 연료를 태울 때 공기 대신 순산소를 사용하기 때문에 고로공정에 비해 환경 오염물질 배출수준이 황산화물(SOx)은 3%, 질소산화물(NOx)은 1%, 비산먼지 등의 분진은 28%에 불과하다. 또한 전력 및 사회기반 시설이 부족한 지역에서는 값싼 석탄을 이용하여 경제적으로 철을 생산하는 동시에 발생되는 다량의 가스를 이용하여 발전함으로써 값싼 전력을 공급할 수도 있어 에너지 절약에도 기여하는 장점이 있다.

(나) 스트립캐스팅(strip casting) 공법

스트립캐스팅 공법은 섭씨 1천6백도의 뜨거운 쇳물을 이용해 다른 공정을 거치지 않고 막바로 2~6mm의 얇은 핫코일을 생산하는 기술을 말한다. 현재의 철강 기술로 핫코일을 만들어 내려면 쇳물에서 탄소를 뽑아내 동을 만드는 제강공정과 여기에서 나온 쇳물을 굳혀 철판을 만드는 연속주조 및 열연공정을 모두 거쳐야 한다. 그러나 스트립캐스팅 기술에서는 용광로에서 곧바로 핫코일을 생산함으로써 제강, 연속주조 및 열연공정을 생략할 수 있다.

쇳물이 주조롤에 주입되는 속도와 양은, 응고 상태에 매우 중요한 영향을 미치는데, 최적의 형상과 크기를 갖춘 노즐이 쇳물을 안정되고 균일하게 공급하고, 주조롤의 혁신적인 냉각 방법과 완벽한 냉각수량 제어를 통하여 생산성을 극대화 할 수 있다.

스트립캐스팅 기술은 1980년대 중반부터 일본과 유럽의 업체들이 시험 조업을 해왔으며 우리나라에서는 포항종합제철이 1996년 2월 스트립캐스팅 기술을 이용한 시험 조업에 성공하였다. 스트립캐스팅 기술은 〈그림 5-6〉에서 보는 바와 같이 기존의 열간압연 공정을 생략할 수 있기 때문에 에너지절감과 환경개선 효과가 있으며, 경제적 규모의 감축효과와 더불어 소량다품종의 시장체제 전환에 적정한 기술이다.

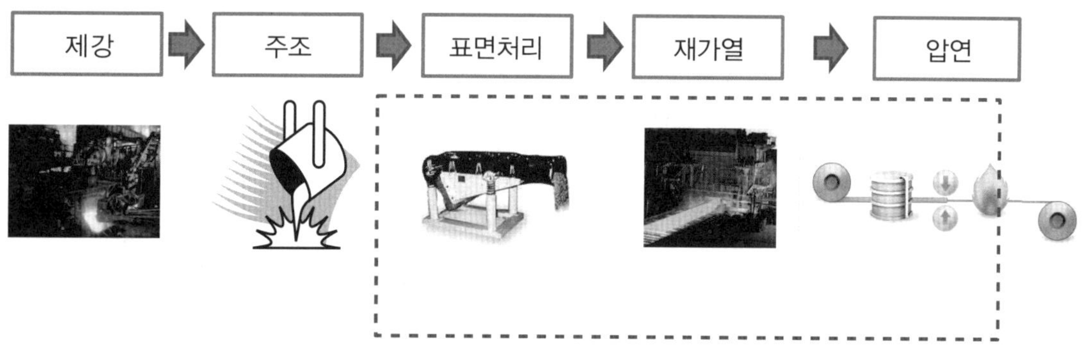

〈그림 5-6〉 스트립캐스팅 공정 (POSCO, 2009)

(다) 에너지 최적화 공정

네덜란드의 Cours-Hoogovens사는 소결공장의 전 라인에 덮개를 씌어 밀폐하고 발생 배기가스를 80% 이상을 순환시킴으로서 대기오염물질 배출을 최소화할 뿐 아니라 배기가스 현열을 재이용함으로서 소결에 필요한 에너지 원단위를 낮추는 효과를 가져왔는데, 이는 기존공정을 환경친화적으로 개선한 예이다.

POSCO는 유틸리티 종합관리시스템을 구축하여 발전설비, 전력공급설비, 가스 공급설비, 증기설비, 산소설비, 용수공급설비 등을 종합적으로 관리하고 있다. 또한 2004년부터 에너지 종합정보시스템을 개발하여 에너지 수급계획수립 및 수급실적 모니터링, 에너지수급 균형 시뮬레이션, 주요 에너지 지표 모니터링 및 분석 등에 활용하고 있다. 또한 에너지 절감과제 실적을 데이터베이스에 등록하여 가열로, 열처리로, 보일러, 회전기기 등 주요설비를 대상으로 유사 공정에 확산 적용하는 노력을 기울이고 있다(〈그림 5-7〉).

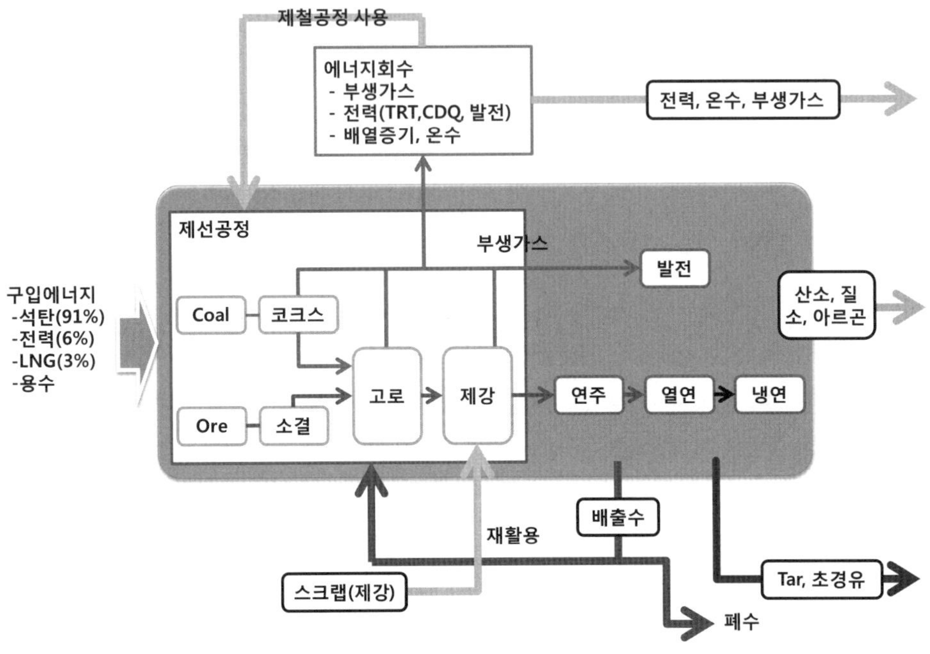

〈그림 5-7〉 제철공정 에너지 흐름도(POSCO, 2009)

(라) 전기로 고청정 조업기술

전기로 제강법은 노내에 일정량의 고철을 장입하고, 전극봉을 이용하여 전기아크를 발생시켜 고철을 용해한다. 전기로 제강기술의 발달은 특수강업체가 선도하고 있으며 초고전력에 의한 고능률조업 및 편심로저출강(EBT: Eccentric Bottom Tapping), 진공조업을 통한 고청정강 제조, 배기가스를 이용한 고철 예열기술 등이 시행되고 있다.

전기로에서 용해된 쇳물은 불순물이 많아 원하고자 하는 특수강의 성분이 대부분 미달인 상태이다. 따라서 별도의 용기(ladle)에 받아서 불순물을 제거하고 성분을 조절하여 원하는 강을 얻어내는 과정을 거친다. 이것을 노외 정련이라 하며 특수강의 온도 및 화학성분의 엄밀한 관리, 용강내의 탈황 및 탈가스를 통한 고청정도 유지를 통해 고급특수강을 만든다.

국내 전기로 제강 업계에서는 전기로 제강조업에서의 에너지 원단위 및 생산 원가 절감을 위한 설비 개선 및 요소기술 개발 노력을 경주하고 있다. 국내의 한정된 인적, 물적 자원을 공동 활용하여 다음과 같은 공통 애로기술을 개발하는데 힘쓰고 있다.

❶ 전기로 조업의 전력 에너지 저감기술 개발
- 전기로 2차 연소 기술 및 통전 패턴 최적화
- 용강의 교반기술
- 슬래그 포말(foaming) 제어 기술

❷ 고철의 신속 용해기술
- 산소부화, 탄재 취입 기술 및 비통전 시간 관리 최적화
- 고정식 조연 버너 활용기술
- 배기가스를 이용한 고철의 예열기술

❸ 용강의 품질 및 실수율 향상기술
- 탄재 대체물질 사용 기술, 용강의 슬래그 정련 향상 기술
- 단재(single slag)법의 최적 활용기술

(2) 친환경 제품기술

(가) 에너지고효율 자동차강판

자동차의 연비 향상과 온실가스 배출 감소를 위한 대표적인 방법이 차량 경량화로서, 자동차 중량을 10% 감소시키면 이산화탄소 배출량이 5~8% 저감되는 것으로 알려져 있다. 고장력 자동차강판은 얇은 두께로 두꺼운 일반 강판과 같은 강도를 얻을 수 있어 가벼운 차량 제작이 가능하여 매년 자동차 업계의 수요가 증가하고 있다. POSCO는 2011년 78만3천 톤의 고장력 자동차강판을 공급하여 약 63만 톤의 CO_2를 감축하였다고 한다.

(나) 에너지고효율 전기강판

발전기, 송배전 변압기, 모터 등에 주로 쓰이는 전기강판은 자기 특성에 따라 크게 방향성 전기강판과 무방향성 전기강판으로 구분된다. 전기강판은 전기를 흐르게 할 경우 저항, 즉 철손(core loss)이 발생하며 철손이 낮은 소재일수록 우수한 에너지효율을 나타낸다. 방향성 전기강판은 변압기, 변류기, 정류기와 같은 정지기의 코어 소재로서 널리 사용되며 무방향성 전기강판은 대형발전기로부터 소형 정밀 전동기까지 회전기기의 철심 소재에 광범위하게 사용된다. POSCO는 2011년 약 44만 톤의 에너지 고효율 전기강판을 공급하여 약 250만 톤의 CO_2를 감축하였다고 한다.

(다) 친환경 강판

철강재 표면처리용 크롬은 가격이 저렴하고 내식성이 뛰어나 철강업계에서 널리 사용돼 왔으나 피부에 닿거나 흡입시에는 호흡곤란이나 화상 등을 유발하는 유해물질로 분류되어왔다. 전 세계적으로 유해물질 사용에 대한 규제가 강화되고 있으며, 특히 유럽연합(EU)은 2006년부터 환경유해 중금속이 포함된 철강재로 제조된 가전제품의 판매를 규제하여 왔다.

이에 따라 국내 가전이나 자동차 업계도 크롬을 사용하지 않는 철강 소재의 사용이 확대되어 왔으며, POSCO 역시 2006년부터 표면처리 철강제품에 인체에 해로운 크롬을 사용하지 않기로 하고 크롬프리(Cr-Free) 제품개발을 6대 중점 과제로 삼아 기술개발을 추진하여 성과를 거두었다.

(3) 재자원화 기술

철강 제조공정에서는 다양한 부산물이 발생하기 때문에 이들을 재자원화하는 기술이 매우 중요하다. 대표적인 부산물 및 용도는 다음과 같다.

❶ **슬래그(slag):** 매립, 도로포장 등 골재 대체용, 시멘트 제조원료, 흑연원료 등으로 사용된다.

❷ **코크스(cokes):** 고로원료, 주물용원료, 소결용, 가탄제, 카바이트 제조, 성형탄원료 등으로 사용된다.

❸ **화성품:** 유안은 유안비료, 유황은 인산질 비료, 타르는 의약, 농약, 염료, 향료의 재료, 조경유는 농약, 경유, 향료의 재료, 중결타르는 B-C유 대체원료 등으로 사용된다.

❹ **가스류:** 연료용가스와 공업용가스(질소, 아르곤, 수소, 기체산소, 액체산소 등)로 사용된다.

❺ **산화철:** 영구자석, 전자석, 페인트원료, 보도블록원료 등으로 사용된다.

❻ **아연류:** 페아연아노드는 아연다이캐스팅(diecasting), 아연드로스는 아연화, 아연재(ash)는 고료비료 및 아연화 등으로 사용된다.

❼ **스팀:** 전기로 진공탈가스조업, 난방용 등으로 사용된다.

이 중에 대표적인 부산물 재활용 대상으로는 철강슬래그가 꼽히며, 제강분진(dust)의 재활용도 유망하다. 철강슬래그는 도로용 골재 등으로 100% 재활용될 뿐 아니라 CO_2 또한 감축한다. 제강분진은 중금속 함유와 환경규제 강화로 인하여 발생량의 70%가 매립되고 재활용률은 30%에 불과하여 분진 발생량을 줄이거나 재활용률을 높이는 방안이 필요하다. 분진 발생량을 저감하는 친환경 설비로는 비산먼지 문제를 원천적으로 해결할 수 있는 밀폐형 원료처리 시설, 에너지 절감형 전기로 등이 있다.

부산물을 부가가치가 높은 인공자원으로 재활용하고, 에너지 사용 원단위를 저감할 뿐만 아니라, 대기 및 수질 오염물질의 발생량을 근본적으로 저감하는 환경친화적 철강산업 체계 구축이 필요하다.

(가) 철강부산물 이용 고부가가치 기능재료 제조 기술

철강공정에서 발생하는 부산물의 대부분을 차지하는 고로슬래그 및 제강슬래그를 활용, 고부가가치 기능재료를 제조하는 기술로서, 다음과 같은 세부기술이 연구되어 왔다.

❶ **고로슬래그를 이용한 기능성 건자재 제조기술:** 슬래그를 이용한 친환경 소재 제조기술로서, 철강공정에서 다량으로 배출되는 고로슬래그를 이용하여 기능성 건자재(전자파 차단재, 방음재, 차음재, 단열재, 조습건재 등)를 제조하는 기술이다.

❷ **고로슬래그 고부가가치화 제조기술:** 고로슬래그의 고부가가치화 및 수요창출을 위해서는 품질향상이 수반되어야 하며, 이를 위한 방안으로서 고로슬래그의 개질화를 통한 기능성 향상기술이 요구된다.

❸ **제강슬래그 재활용기술:** 막대한 양이 발생하는 제강슬래그를 보다 기능화하고 고부가가치화 할 수 있는 자원화 기술개발 및 친환경적 CO_2 저감형 원료로서 재활용 증대기술이 요구된다.

❹ **연안생태 복원용 제강슬래그 이용기술:** 제강슬래그의 물리·화학적 기능을 활용하여 오염원 연안지역의 수질 및 저층 퇴적물 환경을 개선하고 바다숲 조성을 통해 연안생태계를 복원하는 기술이다.

(나) 함철 부산물의 환경친화적 재활용기술

철강공정에서는 분진, 슬러지, 밀 스케일 등 함철 부산물이 다량 발생하고 있다. 부산물의 폐기처리는 환경오염은 물론, 처리비용에 의한 제품의 생산원가 부담 요인이 되고 있다. 철강공정에서 발생되는 부산물 중에는 공해물질 외에도 다량의 유가금속이 함유되어 있으므로 부산물의 폐기처리는 2차 공해뿐만 아니라 유가자원의 낭비요인이 된다. 그러므로 철강공정에서 불가피하게 발생하는 함철 부산물을 전기로 공정 내에 재투입하는 환경친화적 자원 재활용기술을 개발할 필요가 있으며, 세부 개발과제는 다음과 같다.

❶ **함철 부산물의 전기로 공정 재투입 기술 개발**

- 함철 부산물의 괴상화 공정개발
- 함철 부산물의 종류별 적정 배합기술
- 전기로 공정 재투입물질의 분진화 억제기술
- 산화철의 환원 및 회수율 향상기술

❷ **재투입 물질의 조업 및 품질에 대한 영향 평가**

- 작업성에 미치는 영향 평가
- 분진 중의 휘발성 원소 농축거동 파악
- 휘발성 원소 농축 분진의 재활용기술
- 경제성 및 효율성 평가: 불순원소 정련효과에 대한 영향 분석

(다) 제강 슬래그의 순환 재사용 공정 개발

철강공정에서 슬래그는 양적으로 가장 많이 발생하는 폐기물로서 거의 대부분 타 산업분야에서 재활용할 수 있으나, 부가가치가 지나치게 낮기 때문에 많은 양이 매립 처리되고 있는 실정이며, 특히 정련 슬래그의 조성과 물성은 제품의 품질과 밀접한 관계가 있으며, 야금학적 정련제로서 재이용할 수 있는 유용한 성분을 다량 함유하고 있다. 따라서 슬래그를 공정 중에 순환 재사용함으로써 폐기 처리량 저감에 의한 비용절감과 자원의 고부가가치 재활용 효과를 기대할 수 있으며, 세부기술은 다음과 같다.

❶ **제강 슬래그의 공정 재사용 기술**

- 폐기 슬래그의 물성 및 정련능력 평가
- 폐기 슬래그의 개질에 의한 재사용 가능성 평가
- 환원 슬래그를 이용한 고부가가치 철강 정련제 개발
- 제강 슬래그의 공정 재투입에 따른 품질 및 작업성 평가

❷ 용융 슬래그의 순환 재사용 기술

- 레이들 슬래그 및 잔탕의 순환 재투입 공정 개발
- 용융 슬래그의 현열 재활용기술
- 슬래그의 순환 재사용 기준 설정
- 용융 슬래그 재사용에 따른 작업성 및 경제성 평가

❸ 제강 슬래그의 고부가가치 자원화 기술

- 폐기 슬래그 고부가가치화를 위한 용도 개발 및 슬래그 폐기량 저감기술
- 제강 슬래그로부터 유가성분 회수기술 개발

(라) 저급 노폐고철 다량 사용기술 개발

철강 축적량의 급격한 증가에 따라 가까운 장래에는 국내 고철의 공급과잉 상태가 예상된다. 선진국들의 사례로부터 특히 품위가 낮은 저급 노폐고철의 처리문제가 환경관련 사회문제로 대두될 것으로 예상된다. 그러므로 철강공정에서의 저급 노폐고철의 적극적인 사용기술을 조기에 확립함으로써, 저급 노폐고철의 자원화 및 고체철원의 자급화를 위한 기반을 구축할 필요가 있는데, 세부기술은 다음과 같다.

❶ 저급 노폐고철의 품위 향상기술

- 부착성 유해물질의 제거공정 개발
- 혼합형 유해물질의 분리기술
- 고용형 유해원소의 정련기술

❷ 저급 노폐고철 다량 사용 기술

- 고철의 등급관리 시스템 개발
- 고철 대체제(DRI, HBI, 냉선 등)에 의한 불순원소 희석기술
- 고철 대체제의 용해촉진 기술
- 슬래그 발생량 및 조성 제어기술

❸ 고철 대체철원 제조공정 개발

- 직접환원철 제조기술
- 청정철원의 안정 수급방안 도출

(4) 청정 지원기술

철강산업의 청정 지원기술로는 신재생에너지 기술개발에 따른 온실가스 저감, 폐에너지 회수를 통한 온수, 스팀, 전력 등의 생산기술, 유해물질 처리기술 등 다양한 기술이 있으며, 대표적인 것들은 다음과 같다.

(가) 저가수소 제조 및 수소이용 친환경 신제련 기술

기존 고로를 기반으로 하는 제철공정에서 발생하는 각종 부생가스 및 부산물을 이용하여 경제적인 방법으로 수소를 생산/분리하고, 제조한 수소를 고로공정의 철광석 환원반응에 필요한 화석에너지 대체제로 사용하거나, 반응속도를 향상시킴으로써 철강 제조공정에서의 CO_2 배출량을 저감하는 기술이다.

제철공정에서 발생하는 부생가스, 부산물 또는 수소함유 천연자원을 원료로 하고, 제철공정에서 발생되는 부생에너지를 열원으로 이용한 가스화반응, 개질반응, 기존 부생가스 중 수소의 증량 또는 고효율 수소발생 반응을 통하여 다량의 수소가 함유된 합성가스 혹은 순수한 수소가스를 생산하는 기술 등이 있다.

또한 분리, 제조된 수소함유 합성가스 또는 수소를 고로공정에서 활용하기 위한 고로 사용기술 및 부생가스와 수소를 이용하여 고부가가치 합성연료 및 화학원료를 생산하는 기술도 유망하다.

(나) 친환경 바이오매스 이용 철강산업 CO_2 저감 기술

바이오매스는 에너지생성 목적의 작물 또는 농업 임업 관련 부산물, 하수처리장의 슬러지, 도시의 고형폐기물 등 재생가능한 유기성원료 전체를 망라한다. 바이오매스는 성장과정에서 이산화탄소를 흡수하므로 대기중 이산화탄소 농도 증가에 기여하지 않는 탄소중립 에너지이므로, 이러한 바이오매스를 직접 혹은 간접적으로 이용하여 이산화탄소 배출을 저감시키는 기술이 유망하다.

바이오매스는 연료비용 감소, 황산화물 및 질소산화물 배출 감소, 매립비용 절감, 온실가스 배출 저감, 재생에너지 활용, 연료 다변화, 지역기반을 가진 연료공급원 확보 등의 장점이 있다. 따라서 바이오매스는 고갈되지 않는 친환경 청정원료/연료로서 유망하다.

(다) 고체산화물형 대용량 연료전지 스택(stack) 설계, 제작 기술

현재 실용화 단계에 있는 연료전지는 용융탄산염 연료전지(MCFC: Molten Carbonate Fuel Cell)로서 스택 수명이 약 3년에 불과하여 운영비 상승을 초래한다. 고체산화물을 전해질로 사용하는 고체산화물형 연료전지(SOFC: Solid Oxide Fuel Cell)는 MCFC에 비해 유사한 발전효율을 나타내고, 상대적으로 고전력밀도가 가능하며, 스택 수명도 5년 이상이기 때문에 운영비 절감이 가능하다.

SOFC는 고체전해질을 사용하기 때문에 안전성이 높으며, 취급이 쉽다는 장점이 있으나, 통상 SOFC는 800~900℃의 고온에서 작동하기 때문에 대규모 고정식 발전소에만 적용가능한 단점이 있어, 휴대폰이나 가전기기 등 소규모 이동식 발전에 적용하기 위해서는 더 낮은 온도에서 작동하는 SOFC 기술개발이 필요하다.

또한 고출력 스택을 제조하기 위해서는 단위 셀을 수백개 수직직렬 연결하는 고적층 스택 제조, 셀 및 스택 모듈화, 고온부식방지 가능한 셀 분리판, 장기운전을 위한 신뢰성 확보, 셀 제조 수율향상 등의 기술이 요구된다.

(라) 배열발전 시스템 설계 및 소재제조 기술

제철소, 압연공장, 단조공장 등에서 발생하는 배열을 직/간접으로 이용하여 발전하는 시스템 설계 및 소재 제조 기술로서, 화력발전소에서 사용하는 고온(600℃ 이상)/고압 스팀에 비하여 발전 효율은 다소 떨어지지만, 대기업과 중소기업 각 사업장 단위로 중저온 배열(폐열)자원을 회수해서 스팀을 생산하여 중소규모 발전기를 운용하면 상당량 자가발전에 의한 소비전력 충당이 가능하고 이산화탄소 배출량을 획기적으로 감축시킬 수 있는 방법이다.

각 사업장 단위로 배열(폐열)온도가 다르기 때문에 중저온/중저압에서도 효율적인 발전이 가능한 스팀터빈 또는 유기랭킹 발전시스템을 적용을 전제로 효율적인 배열회수 시스템 설계 및 소재개발이 요구된다.

(마) 철강공정 폐수 중의 질소농도 저감 기술 개발

방류수 중의 총 질소 농도를 60ppm 이하로 규제되고 있는데, 국내 스테인레스강 생산업체의 방류수 중 총 질소 농도가 업체에 따라 규제치를 초과하는 경우가 있으므로, 방출수 중의 질소농도 저감 대책 기술이 요구된다. 방류수 중의 질소는 스테인레스강의 산세공정에서 사용되는 질산이 주요인이므로, 다음과 같은 방출수 질소농도 저감기술이 필요하다.

❶ 스테인레스강의 표면 산화 스케일 제거기술

- 스테인레스강의 산화 스케일 조성 및 물성 제어 기술
- 표면의 백색도 및 부동태 피막 형성 제어 기술
- 산화 스케일 제거기술

❷ 스테인레스강 산세용 질산 대체제 개발

- 무질산 산세 기술 개발
- 질산 대체용 산세액 개발
- 경제성 및 작업성 평가
- 산세액 농도 자동 분석방법 개발
- 산세액 관리 프로그램 개발

❸ 폐수 정화처리 기술 개발

- 폐수 중 질화물 제거기술 개발
- 폐수 중 질화물의 무공해 처리 기술 개발

(바) 페로코크스 제조 기술

페로코크스는 저가의 저품위 석탄과 철광석을 혼합해 건류한 것으로서, 고로 장입시 석탄의 가스화 반응을 촉진하여 환원제 사용 원단위를 저감시킴으로써 연료 사용량과 이산화탄소 배출량 감축 가능하다. 고로에서 철광석을 환원, 용융시키기 위해서는 열원 및 환원제로서 고가의 코크스를 사용해야 하고, 고로 내 철광석의 환원반응 속도는 코크스의 반응속도에 크게 좌우되기 때문에 코크스 품질 중 CO_2 반응성이 매우 중요하다.

철광석과 일반탄을 혼합 후 건류해서 페로코크스 형태로 제조하여 고로에 장입하면 일반 코크스 대비 고로 저온구역에서 철광석의 환원반응 속도를 향상시킬 수 있어 고로 내 철광석의 환원반응 가속화에 따른 연료 사용량 저감효과를 기대할 수 있다.

페로코크스는 저가의 원료탄을 사용함으로써 철강 제조원가를 저감시킬 뿐 아니라 철광석의 환원반응을 촉진시킴으로써 고로의 효율을 높일 수 있어 용선 톤당 연료비 및 이산화탄소 배출량 저감도 가능한 친환경 기술이다.

(사) 저가원료 혼합 및 이용 기술

고로에서 철광석을 용해하기 위해서는 열원 및 환원제, 통기성 확보를 위해서 코크스를 사용해야 하고, 코크스제조를 위해서는 가격이 비싼 강점결탄을 사용해야 하는데 이는 용선 원가를 상승시키는 요인이 된다.

코크스 제조원가를 낮추기 위해서는 가격이 비싼 강점결탄과 가격이 상대적으로 싼 일반탄을 혼합해서 사용해야 하는데 일반탄의 혼합비율이 높을수록 코크스 제조원가를 낮추는데 유리하지만 코크스 강도 확보 측면에서는 불리하다. 따라서 코크스 강도를 기존의 코크스강도와 최대한 동일한 수준에서 확보하면서 일반탄 혼합비율을 증가시키는 기술이 필요하다.

이산화탄소 배출증가에 기여하지 않는 탄소중립 에너지원으로서 저가 바이오매스를 저가 일반탄 및 강점결탄과 혼합해서 코크스를 제조하는 방법도 고려되어 왔으며, 고 알루미나 성분의 분광을 이용할 경우, 원료비를 줄일 수 있으나, 슬래그 발생량의 증가 및 통기성 악화, 추가 열공급 등의 문제가 발생하여, 이러한 복합적 문제를 해결하기 위한 기술도 요구된다.

(아) 유가금속 배출억제 기술

제강 슬래그 중 포함된 유가 금속 성분을 회수하는 기술로서, 스테인리스 제강시 발생하는 슬래그 중 포함된 크롬(Cr)이 물에 용해되어 발생하는 6가-크롬과 더불어 분진 중 함유된 크롬과 카드뮴(Cd) 등의 배출 억제 기술이 요구된다.

가장 기본적인 방법은 비정질화를 통하여 유가금속을 고정시키는 것이며, 상분리를 통한 유가금속 농축 함유상의 분리기술, 더 나아가 이러한 부산물로부터 유가금속을 회수하는 기술 등이 유망하다. 유가금속과 함께, 부산물 중 함유된 유해물질 배출을 억제하기 위한 새로운 정련기술의 개발 및 조업 내 순환기술 등을 포함한다.

5.6 도금산업

도금산업은 소재·부품의 표면을 물리적, 화학적, 전기화학적 처리에 의해 내식성, 내구성, 전도성 등의 기능을 증진시키거나 심미성을 부여함으로써 최종 제품의 부가가치를 높이는 산업으로서, 도금기술은 소재·부품산업에서 빼놓을 수 없는 기술이라고 할 수 있다. 도금기술은 크게 습식도금 기술과 건식도금 기술로 분류할 수 있는데, 습식도금 분야로는 전기도금, 무전해도금, 양극산화, 화성처리 등이 있고, 건식도금 분야로는 용융도금, 용사, 물리증착, 화학증착 등이 있다.

습식도금 기술은 여러 가지 문제점이 지적되어 왔으나, 빠른 도금속도, 높은 경제성, 다양한 기능성, 연속공정 및 대량생산 등의 장점으로 인해 지속적으로 성장해온 분야이다. 건식도금 기술은 개발 초창기에는 습식도금의 많은 분야를 대체할 것으로 기대되었으나, 느린 도금속도, 낮은 경제성, 적용가능 분야의 제약, 연속공정 및 대량생산의 어려움 등의 문제로 인하여 반도체 등 제한적인 분야에만 적용되고 있다.

환경적 측면에서 살펴보면, 습식도금 위주의 도금산업은 중금속오염 폐수 발생, 환경오염 산업, 전형적인 3D업종, 다수의 소기업들이 난립한 영세산업, 하청산업, 신기술이 개발되지 못하는 기술정체 산업 등의 부정적인 평가를 받아온 것이 사실이다. 근래에는 도금기술이 최종제품의 부가가치와 경쟁력 제고에 큰 역할을 한다는 인식이 제고되고 있고, 특히 근래 청정생산기술이 도금기술 분야에도 적용됨으로써, 향후 폐수 무배출 공정기술개발, 환경친화적 작업환경 기술개발, 첨단도금 기술개발 등을 통하여 친환경 산업으로 탈바꿈할 수 있을 것으로 기대된다.

5.6.1 환경규제 및 대응 동향

도금산업은 유해한 중금속이온과 유기물질을 함유한 도금 용액을 주로 사용하는 습식도금이 주류를 이루고 있어 국제 환경규제가 강화됨에 따라 가장 많은 영향을 받는 산업 중 하나이다. 이에 따라 도금산업의 구조는 급변하고 있으며, EU 등 선진국에서는 자국 상품의 경쟁력을 부각시키기 위해 제품뿐만 아니라 제품의 생산공정 및 생산방법에 대해서도 규제를 가하고 있어, 이에 대한 대책을 마련해야 한다.

구체적으로 도금산업에서의 환경규제 대상을 살펴보면 다음과 같다. 자동차산업과 반도체산업의 경우, 대량 생산되고 있는 대다수의 기능성 부품들에 6가-크롬, 납, 카드뮴 등의 피막과 유해 독성물질인 시안화물(cyanide), 포르말린 등의 물질들이 많이 사용되어 왔기 때문에 EU RoHS 등의 환경규제에 대응하기 위해서는 대체물질 개발이 시급한 실정이다. 이와 같은 유해물질들은 매우 엄격하게 규제되고 있기 때문에 도금산업뿐 아니라 자동차, 반도체 산업에도 지대한 영향을 미치고 있다.

해외의 경우, 유해물질 배출이 적은 건식도금기술에 대한 연구를 많이 수행해왔는데, 미국은 자동차, 대형구조물, 군수, 항공산업의 발달로 관련 건식표면처리기술 및 기반이 세계 최고수준이다. 독일의 경우 염욕(salt bath)을 이용한 터프트라이드(tufftride) 등의 기존기술이 아직도 꾸준히 활용되고 있고, 플라즈마를 이용하는 신기술도 병행하여 크게 성장하고 있다. 프랑스의 경우 오래 전부터 에너지 절감형 기술인 진공열처리를 포함한 신기술개발을 계속하여 연간 10% 이상의 표면처리업체의 성장률을 기록하고 있다. 중국의 경우에도 철강산업 분야에서 표면처리기술에 대한 연구를 지속하여 러시아, 미국, 유럽 등 선진기술의 대부분을 이미 확보하여 발전시키고 있다.

5.6.2 도금산업의 청정기술

(1) 청정기술 개발동향

습식표면가공 산업은 금속·재료, 물리·화학, 기계, 전기, 환경 등 복합기술이 녹아들어 있기 때문에 다양한 분야의 연구개발이 필수적이다. 공정기술은 미소부품소자의 수요증가에 따라 미세표면가공기술과 정밀도가 우수한 무전해도금기술 등의 개발이 수행되고 있으며, 무시안, 무크롬 등 환경친화적 도금재료, 도금원료 회수 및 장수명화 기술, 생산·시험·관리공정 DB, 지능형 자동화기술개발 등이 진행되고 있다.

일찍이 미국에서는 생분해성 고성능 탈지제 및 화학연마기술, 유해물질 분리회수용 멤브레인(membrane) 기술, 증발농축기술 등을 독일에서는 폐수슬러지 탈수건조 및 유해물질 무해화 기술, 귀금속 회수기술, 유해물질 분리회수용 이온교환기술 등을, 일본에서는 도금폐수처리 및 안정화 재활용기술, 귀금속 및 유가금속 회수기술, 도금폐수처리용 분리막 제조기술 등을 중점적으로 개발하여 발전시켜왔다. 건식표면처리기술의 개발방향은 친환경기술개발, 고기능에 의한 고부가가치화, 에너지 및 원가절감에 중점을 두고 있다. 청정생산기술의 관점에서 크게 아래와 같은 세 가지로 나누어 접근해 볼 수 있다.

(가) 기존 도금공정의 청정화

기존 도금 공정의 환경성을 개선하기 위한 청정생산의 핵심은 물 사용량의 최소화와 공정 내 재활용으로서, 다음과 같은 실천적인 개선방안을 생각할 수 있다.

❶ 기본기술 기반 개선방안

도금공정에서 가장 기본적인 다음의 세 가지 개념을 적용하는 방안이다.

- 도금조의 도금용액을 깨끗이 유지함
- 유출된 용액을 적당한 탱크로 되돌림
- 수세수의 양을 최소화함

이상의 세 가지 원칙을 기본으로 하여 구체적으로는 불순물의 유입 및 유출 최소화, 오염금속의 제거를 위한 약 전해, 도금용액 여과, 금속염 농도 관리, 탈 이온수 사용, 도금용액의 바닥 유출 최소화, 유출수의 최소화 및 재생, 펌프 및 밸브의 관리 등을 실천한다.

❷ 용수 재사용 방안

도금공정에 사용되는 용수의 재사용 및 제어기술은 궁극적으로 폐수 최소화 및 무방류 시스템과 직결되는 문제이며, 경제성 제고에도 효과적이므로 청정생산기술에 있어서 필수적이다.

❸ 공정 내 재활용기술

폐수의 유출을 방지하기 위한 공정내 공정수 및 폐수의 재활용은 청정생산기술의 핵심으로서, 재활용기술로는 공정수 흐름의 격리, 이온교환법, 역삼투법, 진공증발법, 전기투석법, 전해재생법, 확산투석법 등이 있다.

❹ 작업환경 및 설비 개선

열악한 작업환경을 개선하는 방안으로서 공조 시스템을 개발하여 작업자가 청결한 분위기에서 작업할 수 있어야 하며, 설비 개선을 통하여 유해 도금용액 누출을 방지하여 작업장의 오염을 원천적으로 차단하는 기술개발이 필요하다.

(나) 새로운 도금기술 개발 및 상용화

청정생산을 위한 근본적인 해결책 중의 하나는 도금용액을 환경친화적 도금용액으로 대체하는 방법과 더불어 폐수를 유발하지 않는 도금기술을 개발하는 것이라 할 수 있다.

❶ 친환경 도금용액 개발

가장 치명적인 6가-크롬 도금용액을 대체하기 위한 3가-크롬 도금용액, 니켈합금 도금용액 등의 개발이 이루어지고 있고 일부 상용제품으로 판매되고 있다. 또한 독극물인 시안계 도금 용액을 대체한 무시안계 도금용액이 선진국에서 상용화되어 적용되고 있다. 기술개발이 수행되고 있는 환경친화적 도금용액 관련 기술의 예를 들면 다음과 같다.

- 크로메이트 처리용액: 3가-크롬을 사용한 크로메이트 처리용액, 크롬을 사용하지 않는 금속염 화성처리용액, 유기물 및 무기물 피막 처리제 등
- 6가-크롬 전기도금 대체 도금용액: 3가-크롬 도금용액, 주석-코발트 합금 도금용액, 주석-니켈 합금 도금용액, 니켈-텅스텐 합금 도금용액 등
- 시안계 대체 도금용액: 무시안 동도금 용액, 무시안 아연도금 용액 등
- 니켈계 대체 도금용액: 주석-동 합금 도금용액
- 납 대체 도금용액: 주석-은 합금 도금용액, 주석-동 합금 도금용액, 주석-비스무스 합금 도금용액 등

❷ **무폐수 도금기술**

폐수를 배출하지 않는 도금기술로서 건식도금기술이 상용화되어 있으나, 도금의 어려움, 도금두께의 제약, 복잡한 설비 등의 단점으로 인해 대량생산이 어려워 특수 분야에만 제한적으로 적용되어왔다. 한 가지 대안으로서 초임계유체에 의한 도금기술에 대한 기존 연구가 수행되고 있는데, 이 기술은 수용액/전해액/초임계 이산화탄소로 구성된 에멀젼 용액을 사용하여 도금을 하는 것이다. 용매로 인한 공해문제가 없으며 사용하는 전해질 양도 기존 방법의 1/50이하로 줄일 수 있는 장점이 있고, 세척, 도금, 건조 등의 세 단계로 이루어진 기존의 습식도금 공정을 한 단계 공정으로 대체할 수 있는 장점이 있다. 상용화를 위하여 균일도금, 대면적 도금, 대량생산 등에 대한 기술개발이 수행되고 있어 무폐수 도금기술을 견인할 것으로 기대된다.

(다) 첨단도금기술 개발 및 상용화

반도체 소자의 고속화, 고집적화, 대용량화에 대한 산업적 요구에 따라 반도체 금속 배선에 있어 높은 전류밀도와 빠른 응답속도를 감당하기 위해 낮은 저항의 금속이 요구됨으로써, 기존의 알루미늄(Al) 배선을 구리(Cu) 배선으로 대체하는 기술개발이 수행되어왔다. 구리 배선 방법으로는 전기도금 방법이 가장 효율적이고 경제적인 방법으로 알려져 있다. 구리 재료의 도입은 전기화학에 기초한 전해도금이 반도체 금속 배선 공정에 적용되는 획기적인 변화를 가져옴으로써, 도금산업의 부활을 예고하고 있다.

한편 전기적 및 기계적 구성요소를 하나의 시스템에 집약시켜 초소형 정밀 시스템을 구현하는 MEMS(Micro Electro Mechanical System)는 미래산업을 선도할 분야로서 많은 기술개발이 수행되어온 분야이다. MEMS 가동법의 하나로서 전기도금 기술이 LIGA(사진·인쇄술·전기도금 주형법) 공정에서 사용되고 있다. 따라서 MEMS분야에서의 전기도금 기술은 주요기술로서 발전 가능성이 크다고 하겠다.

그 밖에도 전기도금 방법에 의한 나노재료 제조에 대한 연구가 수행되고 있는데, 그 중에서도 데이터 저장장치 재료인 자성재료를 전기도금으로 제조하는 연구가 주류를 이루고 있다. 전기도금 방법은 고진공을 요구하는 기존의 방법에 비하여 상온상압에서 적용할 수 있는 매우 경제적인 방법으로서, 도금액의 오염과 표면 산화막 형성 등의 문제점을 해결하는 기술개발이 수행됨에 따라 차세대 나노재료분야 및 전자, 반도체 산업에서 역할을 담당할 것으로 전망된다.

(2) 도금산업의 청정생산기술

도금산업에서 적용할 수 있는 청정생산기술은 다음과 같이 폐순환형(closed loop) 청정생산시스템, 환경친화적 도금액/도금기술, 첨단 도금기술, 건식도금기술 등으로 구분하여 정리할 수 있다.

(가) 폐순환형 청정생산시스템

도금산업의 청정화를 위하여 우선적으로 도금액 등의 공정수를 밖으로 배출하지 않고 생산시스템 내에서 순환하도록 함으로써 환경오염을 원천적으로 저감하는 폐순환형 청정생산시스템 개발이 요구되는데, 주요 기술개발 과제는 다음과 같다.

- 시안화물 대체 전기동 도금 폐순환형 청정생산시스템 개발
- 크롬도금 대체 폐순환형 청정생산시스템 개발
- 시안 및 암모늄염 아연도금 대체 폐순환형 청정생산시스템 개발
- 알루미늄 양극산화 폐순환형 청정생산시스템 개발

(나) 환경친화적 도금액/도금기술

선진국의 환경규제에 선제적으로 대응하고 지속가능한 도금산업을 이룩하기 위해 기존의 납도금과 무전해 구리도금의 원·부재료 및 도금방법을 원천적으로 대체하는 환경친화적 도금액 및 도금기술의 개발이 필요하며, 다음과 같은 기술개발 분야를 들 수 있다.

- 무연(lead-free) 주석(Sn) 합금 도금액 개발
- 포르말린을 함유하지 않는 무전해 구리도금액 및 공정 개발
- 총질소(N), 총인(P) 등 최소화기술 개발
- 초임계유체 도금기술개발

(다) 첨단산업용 도금기술

선진국의 유해물질 규제에 대응하고 폐수 저감, 중금속 회수, 대기환경 개선 등의 목표를 이루기 위해, 향후 첨단산업의 핵심기반기술인 반도체용 전기/무전해 도금, MEMS용 전기/무전해 도금, 나노소재 전기도금의 환경친화적 첨단 도금기술을 개발하는 것이 중요하며, 주요 기술개발 과제는 다음과 같다.

- 반도체 배선용 고종횡비 트렌치 전해도금공정 및 폐순환 시스템 개발
- MEMS용 전기/무전해 도금 폐순환 시스템 개발
- 전기도금에 의한 차세대 반도체 제조기술
- 다층 및 미세선폭 PCB 제조용 도금공정 및 폐순환 시스템 개발

(라) 건식도금기술

선진국의 환경규제에 대응하고 제품의 고급화를 달성하기 위해 습식도금의 환경오염문제를 원천적으로 해결하고 제품의 고부가가치화를 실현할 수 있는 건식도금기술 개발이 요구되며, 주요 기술개발 과제는 다음과 같다.

- 환경친화형 미세입자 Cr 및 CrN 연속식 진공코팅기술 개발
- 고급 수도꼭지용 Cr 대체 진공코팅 기술 개발
- 무절삭유 고속기계가공용 나노입자 코팅공구 생산기술 개발

건식도금기술의 종류와 특성을 요약하면 다음과 같다.

❶ 물리증착법(PVD: Physical Vapor Deposition)
PVD법으로는 진공증착법, 스퍼터링법, 이온도금법 등이 있으며, 목적에 따라 모재의 온도를 임의로 조절하여 사용할 수 있고, 모재와 코팅 층의 열적특성의 불일치로 인한 코팅 층의 미세조직 조절 및 모재와의 계면 조절이 쉬운 장점이 있어 그 활용범위가 급격히 증가하고 있다.

❷ 화학증착법(CVD: Chemical Vapor Deposition)
가스 상의 열역학적 분해결합을 이용하는 도금기술로서, 내부식용 Ta, 내마모용 TiC, TiN, Al_2O_3, 내열성 ZrO_2, 장식용 TiN 박막제조 및 반도체, 초전도체, 투명전극, 자성재료 제조 등에 폭넓게 이용되고 있으나, 증착온도가 높기 때문에 공정진행 중 장비가 손상될 수 있다는 단점이 있다.

❸ 유기금속화학증착법(MOCVD: Metallic Organic Vapor Deposition)
유기금속화합물은 금속원자와 탄소원자의 결합물로서, 불안정하고 분해되기 쉬운 특성이 있어 수소 등의 매질을 증기 상태로 내보내면 열분해 반응이 일어나면서 금속 상태의 결정이 형성되는 원리를 이용한 기술이다. MOCVD는 양질의 박막을 생산할 수 있는 방법으로서, 원료가 모두 기체 상태로 공급되므로 원료의 양을 비교적 쉽고 정확하게 조절할 수 있어 여러 층의 박막을 형성할 수 있다. 장치 구조가 단순하고 대량생산이 가능하며 박막 특성이 우수하고, 불순물 주입이 적은 장점이 있다.

❹ 플라즈마 강화 화학 증착법(PECVD: Plasma Enhanced CVD)
일반적인 화학 증착(CVD)보다 온도를 낮추어 기판 위에 여러 가지 박막 재료를 증착시키는 기법으로서, 플라즈마 상태의 반응가스에 전류를 일으켜 기판에 증착되도록 한다. PECVD법은 500℃ 이하의 저온에서도 증착이 가능하며, 활성화된 이온과 기들의 에너지를 조정할 수는 있으나 반응생성물이 완전히 분리되지 않고 남아 있으므로 순수한 코팅 층을 제조하는데 곤란하다는 단점이 있다.

❺ 레이저 가공법
유해염료를 사용하지 않는 레이저 가공법은 레이저에 의한 3차원 홀로그램 표면가공기술과 열방출 설계를 한다. 유해약품을 사용하지 않기 때문에 슬러지, 폐수처리 등의 문제가 없으므로 친환경 기술로 유망하다.

(마) 폐수처리 및 재활용기술

국내에서 가장 널리 사용되고 있는 도금공장 폐수처리 방법은 약품 첨가에 의한 분해 및 침전법으로서, 중금속 이온을 중화에 의해 수산화물로 침전시킨 후에 슬러지로 분리하는 방법이다. 시안이나 6가-크롬을 포함하는 폐수는 일반 폐수에 비해 그 처리비용이 훨씬 높아지게 된다.

약품 첨가에 의한 폐수처리 최종 부산물은 각종 중금속의 수산화물 슬러지로서, 회수 및 재활용기술이 중요하다. 약품에 의한 처리법 외에 전해법, 이온교환수지법, 역삼투법, 증발에 의한 농축법 등을 사용하는 폐수처리 공정도 다양하게 개발되어 왔으며, 실제 도금액 및 폐수 유가 성분의 부분적인 회수와 재이용의 목적으로 다양화하게 사용되고 있다.

5.7 섬유산업

5.7.1 환경규제 및 대응 동향

우리나라 섬유산업은 과거 해외수출을 주도하던 효자산업으로서, 지금도 세계 시장에서 수출경쟁력을 유지하고 있으나, 최근 고유가로 인한 원자재 가격 상승, 환경 및 건강에 대한 관심 고조, 자원순환성 향상 요구 등 여러 가지 도전에 직면해 있다.

특히, 섬유산업의 염색공정은 염색폐수를 발생하는 주요 공정이며, 염료가 섬유에 고착되는 것 이외는 모두 폐수로 처리되어 환경오염의 주범이 된다. 섬유산업에서의 관련 청정기술은 주로 사후처리 기법인데 대표적으로 생물학적 처리방법이 있지만, 독성을 갖는 폐기물이나 폐수에서는 그 한계를 나타내고 있다.

섬유제품에 대한 유해물질 사용 제한은 EU에서 1992년부터 제창되기 시작한 섬유제품 에코라벨 부착 요구로 시작되어 Oeko-Tex Standard 100 등 수십 종의 에코라벨이 등장하기에 이르렀다. Oeko-Tex Standard 100에서 섬유제품 사용에 강력하게 규제하고 있는 유해물질로는 포름알데히드, PCP (Pentachlorophenol), 유해아민, 알레르기 염료, 암유발 염료, 중금속, 유기캐리어, 농약 등 20 여종에 달하며, 유해물질의 기준치는 물질에 따라 미함유, 혹은 극미량의 함유만이 허용된다.

EU에서 규제하는 유해물질은 유해아민(24종), 포름알데히드, 중금속(10종), 농약, TeCP 및 PCP, pH, 알레르기 유발 염료(20종), 암 유발 염료(7종), CPC, 유기캐리어(10종), VOC, 방염제, 항균 가공제 등의 물질과 염색견뢰도 등이며, 독일 법규에 명시하고 있는 항목은 유해 아민, 포름알데히드, PCP 및 Ni 방출량 등이다.

국제 환경규제에 대하여 관리적 측면에서는 ISO 9000(품질경영시스템)과 ISO 14000(환경경영시스템) 등으로 대응할 수 있으며, 기술적 측면에서는 제품의 3할 이상이 Oeko-Tex Standard 100 기준을 만족해야 하며, 그 밖에 금지기술, 금지화학약품, 공지 의무사항, 향후 개선목표, 폐수관리, 대기관리, 소음관리, 에너지관리, 작업장관리 등에 대한 기준을 만족해야 한다.

독일연방환경청(Deutsche Energie-Agentur GmbH, Dena)은 2011년 5월 섬유 및 신발분야의 환경표준으로 EU 내 최적가용기술(BAT: Best Available Technology)에 기초한 가이드라인을 발표하였다. 이에 따라 섬유 및 신발을 제조하는 기업 및 판매업자는 독일 내 환경협회 및 환경청과 함께 친환경 제품 제조에 집중해야 하고 제작 및 판매하는 제품을 통제하여야 한다. 섬유분야에 대한 BAT 가이드라인은 다음과 같으며, 이는 섬유산업의 친환경 기술이 지향해야 할 방향을 제시하고 있다.

❶ **화학제품 투입**

- 배수처리 시 생물학적으로 분해가 가능하도록 계면활성제 및 금속이온 봉쇄제 및 항포음제 사용
- REACH 규정에 따른 인체 및 생태에 덜 유해한 물질 투입

❷ **호발(desizing)**

- 생물학적으로 분해가 가능한 원료선별/제거 가능한 호발제 선별
- 최소 편물 라이닝을 위한 원료선별(표면을 젖게 함)
- 처리과정에서 호발, 세정 및 표백을 통합
- 필터를 통한 수용성 합성 표면제의 재활용

❸ **표백**

- 염소를 포함한 표백제를 대신하여 과산화수소 사용

❹ **실크 가공**

- 실크 가공시 수산화나트륨 재활용

❺ **일반 염색**

- 사용하는 색소 수를 줄임
- 자동화된 염색제 투입량 및 투입 시스템 사용
- 지속적인 이송 시스템에서 여러 가지 화학물질이 염색과정에 색소가 섞이지 않도록 분산되고 자동화된 염색 스테이션 설치

❻ **통합 염색**

- 투입 부피, 온도 및 다른 주요한 인자들을 자동으로 처리하며, 간접적인 냉난방 시스템이 장착되어 있으며 염색 기계에서 수증기 손실을 최소화하기 위해서 배출 후드가 장착된 염색기계 사용
- 적절히 규격화된 염색기계 사용

❼ **지속적인 염색과정**

- 소량의 직물 염료액량을 사용하는 추가 시스템 활용
- 염색을 위한 잠금시 부피 감소
- 역전류를 통한 세정효율을 개선
- 지연 감소

❽ **분산 색소로 염색된 합성수지 혼용**

- 현색제 없이도 염색할 수 있는 폴리에스테르 섬유의 사용
- 현색제 없이도 높은 온도조건 하에서 염색
- 벤질 벤조산 및 N-Alkylphthalimid에 기초한 결합을 통한 지속적인 현색제 투입

❾ **반응염색제를 이용한 통합 염색**

- 염소를 적게 사용한 셀룰로오스 섬유 사용

환경경영체제에서의 ISO 14040과 같이 전 과정평가(LCA: Life Cycle Assessment)의 세부규정에 입각하여 환경부하를 최소화하면서 환경마크를 부여 받기 위한 노력으로, 제품의 특성에 맞게 설계부터 공정과 제조 그리고 폐기처분까지의 과정을 통해서 환경오염방지는 물론 기업의 비용절감 및 이미지 향상, 그리고 지속가능적인 기업의 발전을 위한 노력이 있어야 할 것으로 보인다.

LCA의 구성으로는 첫째로 원료의 추출에서 최종폐기에 이르기까지의 생산물의 전 과정평가와 결합된 폐기물, 배출물, 원료, 에너지 사용의 목록화, 둘째로 폐기물, 배출물, 원료, 에너지 사용과 결합된 환경적인 영향평가와 세 번째로는 환경적 악영향을 감소하기 위한 메커니즘이 구해지는 개선분석을 들 수 있겠다. 특히, 섬유류 생산시에 선진국 환경기준에서 요구하는 특정 염료획득의 곤란 등으로 고가의 타 염료로 수입대체하거나 과거에 경험하지 못했던 추가적 시험 및 인증비용이 요구될 것으로 더욱 그 중요성이 부각되고 있다.

섬유제품에 대한 국제 환경규제에 대응하기 위해 가장 바람직한 방안은 친환경 소재를 개발하여 원천적으로 유해물질을 함유하지 않는 제품을 생산하는 것이다. 친환경, 고효율 소재를 개발하고 그린섬유 브랜드화를 추진하는 등 고부가가치 녹색산업구조로의 전환을 시도해야 하는 것이다.

결론적으로 에코라벨 등 섬유제품의 국제 환경규제에 대한 대응이 국내 섬유업계 전반에 걸쳐 부담요인이 되는 것은 사실이지만, 중장기적 관점에서는 개도국 섬유수출기업의 제품과 환경, 안전, 품질 등의 측면에서 차별화되어 오히려 시장 확대 및 경쟁력 향상의 기회가 될 수 있을 것이다.

5.7.2 섬유산업의 청정기술

고유가와 자원고갈 등에 대한 사회적 우려 증대와 지속적인 환경규제 강화로 인하여 섬유산업에서도 친환경 산업구조로의 전환, 친환경 및 에너지 절감 등에 대한 대응력 강화의 필요성이 크게 증대되어 왔다. 따라서 섬유산업은 에너지 고효율 및 저에너지 생산공정 도입, 에너지 절감 신소재 개발, 자원순환형 구조 등으로 전환되고 있다.

또한 자동차, 항공, 의료, 건축, 스포츠 등의 친환경·초경량 녹색부품 수요 확대로 그린섬유에 대한 수요가 증가하여 섬유 제품의 경량화와 고성능화를 통한 에너지효율 개선 기술이 발전하고 있다. 전 세계적으로 소비자의 환경의식 강화로 친환경 제품에 대한 요구가 거세지고 있어, 친환경 섬유기술 개발을 통해 새로운 비즈니스 기회를 포착할 필요가 있다. 섬유산업은 원부자재 가공이나 염색공정 등에서 〈표 5-3〉과 같은 다양한 유해물질을 발생시킬 수 있는데, 이들을 저감할 수 있는 기술개발이 요구된다. 오염물질로는 소금, 염료, 계면활성제, 정련제, 침투제, 금속이온봉쇄제, 스케일 방지제, 분산제, 욕중유연제, 산화 및 환원제, 산과 알칼리, 효소, 유연제, 대전방지제, 호제, 오일 등이 포함되고, SB, COD, pH, 색 등에 의해 수계 독성을 유발시킨다.

〈표 5-3〉 섬유산업의 화학물질 유해정도

화학물질 종류	처리의 난이성	유해정도
알칼리, 무기산, 천연염, 산화제	유해성이 적은 무기오염물	1
전분호제, 유제, 지방, 왁스, 생분해성 표면처리제, 유기산, 환원제	쉽게 생분해되는 중상 정도	2
염료, 형광증백제, 섬유고분자 불순물, 아크릴호제, 실리콘유제, 함성고분자가공제	염료 및 고분자, 생분해 곤란	3
양모그리스, PVA호제, 전분 에스테르 및 에테르, 광물류, 표면처리제, 음이온/비이온 유연제	생분해가 어려운 중급 정도	4
포름알데히드, 메틸올 반응제, 염소계 용제, 캐리어, 유연제, TPA, DST, 살균살충제, 탈착제, 중금속	기존 생물학적 처리에 부적합하고, BOD가 아주 적음	5

전 세계적으로 섬유산업에 있어서 용수, 연료 및 에너지 비용이 증가하고 폐수의 방류기준이 엄격해지고 있기 때문에 과거에 비해 화학약품, 에너지 및 용수의 재이용에 대한 필요성은 커지고 있다. 특히, 염료는 염색폐수 내 색도를 유발하는 가장 큰 비중을 차지하고 있으며, 염료의 50~100%가 섬유에 고착되고 나머지는 세척공정에서 폐수로 배출되기 때문이다.

전체 염색공정은 면, 폴리에스테르, 나일론, 울, 실크, 레이온, 스판덱스, 교직물별로 물리적 공정이 상이하고 소재에 따르는 몇 개의 공정 등이 더 첨가되지만, 크게는 전처리, 염색, 가공 공정으로 구분되며 대부분의 오염부하는 전처리와 염색공정에서 발생된다. 섬유산업의 청정생산기술은 크게 원부자재, 전처리 공정, 염색공정, 가공공정 등으로 나누어 살펴볼 수 있다.

(1) 환경친화형 원부재료 대체기술

섬유염색 공정에서 사용되는 원부재료를 친환경 소재로 대체하여 유해물질 발생을 원천적으로 감소시키는 기술로서, 회수 및 재이용이 가능한 호제개발이나 무감량형 초극세사 개발 등의 기술을 포함한다. 세부기술개발 분야는 다음과 같다.

(가) 친환경 섬유소재 제조기술

친환경 섬유소재는 그 잠재성이 무한하여 지속적인 기술개발을 통해 섬유산업의 부활을 견인할 수 있는 분야이다.

❶ 극세섬유와 나노섬유소재

대표적인 예로서, 극세섬유는 부드러운 질감, 고급스러운 외관, 뛰어난 흡수성과 닦음성, 내구성 및 형태안정성, 경량감, 보온성 등의 특징을 갖기 때문에 산업용 소재로써 다양하게 사용되고 있다. 청소용 클리너, 목욕용 수건 등 흡수성과 닦음성을 이용한 제품군이 급격히 성장하고 있으며, 특히 반도체나 LCD 등 전자산업에 사용되고 있는 클린룸용 와이퍼와 경량성, 보온성, 흡습성 등을 활용한 스포츠용 소재에 대한 수요가 급격하게 증가하고 있는 추세이다. 최근에는 극세섬유에서 한 단계 발전한 나노섬유에 대한 연구개발이 활발하게 진행되고 있는 상황이다.

❷ 생분해성 섬유소재

이와 더불어 환경친화적 생분해성 섬유 개발이 활발히 진행되고 있는데, 생분해성 섬유는 '미생물에 의해 섬유 내의 도입된 사슬이 절단되어 무기물화 되는 섬유'로 정의된다. 생분해성 섬유의 생분해 과정에 영향을 미치는 인자로는 환경, 산소, 온도, 습도, pH, 미량의 무기물, 염, 영양물, 고분자의 특성 등이 있으므로, 이들의 최적조건을 구하여 생분해성을 극대화하는 기술이 중요하다. 생분해성 소재는 일회용품 및 포장용 용도를 벗어나, 친환경 자동차, 전자제품 및 생활용품을 만드는 용도 등으로 급속히 발전하고 있으며, 환경규제 문제와 관련하여 재생 가능 자원의 응용범위가 다양한 산업분야로 확대되고 있어 생분해성 고분자의 섬유는 무한한 잠재력을 가지고 있다고 전망된다. 국내에서는 이에 관한 연구기반이 취약한 실정이므로, 다음과 같은 물성향상 및 응용분야 개발에 중점을 두어야 할 것이다.

- 임계성능 극복을 위한 PLA 공중합체 제조기술
- 나노복합 PLA 중합 기술
- 나노입자의 표면처리 및 개질기술
- 나노입자 기반 PLA 복합재 결정화속도 향상기술
- PLA 복합재의 생분해도 평가기술

❸ 바이오매스 섬유소재

비식량계 바이오매스활용 섬유 제조기술은 석유계 섬유제품의 대체기술로서, 지구온난화 환경문제의 주범인 이산화탄소 배출을 저감할 수 있는 녹색기술로서, 미래 섬유산업의 경쟁력을 좌우할 것으로 예상되어 중요성이 점차 강조되고 있다. 이를 위해 생산원가를 절감하고 및 물성을 향상시키며 다음과 같은 새로운 종류의 기술개발에 중점을 두어야 한다.

- 입체구조 복합 PLA의 제조기술
- 전분 기반 폴리머의 제조기술 및 표준화
- 열플라스틱 셀룰로오스 섬유 제조기술
- 셀룰로오스 섬유의 용융방사기술 개발
- 바이오매스 단량체를 이용한 중합 및 공정제어기술 개발

❹ 오염물질 분리 기능성 섬유소재

오염물질 분리 기능성 소재는 기존에 물리적 또는 화학적 원리를 이용한 분리막 기술에 의존해 왔으나, 다양한 유기물과 기타 무기물을 포함하는 오염원을 분리하는 과정에서 막 파울링이나 막 손상의 문제점을 제거하기 위한 전후처리 공정이 필수적이다. 이에 대한 해결책의 하나로서 바이오기술을 활용한 오염물질 분리 또는 제거기술이 연구되고 있다. 친환경적인 분리기술의 확립이 필요하며, 전후처리 공정을 최소화하고 생산성 또는 분리 가능 용량의 한계를 극복할 수 있는 기술개발이 요구된다.

- 임계성능 극복을 위한 바이오 분리기술 개발
- 바이오 기술을 활용한 오염원 제거기술의 생산성 확보
- NT 기술과의 융복합을 통한 분리 기능성 향상기술
- 관련 소재 및 공정의 친환경성 평가기술

⑤ **공정에너지 절감형 섬유소재**

섬유소재의 물성을 조절하거나 새로운 물성을 갖는 소재를 개발함으로써 섬유공정 중 소비되는 에너지를 절감할 수 있는 섬유소재 기술이다. 섬유소재의 열적 특성을 변화시킴으로써 생산공정 중보다 적은 에너지로도 최종 제품을 완성할 수 있으므로 친환경적이다. 이를 위하여 소재 특성과 공정 특성을 동시에 충분히 이해하고 새로운 소재 개발뿐만 아니라, 이에 맞는 최적의 공정 프로파일을 설계하는 기술개발 전략이 필요하다.

- 저온 염색이 가능한 섬유소재 개발
- 저온 가공이 가능한 섬유소재 개발
- 염색가공 공정 중 일부 또는 전부를 생략할 수 있는 섬유소재 개발

(나) 환경산업용 섬유 개발

고청정 환경개선용 복합섬유 개발도 유망한데, 이는 생활 및 산업 환경을 악화시키는 분진, 오수, 전자파, 소음, 진동, 악취, 유해가스 등 다양한 오염물질들을 효과적으로 제거 및 차단하여 고청정 환경을 조성할 수 있는 고기능 및 다기능성 복합섬유 집합체 제조기술을 말한다.

열전기능 섬유를 이용한 에너지 재생기술도 개발되고 있다. 열전은 고체상태에서 열과 전기 사이의 가역적, 직접적인 에너지변환 현상을 의미하고, 재료 내부에서 전자와 정공의 이동에 의해 발생하는 현상을 말한다. 유·무기 나노복합 열전 페이스트를 이용한 섬유형상용 또는 섬유코팅용 열전소재는 산화안정성과 유연성을 확보할 수 있고, 다양한 형상의 소자에 대한 정밀온도제어가 가능하며 응답속도가 빠르고 소음이 없으며 프레온 가스를 사용하지 않기 때문에 친환경적이다.

저전력형 생활용 전기를 수급하기 위해 압전 고분자 소재를 활용한 에너지 수확(harvesting) 섬유시스템 개발에 대한 연구도 진행되고 있다. 이러한 압전기능 융합섬유는 가로등 전원, 건물 외부 조명용 전원, 자동차 내부의 조명용 전원 등, 주로 조명용 전원에 응용이 가능하다. 이 기술은 장기적 안목에서 진행하여야 할 원천성격이 강한 과제이다.

박막형 태양전지 섬유화 기술을 통하여 광 자극에 의한 전기 전환에 따른 에너지 생성을 섬유상에 구현한 전자섬유도 개발되고 있다. 이러한 태양광 섬유를 통해 휴대용 디지털 기기를 충전할 수도 있으며, 가볍고 유연한 섬유소재상에 태양전지 기술을 구현할 수 있다. 섬유상에 에너지 저장 및 변환 소자를 구현하기 위하여 물질/재료 분야의 개발과 섬유기반의 전도성 기재(substrate) 개발 및 섬유상 태양전지, 발광소자의 구현 기술 및 공정이 체계적으로 동시에 개발되어야 한다.

(다) 염료 및 염료조제 개발

섬유공정 중에는 화학적으로 합성된 염료를 비롯하여 수많은 섬유조제들이 사용되고 있으며, 이러한 조제들은 생산 및 사용 시에 많은 환경적인 문제를 유발한다.

따라서 생명공학적인 방법을 통하여 섬유조제를 친환경적으로 생산하고 또한 사용 시 환경오염에 대한 부하가 적은 조제를 개발하기 위하여 다음과 같은 분야에 대하여 많은 연구가 진행되고 있다.

- 저독성 고흡진성 염료 (반응, 분산, 산성)
- 복합소재 염색용 단일염료개발
- 철(Fe)계 함금속 염료개발
- 초극세 섬유용 고발색성, 고견뢰 염료개발
- 잉크젯 프린트용 염료(산성, 반응염료)개발
- 나노입자의 잉크젯용 안료/분산염료개발
- 생분해성 저독성 캐리어 개발
- 고흡진 염색조제개발

(2) 환경친화형 전처리 공정기술

전처리 공정은 섬유상의 불순물을 제거하여 순수 섬유소를 취득하는 공정으로서, 전통적인 화학약품을 이용하는 기존의 전처리 공정(발호, 정련, 표백)의 일부 또는 전체를 환경친화형 공정으로 대체하는 기술이 요구된다. 대표적으로 효소를 이용한 전처리 기술은 생촉매(bio-catalysis) 기능을 갖는 효소의 기질분해 작용을 이용해 섬유 내 각종 불순물을 효율적으로 제거하고, 수세단계에서 탈락된 불순물의 재부착을 억제하여 용수를 저감할 수 있는 친환경 기술이며, 다음과 같은 세부기술개발 분야가 있다.

❶ 전처리 공정기술

- 효소를 이용한 전처리(호발, 정련, 표백) 기술개발
- CPB 전처리 기술개발
- 폴리에스터 섬유의 기상(vapor phase) 감량기술개발

❷ 전처리 장치개발

- 마이크로웨이브를 이용한 연속감량 설비개발
- 용수저감형 고효율 수세기개발
- 고속분사식 수세기개발
- 공정별 용수공급 제어장치개발

(3) 환경친화형 염색기술

유해물질 사용을 최소화하고 용수와 에너지를 절약하며 폐수발생을 저감하기 위해 저욕비 염색기술, 재염률 감소기술, 고효율 염색설비 개발 등 환경친화형 염색기술 개발이 추진되고 있다.

(가) 염색공정 기술

용수절감형 섬유습식공정기술은 기존 섬유공정에서 에너지, 용수, 케미칼 등이 제일 많이 사용되는 염색가공 공정의 그린 기술이다. 섬유산업에서 염색가공은 에너지 사용량의 77%, 전기사용량의 54%를 차지하므로, 이들에 직접적인 영향을 주는 용수절감기술, 염착률 향상기술, 공정단축 기술 등 그린염색가공 개념의 파급효과가 큰 기술개발이 필요하다.

새로운 공정(물리적 및 화학적)의 용수절감형 기술이 연구 개발되고 있으나, 상용화에 대한 연구가 현재로서는 일부 기계제작에 국한되어 있어 대학 및 연구소를 중심으로 다음과 같은 원천기술의 상용화 연구가 필요하다.

- 세척(washing) 공정이 필요 없는 디지털 날염기술
- 무용제 염색기술개발(Pigment를 이용한 폴리올레핀섬유의 염색가공 및 공정단축 기술개발)
- 플라즈마를 이용한 전처리 공정기술
- 고효율 저욕비 염색공정 및 염색가공기 개발
- 초극세 섬유의 고흡진 염색기술
- 천연섬유의 고품질의 CPB 염색기술
- 복합소재 1욕 염색기술
- 재염률 감소기술
- 염액의 재사용 기술
- 날염시 요소 및 광유 사용량 저감기술

(나) 염색설비 개발

친환경 염색공정 개발에 따라 다음과 같은 친환경 염색설비의 개발이 요구된다.

- 초저욕비 염색기 개발
- 초임계 CO_2를 이용한 염색기 개발
- 동욕비 염색기 개발
- 고속 디지털 잉크젯 프린터 개발
- 잉크젯 프린터의 출력속도, 헤드의 토출량 제어, 잉크공급장치 등 개발
- 디지털 전이(transfer) 프린터 개발
- 무늬롤러를 이용한 호료저감형 다색상 무늬장치 개발

(다) 염색 폐수처리 기술

염색폐수에서 유해물질을 분해시키는 미생물 균주를 개발하는 선진국가도 있으나, 그 방법과 기술이 고도의 처리기술을 요하기 때문에 그러한 고정화 기술은 아직 보편화되고 있지 못한 실정이다. 종래

의 막을 이용하는 기술과 물질을 분리하거나 농축하는 기술로써의 한계를 극복하기 위한 연구가 진행되고 있는 것으로 고찰된다.

국외에서의 분리막 공정을 통한 폐수처리기술이 성공적인 것으로 보고된 바 있고, 국내에서는 드물게 염료합성 폐수처리, 나염수 수세 및 후 가공 폐수처리에 사용되고 있는 것으로 폐수로부터 유효물질을 회수하거나 용수 재사용에 사용된 적은 없는 것으로 알려져 있다.

분리막 기술은 다량의 혼합 폐수에 적용하기에는 부적합하고, 폐수성분이 비교적 일정한 단위공정에서 발생되는 폐수를 분리하여 재사용 및 처리하는 데에 사용된다. 따라서 혼합폐수처리 효율을 최대화하는 기술이 시급하다.

종래의 막의 역할은 주로 물질을 분리하거나 농축하는데 국한되지만 최근에는 막과 반응기를 조합시킨 막 효소반응기 장치를 제작하여 효소를 고정화시키지 않고 효소와 기질을 동시에 순환시켜 촉매성질을 유지한 채로 반응시켜 생성물을 분리하는 기술개발 연구가 활발하게 진행되고 있다. 또한, 생물반응기에 분리막을 복합화시켜 고농도의 미생물을 처리하는 시스템 개발도 이루어지고 있다.

상용공정에서 주로 사용되는 플럭스 최적화방법은 역세척이나 원수의 구성성분과 조업변수에는 높은 비선형성을 나타내기 때문에 기존의 최적화방법으로 결과를 예측하기에는 그 한계가 있다고 한다. 따라서 관련된 복합된 알고리즘의 개발연구가 필요하다.

산업폐수의 생물학적인 처리는 이 공정에 독성이나 유해물질이 유입되면 주차적인 환경오염문제를 발생하게 된다. 이에 따른 비용과 부산물의 처리 또한 또 다른 환경문제를 야기하게 되기에 효소이용에 대한 연구가 부족한 실정이다. 국내에서는 알칼리 회수공정에 대한 연구사례가 있고, 외국에서는 분리막을 이용한 유기물질의 회수나 음용수 중의 유기물질 분리 등의 주요공정에 대한 연구가 있다.

(4) 환경친화형 섬유가공기술

섬유가공에 사용되는 용매에는 다양한 유해물질이 포함되므로, 용매를 사용하지 않는 수계 또는 무공해 가공기술 개발이 요구되는데, 무약품 형태 안정가공 기술, 펄스코로나를 이용한 방축가공 기술, 수용성 수지 및 코팅 기술 등이 유망하다. 상세 가공기술과 가공설비를 살펴보면 다음과 같다.

❶ 친환경 섬유 가공기술

- 셀룰로오스 섬유의 무약품 형태안정 가공 기술
- 효소를 이용한 방축가공 기술
- 펄스코로나 방전을 이용한 양모의 방축 가공기술
- AOX 프리 양모 방축가공 기술
- UV경화의 섬유응용 기술
- 비수계 가공기술
- 수용성 수지 및 코팅기술

❷ 친환경 섬유 가공설비

- 자외선 조사를 이용한 무공해형 코팅기 개발
- 가공제 회수를 위한 진공탈수 장치개발
- 연속 플라즈마 처리장치개발
- 연속 그래프트(graft) 장치개발

(5) 섬유 재활용기술

기계적, 화학적, 열적인 성질을 이용하여 섬유소재의 재활용 시스템을 개발함으로써 생산원가를 절감하고, 이산화탄소의 발생량을 줄이는 기술에 대한 연구도 필요하다. 환경 오염물질과 온실가스 저감을 구현할 수 있도록 전제품의 전 과정평가(LCA) 시스템 구축이 필요하다. 현재 녹색성장에 따른 필수기술로서 다음과 같이 기술을 분류하여 기술개발을 수행할 필요가 있다.

- 소재(material) 재활용기술
- 화학물질(chemical) 재활용기술
- 열(thermal) 재할용기술
- 응용제품화 기술

5.8 제지산업

제지산업은 용수 다소비, 에너지 다소비, 설비 의존형, 고형물 다량배출을 하는 환경오염의 주범적인 산업으로 다량의 폐수와 유기오염물질을 배출하고 있다. 따라서 공정수의 적절한 처리와 용수 소비량의 최소화를 동시에 수행함으로써 제지산업이 환경에 미치는 악영향을 줄여야 한다.

기술적인 점에서는 각종 청정생산기술의 도입이 필요한데, 폐수배출량의 최소화와 고지사용량 증대를 위한 고지물성 개선연구, 탈묵기술의 개발 등이 당면과제이며, 고지수집의 체계화 및 환경보호와 관련된 고지사용 증대정책의 개발 등이 필요한 사항으로 판단된다. 에너지 절약형 단위공정의 개발과 설치를 위한 자금지원도 필요하다. 앞으로 환경적인 압력과 자유무역에서 오는 마찰이 더욱 거세질 것으로 예상되므로, 이에 대응하기 위한 적절한 경영전략과 기술적 대비가 시급히 요구되고 있다.

5.8.1 환경규제 및 대응 동향

제지산업은 자원 다소비 장치산업으로서, 다량의 펄프자원과 용수, 에너지를 필요로 하는 특징이 있어 환경규제로부터 자유롭지 못한 실정이다. 에너지 다소비 업종인 제지산업은 온실가스·에너지 목표관리제에 따라 2020년까지 BAU 대비 약 7% 감축하도록 할당받아 이에 대한 대처가 요구된다.

향후 제지산업은 자원절약 혹은 재활용을 통한 환경친화적 청정산업으로의 변화가 요구된다. 이를 위해서는 원료절감 혹은 대체원료개발, 용수사용량의 획기적 저감, 에너지 소비의 감축 등을 위한 기술개발이 뒤따라야 할 것이다.

선진국의 섬유자원 재활용에 대한 관심과 추진 정책이 강화되고 있어, 자국 내에서 우선적으로 재활용하는 경우가 증가하는 추세여서 해외로 수출되거나 국내로 수입되는 고지 품질의 양적, 질적 저하를 초래하는 원인으로 작용하고 있다. 유해물질, 폐기물, 온실가스 배출 규제 등 국제환경협약의 여파로 인해 고지 회수율과 이용률의 증가현상은 더욱 가속화되고 있다.

선진국에서는 수거체제의 정비와 법령 신설 또는 개정을 통하여 섬유자원 재활용의 병목원인이 되고 있는 수집체제 정비를 도모함으로써 재활용률을 높이는데 더욱 주력하고 있다. 자원의 재활용이 활성화됨에 따라 재생섬유자원의 품질이 저하될 우려가 크므로 재생 품질향상 기술이 필요하다.

제지산업은 용수의 사용량이 막대한 산업으로서, 2002년 7월부터 시행 중인 물이용부담금제도 등 폐수 및 관련제도의 변화에 따라 큰 영향을 받아왔다. 환경에 대한 관심 고조 및 수자원 고갈 등으로 인해 폐수 및 산업용수의 관련 제도는 더욱 엄격해질 수밖에 없는 상황임을 고려할 때, 제지산업에서 용수 절약기술 및 폐수 저감기술의 중요성은 더욱 커지고 있다. 또한 폐지사용량 증대에 따라서 이물질 처리와 탈묵에 필요한 용수의 사용량이 더욱 증가되는 요인이 발생하고 있어 제지산업은 용수 절약과 자원재활용율 제고라는 상충되는 두 가지 목표를 동시에 만족해야 하는 상황에 처해 있다.

향후 국내 제지산업이 지향하는 방향은 '환경친화적 저자원소비형 고부가가치 지제품 생산구조의 구축' 을 목표로 하고 있으며, 이에 대한 실천방안으로는 다음과 같은 것들이 있다.

- 용수사용량의 근원적 저감기술
- 용수재사용을 통한 폐수부하 경감기술
- 효율적인 폐수 재활용 시스템 구축
- 재활용 섬유자원의 품질향상 기술
- 재활용 섬유자원 내 이물질 처리 및 제어기술
- 탈묵효율 극대화 기술
- 친환경 제지 생산기술
- 에너지 저소비 공정 개발
- 원 부자재 저감 공정 개발
- 대체 섬유자원 이용기술
- 고수율 펄프 및 충전물 등 고가의 섬유자원 대체기술

5.8.2 제지산업의 청정기술

제지산업에 있어서의 청정기술은 다음과 같이 용수 및 자원 절약기술, 환경친화적 공정기술, 환경친화형 제품개발, 자원 재활용기술 등으로 나누어 생각할 수 있다.

(1) 용수 및 자원 절약기술

제지산업은 막대한 용수와 원부자재가 소요되는 분야이므로 공정수 절약, 폐수저감 및 자원절약 관련 기술개발이 매우 중요하다. 그 중에서도 공정수의 폐쇄화(closed water system) 기술은 용수를 절약하고 폐수를 저감하는데 매우 효과적이다. 일반적으로 제지공정의 폐수처리는 폐수내의 부유물질 제거, 화학적 처리를 통한 용존물질 제거, 그리고 나머지 처리부분 등 세 단계로 구분할 수 있다. 폐수를 친환경적으로 처리하여 용수로 사용하면 폐수배출로 인한 환경오염의 감소뿐 아니라 공정수 사용량 및 공정 내의 에너지 절약과 각종 첨가제와 주원료의 유출 방지 등의 이점을 얻을 수 있다. 반면에, 용수 내에 오염물질이 축적되거나 생산공정 내의 열이 축적되는 단점도 있으므로, 이를 방지하기 위한 기술이 필요하다.

(가) 공정수 절약 기술

용수절약을 위한 일반적인 접근 방법으로는 다음과 같이 공정변경, 용수 재사용, 재생용수 재사용(재활용) 및 재생용수 순환 등의 방법이 있다.

❶ **공정변경:** 공정을 변경시켜 원래의 용수 요구량을 감소시키는 방법이다.

❷ **용수 재사용:** 이전 공정에서의 폐수를 다른 공정 작업에서 다시 사용하는 방법이다. 단, 이전 공정의 폐수가 후속 공정의 청정도에 영향을 미치지 않아야 한다는 제약이 있다.

❸ **재생용수 재사용:** 폐수 오염원의 일부 또는 전부를 여과, pH 조절, 탄소 흡착 등의 기법으로 제거하여 용수를 재생함으로써, 다른 용수 사용공정에서 재사용하는 방법이다. 이 방법은 청수와 폐수의 양을 줄일 뿐만 아니라 오염원의 질량부하를 감소시킬 수 있는 반면, 재생을 위한 투자비가 소요된다.

❹ **재생용수 순환:** 폐수의 오염원을 제거하여 재생함으로써, 재생 후 사용 공정에서 용수를 재순환시키는 방법이다. 단, 재생 공정에서 제거되지 않았던 오염원은 또 다른 오염원 형성을 야기할 수 있다.

(나) 용수핀치(water pinch) 기술

용수핀치 기법은 1970년대 석유파동으로 인해 화학공장에서 에너지사용 최적화를 위해 개발된 열핀치 기법의 개념을 1990년대 중반부터 용수를 사용하는 각종 산업플랜트, 건물, 발전플랜트에 적용하여, 용수사용량과 폐수발생량을 최적화한 시스템적 기술이다.

❶ **분석(analysis)**: 용수 재사용을 통하여 원수의 사용과 폐수 발생을 최소화한다.

❷ **합성(synthesis)**: 용수의 재사용, 재생 및 재순환을 통한 청정수(freshwater) 사용 및 폐수 발생 최소화를 달성하기 위하여 목표 유량에 맞는 새로운 용수 사용 네트워크를 설계한다.

❸ **개선(retrofit)**: 효과적인 공정 개선에 의한 용수 재사용 극대화와 폐수 발생량 최소화를 위해 기존 용수 사용 네트워크를 변경한다.

(다) 막분리 처리기술

제지공정의 폐수처리 기술로는 막분리 처리기술이 있는데, 이는 처리단가가 높으며 제지공정수를 처리할 경우 심한 오염문제를 야기하는 등 많은 환경문제로 바로 적용하기는 어려움이 있어 기술적으로 극복해야 할 과제들이 있다.

(라) 시스템 최적화 기술

생산시설의 전 공정을 고려하여 최적의 방안을 적용하는 총체적인 과정에 대한 재평가가 요구되고 있다. 특히, 석유화학단지, 정유 산업체 등의 산업플랜트에 핀치 전산모사기술이 적용되어 온 것을 고려하면, 공정수의 이용 현황을 먼저 분석하고 최적 재이용 시스템의 개발이 시급하다. 세부기술개발 분야는 다음과 같다.

❶ **공정수 저감기술**

- 공정분석 및 최적화 기술개발
- 용수사용량 저감을 위한 초지시스템 개발
- 고효율, 저비용 공정수 처리 기술개발
- 초지공정수 내부순환률 증대를 통한 용수저감 기술개발(인쇄용지)
- 고농도 초지 기술개발
- 건식초지 기술개발

❷ **섬유원료 사용저감기술**

- 폐지수집체계 분석 및 개선방안 연구
- 재활용 폐지의 강도개선 기술개발
- 강도개선을 위한 조성 및 초지 기술개발
- 강도향상을 위한 첨가제 개발
- 제지원료 대체를 위한 비목재 섬유 활용기술 개발
- 백상지 제조공정의 섬유원료 사용량 저감을 위한 청정기술개발

(2) 환경친화적 공정기술

제지산업에서 슬러지는 폐수처리과정에서 주로 발생하는데, 일부는 생물학적으로 분해할 수도 있지만, 그 양과 부피가 상당히 크기 때문에 심각한 환경문제를 일으킬 수 있다. 따라서 현재 제지 슬러지의 처리공정 개선과 처리비용 절감을 위한 많은 연구가 진행 중이다. 폐수슬러지의 섬유질과 이물질을 효율적으로 분리하여 재활용한다면 경제적 효과와 오염방지 측면에서 아주 효과적일 수 있다.

기존의 메탄 발효법은 수분을 많이 함유하고 있는 폐기물이나 유기물질을 농후하게 포함하고 있는 폐수의 처리에 유효한 방법이지만, 초기 투자비용이 크고 처리효율이 높지 않은 단점이 있어 주로 도시하수 슬러지, 분뇨, 농축산 폐기물 등의 처리 및 주정공장 등 일부 기업의 산업 폐수처리 등에 제한적으로 사용되어 왔다. 최근 관심을 모으고 있는 혐기성 메탄 발효법은 폐기물로부터 에너지 회수가 가능하고 산소 공급이 필요 없기 때문에 유기성 폐수나 폐기물 처리 시 호기성 방법에 비해 월등히 경제적이다.

외국의 경우, AFFR(Anaerobic Fixed Film Reactor), UASB(Upflow Anaerobic Sludge Blanket Reactor)와 AFBR(Anaerobic Fludized Bed Reactor) 등과 같은 신공정기술은 초기 투자비용 절감과 메탄생성의 극대화로 상대적으로 경제적이며, 현재 일본, 유럽 등지에서 적용하고 있다. 폐자원으로부터 회수하여 재사용할 수 있는 메탄의 생성과 잔존되는 슬러지의 양이 적은 특징을 가진 UASB법 등에 대한 실용화 연구가 진행되고 있다.

제지산업에서 환경친화적 공정기술로는 다음과 같이 이물질 처리기술, 고효율 탈묵기술, 효소활용기술, 이물질 제어기술, 에너지 저감 기술 등으로 구분할 수 있다.

❶ 이물질 처리기술개발

- 이물질 정량화 기술 개발 및 표준화
- 물리화학적 제어기술 개발, 시스템화, 프로그램 개발 및 상용화

❷ 탈묵기술 개발

- 환경친화형 잉크개발, 탈묵 효율 향상기술
- 환경친화형 탈묵펄프 표백기술, 백색도 향상 극대화 기술개발
- 고효율 플로테이션 셀 개발
- 고농도 탈묵설비 개발 및 상용화

❸ 효소활용 기술개발

- 효소활용 기술 탐색 및 개발
- 상용효소 활용기술 최적화
- 신효소 탐색 및 개발

❹ **제어기술 개발**

- 신경망 제어기술 개발
- 초지공정 분석 설비 및 프로그램 개발
- 지종변경시 손실(loss) 저감을 위한 생산기술개발

❺ **에너지저감 기술개발**

- 건조효율 향상기술개발
- 고효율 고해 플레이트 설계 및 개발
- 고해 시스템 제어기술 개발

(3) 환경친화형 제품 개발

제지공정의 청정화와 더불어 제지제품 자체의 친환경성을 제고하는 기술도 중요한데, 다음과 같이 종이제조용 고분자 첨가제 개발과 환경친화형 지제품 개발 분야로 나누어 수행되고 있다.

❶ **제지용 고분자 첨가제 개발**

- 폐쇄공정용 내첨용 고분자 제품 개발
- 도공용 첨가제 개발
- 고기능성 고분자 첨가제 개발
- 기능성 코팅 보조제 개발
- 기능성 특수지용 약품 개발

❷ **환경친화형 지제품 개발**

- 잉크젯 용지의 청정제품화 기술개발
- 잉크젯 용지의 저비용화
- 환경친화형 라미네이션지 개발(PE 대체)
- 기능성 코팅 보조제 개발
- 라미네이팅 폴리머 분리기술개발
- 환경친화형 청정특수 기능지 개발
- 플라스틱 대체용 포장재료 및 박스 개발
- 산업용지의 중성초지화 기술개발

5.9 항공산업

자동차산업과 더불어 항공산업은 제조단계보다 사용단계에서의 환경영향이 훨씬 큰 대표적인 산업분야이다. 국제 항공 운송으로 인한 CO_2 배출량은 인간의 활동으로 배출되는 전 세계 CO_2의 약 2%에 달한다고 한다. 특히, 항공산업에서 배출하는 온실가스는 주로 고공에서 배출되기 때문에 다른 산업에 비해 기후변화나 오존층 파괴 등 환경에 직접적으로 끼치는 피해가 더 크다고 할 수 있다.

5.9.1 환경규제 및 대응 동향

항공산업에 대한 주요 환경규제는 역시 온실가스 관련 규제로서, 탄소배출권이나 탄소세 등이 해당된다. 2012년 1월부터 EU 역내에 이·착륙하는 항공기를 보유한 항공사는 국적에 관계없이 탄소배출 감축할당을 부여받고 EU 배출권거래제(EU-ETS: Emission Trade Scheme) 적용을 받게 됨으로써, 항공업계의 큰 부담으로 자리 잡게 되었다. EU ETS에서는 탄소배출권을 무상으로만 할당되는 것이 아니라 경매를 통해 할당하는 유상화(auctioning)를 적용하고 있는데, 이를 통해 얻은 수익은 EU 및 제3국 내 기후변화를 막고 온실가스 배출을 감축시키거나 EU나 개발도상국 등의 기후변화와 관련된 부문에 활용된다.

ETS 지침에서 대상이 되는 온실가스는 이산화탄소(CO_2), 메탄(CH_4), 질산화물(N_2O), 플루오르화탄소(HFCs), 과불화탄소(PFCs)와 육불화황(SF_6) 등이며, 기존의 에너지활동 산업, 철금속의 생산 및 처리 관련 산업, 광물산업, 펄프 및 인쇄산업, 석유화학산업, 알루미늄 산업 등에 해당하는 온실가스는 이산화탄소와 질산화물이지만, 항공산업에 있어서는 대상 온실가스를 이산화탄소로 제한하고 있다.

탄소배출권 배정 비율은 2013년 국제 기후변화 체제의 발전과 EU ETS 지침 등을 고려해서 재검토하기로 되어있다. 배출권에는 유효기간이 있는데, 이행 1단계인 2005~2007년의 종료 후로 4개월이 지나면 배출권은 더 이상 유효하지 않으며 양도될 수 없으며 관련 당국에 의해 취소된다. 할당된 배출량 감축에 실패한 항공사는 CO_2 톤당 100유로의 벌금을 물어야 하며, 유럽집행위원회에 의해 직접적으로 운항금지 조치를 당할 수도 있고, 회원국 위원회에 해당 항공 사업자에 대한 운항금지를 요청할 수도 있다.

EU의 본 규정에 대응하기 위한 국가별 동향을 살펴보면, IATA인 국제항공운송협회는 항공부문에서 연평균 1.5%씩의 연비 개선을 통해 2020년까지 탄소 중립을 달성할 것으로 서약했으며, 전 세계 탄소배출량의 2%에 해당되는 항공부문의 탄소배출량을 점차적으로 감소할 예정이다.

국내의 경우 2011년 12월 말 대한항공과 아시아나항공, 삼성테크윈, 현대자동차, LG전자, SK텔레콤, 한화 등 국내 7개 기업에 총량의무가 부과되었다.

2012년 배출 상한선은 대한항공이 약 200만톤, 아시아나항공이 약 80만톤으로 책정되었으며, 항공사 외 5개 기업의 경우에는 민간전용항공기에 대해 총량의무가 부과되었다.

대한항공은 EU ETS 대응을 위해 2009년 4월부터 운항, 운송, 연료 관리, 환경, 기획, 자재 등이 참여하는 전사 EU ETS 대응 TFT를 구성하여 운영하고 있다. 대한항공은 정해진 일정에 따라 MRV(Monitoring Reporting Verification) 계획서를 2009년 9월 관할 당국인 독일 정부에 제출하고, 정확한 모니터링을 위해 2010년 온실가스 데이터 취합 시스템 개발을 완료하였으며, 2011년에는 취합된 온실가스 데이터에 대한 제3자 검증을 완료하였다고 한다. 아시아나항공 또한 2010년 EU 노선에 대한 온실가스 배출량 및 여객, 화물실적을 제3자 검증기관의 검증을 받아 독일환경부에 제출하였으며, 2011년부터 본격적인 배출권 거래활동을 준비해오고 있다.

국제 공역을 운항하는 항공부문의 특성상 CO_2 배출을 줄이고 기후변화에 효율적으로 대응하기 위해서는 전세계 항공사의 통합적인 노력이 필요하다. 이에 국제항공운송협회(IATA)는 '향후 50년 내 Carbon Free 항공기의 운항'을 비전으로 선포하고 2020년 이후 CO_2 증가율 제로, 2020년까지 연평균 1.5% 연료 효율 증가, 2050년까지 2005년 대비 50% CO_2 배출 감소의 목표를 수립하였다고 한다. 목표를 달성하기 위한 핵심 전략은 기술, 인프라, 운영효율 개선 및 경제적 수단 활용 등이다.

5.9.2 항공산업의 청정기술

항공산업의 가장 중요한 환경 영향은 화석연료 사용이라 할 수 있는데, 지구의 탄소자원 소모와 함께 온실가스를 배출하여 기후변화에 영향을 주고 이착륙 단계에서 발생한 질소산화물 (NOx), 일산화탄소(CO), 탄화수소(HC)와 같은 유해가스가 지역대기에 영향을 미치므로, 이를 저감할 수 있는 다양한 기술이 요구된다.

또한 지상에서도 항공기 정비 과정에서 자원과 화학물질을 사용하며 오일과 폐유기용제 등과 같은 지정 폐기물이 발생하며, 항공기 동체 및 각종부품의 세척과정에서 폐수가 발생하고, 항공기 지상지원을 위한 각종장비와 차량 운행을 위해 화석연료를 사용함으로써 기후변화와 지역대기에 영향을 미치게 되므로, 화학물질관리, 폐수저감, 전기차량 도입 등 종합적인 관리 시스템이 필요하다.

항공산업에서 기후변화를 저지하는 가장 효과적인 방법은 조속히 고효율 친환경 항공기를 개발하여 노후화된 기종을 대체하는 것이다. 이를 위해 공기저항을 극소화할 수 있는 첨단소재 및 항공기 설계기술 등이 요구된다.

효율적인 연료관리기술은 경제성뿐만 아니라 지구온난화 방지 및 환경보호 측면에서 중요성이 더욱 강조되고 있다. 따라서 항공기 성능, 비행 계획, 운항절차, 중량관리 분야 등 세부 개선과제를 도출하여 해결해나가는 지속적인 노력이 필요하다. 항공기 연료소모는 운항 중량에 따라 상당한 차이를 나타내므로, 비행계획 단계에서 여객과 화물 중량에 대한 정확한 계산을 통해 불필요한 연료 탑재를 줄일 수 있다. 연료관리시스템은 항공기별 연료사용량, 중량 등 운항정보를 중앙 시스템으로 전송하여 항공기별 운항계획과 실제 운항시 연료사용량 차이를 비교하고 통계를 분석하여 비행계획에 반영하며, 개별 관리항목을 시스템화하여 연료절감활동의 효율을 모니터링하는 시스템으로서, 연료관리에 효과적이다.

항공연료로 사용하기 위한 대체 바이오연료에 대한 연구시험은 유가가 지속적으로 오르기 시작한 2004년 이후 기술적, 경제적, 지속성 측면을 고려하여 항공업계 전반에서 추진되어 오고 있다. 2008년과 2009년을 거치면서 몇몇 항공사들이 기존 재래식 항공유와 바이오연료를 혼합 사용하여 시험비행에 성공함으로써 항공연료로서의 기술적 적합성은 이미 증명되었으며, 현재는 경제성 및 지속성 측면의 연구가 활발히 진행되고 있다.

항공교통 정체로 이착륙 대기 중인 항공기가 공항 주변에서 선회하거나 운항거리가 늘어나게 되면 항공기의 연료소모 및 온실가스 배출도 그만큼 증가하게 된다. 최근 개발되고 있는 최첨단 운항 솔루션들은 기상 악화나 공항 이용편수 증가에 따른 항공교통 혼잡, 기체 결함 등에 의해 발생하는 비효율을 제거하는데 일익을 담당하고 있다. 항공기에 탑재된 첨단장비에 목적지와 경유지의 좌표만 입력하면, 항공기가 GPS를 이용해 스스로 위치를 계산하며 목적지까지 정확하게 비행하도록 하는 항법을 PBN(Performance-Based Navigation)이라고 하는데, 그 기능과 정밀도를 한층 발전시킨 기술이 개발됨으로써 최단, 최적 항로를 유지할 뿐만 아니라, 불안정한 기후에도 불구하고 안전한 이착륙이 가능하다고 한다.

5.10 나노물질 활용산업

최근 환경오염물질의 유해성에 대한 관심이 증대됨에 따라 대기 중 미세입자와 입자에 함유된 유해성분에 대한 연구도 활발히 진행되어 왔다. 미세입자에 함유된 유해성분의 종류 및 양 뿐만 아니라 그 크기에 따라서도 독성영향은 매우 달라지는 데, 일반적으로 나노입자는 입경 100nm 이하의 초미세입자(ultrafine particle)를 말한다.

어떤 물질이 그 크기가 나노 수준으로 줄어들면 원재료의 물리화학적 성질과는 전혀 다른 새로운 성질을 나타내며 이를 이용하여 다양한 용도의 소재를 만들 수 있기 때문에 나노물질은 인류의 미래를 변화시킬 신기술로 각광받고 있다.

한 때 기적의 광물로 불렸던 석면의 경우를 살펴보면 물질의 모양, 크기, 형태에 따라 생물학적 독성이 얼마든지 생길 수 있음을 알 수 있듯이, 석면보다도 훨씬 더 작은 나노입자가 인간에게 유해하지 않다고 확신할 수 없다. 공중보건과 수자원에 해를 끼칠 수도 있으며 인체를 비롯해 자연환경 속에 존재하는 모든 생명체에 영향을 미칠 수 있는 가능성이 존재한다. 정밀하게 정제된 입자들인 만큼 안정적으로 오랫동안 자연계에 존재할 수 있으며 생물농축도 가능하다. 이와 같이 나노물질의 변화무쌍한 특성은 이전에 경험하지 못한 새로운 생체반응을 유발할 수도 있기 때문에 나노물질이 사람과 환경에 미치는 잠재적 위해성을 줄이기 위한 규제가 등장하게 되었다.

5.10.1 환경규제 및 대응 동향

나노물질은 그 종류가 무한히 많기 때문에 친환경성과 독성이라는 양면성을 갖는다. 일부의 나노물질은 동일한 화학적 조성에서도 물리·화학적 특성이 바뀜으로써 생체에 유해할 가능성이 있기 때문에 각 국가에서 조심스럽게 규제의 범위를 넓혀가고 있다.

이에 EU와 미국 등 선진국에서는 나노물질 규제를 위한 사전 대응체계를 마련하여 대응방안을 제시해왔다. 일찍이 할로겐계 난연제의 대체를 완료한 Acer, HP, Dell, Sony Ericsson 등 일부 기업들은 이들 물질에 대한 사용제한을 유럽의회에 요구한 바 있고, 유럽의회 녹색당의 제안으로 2010년 6월 유럽의회에서는 탄소나노튜브(carbon nano tube)와 나노실버(nano silver) 등의 나노물질 사용을 제한하는 RoHS 개정안이 1차 통과되었다. 이 개정안은 발효 후 2년 후부터 나노물질 라벨링을 의무화하고, 3년 후부터는 물질신고와 안전성 관련 자료제공이 의무화된다.

EU REACH에서도 연간 1톤 이상의 나노물질을 제조하거나 수입하려면 의무적으로 등록하도록 하고 있고, 2010년 1월부터 나노물질 REACH 적용계획 마련에 착수하였다. 또한 EU 화장품법은 2013년 7월부터 나노물질 함유 화장품을 출시하고자 하는 사업자는 최소 6개월 이전에 유럽위원회에 신고하도록 하고 있으며, 독일의 식품 및 사료법은 2010년 1월부터 음식물 용기 플라스틱 제품에서 나노입자의 최대 사용량을 20ppm으로 제한하고 있다.

미국정부도 역시 독성화학물질 관리법(TSCA)을 통하여 화학물질, 혼합물 및 완제품에 대한 사전제조신고(PMN)에 나노물질을 추가하여 2008년 10월부터 규제하기 시작했다. 이에 따라 단일벽 탄소나노튜브는 제조 90일전 관련 자료를 EPA에 제출하여 허가를 받은 후 제조 또는 판매가 가능하다. 다중벽 탄소나노튜브는 흡입독성자료제출과, BAL(기관지세척액 분석)자료, 제조시 보호구 착용, 물질특성자료 등을 역시 EPA에 제출하도록 규제하고 있다. 현재 두 가지 나노물질인 siloxane modified silica 나노입자와 siloxane modified alumina 나노입자에 대해 2009년 초부터 SNUR을 적용하고 있다. 해당 기업들은 SNUR에 적용하기 위해 물질자료를 준비 중에 있으며, 관련된 청정개념의 공정기술에 힘쓰고 있는 실정이다.

나노작업장의 경우에는, 나노입자에 대한 불투과성 장갑과 화학물질 보호복의 착용수칙이 있다. 또한 작업장 내 흡입에 의한 노출이 있을 경우 N-100 카트리지가 포함되고 NIOSH(National Institute for Occupational Safety and Health)에서 승인된 전면보호구를 착용하라는 수칙도 있다.

미국의 연방 살충제, 살균제 및 살서제 법(FIFRA: Federal Insecticide, Fungicide Rodenticide Act)에 따라 은나노를 포함한 제품의 살충제로 등록되어야 하며, 은나노 제품으로 인한 인체건강 및 환경위험에 대한 잠재적 영향에 대한 분석이 진행되어야 한다고 탄원서를 제출했고, 2008년 11월에 미국 EPA는 국제기술평가센터인 ICTA(International Center for Technology Assessment)에서 제출한 탄원서를 공개 후 의견수렴을 하고 있다.

대만은 2003년부터 자발적 나노제품 인증제도를 운영해왔는데, 나노마크(nanoMark)를 사용하기 위해서는 100mm 나노 수준의 제품, 기능성 나노제품의 적합성, 품질경영시스템(ISO 9001), 나노기술 응용 프로그램과 상표, 품질 및 안전관련 법률 적합성 또는 자기적합성선언서, 나노마크 사용을 위한 계약 등의 요구사항을 충족해야 한다.

호주의 나노물질 규제는 산업용 화학물질의 신고 및 평가에 대한 국가적 계획(National Industrial Chemicals Notification and Assessment Scheme)에 근거하여 나노물질을 함유한 산업용 제품을 그 대상범위로 2011년 초부터 시행하고 있다. 호주정부는 산업용 나노물질의 정의에 속하는 모든 신화학물질에 이를 적용할 것이다.

위와 같은 나노물질에 관한 각국의 환경규제 강화에 따라 세탁기, 컴퓨터, 마우스, 콘덴서, 반도체 칩, 전자파 차폐소재 등 광범위하게 사용되는 나노물질 관련기업들은 큰 영향을 받게 되었다. 일례로 미국 EPA는 삼성전자의 은 나노 세탁기에 대해 안전성을 입증할 증거를 제시하라고 요구하여 대미 수출에 차질을 빚은 사례가 있다. 규제의 근거는 은 나노 입자로 살균이 가능하다면 제초제나 살충제와 같은 물질로 다루어야 한다는 것이었다. 국내 나노관련 제품을 생산하는 기업 중 상당수가 규제대상에 해당되기 때문에, 나노물질의 유해성을 평가할 수 있는 인프라 마련과 체계적인 연구, 그리고 환경규제에 대응하는 청정공정기술 개발이 시급한 것으로 사료된다.

5.10.2 나노 청정기술

나노기술의 양면성에 따라 나노 청정기술은 나노기술의 청정화와 나노기술에 의한 청정화로 구분할 수 있다. 먼저 나노기술의 청정화는 나노물질(제품)을 생산하는 과정에서 유해물질이 발생하지 않도록 환경적으로 지속가능한 제조기술을 사용하는 것이다. 나노기술에 의한 청정화는 나노기술로 만든 물질을 사용하여 환경적 문제를 해결하는 것을 말한다.

나노기술의 청정화를 위해서는 나노물질의 안전성 평가를 위한 인프라를 구축하고 제조된 나노물질의 안전성 연구관리를 강화해야 한다. 나노물질의 제조와 사용에 있어서 가장 큰 걸림돌의 하나는 환경, 건강상의 안전성 관련 데이터가 절대적으로 부족하다는 점이다. 따라서 주요 나노물질에 대한 안전성 실험을 강화하고, 나노물질의 수명주기 분석을 통한 데이터 축적에 노력을 기울여야 할 것이다. 세부적으로는 다음과 같은 기술개발이 필요하다.

❶ 유해성 데이터 및 물리화학적 특성 데이터 산출기술
❷ 제품 노출평가기법 표준개발 및 데이터 산출기술
❸ 작업환경 노출평가기법 표준개발 및 데이터 산출기술
❹ 노출저감기법 개발
❺ 나노물질 관리시스템 개발
❻ 불순물을 사용하지 않는 다차원 나노물질 제조기술
❼ 초임계유체 공정을 이용한 나노물질 제어기술

나노기술에 의한 청정화는 환경적 우선순위를 고려하여 핵심 나노기술을 개발하고 환경친화적 적용을 확대하는 것이다. 최근 무방류, 무배출, 친환경 청정 시스템을 추구하는 산업체의 요구에 부응하여 친환경 공정을 달성하기 위해서는 나노기술의 개발이 필수적이다. 최근 기존 후처리 공정에서 처리하지 못하던 극미량의 유해물질의 제거를 위해 나노기공성 흡착제를 사용한 사례와 고효율 나노촉매를 이용한 염소계열의 유해가스를 유용한 자원으로 전환시켜 염소 무방류 공정에 적용한 사례를 들 수 있다. 이와 같이 나노기술과 융합한 청정기술은 고기능성 신제품을 생산하거나 무배출, 무방류 공정을 개발하는데 도움을 줄 것이다.

원하지 않는 부산물을 최소화하는 청정기술의 발전은 나노기술을 기반으로 할 때 충분히 가능하다. 또한 나노기술은 새로운 에너지 개발에 중요한 역할을 한다. 예를 들어 나노입자가 작게 압축된 층을 개발해 전기에너지를 발생시킬 수도 있고, 전하재료가 되는 나노입자 박막필름은 축전지나 연료전지의 작동을 최적화해준다. 촉매작용에서 나노구조로 된 촉매를 고밀도로 압축하면 고에너지를 띤 연료가 된다. 그 외에도 탄소나노튜브의 설계를 이용해 수소 분자를 저장하는 기술이 개발되고 있는데 이 기술은 연료전지를 이용한 차량에 사용될 전망이다. 이와 같이 나노기술을 청정기술에 적용할 수 있는 예는 무수히 많겠지만, 몇 가지 예만 들어보면 다음과 같다.

- 새로운 배터리, 청정연료의 광합성, 양자태양전지
- 나노미터 크기의 다공질 촉매제
- 청정기술 응용을 위한 박막 및 나노구조 코팅
- 극미세 오염물질을 제거할 수 있는 다공질 물질
- 자동차산업에서 금속을 대체할 나노입자 강화 폴리머
- 무기물질, 폴리머의 나노입자를 이용한 내마모성, 친환경성 타이어
- 공기정화용 나노필터
- 연료감응형 태양전지
- 나노기공 초단열소재
- 실리콘 나노 활용 수소생산

5.11 정밀화학산업

화학산업은 크게 석유화학산업과 정밀화학산업으로 구분할 수 있는데, 정밀화학산업이란 석유화학 산업에서 생산된 기초 화학원료를 합성하여 추출한 중간제 및 원제를 여러 공정을 거쳐 배합·가공하여 완제품을 생산하는 산업이다. 이와 같은 특징으로 인해 정밀화학산업은 자본집약적, 기술집약적, 소량다품종 산업으로 정의되고 있다.

정밀화학산업은 부가가치가 높은 첨단 미래형 산업으로서, 고도의 기술이 요구되며 기술 상호간에 유사성이 적고, 특수한 용도를 갖는 제품들로 구성되어 있어 꾸준한 기술축적 없이는 단기간에 개발이 어려운 기술집약적 산업이라 할 수 있다. 정밀화학기술은 의약, 농약, 염·안료, 화장품, 접착제, 계면활성제, 첨가제, 촉매, 도료, 각종 화합물 등 다양한 분야에 적용되는데(〈그림 5-8〉), 이러한 세부산업들은 상호 연관성이 적어 독자적인 사업특성을 지니므로 시장세분화 및 제품차별화가 가능하다는 특징이 있다.

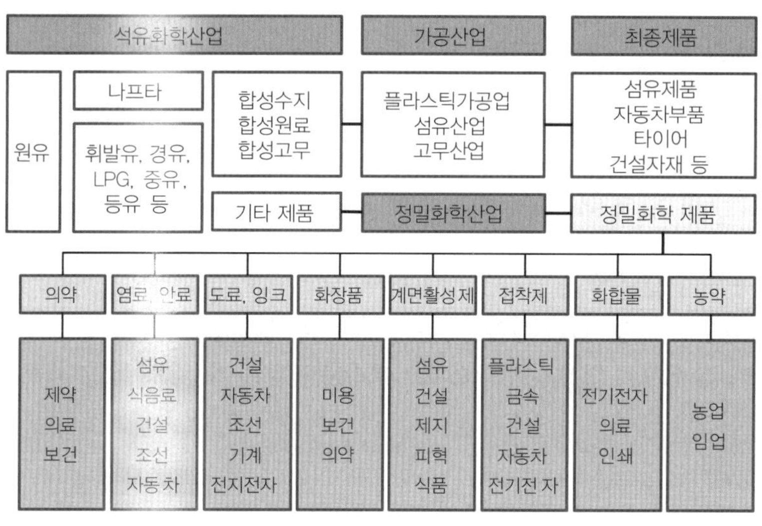

자료: 한국화학연구원, 「정밀화학산업의 현황과 발전전망」, 2007.1

〈그림 5-8〉 정밀화학산업의 위치 및 연관산업

또한 정유, 석유화학 등 기초산업으로부터 원료를 공급받아 자동차, 섬유, 전기·전자 등의 전방산업에 원부재료를 공급하는 사업상의 특성으로 인해 기술 및 품질 수준이 관련 산업의 신제품개발, 품질고급화, 생산성향상, 부가가치 창출 등 경쟁력제고에 결정적 영향을 미치므로 타 산업에 파급효과가 큰 첨단가교 산업이다. 전방 수요산업이 지속적으로 발전하고 있고 IT, BT, NT, ET 등과의 융합기술도 함께 발달하면서 응용범위가 넓어졌고 고부가가치 제품에 대한 수요도 다양해지고 있어 정밀화학산업의 미래 성장가능성은 상당히 높다고 하겠다.

반면에 정밀화학산업의 원료물질은 환경에 유해한 경우가 많고, 복잡한 제조공정에서 다양한 공정유해물질이 발생되며 유통 및 소비단계에서도 환경오염물질이 발생할 수 있다. 특히 엄격히 규제되고 있는 휘발성유기화합물(VOC) 주요 배출원으로서 정밀화학산업이 지목되고 있는데, 도료제조 및 도장시설에서 상당량이 배출되며, 농약의 경우는 완제품을 생산할 때에도 막대한 VOC 배출 문제를 유발한다.

5.11.1 환경규제 및 대응 동향

최근 국제사회에서의 환경문제는 국가단위의 지엽적인 문제에서 탈피하기 위하여 각종 국제기구를 통하여 환경규제를 강화하기 위한 노력이 진행 중이며, 이러한 환경규제의 범위는 공정 및 생산 방식에까지 확대되어 교역단계에 한정되었던 종래의 국제규제의 영향이 산업의 생산공정까지 확대되어 정밀화학산업에 가장 많은 영향을 주고 있다.

화학물질은 경제활동의 기본 원료물질이면서 동시에 환경오염물질이라는 양면성을 가지고 있다. 즉, 의약품, 신소재, 농약 등으로 활용되어 풍요롭고 편리한 생활을 가능하게 하고 있으며, 환경 내 잔류성, 독성 등으로 심각한 환경적 피해를 유발하고 있어 사용과정의 영향을 최소화하는 사전 예방적 화학물질 관리가 필요하다.

정밀화학 분야에 가장 큰 영향을 미치는 국제 환경규제는 스톡홀름협약으로서, 다이옥신과 등과 같은 강한 독성을 가지며 분해가 용이하지 않아 생물체내에 축적되고, 내분비계를 교란시켜 생식기능에 악영향을 미치는 잔류성 유기오염물질(POPs: Persistent Organic Pollutants)로부터 인간의 건강과 환경을 보호하려는 목적으로 2004년 4월 발효되었다. 2011년 4월까지 152개국이 이 협약에 가입하였으며, 총 12개 화학물질이 잔류성 유기오염물질로 등록되어 있으며, 가입 국가별로 이들 화학물질에 대한 제조, 사용 및 수출을 제한하는 자국 법안을 마련하여 환경 중으로 배출되는 것을 방지하기 위해 노력하고 있다. 정밀화학 분야에서 원료나 중간체로 사용되는 물질들이 규제대상에 포함되어 많은 영향을 줄 것으로 예상되며 특히 농약산업에 직접적으로 영향을 줄 것으로 전망된다.

또한, 화학물질에 대한 안전관리 일환으로 다수의 국제협약이 체결되었는데, 1998년 9월 개최된 네덜란드 로테르담 회의에서 인류의 건강과 환경에 영향을 미치는 화학물질에 대한 정보교환 필요성을 인식하여 로테르담협약(PIC: Prior Informed Consent)을 제정하였다. 이 협약에 60여개 국가가 동의하였으며 2004년 2월 정식 발효되었다. 협약 가입 국가는 사전통보승인이 필요한 화학물질에 대한 정보를 사전에 국제연합 사무국에 통보해야 한다. 이에 따라 최소 2개 지역 또는 국가에서 판매금지·제한되는 유해 화학물질 및 농약에 대해서 수입국가에 관련 자료 및 수출 통보서를 제공하여 승인을 얻어야 수출이 가능하여 특정 유해화학물질 및 농약으로 인한 피해를 최소화하려는 노력이 진행 중이다.

유럽을 비롯한 선진국들은 자국의 환경보호란 명분하에 자국의 화학산업을 타국의 도전으로부터 보호하려는 움직임을 강화하여 왔는데, EU, 미국, 일본 등 환경 규제 선진국은 화학물질로 인한 위해성을 최소화하기 위해 법을 제정·운영하고 있다. 일본은 1973년 세계 최초로 화학물질의 심사 및 제도 등의 규제에 관한 법률을 제정하였고, 미국은 1973년에 TSCA(Toxic Substance Control Act)법을 제정하였으며, 이는 EU REACH와 함께 화학물질 관리 기능을 하고 있다. 이에 따라 산업용 화학물질, 농약, 소비자용 화학물질 등이 대상이 되며, 수출입시 사전승인을 의무화하므로 거래 예정 품목의 안전성관련 데이터 확보 등 막대한 부대비용이 추가될 것으로 예상되고 있다.

우리나라는 1963년 제정되어 급성독성 위주로 화학물질을 규제한 '독물 및 극물에 관한 법률' 을 폐지하고 1990년 '유해화학물질 관리법' 을 제정한 것이 일본, 미국 등의 화학물질 관리와 유사한 제도를 도입한 시초로 볼 수 있다.

OECD는 인체 및 환경에 대한 영향을 고려하고 화학물질을 통제 관리하는 것을 목적으로 산업용 화학물질, 농약, 식품첨가제, 의약품, 화장품, 생명공학제품을 대상으로 하여 회원국에 화학제품 안전관련 제도에 대한 가이드라인을 제시하여 회원국 간의 조율을 담당해오고 있다.

최근 OECD 및 EU를 중심으로 통합제품관리정책(integrated product policy), 화학제품관리정책(chemical products policy), 전 과정평가 및 관리, 지속가능한 화학(sustainable chemistry) 등 유해화학물질 함유제품과 관련하여 새로운 환경관리 정책개념들이 등장하고 있다.

선진국들은 현재의 기술 우위에 의한 독점적 지위를 유지하기 위하여 신기술개발 노력을 지속적으로 추진하여 왔으며, 의약이나 농약 등 생리활성물질을 중심으로 한 신기능성 물질과 환경친화적이고 안전성이 높은 고기능성 신소재관련 기술개발에 집중 투자하여 원료에서 완제품까지 일괄생산체계를 구축하고 개발도상국에 생산거점을 확보하는데 주력하고 있다.

선진 다국적 기업들은 범용화학제품의 수요증가세 둔화와 개도국의 생산설비 확대 등으로 석유화학 등 일반화학산업의 경쟁력이 약화됨에 따라 정밀화학에 대한 연구 및 기술개발을 가속화하여 왔다.

선진국들은 의약이나 농약 등 생리활성물질을 중심으로 한 신기능성 물질과 환경친화적이고 안전성이 높은 고기능성 신소재관련 기술개발에 많은 투자하여 왔다. 세계 정밀화학산업은 선진국에서 핵심기술을 독점하고 있어 중간체, 신물질 등의 분야에서 특화되어 있는 실정이다.

환경문제가 새로운 국제사회의 문제로 떠오르고 고객요구가 다양화, 고급화됨에 따라 능동적인 대처가 요구되지만, 국내 정밀화학산업의 상당 부분을 영세한 중소기업이 차지하고 있어 전문인력 부족과 중간체 및 원제산업이 취약하므로 새로운 기술과 환경친화적 제품개발이 필요하다. 환경친화적 신기술 개발을 통해 기존제품의 성능을 개선하고 신제품을 출시하여 차별화된 친환경 시장을 선점하고 점유율을 빠른 속도로 높여나가야 할 것이다.

국내의 정밀화학산업이 국제적인 경쟁력을 확보하고 발전을 지속하기 위해서는 환경유해 원료와 화석연료 사용을 유발하는 에너지 사용을 최소화하고, 신공정 기술, 오염물배출 저감기술, 환경친화적 제품 등을 개발하는 것이 시급하다. 정밀화학산업에서 기존 공정을 신공정으로 대체하기 위해서는 고도의 종합 기술력이 필요하므로, 환경친화적인 청정생산체제 구축을 위한 방향을 설정하여 일관성 있게 추진해야 할 것이다.

환경친화적 녹색화학(green chemistry) 산업체제로의 개편은 필연적이라 할 수 있으며, 이를 통해 지속 가능한 산업발전을 견인하고 새로운 부가가치를 창출해야 할 것이다. 고기능성·고부가가치 환경친화형 화학소재의 개발은 화학과 생명과학 기술에 나노기술, 정보기술, 바이오기술 등을 접목시킨 고도의 기반기술이 축적되어야 하므로, 이에 대한 지속적이고 장기적인 연구투자가 필요하다.

5.11.2 정밀화학산업의 청정기술

최근의 기술 발전 및 산업에 있어 빼놓을 수 없는 분야인 환경 및 에너지 관련 산업에 있어서도 정밀화학산업의 비중은 매우 커지고 있다. 지구온난화 및 대기오염 문제를 해소할 수 있는 대체에너지 소재, 태양전지를 비롯한 각종 고성능 전지, 생분해성 고분자와 같은 환경친화적 신소재 개발 등 핵심기술 분야에서 정밀화학산업이 담당할 역할이 지대하다.

정밀화학산업에 있어서의 청정생산 기술을 분류하면 〈표 5-4〉와 같이 요약할 수 있다. 정밀화학산업에서의 청정기술은 제품을 생산하기 위해 해당공정 외에도 관련 제반 생산활동에서의 최적조건 도출을 위한 모든 공학적 가능성을 포함한다.

〈표 5-4〉 정밀화학산업에서의 청정생산기술

구 분	주요내용
청정원료기술	• 대체원료 또는 반응매개물 대체 • 위해성 유기용기 대체
청정공정기술	• 합성경로의 대체 • 촉매의 개선 • 반응의 최적화(열역학적, 속도론적 조건 확립) • 최적 반응기형의 선택 및 운전조건 • 분리공정의 최적화 • 용제를 사용하지 않는 정제공정기술 • 강산/강알칼리 대체 공정
청정제품기술	• 오염 저감용 첨가제 • 저오염 용매 • 생분해성 계면활성제 • 무독성/생분해성 농약 • 무독성/생분해성 염안료
청정처리기술	• 난분해성 폐수처리 • 폐촉매 처리 • 폐용매 재이용 또는 처리 • 폐수 재이용 • 산/알칼리 용액의 회수
청정기반기술	• 환경친화적 사업장구축 • 환경안전기법인 ESH의 도입 • 새로운 정제기술의 개발

(1) 청정원료 기술

정밀화학으로 불려오던 소재가 친환경적이면서 인간생활에 더욱 친숙하게 사용될 수 있도록 새로운 소재의 패러다임을 바꿀 수 있는 핵심 화학소재인 환경친화형 소재로 변모하고 있다. 인간친화형 소재개발 기술은 녹색산업을 견인할 수 있는 전 산업의 제품과 부품의 필요한 소재를 제공하며, 화학물질 규제의 직접적인 적용과 최전방에서 모든 산업에 영향을 미칠 수 있어 앞으로 그 중요성이 점차 강조되고 있는 고부가가치 기술이다.

친환경 정밀화학소재는 많은 산업에 걸쳐 사용되고 있는 기반소재를 친환경, 재순환, 저에너지 등의 개념으로 제조하여 공급하는 네트워크 흐름을 가지고 있으며 특히 전자, 자동차, 섬유, 조선 등 기간재 주력산업과 의약품, 화장품, 생활용품 등의 다양한 분야에서 사용되는 기초소재를 공급해 주는 중요한 역할을 담당할 것이다.

일례로 친환경성 점접착제 원료 제조기술은 화석원료가 아닌 바이오매스 등의 천연자원을 원료화 할 수 있는 기술로서, 타 산업과 융합기술이 필요하며 시너지를 낼 수 있는 기술이다. 지금까지 알려진 기술로는 점접착제는 유독한 용제의 사용으로 VOC의 사용을 규제하는데 많은 연구가 되었지만 향후에는 친환경원료의 사용으로 인체에 무해한 제품개발이 가능하게 될 것이다.

(2) 청정공정 기술

(가) 친환경 합성공정 개발

독성 및 환경유해물질을 친환경물질로 대체하기 위한 유해 중간체 대체기술 개발, 환경유해 원료 미사용 공정, VOC 저감을 위한 반응 및 공정 용매 대체기술 친환경 합성공정 개발, 전기화학적 공정기술 개발, 녹색화학 적용기술 개발 등 다음과 같은 기술개발이 수행되고 있다.

❶ 정밀화학 제품의 친환경 제조공정

- 유해 중간체 대체기술 개발
- 친환경 합성공정 개발
- 전기화학적 공정기술 개발
- 녹색화학 적용기술 개발

❷ 염료 제조공정

- 수용성염료 회수율 증대기술 개발
- 환경친화형 반응용매 개발
- 환경친화형 유기용제 신공정 개발
- 그린 자동차용 초 내광 염료 합성기술

(나) 친환경 제형공정 개발

농약, 도료, 접착제의 제형공정에서 사용되는 유기용제로 인하여 발생되는 VOC를 저감하기 위한 기술, 농약, 염료, 도료 등의 제조에서 환경규제 대상 제형용매를 대체하는 기술, 농약원제의 효능을 최적화하는 기술, 접착제의 적용공정단계에서 환경오염을 원천적으로 저감하는 저/무공해 공정화기술 등이 요구된다. 고기능성 특수용 수성화, 무용제형 공정개발로 VOC를 저감하고, 환경친화형 전처리 공정, 접착공정, 적용장치 및 공정내 재활용기술 개발로 접착공정별 유해물질을 사전 저감하기 위해 다음과 같은 기술이 필요하다.

❶ VOC 저감기술

- 농약, 도료, 접착제의 제형공정에서 발생되는 VOC 저감기술 개발
- 유해 제형용매 대체기술 개발
- 농약원제 효능 최적화 기술
- 접착제의 적용공정단계에서 환경오염을 원천적으로 저감하는 저/무공해 공정화기술 개발

❷ 수계도료

- 수계도료 및 그의 적용기술 개발

(3) 청정제품 기술

기존의 환경부하가 큰 정밀화학 제품을 대체할 수 있는 신규 친환경 제품 개발을 통하여 국내외 시장을 선점할 수 있도록 다음과 같은 청정제품 개발이 요구된다. 특히, 국내외적으로 시장이 급성장하고 있는 염모제는 소비자가 모발 염색시 디아조(diazo) 성분이 인체 유독성의 아민(amine)계 화합물을 사용함에 따라 인체친화형의 새로운 방식의 염모제 개발이 요구된다.

(가) 친환경 염료

❶ 환경친화적 염료 개발

- 무피부자극성 염료개발(분산염료), 인체 무독성 염색약(hair dyes) 개발
- 발암성 아민(amine)을 사용하지 않는 인체 무해한 신개념 염료 개발
- 비금속 기반 산성염료(acid dyes) 개발 (중금속 오염 방지)

❷ 고 고착율 반응성염료 개발

- 셀룰로우즈 친화력 증대 기술
- 생분해성 고 고착율 염료 개발

❸ 초극세 사용 분산염료 개발 (어패럴 및 부직포용)

- 사용 염료량 저감 기술

❹ 고용해도 염료 개발 (반응성, 산성염료)

- 잉크의 고농도화로 폐수발생 감소

❺ 디지털 프린트용 염료 및 잉크 개발 (폐수발생 방지)

(나) 친환경 계면활성제 개발

친환경 계면활성제 기술개발동향은 환경오염을 저감시키는 생분해성 계면활성제, 기능성을 높여 상승효과를 유발시키는 다기능성 계면활성제, 인체의 안전성을 높여주는 저자극성, 무독성 계면활성제, 기존의 합성품과는 다른 미생물을 이용하는 계면활성제 등이 주류를 이루고 있다.

❶ 신규 계면활성제 개발

- 청정 계면활성제 개발, 생분해성 고기능성 계면활성제 개발
- 고순도 계면활성제 개발

❷ 신규 계면활성제의 적용기술 개발

- 새로운 기능을 갖는 계면활성제의 기능을 최대한 발휘할 수 있는 적용기술
- 고밀도화 및 고농축화에 따른 적용기술

(다) 친환경 도료 개발

기존의 용제형 도료에 비해 VOC 배출을 줄이기 위해 유기용제 사용을 감소시키는 친환경 도료로는 도료의 고형분을 높여 사용용제를 감소시킨 하이솔리드형 도료(high solid), 유기용제를 물로 치환한 수계도료(waterborne), 용제를 함유하지 않은 분체도료(powder coating) 등이 있다. 도료에 대한 VOC 함량기준이 더욱 엄격해지고 있어 친환경 도료 분야에 대한 기술 개발과 사용량이 점점 확대될 것으로 예상된다.

❶ 분체도료 개발

- 박막형분체 도료, 저온경화 분체도료, 초내후성 분체도료, 자외선 경화형 분체도료 등
- 하이솔리드 도료 개발

❷ 기능성 환경 대응형 도료

- 나노기술을 이용한 항균도료, 천연 원료 도료
- 광촉매를 이용한 내오염성도료 및 대기정화(NOx, SOx 분해)도료
- 무중금속 도료(무연 전착도료, 무주석 선저 방오(anti-fauling)도료 등)

❸ 수계도료 개발 및 폐수처리 기술

(라) 친환경 접착제 개발

접착제 산업에서는 이종 신소재, 복합 재료화, 생산자동화 등의 요인으로 고기능성과 접착공정 작업장내 환경보호를 위한 무공해 접착제에 대한 요구가 확대되고 있다. 접착제는 용제형으로부터 수용성, 무용제형, 핫멜트형으로 대체되고 있으며 전체적으로 접착제산업의 고기능화와 친환경화를 동시에 달성하기 위한 기술개발이 수행되고 있다.

❶ 생산단계에서 환경오염을 원천적으로 저감하는 저/무독성 조성화 기술

❷ 환경친화형 접착제 주, 부원료용 신소재 개질 및 합성기술 (주소재 수입 대체 효과)

- 수계(수용성, 에멀젼)형 접착제 개발 및 적용분야 확대
- 환경친화형 고내열성 일액형 구조접착제 개발
- 무용제형 반응성 핫멜트(hot melt) 접착제 개발
- 난접착수지용 환경친화형 접착제 개발
- 천연접착소재 유래 자연친화적 접착제 개발
- 환경친화형 접착제 주.부원료용 신소재(개질 및 합성) 개발

(마) 기타 친환경 정밀화학 제품

- 친환경 농약원제 및 제형 개발
- 미생물 농약 및 적용기술 개발
- 기타 친환경 정밀화학 제품 개발

(바) 정밀화학 제품의 신기능 개발

- 계면활성제의 신기능 고기능화: 계면활성제의 신기능, 고기능의 발굴 기획
- 신기능 염료 도료: 새로운 기능을 부여한 염료 및 도료 개발

(4) 청정처리 기술

(가) 반응경로의 변화

폐기물의 저감 측면에서 반응기를 해석할 때 전구물질의 변화와 새로운 촉매의 사용을 고려하게 되는데, 부반응에 의해 생성되는 폐기물을 줄이기 위해 원료물질을 바꾸게 된다. 예를 들면, 프로필렌의 암모니아·산소반응(ammoxidation)에 의해 아크릴로니트릴(acrylonitrile)을 생산할 경우, acrolein, acetonitrile, hydrocyanic 등이 부산물로 생성되지만, 에틸렌을 원료물질로 사용하여시안화반응(cyanation)과 산화(oxidation)에 의해 아크릴로니트릴을 제조하면 폐기물 양을 상당히 감소시킬 수 있다.

새로운 촉매기술은 폐기물 저감에 높은 잠재력을 갖고 있는데 비선형 폴리프로필렌의 생성이 90%까지 감소되는 프로필렌 중합촉매를 통해 연간 2억 파운드의 폐기물을 절감한 사례도 있으며, 아세트알데히드의 생산공정에 새로운 촉매시스템을 적용하여 유독성 염화유기물의 생성을 백분의 일로 줄인 사례도 있으며, 연소공정에 촉매사용으로 반응온도를 낮추어서 공기 중의 질소와 산소가 직접 반응하여 생성되는 NOx의 발생을 억제할 수 있다.

(나) 유독성 물질 저장 최소화

반응물 중 일부가 보관이 어려운 유독성 물질이라면 반응이 필요한 단계에서 해당 물질이 생성되도록 일부공정을 설계함으로서 유독물의 저장을 최소화할 수 있다.

예를 들어, 전기산업에서 GaAs와 ZnSe의 생성공정의 어려운 절차 중 하나는 이들의 제조를 위해 필요한 AsH_3와 H_2Se가 휘발성이 강한 맹독성 물질이며, 미들을 저장해야만 한다면 맹독성 기체를 높은 압력 하에 실린더에 보관해야 하는 위험이 따르게 된다. 따라서 공정중간에 H_2Se를 즉석에서 생성시키는 공정이 개발되어 양질의 ZnSe를 보다 안전하게 생산하는 것이 가능해졌다.

이러한 새로운 청정 및 환경안전에 관한 공정은 기화된 Se를 수소와 반응시킨 후 이를 응축시켜 H2Se를 분리하는 것인데, 이를 통해 원료를 별도로 보관할 필요가 없어졌다.

(5) 청정기반 기술

(가) 촉매수명의 연장

대표적인 촉매공정인 수소첨가 공정에 사용되는 촉매들이 반응시간에 따라 그 생명력을 잃기 때문에

주기적인 재생공정의 필요성이 대두되면서, 촉매의 물성저하를 최소화할 수 있는 수명연장에 대한 주목이 일어나고 있으며, 이러한 개선을 통해 경제적인 장점과 부산물의 억제작용을 촉진하게 된다.

(나) 분리공정과 통합된 반응기

반응과 분리를 하나의 단위로 통합할 경우 다양한 장점이 발견되는데, MTBE의 제조를 위한 촉매증류공정이 대표적인 예가 되겠다. 메탄올과 이소부틸렌으로부터 MTBE를 제조하는 첫 번째 공정은 여러 개의 고정층 반응기를 사용하여 반응을 수행한 후 생성물인 MTBE와 미반응인 메탄올, 이소부틸렌을 한 번에 분리공정으로 보내는 것으로 이루어지고, 두 번째 상이한 공정은 촉매물질이 충진물질로 사용된 증류탑에서 원료물질을 증류하는 것이다.

반응기와 증류탑을 통합한 고정상을 사용함으로서, 공정의 연결부위에서 발생하는 오염물질을 감소하게 되었는데, 이는 반응물에 비해 생성되는 MTBE의 끓는점이 높기 때문에 가능한 공정이다.

생성물의 분자크기가 반응물질보다 작다면 멤브레인을 사용함으로서 반응과 분리공정을 통합하는 것이 가능하다. 멤브레인들은 투과 면적을 넓히기 위해 튜브형태로 제조되어 다발로 묶인 채 사용되는데 안쪽 면에서 반응에 의해 생성된 생성물은 막을 투과하여 반응물과 분리된다. 생성물이 반응물과 재차 반응하여 부산물이 형성될 가능성이 높은 경우 이러한 멤브레인 반응기가 매우 유용하다.

❶ 제올라이트 담체에 의한 촉매의 불균일화 기술

촉매의 불균일화 기술은 환경친화적 공정 기술 개발뿐만 아니라, 고체산 촉매, 포접화촉매 등의 정밀화학 제품 제조용 촉매를 개발하는데 필수적인 소재이다. 특히 이 기술은 용도에 맞는 담체의 선정, 표면개질, 입자크기 조절, 활성종의 포접화기술, 표면적 증진기술, 촉매의 전처리기술 등이 그 핵심기술으로 알려져 있다.

❷ 제올라이트 촉매 성형기술

성형기술은 실험실적으로 제조한 촉매를 실용화에 앞서 달성해야할 매우 중요한 기술 중 하나이다. 실험적으로 제조한 촉매가 성형 후에도 그 성능을 오랫동안 유지하기 위하여 성형시 바인더(binder)와 plasticizer의 선정, 그들의 배합 비율, 성형제의 크기 및 모양 조절, 그리고 성형 후의 강도, 내구성유지 등이 중요기술이다.

❸ 방향족 화합물의 알킬화 반응 기술

알킬화 반응은 이미 잘 알려진 기술이지만, 실제 방향족 화합물에 치환된 치환체의 종류, 위치, 성질 등에 따라 여러 형태의 이성질체를 얻을 수 있다. 여러 생성물 중에서 원하는 생성물만을 선택적으로 얻기 위해서는 적정 알킬화 시약, 용매의 선정, 반응 형태, 반응시간 등에 의하여 결정될 뿐만 아니라, 원하는 생성물에 대한 선택도를 증진시켜줄 수 있는 촉매의 선정이 동시에 만족되어야 한다.

❹ 생성물 분리기술

반응 후 불가피하게 얻어 지는 부산물과 생성물을 깨끗하게 선별하기 위해서는 반응장치 이외에 생성물 분리장치를 이용해야 하는데 이는 분별증류, 결정화, 감압증류 등 공업적으로 수행할 수 있는 여러 분리기술을 동원하여 원하는 생성물을 분리, 선별할 수 있어야 한다.

5.12 생활용품 산업

5.12.1 의약산업

의약산업은 기술집약적이고 부가가치가 높은 산업으로서, 제조공정이 여러 단계로 기술내용이 복잡하며 모방이 어려운 특성이 있다. 선진국은 높은 기술수준 및 자본을 투입하여 신약개발 연구에서부터 합성원료 생산에 집중하고 있으며 후진국은 선진국이 생산한 합성원료를 수입하여 제제화하고 포장 판매하는 수준이다.

세계 의약시장은 2020년 1조 2,000억 달러(약 1,300조 원)로 증가할 것으로 예측되고 있다. 선진국 정부와 기업들은 이러한 거대시장에서의 주도권을 확보하기 위해 신약 개발의 효율성 제고를 위해 심혈을 기울이고 있다. 2009년 기준으로 전 세계적으로 총 9,700여개의 신약이 개발 중인 것으로 파악되고 있다.

다국적 제약사의 성장을 이끌었던 연매출 1조 원 이상의 블록버스터(blockbuster) 의약품들의 특허가 만료됨에 따라 이를 제네릭 혹은 바이오시밀러로 이용하려는 움직임이 적극적으로 전개되고 있고, 인수합병(M&A)에 의한 덩치 키우기 혹은 기존 대기업의 초거대화, 다변화가 가속화되고 있다.

관련된 청정공정 연구개발 투자는 증가 추세에 있지만 신약허가 승인 품목 수는 최근 몇 년 동안 계속 감소 추세에 있다. 미국 제약협회(Pharmaceutical Research and Manufacturers of America)에 가입한 제약사들의 통계를 집계한 것에 따르면, 연구개발비의 경우 1992년 115억 달러를 투자하는 것으로 시작하여 2007년 485억 달러로 지속적인 증가세를 보였으나, 신약허가 수는 1996년 59건의 최고치를 기록한 이후 2009년 현재 19건에 그치는 등 감소되는 추세를 보이고 있다.

(1) 국내 의약산업 동향

국내 신약개발 기술수준은 기초연구를 제외한 단계들에서는 개별적으로는 상당한 경쟁력이 있는 것으로 평가되며, 안전성 동물실험, 생산, 임상시험 등 각 분야에서는 신약개발을 수행하는데 필요한 능력을 갖춘 것으로 판단되고 있다. 그러나 의약품 하나를 시장에 진입시키기 위해서는 모든 단계와 분야를 망라하는 총체적인 전략 수립과 이에 필요한 자금을 확보해야 하는데, 이를 이끌 인물은 대단히 부족한 것이 국내의 현실이다.

의약산업에 있어서 가장 큰 문제는 사업 잠재력이 큰 원천물질 혹은 기술특허의 부족이다. 예를 들어 2010년 기준 미국에서 임상시험을 수행하고 있는 국내산 후보물질은 19가지이나, 이들 중 상당수는 DDS(Drug Delivery System) 개량이나 바이오시밀러이고, 원천특허에 기초한 경우는 단 4개뿐이다. 바이오의약품 생산과 관련해서는 세포배양이나 생산과 관련된 기술을 10개 미만의 기업이 확보하고 있는데, 그나마 선진국의 인허가 기준을 충족시킬 수 있는 경우는 1~2개에 불과한 상황이다.

합성의약품의 경우 유도체 합성의 용이성으로 특허 확보가 상대적으로 쉽지만, 이를 임상적으로 증명하는데 필요한 자본력이 부족하다. 합성의약품의 생산은 국내 제약회사가 전통적으로 강점을 가지고 있는 분야로서 기존 복제약 등의 개발을 통해 생산 노하우도 상당히 축적되어 있는 상황이다.

그러나 국제시장에 진출을 할 정도로 가치가 있는 합성의약을 개발하고, 선진국에서 임상시험을 수행할 수 있는 능력을 가진 기업은 5개 이하의 소수로 판단된다. 천연물의약품, 특히 식물의약(botanical drugs)의 경우 후보물질이 단일 분자인가 분획(추출물)인가에 따라 R&D 혹은 사업 방향이 크게 달라진다.

국내에서는 LG생명과학, SK, 한미약품, 동아제약, 바이로메드 등 글로벌 신약을 개발하고 있는 기업수가 증가하고 관련 전문가들이 육성되면서, 글로벌 신약 개발 프로젝트를 관리하고 추진할 수 있는 경험과 역량이 업계에서 빠르게 축적되어 가고 있다. 2009년 국내 주요 제약기업 32개사가 연구개발 중인 신약 후보는 총 159개인데, 이중 임상시험 중인 것이 45건, 예비 임상시험 중인 후보물질이 49건으로 나타나 총 94건의 후보물질이 본격적인 개발단계에 진입하여 실용화 연구가 진행 중인 것으로 나타났다.

융합바이오 의약분야에서는 청정관련 요소기술의 경우 정부출연 연구소와 대학에서의 연구를 통하여 기술 성장이 이뤄지고 있다. 그러나 선진국 대비 실적이 미비하고 사업화되는 비율은 매우 낮은 실정이다. 융합바이오 분야는 성장 잠재력이 높은 분야로 국제 경쟁이 가속화되고 있다. 선진 대기업들의 집중 지원으로 기술격차가 심화되고 있고, 선행 업체들의 지적재산권 확보로 국내 기업의 진입장벽이 점점 높아지고 있다.

국내 의약 바이오산업의 문제점으로는 원천기술과 물질 특허 부족, 범정부적 대응방식과 추진력의 결여, 정부지원에 있어서 분산투자 방식, 고도화된 생산설비 시설과 문서화능력 부족, 자금력 부족과 중장기 전략 부재, 글로벌 성공사례 부족으로 인한 자신감 결여, R&D 생산성 저하, 산업현장 고급인력 부족 등을 들 수 있다.

국내 제약회사가 개발한 신약 중 미국 FDA에 의해 승인 받은 제품은 LG생명과학의 팩티브가 유일하다. 그러나 3,000억 원의 R&D비용이 들어간 것으로 알려진 이 제품은 2009년 기준 180억 원의 매출액을 기록하여 국내 신약의 해외 경쟁력이 취약한 것을 알 수 있다.

정부의 국내 신약개발 부문 R&D 지원 예산은 2009년 교과부, 지경부, 복지부 합산 금액 기준으로 약 1,100억 원 수준이다. 민간 제약기업 연구비를 5,000억 원 정도로 가정하면 우리나라의 신약개발비 총액은 다국적 제약회사인 Pfizer의 연간 연구비 약 7조 원의 약 1/10에 불과한 셈이다.

결론적으로 신약개발 분야에서 한국은 자금, 인력, 기업규모 모든 측면에서 선진국 대비 매우 낮다고 볼 수 있다. 따라서 올바른 정책, 현명한 R&D 전략수립과 효율적인 집행으로 이들 단점을 극복해야 할 것이다.

(2) 의약산업과 환경문제

의약산업에서의 의약품은 모든 작업의 대부분을 차지하는 회분식공정과 반회분식 및 연속공정으로 제조되고 가공되며, 방대한 배열의 복잡하고 복합적인 기술과 공정을 사용한다. 의약산업의 공정은 일반적으로 발효, 화학합성, 천연물 추출, 제제화 및 포장, R&D 등으로 분류된다.

의약품 제조공정은 질병의 다양성과 복잡성으로 인하여 다른 어떤 화학공업 시설의 생산공정보다 다양하고 복잡하다고 할 수 있다. 의약품은 일반약품과 항생물질로 나눌 수 있는데, 항생물질 제조공정에는 각종 농산가공품을 원료로 하여 곰팡이, 균 등의 미생물에 의하여 호기성 발효를 하여 그 배양액에서 유효성분을 분리·정제하는 공정과 거기서 얻어진 것을 가공하여 최종제품으로 하는 제조공정이 있다. 일부의 항생물질은 합성에 의하여 제조되기도 한다.

의약품 공정시설에서는 여러 종류의 제품을 생산하며 품목별 생산에서 배출되는 폐수를 개별 처리하여야 하는 경우가 있으며, 비슷한 질의 폐수는 종합 처리할 수도 있다. 의약품 폐수는 pH의 조정, 유기용제의 제거, 폐수처리 등에 영향을 미치는 여러 인자의 제거 등을 위하여 예비처리를 해야 할 경우가 많다. 그리고 배수량의 다소에 따라 조정조를 설치하여 수질의 균일화를 꾀하여야 한다. 생물학적 처리 시에는 활성슬러지 공법을 많이 채택하며 생물학적 처리에 영향을 주는 여러 요인을 제거하여야 한다.

일반적으로 의약품은 발효, 화학합성, 천연물 추출 등에 의하여 제조된다. 완제의약품, 발효 원료의약품, 합성 원료의약품 등은 각각의 제조공정과 배출되는 폐기물의 종류 및 특성도 서로 크게 다르므로 별도로 구분하여 검토할 필요가 있다. 의약품산업에서의 청정기술은 완제의약품 공정보다는 원료의약품 공정에서 훨씬 더 중요성이 크다. 완제의약품은 원료를 수입하여 최종제품을 생산하기 때문에 발생하는 오염물질이 상대적으로 적어 청정기술 도입의 우선순위가 낮다고 할 수 있다.

다양한 공정에서 발생되는 폐기물은 세정, 멸균장치, 화학약품, 부적합한 제품과 공정 등에서 나타나고 주로 무기염, 당 및 시럽을 포함한 장치 세척물과 휘발성 용매를 사용한 결과에서 발생되는 공기 방출 등이다. 발효공정에서 발생하는 폐기물은 동물 사료 첨가제, 토양 조절제 및 비료로 사용될 수 있다. 용매는 장치세정, 반응매체, 추출매체 및 코팅 매체에 사용되며 농축된 폐기물로부터의 이들 용매 폐기물의 재활용성을 향상시키는 노력이 필요하다.

(3) 의약산업의 청정기술

의약산업은 투입되는 원료물질의 양에 비하여 생산되는 제품의 양이 현저하게 적기 때문에 다량의 잔류 폐기물이 생성되는 문제가 있다. 발효를 이용한 의약품 제조와 천연물에서 직접 추출되는 의약품의 경우 소량의 약효성분 물질을 얻기 위해 다량의 원료물질이 투입되며, 이로 인하여 많은 오염물질이 배출되고 있는 실정이며 화학합성의 경우에도 다른 산업의 폐수와 달리 고농도의 유기물, 난분해성 물질 및 COD를 쉽게 증가시키는 유기용매 등이 어우러진 복합폐수로 배출되기 때문에 이러한 오염물질의 생성을 방지하기 위한 기술이 필요하다.

(가) 완제의약품 제조공정

완제의약품제조공정 있어서 적용되는 주요 단위공정들은 분쇄, 사별(sieving), 혼합, 건조 등 비교적 단순한 작업이기 때문에 부산물이나 불순물, 용매 등 폐기물의 발생소지가 없으며, 비교적 생산단위가 작은 편이므로 폐기물 발생량 또한 크지 않다.

❶ 친환경 용제 코팅

완제의약품 제조공정 중에서 특별히 청정기술을 적용할 만한 분야는 코팅정 제조공정이다. 종래에는 코팅정을 제조하기 위하여 주로 메틸클로라이드(methylene chloride) 등의 비수계 유기용매를 사용하였기 때문에 제조과정 중에 분사된 용제가 대기 중으로 유출되어 문제가 되었다. 이에 대한 대체기술로서 에탄올 등의 수계 유기용제를 사용하는 기술이 개발되었으며 최근에는 유기용제를 쓰지 않고 물만을 이용하여 코팅하는 기술도 개발되었다.

Galxo-Wellcome사의 경우 새로운 수용액상에서의 코팅방법을 채택하여 잔탁의 알약 코팅에서 메틸렌 클로라이드, 이소프로필알코올, 메탄올, 에탄올 등의 유해물질 사용을 피할 수 있었다.

❷ 친환경 백신제조공정

완제의약품공장에서 개량된 제조방법을 도입함으로써 폐기물의 발생량을 획기적으로 감축시킨 사례가 있다. 제일제당에서 생산되는 간염백신은 기존에는 혈장을 이용하는 제법으로 제조되었으나 최근 재조합 미생물로부터 생산하는 제조방법으로 대체함으로써 제조비용을 절감할 뿐만 아니라 혈장 폐기물을 획기적으로 저감할 수 있게 되었다.

❸ 친환경 세파계 항생제 생산공정

세파계 항생물질을 화학적 방법으로 제조하는 공정은 대부분 많은 종류의 유기용매 및 유독한 화학약품들을 다량 사용하기 때문에 필연적으로 많은 산업폐기물들을 발생시키며 저온 반응공정이므로 에너지 면에서도 부담이 크다. 최종제품중의 잔류유기용매에 대한 규제도 강화되고 있는 추세이므로 유기용매를 사용하지 않는 공정이 요구됨에 따라 화학적 방법이 아닌 미생물 유래의 효소를 이용한 생산기술이 개발되었다.

❹ 효율적 진단시약 생산기술

진단시약은 의학적 진료에 있어서 매우 중요한 수단으로서, 일부의 시약은 화학적 방법으로는 더 이상 생산이 불가능하며 효소에 기초한 생화학적인 방법이 선호되고 있다. 기존의 생화학적인 공정은 1kg의 효소를 생산하는데 약 1,000톤의 원료물질이 필요로 했으나, 유전공학적인 방법을 적용하여 효소 생산의 효율을 크게 향상시키는 기술이 개발되어 대량의 에너지 저감과 원료물질의 절감을 가져올 수 있었다.

⑤ **친환경 비타민 생산공정**

에티놀은 비타민의 생산과정에 있어서 중요한 중간체중의 하나로서, 1kg 의 에티놀을 생산하기 위한 원료물질은 약 3kg가 필요하지만 원료물질의 약 2/3 가량은 폐기물로 손실되거나 화학적으로 다른 형태로 변형이 된다. 폐기물의 흐름에서 원료물질을 회수하거나 원료물질이 완전히 소모되도록 공정을 대체하는 기술이 개발됨으로써 원료물질과 에너지 사용량을 저감할 수 있게 되었다.

⑥ **생물촉매를 이용한 의약품 제조 공정**

생물촉매는 그 자체가 생분해성이며 높은 선택성을 가지고 있으므로 부산물이 거의 없는 공정을 구현하여 용매 사용량을 획기적으로 경감시킬 수 있다. 생물촉매 활용을 위해 먼저 선별 기술이 필요한데, 선별을 위한 데이터베이스를 확보하고, 유전자 재조합기술과 표층발현기술을 이용한 생물촉매 선별, 균주 및 효소 선별 등이 요구된다.

의약품의 구조가 복잡해짐에 따라 이에 적합한 생물촉매의 생산을 위하여 생물촉매의 특이성과 안정성을 높이는 연구가 필수적이며, 생물촉매의 개량으로 부산물 등 독성 오염물질의 배출이 없는 공정을 구현하기 위해 클로닝 기술, 단백질 구조분석 기술, 대사공학 기술, 생물촉매의 인공진화 기술 등이 요구된다.

생물촉매의 고정화를 통하여 다양한 오염물질 저감형 반응기 설계가 가능하며, 안정화로 생산성을 향상시키기 위해 고정화 담체 제조기술, 반응기질 합성 및 디자인, 조효소 재생기술, 세포 안정화 기술 등이 요구된다.

광학적으로 순수한 제품을 개발함에 있어서 기존의 유기 합성법보다 뛰어난 입체선택성을 가지고 있으므로, 항생제원료 생산, 고혈압/우울증 치료제 생산 기술 등에 있어서 기존의 반응 단계를 대폭 단축시켜 경제성과 친환경성을 높이기 위해 생물공정 전환기술이 요구된다.

(나) 폐용매 회수 및 재활용기술

화학공정에서 용매회수방법을 통하여 배출되는 폐수량을 최소화함으로써 경제적인 이익을 얻는 동시에 환경부하를 낮추는 것이 중요하지만, 용매회수 기술은 대상물질의 성분 및 양에 따라 달리 적용되어야 하기 때문에 집중적이고 체계적인 연구가 필요하다. 유기용매의 회수는 증류, 증발, 원심분리, 경사 분리, 여과 등의 공정을 거치면서 이루어진다. 그러나 이렇게 회수된 용매에는 물을 포함한 다른 용매나 다른 미반응 물질, 불순물 등이 포함되어 있을 수 있으며 이들을 재사용했을 때 문제가 있는 지를 먼저 살펴야 한다. 의약품 합성공정에 있어서는 특수 증류방식을 적용하여 다양한 종류의 용매에도 적용할 수 있는 기술이 개발되어 고순도 용매를 회수하여 유기물 배출을 차단함으로써 오염문제를 해결한 사례가 있다.

(다) 화학합성 단계 단축 기술

화학반응의 단계를 단축시키는 기술을 통해 원재료를 절감하고 부산물 및 오염물질의 생성을 저감할 수 있으며, 폐수 처리비용까지 절감할 수 있다. Pfizer사는 세트랄린(Sertraline) 제조공정의 반응 단계를 단축시키는 기술을 개발함여 용매 소비량을 1/10 수준으로 감축시켰으며, 이산화티타늄, 염산, 가성소다 등의 사용을 절감함으로써 환경부하를 줄임과 동시에 막대한 비용을 절감한 사례가 있다.

국내 LG화학의 경우에도 퀴놀론계 항생제 제조공정의 반응 단계를 크게 단축시킴으로 원료와 다량의 유기용매의 사용을 절감할 수 있었다.

(라) 반응공정 최적화 기술

반응물과 생성물 및 부산물의 용해도 특성을 이용하여 탁솔(Taxol)의 중간체를 대량생산하는 공정을 청정화한 사례가 있다. 기존의 공정은 벤젠을 증발시키는 과정을 대형화하기 어렵다는 커다란 단점이 있었으나, 새로 개발된 공정에서는 벤젠대신 톨루엔을 이용함으로써 부산물은 수층으로 녹아 들어가고 반응 결과물은 침전되어 여과공정을 거쳐 생성물을 쉽게 회수하게 되었으며, 수율도 크게 향상되었다.

(마) 연속식 반응공정 기술

다른 화학물질과 달리 의약품의 제조는 주로 회분식 반응기가 사용되고 있는데, 원료를 투입할 때와 반응물을 반응기로부터 빼낼 때 유기용매의 증기가 다량 방출되며 화학물질을 다른 용기로 옮겨 부을 때에 누출될 가능성이 있다. 또한 반응 후에 다음 반응을 위하여 다량의 유기용매 및 세척제를 이용하여 자주 세척해 주어야 하기 때문에 많은 오염물질을 배출시킨다. 따라서 회분식 반응기를 연속식 반응기로 공정의 전체 또는 일부를 교체한다면 오염 물질인 다량의 유기용매의 사용을 줄일 수 있게 된다.

(바) 분리 및 정제공정 청정기술

중간체인 제조공정에서 발효 후 결과물을 여과한 후 독성이 작은 용매를 사용하여 밀폐된 원심분리기 내에서 중간체를 추출하는 방법을 개발한 사례가 있다. 이 여과 방법은 발효결과물이 여과막의 접선방향으로 빠른 속도와 압력 하에서 통과함으로써 중간체를 발효잔여물로부터 분리한다. 이때 빠른 속도는 여과막을 깨끗하게 유지시키며 압력 차이에 의하여 여과가 일어난다. 여과된 용액은 밀폐된 원심분리기내에서 용매를 이용하여 추출하게 된다. 이 장치를 사용하게 됨으로써 독성물질인 사용을 줄이고, 폐기물 처리비용을 크게 감축하게 되었다.

(사) 공정 운전절차 개선 기술

기존 공정의 운전절차 및 유지보수절차 개선, 화학약품의 취급절차 개선, 생산스케줄의 최적화 활동 등을 통해 오염물질 배출을 저감하는 방식은 큰 투자비용이 들지 않고 단시간에 적용할 수 있는 효율적인 방안이다. 의약공정에서 회분식 반응기를 세척하는 작업에 있어서도 여러 유기용매 및 염화물의 용매를 수용성 세척제로 대체함으로 유해한 아세톤, 메탄올, 에틸렌 디클로라이드 등의 사용을 절감한 사례가 있다.

5.12.2 포장재 산업

(1) 포장재 산업의 환경규제

범세계적으로 포장폐기물의 재활용을 저해하거나 환경유해영향이 있는 물질에 대한 규제가 강화되고 있다.

EU의 RoHS에서는 '단일물질' 기준으로 제한치를 두고 있는 반면, 포장재 및 포장 폐기물 지침(Directive 2004/12/EC)은 포장재 및 포장재 부품 내 납, 수은, 카드뮴, 6가-크롬 등의 농도를 합한 포장재 유해물질 '총 함유량'에 대하여 제한치를 규정하고 있다.

이 지침에서는 또한 재생(recovery) 목표와 포장재료 별 재활용(recycling) 목표를 규정하고 있으며, 포장재에 대한 필수요건으로서 포장재 소각과 매립시 유해성분을 최소화하도록 제작할 것, 재사용 포장재는 반복사용 가능한 소재, 재생가능한 소재, 에너지회수 가능한 소재를 사용할 것, 복합 재생 포장재의 경우 분해특성이 유지되어야 할 것, 생분해성 포장재의 경우 물리적, 화학적, 열적, 생물학적 처리를 통해 분해되어야 할 것 등을 규정하고 있다.

포장재에 표기되는 마크는 국가별, 재생 단체별로 다르다. 대부분 생산자가 가입한 재생 단체에서 지정한 마크를 사용하고 있다. 생산자는 재생 단체에 생산자의 의무를 대행하는데 소요되는 비용(licence fee)을 지불함으로써 마크를 사용할 자격을 얻게 된다. 마크는 제품의 재활용성과 재생 가능성을 보장하고, 마크를 사용하는 생산자가 의무를 준수하고 있다는 사실을 입증하는 일종의 자격증 역할을 한다.

EU에서는 또한 환경부하가 큰 포장재의 영향을 줄이기 위한 목적으로 포장재 비용제도(economic instrument)를 운용하여 다양한 형태의 포장재, 포장제품, 포장폐기물관리에 드는 비용을 부과하고 있다. EU 지역에서 국가별로 다르게 운용되고 있는 포장재 비용 유형은 크게 환경세(eco-tax), 산업계 부담금(industry-managed charges), 거래 허가증(tradeable permits), 예치금(deposits), 최종 폐기물에 대한 폐기물세(taxes on waste for final disposal), 정부보조금(state aids) 등 6가지이다.

미국의 경우는 관련 기반기술은 가장 앞서 있었으나 민간부문의 영향력이 강하고 지방분권주의에 의한 영향으로 친환경포장에 대한 체계적인 대응은 유럽에 못 미치는 실정이다. 오래전부터 포장용기에 대한 예치금제도가 일부 주에서 시행되어 왔으며, 2003년 제정된 '음료용기 생산자책임법'은 음료용기에 예치금을 부여하여 폐기물량을 저감시키고, 재활용율 및 재사용률을 높이는 데 목적을 두고 있다.

일본의 포장재규제에 관한 법률은 용기와 포장재의 분리수거와 재활용 촉진법과 자원의 효율적 이용 촉진법인 '재생자원이용촉진법'으로서, 포장재 및 포장폐기물을 그 대상범위로 시행하고 있다. '용기포장 리사이클링법' 은 주로 가정에서 나오는 쓰레기 중 병이나 캔, 포장지 등 용기포장 폐기물을 분리수거하여 재상품화하는 것으로서 쓰레기 감량과 유효자원 재이용을 촉진하기 위해 재정하고 있으며, 법률에 의해 각 가정에서 소비자는 용기포장의 분리배출을 의무화하고 반환할 수 있는 용기나 단순 포장된 제품을 구입하도록 하고 있다.

관련 지자체는 용기포장 분리수거와 필요에 따라 선별, 세정, 압축 및 보관의무를 부과하고 있으며, 용기 생산자와 특정 사업자는 지자체가 수집하고 보관하고 있는 용기포장을 회수하고 재상품화하도록 규정하고 있다.

일본은 일반폐기물의 감량 및 재생자원 이용 활성화를 통해 폐기물 적정처리 및 유효자원을 확보하고 생활환경보존 및 국민경제의 건전한 발전을 도모하기 위해 1977년 용기 및 포장에 관련된 분리수집 및 재상품화의 촉진 등에 관한 법률을 제정하였다. 2001년 초에 시행된 '순환형 사회형성 추진기본법' 은 환경기본법의 기본이념에 따라 순환형 사회를 형성하는 것을 기본원칙으로 하고, 순환형 사회형성 정책을 종합하고, 체계적으로 추진하여 현재 및 미래의 국민건강과 문화적 생활을 영위하기 위해 제정되었다.

'용기포장 리사이클링법' 은 유리병, PET병, 종이용기 및 포장재, 플라스틱 용기, 그리고 스틸캔, 알루미늄캔, 음료용 종이팩, 판자상자를 제외한 포장재에 적용되나, 일정규모 미만의 소기업은 일본 소기업 기본법 제2조에 의거해서 그 적용이 제외된다.

주무장관은 정부지시에 따라 해당 법안의 이행을 증명할 필요가 있는 경우에 용기와 포장재 사용자 및 용기 생산자에게 사용과 생산되는 상황에 대해 보고할 것을 지시할 수 있으며, 연간 50톤 이상의 용기포장 이용 사업자는 매년 사용실태에 대해 해당기관에 보고해야 할 의무가 있다.

자원의 효율적 이용 촉진법인 '재생자원 이용 촉진법' 은 PVC 건축자재, 주류를 제외한 7L 이하의 음료를 담은 스틸 및 알루미늄 캔, 150ml 이상의 음료 또는 간장을 담은 PET병, 주류를 담은 PET병, 명시된 용기와 포장재 등을 지정제품으로 이들은 일본어로 표기된 표시나 도장을 찍어야 한다.

그러나 지정제품을 생산하고 판매하고자 하는 사업자의 업체 규모에 따라 예외사항도 제시하고 있다. 검증방법 평가와 보고, 그에 따르는 벌칙도 엄격하게 규제하고 있다.

일본의 포장재 유해물질 함유량 관련 표준은 납, 수은, 카드뮴, 6가-크롬 등 4대 중금속 및 포장재에 함유되어 있는 위험물질에 대한 평가방법 및 명시를 해야 하고, 각각의 포장 구성요소 내에 존재하는 4대 중금속 농도의 합은 100mg/kg이 넘지 않아야 하며, 만약 법, 규칙, 표준 등에 그 값이 명시된 경우에 그 해당값을 우선적으로 적용해야 한다.

국내의 포장재 관련 환경법규로는 '자원의절약과재활용에관한법률' (법률 제9433호), '제품의포장재질포장방법에관한기준등에관한규칙' (환경부령 제202호) 등이 있으며, 관련 표준으로는 다음과 같은 것들이 있다.

- KS A ISO/IEC GUIDE 41:2008 (포장에 대한 권고사항)
- KS T 1001:2009 (포장 용어)
- KS T 1302 (포장 - 친환경포장 및 포장재에 관한 일반 지침)
- KS T 0006 (유니트 로드 시스템 통칙)
- KS T 1303 상업 포장 (소비자 포장)의 포장 공간비율 측정방법
- ISO 21067:2007 (Ed.1) 포장 용어(packaging vocabulary)

(2) 포장재 산업의 청정기술

포장재산업만을 위한 청정생산기술은 별도로 다뤄지지 않으며, 친환경 소재, 염료, 도료 등 다른 기간산업에서 개발된 기술을 적절히 포장재에 응용하는 것이 중요하다. 포장재를 설계함에 있어서 친환경성에 너무 치중한 나머지 포장의 필수적 기본기능인 보호성, 편의성, 판매촉진성에 대한 결함을 자칫 유발할 수 있기 때문에 기본기능에 대한 적정설계를 위한 설계는 친환경포장 설계와 함께 고려하여야 하며 공통적으로 다음과 같은 특성을 고려하여 설계한다.

(가) 친환경포장재 설계

❶ 기본 설계원칙

플라스틱 필름이나 알루미늄박을 접합(laminate)하거나 왁스, 폴리에틸렌, 염화비닐리덴 등을 코팅한 복합재질을 사용할 때는 친환경성, 인쇄적성, 충전작업성, 코스트 등을 고려하여 신중한 선택이 필요하다.

운송 중 외부 충격으로 인한 제품의 파손이 적지 않게 발생함에 따라 이에 대비한 파손 방지 설계를 해야 하며, 이는 제품의 특성에 맞춘 분류에 따라 그 포장 설계 기법은 다양하게 세분화될 수 있다.

유통 중 일어나는 흡습에 의한 내용물의 변질 및 부식을 막기 위해서 차단성을 고려한 포장의 설계를 하여야 하며, 유통 보관중 일어날 수 있는 고온에 대한 제품의 변질도 고려하여야 한다.

대형 매장 및 소매점 판매대에 오랫동안 적재되어 판매되는 경우가 많기 때문에 매장 진열대에 적재할 수 있는 포장형태로 디자인 하는 것이 중요하며 장시간 외부에 노출되어도 변색 및 변형이 쉽게 일어나지 않는 포장설계가 중요하다.

친환경 포장을 이루기 위해서는 재사용, 재활용, 감량, 열회수 및 폐기를 고려한 포장설계를 해야 하며, 가능한 포장의 설계단계에서 가능한 원천적으로 포장재 사용의 감량화를 이룰 수 있도록 고려하되, 재사용 및 재활용 등 재질구조 개선 목적에 부합할 수 있는 포장설계방법을 고려하도록 한다.

- 사용되는 포장 재료를 최소화한다.
- 포장 재질의 종류를 감소시키도록 한다.
- 불필요한 포장요소 및 구성품을 제거하도록 한다.
- 포장재의 강도설정을 면밀하게 하여 포장재의 두께, 무게를 줄이도록 설계한다.
- 전체적으로 포장물질의 사용량이 줄도록 설계한다.
- 친환경포장 설계를 위하여 포장 재질에 대한 환경영향평가자료를 수집, 분석 후 자료화한다.

❷ 포장 간소화

가능하면 포장재의 포장횟수를 최소화시킬 수 있도록 하여 불필요한 포장재의 남용을 막아 포장재 사용량을 줄일 수 있도록 한다. 또한 완충재나 트레이의 사용에 있어서 제품의 파손방지만을 위하여 사용하도록 하여, 제품의 과대포장을 방지할 수 있도록 한다. 완충재나 트레이는 제품의 파손방지를 위한 목적으로만 사용하여, 과대포장 또는 불필요한 사용을 억제하도록 한다.

❸ 재사용 고려

포장재의 기본적인 방향이 재사용을 추구하도록 하여, 재사용을 위한 기본적 포장재의 재질 및 특성이 세정, 세척, 수리가 가능하게 설계되어 있도록 한다. 또한 재사용을 위한 포장재가 입고되어 다시 사용할 수 있는 시스템이 확립되어 있도록 한다. 가령 수송포장의 경우 회수되어온 수송포장재가 제품을 다시 담을 수 있는 포장공정이 확립되어 있어야 한다. 현재 재사용 포장재를 처리할 수 있는 공정이 되어있지 않다면, 향후 재사용 포장재를 처리할 수 있는 포장공정이 계획되어 있어야 한다. 단, 재사용을 위한 포장재에 제품을 다시 담았을 때 제품의 가치가 상실되지 않도록 한다.

포장용기 폐기시 재생원료로 활용될 수 있도록 가능한 단일 포장 재료로 설계하고, 포장재 제조 시 재생원료를 사용하거나 일정비율 혼합 사용할 수 있도록 한다.

포장재에 부속물을 붙일 경우, 통상적인 세척 및 분리시스템에서 제거될 수 있도록 설계한다. 재활용 공정에 있어서 부속물의 제거가 용이 하지 못할 경우 이로 인한 재료의 환원에 있어서 순도가 떨어질 수 있기 때문에, 부속물의 제거가 용이하거나, 분리가 쉽도록 설계가 되어야 한다. 소비자가 분리배출할 때 용이하게 포장재를 분리하여 폐기할 수 있도록 설계해야 한다.

❹ 재활용 및 열 회수 고려

재활용, 열 회수, 폐기처리 등을 저해하는 소재는 1차적으로 사용을 배제하도록 한다. 염소 포함 합성수지, 분리 불가능한 복합재료, 규정 이상 중금속이 함유된 포장 재료를 1차적으로 배제 할 수 있도록 설계한다. 또한 재생, 재활용이 용이하도록 복합재질 사용, 가공처리 등을 가급적 줄이고, 복합재료, 복합설계 구조라도 재료별 구성요소를 분리할 수 있거나 또는 분해가 용이한 재료로 설계하도록 한다.

장기적인 방향으로 업체 자체적으로 추후 재활용 공정에 맞게 포장재 생산시스템을 재정립하도록 한다. 자체적인 재활용 공정 시스템을 도입하기에 앞서 재활용하기 위한 포장재 생산 공정 등이 오히려 환경오염을 가중시키지는 않는지 점검을 하도록 하여 재활용 공정 시스템을 도입하도록 한다. 또한 수시로 친환경 포장재질에 대한 환경 영향평가 자료를 수집, 분석 자료화하여 가능한 자체적인 친환경포장에 대한 사내 규격화를 고려하도록 한다.

❺ 폐기/매립/소각 등 고려

소각 시 유해물질(PVC, 납, 수은, 카드뮴, 6가-크롬 등) 및 방사능 배출 없이 열에너지의 회수가 가능한 재료를 사용한다. 소각 시 유독 물질 발생 소재의 포함 방지를 위해 재질을 표시한다. 포장재 폐기물 소각시 안전한 소각 및 에너지 회수를 위해 충분히 잘 연소되는 재료를 선택한다.

최종 폐기시 매립, 소각을 고려하여 포장재 및 구성요소에 중금속 및 유독 물질이 포함되지 않도록 한다. 매립시 토양의 오염을 방지하기 위해 생분해성 필름, 광분해성 플라스틱 필름의 사용을 검토한다.

조립시 유해물질 기준초과 부품에 혼용을 금지하고, 제조 라인이 투입되는 화학물질 및 폐기물을 관리한다. 그리고 청정공정 개선 활동을 한다. 최종 제품의 유해물질 함유 여부를 검사 및 기록을 보관하고 부적합품의 원인 분석 및 재발을 방지한다. 출하 후 환경친화적으로 설치, 사용, 서비스, 재활용 및 폐기될 수 있도록 환경정보를 제공하고, 클레임 대응 및 재발방지 활동을 수행한다.

(나) 그린 패키징 사례

❶ 삼성전자 냉장고 포장재 재사용

삼성전자는 2012년 11월부터 냉장고 포장에 친환경 포장재를 사용해 눈길을 끌고 있다. 삼성전자 냉장고의 친환경 포장은 기존의 종이로 이루어져 있던 대형 생활가전 제품 포장의 패러다임을 완전히 바꾼 새로운 발상이라는 점에서 좋은 평가를 받은 바 있다.

종이와 테이프 및 스티로폼 쿠션 등으로 구성된 기존 일회용 종이박스 포장은 외부 충격에 약하고 배송 후 포장재 처리에도 어려움이 있었으나, 친환경 포장을 통해 더욱 안전하고 튼튼한 상태로 제품을 배송 받을 수 있을 뿐만 아니라 포장재를 회수하여 세척 후 재사용함으로써 자원을 절약하는 효과도 얻고 있다.

종이박스 대신 무독성 폴리프로필렌(PP)를 소재로 하여 수십 회 이상 재사용할 수 있도록 설계된 포장재를 사용, 휘발성 유기화합물(TVOC)를 99.7% 이상 줄였으며, 연간 7,000톤의 CO_2 배출 저감 효과를 낸다고 한다.

이러한 효과를 인정받아 '그린 패키징'(GP) 마크 획득에 이어 아시아 스타 어워즈와 세계 포장기구 (WPO: World Packaging Organization)에서 주최하는 월드스타 어워즈(World Star Awards)까지 석권하면서, 스마트한 포장기술의 우수성을 세계적으로 인정받았다. 단순히 제품을 감싸는 것이 아닌 첨단기술이 적용된 포장으로 유통과 물류뿐만 아니라 소비자에게도 도움을 줄 수 있는 미래지향적인 '그린 패키징 기술'은 지속적으로 발전할 전망이다.

❷ 친환경 생분해성 항공화물 포장 비닐

인천국제공항은 '그린카고허브(Green Cargo Hub)' 사업의 일환으로 7,360매의 친환경 생분해성 항공화물 포장 비닐을 보급하고 있다. 인천국제공항에 보급된 친환경 포장 비닐은 땅속에 매립하면 16년이 지나야 분해가 시작되는 일반 비닐에 비해 옥수수 전분 등 생분해성 물질의 배합비율을 높여 매립 후 8개월부터 분해가 시작되도록 만든 제품이다.

❸ 유통업계에서도 선물세트 포장 간소화

제조, 운송업계의 친환경 포장재뿐 아니라, 유통업계에서도 선물세트 포장 간소화로 친환경 포장 실천에 나선다. 백화점, 대형마트와 소규모 마트에 이르기까지 고객들이 명절선물로 즐겨 찾는 농축수산물을 중심으로 유통업체별로 여건에 맞는 포장간소화 자율실천을 유도하는 등 선물포장 간소화를 추진하고 있다.

신세계백화점은 업계 최초로 친환경 소재의 '에코폼'을 소재로 한 포장패키지를 선보인데 이어 재활용 가능한 포장패키지를 전면 도입한다. 재사용이 가능한 포장재를 사용해 일회용 포장쓰레기 발생을 줄이고, 환경보호에도 앞장선다는 방침이다.

특히 올해는 쿨러백 포장패키지를 기존 냉장육뿐만 아니라 수삼선물세트까지 확대했다. 수삼선물세트의 경우 기존에는 종이박스에 스티로폼을 넣은 포장재를 사용했으나, 올해는 다용도로 사용이 가능한 밀폐용기에 수삼을 넣고, 이를 쿨러백으로 포장해 포장용기를 재활용할 수 있다.

5.12.3 완구산업

(1) 완구산업의 환경규제 동향

EU에서는 2009년 6월 18일 완구안전에 관한 EU 지침(Directive 2009/48/EC on the safety of toy)을 제정하였다. 그 적용범위는 14세 이하의 어린이가 사용하는 완구로서 스포츠 용품과 자전거 등 완구로 간주되지 않는 제품의 목록은 부속서1에서 확인할 수 있는데, 일반적인 용도로 사용되는 놀이기구와 오락기, 엔진이 있는 장난감 자동차와 장난감 엔진, 새총과 아기띠(sling) 등은 그 적용범위에서 제외된다.

주요 안전성요건은 크게 다섯 가지로 요약되는데, 첫째로 물리적 및 기계적 특성을 살펴보면, 완구나 부품이 사용 중에 파괴되어 상처를 야기할 수 있기 때문에 기계적 강도가 있어야 하며, 모서리, 코드, 케이블, 나사 등은 상처를 예방할 수 있게 설계되고 제조되어야 한다.

36개월 이하의 어린이가 사용하는 완구 및 부품은 삼키거나 흡입할 수 없고, 목막힘의 위험이 없는 크기이어야 하며, 어린이가 안에 들어갈 수 있는 완구는 사용자가 쉽게 안에서 열 수 있어야 한다. 전기로 작동하는 탈 수 있는 완구는 부상의 우려를 최소화하기 위한 최대속도의 제한과, 청력손상 방지 및 어린이가 올라가서 노는 완구는 그 무게를 견딜 수 있게 설계되어야 한다고 규정한다.

둘째, 인화성인데 어린이의 환경에서 위험한 인화성을 가진 재료로 수정되어서는 안되고, 폭발성의 재료나 물질의 함유가 없어야 하며, 화학적 반응에 의해 폭발할 수 있는 물질은 함유되어서는 안된다.

셋째, 화학성 특성은 Directive 67/548/EEC와 1999/45/EC 및 CLP 법령에 따른다. 스테인리스 강 중의 니켈은 제외되나, 발암성, 돌연변이성, 생식독성은 CLP에 의해 사용이 금지되며, 니트로사민과 관련물질은 36개월 이하의 어린이가 사용하는 완구 또는 입에 넣도록 의도한 완구에서 용출량이 기준치 이상일 경우 그 사용을 금지시키고 있다.

또한, 알레르기를 유발하는 55개의 방향물질의 함유를 규제하고 있는데, 기술적으로 불가피하고 100mg/kg을 넘지 않는 미량의 방향물질의 함유는 허용하고 있다.

넷째, 전기적 특성은 24볼트를 초과하는 전원의 사용금지와 전기적 충격을 방지하기 위해 적절히 절연되고 보호되어야 한다. 전기완구는 접촉할 수 있는 표면의 온도가 화상을 야기하지 말도록 설계 및 제조되어야 하며, 예상 가능한 잘못된 사용시에 전원으로부터 전기적 위험을 방지할 수 있어야 한다. 화재위험 방지와 오작동 시에도 안전하게 동작할 수 있어야 하며, 레이저, LED로부터 눈 또는 피부 손상을 방지할 수 있게 설계되고 제조되어야 한다.

마지막으로 위생인데, 완구는 감염, 질병 및 오염의 위해성을 방지하기 위해 위생요건에 부합하도록 설계되고 제조되어야 하는데, 36개월 이하의 어린이가 사용하는 완구는 세척될 수 있어야 한다. EU

는 특히 완구에 대해서는 그 적합성에 대한 EC 선언을 하고, CE마크도 부착해야 한다고 엄격하게 규정하고 있다.

(2) 완구산업의 청정기술

완구산업은 화학산업이나 바이오산업 등 기간산업에서 개발된 첨단 친환경 기술을 총 동원하여 어린이를 위한 최고의 친환경성과 안정성을 동시에 갖춘 완구 개발에 힘써야 할 것이며, 한 가지 예를 소개하기로 한다.

EU의 장난감기술연구소(AIJU)는 장난감에 사용할 수 있는 생분해성 소재 개발을 위해 BIOTOY 프로젝트를 통하여 보다 높은 생분해성 특성을 가지고 있는 소재 개발에 착수하였다. 생분해성 소재는 이산화탄소, 메탄, 물, 무기물 혹은 미생물 촉매 반응에 의해서 분해될 수 있는 고분자로 정의된다. AIJU는 아직 시장에 출시되지 않은 생분해 특성을 가지고 있으면서도 새롭고 다른 종류의 제품을 디자인하고 생산하는데 적합한 다양한 종류의 소재를 시장에 공급하기 위해 다음과 같은 절차를 수행하였다.

❶ 소재 선택

새로운 소재는 매우 뛰어난 유동성을 가지고 있어야 장난감 사출공정에 사용될 수 있기 때문에, 이러한 소재 특성을 고려하여 연구 초기 단계인 "생분해 특성을 가지고 있는 소재의 파악 및 선택"과 관련하여 아래와 같은 후보 군을 도출하였다.

- 천연 전분 기반 폴리머
- 생분해성 폴리에스터: PHB P 226
- 폴리비닐알콜
- 톱밥과 아몬드 껍질로 구성된 열가소성 화합물
- 아몬드 껍질로 구성된 바이오폴리머 화합물
- 열가소성 플라스틱의 산화 분해를 촉진하는 첨가물질

❷ 사출 시험

실제 사출공정에 들어가기 전에 사출공정 중의 충진, 압축, 냉각공정을 다양한 생분해성 소재를 사용하여 시험 분석한 결과, 선택된 소재들은 이와 같은 공정 적용에 아무런 문제가 없는 것으로 밝혀졌다. 시간 및 온도와 관련된 사출공정 파라미터는 주의 깊게 관측되었는데, 이는 사용된 소재들이 이러한 요소에 매우 민감하기 때문이다.

❸ 결과분석 및 토의

여러 소재의 경도, 유속, 연화점 등이 분석되었다. 결과를 보면, 각각의 소재들이 다양한 물성 및 기계적인 특성을 갖고 있었으며, 사출공정이 모두 적용 가능할 뿐만 아니라 다양한 장난감에 사용할 수 있었다.

❹ 추후 연구

바이오플라스틱은 장난감 산업 분야에서 점차적으로 확산되고 있으며, 생분해성 소재 연구의 다음 단계는 충격에 대한 저항성을 향상시키는 것이다. 제품 생산에 사용되는 소재와 여러 첨가제들의 조합을 최적화하고 향상시키는 연구가 지속되고 있다.

5.12.4 화장품산업

기후변화에 따라 탄소 배출이 적고, 친환경적인 제품에 대한 중요성이 증대되고 소비자들의 화장품에 대한 안전성 요구도가 커지고 있다. 이에 따라 유기농, 천연화장품이 각광을 받고 있으며 향후 남녀노소에 무관하게 가격에 구애받지 않고 친환경 화장품에 대한 수요가 크게 증가할 것으로 전망된다.

(1) 화장품산업의 환경규제 동향

EU 회원국은 1977년 말까지 화장품 지침에 명시된 요건을 수행하기 위한 법률적 조치를 완료했으며, 이를 이행하지 않은 화장품이 시장에 출시되지 않도록 적절한 조치를 취하고 있다. 2005년 3월 화장품의 화학물질 사용규제를 발효하여 화장품에 대한 화학물질 사용 기준을 강화하고, 기준을 준수하지 않은 화장품의 EU내 판매를 금지시켰다. 주요 대상품목인 8개 화학물질별로 최대 함유량이나 라벨링 요건 등이 규제되어 있는데, 주요 대상이 되는 화장품은 머리염색제, 인공 네일, 헤어 케어 제품 등이다.

EU는 화장품 내 포함되어 있는 나노물질은 불용해성 또는 생체잔류성이고 하나 이상의 외부직경 또는 내부구조가 1~100mm인 의도적으로 제조된 물질로 정의하고, 이에 대해서도 규제를 시행할 예정이다. 2009년 11월 30일 공포된 화장품법령(Regulation (EC) No 1223/2009 on cosmetic products)이 2013년 7월에 시행될 예정이며, 이는 기존에 회원국의 자국법률화가 요구되는 지침에서 자국법화가 요구되지 않는 법령으로 격상된 것이다.

화장품은 청결, 향수, 외관의 변화 등 좋은 상태의 유지를 위해 인체의 외부 또는 치아 및 구강에 도포될 것을 목적으로 하는 물질 또는 혼합물로 정의하고 있고, 부속서1에 화장품의 예를 제시하고 있다. 부속서1에 따르면 화장품의 종류는 손, 얼굴, 다리 등에 바르는 크림, 에멀젼, 로션, 겔 및 오일, 얼굴에 사용하는 팩, 염색 베이스(액상, 페이스트, 파우더 등), 화장파우더, 목욕 후 마르는 파우더, 비누, 향수, 샤워액(염, 품, 오일, 겔 등), 제모제, 냄새제거제, 지한제, 머릿결관리제품, 염색 및 탈색제, 머릿결 웨이브, 스트레이트 및 고정제품, 세팅제품, 클린징제품(로션, 파우더, 샴푸), 컨디셔닝 제품(로션, 크림오일), 헤어로션류(로션, 락카, 광택제), 면도용 제품(크림, 폼, 로션), 얼굴 및 눈 화장제품 및 화장제거제품, 입술에 바르는 제품, 구강 및 치아관리제품, 손톱관리제품, 외부위생제품, 선탠제품, 선탠유사제품, 피부미백제품, 주름방지제품 등이다.

개정 법률의 주요내용은 동물시험의 금지와 나노물질의 신고로 크게 두 가지인데, 동물에서 시험된 화장품은 근본적으로 시장출시가 금지되며, 불용해성 또는 생체잔류성이나, 하나 이상의 외부 직경 또는 내부구조가 1~100mm인 의도적으로 제조된 물질로 정의된 나노물질은 제13조에 따라 색소, 방부제 또는 UV차단제 이외의 용도로 나노물질을 사용한 모든 화장품은 2013년 상반기 내에 온라인으로 신고해야 한다.

탄소성적표지제도는 제품 생산부터 소비자의 사용에 이르는 생산-유통-소비 과정에서 발생되는 온실가스 배출량을 제품에 표시하는 정책으로서, 탄소성적표지가 용기에 부착되면, 소비자들 용기 라벨만 보고도 제품 생산-유통-소비 과정에서 배출되는 온실가스량을 알 수 있어, 온실가스 배출량이 적은 제품을 골라 친환경 소비운동에 쉽게 동참할 수 있다.

세계 50여 개 이상의 국가들에서 유기농 제품에 대한 조정 및 인증을 맡고 있는 프랑스의 유기농 인증기관 에코서트(ECOCERT: Ecocert Natural & Organic Cosmetic)는 인증을 받은 40여 개 유기농 화장품 회사가 참여한 코스메바이오의 유기농 화장품 인증 절차를 수행하고 있다. 유럽 전 지역에 위치해 2000여명의 전문가들이 유럽 공동체 ECC의 법률 2092/91조의 유기 품질관리에 대한 규정에 따라 검사를 수행한다. 이들은 인증을 위해 공식적으로 연 1회 및 수시로 방문해서 재배와 생산의 모든 단계에서 에코서트의 자문을 받고 검사를 받는다. 이런 과정을 통해 생산된 제품은 최종 검사를 마친 뒤에 유기 인증을 받게 되며 12~18개월의 기간 동안만 유기농 인증을 해주고 있다.

국내에서는 화장품·의약품 연구개발, 제조 전문기업인 한국콜마가 에코서트로부터 기초, 색조화장품, 헤어제품 및 바디화장품에 대해 '에코서트 인증'을 획득했다고 2009년 5월초 발표한 바 있다. 한국콜마는 유기농 화장품 생산을 위한 적합한 설비 및 품질관리 시스템을 갖춘 공장설비에 대해 기초화장품 공장은 물론, 색조화장품 공장에 대해서도 동시에 에코서트 인증을 획득했다고 한다.

탄소성적표지 인증에 있어서는 아모레퍼시픽 미쟝센의 샴푸가 화장품 업계 처음으로 온실가스 배출량을 나타내는 '탄소성적표지(탄소라벨링)' 인증을 받았다고 한다. 아모레퍼시픽은 2009년 9월 인재개발원에서 지식경제부 측 관계자와 20개 협력사 대표 등 총 60여 명이 참석한 가운데 저탄소 경영체제 구축을 위한 협약식을 가진 바 있다. 이 협약식에서 아모레퍼시픽과 20개 협력사(2차년도 추가로 20개 협력사 참여)는 지식경제부에서 시행하는 자원순환 및 산업에너지 기술개발 보급사업의 실행 시작을 선언하였다. 해당 사업을 통해 협력사에 에너지진단, 청정생산 기술이전 등을 지원하여 온실가스 배출량의 5%를 절감시키는 것을 목표로 하고 있다. 협력사는 에너지 절감을 통한 원가절감과 환경경쟁력을 증진시킬 수 있고, 모기업은 환경친화적 원자재 및 포장재를 공급받아 더욱 친환경적인 제품을 출시할 수 있을 것으로 기대하고 있다.

(2) 화장품산업의 청정기술

화장품산업의 청정기술은 정밀화학산업에서 개발된 청정기술을 제품과 공정의 특성에 적합하게 적용하는 것으로서, 몇 가지 개발 사례를 소개하면 다음과 같다.

(가) 초임계 기술(supercritical technology) 응용

초임계 기술을 응용하여 기존의 유기용매를 이용한 성분추출방법에서 잔존 유기용매로 인한 피부 부작용 및 유기용매제거에서 발생하는 약물손상의 문제를 해결한 방법으로서, 물체에 메탄올과 같은 유기용매를 사용하지 않고 100기압 이상의 이산화탄소(CO_2)를 이용하여 원하는 성분을 추출해 내는 기술이 개발되었다.

생분해성 고분자란 사용 후 폐기하면 토양 중의 미생물 등에 의해 물과 이산화탄소 등으로 분해되는 환경친화적인 고분자를 말하는데, 생분해성 고분자 및 추출할 성분을 넣고 초임계 유체(CO_2)와 압력을 가한 다음, 압력을 낮춰주면 CO_2는 기화되면서 생분해성 고분자와 성분이 피부 흡수율을 증진시켜주는 지능형 나노구조체를 이루게 된다. 압력을 낮출때 초임계 유체는 분리 회수되고 약물(성분)의 손상을 줄일 수 있으며, 잔존용매로 인한 피부의 부작용을 해결할 수 있다. 이와 같이 유기용매를 사용하지 않은 친환경 청정 초임계 공법을 이용하여 천연 추출물을 함유한 화장품을 제조할 수 있다.

(나) 나노기술 응용

피부 노화 방지 효과가 있다는 나노화장품 등은 주름 개선용이나 미백용으로 사용되고 있다. 기존의 화장품에 비해 나노캡슐 기술을 이용한 제품은 피부 깊숙이 스며들어 보다 효과적이라고 한다. 자외선 침투를 막아주는 선크림, 선블락은 50나노미터 크기의 산화아연을 이용한 사례로 기존의 선크림보다 투명한 느낌을 주고 보다 효과적인 자외선 차단효과를 주고 있다.

(다) 무공해 청정원료 개발

'얼굴의 보약' 으로 각광받는 해양성 원료는 주로 해조류나 해양생물 추출물, 해양심층수 등이다. 특히 지금까지 마시는 것으로 인식돼온 해양심층수는 바르는 화장품으로 각광받고 있다. 태양광이 도달하지 않는 해양심층수는 식물성 플랑크톤이나 해조류가 광합성을 거의 하지 않아 무기 영양염류와 미네랄을 그대로 보존하고 있고, 대장균이나 유해 미생물이 없어 화장품 원료로 적합한 것으로 알려져 있다.

LG생활건강은 피부노화 방지 원료를 찾기 위해 극지연구소와 양해각서(MOU)를 맺고 남극의 생물자원, 특히 해양 미생물, 이끼류처럼 극한 환경에서도 살아가는 생물체 연구에 나섰다. 극지생물은 강한 자외선과 심한 기온변화도 견딜 만큼 생명력이 강해 피부노화를 예방하는 성분을 개발하는데 도움이 될 것으로 기대하고 있다.

사람의 손이 거의 닿지 않는 남극이나 아프리카 밀림, 시베리아도 화장품회사에는 매력적인 원료창고이다. 극서, 극한의 기후와 상관없이 강한 생명력을 이어가는 이곳의 동식물은 환경오염과 거리가 먼 청정지역에서 자라고 있어 차세대 화장품 원료로 주목받는다. 아프리카의 모로코 서남부 일부 지역에서만 서식하는 아르간 나무열매나 시베리아 툰드라 자작나무 수액을 먹고 자라는 차가버섯, 브라질 열대 밀림에서 자라는 무루무루 나무의 씨앗도 화장품 원료로 쓰인다.

(라) 친환경포장(environment friendly packaging)

친환경포장은 환경에 위해를 주는 요소를 최소화시켜 환경영향이 저감되도록 개발한 포장기술을 의미하며, 감량, 재사용, 재활용, 열회수, 폐기처리 등에 주안점을 두고 설계한다.

코리아나 화장품은 자연에서 화장품 원료를 연구해 오다 자연 분해되는 대나무 원단 에코백을 개발하여 화장품 포장재로 사용한 바 있다. 친환경 에코 쇼퍼백은 대나무 원단으로 만들어져 땅에 묻으면 자연 분해가 되고, 항균력 등이 일반 제품보다 뛰어나다고 한다.

(마) 발효 화장품

발효화장품은 화학성분의 사용을 최대한 배제할 뿐만 아니라, 영양소 파괴가 거의 없고 분자구조가 작기 때문에 피부흡수가 용이하다. 또한 원료 스스로가 갖고 있는 영양소 파괴를 막으며 피부에 유익한 영양소 침투를 극대화해 영양을 충분히 공급 할 수 있다. 발효는 아미노산류, 비타민류, 각종 기능성 물질이 생성되고 합성되는 과정에서 영양소의 파괴는 거의 일어나지 않으며, 발효산물들은 효모가 먹고 배설한 물질이므로 분자구조가 작아서 피부에 잘 흡수된다. 미생물과 효모의 작용으로 분자의 입자가 80나노 이하로 분해되어 각종 발효성분이 진피층까지 흡수되어 피부속 독성은 물론이고, 노폐물을 분해해 배출시킨다. 우유, 채소, 식물, 한약재 등 각종 화장품의 원료들은 발효과정을 거치면 영양소가 200~600%까지 유효성분이 증가한다고 한다.

(바) 친환경 전략

국내 화장품 기업들의 친환경 전략을 살펴보면 다음과 같다.

❶ 아모레퍼시픽

지속가능한 제품(무첨가 제품, LOHAS인증 제품, 유기농 제품, 생태계 보존 제품, 자원절감 제품, 탄소발자국 제품, 사회적 약자를 배려한 제품 등)을 개발하고, 포장재의 지속가능성을 강화하며, 지속가능 구매를 실천하고, 유전자 항노화 기술 등 신기술을 개발하고, 동물실험 대체법을 연구 개발한다.

❷ LG생활건강 '비욘드'

재활용이 가능한 포장재를 사용하고, 화학 방부제를 사용하지 않고, 인공 색소를 첨가하지 않으며, 폐기물 발생을 최소화하고, 화학성분을 최소화하고, 유기농 성분과 천연성분을 사용하고, 화장품의 동물 실험에 반대한다.

❸ 키엘(Kiehls)

피부에 자극이 적은 천연성분을 사용하고, 재활용이 가능한 용기만 사용하고, 최소한의 방부제만 사용하며, 인공색소나 향을 거의 사용하지 않고, 아마존 밀림보존 활동과 그린란드 환경보존 활동을 실행한다.

❹ 아베다(Aveda)

아베다 빈병 뚜껑 수거 프로그램을 통해 재활용을 활성화하고, 천연원료를 사용하며, 재활용이 가능한 용기를 사용하고, 각종 환경보호 활동(살림벌채 중단, 서식지 보호, 깨끗한 물, 지구온난화, 죽어가는 동식물 보호 등)을 후원한다.

⑤ 록시땅(Loccitane)

식물요법과 아로마테라피의 원칙을 준수하고, 동물실험을 거부하고, 미네랄 오일보다는 식물성 오일을 사용하고, 실리콘/화학적 선스크린/파라벤 보존제 같은 원료 사용을 제한하고, 제품의 원료를 유기농 재배하며, 제품 및 도구는 친환경으로 제품 포장을 최소화하고, 제조 공정에서도 재활용을 추진하고, 에너지 사용을 줄인다.

5.12.5 고무화학산업

고무화학산업은 석유화학산업의 한 분야로서, 구입한 고무 또는 플라스틱 물질을 사출·압출·성형 및 기타 가공하여 각종 형태의 가정용, 공업용 또는 기타용의 1차제품, 반제품 및 완제품을 제조하는 산업이라 할 수 있다. 한국의 자동차와 타이어 산업의 성장에 따라 고무 소비량이 증대되는 추세인데, 고무는 타이어의 가장 주요한 원재료로서, 2011년 기준 세계 총 고무 소비량 중 57%가 타이어 제조에 사용되고 있으며, 한국의 경우는 타이어 제조용 고무사용량 비중이 80%를 점유하고 있다.

(1) 고무화학산업 환경규제 동향

플라스틱·고무 관련 산업은 전기·전자, 자동차, 기기 등 제반산업의 제조활동에 사용되는 기초 원료를 공급하는 화학소재산업으로서 국가경제활동의 기간산업이지만, 플라스틱, 고무 등과 같은 석유화학 제품은 에너지와 환경문제를 발생시키므로 이에 대한 대책마련이 시급하다.

기후변화협약, EU REACH, 다환방향족 탄화수소오일(PAHs) 사용규제 등 환경규제가 글로벌화, 강제화 되어가는 추세이고, 선진국 주도의 신물질 개발로 인해 물질특허 확보가 취약한 실정이다. 따라서 재품원료, 생산공정, 자원활용 등에 대한 친환경화 전략이 필요하고, 바이오폴리머 등과 같은 친환경성분제품, 태양광부품과 같은 환경산업분야 소재 등에 대한 연구개발에 힘써야 할 것이다.

또한 주요 고무제품인 타이어에 대한 효율 등급제도는 연비와 관계된 회전저항(rolling resistance)과 안전과 관계된 젖은 노면 접지력(wet grip) 성능 등을 등급화하여 라벨형태로 타이어에 표시하게 함으로써, 친환경적인 제품의 선택을 유도하고 있다. 일반적으로 자동차 에너지 손실에서 타이어에 의한 손실은 12~20% 수준이며, 회전저항을 10% 낮추면 연비는 1.7% 향상된다고 알려져 있다.

이러한 이유로 한국을 비롯한 EU, 미국, 일본 등에서 에너지 절감과 환경보호 차원에서 '타이어 에너지효율 등급제' 를 도입하고 있다.

에너지소비효율 등급제는 소비자가 고효율 제품을 선택할 수 있도록 제품에 에너지소비효율 등급기준(1~5등급)을 부여하고 제품에 부착된 라벨에 표시하는 것으로, 2012년 12월부터 타이어도 의무시행 대상에 포함되었다. 이러한 변화 추세에 따라 인체 및 환경에 무해하고 성능 좋은 친환경 타이어용 고무의 신소재 개발 필요성은 더욱 증대되고 있다.

국제적인 실내 공기질 인증 마크인 'FloorScore'는 미국 SCS(Scientific Certification Systems)와 RFIC(Resilient Floor Covering Institute)에서 공동으로 발행하며, 총 35가지 환경 유해 물질 함량 및 방출량을 체크하여 엄격한 친환경 기준을 만족한 제품에만 수여된다. 또한 CPSIA는 미연방정부 규제기관 CPSC(Consumer Product Safety Commission)에서 제정한 것으로서, 2007년 중국산 장난감의 대량 리콜 이후 자국 소비자 보호를 위한 것이다. 소비자에게 판매되는 모든 제품에 적용이 되는 제도로 인체에 유해한 납과 환경 호르몬 추정물질인 6가지 종류의 가소제(Phthalate: 플라스틱을 부드럽게 하기 위해 사용하는 화학 첨가제) 함유량을 체크하는 것이다. CPSIA 적합성 확보를 통해 특히 면역력이 약해 친환경이 강력히 요구되는 12세 이하 유아 및 어린이 이용시설에 적합한 친환경 제품으로 인정받게 되었다. 이러한 제도들은 고무 바닥재 등 실내에서 사용되는 고무제품의 수출에 영향을 미칠 것이다.

환경마크 제도는 생산 및 소비 과정에서 오염을 상대적으로 적게 일으키거나 자원을 절약할 수 있는 제품에 환경 표지를 표시하는 것으로서, 소비자는 인증마크를 보고 친환경 제품을 선별하여 사용할 수 있으며, 제품에 대한 정확한 환경 정보를 제공받을 수 있다. 2006년부터 실행에 들어간 '친환경상품 구매촉진에 관한 법률'에 의거 공공기관, 지방자치단체, 국립대학 병원 등에서는 친환경 인증마크 획득 제품을 의무구매해야 하고, 일반 건축시장에서도 해당 인증을 요구하는 사례가 늘어나고 있어 친환경 고무제품에 대한 수요는 지속적으로 증가할 전망이다.

(2) 고무화학산업의 청정기술

(가) 폐수처리 시스템

Golden Hope Plantation Berhad사는 고무나무의 경작부터 고무자원 생산 및 개발과 해외사업까지 관여하는 말레이시아 고무산업의 선두 회사이다. 말레이시아는 약 80여개 가량의 라텍스 농축공장과 100여개의 표준 고무공장 이외에도 수많은 고무제품 공장이 있는데, 이로 인해 배출되는 폐수는 환경문제가 되고 있다. 따라서 새로운 폐수처리 시스템을 개발하였는데, 여과와 폭기 기능이 접속된 상향 정화형으로 물리화학적 및 생화학적 청정공정에 의해 방출수의 화학적 산소요구량(COD), 생물학적 산소요구량(BOD)와 고형분(SS)을 동시에 낮추는 특성을 갖는다.

이 시스템은 응집제를 신속히 침투시켜 화학반응시간 단축과 최적의 침전효율과 최소 화학약품의 요구, 그리고 정화속도 극대화와 고급 전화수질을 보장하는 이중 정화 시스템이다. 또한, 폐순환 수력의 교반에 의한 응집체의 산소접촉을 증대시키며, 여과 후에 계단식 폭기에 의해 최종 방출수에 용존 산소 수치를 증대해서 BOD와 COD의 제거효율을 90~95%를 유지하게 되었다. 이로 인해, 폐수 무방류를 구현하였으며, 재이용에 의한 공정수를 확보하고, 청정공정 시스템의 저운전비를 달성하게 되었다.

(나) 공정개선 및 최적화

관련된 청정사례로, 제3 베이징 화학공장(BCF3)은 베이징 화학산업의 핵심적인 기업의 하나로 고분자물질제조용 첨가제 생산을 하는 업체인데, 지난 1993년에 Penta-erythritol(PWE)공장에서 청정생산 과제를 수행하였다. PE 공장 자체로는 BCF3 전 공장의 폐수 COD 발생의 40% 이상을 차지하고 있있고 PE공정은 크게 합성, 1차 증발, 2차 증발, 결정화, 세정 및 건조로 구성되어 있고, 총 20가지의 청정생산 선택이 확인 평가되었다.

이는 원료 추가량과 속도를 조절하기 위한 마이크로컴퓨터 설치와 냉각 시스템의 개선 및 확대가 요구되었으며, 분리 특성이 개선된 원심분리기로 대체하고, 결정화 공정에서 폐수로 손실되는 원료를 회수하기 위해 진공펌프를 설치하는 등의 요구가 있었다. 이로 인해, 원료와 에너지절감은 물론 COD 감소 및 인건비 절감의 효과를 가져왔다.

이밖에, 피혁, 비료, 혹은 치즈 등에 관한 청정공정사례를 외국의 경우에서 찾아볼 수 있으며, 이는 경제적 요소와 친환경적 요소를 늘 염두에 두고 개발하고 연구하고 있는 실정이다.

(다) 고효율 친환경 타이어

에너지효율을 높여 CO_2 배출량을 감축시키는 '환경친화적' 개념은 최근 타이어 부문에서는 타이어 효율 등급제도 추진과 환경규제 확대 및 폐타이어의 재활용 방법 모색 등으로 가시화되고 있다.

에너지 소모를 줄여주는 친환경 타이어가 주목받고 있는 것은 타이어가 자동차 연비에 미치는 영향이 지대하기 때문이다. 유럽 연비 시험 기준(NEDC)에 따르면 총 연료 소모량 중 20.9%가 타이어에서 비롯된다.

타이어로 인한 연료 소모량이 이처럼 많은 것은 회전저항(RR: Rolling Resistance) 때문이다. 친환경 타이어 기술은 회전저항을 주력하고 있는데, 대표적인 것이 나노 실리카 기술이다. 실리카는 천연고무와 석유에서 나오는 카본블랙 등 타이어 트레드 제조에 사용되는 고무 사이에 화학적 결합을 강화하기 위해 첨가되는 규소 계열 성분이다. 친환경 타이어는 이 밖에도 공기저항을 감소시키기 위해 타이어 폭을 좁게 하거나, 타이어 접촉면 형태가 변형되는 것을 최소화하기 위해 지름을 키우고 타이어 내부 공기압을 증가시키는 특징 등을 갖고 있다.

고효율 친환경 타이어를 생산하기 위한 몇 가지 기술을 살펴보면 다음과 같다.

❶ 저연비 컴파운드 기술

각종 신소재를 활용하는 기술로서, 실리카 등 신소재를 고무와 최적화한 비율로 혼합하여 실리카와 고무, 첨가제를 온도, 전력, 전류 등 다양한 요인으로 제어하면서 혼합해 최적의 에너지효율을 갖는 혼합물을 만드는 기술이다.

❷ 회전저항 절감 프로파일 기술

성능 저하 없이 타이어 연비를 극대화하는 기술로서, 고무의 점탄성과 에너지 손실 정도를 바탕으로 회전저항을 예측하여 타이어마다 회전 저항을 최적화하는 타이어 구조설계 기술이다.

❸ 가상 소음 시뮬레이션 기술

인간의 청감 특성까지 고려해 타이어 소음을 튜닝해 정숙한 주행 환경을 제공하는 기술이다.

❹ 최적 접지압 설계 기술

타이어가 실제로 노면에 접촉하는 부분을 예측하고 분석해 승차감을 높이는 기술이다.

❺ 비공기입 타이어

고무 타이어에 사용되는 공기압을 사용하지 않는 타이어로서, 운전자의 편이 증진 및 안전성 향상과 더불어 기존 고무 타이어 대비 환경부하의 획기적인 개선이 가능한 기술이다. 보통 8단계에 걸쳐 만들어지는 타이어 제조과정을 4단계로 대폭 단순화함으로써, 에너지 절감 및 유해물질 배출 저감 효과도 기대할 수 있으며, 고무타이어에 비해 소재가 단일화 돼 수거 및 재활용이 용이하다.

❻ 천연소재 타이어

타이어 업계는 연비 개선뿐만 아니라 소재 자체를 친환경 소재로 대체하려는 노력도 기울이고 있다. 브리지스톤은 바이오매스(나무, 풀, 잎, 뿌리 등 광합성에 의해 생성되는 식물자원)를 이용해 합성고무를 만드는 기술을 개발했고, 민들레에서 추출한 천연고무를 타이어 제작에 활용하는 방법을 연구 중이다. 민들레에서 추출한 고무성분은 고무나무에서 수확하는 천연고무와 거의 동일한 품질을 갖고 있다고 한다.

(라) 폐타이어 재활용

수명이 다한 폐타이어의 경우 과거에는 단순 폐기물로서 무분별하게 매립되었으나, 현재는 소중한 자원으로 발생량 전량이 재활용되고 있으며, 수요량 대비 공급이 부족한 상황이다. 재활용 방법에 있어서도 단순 열이용 방법에서 고무아스팔트 및 놀이터용 고무매트 등의 환경친화적인 물질재활용 중심으로 비중을 확대하고 있다. 타이어 생산시 폐타이어를 분쇄·가공한 재생고무를 다시 타이어 생산원료로 사용할 수 있도록 하는 고무기술의 개발은 상당한 연구 가치가 있을 것으로 보인다.

금호석유화학은 산업폐기물을 에너지로 하는 열병합발전소를 설립하고 국내 최초로 폐타이어 고형연료를 사용 중이다. 폐타이어 조각과 석탄을 혼소하는 것으로 대한타이어공업협회로부터 연간 8만톤가량의 폐타이어를 구매해 유연탄을 대체하고 있다. 또 주력인 합성고무를 생산할 때 공정상 최첨단 타이어용 신소재인 SSBR에 가황공정과 분진을 최소화해 환경오염과 타이어의 연비향상을 도모, 에너지 절감형 친환경 제품개발에도 힘쓰고 있다.

(마) 친환경 고무 바닥재

친환경 제품에 대한 관심이 증대됨에 따라 내구성, 소음 저감, 안정성 등을 보유한 친환경 고무 바닥재에 대한 수요가 늘고 있는데, LS전선에서 고분자 컴파운딩 기술을 적용해 개발한 친환경 고무 바닥재 제품 5종이 환경마크 인증을 받은 바 있다. 이 제품은 건물 내부에 타일, 계단, 롤 형태로 사용되는 실내용 바닥 장식재로서, 탁월한 내구성, 특유의 탄성에 의한 소음저감 및 충격흡수, 우수한 보행안정성, 화재 발생시 유독가스가 발생하지 않는 안전성 등의 장점이 있다고 한다. 이 제품은 결국 2012년 4월 미국 환경 인증인 FloorScore 인증과 CPSIA(Consumer Product Safety Improvement Act) 적합 성적서를 받은 것으로 발표되었다.

친환경 고무 바닥재로 인해 '새집증후군'이라 불리는 호흡기 질환, 피부 질환, 두통 등을 유발하는 휘발성 유기화합물, 포름알데히드, 톨루엔 등의 배출이 방지되어 쾌적하고 건강한 실내 환경을 조성할 수 있게 되었다.

참고문헌

참고문헌

강계명, 김유상 (2009), "친환경 도금표면처리 기술동향", 한국표면공학회지, 42/6, pp. 301-310

강재훈 외 3인 (2008), "친환경 생산가공기술의 현황", 한국공작기계학회지, 17/2, pp. 32-39

강홍윤 외 12인 (2007), 재(再)제조산업 동향 및 발전전략, 국가청정생산지원센터

강홍윤, 김진호, 안희경, 이종호 (2010), 도시광산산업 동향 및 발전과제, 국가청정생산지원센터

강홍윤, 김진호 (2010), 지속가능생산기술 동향 및 산업계 적용방안, 국가청정생산지원센터

강홍윤, 김성덕, 김진호 (2010), 자원생산성 향상 및 환경 경제적 효과 극대화를 위한 기업의 전과정 경영, 국가청정생산지원센터

공성용, 이희선, 김강석 (2000), 화학산업체의 청정생산 실행기법 및 활성화 방안 연구, KEI(한국환경정책 · 평가연구원) 연구보고서

국제환경규제 종합정보망, (http://www.compass.or.kr/)

경기개발연구원 (2004), 쓰레기 자동집하시설 도입 타당성 검토

김기협 (2011), 신소재 분야의 기술 동향과 융합기술, 차세대융합기술연구원, FutureCAST

김동민 (2012), 자동차로 보는 화학소재의 미래, 삼성경제연구소, SERI 경영노트 제146호

김동현, 김광선, 이춘만 (2012), "친환경 난삭재 절삭가공기술", 기계저널, 52/2, pp. 43-47

김만영 (2010), EU의 "지속가능한 발전"관련 정책과 시사점, 한국환경산업기술원

김미숙 외 3인 (2007), "나노 물질의 인체 및 환경 유해성에 관한 위해성평가 방안의 고찰", 청정생산, 13/3, pp. 159-170

김상용 (2003), 지속발전을 위한 청정생산기술, 시스마프레스(주)

김상용 외 3인 (2004), "국내 친환경공정기술 분야의 기술지도 소개 및 분석", 청정기술, 10/4, pp. 189-194

김성덕 외 3인 (2012), 자연에서 얻은 지혜, 자연모사기술(Nature Inspired Technology)의 현재와 미래, 한국산업기술평가관리원, PD ISSUE REPORT, Vol. 12-4

김재연 (2006), 합성염료 기술개발 동향과 환경 친화성 염료, 포항산업과학연구원

김완두 (2006), "자연모사공학-생체모방", 기계저널, 대한기계학회, 26/4, pp. 34-37

김완두 (2010), 자연모사기술, 청정생산기술에서 녹색기술까지

녹색기술센터 (2012), Global Green Tech News 2012.6

녹색기술센터 (2012), 녹색기술 혁신사례집

녹색기술센터 (2012), 2012 녹색기술 정책맵

대한상공회의소 지속가능경영원 (2009), 환경전략과 녹색제품 개발, 뉴스레터, 179호

대한상공회의소 지속가능경영원 (2007), 기업의 사회적 책임(CSR)과 기업가치: CSR이 기업가치를 높이는가?, BISD 연구보고서

도건우, 박환일 (2010), 녹색보호주의 대두와 대응방안, 삼성경제연구소, Issue Paper

박균성 외 (2006), 환경법, 박영사

박명섭 외 2인 역 (2011), 녹색 공급사슬의 설계와 구축, 우용출판사, 스즈키 쿠니노리 원작

박상도 (2009), "이산화탄소 포집 및 저장기술", 물리학과 첨단기술, pp. 19-23

박석하 (2009), SCM에서 그린물류 추진전략, 발표자료

박석하 (2011), 녹색물류, 한국표준협회미디어

박선원 (2004), "전과정평가(LCA)의 동향과 향후방향", 지속가능산업발전, Vol.7, No.1

박장선 (2011), 화학분야의 국내외 환경규제 동향과 대응방안, 한국환경산업기술원, GGGP 제44호

박재원 (2009), 녹색물류의 이해, 한국생산성본부 녹색경영팀 발표자료

박정훈, 백일현 (2009), "연소전 CO2 포집기술 현황 및 전망", KIC News, 12/1, pp. 3-14

박창선, 김덕중, 차용훈 (2010), 친환경자동차 소재 기술, 한국연구재단

박필주 (2010), 국내외 에코디자인 동향 및 녹색성장을 위한 발전방향, 한국환경산업기술원, GGGP 제16호

박훈 외 4인 (2009), 녹색성장을 위한 친환경 부품소재 육성 전략, 산업연구원, 연구보고서 제556호

법제처, (http://www.moleg.go.kr)

사공일 (2009), 사례를 통해 본 녹색물류 경영전략, 한국무역협회

산업연구원 (2004), 재제조산업의 육성 필요성과 경제적 파급효과

산업자원부 (2005), Eco-design 준수지침, 발효내용보고

산업자원부 (2004), EuP(에너지원 사용제품 Eco-design 준수지침) 표준화작업 동향

산업자원부 국가청정생산지원센터(www.kncpc.re.kr) 홈페이지

석유화학공업협회 (2000), 석유화학산업에서의 에너지 절약사업 추진

신희덕, 진영섭 (2008), 유기성 폐기물의 에너지자원화 기술개발 동향, 한국과학기술정보연구원

안병욱 (2010), 전과정평가(LCA)개요, 에코프론티어 발표자료

여인국 외 8인 (2009), 산업원천기술로드맵 금속소재, 한국산업기술진흥원

여인국 외 8인 (2009), 산업원천기술로드맵 바이오, 한국산업기술진흥원

여인국 외 8인 (2009), 산업원천기술로드맵 섬유의류, 한국산업기술진흥원

여인국 외 8인 (2009), 산업원천기술로드맵 청정기반, 한국산업기술진흥원

여인국 외 9인 (2010), 2010 산업융합원천 기술로드맵 기획 보고서 산업소재(화학공정소재), 한국산업기술진흥원

에코프론티어 (2004), EU제품 환경규제가 제품디자인과 제조를 변화시킨다, 전문가 리포트

오진규, 오인하 (2009), 에너지 부문의 기후변화대응과 연계한 녹색성장 전략연구: 기후대응 녹색에너지산업의 성장잠재력 분석, 에너지경제연구원

오길종 (2008), 전과정평가기법을 이용한 생활폐기물 관리 지원시스템 개발, 국립환경과학원

육근효 (2009), 환경관리회계 : 이론과 실천사례, 집문당

이건모 (2003), Best Practices of ISO14021, APEC, 산업자원부

이건모 (2004), Life Cycle Assessment ISO 14040 시리즈 실무 지침, 무역투자위원회

이경미, 홍정석, 이상현 (2012), 석유대체 친환경 바이오화학 산업 · 정책 동향 및 R&D 이슈, 한국과학기술기획평가원, 과학기술 및 연구개발사업 동향브리프

이미영 (2011), 녹색물류산업의 해외동향 및 시사점, 국토연구원

이병욱 외 5인 (2001), 지속가능한 산업발전 전략, 포스코경영연구소

이성진, 고일원, 정석호 (2012), 녹색기술 개념과 정책 발전 방향, 한국과학기술기획평가원, ISSUE PAPER 2012-09

이성풍 외 3인 (2011), 제품 환경성 향상 기술, 환경기술 기술동향보고서

이승은 (2002), 도시생태네트워크 계획, 시그마프레스

이정순, (2009), "녹색성장과 친환경의류소재", 한국생활과학회, pp. 15-31

이종명 (2003), 레이저와 청정가공, 한림원

이준우, 소대섭, 서형석 (2010), "나노섬유의 제조와 응용 기술동향", 공업화학 전망, 13/1, pp. 32-50

임미희 외 3인 (2011), "제지산업의 지속가능한 처리공정을 위한 제지슬러지 재활용 기술", 세라미스트, 14/2, pp. 7-14

장지인 (2007), "에코효율성(Eco-efficiency) 제고를 위한 물질흐름원가회계 기법의 활용방안", 국제회계연구, 19, pp. 39-58

장현숙 (2012), 2012년 주목해야 할 국제환경규제와 기업 대응전략, Trade Focus, Vol.11 No.10

전형진, 고현정 (2008), 국가 친환경 물류체계 구축을 위한 Modal Shift 활성화 방안, 한국해양수산개발원

정보통신산업진흥원 산업기반팀 (2011), 2011년도 반도체디스플레이 녹색생산기술 연구기반구축 기획보고서

정영훈 (1997), 주택단지 쓰레기 관로수송방식 적용에 관한 기초연구, 숭실대학교

정은미, 곽대종, 황윤진 (2009), 철강 · 석유화학산업의 친환경 및 고효율 구조전환 전략, 산업연구원, 연구보고서 제552호

정호상, 한일영, 문지원 (2008), 경쟁우위의 새로운 원천: SCM, 삼성경제연구소, CEO Information

제갈종건 (2010), 바이오플라스틱 기술 및 시장 동향, Bioin 스페셜 Zine

제갈종건 (2012), "바이오플라스틱 현황 및 전망", 공업화학 전망, 15/4, pp. 21-25

조문수 (2007), 산업과 인간, 숭실대학교

조문수, 임태진 (2012), 환경규제 동향과 대응, Green Tech Series 1, 숭실대학교 출판국

조진구 외 4인 (2008), "환경규제 대응형 신 화학소재 합성 및 평가기술", 고분자과학과 기술, 19/6, pp. 499-511

(주)포텍 (2007), 분해성 플라스틱 최근 동향 및 플라스틱 대체품 개발 현황, 환경부 한국환경기술진흥원

(주)테크노이노베이션파트너스 (2008), 이산화탄소 포집 저장 기술동향 분석, 이슈리포트 2008-002

중소기업기술정보진흥원 (2011), 제조현장녹색화기술개발사업 녹색공정 핵심전략기술군별 과제

중소기업기술정보진흥원 (2011), 제조현장녹색화기술개발사업 최종 RFP

중소기업청 (2012), 중기청, 2012년 중소기업 통합 기술로드맵 수립, 보도자료(2012.3.15)

지식경제부 (2009), 생태모사 기획 최종보고서

지식경제부/전자부품연구원 (2004), 전자제품 무연 솔더링 인프라 구축 및 지원사업 기획보고서

지식경제부 (2010), 바이오제품 시장 및 바이오기술개발 동향 - 바이오 산업원천기술개발사업 -

지식경제부 (2012), 청정에너지기술, 투자 대비 화석연료절감 효과 3배, 보도자료(2012.6.19)

지식경제부 (2012), 지경부, 미래 화학산업의 새 지평을 여는 "바이오화학 육성전략"발표, 보도자료(2012.12.27)

최광림 (2008), 기업과 지속가능경영, 지속가능경영원

최정석 (2002), "생태산업단지 개발 프로세스에 관한 연구", 한국공간환경, 6월, 제3권 제1호

한국산업기술진흥원 (2013), 미국의 바이오 산업 현황 및 정책 동향, 산업기술정책 브리프 2013-2

한국섬유산업연합회 (2011), "최근 국내외 섬유제품 에코라벨 동향", 섬유패션산업 동향, pp. 33-39

한국생산기술연구원 국가청정생산지원센터 홈페이지, (http://www.kncpc.or.kr/main/main.asp)

한국생산기술연구원 국가청정생산지원센터 (2004), 해외 환경경영 동향

한국생산기술연구원 국가청정생산지원센터 (2006), 알기 쉬운 청정생산

한국생산기술연구원 국가청정생산지원센터 (2012), 주요 산업 국가별 무역 환경규제 대응 가이드라인, 지식경제부, 대한상공회의소, 한국무역협회

한국생산기술원 국가청정생산지원센터 (2012), 청정생산기술에서 녹색까지

한국생산기술원 국제환경규제 기업지원센터 (2011), 소재와 환경: 환경학적 정보에 기반한 소재선정, Michael F. Ashby

한국염색기술연구소 (2009), 디자인 실용화 기술교본

한국염색기술연구소 (2008), 차세대 디지털 날염(DTP) 기술의 국산화 기술개발에 관한 연구기획

한국환경산업기술원 (2009), 산업계 녹색구매 자발적 협약이행 보고서 2009

한국환경산업기술원 (2010), 에너지관련제품(ErP)의 에코디자인 지침 해설서, 환경부

한국환경산업기술원 (2011), 2012 공공기관 녹색구매 수범사례집

한국환경자원공사 (2005), 폐기물부담금제도 개선 및 발전방안 연구

한국환경정책 · 평가연구원 (1996), 한국 환경 50년사

한국환경정책 · 평가연구원 (1998), 청정생산구축 사례연구, KEI 기본과제 연구보고서

환경부, (http://www.me.go.kr)

환경부 (2010), 자동차 평균에너지소비효율기준 온실가스 배출허용기준 및 기준의 적용 관리 등에 관한 고시, 환경부공고 제2010-295호

환경부 (2011), 전국 폐기물 발생 및 처리현황

환경부 (2002), 지속가능한 개발을 위한 생태산업단지 구축방안

환경부 (2006), 환경백서

환경부 (2002), 환경백서, 제2차 국가폐기물종합대책

환경부 (2007), 나노기술 백서, US EPA 번역본

허운행 (2006), 계면활성제 합성 및 응용기술 개발동향, 포항산업과학연구원

허탁 (2011), 전과정평가의 이해, Working Paper, 건국대학교

홍일선 (2011), "그린 SCM이 지속가능 기업의 경쟁력", LGERI 리포트, pp. 32-44

홍정기, 문희성 (2009), "미래의 유망 소재", LGERI 리포트, pp. 2-19

Alhilali, S. (2008), The UNIDO UNEP Cleaner Production Programme, Conference on Resource Efficiency

Al-Aomar, R,. Weriakat, D. (2012), "A Framework for a Green and Lean Supply Chain: A Construction Project Application," Proceedings of the 2012 International Conference on Industrial Engineering and Operations Management, pp.289-299

Antle, John M., Heidebrmk, Gregg (1995), Environment and Development: Theory and International Evidence, Economic Development and Cultural Change 43(3)

Ayres, Robert U. (1989), Industrial Metabolism, Technology and Environment, Washington, DC: National Academy Press

Barbier, Edward (1987), The Concept of Sustainable Economic Development, Environmental Conservation, Vol.14, No.2, Summer

Baumann, J., et al. (1994), Life Cycle Assessment-A comparison of three methods for impact analysis and evaluation, Clear Prod. Vol.2, No.1, pp.13-20

Beaumont, John R, Pedersen, Lene M., and Whitaker, Brian D. (1993), Managing the Environment. Butterworth-Heinenmann Ltd. Great Britain

BP (2001), BP Statistical review of world energy

Cambridge University Press (2001), Climate Change

Cheremisinoff, N. P., Rosefeld, P. (2009), Handbook of Pollution Prevention and Cleaner Production – The petroleum industry, Elsevier

Christiansen et al. (1997), Simplifying LCA: Just a cut, Final report SETAC–Europe LCA screening and streamlining working group, SETAC–Europe, Brussels

David T.A. and David R.S. (2002), Green Engineering: Environmentally Conscious Design of Chemical Processes, Prentice Hall PTR

Derwent et al. (1996), Photochemical ozone creation potentials for a large number of reactive hydrocarbons under European condition, Atmos. Environ. 30 (2): pp. 181–199

EC JRC (2010), ILCD Handbook: Analysing of existing Environmental Impact Assessment methodologies for use in Life Cycle Assessment

EU (2003.1), DIRECTIVE 2002/96/EC OF THE EUROPEAN PARLIAMENT AND OF THE COUNCIL of 27 January 2003 on waste electrical and electronic equipment (WEEE)

EU (2005.10), DIRECTIVE 2005/64/EC OF THE EUROPEAN PARLIAMENT AND OF THE COUNCIL of 26 October 2005 on the type–approval of motor vehicles with regard to their reusability, recyclability nd recoverability and amending Council Directive 70/156/EEC

EU (2006.5), DIRECTIVE 2006/40/EC OF THE EUROPEAN PARLIAMENT AND OF THE COUNCIL of 17 May 2006 relating to emissions from air–conditioning systems in motor vehicles and amending Council Directive 70/156/EEC

EU (2006.12), REGULATION (EC) No 1907/2006 OF THE EUROPEAN PARLIAMENT AND OF THE COUNCIL of 18 December 2006 concerning the Registration, Evaluation, Authorisation and Restriction Chemicals (REACH), establishing a European Chemicals Agency, amending Directive 1999/45/EC and repealing Council Regulation (EEC) No 793/93 and Commission Regulation (EC) No 1488/94 as well as Council Directive 76/769/EEC and Commission Directives 91/155/EEC, 93/67/EEC, 93/105/EC and 2000/21/EC

EU (2009.1), COMMISSION DIRECTIVE 2009/1/EC of 7 January 2009 amending, for the purposes of its adaptation to technical progress, Directive 2005/64/EC of the European Parliament and of theCouncil on the type–approval of motor vehicles with regard to their reusability, recyclability and recoverability

EU (2009.10), DIRECTIVE 2009/125/EC OF THE EUROPEAN PARLIAMENT AND OF THE COUNCIL of 21 October 2009 establishing a framework for the setting of ecodesign requirements for energy–related products (recast)

EU (2011.3), COMMISSION DIRECTIVE 2011/37/EU of 30 March 2011 amending Annex II to Directive 2000/53/EC of the European Parliament and of the Council on end–of–life vehicles

EU (2011.6), DIRECTIVE 2011/65/EU OF THE EUROPEAN PARLIAMENT AND OF THE COUNCIL of 8 June 2011 on the restriction of the use of certain hazardous substances in electrical and electronic equipment

Finnveden (1996), Valuation methods within the framework of Life Cycle Assessment, IVL Report B 1231

Fischer, Kurt and Schot, Johan (1993), Environmental Strategies for Industry. Island Press, Washington, D C.

Frosh, Robert A. (1992), Industrial Ecology; A Philosophical Introduction, Proceedings of the National Academy of Sciences of the USA, Vol.89

Frosh, Robert A. (1995), Industrial Ecology. Adapting Technology for a Sustainable World, Environment 37(10)

Frosh, Robert A. and Gallopoulos, Nicholas E. (1989), Strategies for Manufacturing, Scientific American September

Forest Bioenergy (2008), 목질바이오매스를 이용한 액체(수송용) 에너지 이용과 개발 동향, Vol. 27, No. 1, pp. 1-10

Fixsel, J. (1996), Design for the environment, New York: McGraw-Hill

Fortes, J. (2009), "Green Supply Chain Management: A Literature Review", Otago Management Graduate Review, Vol.7, pp. 51-62

Gilbreath, Kent (1988), Industry's Environmental Attitudes, EPA Journal 14(6)

Gladwin Thomas N. (1993), The Meaning of Greening. A Plea for Organizational Theory, Environmental Strategies for Industry Island Press, Washington, D C

Goedkoop (1995), The Eco-indicator 95, Amersfoort

Guest Comment (1992), Economic Growth versus the Environment, Environmental Conservation 19(2)

Guinee et al. (2001), Handbook on Life Cycle Assessment: Operational Guide to the ISO Standards, Kluwer academic publishers, The Netherland

Hauschild et al. (1997), Environmental assessment of products,Vol. 1, and Vol. 2, Chapman & Hall, London

Hauser W., and Lund B. (2003), Remanufacturing An American Resource, Boston University

Henry Liu (2004), Feasibility of Underground Pneumatic Freight Transport in New York City, pp. 48-49

Henrey Liu (2006), Transporting Freight Containers by Pneumatic Capsule Pipeline(PCP), U.S Transportation Research Board(TRB) Meeting Lajolla, Caifornia, July 9-11

Henry Liu (2004), USE OF PNEUMATIC CAPSULE PIPELINE FOR UNDERGROUND TUNNELING, 12th International Symposium on Freight Pipelines, Prague, Czech Republic

Heijung et al. (1992), Environmental Assessment of products. Guide and Background,CML, Leiden University, Leiden

Holmberg, Johan (1992), Making Development Sustainable. International Institute for Environment and Development Island Press, USA

IGEL (2012), Greening the Supply Chain: Best Practices and Future Trends

IPCC (2001), Climate Change 2001: The Scientific Basis. The Intergovernmental Panel on

IPPC (2007), Climate Change 2007: The Physical Science Basis

ISO 14040 (1997), Environmental management – Life Cycle Assessment – Principles and framework

ISO 14041 (1998), Environmental management – Life cycle assessment – Goal and scope definition and inventory analysis

ISO 14042 (2000), Environmental Management – Life Cycle Assessment – Impact Assessment

ISO 14043 (2000), Environmental management – Life Cycle Assessment – Life Cycle Interpretation

ISO/TR 14049 (2000), Environmental management – Life cycle assessment – Examples of ISO14041 to goal and scope definition and inventory analysis

Janine Beynius (1997), Biomimicry: Innovation Inspired by Nature

Jonathan Carter, Kevin (2010), Troyano–Cuture, Capsule Pipelines for Aggregate Transport, Department of Earth Science and engineering, Imperial Colleage, London

KOTRA (2011.1), 최근 對韓 수입규제 동향과 2011년 전망

Loecken T. (2005), Remanufacturing in the European Automobile Industry, Proc. Int'l Symposium on Remanufacturing Sustainable Product Development

Mehrota, Prashant. (1995), Industrial Ecology Stanford Univ, Pentap Press Smith, Denis., Business and the Environment Implications of the New Environmentalism. St. Martin's Press, NY

Nanda (2003), Green initiative dfe Design for Environment carbon dioxide emission, International Energy Annual

Nasr N., (2004), Remanufacturing: Industrial Profile, Cjallenges and Opportunities, Proc. Int'l Symposium on Remanufacturing and Eco–Design

NEC Environmental Report 2003 (http://www.nec.co.jp/eco/en)

Official Journal of the European (2005), Common Position (EC) No 9/2005, Union

Otto, K. and Wood, K. (2001), Product Design: Techniques in Reverse Engineering and New Product Development, Prentice Hall

Oxford University Press (1987), World Commission on Environment and Development, Our Common Future, London, p. 43

Sheng, P., Dornfeld, D. and Worhach, P. (1995), Integration Issues in Green Design and Manufacturing, Manufacturing Review, Vol.8, No.2, pp. 95–105

Smart, Bruce. (1992), Beyond Compliance A New Industry View of the Environment World Resources Institute

Srivastava, S. (2007), "Green supply–chain management: A state–ofthe–art literature review," International Journal of Management Reviews, pp. 53–80

Steen (1999), A systematic approach to environmental priority strategies in product development (EPS),Version 2000 General system characteristics, Centre for Environmental Assessment of Products and Material Systems

Steinhilper R. (1988), Remanufacturing The Ultimate Form of Recycling, Fraunhofer IRB Verlag, D-70569 Stuttgart

Todd et al. (1999), Streamlined Life cycle assessment: a final report from the SETAC North America Streamlined LCA workgroup, SETAC. Pensacola

Toke, L.K., Gupta, R.C., Dandekar, M. (2010), "Green Supply Chain Management: Critical Research and Practices", Proceedings of the 2010 International Conference on Industrial Engineering and Operations Management

Udo de Haes (1996), Towards a methodology for life cycle impact assessment, SETAC

UNEP (2004), Cleaner Production & Energy Efficiency Manual

US EPA (2010.5), Light-Duty Vehicle Greenhouse Gas Emission Standards and Corporate Average Fuel Economy Standards; Final Rule

USGS (2001), Mineral Commodity Summaries

capsu.org//Capsule Pipeline//What//Definition

capsu.org//Capsule Pipeline//What//PCP development

http://www.3m.com/about3m/sustainability

http://www.koreagas.or.kr/ga_go.asp

http://www.toyota.co.jp/en/environmental_rep/03/index.html

http://www.yankodesign.com/2009/06/03/ten-inspirational-and-creative-bioni c-designs/

청정생산기술

초판1쇄인쇄 | 2013년 7월 1일
초판1쇄발행 | 2013년 7월 20일

지 은 이 | 조문수, 임태진

펴 낸 이 | 한헌수

펴 낸 곳 | 숭실대학교 출판국
서울특별시 동작구 상도로 369

등록 제14-2호(1982.1.25)
TEL 02-820-0771~2
FAX 02-817-5297
http://press.ssu.ac.kr

찍 은 곳 | 파피레드
TEL 02-555-2458

값 39,000원

ISBN 978-89-7450-311-6 93530